建设工程无损检测技术与应用

主 编 邱 平

副主编 李为杜

中国环境出版社·北京

图书在版编目(CIP)数据

建设工程无损检测技术与应用 / 邱平主编. — 北京:中国
环境出版社,2013.8(2024.7 重印)
　　ISBN 978-7-5111-1371-9

　　Ⅰ.①建…　Ⅱ.①邱…　Ⅲ.①建筑工程 — 无损检验
Ⅳ.①TU712

中国版本图书馆 CIP 数据核字(2013)第 044925 号

责任编辑　易　萌
封面设计　彭　杉

出版发行　**中国环境出版社**
　　　　　(100062　北京市东城区广渠门内大街 16 号)
　　　　　网　　址:http://www.cesp.com.cn
　　　　　电子邮箱:bjgl@cesp.com.cn
　　　　　联系电话:010-67112765(编辑管理部)
　　　　　　　　　　010-67112739(建筑图书出版中心)
　　　　　发行热线:010-67125803,010-67130471(传真)
　　　　　印装质量热线:010-67113404
印　　刷　北京中科印刷有限公司
经　　销　各地新华书店
版　　次　2013 年 8 月第 1 版
印　　次　2024 年 7 月第 2 次印刷
开　　本　787×1092　1/16
印　　张　27.75
字　　数　550 千字
定　　价　78.00 元

【版权所有。未经许可,请勿翻印、转载,侵权必究。】
如有缺页、破损、倒装等印装质量问题,请寄回本社更换。

《建设工程无损检测技术与应用》
编委会

主　编：邱　平

副主编：李为杜

编　委：(按姓氏笔画为序)

王正成　　王安坤　　李为杜

吴慧敏　　邱　平　　罗骐先

张仁瑜　　张治泰　　张荣成

前 言

混凝土是当代建筑工程中最主要的结构材料之一,它的质量直接关系到建筑结构的安全。也是关系国家建设和社会经济发展的大事,与广大民众的工作、生活息息相关,一直受到有关领导部门的高度重视。

无损检测方法是在不影响结构或构件受力性能或其他使用功能的前提下,直接推定混凝土强度或评估混凝土质量,它既适用于建设工程施工过程中混凝土质量的监测,又适用于工程的竣工验收和建筑物使用期间混凝土结构或构件的评估鉴定。由于混凝土无损检测技术具有直接、快速、重复、可靠、经济等优点,已成为建设工程一项自成体系的测试技术,在我国工程质量检测、监督、验收等技术中得到广泛应用。

工程质量检测是一项技术性很强的工作,为了适应建筑事业的发展,提高无损检测技术水平和人员素质,加强混凝土无损检测技术规程的宣传贯彻,保证检测工作质量和工程质量,我们组织曾主编无损检测技术规程、负责研究检测技术课题的专家,编写《建设工程无损检测技术与应用》一书。

本书主要是按照我国现行的技术规程编写。这些规程包括《回弹法检测混凝土抗压强度技术规程》(JGJ/T 23—2010)、《超声回弹综合法检测混凝土强度技术规程》(CECS 02:2005)、《钻芯法检测混凝土强度技术规程》(CECS 03:2007)、《超声法检测混凝土缺陷技术规程》(CECS 21:2000)、《拔出法检测混凝土强度技术规程》(CECS 69:2011)、《红外热像法检测建筑外墙饰面层粘结缺陷技术规程》(CECS 204:2006)、《建筑红外热像检测要求》(JG/T 269—2010)等。本书还介绍了上述规程编写的一些背景材料、国内外混凝土无损检测工程实践经验,以及近年来的科研成果。本书可作为质检人员培训教材外,还可供工程质量管理、检测、监理人员以及高等院校有关专业师生参考。

参加本书编写的人员有:第1章概论(吴慧敏 湖南大学)、第2章回弹法检测混凝土强度(陈丽霞 陕西省建筑科学研究设计院,邱平 中国建筑科学研究院)、第3章混凝土超声检测技术基础(罗骐先 南京水利科学院)、第4章超声法检测混凝土强度(李为杜 同济大学)、第5章超声法检测混凝土缺陷(张治泰 陕西省建筑科学研究设计院)、第6章超声回弹综合法检测混凝土强度(邱平 中国建筑科学研究院)、第7章钻芯法检测混凝土强度(王安坤 中国建筑科学研究院)、第8章混凝土强度拔出法检测技术(张仁瑜 中国建筑科学研究院)、第9章高强混凝土强度的无损检测技术(张荣成 中国建筑科学研究院)、第 10 章红外成像无损检测技术(李为杜 同济大学)、第 11 章地质雷达检测技术(王正成 北京铁城信诺工程检测有限公司)、第 12 章检测数据分析处理(邱平 中国建筑科学研究院)。

本书在编写过程中曾得到有关单位的大力支持和帮助,谨致由衷的谢意。书中不足之处在所难免,欢迎读者批评指正。

编 者

2013 年 8 月

目　录

Ⅴ

7 钻芯法检测混凝土强度 ···································· 230

1 概论

1.1 混凝土无损检测技术的形成和发展

混凝土是当代建筑工程中最主要的结构材料之一。由于混凝土通常是在工地或搅拌站进行配料、搅拌、成型、养护，所以每一个环节稍有不慎都将影响其质量，危及整个结构的安全。因此，加强混凝土的质量监测与控制成为当今建筑工程技术中的重要课题。众所周知，混凝土的主要质量指标历来是以标准试件的抗压强度为依据的。试件抗压强度试验在全世界已沿用 100 多年，成为混凝土与钢筋混凝土结构的设计、施工及验收的基本依据。我国所制定的《普通混凝土力学性能试验方法标准》(GB/T 50081—2002)及《混凝土强度检验评定标准》(GB/T 50107—2010)，对这一试验法作出了明确的规定，为按试件强度进行混凝土质量监控奠定了基础。但必须看到，混凝土标准试件的抗压试验对结构混凝土来说，毕竟是一种间接测定值。由于试件的成型条件、养护条件及受力状态都不可能和结构物上的混凝土完全一致，因此，试件测量值只能被认为是混凝土在特定的条件下的性能反映，而不能代表结构混凝土的真实状态，至少在下述情况下，混凝土试件抗压强度不可能如实反映结构混凝土的性能：

(1) 当混凝土施工中发现某一施工环节存在问题，对结构混凝土强度产生怀疑时；

(2) 当试件的取样、制作、养护等未按规定进行，对其可信度产生怀疑时；

(3) 当结构混凝土受自然环境的侵蚀或受灾害性因素而损害时。

我国《混凝土强度检验评定标准》(GB/T 50107—2010)中规定："当对混凝土强度试件的代表性有怀疑时，可用从结构中钻取试样的方法或采用非破损检验方法，按有关标准的规定对结构或构件中混凝土的强度进行推定"，这里所说的非破损检验方法，是指在不影响结构或构件受力性能或其他使用功能的前提下，直接在结构或构件上通过测定某些适当的物理量，并通过这些物理量与混凝土强度的相关性，进而推定混凝土强度、均匀性、连续性、耐久性等一系列性能的检测方法。

早在 20 世纪 30 年代初，人们就已开始探索和研究混凝土无损检测方法，并获得迅速的发展。1930 年首先出现了表面压痕法。1935 年格里姆(G.Grimet)、艾德(J.M.Ide)把共振法用于测量混凝土的弹性模量。1948 年施米特(E.Schmid)成功研制回弹仪。1949 年加拿大的莱斯利(Leslie)和奇斯曼(CHeesman)、英国的琼斯(R.Jones)等运用超声脉冲进行混凝土检测获得成功。接着，琼斯又使用放射性同位素进行混凝土密实度和强度检测，这些研究为混凝土无损检测技术奠定了基础。随后，许多国家也相继开展了这方面的研究。如俄罗斯、罗马尼亚、日本等国家在 50 年代都曾取得许多成果。60 年代，罗马尼亚的弗格瓦洛(I.Făcăoăru)提出用声速、回弹法综合估算混凝土强度的方法，为混凝土无损检测技术开发了多因素综合分析的新途径。60 年代声发射技术被引入混凝土检测体系，吕施(H.Rüsch)、格林(A.T.Green)等先后研究了混凝土的声发射特性，为声发射技术在混凝土结构中的应用打下了基础。此外，无损检测的另一个分支——钻芯法、拔出法、射击法等半破损法也得到了发展，从而形成了一个较为完整的混凝土无损检测方法体系。

随着混凝土无损检测方法日臻成熟，许多国家开始了这类检测方法的标准工作，如美国的 ASTM、英国的 BSI 均已颁布或正准备颁布有关标准,其中以 ASTM 所颁布的有关标准最多,这些标准有《硬化混凝土射入阻力标准试验方法》(C803-82)、《结构混凝土抽样与检验标准方法》(C823-83)、《混凝土超声脉冲速度标准试验方法》(C597-83)、《硬化混凝土回弹标准试验方法》(C805-85)、《就地灌注圆柱试样抗压强度标准试验方法》(C873-85)、《硬化混凝土拔出强度标准试验方法》(C900-87)、《成熟度估算混凝土强度的方法》(C1074-87)等。此外,国际标准化组织(ISO)也先后提出了回弹法、超声法、钻芯法、拔出法等相应国际标准草案。这些工作对结构混凝土无损检测技术的工程应用起了良好的促进作用。

20 世纪 80 年代以来,这方面的研究工作方兴未艾,尤其值得注意的是,随着科学技术的发展,无损检测技术也突破了原有的范畴,涌现出一批新的测试方法,包括微波吸收、雷达扫描、红外热谱、脉冲回波等新技术。而且,测试内容由强度推定、内部缺陷探测等扩展到更广泛的范畴,其功能由事后质量检测,发展成事前的在线检测和质量反馈控制。

多年来,混凝土无损检测技术的发展虽然时快时慢,但由于工程建设的实际需要,它始终具有生命力,许多国家逐步将其标准化,成为法定的检测手段之一。可以预料,随着科学技术的发展和工程建设规模的不断扩大,无损检测技术的发展前景是广阔的。

我国在这一领域的研究工作始于 20 世纪 50 年代中期,开始引进瑞士、英国、波兰等国的回弹仪和超声仪,并结合工程应用开展了许多研究工作。20 世纪 60 年代初即开始批量生产回弹仪,并研制成功了多种型号的超声检测仪,在检测方法方面也取得了许多进展。20 世纪 70 年代以后,我国曾多次组织力量合作攻关,大大推进了结构混凝土无损检测技术的研究和应用。现已使回弹法、超声回弹综合法、钻芯法、拔出法、超声缺陷检测法等主要无损检测技术规范化。已制定的规程有《回弹法检测混凝土抗压强度技术规程》(JGJ/T 23—2011)、《超声回弹综合法检测混凝土强度技术规程》(CECS 02∶2005)、《后装拔出法检测混凝土强度技术规程》(CECS 69∶94)、《超声法检测混凝土缺陷技术规程》(CECS 21∶2000)以及《基桩低应变动力检测规程》(JGJ/T 93—95)等。有关仪器的研究也发展迅速,并制定了有关仪器标准。总体来说,我国在这一领域中的研究工作起步较早、基础广泛、成果丰硕,应用普及率高,在常用的结构混凝土无损检测技术方面的研究和应用水平已处于国际先进地位,但在新的无损检测技术的开拓方面却比较缓慢,有待进一步努力。

1.2 结构混凝土无损检测技术的工程应用

1.2.1 结构混凝土无损检测技术的适用范围

混凝土整个测试技术体系由宏观力学性能及其他宏观性能测试技术、细观结构的观察和分析技术、微观结构的观察和分析技术三部分组成。虽然无损检测技术在这三个层次的测试技术中都有用武之地,但作为工程应用,则主要用于结构安全直接有关的宏观力学性能及宏观缺陷的测试方面。结构混凝土无损检测技术工程应用的主要范围是结构混凝土的强度、内部缺陷及其他性能检测。

1.2.1.1 结构混凝土的强度检测

需直接在结构物上运用无损检测方法推定混凝土实际强度:

（1）由于施工控制不严，或施工过程中某种意外事故可能影响混凝土的质量，以及发现预留试块的取样、制作、养护、抗压试验等不符合有关技术规程或标准所规定的条款，怀疑预留的试块强度不能代表结构混凝土的实际强度时，应采用无损检测方法（包括半破损检测方法）检测和推定混凝土强度，作为结构混凝土是否应进行处理的依据。

（2）当需要了解混凝土在施工期间的强度增长情况，以便满足结构或构件的拆模、出养护池、出厂、吊装、预应力筋张拉或放张，以及施工期间负荷对混凝土强度的要求时，可运用无损检测方法连续监测结构混凝土强度的发展，以便及时调整施工进程。在确保质量的前提下加快施工进度，加速场地周转，降低能耗。同时，也可以用无损检测作为施工过程中的质量监视和质量控制的重要手段，以便迅速反馈给下一道工序，及时调整工艺参数。

（3）对已建成结构需要进行维修、加层、拆除等决策时，或受灾害性因素影响时，可采用无损检测方法对原有混凝土进行强度推定，以便提供改建、加固设计时的基本强度参数和其他设计依据。

1.2.1.2　结构混凝土的内部缺陷检测

由于施工不慎等原因，在结构混凝土中会出现一些外露或隐蔽的内部缺陷。即使整个结构或构件的混凝土的普遍强度已达到设计要求，这些缺陷的存在也会使结构或构件的整体承载力严重下降，因此，必须探明缺陷的部位、大小和性质，以便采取切实的修补措施，排除工程隐患。

混凝土缺陷的原因十分复杂，检测要求也各不相同，大致上有以下四种情况：

（1）施工中混凝土未捣实或模板漏浆，以及施工缝黏结不良等原因，造成局部疏松、蜂窝、孔洞、灌浆粘合不全、施工缝结合不良等缺陷，需要检测缺陷位置、范围和性质。

（2）施工中因温度变形及干燥收缩，以及早期施工过载所形成的早期裂缝，需检测其开展深度和走向。

（3）结构混凝土受环境侵蚀或灾害性损害，产生由表及里的层状损伤，需检测受损层的厚度与范围。

（4）混凝土承载后产生受力损伤，形成裂缝，需检测裂缝的开展深度。

1.2.1.3　结构混凝土的其他性能检测

所谓其他性能，主要是指与结构物使用功能有关的各种性能。

例如，耐久性、钢筋锈蚀、抗渗性、受冻层深度、脆性、节能及热工性等。由于混凝土的其他性能往往与抗压强度有某种相关性，因而通常认为在强度验收中已予体现。但是，由于现代工程结构物所处的环境越来越复杂，对其他性能的要求越来越高，人们也越来越清楚地认识到其他性能与强度相关性的局限性很大，强度高未必其他性能就好，因此，其他性能的无损检测的技术正在引起重视。随着研究工作的深入，它将成为无损检测的重要功能之一。

以上所述无损检测技术的适应范围是指总体而言，每种方法的适应范围则应根据各种方法特点而定。

1.2.2　结构混凝土强度无损检测的基本定义

混凝土的强度是指混凝土受力达到破坏时的应力值。因此，要准确测量混凝土的强度，必须把混凝土试件或构件加载至破坏极限，取得试验值后试件已被破坏。而结构混凝土强度的无损测试方法,就是要在不破坏结构或构件的情况下,取得破坏应力值,因此只能寻找一个或几个与混凝土强度有相关性,而测试时又无损于混凝土受力功能的物理量作为混凝土强度的推算依据。所以无损检测方法所得强度值,实际上是一个间接推算值,它和混凝土实际强度的吻合程度,取决于该物理量与混凝土强度之间的相关性。

所谓混凝土的"实际强度"是一个不严谨的概念,因为任何一个强度试验值都与试件制作条件、形状、尺寸、龄期、加荷速度等因素有关。我国标准规定检验评定混凝土强度用的混凝土试件,其标准成型方法、标准养护条件及强度试验方法均应符合现行国家标准《普通混凝土力学性能试验方法标准》(GB/T 50081—2002)的规定。即以按标准方法制作和养护的,边长为150 mm的立方体试件,在28 d龄期,用标准试验方法测得抗压强度值为该试件的标准强度。就一批混凝土而言,其强度标准值是一个统计概念的特征量,它是一批用标准方法测试的标准强度总体分布中的一个值,强度低于该值的百分率不超过5%。混凝土强度等级就按该强度标准值划分。所以,在无损检测中,当我们采用某一物理量(如回弹值、声速值等)与混凝土强度值建立相关关系时,所指的强度值应是标准强度。根据所建立的相关关系所推算的无损检测结果应是混凝土标准强度的推算值。用一批标准强度推算值,并按统计概念所确定的被测混凝土的强度值应是强度标准值的推定值。

还必须指出,通常进行无损检测的结构或构件,在养护条件、测试龄期等方面,都不可能与标准立方体试件的试验条件相同,所以,即使各种无损检测方法所使用的相关公式是根据物理量与标准强度之间的相关性而建立的,但推定结果仍不能与标准强度及强度标准值等同。为此,我们又将强度标准值的推定值称为特征强度,以区别于强度标准值。

在工程中进行结构混凝土强度无损检测时,通常是要对结构或构件中的混凝土作出合格性评定。在《混凝土强度检验评定标准》(GB/T 50107—2010)中已明确规定,可采用统计法和非统计法进行。在无损检测方法的现有规程中,都采取统计法推定混凝土的特征强度值,其推定原则与《混凝土强度检验评定标准》(GB/T 50107—2010)相一致,但鉴于各种无损检测方法的特点,推定的具体方法和取值有所不同。由于各种基准曲线的强度换算误差不同,在使用统计方法推定混凝土的特征强度值时,如何计入无损检测方法本身的换算误差尚待研究。

1.2.3 结构混凝土缺陷无损检测的基本定义

混凝土是多相复合体系,在混凝土中存在许多各相之间的界面。如果把混凝土内部构造分成微观、细观、宏观三个层次,则混凝土中存在微观缺陷、细观缺陷和宏观缺陷。一般认为,微观缺陷和细观缺陷是材料形成过程中的必然产物,是混凝土的固有缺陷。例如,各复合相界面,原生的胶孔、毛细孔及早期非受力变形所造成的微裂缝等,都属于这类缺陷。这些缺陷对混凝土总体性质将造成影响,是混凝土总体力学行为的根源。而宏观缺陷则是由于成型过程振捣不实,或因为受力及腐蚀性破坏所造成的大缺陷。这类缺陷包括蜂窝、孔洞、裂缝、不密实区、腐蚀破坏层等。当结构或构件受力时,这些部位将导致应力集中而首先破坏。在采用无损检测技术时,主要检测这类缺陷。

混凝土中缺陷危害程度与被测结构或构件尺度有关。例如一个直径数米的钻孔灌注桩中,如果有一个直径数厘米的孔洞并不影响总体受力性能,但同样尺度的孔洞若出现在一小构件中,则不能允许,换言之,缺陷检出的灵敏度应与该缺陷对结构与构件危害程

4

度相关联。

综上所述,所谓混凝土的内部缺陷,是指那些在宏观材质不连续、性能参数有明显变异,而且对结构或构件的总体承载能力和其他功能产生影响的区域。检测的灵敏度(可检出缺陷的最小尺度)应与缺陷的危害程度相关联。

1.3 结构混凝土常用无损检测方法的分类和特点

由于结构混凝土无损检测技术能反映结构物中混凝土的强度、均匀性、连续性等各项质量指标,对保证新建工程质量,以及对已建工程的安全性评价等方面具有无可替代的重要作用,因而越来越受到人们的重视。从现有的报道来看,结构混凝土无损检测技术的方法、构思、所涉及的基础理论,都已达到前所未有的新水平。为了便于了解其全貌,我们按检测的主要目的,以及其所依据的基本原理作以下分类。

1.3.1 混凝土强度的无损检测方法

这类方法根据其原理可分为以下三种。

1.3.1.1 半破损法

半破损法以不影响结构或构件的承载能力为前提,在结构或构件上直接进行局部破坏性试验,或直接钻取芯样进行破坏性试验,然后根据试验值与结构混凝土标准强度的相关关系,换算成标准强度换算值,并据此推算出强度标准值的推定值或特征强度。属于这类方法的有钻芯法、拔出法、拔脱法、板折法、射击法、就地嵌注试件法等。这类方法的特点是以局部破坏性试验获得结构混凝土的实际抵抗破坏的能力,因而直观可靠,测试结果易为人们所接受。其缺点是造成结构物的局部破坏,需进行修补,因而不宜用于大面积的全面检测。

(1)钻芯法在我国已广泛应用,并已制订了《钻芯法检测混凝土强度技术规程》(CECS 03:2007)。该法由于要造成结构或构件局部破坏,不宜在同一结构中大面积使用,因此,国内外都主张把钻芯法与其他非破损方法结合使用。一方面利用非破损方法检测混凝土的均匀性,以减少钻芯数量,另一方面利用钻芯法来校正非破损法的检测结果,以提高可靠性。

(2)我国对拔出法也已进行了许多研究,并已制定了拔出法检测混凝土强度技术规程。拔出法比钻芯法简便易行、费用较低,但由于拔出法强度的离散性往往较大,可靠性不如钻芯法。先装拔出法在北美和北欧应用广泛,主要用于混凝土强度发展程度的检测,以确定合适的拆模、起吊、预应力张拉、装配的时间。此法可作为一种施工控制手段。我国《后装拔出法检测混凝土强度技术规程》(CECS 69:94)中规定:当对结构或构件的混凝土有怀疑时,或旧结构混凝土强度需要检测时,可用后装拔出法进行检测,检测结果可作为评价混凝土质量的一个主要依据。

此外,美国 ASTM C873 所采纳的就地嵌注试件法(Cast-in-place cylinders)也有类似性。它是将试模嵌入结构或构件中一起浇注成型,以使试件与结构具有同等成型和养护条件,然后取出试件进行抗压试验。

(3)射击法采用一种称为温泽探针(Windor prode)的射击装置,是将一硬质合金棒射入混凝土中,用棒的外露长度作为阻力的度量。这种方法既适用于混凝土早期强度发展情况的测定,也适用于同一结构不同部位混凝土强度的相对比较,但试验结果受骨料影响十分明显。

1.3.1.2 非破损法

非破损法以混凝土强度与某些物理量之间的相关性为基础,检测时在不影响结构或构件混凝土任何性能的前提下,测试这些物理量,然后根据相关关系推算被测混凝土的标准强度换算值,并据此推算出强度标准值的推定值或特征强度。属于这类方法的有回弹法、超声脉冲法、射线吸收与散射法、成熟度法等。这类方法的特点是测试方便、费用低廉,但其测试结果的可靠性主要取决于被测物理量与强度之间的相关性。因此,必须在测试前建立严格的相关公式或校准曲线。由于这种相关关系往往受许多因素的影响。所以,其所建立的相关公式有其局限性。当条件变化时,应进行种种修正,以保证推算结果的可靠性。

(1)回弹法和超声法在我国已普遍用于工程检测,并已制定相应的技术规程。成熟度法已有研究和应用报道,它主要以“度时积”$M(t) = \Sigma(T_s - T_0)\Delta t$,式中 $M(t)$ 为成熟度;T_0 为基准温度;T_s 为时间 Δt 区间内混凝土的平均温度;作为推定强度的依据。主要用于工地上控制早期混凝土强度发展水平,作为施工质量控制手段,一般不用于已成结构长龄期混凝土的强度推定。

(2)射线法主要根据 γ 射线在混凝土中的穿透衰减或散射强度推算混凝土的密实度,并据此推定混凝土的强度。这种方法由于涉及射线防护等问题,我国应用较少。

1.3.1.3 综合法

所谓综合法就是采用两种或两种以上的无损检测方法,获取多种物理参量,并建立强度与多项物理参量的综合相关关系,以便从不同角度综合评价混凝土的强度。由于综合法采用多项物理参数,能较全面地反映构成混凝土强度的各种因素,并且还能抵消部分影响强度与物理量相关关系的因素,因而它比单一物理量的无损检测方法具有更高的准确性和可靠性。许多学者认为综合法是混凝土强度无损检测技术的一个重要发展方向。目前已被采用的综合法有超声回弹综合法、超声钻芯综合法、声速衰减综合法等,其中超声回弹综合法已在我国广泛应用。并已制定相应的《超声回弹综合法检测混凝土强度技术规程》(CECS 02:2005)。

1.3.2 混凝土缺陷的无损检测方法

这类方法主要有超声脉冲法、脉冲回波法、雷达扫描法、红外热谱法、声发射等。

(1)超声脉冲法检测内部缺陷分为穿透法和反射法。穿透法是根据超声脉冲穿过混凝土时,在缺陷区的声时、波高、波形、接收信号主频率等参数所发生的变化来判断缺陷的,因此它只能在结构物的两个相对面上进行或在同一面上平测。目前超声脉冲穿透法已较为成熟,并已普遍用于工程实测,我国已编制了相应的技术规程。反射法则根据超声脉冲在缺陷表面产生反射波的现象进行缺陷判断。由于它不必像穿透法那样在两个测试面上进行,因此对某些只能在一个测试面上检测的结构物(如球罐等密闭容器、峒室护壁、路面等)具有特殊意义,我国已有研究成果,并已有工程应用实例。

(2)脉冲回波法是采用落球、锤击等方法在被测物件中产生应力波,用传感器接收回波,然后用时域或频域分析回波反射位置,以判断混凝土中缺陷位置的方法。其特点是激励力足以产生较强的回波,因而可检测较大的构件,如深度达数十米的基桩等。同时只要适当调整激励频谱,也可测厚度数厘米的板。

6

（3）雷达扫描法是利用电磁波反射的原理，其特点是可迅速对被测结构进行扫描，适用于道路、机场等结构物的大面积快速扫测。

（4）红外热谱法是测量或记录结构混凝土热辐射的方法，当混凝土中存在缺陷时、缺陷区的热传导受到阻抑，因而可判断缺陷的位置和大小。

（5）声发射法是利用混凝土受力时因内部微区破坏而发声的现象，根据声发射信号分析混凝土损伤程度的一种方法，这种方法常用于混凝土受力破坏过程的监视，用以确定混凝土的受力历史和损伤程度。

1.3.3 以检测结构混凝土其他性能为目的的无损检测方法

除强度和缺陷检测之外，结构混凝土还有许多其他性能可用无损检测方法予以测定。主要有弹性和非弹性性能、耐久性、受冻层深度、含水率、钢筋位置与钢筋锈蚀、水泥含量等。常用的方法有共振法、敲击法、磁测法、电测法、微波吸收法、中子散射法、中子活化法、渗透法等。

（1）共振法和敲击法是用周期外力或脉冲力激励混凝土试件或构件的稳态或瞬态振动，记录其振动参数，根据基振频率及振动衰减系数可推算混凝土的弹性和非弹性性质，而且可作为混凝土耐久性试验中的一个测试指标，并可得出混凝土脆性性质的相对值。

（2）磁测法是根据钢筋及预埋铁件会影响磁场现象而设计的一种方法，常用于检测钢筋位置和混凝土保护层厚度。

（3）电测法是根据电流通过不同材料时具有不同阻抗特性的原理进行检测，目前已用于混凝土中钢筋锈蚀程度及层状结构厚度的测量，也可用于混凝土含湿量与透湿性的测量。

（4）微波吸收法根据微波（波长 1 mm，频率约为 10^{12} Hz 的电磁波）反射、衍射和吸收特性进行混凝土性能测量。由于水对微波有吸收作用，因此，常用微波束穿过混凝土的衰减特性测定混凝土的含水量。

（5）中子散射法是利用混凝土中氢原子对中子能量衰减作用来测量混凝土含水量的一种方法。中子活化法则基于以下原理，即大多数元素在中子轰击下成为放射性同位素，这些同位素并不稳定，会以 β 射线和 γ 射线的形式释放出能量，通过这两种射线的特征能量和半衰期，可定出放射性同位素及其相应的稳定元素的名称。根据这一原理，中子活化法可用来测定混凝土中水泥的含量。

随着混凝土功能的多样化，这类与各种功能的检测要求相适应的检测方法必将随之迅速发展。例如，用红外线遥感的方法在建筑节能的设计与施工中检测围护结构的热工性能及冷桥或热桥的位置和大小。

上述无损检方法分类列于表 1–1 中。

1.4 结构混凝土无损检测技术的研究动向

结构混凝土无损检测技术是多学科紧密结合的高技术产物。现代材料科学和应用物理学的发展为无损检测技术奠定了理论基础，现代电子技术和计算机科学的发展为无损检测技术提供了现代化的测试工具，同时，现代土木工程中迅速发展的新设计、新材料、新工艺又对无损检测技术不断地提出新的、更高的要求，起着积极的促进作用。所以，它已成为混凝土测试技术体系中的一个重要分支，是建筑工程测试技术现代化的重

表 1-1 无损检测方法分类

检测目的	方法名称	测试量	换算原理
混凝土强度	钻芯法	芯样的抗压强度	局部区域的抗压、抗拔或抗冲击强度换算成混凝土标准强度的换算值
	拔出法	拔出力	
	压痕法	压力及压痕直径或深度	
	射击法	探针射入深度	
	嵌注试件法	嵌注试件的抗压强度	
	回弹法	回弹值	根据混凝土应力应变性质与强度的关系，将声速、回弹、衰减等物理量换算成混凝土标准强度推算值
	超声脉冲法	超声脉冲传播速度	
	超声回弹综合法	回弹值和声速	
	声速衰减综合法	声速和衰减系数	
	射线法	射线的吸收和散射强度	根据吸收和散射强度与混凝土密实度的关系，推算混凝土强度
	成熟度法	度、时积	根据度、时积与强度的关系，推算混凝土标准强度换算值
混凝土的内部缺陷与损伤程度	超声脉冲法	声时、波高、波形、频谱、反射回波	波的绕射、衰减、叠加等
	声发射法	声发射信号、事件记数、幅值分布能谱等	声发射源的定位，声发射效应
	脉冲回波法	应力波的时域、频域图	从时域、频域的综合分析确定应力波的反射位置及传播特征
	射线法	穿透缺陷区后射线强度的变化	不同介质对射线吸收的差异
	雷达法	雷达反射波	不同反射物的雷达波反射强度的差异
	红外热谱法	热辐射	缺陷区热辐射强度的变化
其他性能	共振法	固有频率、品质因数	振动参数分析及其与混凝土弹性、非弹性、脆性及耐久性之间的关系
	敲击法	固有频率、对数衰减率	
	超声法	声速、衰减系数、频谱	应力波分析及其与混凝土弹性、非弹性等性能之间的关系
	透气法	气流变化	孔隙渗透性
	磁测法	磁场强度	钢筋对磁场的影响
	电测法	混凝土的电阻率及钢筋的半电池电位	电阻率与含水率及厚度的关系，及钢筋锈蚀与半电池电位的关系
	射线法	射线穿过钢筋区后的强度变化	射线摄影分析及射线强度分析
	中子散射法	中子散射强度	散射强度与氢原子含量的关系
	中子活化法	β射线与γ射线的强度、半衰期等	同位素与相应的稳定元素与射线特征值的关系

要发展方向。

近年来，在该领域的研究工作蓬勃发展，成果丰硕。现从以下几方面对无损检测技术的研究和发展动向作粗略的介绍。

1.4.1 结构混凝土无损检测技术基本理论方面的探索和发展

无损检测方法必须建立在混凝土的某项性能与适当物理量之间的相互关系的基础上。以混凝土强度为例,为了寻找与混凝土强度密切相关,而又能在结构或构件上用无损方法直接测量的物理量,往往采用两种方法:一种是归纳法,就是在大量试验的基础上,用回归分析的方法确定某物理量与强度之间的经验关系。这种方法试验工作量大,常有一定的盲目性。而且由于试验条件及原材料等众多因素对试验结果有明显影响,所得经验关系往往只局限于某种条件或某一地区适用,而没有广泛的适用性。另一种是演绎法,它是根据混凝土强度与某些物理量之间的理论联系进行逻辑推演,从理论上确定其间的互相关系,然后再作适当的试验验证。这种方法所得的结果往往是以基础科学的基本原理为理论依据,因而具有较好的普适性。但要进行这种推演必须建立在理论指导的基础上。由于以往对强度与物理量的关系研究较少,目前,在上述两种方法中用得较多的仍然是前一种方法。近年来随着基础科学的发展,为混凝土性能与物理量之间理论关系的研究奠定了基础。

目前,混凝土无损检测基础理论方面的研究主要集中在两个方面:其一是混凝土强度理论及无损检测常用物理量的关系;其二是混凝土中波的传播机理。

1.4.1.1 关于混凝土强度理论及其与物理量的关系

常用的无损检测强度的方法多是通过混凝土应力应变性质和密实度及孔隙率来推算混凝土强度的。因此,必须建立混凝土应力应变性质及孔隙率与强度的理论关系。

在建立混凝土应力应变性质与强度关系方面,俄罗斯的乌尔素姆采夫(Ю.C. уржумцев)做了开创性的工作,它把混凝土应力应变的过程模型化,随后我国湖南大学进行了进一步研究,提出了强度与应力应变性质的理论关系,其理论公式为

$$f = \frac{1}{3} E_\mathrm{d} \varepsilon_\mathrm{r} + \frac{4kv_1}{3E_\mathrm{d}} (1 - e^{-\frac{E_\mathrm{d}}{2k^t}}) \qquad (1\text{-}1)$$

式中,f——混凝土的抗压强度;

$\quad E_\mathrm{d}$——混凝土的动力弹性模量;

$\quad \varepsilon_\mathrm{r}$——混凝土的极限应变值;

$\quad k$——混凝土塑性变形系数;

$\quad v_1$——加荷速度;

$\quad t$——加荷时间。

该式说明了混凝土强度不但是弹性性质的函数,而且还是塑性性质和试验条件的函数,要提高无损检测精度,必须同时反映这两个因素。

在进一步研究了应力应变参数与超声检测参数相互关系的基础上,得出下式:

$$f = \frac{\rho \varepsilon_\mathrm{r}}{3\phi} v^2 + \frac{2v_1}{3\alpha v} \qquad (1\text{-}2)$$

式中,ρ——混凝土密度;

$\quad \phi$——试件形状修正系数;

$\quad v$——超声传播速度;

$\quad \alpha$——超声衰减系数。其余各项同前。

这些研究从理论上论证了强度与声学参数的相互关系。虽然,由于推导过程中的多

重假定,这些公式还不能用于测试结果的直接计算,但它为无损检测强度时合理选择物理量和提高检测精度指明了方向。同时为混凝土弹性及非弹性性能的无损检测开辟了新的途径。

在建立混凝土强度与孔隙的关系方面,同济大学做了较深入的研究,研究证明,混凝土强度与混凝土内部各不同结构层次的孔隙率与孔隙结构形态有密切关系,其理论关系如下:

$$f=[k_1 k_2 k_3 k_4][k_2 k_3(S-1)(1-\rho)k_3 S + k_4][\frac{1-\rho}{1+2\rho}] \tag{1-3}$$

式中, f ——水泥石的抗压强度;

ρ ——总孔隙率;

S ——孔隙的相对比表面积;

$k_1 \cdots k_4$ ——材料常数。

该式右侧的第一部分是水泥石的潜在强度,取决于原子分子层次的组分与结构;第二部分是微观和细观层次孔结构对强度的影响;第三部分为细观和宏观层次上应力集中对强度的影响。

这些研究成果表明,要用材料密度或孔隙率指标测定混凝土强度时,虽然孔隙率是强度的主要影响因素,但单反映孔隙率是不够的,还必须把材料潜在强度和孔结构作为重要参考要素,才能提高检测精度。从而为某些以孔隙率为推算强度依据的无损检测方法(如射线法、渗透法等)指明了方向。

混凝土无损检测技术是一门实用技术,它需要基本理论的指导才能顺利发展,尽管基本理论的研究难度大、见效慢,但它是无损检测技术总体研究中不可或缺的组成部分,应予重视。

1.4.1.2　关于混凝土中波动传播特点的研究

混凝土无损检测技术,尤其是内部缺陷探测技术,大多是以波动传播为基础的,其中包括机械波和电磁波等。因此,近年对波在混凝土中的传播特性的研究越来越深入。例如,关于超声场和界面反射及界面能量交换方面的研究;关于混凝土的滤波作用及相频、幅频变化的研究;关于混凝土声发射源及发射波在混凝土中传播规律的研究;关于雷达波及微波、红外光与混凝土性能关系的研究等,都对无损检测技术起到了推动作用。

总之,由于无损检测技术是多学科综合的一门应用技术,是建立在基础学科的基础之上的,因此,应从基础理论中不断吸收养分才能不断完善和发展。无损检测技术的研究工作者,应善于把基础理论与工程实践结合起来,才能完善现有方法和开辟新的途径。我国在材料科学和应用物理学等基础学科方面的研究已有许多进展,但这些研究与工程应用方面的研究却缺乏联系的桥梁,这是一个值得注意的缺憾。

1.4.2　结构混凝土无损检测领域中检测方法的探索和发展

1.4.2.1　混凝土强度的无损检测方面

近年来,混凝土强度的无损检测方面,并无新的方法出现或新的重大突破。研究工作主要集中在以下两点:

(1)原有方法的进一步完善。例如回弹法、超声法,进行各种影响因素的分析研究,以便予以消除或修正。我国在这方面做了大量研究,对全国的原材料、配合比、期龄等方面的影响进行了细致的分析,并提出了许多有效的修正措施,如回弹法中用碳化深度消除龄期的影响就是一例。

(2)采用两种以上方法进行多参数的综合强度测定,即所谓综合法。许多学者认为,综合法可从不同的检测参数中获取较多的信息,并可消除部分不利因素的影响,因而误差较小,是今后检测强度方法的主要研究方向。目前应用最多的是超声回弹综合法,此外,还提出了一些多因素综合法的设想和成果,其中有超声与半破损综合法,超声衰减综合法等。

1.4.2.2 混凝土内部缺陷的无损检测方面

(1)超声脉冲缺陷检测技术的发展动向

目前最常用的缺陷检测方法是超声脉冲法,通常使用超声脉冲穿过缺陷区时的声时、波幅、波形的变化作为判断依据。近年的研究中有两个动向值得注意。

① 进行接收波形的信号分析。一种是进行接收波的频谱分析,建立频谱与缺陷的关系,使通常的波形观察量值化。另一种是检取接收波形中相频和幅频的突变点,分析发射振源所产生的一次波与在一次振源作用下在缺陷界面所发生的二次振源所产生的二次波对一次波的干扰作用,用以分析缺陷的位置。

② 超声脉冲反射法的运用。在金属超声探伤中,主要利用超声脉冲在缺陷处的反射信号作为判断的依据。但在混凝土检测缺陷中,由于采用的发射频率较低,脉冲持续时间较长,以及混凝土中不均质界面的影响,使反射法显得十分困难。近年来已在克服这些困难方面取得进展,其方法是一方面研制短余振换能器和组合式换能器,以增强缺陷反射信号及其清晰度,另一方面采用信息处理技术,从繁杂的信号中检出缺陷反射信号。

(2)脉冲回波技术

脉冲回波法的研究和应用,是近年来无损检测缺陷技术的重要发展。它是用钢球或力棒打击构件表面,所击发的脉冲应有适当的频宽。它在构件内部产生应力波,再用适当的传感器记录波动信号,从中通过时域和频域分析,得到缺陷反射信号和底面反射信号。这种方法首先在混凝土基桩中应用,根据所接收的信号可分析出断桩等缺陷的位置,甚至可从接收信号中算出桩土体系的动力刚度,从而推算桩的承载能力。近年来,伽利诺(Nicholas J.Garino)等已将脉冲回波法用于检测板状构件的厚度、内部缺陷、混凝土凝结时间以及早期强度的增长情况等。这一方法的关键在于冲击方式和频宽的选择,以及接收波的信息分析技术,以免杂波干扰分析。

(3)高速自动检测缺陷技术的发展

某些工程结构,如机场跑道、高速公路等,需检测的面积极大,一般逐点检测方式已不能满足需要,因而提出了高速检测技术。由于高速检测时传感器需在被测构件或结构上高速移动,因此不能沿用与被测物接触的传感方式,通常采用辐射法达到这一目的。最典型的例子就是雷达探伤技术的发展。它利用雷达波穿过混凝土、土壤、岩石等结构材料,根据微米波(100 ~ 1 200 MHz)穿透不同材料时的速度、电绝缘度等参数的变化,导致反射波极性变化的现象,分析出不同材料品种的层厚变化及材料内部的分离、孔洞及其他不连续缺陷。这种方法由于通过电磁波传导信息,传感器可在不与被测结构接触的状态下高速扫描,移动速度可达 17 km/h,即以约 5 m/s 的速度检测。

目前,尤其在道路检测中,高速自动检测技术已有较大发展。除雷达波以外,还有红外热谱、激光等辐射方式的检测方法出现。

一般认为,这类依靠远程(非接触式)辐射传递信息的高速检测技术是一种很有前途的高科技领域,但由于分析技术复杂,设备昂贵等原因,在一般工程中应用尚有一定困难,但其发展前景是良好的。

1.4.2.3 其他性能无损测试技术的发展

随着结构功能的多样化,对混凝土性能的要求也超出了抗压强度、缺陷等传统质量指标,为适应这种需要,无损检测技术的使用领域,也已扩展到其他性能方面。例如,以往我们采用共振法或敲击法测定混凝土在冻融循环过程中的动力弹性模量变化,作为混凝土的耐久性测试指标。这种方法虽然对试件而言可算是一种无损检测方法,但是就结构混凝土而言,共振法则无能为力。因此,必须研究一种能用间接方法反映结构混凝土耐久性的无损检测方法。近年发展起来的渗透法就是这类方法的一种,它以混凝土阻止液体或气体渗透的能力,间接反映结构混凝土耐久性。丹麦已利用气体渗透技术研制成手提式渗透测定仪。

又如,高强混凝土的脆性一直是高强混凝土应用的严重障碍。目前,材料科学已从理论上提出若干能反映脆性的定量指标,但这些指标的测试需要刚性试验机等昂贵设备。1984年湖南大学吴慧敏教授提出了振动内耗与脆性相关的理论,并用振动或超声法测出混凝土振动阻尼系数,即可求得混凝土的相对脆性指标。试验简便、快捷、无损于试件,甚至可以在结构物现场直接测量结构混凝土脆性的相对指标。

此外,用中子散射法及微波吸收法测定混凝土的含水率,用中子活化法测定混凝土中的水泥含量等,都属于这一类型的新的测试方法。含水量和水泥用量虽然不是混凝土质量的考核指标,但是准确测量这些参数,往往可作为强度检测的修正因素,以便消除含水量、水泥用量等对强度与声速、回弹等物理量之间相关关系的影响,以提高强度的检测精度。因而这些成果仍具有重要意义。

1.4.3 结构混凝土无损检测仪器的研究动向

随着测试方法和电子技术的发展,无损检测仪器也发展到一个新水平。目前国内外关于无损检测仪器的研究动向主要有以下趋势:

1.4.3.1 仪器智能化

近年来无损检测技术测试数据的处理和评价方法日趋复杂,迫切要求提高仪器的自身数据处理能力,因此新研制的仪器普遍运用了计算机技术。例如北京康科瑞公司生产的 NM 系列非金属超声检测分析仪等,均具有测试数据高速采集、波形处理、波速计算、频谱分析及强度综合推定或缺陷判断等功能。

1.4.3.2 传感系统多样化

无损检测技术离不开传感系统,因此,传感器的研究一直是人们注意的重点之一。近年来高灵敏传感系统不断出现,其中包括红外、微波、射线等传感系统。目前工程检测中用得最多的传感系统是压电传感器,即超声换能器或超声探头。由于超声检测方法的多样化,超声探头的品种也日益增多,尤其是短余振探头、反射探头、组合探头等特种探头相继问世。使以往无法实现的某些检测方法和设想,通过新型传感器的研究成功而获得解决。

1.4.3.3　专用化、小型化、一体化、集约化

为了适应某些特殊结构物的检测需要，国内外都有依据这些特殊要求制成专用仪器的做法，如法国 CEBTP 公司根据钻孔灌注桩的检测特点制成专用仪器，该仪器集探头升降、光学记录系统、超声发射和接收等于一体，省略一些测桩时不需要的常用超声仪的功能，既满足了要求又缩小了体积。

一体化也是当今仪器的发展趋势之一，例如，为了与回弹超声综合测强方法及超声测缺方法相适应，把回弹值、超声速度、衰减、频谱分析等指标的测试和处理都集于回弹超声综合检测仪中，提高了仪器中信息处理单元的利用率，缩小了体积，提高了检测效率。

近年来国外还主张把各种检测功能的仪器组装在一辆检测专用车上，数据由共用的计算机处理和储存，我们称为集约化趋势。例如英国的道路工程超声检测系统就是集约化的典型仪器群，它把各种道路无损检测装置安装在一辆车内，在车前及车下安装了许多非接触式超声探头，车辆行走过程中同时可测出路面的平整度、粗糙度、穿度等一系列质量指标，并由车内计算机作较大容量的信息处理，给出对道路状况的综合评价结论。这种集约化的检测仪器群机动性强，检测功能齐全，处理信息量大。可适应各种工程的检测，是一个可移动的检测试验中心。

检测仪器的研究是无损检测技术发展的基础，我国目前电子工业发展水平已足以提供各种先进仪器，但如何将电子技术与检测技术紧密结合起来，却是我们目前有待解决的问题。

1.4.4　结构混凝土无损检测信息处理和评价技术的探索和发展

信息处理和评价技术是无损检测技术的重要组成部分。近年来在这方面的研究工作越来越引起人们的重视。目前，在强度无损检测方面，已广泛运用了数理统计理论建立相关公式和进行强度推定；在缺陷无损检测方面已开始运用各种定量或半定量的数值判据，同时也已开始运用信息处理技术来判断缺陷。

1.4.4.1　混凝土强度无损检测结果的评价

随着建筑结构设计理论的发展，当今的结构设计方法已由原来的定值法过渡到概率法，结构的可靠性采用结构的可靠度或失效概率来衡量。结构设计的可靠性是以正常设计、正常施工及正常使用为前提的，因此，结构物的可靠度除了与设计时对荷载和材料性能取值及结构计算准确性有关外，还与工程质量的控制有极为密切的关系，分析结构可靠度时必须考虑质量控制条件。在构成结构可靠度的众多因素中，混凝土强度是一个重要因素。在常规的混凝土强度检验中，为了评定一批混凝土的强度质量水平，不可能采用全数破坏性抗压强度试验，而只能从每批次检验的总体中，随机抽取若干组试件进行破坏性抗压试验，并以此试验结果，根据抽样理论中试样统计参数与总体统计参数之间的关系，来判断被评价的混凝土的总体质量。因此，国际标准化组织(ISO)的有关建议，以及我国新制定的《混凝土强度检测评定标准》(GB/T 50107—2010)中都规定了以统计方法为基础的抽样评定法则。以试件强度的均值和标准差作为混凝土质量水平的一种描述，并规定了混凝土总体强度合格性控制的评定条件。

当我们采用无损检测方法检测混凝土强度时，可取得每个测区的标准强度换算值，它相当于一个试件的测定值，因此这些标准强度换算值的平均值和标准差也是该批混凝

土质量水平的一个描述。从这一点出发，我国近年制定的回弹法规程和超声回弹综合法规程均采用了相应的统计评定法则进行强度评定。

但是，值得注意的是，强度无损检测是建立在混凝土立方体标准抗压强度与检测物理量的相关性换算的基础上的，由物理量换算成标准强度换算值时，就已存在一次误差，这种相关关系所带来的误差，与混凝土抽样试件破坏性测试结果的统计参数有何联系和影响，至今尚无全面系统的研究报告，因而在制定对无损检测的标准强度换算按统计方法进行强度推定的有关规程时，对某些统计参数的确定尚有一定困难，这是今后在完善现行规程中应研究的一个问题。

总之，混凝土强度无损检测结果的评定方法由单值或平均值评定过渡到统计方法评定是近年的一个进展，它使评定结果更加合理，并与国家有关标准取得了一致，因而提高了无损检测结果的可信性。

1.4.4.2 混凝土缺陷无损检测结果的判断

在混凝土缺陷的无损检测中，通常都根据所测得的物理量，如声时、波幅、波形、辐射阴影区等，进行定性的或经验性的判断。这种方法受人的经验因素影响甚大，而且也不利于检测自动化、高速化和智能化，显然已不适应现代工程检测的需要。因此，近年来对缺陷判断方法的数值化、定量化进行了许多研究。综观这些研究的技术途径，基本上是两个方面，其一是采用数值判据，其二是采用信息处理技术。

（1）缺陷数值判据的发展

所谓数值判据，就是根据检测参数，如声时、波幅、接收频率等的定量值，用适当的数字处理方式，得出一个简明而又能判定缺陷存在与否的量值，该量值可作为缺陷判断的普遍适用的依据，称为缺陷数值判据。目前已提出的数值判据有四大类：

a）概率法判据。早在 20 世纪 60 年代，我国南京水利科学研究院罗骐先研究员就提出了用统计参数判断缺陷的数值判据，基本思想是检出大面积网格测试值中的统计异常值，出现该异常值的部位即为缺陷区。随后在概率法的基础上又有许多新的发展，我国制定的《超声法检测混凝土缺陷技术规程》（CECS21：2000）就建议采用概率法作为一般结构或构件的缺陷判断依据。

b）斜率与差值乘积判据（PSD 判据）。某些结构物，如混凝土钻孔灌注桩、地下连续墙等，因施工时需灌注水下混凝土，由于施工因素的影响，往往导致均匀性较差，标准差较大，这时若以标准差为依据检出异常点有可能出现漏判。针对这些特殊构件，湖南大学吴慧敏教授提出了在连续测量的沿线上声时曲线的斜率与相邻测点声时差值的乘积判据，简称 PSD 判据。其基本思想是在缺陷区往往存在材料不连续或材料性能的变异，因此在缺陷区的边缘声学参数必然产生明显变化，导致该点声时曲线斜率增大，据此判断缺陷的存在、性质和大小。该判据避免因均匀性不良，标准差过大对判断所造成影响，也可以消除相对检测面或检测孔道不平行所带来的影响，而且在判据曲线上缺陷位置显示明显。

c）多因素概率法判据（NFP 判据）。概率法和斜率与差值乘积都以单一声学参数组成判据，但研究证明，若采用多项参数（如声时、波幅、频率等）进行缺陷综合判断，则可提高判断的灵敏性和可靠性。基于这一思想，铁道部大桥局科研所提出一种多因素（声时、波幅、频率）概率分析法，简称综合判定法或 NFP 判据。它将上述三个参数组成一个综合参数,并分析了综合样本的概率分布函数(Charliar 概率密度函数),然后在该概率密度函数的基础上对样本中的异常值作出判断。所提出的 NFP 判据除可以对缺陷有无作出判断外,还与缺陷的大小和性质有一定关系。

d)多因素模糊综合判据。多因素概率法虽然综合了三个因素,但对三个因素在判断中的权数分配未予充分考虑,容易造成误判。为此,湖南大学又提出了多因素模糊综合判断,即采用模糊数学的方法对各参数权数进行合理分配,列出因素集和评判集,并通过模糊变换作出综合判断。

从以上数值判据的简单介绍中可见,缺陷无损检测的数值判断是一个十分活跃的研究领域,可以预料,随着缺陷判断理论和实践深化,将会有更多的判据形式出现。

（2）信息处理技术的运用

信息处理与数据处理的含义有所不同。数据处理一般是指对大量测试数据的分析和处理,从中找出有关的规律,它运用较多的数理统计的知识,如混凝土强度与物理量相关关系的回归分析、检测结果的强度评定以及缺陷判断的各种数值判据等都属于数据处理的范畴。而信息处理技术则是指检测所获取的信号的变换、分离、滤波、谱分析、存储、记录等方面的技术。

信息处理技术在缺陷检测中的原始运用,就是早期利用接收时域、波形进行缺陷判断。但由于影响的因素很多,很难简单地直接从波形上作出判断。为此,又提出了直接在接收波形上测读频率或直接通过波形观察检出相位和频率变化点,用以分析一次振源波及二次振源波的叠加信号,作为缺陷判断的依据。这些方法比波形的简单形状观察又进了一步。但这种处理方法仍然是初级的。

近年来计算机在无损检测中已大量运用,因而为进行信息处理打下了基础,许多信息处理方法正进入混凝土无损检测领域,如在声发射检测中已运用相关分析法滤去声发射测试中的噪声干扰。时域、频域分析已用于脉冲回波法检测。功率谱密度分析已用于超声脉冲检测等。

预计信息处理技术将成为缺陷判断由经验性走向量值化的重要途径,尤其是在超声反射法探伤、脉冲回波技术、声发射技术、雷达技术、红外技术等检测方法中更为重要。但目前信息处理技术在无损检测中的运用,还有待进一步开拓。

（3）CT 成像技术的运用

CT 技术即断层扫描技术,它根据物体断面的一组投影数据,经计算机处理后得到物体断面的图像,所以它是一种从数据到图像的重建技术。当探测源的射线穿过缺陷区为直线行进时的图像重建,是 CT 技术中最基本的图像重建,即几何光学图像重建。但当探测源不是 X 射线或高能粒子流而是声波时,穿过被测混凝土将产生折射、反射、绕射等现象,在进行图像重建时则是非几何光学的图像重建。CT 成像技术在缺陷检测中的运用,使缺陷的判断更为直观可靠,是今后重要的发展方向,但尚有许多技术问题有待研究解决。

思 考 题

1.混凝土无损检测的定义是什么？其工程意义何在？

2. 我国已制定了哪些无损检测方法的技术规程？

3. 试述混凝土"标准强度""强度标准值""强度等级""推定强度"的定义。

4. 试述常用无损检测方法的种类和特点。

5. 试述无损检测技术的研究动向。

2 回弹法检测混凝土强度

2.1 概述

2.1.1 回弹法应用概况

自从 1948 年瑞士施米特(E.Schmidt)发明回弹仪,以及苏黎世材料试验所发表研究报告以来,回弹法的应用已有 60 多年的历史。虽然在这 60 多年中其他无损检测方法不断出现,但由于回弹法仪器构造简单、方法简便、测试值在一定条件下与混凝土强度有较好的相关性、测试费用低廉等特点,至今它仍未失去现场应用的优越性,被国际学术界公认为混凝土无损检测的基本方法之一。许多国家或协会都制定了回弹法的应用技术标准,见表 2-1。这些标准有两种类型:一类是要求将回弹值换算为强度值的标准,它对仪器和测试技术要求较高,使用范围较严,属这类标准的有日本、前联邦德国、前民主德国、罗马尼亚、保加利亚、匈牙利及波兰;另一类是只用回弹值作为混凝土质量相对比较的标准,它的有关规定比较原则,属于这类标准的有俄罗斯、英国、美国及 ISO 国际标准草案。

表 2-1 各国回弹法技术标准名称

国家	标准编号	标准名称	级别	制订或生效年份
日本	—	采用回弹仪测定混凝土抗压强度方法的指示(草案)	协会	1958
前联邦德国	DIN 4240	密实混凝土撞击试验使用规程	国家	1962
罗马尼亚	C·30-67	施米特 N 型回弹仪测试混凝土技术规程	国家	1967
俄罗斯	ГOCT 10180-67	普通混凝土强度确定方法——试验混凝土强度的硬度测定法	国家	1967
英国	B·S·4408-4	混凝土非破损检验建议——表面硬度法	协会	1971
保加利亚	B·D·S 3816-72	混凝土——力学非破损检验法估测抗压强度	国家	1972
匈牙利	H·S-201/1-72	混凝土试验方法——非破损方法/采用施米特回弹仪测定混凝土	国家	1972
波兰	PN-74:BO 6262	采用施米特 N 型回弹仪非破损检验混凝土	国家	1974
美国	ASTM-C805-94	回弹法检测混凝土强度的标准	协会	1994
前民主德国	TGL/33437/01	用回弹或压痕试验测定混凝土的抗压强度	国家	1980
国际标准化组织	ISO/DIS 8045	硬化后的混凝土——用回弹仪测定回弹值	国际草案	1980

此外,国际材料与结构试验研究协会(RILEM)于 1983 年又提出了一个包括回弹法在内的表面硬度法规程的建议。

我国自 20 世纪 50 年代中期开始采用回弹法测定现场混凝土抗压强度。1963 年建筑工程部建筑科学研究院结构所(现中国建筑科学研究院结构所)组织召开了"回弹仪检验混凝土强度和构件试验方法技术交流会",并于 1966 年 3 月出版了《混凝土强度的回弹仪检验技术》一书,对回弹法的推广应用起到了促进作用。20 世纪 60 年代初,我国开始引进并自行生产回弹仪,开始推广应用。但由于对各种影响因素研究不够,并无统一的技术标准,因而使用较混乱,测试误差较大。1978 年,国家建委将混凝土无损检测技术研究列入了建筑科学发展计划,并组成了以陕西省建筑科学研究设计院为主,和同全国六个单位协作的研究组。从此对回弹法的仪器性能、影响因素、测试技术、数据处理方法及强度推算方法等进行了系统研究,提出了具有我国特色的回弹仪标准状态及"回弹值—碳化深度—强度"相关关系,提高回弹法的测试精度和适应性。1985 年颁布了《回弹法评定混凝土抗压强度技术规程》(JGJ 23—1985),1989 年该规程又进行修订,修订后的规程为行业标准,《回弹法检测混凝土抗压强度技术规程》(JGJ/T 23—1992)。2000 年对该行业标准又进行了修订,修订后仍作行业标准,名称不变,规程编号为 JGJ/T 23—2001。2008 年回弹法规程进行了第三修订,现使用的编号为 JGJ/T 23—2011,于 2011 年 12 月 1 日施行。现在回弹法已成为我国应用最广泛的无损检测方法之一。

2.1.2 回弹法的基本原理

回弹法是用一弹簧驱动的重锤,通过弹击杆,弹击混凝土表面,并测出重锤被反弹回来的距离,以回弹值(反弹距离与弹击锤冲击长度之比)作为与强度相关的指标,来推定混凝土强度的一种方法。由于测量在混凝土表面进行,所以应属于表面硬度法的一种。

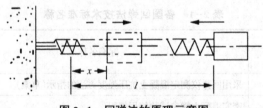

图 2-1　回弹法的原理示意图

图 2-1 为回弹法的原理示意图。当重锤被拉到冲击前的起始状态时,若重锤的质量等于 1,则这时重锤所具有的势能 e 为

$$e = \frac{1}{2}E_s l^2 \tag{2-1}$$

式中, E_s——拉力弹簧的刚度系数;

l——拉力弹簧工作时拉伸长度。

混凝土受冲击后产生瞬时弹性变形,其恢复力使重锤弹回,当重锤被弹回到 x 位置时所具有的势能 e_x 为

$$e_x = \frac{1}{2}E_s x^2 \tag{2-2}$$

式中, x——重锤反弹位置或重锤弹回时弹簧的拉伸长度。

所以重锤在弹击过程中,所消耗的能量 Δ_e 为

$$\Delta_e = e - e_x \tag{2-3}$$

将式(2-1)、式(2-2)代入式(2-3)得:

$$\Delta_e = \frac{E_s l^2}{2} - \frac{E_s x^2}{2} = e\left[1 - \left(\frac{x}{l}\right)^2\right] \tag{2-4}$$

令

$$R = \frac{x}{l} \tag{2-5}$$

18

在回弹仪中，l 为定值，所以 R 与 x 成正比，称为回弹值。将 R 代入式(2-4)得

$$R = \sqrt{1 - \frac{\Delta_e}{e}} = \sqrt{\frac{e_x}{e}} \qquad (2-6)$$

从式(2-6)中可知，回弹值 R 等于重锤冲击混凝土表面后剩余的势能与原有势能之比的平方根。简言之，回弹值 R 是重锤冲击过程中能量损失的反映。

能量主要损失在以下三个方面：

（1）混凝土受冲击后产生塑性变形所吸收的能量；

（2）混凝土受冲击后产生振动所消耗的能量；

（3）回弹仪各机构之间的摩擦所消耗的能量。

在具体的实验中，上述（2）、（3）两项应尽可能使其固定于某一统一的条件，例如，试体应有足够的厚度，或对较薄的试体予以加固，以减少振动，回弹仪应进行统一的计量率定，使冲击能量与仪器内摩擦损耗尽量保持统一等。因此，第（1）项是主要的。

根据以上分析可以认为，回弹值通过重锤在弹击混凝土前后的能量变化，既反映了混凝土的弹性性能，也反映了混凝土的塑性性能。若联系式(2-1)来思考，回弹值 R 反映了该式中的 E_s 和 l 两项，当然与强度 f_{cu}^c 有必然联系，但由于影响因素较多，R 与 E_s、l 的理论关系尚难推导。因此，目前均采用试验归纳法，建立混凝土强度 f_{cu}^c 与回弹值 R 之间的一元回归公式，或建立混凝土强度 f_{cu}^c 与回弹值 R 及主要影响因素（例如，碳化深度 d）之间的二元回归公式。这些回归的公式可采用各种不同的函数方程公式，根据大量试验数据进行回归拟合，择其相关系数较大者作为实用经验公式。目前常见的公式主要有以下几种：

直线方程　　　$f_{cu}^c = a + bR_m$ 　　　　　　　　　　　　　　　　(2-7)

幂函数方程　　$f_{cu}^c = aR_m^b$ 　　　　　　　　　　　　　　　　　(2-8)

抛物线方程　　$f_{cu}^c = a + bR_m + cR_m^b$ 　　　　　　　　　　　　(2-9)

二元方程　　　$f_{cu}^c = aR_m^b \cdot 10^{(cd_m)}$ 　　　　　　　　　　　　(2-10)

式中，f_{cu}^c——混凝土测区的推算强度；

　　　R_m——测区平均回弹值；

　　　d_m——测区平均碳化深度值；

　　　a——常数项；

　　　b、c——回归系数。

2.1.3　回弹法测强的误差范围

对回弹法测强误差的估计，一般采用在实验室内通过试件测试制定测强相关曲线，即上述按试验值进行最小二乘法回归分析时所得的标准差及离散系数，作为测定误差，或以验证性实测试验误差作为测定误差。表 2-2 即为部分国家的回弹法标准中，按这一估计方法所列出的回弹法测强误差范围。

关于结构混凝土强度的检测误差，与试块件混凝土强度的检测误差，这两者之间的差异，尚待进一步研究。

19

表 2-2　部分国家回弹法标准中的强度测定误差

国 别	误差 / %	条 件
英国	± 15 ~ ± 25	期龄 3 个月以内,校准曲线法
俄罗斯	> ± 15	保证率 95%,校准曲线法
罗马尼亚	± 25 ~ ± 35	保证率 90%,已知配合比,有试块复核影响系数法
国际建议(ISO)	> ± 15	期龄 14 ~ 60 d,只有 1 ~ 2 个影响因素的变化,条件明确,校准曲线法
	> ± 25	期龄同上,已知影响因素很少,校准曲线法

2.2　回弹仪

2.2.1　回弹仪的类型、构造及工作原理

随着回弹仪用途日益广泛及现代科学技术的发展,回弹仪的型号不断增加,现有回弹仪分类见表 2-3。

表 2-3　回弹仪分类

类 别	名 称	冲击能量	主要用途	备 注
L 型(小型)	L 型	0.735 J	小型构件及刚度稍差的混凝土或胶凝制品	
	LR 型	0.735 J	小型构件及刚度稍差的混凝土或胶凝制品	有回弹值自动画线装置
	LB 型	0.735 J	烧结材料和陶瓷	
N 型(中型)	N 型	2.207 J	普通混凝土构件	
	NA 型	2.207 J	水下混凝土构件	
	NR 型	2.207 J	普通混凝土构件	有回弹值自动画线装置
	ND—740 型	2.207 J	普通混凝土构件	高精度数显式
	NP—750 型	2.207 J	普通混凝土构件	数字处理式
	MTC—850 型	2.207 J	普通混凝土构件	有专用计算机,能自动处理和记录有关数值
	WS—200 型	2.207 J	普通混凝土构件	远程自动显示并记录
P 型(摆式)	P 型	0.883 J	轻质建筑材料、砂浆、饰面等	
	PT 型	0.883 J	用于 0.5 ~ 5.0 MPa 的低强胶凝制品	冲击面较大
M 型(大型)	M 型	29.40 J	大型实心块体、机场跑道及公路路面的混凝土	

我国自 20 世纪 50 年代中期,相继投入生产 N 型、L 型、NR 型及 M 型等回弹仪、以 N 型应用最为广泛。这种中型回弹仪是一种指针直读的直射锤击式仪器,其构造如图 2-2 所示。

仪器工作时,随着对回弹仪施压,弹击杆 1 徐徐向机壳内推进,弹击拉簧 2 被拉伸,使连接弹击拉簧的弹击锤 4 获得恒定的冲击的能量 e,如图 2-3 所示,当仪器水平状态工作时,其冲击能量 e 可由下式计算:

$$e = \frac{1}{2}E_s l^2 = 2.207 \text{ J}$$

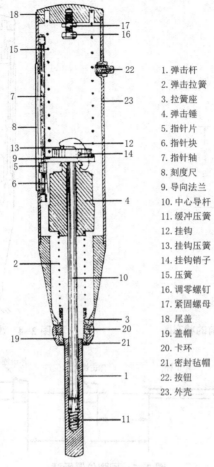

1. 弹击杆
2. 弹击拉簧
3. 拉簧座
4. 弹击锤
5. 指针片
6. 指针块
7. 指针轴
8. 刻度尺
9. 导向法兰
10. 中心导杆
11. 缓冲压簧
12. 挂钩
13. 挂钩压簧
14. 挂钩销子
15. 压簧
16. 调零螺钉
17. 紧固螺母
18. 尾盖
19. 盖帽
20. 卡环
21. 密封毡帽
22. 按钮
23. 外壳

图 2-2　回弹仪的构造

式中，E_s——弹击拉簧的刚度，$E_s = 0.784$ N/mm；

　　　l——弹击拉簧工作时拉伸长度，$l = 75$ mm。

当挂钩 12 与调零螺钉 16 互相挤压时，使弹击锤脱钩，弹击锤的冲击面与弹击杆的后端平面相碰撞，如图 2-4 所示，此时弹击锤释放出来的能量借助弹击杆传递给混凝土构件，混凝土弹性反应的能量又通过弹击杆传递给弹击锤，使弹击锤获得回弹的能量向后弹回，计算弹击锤回弹的距离，l' 和弹击锤脱钩前距弹击杆后端平面的距离 l 之比，即得回弹值 R，它由仪器外壳上的刻度尺 8 示出，见图 2-5。

2.2.2　影响回弹仪检测性能的主要因素

仪器产生与传递能量及指示回弹值的有关零部件，都直接或间接地影响仪器测试性能和正确反映仪器按其原理正常工作的状态（标准状态）。影响仪器测试性能的主要因素是机芯主要零件的装配尺寸、主要零部件的质量和机芯装配质量。

2.2.2.1　机芯主要零件的装配尺寸

回弹仪机芯主要零件的装配尺寸是指弹击拉簧的工作长度 l_0，弹击锤的冲击长度 l_p 以及弹击锤的起跳位置等。这三个装配尺寸工作时互相影响。严格控制这三个装配尺寸，是统一仪器性能的重要前提。

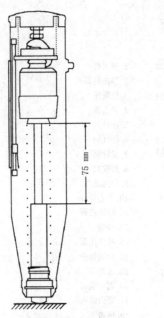 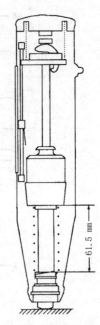

图2-3 弹击锤脱钩前的状态图   图2-4 弹击锤脱钩后的状态

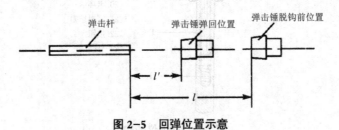

图2-5 回弹位置示意

（1）弹击拉簧的工作长度 l_0

l_0 是指拉簧后端沿口至弹击锤挂簧孔边缘大面间的距离，如图2-4所示。当弹击锤脱钩弹击时，弹击锤与弹击杆两冲击面碰撞的瞬间，弹击拉簧应处于自由状态，其值应为 61.5 mm。

如果 $l_0 > 61.5$ mm，那么弹击锤冲击弹击杆的瞬间，拉簧受到了挤压，冲击后由于拉簧要恢复到自由状态亦即 $l_0 > 61.5$ mm 的状态，就在两冲击面之间形成一间隙 Δl 使弹击锤比设计规定的位置向后移了一段距离 Δl，如图2-6所示，造成实际的回弹能量增加，所测回弹值偏高。

如果 $l_0 < 61.5$ mm，弹击锤冲击弹击杆的瞬间，拉簧不能恢复到自由状态，而被拉长一个长度（$-\Delta l$），使弹击锤回弹时要克服一个反方向的拉力 Δf，如图2-7所示，造成实际的回弹能量减小，所测回弹值偏低。

图2-8 为同一台仪器在正常状态下，改变 l_0 时在钢砧、不同硬度的均匀砂浆试块（A、B、C、D）上的试验结果。

由于变化弹击拉簧工作长度的同时，会引起其拉伸长度的变化，它们共同引起仪器能量的变化，从而影响了仪器的测试性能。上述试验结果表明，当 $l_0 > 61.5$ mm 时，回弹值偏高，当 $l_0 < 61.5$ mm 时，回弹值偏低。

22

由于改变 l_0 而引起的能量的变化对高回弹值影响较小，因此在钢砧上的率定值基本不变。

（2）弹击锤的冲击长度 l_p

弹击锤的冲击长度 l_p 是指弹击锤脱钩的瞬间，弹击锤与弹击杆两撞击面之间的距离，其值应为 75 mm，如图 2-3 所示，处于标准状态的仪器。

为保证弹击锤在脱钩的瞬间具有 2.207 J 的冲击能量，根据功能原理，拉簧的拉伸长度应为 75 mm，当仪器正常工作时，弹击锤应在相应于刻度尺上的"100"处脱钩，推算"0"处起跳，此处也是拉簧受拉的起始点，所以弹击锤的冲击长度 l_p 应与拉簧的拉伸长度 l 相等。

图 2-9 为同一台仪器在正常状态下，改变 l_p 使其大于（$+\Delta l_p$）或小于（$-\Delta l_p$）时，在钢砧及不同硬度的均匀砂浆试块上由同一操作者的平行测试结果。试验表明，当 $l_p > 75$ mm时，弹击锤与弹击杆碰撞的瞬间，拉簧因受挤压使回弹值偏高，但同时又引起弹击锤的起跳位置小于"0"导致回弹值偏低，相互抵消影响后显示出的回弹值略为偏低。反之，抵消影响后显示出的回弹值略为偏高。试验还表明，当改变 l_p 时，仪器在钢砧上的率定值变化不大，这是因为上述因素在钢砧上的影响基本互相抵消。

（3）弹击锤的起跳位置

根据仪器的构造及设计原理，弹击锤回弹时的起跳位置应处于相应刻度尺上的推算"0"处（并非是指针停在"0"处），此时弹击拉簧正好处于自由状态，使仪器持有恒定的能量。反之，则会引起冲击能量的变化。

由于仪器构造方面的原因，不能方便、准确地检验弹击锤是否在"0"处起跳。但是刻度尺上的"0～100"的长度为 75 mm，标准状态仪器的弹击锤的冲击长度也为 75 mm，因此可用检验弹击锤是否在"100"处脱钩的方法来推算是否在"0"处起跳。

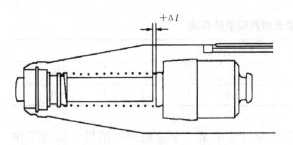

图 2-6　拉簧工作长度 > 61.5 mm

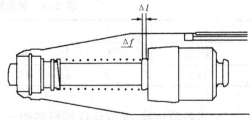

图 2-7　拉簧工作长度 < 61.5 mm

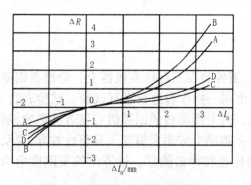

图 2-8　拉簧工作长度 l_0 的影响

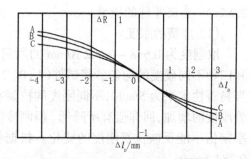

图 2-9　弹击锤冲击长度 l_p 的影响

图 2-10 为同一台仪器,变化其弹击锤起跳点时,在钢砧及不同硬度的均匀砂浆试块上由同一操作者的平行测试结果。

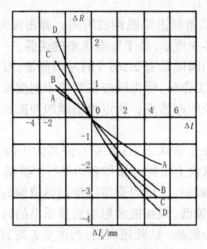

图 2-10　弹击锤起跳位置的影响

试验表明,弹击锤起跳点的改变,直接影响回弹值的大小,但在试件上回弹值的变化较起跳点的变化值要小些,这种变化与砂浆试件(A、B、C、D)表面硬度的大小近似成正比。因为弹击锤起跳点的变化,使拉簧的拉伸长度及工作状态随之变化,它们之间互相抵消了部分影响,当试件表面硬度较低时,能量消耗在塑性变形的功增加,反映在回弹值上的影响就较少。在表面硬度很大的钢砧上,反映在回弹值上的影响就十分显著,见表 2-4。

表 2-4　表面硬度对回弹值的影响

极差值	回弹值的极差值				
	A	B	C	D	钢砧
10.5	1.8	4.0	5.8	6.1	9.0

上述各项试验,是变化仪器机芯的三个装配尺寸中某一个参数所得结果。实际工作时,有可能同时存在其余参数的变化。而使影响互相抵消或叠加。

其变化的定性关系见表 2-5。

2.2.2.2　主要零件的质量

（1）拉簧的刚度

取刚度为 0.668 ~ 0.902 N/mm 的六只弹击拉簧各装在三台标准仪器上,分别在钢砧和四种不同硬度的均匀砂浆试件(A、B、C、D)上由同一操作者进行平行试验。试验表明,当显著性水平为 5% 时,不同刚度的拉簧在砂浆试件上所测得的回弹值有显著性影响,随着刚度的增加,回弹值有所降低。但刚度的变化在钢砧上的率定值却无显著性差异,说明率定值不能反映拉簧刚度的变化。根据仪器的构造和冲击能量,推算出拉簧刚度应为 0.784 N/mm。

表 2-5　机芯装配尺寸对回弹值的影响

变化项	机芯装配尺寸			仪器工作时状态				回弹值综合反映
	l_0/mm	l_p/mm	脱钩点	弹击拉簧	l/mm	l_p/mm	起跳点	
标准	61.5	75	"100"	自由状态	75	75	"0"	标准
弹击拉簧工作长度 l_0	大于61.5	75	"100"	冲拉	大于75	75	"0"	偏低
	小于61.5			冲压	小于75			偏高
弹击锤冲击长度 l_p	61.5	小于75	"100"	冲拉	75	小于75	大于"0"	偏高
		大于75		冲压		大于75	小于"0"	偏低
弹击锤脱钩位置	61.5	75	小于"100"	冲压	小于75	75	小于"0"	偏低
			大于"100"	冲拉	大于75		大于"0"	偏高

（2）弹击杆前端的曲率半径和后端的冲击面

设计规定，弹击杆前端的曲率半径 $r = 25$ mm。变化 r 值（23～27 mm），在钢砧及不同硬度砂浆试件上的试验结果表明，同一台仪器在相同冲击能量的情况下，消耗在塑性变形中的能量，r 大的比 r 小的少，因此，反映出 r 越大则回弹值越高，并随砂浆表面硬度的增大而趋于明显。同时，当曲率半径为（25 ± 2）mm 变化时，在钢砧的率定值上反映不出差异。考虑到测试过程中曲率半径会随着测试次数的增大加而逐渐变大，规定 $r=25$ mm 是适宜的。

国产中型回弹仪的弹击杆后端冲击面曾有过两种加工形状，即有环带状和无环带状的平面。试验表明，冲击面为环带状的弹击杆比冲击面为平面的弹击杆在钢砧上的率定值平均要高 3 度左右，但在砂浆试块上的差异只有 1 度左右。此外，不论是在钢砧上或是在砂浆试件上所测得的回弹值的极差值，冲击面为平面的弹击杆均比冲击面为环带状的弹击杆要小，说明弹击杆的冲击面形状对钢砧率定值影响大于对砂浆试件率定值的影响，且冲击面为平面的弹击杆测试稳定性较好。为与国外同类产品一致，现已将弹击杆后端冲击面形状规定为平面，环带状的冲击面已不允许生产及使用。

（3）指针长度和摩擦力

设计规定，指针块上的指示线应位于正中，指示线至指针片端部的水平距离（指针长度）为 20 mm，它直接影响回弹值的大小。

指针摩擦力是指在机壳滑槽中指针块在指针导杆全长上推动时的摩擦力 f，按设计要求 $f=0.65$ N，实测表明，指针摩擦力如果过小，回弹时指针出现滑动，使回弹值偏高，如果摩擦力过大，影响弹击锤的回弹力，使回弹值偏低。因此，指针摩擦力应控制在 $0.5～0.8$ N。

（4）影响弹击锤起跳位置的有关零件

回弹仪工作时，对仪器施加的作用力使弹击拉簧拉伸，压簧压缩，挂钩脱钩，这三部分的力通过中心导杆传递给缓冲压簧，使之压缩一段长度。前已述及，欲使弹击锤"0"处起跳，必须使其在"100"处脱钩和冲击长度等于 75 mm。而为了保证仪器工作时的冲击长度为 75 mm，就必须使缓冲压簧的压缩长度为一定值。这就要求弹击拉簧、压簧、缓冲压簧的质量必须按设计要求加工，以保证各台仪器质量的一致。

此外，在弹击锤脱钩状态下，挂钩尾部与法兰上表面之间的孔隙大小，也影响弹击锤的起跳点。

2.2.2.3 机芯装配质量

欲使仪器达到正常状态,除对机芯装配尺寸和主要零件质量提出要求外,机芯装配质量也很重要。例如:当机芯装配尺寸达到标准状态后,尾盖上的调零螺丝应始终处于紧固状态,不得有松动或位移现象;弹击拉簧的两端分别固定于拉簧座及弹击锤上以后,在中心导杆上不得有歪斜偏心现象;弹击杆、弹击锤和中心导杆工作时,应在同一轴心线上等,这些对确保仪器具有正常的测试性能起着比较重要的作用。

2.2.3 钢砧率定的作用

我国传统的检验回弹仪的方法,一直是沿用瑞士回弹仪制造厂说明书中的方法进行的,即在符合标准的钢砧上,将仪器垂直向下率定,其平均值应为 80±2,以此作为出厂合格检验及使用中是否需要调整的标准。实际上,正如前面所介绍的,影响仪器测试性能的主要因素,都对钢砧率定值无显著影响。因此,仅以钢砧率定试验作为检验仪器合格与否是不妥的。

试验研究表明,钢砧率定的作用主要为:

(1)当仪器为标准状态时,检验仪器的冲击能量是否等于或接近于 2.207 J,此时在钢砧上的率定值应为 80±2,此值作为校验仪器的标准之一。

(2)能较灵活地反映出弹击杆、中心导杆和弹击锤的加工精度以及工作时三者是否在同一轴线上。若不符合要求,则率定值低于 78,会影响测试值。

(3)转动呈标准状态回弹仪的弹击杆在中心导杆内的位置,可检验仪器本身测试的稳定性。当各个方向在钢砧上的率定值均为 80±2 时,即表示该台仪器的测试性能是稳定的。

(4)在仪器其他条件符合要求的情况下,用来校验仪器经使用后内部零部件有无损坏或出现某些障碍(包括传动部位及冲击面有无污物等),出现上述情况时率定值偏低且稳定性差。

由此看出,只有在仪器三个装配尺寸和主要零件质量校验合格的前提下,钢砧率定值才能作为校验仪器是否合格的一项标准。

必须指出的是,如果仪器在钢砧上的率定值低于 78 且不小于 72 时(以 R 表示),国外按 80%R 的比例来修正试块上测得的回弹值的做法是不妥的。我国规定,如率定试验率定值不在 80±2 范围内,应对仪器进行保养后再率定,如仍不合格应送校验单位校验。钢砧率定值不在 80±2 范围内的仪器,不得用于测试。

2.2.4 回弹仪的操作、保养及校验

2.2.4.1 操作

将弹击杆顶住混凝土的表面,轻压仪器,松开按钮,弹击杆徐徐伸出。使仪器对混凝土表面缓慢均匀施压,待弹击锤脱钩冲击弹击杆后即回弹,带动指针向后移动并停留在某一位置上,即为回弹值。继续顶住混凝土表面并在读取和记录回弹值后,逐渐对仪器减压,使弹击杆自仪器内伸出,重复进行上述操作,即可测得被测构件或结构的回弹值。操作中注意仪器的轴线应始终垂直于构件混凝土的表面。

2.2.4.2 保养

仪器使用完毕后。要及时清除伸出仪器外壳的弹击杆、刻度尺表面及外壳上的污垢和尘土,当测试次数较多、对测试值有怀疑时,应将仪器拆卸,并用清洗剂清洗机芯的主要零件及其内孔。然后在中心导杆上抹一层薄薄的钟表油,其他零部件不得抹油。要注意检查尾盖的调零螺丝有无松动,弹击拉簧前端是否钩入拉簧座的原孔位内,否则应送校验单位校验。

2.2.4.3 校验

目前,国内外生产的中型回弹仪,不能保证出厂时为标准状态,因此即使是新的有出厂合格证的仪器,也需送校验单位校验。此外,当仪器超过检定有效期限半年;累计弹击次数超过规定(如 6 000 次);仪器遭受撞击、损害;零部件损坏需要更换等情况皆应送校验单位按国家计量检定规程《混凝土回弹仪》(JJG 817—1993)进行校验。

校验合格的仪器应符合下列标准状态:

(1)水平弹击时,弹击锤脱钩的瞬间,仪器的标称动能应为 2.207 J,此时在钢砧上的率定值应为 80 ± 2;

(2)弹击拉簧的工作长度应为 61.5 mm,弹击锤的冲击长度(拉簧的拉伸长度)应为 75 mm,弹击锤在刻度尺上的"100"处脱钩,此时弹击锤与弹击杆碰撞的瞬间,弹击拉簧应处于自由状态,弹击锤起跳点应在相应于刻尺上推算的"0"处;

(3)指针块上的指示线至指针片端部的水平距离为 20 mm,指针块在指针轴全长上的摩擦力为 0.5 ~ 0.8 N;

(4)弹击杆前端的曲率半径为 25 mm,后端的冲击面为平面;

(5)操作轻便、脱钩灵活。

上述标准状态的五项指标是以仪器的零部件加工精度均符合要求为前提,否则仍然会出现一定范围的误差。

2.2.5 回弹仪的常见故障及排除方法

现将回弹仪常见的故障、原因分析及检修方法列于表 2–6,供操作人员参考。

2.3 回弹仪检测混凝土强度的影响因素

影响混凝土的抗压强度 f_{cu} 与回弹值 R 的因素并不都是一致的,某些因素只对其中一项有影响,而对另一项不产生影响或影响甚微。因此,弄清这些影响因素的作用及作用程度,对正确制订和选择"f_{cu} – R"关系曲线,提高测试精度是很重要的。

国内外对回弹法的影响因素曾做过一些试验研究,并在许多方面取得了基本的看法,但对某些较重要的影响因素,如水泥品种、粗骨料品种、模板种类、养护方法等试验研究还不够全面和系统。为此,我国有关单位对上述影响因素进行了专项试验研究。

到目前为止,我国回弹法研究成果基本只适用于普通混凝土,故下面介绍的各种影响因素是对普通混凝土而言。

2.3.1 原材料的影响

普通混凝土是建筑构件生产中使用最普遍的一种,它是由水泥、水及粗、细石质骨料的混合料制备而成。混凝土抗压强度的大小主要取决于其中的水泥砂浆的强度、粗骨料

表 2-6　回弹仪常见故障及排除方法

故障情况	原因分析	检修方法
回弹仪弹击时,指针块停在起始位置上不动	1. 指针块上的指针片相对于指针轴上的张角太小; 2. 指针片折断	1. 卸下指针块,将指针片的张角适当扳大些; 2. 更换指针片
指针块在弹击过程中抖动步进上升	1. 指针块上的指针片的张角略小; 2. 指针块与指针轴之间配合太松; 3. 指针块与刻度尺的局部碰撞摩擦或与固定刻度尺的小螺钉相碰撞摩擦,或与机壳滑槽局部摩阻太大	1. 卸下指针块,适量地把指针片的张角扳大; 2. 将指针摩擦力调大一些; 3. 修锉指针块的上平面,或截短小螺丝,或修挫滑槽
指针块在未弹击前就被带上来,无法读数	指针块上的指针片张角太大	卸下指针块,将指针片的张角适当扳小
弹击锤过早击发	1. 挂钩的钩端已成为钝角; 2. 弹击锤的尾端局部破碎	1. 更换挂钩; 2. 更换弹击锤
不能弹击	1. 挂钩拉簧已脱落; 2. 挂钩的钩端已折断或已磨成大钝角; 3. 弹击拉簧已拉断	1. 装上挂钩拉簧; 2. 更换挂钩; 3. 更换弹击拉簧
弹击杆伸不出来,无法使用	按钮不起作用	用手扶握尾盖并施一定压力,慢慢地将尾盖旋下(当心压力弹簧将尾盖冲开弹击伤人),使导向法兰往下运动,然后调整好按钮,如果按钮零件缺损,则应更换
弹击杆易脱落	中心导杆端部与弹击杆内孔配合不紧密	取下弹击杆,将中心导杆端部各爪瓣适当扩大(装卸弹击杆时切勿丢失缓冲压簧);或更换中心导杆和弹击杆
标准状态仪器率定值偏低	1. 弹击锤与弹击杆的冲击平面有污物; 2. 弹击锤与中心导杆间有污物,摩擦力增大; 3. 弹击锤与弹击杆间的冲击面接触不均匀; 4. 中心导杆端部部分爪瓣折断; 5. 机芯损坏	1. 用汽油擦洗冲击面; 2. 用汽油清洗弹击锤内孔及中心导杆,并抹上一层薄薄的钟表油; 3. 更换弹击杆; 4. 更换中心导杆; 5. 仪器报废

的强度以及二者的粘结力。混凝土表面硬度主要与水泥砂浆强度有关,和粗骨料与砂浆间的粘结力,以及混凝土结构内部性能关系并不明显。

2.3.1.1　水泥的影响

据国外资料介绍,水泥品种对回弹法有重要的影响,高铅水泥混凝土的强度要比普通水泥混凝土高,而用富硫酸盐水泥制备的混凝土强度偏低。罗马尼亚采用的影响系数法,普通水泥影响系数定为 1.0,而矿渣水泥则为 0.9。

我国常用普通混凝土的主要水泥品种,如普通水泥、矿渣水泥、火山灰水泥、粉煤灰水泥及硅酸盐水泥等对回弹法测强的影响,国内看法不甚一致,有人认为影响很大,有人认为只要考虑了碳化深度的影响就可以不考虑水泥品种的影响。在对这一影响因素进行了专项试验研究后认为,常用硅酸盐类水泥对回弹测强没有明显的影响,一些试验所反映的差异,只是一种表象,这种差异实质上是由碳化引起的。将其他原材料固定,分别采用符合国家标准的普通硅酸盐水泥、矿渣硅酸盐水泥及粉煤灰硅酸盐水泥成型了100余组的混凝土试件,标准养护7天后,将一部分试件装进塑料袋密封以隔绝空气,存放在常温的室内;另一部分试件存放在同一室内,在空气中自然养护,于龄期7 d、28 d、90 d、180 d时分别测其回弹值、强度值及碳化深度值。试验结果表明:

（1）当碳化深度为$d_m = 0$或同一碳化深度下,尽管三种水泥矿物组成不同,但是它们的混凝土抗压强度与回弹值间的规律基本相同,对"$f_{cu} - R$"相关曲线没有明显的差别。如图2-11~图2-14所示。其中塑料袋密封的试件碳化深度为零。

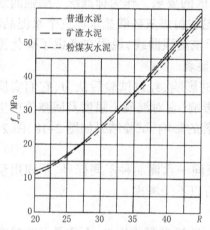

图 2-11 $d_m = 0$mm 时三种水泥的
"$f_{cu} - R$"曲线(龄期 7~180 d)

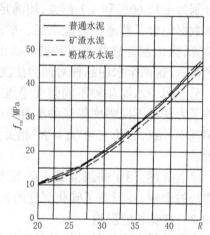

图 2-12 $d_m = 2$ mm 时三种水泥的
"$f_{cu} - R$"曲线(龄期 7~180 d)

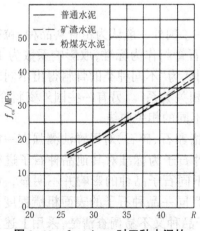

图 2-13 $d_m = 4$mm 时三种水泥的
"$f_{cu} - R$"曲线(龄期 7~180 d)

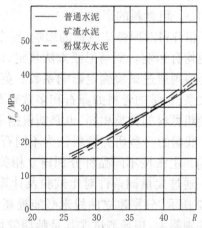

图 2-14 试件袋装密封时,三种水泥的
"$f_{cu} - R$"曲线(龄期 7~180 d)

（2）自然养护条件下的长龄期试块,由于混凝土表面产生了碳化现象即表面生成了

29

硬度较高的碳酸钙层,使得在相同强度情况下,已碳化的试件回弹值高,未碳化的试件回弹值低,这就对强度及相应的回弹值之间的相关关系产生了显著的影响,龄期越长,此种现象越明显。不同水泥品种因其矿物组成不同,在相同的条件下其碳化速度不同。普通水泥水化后生成大量的氢氧化钙,使得混凝土硬化后与二氧化碳作用生成碳酸钙需要较长的时间,即碳化速度慢。而矿渣水泥及粉煤灰水泥中的掺合料含有活性氧化硅和活性氧化铝,它们和氢氧化钙结合形成具有胶凝性的活性物质,降低了碱度,因而加速了混凝土表面形成碳酸钙的过程,即碳化速度较快。从而表现了不同的"$f_{cu} - R$"相关曲线,如图 2-15 ~ 图 2-17 所示。由此可知,适用于普通混凝土的硅酸盐类水泥品种本身对回弹法测强并没有明显的影响,三种水泥在图中相关曲线的分离现象是因碳化速度不同引起的。

另外,按规定的统一试验方法及数据处理方法,分别对采用火山灰水泥及硅酸盐水泥成型的混凝土试件按建设部标准中的统一测强曲线进行了计算和验证,其平均相对误差分别为 ± 12.60% 和 ± 7.15%,均满足不大于 ± 15% 的要求。作为标准统一测强曲线的基本数据包含了普通硅酸盐水泥、矿渣硅酸盐水泥和粉煤灰硅酸盐水泥三个水泥品种。经验算,火山灰硅酸盐水泥和硅酸盐水泥也适用于该测强曲线,说明在考虑了碳化深度的影响后,这两个水泥品种对回弹法测强影响也不显著。

至于同一水泥品种不同强度等级及不同用量的影响,经过试验后认为,它们实质上反映了为获得不同强度等级的混凝土的水灰比的影响,它对混凝土强度及回弹值产生的影响基本一致,因此它对"$f_{cu} - R$"相关关系没有显著的影响,试验结果如图 2-18、图 2-19 所示。

综上所述,用于普通混凝土的五大水泥品种及同一水泥品种不同标号、不同用量对回弹法的影响,在考虑了碳化深度的影响条件下,可以不予考虑。

2.3.1.2 细骨料的影响

普通混凝土用细骨料的品种和粒径,只要符合《普通混凝土用砂、石质量及检验方法标准》(JGJ 52—2006)的规定,对回弹法测强没有显著影响。国内的试验研究资料及看法与国外一致,如图 2-20、图 2-21 所示。

2.3.1.3 粗骨料的影响

粗骨料对回弹法测强的影响,至今看法没有统一。国外一般认为粗骨料品种、粒径及产地均有影响。罗马尼亚方法规定,以石英质河卵石骨料作为标准,取影响系数为 1,其余骨料则通过试验确定影响系数。英国标准协会则认为"不同种类的骨料得出不同的相关关系,正常的骨料如卵石和多数碎石具有相似的相关关系"。另有一些国外资料介绍,即使粗骨料的种类相同,也必须根据不同产地得出不同的相关曲线。

我国的一些研究资料认为不同石子品种(主要指卵石、碎石)对回弹法测强有一定的影响,主张按不同品种分别建立相关曲线或以某种石子为标准对其他品种石子进行修正。通过大量同条件对比试验及计算分析认为,不同石子品种的影响并不明显,如图 2-22 所示,分别建立曲线未必能提高测试精度,况且同一品种石子的表面粗糙程度及质量差别甚大,现场测试尤其是龄期较长的工程,石子品种又不易调查清楚,采用上述方法反而会引起误差,主张不必按石子品种分别建立相关曲线。

国内一些单位还曾对石子粒径影响进行了试验,他们分别采用粒径为 5 ~ 10 mm 和 5 ~ 40 mm 的碎石;5 ~ 20 mm、10 ~ 30 mm、20 ~ 40 mm 的卵石;5 ~ 20 mm 及 10 ~ 30 mm

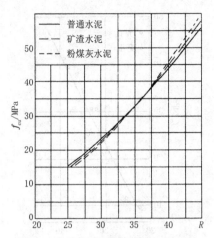

图 2-15　28 d 龄期时,三种水泥的
"$f_{cu}-R$"曲线

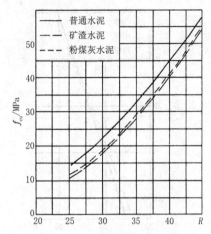

图 2-16　90 d 龄期时,三种水泥的
"$f_{cu}-R$"曲线

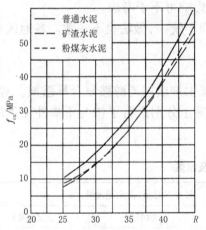

图 2-17　180 d 龄期时,三种水泥的
"$f_{cu}-R$"曲线

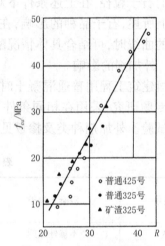

图 2-18　水泥标号的影响

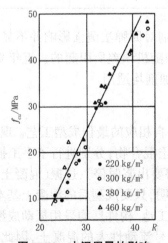

图 2-19　水泥用量的影响

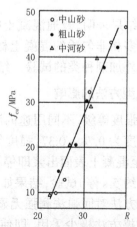

图 2-20　细骨料种类的影响

31

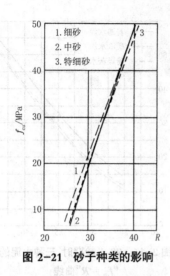

图 2-21　砂子种类的影响

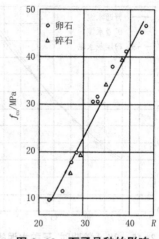

图 2-22　石子品种的影响

为 1/3 用量,30 ~ 50 mm 为 2/3 用量的混合级配分别进行了对比试验。结果认为,符合筛分曲线的石子粒径,在上述条件下对回弹法测强的影响可不予考虑。

综上所述,石子品种的影响,在我国迄今看法尚不统一,做法也不一致。各地区在制作自己的曲线时,可结合具体情况酌定。

2.3.1.4　外加剂的影响

我国建筑工程用普通混凝土时经常掺加木钙减水剂或三乙醇胺复合早强剂。对此,进行了专题研究,采用在相同条件下,对配制的混凝土分别进行了掺与不掺外加剂的平行对比试验。外加剂种类及掺量见表 2-7。

表 2-7　外加剂种类及掺量

编号	混凝土种类	外加剂掺量(占水泥重量)/%		
		木钙	硫酸钠	三乙醇胺
A	不掺外加剂	—		
B	掺复合早强剂	—	1.0	0.03
C	掺减水剂	0.25	—	—

试验结果表明,普通混凝土中掺与不掺上述外加剂对回弹法测强影响并不显著。上述差异系多相非匀质的混凝土材料本身及测试操作中随机误差所引起的。近年来,又进行了扩大外加剂种类的试验。结果表明,非引气型外加剂均适用。

2.3.2　成型方法的影响

不同强度等级、不同用途的混凝土混合物,应有各自相应的最佳成型工艺。现将水灰比变化幅度为 0.78 ~ 0.37,强度等级 C8 ~ C38 的混凝土混合物,分别进行了手工插捣、适振(振动至混凝土表面出浆即停)、欠振(混凝土表面将要出浆时停)、过振(混凝土表面出浆后续振约 5 s 停)试验,结果如图 2-23 所示。试验表明,只要成型后的混凝土基本密实,上述成型方法对回弹法测强无显著影响。目前大多数工地、构件厂均采用振动成型方法,而手工插捣方法极少采用,即使采用也只是用于低标号流动性大的混凝土,因此认为一般成型工艺对回弹法测强无显著影响。

2.3.3　养护方法及温度的影响

我国常用的养护方法,主要有养护室内的标准养护、空气中自然养护及蒸汽养护等。混凝土在潮湿环境或水中养护时,由于水化作用较好,早期及后期强度皆比在干燥条件下养护的要高,但表面硬度由于被水软化反而降低。因此,不同的养护方法产生不同的湿度,对混凝土的强度及回弹值都有很大的影响。

标准养护与自然养护的混凝土含水率不同,强度发展不同,表面硬度也不同。尤其在早期,这种差异更明显。所以,国内外许多资料都主张标准养护与自然养护的混凝土应有各自不同的校准曲线,如图 2-24 所示。

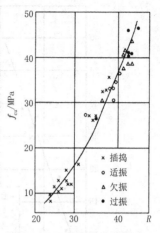

图 2-23　成型方法的影响

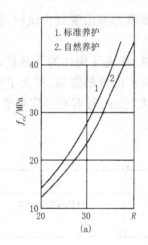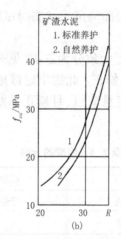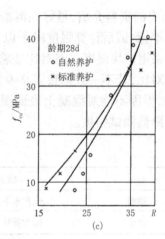

图 2-24　标准养护与自然养护的影响

蒸汽养护与自然养护对回弹法测强的影响,国内看法不一。一种看法认为,两种养护方法对回弹法测强有明显影响,它们各自应有不同的相关曲线。另一种看法则认为,已在空气中自然养护一段时间的蒸养构件,若表面呈干燥状态,那么它与自养试件相比,其 28 d、90 d 龄期的强度、回弹值均无明显差异,可以看做没有影响。

将相同条件的混凝土试块分别进行了蒸养出池、蒸养后立即自养、自养三种情况的对比。试验结果如图 2-25、图 2-26 所示。试验表明,蒸养出池的混凝土由于表面湿度较大,与自养混凝土相比有较明显的区别。而蒸养后立即自养 7 d 以上的混凝土就看不出有显著区别。因为尽管蒸养使混凝土早期强度增长较快,但表面硬度也随之增长,若排除了混凝土表面湿度、碳化等因素的影响,则蒸养混凝土的"$f_{cu} - R$"相关关系与自养混凝土基本一致,没有显著的差异。因此,主张蒸养出池后 7 d 以内的混凝土应另行建立专用测强曲线,而蒸养出池后再经自养 7 d 以上的混凝土可按自养混凝土看待。

湿度对回弹法测强有较大的影响,这是国内外一致的看法。

如何克服湿度的影响。有的国家采用较粗略的影响系数进行修正,以标准养护下湿度的影响系数为 1,在水中养护及在干燥空气中养护的湿度影响系数分别为大于 1 和小

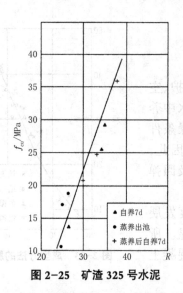

图 2-25 矿渣 325 号水泥   图 2-26 湿度的影响

于 1。有的资料介绍,最好在混凝土表面为风干状态时试验,或事先取出混凝土试样,测定含水率,测试后计算强度时予以修正。

采用试块湿度状态对比法将湿度大致分为三类,见表 2-8。将现场构件的干湿状态与试块对比,若不一致则按表 2-9 加以修正。此法半定量地解决了湿度的影响,扩大了使用范围,但因不能对混凝土表面湿度定量取值,且修正系数较大,使用时需有一定经验,否则会降低测试精度。

表 2-8 湿度的分类

类别	状态	类别	状态
潮湿	饱和水下的试块	干燥	自然养护的试块
半干	标准养护的试块		

表 2-9 矿渣混凝土湿度修正值

石子种类	自然养护			蒸汽养护			标准养护		
	干燥	半干	潮湿	干燥	半干	潮湿	干燥	半干	潮湿
卵碎石	1.0	1.22	1.75	1.0	1.15	1.47	0.89	1.0	1.24
机碎石	1.0	1.22	1.74	1.0	1.16	1.51	0.86	1.0	1.34

另将不同强度等级的混凝土试件模拟现场构件的几种湿度情况(如偶因雨、雪受潮或长期处于潮湿环境等)分为四种方法养护,见表 2-10,28 d 龄期试验结果。

由图 2-26 看出,湿度对于较低强度的混凝土影响大,随着强度的增长,湿度的影响逐渐减少。迄今为止,尚未见国外有研制成功直接在现场构件上测量已硬化混凝土含水率仪器的报道,我国已研制出定量测定现场已硬化混凝土表面含水率的仪器,但湿度对回弹法的影响研究工作已停止。

2.3.4 碳化及龄期的影响

水泥一经水化就游离出大约 35% 的氢氧化钙,它对于混凝土的硬化起了重大作用。

表 2-10　四种养护方法

类别	养护方法	湿度
自然养护	成型后 1 d 模中,标准养护 6 d,再置于平均气温为 22℃的室内自然养护 21 d	7.85%
泡水养护	成型后 1 d 模中,标准养护 6 d,泡水 21 d,晾干半天	10.78%
淋水养护	成型后 1 d 模中,标准养护 6 d,室内自然养护 19 d(平均气温 22℃)再放入养护室淋水 8 h 后室内晾干 1 d	8.71%
潮湿养护	成型后 1 d 模中,标准养护 6 d,装塑料袋内封好,存放 20 d,再放在室内晾干 1 d(室内平均气温为 22℃)	9.92%

已硬化的混凝土表面受到空气中二氧化碳作用,使氢氧化钙逐渐变化,生成硬度较高的碳酸钙,这就是混凝土的碳化现象,它对回弹法测强有显著的影响。因为碳化使混凝土表面硬度增高,回弹值增大,但对混凝土强度影响不大,从而影响了"f_{cu} - R"相关关系。不同的碳化深度对其影响不一样,同一碳化深度对不同强度等级的混凝土的影响也有差异。

影响混凝土表面碳化速度的主要因素是混凝土的密实度和碱度以及构件所处的环境条件。一般来讲,密实度差的混凝土,孔隙率大,透气性好,易于碳化;碱度高的混凝土氢氧化钙含量多,硬化后与空气中的二氧化碳作用生成碳酸钙的时间就长,也即碳化速度慢。此外,混凝土所处环境的大气二氧化碳浓度及周围介质的相对湿度也会影响混凝土表面碳化的速度,一般在大气中存在水分的条件下,混凝土碳化速度随着二氧化碳浓度的增加而加快,当大气的相对湿度为 50%左右时,碳化速度较快。过高的湿度如100%,将会使混凝土孔隙充满着水,二氧化碳不易扩散到水泥石中,或者水泥石中的钙离子通过水扩散到表面,碳化生成的碳酸钙把表面孔隙堵塞,所以碳化作用不易进行。过低的湿度如 25%,孔隙中没有足够的水使二氧化碳生成碳酸钙,碳化作用也不易进行。随着硬化龄期的增长,混凝土表面一旦产生碳化现象后,其表面硬度逐渐增高,使回弹值与强度的增加速率不等,显著地影响了"f_{cu} - R"相关关系。

消除碳化影响的方法,国内外并不相同。国外通常采用磨去碳化层或不允许对龄期较长的混凝土进行测试。

我国曾有过以龄期的影响代替碳化影响的方法,另有一些研究单位则提出以碳化深度作为测强公式的一个参数来考虑。对于自然养护的混凝土,碳化作用与龄期的影响是相伴产生的,随着龄期的增长,混凝土强度增长,碳化深度也增大,但只用龄期来反映碳化的因素是不全面的。前已述及,即使龄期相同但处于不同环境条件的混凝土,其碳化深度值差异较大。将同批成型并经 28 d 标准差护后不同强度等级的混凝土试块,一半用塑料袋密封保存,另一半存放室内在空气中再自然养护 10 d 及一年。前者(养护 38 d)碳化深度值几乎为零,后者(养护一年)为 5 ~ 6 mm。密封养护的混凝土碳化深度为零。试验结果如图 2-27、图 2-28 所示。由图看出,同龄期(一年)不同碳化深度时,"f_{cu} - R"关系曲线基本一致,说明自然养护条件下一年以内的龄期影响实质上是碳化的影响所致。所以,与其用龄期来反映碳化对回弹测强的影响,远不如用碳化深度作为另一个测强参数来反映更为全面。它不仅包括龄期的影响,也包括因不同水泥品种、不同水泥用量引起的混凝土不同碱度,从而使同条件龄期试块具有不同的碳化深度的影响,也反映了构件所处环境条件如温度、湿度、二氧化碳含量及日光照射等对碳化及强度的影响。使测强曲线简单,提高了测试精度,扩大了使用范围。反之,按不同龄期、不同水泥品种及不同水泥用量建立多条测强曲线,不仅十分烦琐使用不便,而且会引起误差。

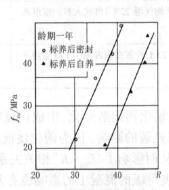

图 2-27　同龄期碳化的影响

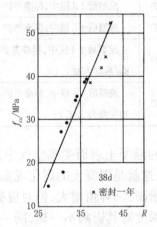

图 2-28　龄期的影响

对于自然养护一年内不同强度的混凝土,虽然回弹值随着碳化深度的增长而增大,但当碳化深度达到某一数值时,如大于等于 6 mm,这种影响作用基本不再增大。当把碳化深度作为回弹测强度公式的另一个参数时,应予考虑和处理。此外,如能将同一碳化深度值按不同强度等级分别予以修正的话,将会提高检测精度。

2.3.5　模板的影响

使用吸水性模板(如木模)时,会改变混凝土表层的水灰比,使混凝土表面硬度增大,但对混凝土强度并无显著影响。据国内外资料介绍,模板的影响如木模与钢模对比,有的是木模成型的混凝土表面硬度高,有的则相反。如有的认为,"与金属模板接触的混凝土表面所测得的回弹值比木模表面所测得的结果高出约 10% ~ 20%";有的则认为,"同一强度的混凝土立方体试件,采用木模制作时,与采用金属模对比,前者的回弹值仅为后者的 79%"。

有的试验结果则相反:强度相同的混凝土,木模表面测得的回弹值比钢模高。若以钢模表面系数为 1,那么木模表面应采用一个小于 1 的系数(0.89)来修正。另有单位规定以钢模表面为标准。其他模板制作的混凝土表面需用金刚砂磨平后乘一个大于 1 的修正系数。

在进行钢、木模板对回弹法测强影响的专题研究中,将混凝土试模(150 mm)进行了改装,由钢模及木模分别组成两组相对的模板,木模板面刨平、用桐油涂刷,经过对不同强度等级(C8 ~ C48)、不同龄期(14 d、28 d、90 d、180 d、360 d)混凝土试块的实测和对试验结果的方差分析,认为钢模及涂了隔离剂的刨光木模对混凝土的回弹值没有显著影响,钢、木模的平均回弹值与变异系数是基本一致的。鉴于国内使用木模的情形十分复杂,其支模质量、木材品种、新旧程度等对回弹法测强有一定影响,不便规定统一的修正系数,而且上述试验结果表明,只要木模不是吸水性类型且符合《混凝土结构工程施工质量验收规范》(GB 50204—2002)的要求时,它对回弹法测强没有显著影响。

2.4　回弹法测强曲线

回弹法测定混凝土的抗压强度，是建立在混凝土的抗压强度与回弹值之间具有一定的相关性的基础上的，这种相关性可用"$f_{cu} - R$"相关曲线（或公式）来表示。相关曲线应在满足测定精度要求的前提下，尽量简单、方便、实用且适用范围广。我国南北气候差异大，材料品种多，在建立相关曲线时应根据不同的条件及要求，选择适合自己实际工作需要的类型。

2.4.1　分类及型式

我国的回弹法测强相关曲线，根据曲线制定的条件及使用范围分为三类，见表 2-11。

表 2-11　回弹法测强相关曲线

名称	统一曲线	地区曲线	专用曲线
定义	由全国有代表性的材料、成型、养护工艺配制的混凝土试块，通过大量的破损与非破损试验所建立的曲线	由本地区常用的材料、成型、养护工艺配制的混凝土与试块，通过较多的破损与非破损试验所建立的曲线	由与结构或构件混凝土相同的材料、成型、养护工艺配制的混凝土试块，通过一定数量的破损与非破损试验所建立的曲线
适用范围	适用于无地区曲线或专用曲线时检测符合规定条件的构件或结构混凝土强度	适用于无专用曲线时检测符合规定条件的结构或构件混凝土强度	适用于检测与该结构或构件相同条件的混凝土强度
误差	测强曲线的平均相对误差 ≤ ±15%，相对标准差 ≤ 18%	测强曲线的平均相对误差 ≤ ±14，相对标准差 ≤ 17%	测强曲线的平均相对误差 ≤ ±12%，相对标准差 ≤ 14%

相关曲线一般可用回归方程式来表示。对于无碳化混凝土或在一定条件下成型养护的混凝土，可用回归方程式表示：

$$f_{cu} = f(R) \tag{2-11}$$

式中，f_{cu}——回弹法测区混凝土强度值。

对于已经碳化的混凝土或龄期较长的混凝土，可由下列函数关系表示：

$$f_{cu}^{c} = f(R, d) \tag{2-12}$$

$$f_{cu}^{c} = f(R, d, T) \tag{2-13}$$

如果定量测出已硬化的混凝土构件或结构的含水率，可采用下列函数式：

$$f_{cu}^{c} = f(R, d, T, W) \tag{2-14}$$

式中，R——回弹值；

　　　d——混凝土的碳化深度；

　　　T——混凝土的龄期；

　　　W——混凝土的含水率。

必须指出的是，在建立相关曲线时，混凝土试块的养护条件应与被测构件的养护条件相一致或基本相符,不能采用标准养护的试块。因为回弹法测强,往往是在缺乏标养试块或对标养试块强度有怀疑的情况下进行的,并且通过直接在结构或构件下测定的回弹值、碳化深度值推定该构件在测试龄期时的实际抗压强度值。因此,作为制订回归方程式的混凝土试块,必须与施工现场或加工厂浇筑的构件在材料质量、成型、养护、龄期等条件基本相符的情况下制作。

2.4.2 专用测强曲线

2.4.2.1 制定方法

（1）试件成型

① 采用与被测结构或构件相同的原材料,若掺有外加剂,其外加剂的品种和用量也应相同。

② 根据最佳配合比原则,按规定设计五个强度等级的混凝土配合比。

③ 采用与被测结构或构件相同的浇捣工艺,每一强度等级的混凝土成型 150 mm × 150 mm × 150 mm 立方体试块 2 组,一组供龄期的前限试压,另一组供龄期的后限试压,每组 3 块。一个龄期五个强度等级混凝土的试块共 10 组,全部试块宜在同一天内成型完毕。

④ 在成型后的第二天,将试块移至与被测结构或构件相同的硬化条件下养护至规定的龄期,试块的拆模日期宜与构件的拆模日期相同。试块在自然养护过程中应按"品"字形堆放,并使试块的底面向下,表面向上,四个测面(与试模侧板相邻的一面)均能接触空气。堆放于室外的试块应避免暴晒或雨淋。

（2）试件测试

采用专用测强曲线测试时,对龄期的要求并不十分严格。每一龄期的前、后限可根据被测结构或构件要求的可能变动范围和测定误差的要求来确定。一般前、后限规定为其龄期的 10% 左右,如 28 d 龄期的前、后限为 25 ~ 31 d。此外,龄期的前限不宜早于结构或构件成型后 14 d。

① 将到达龄期前限或后限的每一强度等级 1 组,五个强度等级共 5 组的试块表面擦抹干净;以试件与试模侧板相接触的两个表面置于压力机上下两承压板之间,加压 30 ~ 50 kN(低强度试块取低 kN 加压)。

② 在试块保持 30 ~ 50 kN 的压力下,用符合标准状态的回弹仪按规定操作程序,在试块两个相对侧面上选择均匀分 8 个点进行弹击,测读每点的回弹值精确至个位,点与点之间,点与试块边缘之间的距离不小于 30 mm,并不得弹击在外露石子和气孔上。

③ 在每一试块的 16 个回弹值中分别剔除其中 3 个最大值和 3 个最小值,然后再求余下的 10 个回弹值的平均值。计算精确至十分位,即得该试块的平均回弹值 mR。

④ 将试件加荷直至破坏,然后计算试件的抗压强度 f_{cu}（MPa）准确至 0.1 MPa。

⑤ 每一龄期的前限或后限试块应分别在同一天内试压完毕。

（3）专用测强曲线的建立

用于表达每一龄期的专用测强曲线的回归方程式,应采用 30 个试件中每一试件成对的 f_{cu}、R、d_m 数据,按最小二乘法的原理求得。

推荐采用的回归方程式如下:

$$f_{cu}^{c} = f + bR_{m} \tag{2-15}$$

$$f_{cu}^{c} = aR_{m}^{b} \tag{2-16}$$

$$f_{cu}^{c} = aR_{m}^{b} \times 10^{cd_{m}} \tag{2-17}$$

用同一批 30 个数据按不同形式的回归方程式进行试算比较,取其中平均相对误差
(δ)和相对标准差(e_r)均符合要求,且其值较小的一个回归方程式作为绘制专用测强曲线
的依据。

$$\delta = \left(\frac{1}{n} \sum_{i=1}^{n} \left| \frac{f_{cu}^{c}}{f_{cu,i}} - 1 \right| \right) \times 100 \tag{2-18}$$

$$e_{r} = \sqrt{\frac{\sum_{i=1}^{n} \left(\frac{f_{i}}{f_{cu,i}^{c}} - 1 \right)^{2}}{n - 1}} \times 100 \tag{2-19}$$

式中,δ——回归方程的强度平均相对误差,%,精确至一位小数;

e_r——回归方程的强度标准差,%,精确至一位小数;

$f_{cu,i}$——第 i 个试件混凝土抗压强度值,MPa,精确至 0.1 MPa;

$f_{cu,i}^{c}$——第 i 个试件换算强度值,MPa,精确至 0.1 MPa;

n——试件数。

2.4.2.2 说明

(1)专用测强曲线仅适用于在它建立时用以试验的试件的材料是龄期等包含的区间
内,不得外推。为方便起见,可制成表格使用。

(2)应定期取一定数量的同条件试块对专用测强曲线进行校核,发现有显著差异时,
应查明原因采取措施,否则不得继续使用。

2.4.3 统一测强曲线

《回弹法检测混凝土抗压强度技术规程》(JGJ/T 23—2011)中的统一测强曲线,是在
统一了中型回弹仪的标准状态、测试方法及数据处理的基础上制定的。虽然它的测试精
度比专用曲线和地区曲线稍差,但仍能满足一般建筑工程的要求且适用范围较广。我国
大部分地区尚未建立本地区的测强曲线,因此建立一条统一测强曲线是需要的。

2.4.3.1 方程形式及误差

统一曲线的回归方程形式为

$$f_{cu}^{c} = aR_{m}^{b} \times 10^{cd_{m}} \tag{2-20}$$

能满足一般建筑工程对混凝土强度质量非破破损检测平均相对误差不大于 ±15%
的要求。其相对误差基本呈正态分布,如图 2-29 所示。

2.4.3.2 特点

(1)统一测强曲线可以不按材料品种分别计算成多条曲线,同样能满足误差要求。这
就说明这条测强曲线所包含的材料品种的差别对回弹测强影响不大。计算时,曾对同批
数据用同一形式回归方程分别按材料品种(主要是卵、碎石和不同水泥品种)分类及全部
组合计算,结果是各类公式精度相差不大,并未发现因按材料品种分类而使精度有较大

幅度提高的情况。按粗骨料品种分类计算及合并计算的对比误差情况见表2-12。

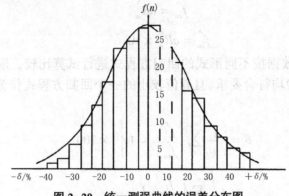

图 2-29　统一测强曲线的误差分布图

表 2-12　按粗骨料品种分类计算及合并计算的对比误差情况

公式形式 分类 误差	碎石		卵石		全部	
	δ/%	e_r/%	δ/%	e_r/%	δ/%	e_r/%
$f_{cu}^c = aR_m + b\sqrt{R_m} + c$	13.7	18.2	14.8	19.0	14.2	18.8
$f_{cu}^c = aR_m^b d_m^c$	13.9	17.7	15.6	19.0	14.7	18.6
$f_{cu}^c = aR_m + bR_m + cR_m + d$	13.0	17.3	14.5	18.5	13.9	18.2
$f_{cu}^c = aR_m + b\sqrt{R_m} + c \times \ln d_m + d$	13.6	18.3	14.7	18.8	14.3	18.8
$f_{cu}^c = (aR_m + b) \times 10^{cd_m}$	13.2	18.0	15.2	18.6	13.6	17.3
$f_{cu}^c = aR_m^b \times 10^{cd_m}$	13.5	17.2	14.9	18.2	14.0	18.0

注：f_{cu}^c——由回归方程算出的混凝土换算强度值；

　　R_m——试件的回弹值；

　　d_m——试块件的碳化深度值；

　　δ——回归方程的混凝土强度平均相对误差；

　　e_r——回归方程的混凝土强度相对标准差；

　　a、b、c、d——回归方程的系数。

（2）统一测强曲线的回归方程中采用回弹值 R_m 和碳化深度值 d_m 两个参数作为主要变量，这与目前国际上常用的回归方程不同。将 d_m 作为除 R_m 以外的另一个自变量，不仅反映了水泥品种对回弹测强的影响，还可在相当程度上综合反映构件所处环境条件差异及龄期等因素对回弹法测强的影响。计算结果表明，同批数据计算的回归方程中含 R_m、d_m 两个自变量的要比只有一个自变量的测定精度有显著的提高，见表2-13。

在我国采用 R_m、d_m 两个自变量是较合适的。今后随着湿度影响研究的深入及相应测试仪器的研制，也可考虑在公式中再增加湿度自变量，或作为修正系数加以修正，以进一步提高测试精度并扩大公式应用范围。

（3）通过分析比较，采用修正系数来考虑碳化深度的影响，概念较明确，方法较简便。

40

统一测强曲线采用的回归方程形式为 $f_{cu}^c = aR_m^b \times 10^{cd_m}$。

2.4.3.3 与国内外部分测强曲线比较

《回弹法检测混凝土抗压强度技术规程》颁布以前,在我国长期沿用的是原天津建筑仪器厂说明书所附测强曲线,现将计算统一曲线的数据,代入上述说明书所附测强曲线计算,其误差见表 2-14。

表 2-13 不同自变量回归方程比较

回归方程式	δ / %	e_r / %
$f_{cu}^c = a + bR_m + cR_m^2 + dR_m^3$	18.3	22.6
$f_{cu}^c = aR_m + b\ln R_m + c$	17.5	22.2
$f_{cu}^c = aR_m^b \times 10^{cd_m}$	14.0	18.0

表 2-14 测强曲线计算误差

分类	数据个数	从表格中查出强度			表格中查不出强度	
		数据个数	平均相对误差 / %	相对标准差 / %	数据个数	不能率 / %
普通水泥	1 147	643	± 18.9	25.8	504	43.0
矿渣水泥	1 063	557	± 44.0	53.7	506	47.6
全部	2 210	1 200	± 30.5	41.1	1 010	45.7

注:不能率是指从说明书"强度—回弹值"关系表上查不出强度的数据个数占全部数据的百分比。

图 2-30 为北京、陕西、杭州、合肥、重庆等地区测强曲线与统一测强曲线的比较。由图看出,统一曲线与部分地区曲线比较相近,但在 20 MPa 以下仍有差距。近几年建立的马鞍山地区曲线、广州市地区曲线,与统一曲线十分相近。

为了提高测试精度,我们认为有条件建立地区曲线或已建立地区曲线的,最好使用本地区曲线。

图 2-31 为统一测强曲线与部分国外回弹法标准中的测强曲线对比情况。由图看出,虽然各国用以制定测强曲线的混凝土条件、仪器性能和测强技术存在差异,但我国统一测强曲线与瑞士(仪器制造厂说明书)、罗马尼亚(国家标准)、前联邦德国(国家标准)、保加利亚(国家标准)等国家的所谓标准曲线是十分相近的。

2.5 回弹法测强曲线的建立

2.5.1 回弹法测强优先采用地区(专用)测强曲线

由于我国幅员辽阔,材料分散,混凝土品种繁多,生产工艺又不断改进,所建立的全国统一曲线很难适应全国各地的情况。现行规程已提出凡有条件的地区或部门,应制定本地区的测强曲线或专用测强曲线,经上级主管部门组织审定和批准后实施。各地区或各部门应优先使用本地区或本部门的测强曲线。这种测强曲线,对于本地区或本工程来说,它的适应性和强度推定误差均优于全国统一曲线。因此,混凝土强度检测优先采用专用或地区测强曲线。

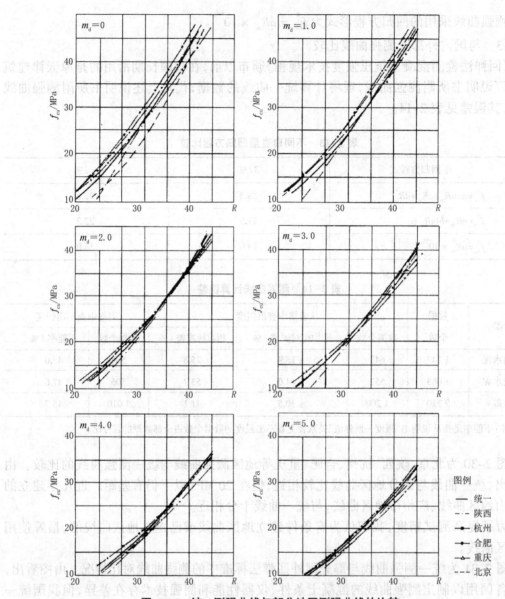

图 2-30　统一测强曲线与部分地区测强曲线的比较

注 m_d—碳化深度。

图例
—— 统一
—·—·— 陕西
—●— 杭州
—◆— 合肥
—△— 重庆
———— 北京

采用专用或地区测强曲线检测结构混凝土强度,其精度比全国测强曲线高,误差比全国测强曲线小。笔者帮助全国几个地区进行测强曲线计算分析,现用地区测强曲线与现行使用的全国回弹法规程(统一测强曲线)进行比较,见表 2-15 和图 2-32。

由表 2-15 和图 2-32 看出,对应相同的回弹值和碳化值全国测强曲线换算强度都低于地区测强曲线换算值,因此有的地区采用全国测强曲线检测泵送混凝土,结构混凝土强度达不到设计要求,而钻取混凝土芯样进行修正值达到 1.5 ~ 2.0,从而说明使用的曲线已不适应本地区材料及生产工艺要求,由此促成制定地区测强曲线决心。

用混凝土试件的抗压强度与无损检测的参数(回弹值、碳化深度值)之间建立起来的关系曲线,称为测强曲线。回弹测强曲线,是以混凝土试件的抗压强度(f_{cu})与回弹值(R),

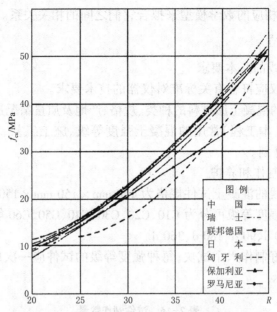

**图 2-31 统一测强曲线与部分国外回弹法标准中
测强曲线比较**

表 2-15 全国回弹法测强曲线与地区曲线强度换算   单位:MPa

回弹、碳化	全国	北京	浙江	中山	温州	保定	舟山
$R=20.2, d=0.0$	11.1	11.9	12.7	9.6	9.5	16.7	9.0
$R=24.2, d=1.0$	14.5	16.0	17.6	14.7	13.4	22.4	13.4
$R=29.2, d=2.0$	19.2	21.5	24.1	22.3	18.9	29.8	19.6
$R=34.2, d=3.0$	24.0	27.4	31.4	31.5	21.9	37.6	26.8
$R=39.2, d=4.0$	28.8	33.5	39.4	42.2	31.4	45.6	34.7
$R=44.2, d=4.5$	34.9	40.7	48.4	55.4	39.3	55.1	44.9
$R=49.2, d=5.0$	36.5	48.2	58.0	70.6	48.0	65.1	56.2
$R=54.2, d=5.5$	47.7	56.2	68.3	87.6	57.2	75.5	68.7

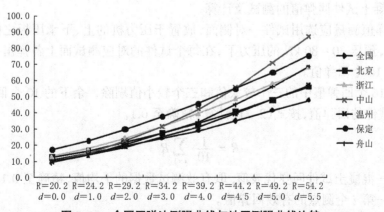

图 2-32 全国回弹法测强曲线与地区测强曲线比较

43

碳化深度值(d),选择相应的数学模型来拟合它们之间的相关关系。

2.5.2 测强曲线的建立

2.5.2.1 建立测强曲线的基本要求

（1）采用的回弹仪应符合有关标准对仪器的技术要求。

（2）必须对使用的混凝土原材料的种类、规格、产地及质量情况进行全面的调查了解。

（3）选用本地区（本工程）常用的混凝土强度等级、施工工艺、养护条件及常用配合比,制订详细的试验计划。

2.5.2.2 混凝土试件制作和养护

（1）制定测强曲线的混凝土试件规格为 150 mm × 150 mm × 150 mm 立方体试块。

（2）混凝土试件强度等级可分为 C10、C20、C30、C40、C50、C60 等。

（3）龄期 28 d、60 d、90 d、180 d、360 d。

（4）每种龄期最好制作六个试块;每种强度等级的试件应一次成型制作完成,试件制作数量如表 2–16 所示。

表 2–16　试件制作数量

强度等级	龄期 / d					备注
	28	60	90	180	360	
C20	3 组（9 块）	2 组（6 块）	2 组（6 块）	2 组（6 块）	2 组（6 块）	
C30	3 组（9 块）	2 组（6 块）	2 组（6 块）	2 组（6 块）	2 组（6 块）	
C35	3 组（9 块）	2 组（6 块）	2 组（6 块）	2 组（6 块）	2 组（6 块）	
C40	3 组（9 块）	2 组（6 块）	2 组（6 块）	2 组（6 块）	2 组（6 块）	
C45	3 组（9 块）	2 组（6 块）	2 组（6 块）	2 组（6 块）	2 组（6 块）	
C50	3 组（9 块）	2 组（6 块）	2 组（6 块）	2 组（6 块）	2 组（6 块）	
C60	3 组（9 块）	2 组（6 块）	2 组（6 块）	2 组（6 块）	2 组（6 块）	
合计	21 组（63 块）	14 组（42 块）	14 组（42 块）	14 组（42 块）	14 组（42 块）	共计 231 块

（5）混凝土试件成型后的第二天拆模,然后移到室外不受日晒雨淋处,按品字形堆放养护至一定的龄期进行无损检测测试。

2.5.2.3 混凝土试件回弹值的测试及计算

（1）回弹值测量应选用试件一对侧面,放置于压力机的上、下承压板之间,根据试件的强度大小,预压 30 ~ 80 kN 的压力下,在每个试件的对应测试面上各弹击 8 次,两个测试面共测定 16 个回弹值。

（2）将 16 个回弹值中的三个较大值和三个较小值剔除,余下的 10 个回弹值取平均值,作为该试件的回弹值,按式（2–21）计算,精确至 0.1。

$$R = \frac{1}{10}\sum_{i=1}^{10} R_i \tag{2–21}$$

式中,R ——混凝土试件回弹代表值,取有效测试数据的平均值,精确至 0.1;

　　　R_i ——第 i 个测点的有效回弹值。

2.5.2.4 混凝土试件抗压强度计算

回弹值测试完毕后卸荷,将回弹面放置在压力机承压板间,以《普通混凝土力学性能试验方法》(GB/T 50081—2002)规定的速度连续均匀加荷至破坏。试件抗压强度值精确至0.1 MPa。

混凝土试件碳化深度测试混凝土试件抗压试验破坏后,随即在回弹面上滴入1%~2%酚酞酒精溶液进行碳化深度测试,精确至0.5。

经上述测试后,每个混凝土试件应具有16个回弹值、1个抗压破坏荷载值和1个碳化深度值。

2.5.3 回归分析

在混凝土无损检测技术中,回弹法检测混凝土强度,拟合曲线的选定,是经过多种组合计算分析后确定的,现在确定的幂函数形式 $f_{cu}^c = aR^b 10^{cd}$ 为最佳曲线形式。

采用 Excel 表格手算回归分析:

现将混凝土试件测试所得的回弹值 R、碳化深度值 d 及抗压强度值 f_{cu} 汇总。如测试了 20 个试块,采用 Excel 表格进行手算回归分析,见表2-17。回弹法测强曲线最佳拟合

表 2-17 回弹法测试数据计算表

序号	回弹值 R	碳化值 d	强度值 f	$\log R$	$\log f$	$(\log R)^2$	d^2	$(\log f)^2$	$d \lg R$	$d \lg f$	$\lg R \lg f$
1	27.7	0.0	16.7	1.442 5	1.222 7	2.080 7	0.00	1.495 0	0.000 0	0.000 0	1.763 7
2	30.8	3.0	19.7	1.488 6	1.294 5	2.215 8	9.00	1.675 6	4.465 7	3.883 4	1.926 9
3	34.2	2.5	23.7	1.534 0	1.374 7	2.353 2	6.25	1.889 9	3.835 1	3.436 9	2.108 9
4	30.5	0.0	25.8	1.484 3	1.411 6	2.203 1	0.00	1.992 7	0.000 0	0.000 0	2.095 3
5	36.5	4.0	28.1	1.562 3	1.448 7	2.440 8	16.00	2.098 8	6.249 2	5.794 8	2.263 3
6	39.8	5.0	28.0	1.599 9	1.447 2	2.559 6	25.00	2.094 3	7.999 4	7.235 8	2.315 3
7	36.5	1.0	34.8	1.562 3	1.541 6	2.440 8	1.00	2.376 5	1.562 3	1.541 6	2.408 4
8	37.2	1.5	35.4	1.570 5	1.549 0	2.466 6	2.25	2.399 4	2.355 8	2.323 5	2.432 8
9	42.6	1.0	44.7	1.629 4	1.650 3	2.655 0	1.00	2.723 5	1.629 4	1.650 3	2.689 0
10	44.4	2.5	46.3	1.647 4	1.665 6	2.713 9	6.25	2.774 2	4.118 5	4.164 0	2.743 8
11	16.9	0.0	18.4	1.227 9	1.264 8	1.507 7	0.00	1.599 8	0.000 0	0.000 0	1.553 1
12	35.0	2.5	25.8	1.544 1	1.411 6	2.384 1	6.25	1.992 7	3.860 2	3.529 0	2.179 6
13	31.5	2.0	25.6	1.498 3	1.408 2	2.244 9	4.00	1.983 1	2.996 6	2.816 5	2.110 0
14	31.9	0.0	28.3	1.503 8	1.451 8	2.261 4	0.00	2.107 7	0.000 0	0.000 0	2.183 2
15	37.0	3.0	31.9	1.568 2	1.503 8	2.459 3	9.00	2.261 4	4.704 6	4.511 4	2.358 2
16	40.4	5.0	32.1	1.606 4	1.506 8	2.580 5	25.00	2.269 6	8.031 9	7.532 5	2.420 0
17	34.6	1.5	35.0	1.539 1	1.544 1	2.368 8	2.25	2.384 1	2.308 6	2.316 1	2.396 4
18	36.5	2.0	35.5	1.562 3	1.550 2	2.440 8	4.00	2.403 2	3.124 6	3.100 5	2.421 9
19	41.8	2.0	44.2	1.621 2	1.645 4	2.628 2	4.00	2.707 4	3.242 4	3.290 8	2.667 5
20	44.5	2.5	47.1	1.648 4	1.673 0	2.717 1	6.25	2.799 0	4.120 9	4.182 6	2.757 7
	Σ	41.0		30.840 7	29.565 4	47.722 2	127.50	44.027 8	64.605 0	61.309 6	45.775 2

曲线形式为:$f_{cu}^c = aR^b 10^{cd}$。

$$\sum \lg f = 29.565\,4, \qquad \bar{I} = \frac{1}{n}\sum \lg f = 29.565\,4/20 = 1.478\,3, n = 20$$

$$(\sum \lg f)^2 = 44.027\,8, \qquad \bar{J} = \frac{1}{n}\sum \lg R = 30.840\,7/20 = 1.542\,0$$

$$\sum \lg R = 30.840\,7, \qquad \bar{K} = \frac{1}{n}\sum d = 40.0/20 = 2.050\,0$$

$$(\sum \lg R)^2 = 47.722\,2$$

$$\sum d = 41.000\,0, \qquad (\sum d)^2 = 127.5$$

$$\sum \lg R \times d = 64.605\,0, \sum \lg f \times d = 61.309\,6$$

$$\sum (\lg R \times \lg f) = 45.775\,2$$

$$L_{11} = (\sum \lg R)^2 - \frac{1}{n}\sum \lg R \times \sum \lg R = 47.722\,2 - \frac{30.840\,7 \times 30.840\,7}{20} = 0.164\,8$$

$$L_{12} = L_{21} = \sum \lg R \times d - \frac{1}{n}\sum \lg R \times \sum d = 64.605\,0 - \frac{30.840\,7 \times 41.0}{20} = 1.381\,6$$

$$L_{22} = (\sum \lg d)^2 - \frac{1}{n}\sum d \times \sum d = 127.5 - \frac{41.0 \times 41.0}{20} = 43.450\,0$$

$$L_{1f} = \sum \lg R \times \lg f - \frac{1}{n}\sum \lg R \times \sum \lg f = 45.775\,2 - \frac{30.840\,7 \times 29.565\,4}{20} = 0.184\,3$$

$$L_{2f} = \sum \lg f \times d - \frac{1}{n}\sum \lg f \times \sum d = 61.309\,6 - \frac{29.565\,4 \times 41.0}{20} = 0.700\,5$$

$$L_{ff} = (\sum \lg f)^2 - \frac{1}{n}\sum \lg f \times \sum \lg f = 44.027\,8 - \frac{29.565\,4 \times 29.565\,4}{20} = 0.322\,2$$

$$b = \frac{L_{1f}L_{22} - L_{2f}L_{12}}{L_{11}L_{22} - L_{12}L_{21}} = \frac{0.184\,3 \times 43.450\,0 - 0.700\,5 \times 1.381\,6}{0.164\,8 \times 43.450\,0 - 1.381\,6 \times 1.381\,6} = 1.340\,5$$

$$c = \frac{L_{2f}L_{11} - L_{1f}L_{21}}{L_{11}L_{22} - L_{12}L_{21}} = \frac{0.700\,5 \times 0.164\,8 - 0.184\,3 \times 138\,16}{0.164\,8 \times 43.450\,0 - 1.381\,6 \times 1.381\,6} = -0.026\,5$$

$\because \bar{I} = a + b\bar{J} + c\bar{K}$

$\therefore$ 对 a 取以 10 为底的反对数,得:

$$a = 10^{(\bar{I} + b\bar{J} + c\bar{K})} = 10^{(1.478\,3 - 1.340\,5 \times 1.542\,0 + 0.026\,5 \times 2.05)} = 10^{-0.534\,5} = 0.292\,1$$

最后得回归方程为:

$$f_{cu}^c = 0.2921R^{1.340\,5} 10^{-0.026\,5\,d}$$

相关系数可按下式计算:

$$r = \sqrt{\frac{U}{L_{ff}}}$$

$$U = bL_{1f} + cL_{2f} = 1.340\,5 \times 0.184\,3 - 0.026\,5 \times 0.700\,5 = 0.228\,5$$

相关系数为:$r = \sqrt{\dfrac{0.228\,5}{0.322\,2}} = 0.841\,2$

相对标准差、平均相对误差计算如表 2-18 所示。

换算强度计算:按回归方程将 20 个试件的回弹值和碳化深度代入计算。

误差按公式:误差 $= \left[(f_{换算} - f_{实测})/f_{实测}\right] \times 100$

表 2-18 相对标准差、平均相对误差计算

序号	回弹值 R	碳化值 d	强度值 f	换算强度	误差	误差 * 误差	平均误差
1	27.7	0.0	16.7	25.1	50.1	2 512.73	50.1
2	30.8	3.0	19.7	24.1	22.2	491.55	22.2
3	34.2	2.5	23.7	28.6	20.5	419.21	20.5
4	30.5	0.0	25.8	28.5	10.6	111.61	10.6
5	36.5	4.0	28.1	28.4	1.2	1.38	1.2
6	39.8	5.0	28.0	30.0	7.3	52.99	7.3
7	36.5	1.0	34.8	34.1	−1.9	3.58	1.9
8	37.2	1.5	35.4	34.0	−4.0	16.32	4.0
9	42.6	1.0	44.7	42.0	−6.0	36.47	6.0
10	44.4	2.5	46.3	40.5	−12.5	156.20	12.5
11	16.9	0.0	18.4	12.9	−29.7	884.59	29.7
12	35.0	2.5	25.8	29.5	14.2	200.29	14.2
13	31.5	2.0	25.6	26.4	3.0	8.91	3.0
14	31.9	0.0	28.3	30.3	7.0	49.67	7.0
15	37.0	3.0	31.9	30.8	−3.5	12.42	3.5
16	40.4	5.0	32.1	30.6	−4.5	20.49	4.5
17	34.6	1.5	35.0	30.8	−11.9	142.24	11.9
18	36.5	2.0	35.5	32.1	−9.5	90.61	9.5
19	41.8	2.0	44.2	38.5	−12.8	164.97	12.8
20	44.5	2.5	47.1	40.6	−13.7	188.36	13.7
						5 564.61	12.3
					相对标准差	17.1%	
					平均相对误差	12.3%	

相对标准差计算：

$$e_{\mathrm{r}} = \sqrt{\dfrac{\sum\limits_{i=1}^{n}\left(\dfrac{f_{换算} - f_{实测}}{f_{实测}}\right)^2}{n-1}} \times 100 = \sqrt{\dfrac{5\,564.61}{20-1}} \times 100 = 17.1\%$$

相对标准差 e_{r} 为：17.1%

平均误差计算公式：

$$\delta = \dfrac{\sum\limits_{i=1}^{n}\left|\dfrac{f_{换算} - f_{实测}}{f_{实测}}\right|}{n} \times 100 = 12.3\%$$

平均相对误差 δ 为：12.3%。

程序（QPHG）计算：

采用计算机进行回归分析，见表 2-19。

表 2-19 采用计算机进行回归分析

表 2-19 采用计算机进行回归分析

步序	显示	操作	说明
1		HZK16 拷入 C 盘根目录	
2	启动程序开始计算	QPHG ↓	
3	数据组数	20 ↓	提示需要计算的组数,20 组
4	请输入数据名	HTHG.TXT ↓	输入路径和数据名
5	H–G–X–S:A=0.295 157 B=1.336 255 C=−0.025 170 HGFC:$f_{cu}=AR^B 10^{(C*d)}$ XGXS:$r=0.842\ 9$ Er=16.1%　　　　　Da=11.9%		

计算机演示结果:

N=20　　　　　　HUI DANG HUI GUI FEN XI　　　　　　03 – 06 – 2007

　　　　　　　　　ZWC(N) = 11　　　　　PIZWC = 11.89%

　　　　　　　　　FWC(N) = 9　　　　　PJFWC=−11.82%

　　　　X – G – X – S:　A = 0.295 157,　B = 1.336 255,　C = −0.025 170

　　　　H – G – F – C:　$f_{cu} = 0.295\ 157 * R^{\wedge} 1.336\ 255 * 10^{\wedge}(−0.025\ 170*d)$

　　　　XGXS:R:$r = 0.842\ 9$　　　XDBZC:$e_r = 16.09\%$　　　PJWC Da = 11.86%

2.5.4　回弹值数值的修正

由于回弹法测强曲线是根据回弹仪水平方向测试混凝土试件浇筑侧面的试验数据计算得出的,因此当测试中无法满足上述条件时需对测得的回弹值进行修正。首先将非水平方向测试混凝土浇筑侧面时的数据计算出测区平均回弹值 $R_{m,\alpha}$ 再根据回弹仪轴线与水平方向的角度 α,如图 2-33 所示。按表 2-20 查出其修正值,然后按式(2-22)换算为水平方向测试时的测区平均回弹值。

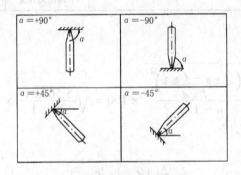

图 2-33　测试角度示意图

$$R_m = R_{m,\alpha} + R_{a,\alpha} \tag{2-22}$$

式中,$R_{m,\alpha}$——回弹仪与水平方向成 α 角测试时测区的平均回弹值,计算至 0.1;

　　　ΔR_α——按表 2-20 查出的不同测试角度 α 的回弹值的修正值,计算至 0.1。

表 2-20　不同测试角度 α 的回弹修正值

α $R_{m,\alpha}$	+90°	+60°	+45°	+30°	-30°	-45°	-60°	-90°
20	-6.0	-5.0	-4.0	-3.0	+2.5	+3.0	+3.5	+4.0
30	-5.0	-4.0	-3.5	-2.5	+2.0	+2.5	+3.0	+3.5
40	-4.0	-3.5	-3.0	-2.0	+1.5	+2.0	+2.5	+3.0
50	-3.5	-3.0	-2.5	-1.5	+1.0	+1.5	+2.0	+2.5

注:表中未列入的 ΔR_α 修正值,可用内插法求得,精确至一位小数。当 $R_{m,\alpha}$ 小于 20 时,按 $R_{m,\alpha} = 20$ 修正。当 $R_{m,\alpha}$ 大于 50 时,按 $R_{m,\alpha} = 50$ 修正。

当回弹仪水平方向测试混凝土浇筑表面或底面时,应将测得的数据参照式(2-23)求出测区平均回弹值 R_m^t 或 R_m^b 后,按下式修正。

$$R_m = R_m^t (或 R_m^b) + R_a^l (或 R_a^b) \qquad (2-23)$$

式中, R_m^t 或 R_m^b ——回弹仪测试混凝土浇筑表面或底面时测区的平均回弹值;

ΔR_s ——按表 2-21 查出的不同浇筑面的回弹修正值,计算至 0.1。

表 2-21　不同浇筑面的回弹修正值

d_m	ΔR_s		d_m	ΔR_s	
	表面	底面		表面	底面
20	+2.5	-3.0	40	+0.5	-1.0
25	+2.0	-2.5	45	0	-0.5
30	+1.5	-2.0	50	0	0
35	+1.0	-1.5			

注:(1)表中浇筑表面的修正值,是指一般原浆抹面后的修正值。
　　(2)表中浇筑底面的修正值,是指构件底面与侧面采用同一类模板在正常浇筑情况下的修正值。

如果测试时仪器既非水平方向而测区又非混凝土的浇筑侧面,则应对回弹值先进行角度修正。然后再进行浇筑面修正。

每一侧区的平均碳化深度值,按下式计算:

$$d_m = \frac{1}{n} \sum_{i=1}^{n} d_i \qquad (2-24)$$

式中, d_m ——测区的平均碳化深度值,mm;计算至 0.5 mm;

d_i ——第 i 次测量的碳化深度值,mm;

n ——测区的碳化深度测量次数。

如 $d_m > 6.0$ mm,则按 $d_m = 6.0$ mm 计。

2.6 回弹法检测计算实例

2.6.1 测试准备

（1）资料收集、检测仪器准备。

（2）工程质量检测、检查委托书。

2.6.2 检测前,应具备下列有关资料

（1）工程名称、工程地点、设计、施工、监理和建设单位名称;施工(结构和建筑)图纸,结构或构件名称、编号及混凝土强度设计等级。

（2）混凝土配合比,石子、砂子品种规格、粒径,外加剂或掺合料品种、掺量等。

（3）混凝土成型日期,以及浇筑和养护情况。

（4）混凝土试块件压报告,结构或构件存在的质量问题等。

（5）提交"检测方案"给委托方认可。

（6）签订"工程(产品)质量检验合同书"。

（7）检查测试仪器是否在标准状态。

（8）备足各检测项目记录表。

2.6.3 现场被测结构或构件准备

（1）按照"检测方案"确定的构件,请委托单位在构件相对应的测试面上,将抹灰剔除漏出混凝土表面,用砂轮片把浮浆打磨干净(切忌用电动砂轮片打磨)。

（2）如有登高检测的构件,需设置脚手架和安全防护措施。

（3）单个构件检测时,应在构件上均匀布置测区,每个构件上的测区数不应少于 10 个;如某一方向尺寸小于 4.5 m,且另一方向尺寸小于或等于 0.3 m 的构件,其测区可适当减少,但不应少于 5 个。

（4）对同批构件抽样检测时,构件抽样数量应不少于同批构件的 30%,且不少于 10 个构件。

（5）测区布置宜在构件混凝土浇筑方向的对应侧面。

（6）测区应均匀分布,如图 2-34 所示。

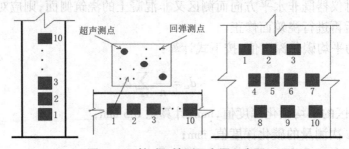

图 2-34 柱、梁、墙测区布置示意图

相邻两测区的间距不宜大于 2 m;测区应避开钢筋密集区和预埋件;测区尺寸为 200 mm × 200 mm;测试面应清洁、平整、干燥,不应有接缝、饰面层、浮浆和油垢,并避开蜂窝、面部位,必要时可用砂轮片清除杂物和打磨不平处,并擦净残留粉尘;结构或构件

50

上的测区应注明编号,并记录测区位置和外观质量情况。

2.6.4　回弹值的测量与计算

2.6.4.1　回弹值的测量

（1）结构或构件的每一测区,宜先进行回弹测试,后进行碳化深度测试。

（2）回弹仪测试时,宜使仪器处于水平状态,测试混凝土浇筑方向的侧面。

如不能满足这一要求,也可非水平状态测试,或测试混凝土浇筑方向的顶面或底面。对构件上每一测区的两个相对测试面各弹击 8 点,每一测点的回弹值测读精度至 1。测试混凝土楼板,回弹测区应选择顶面(或底面)弹击 16 个回弹值,不宜在顶面和底面各弹击 8 个回弹值。回弹测点在测区范围内应均匀分布,但不得布置在气孔或外露石子上。相邻两测点的间距一般不小于 30 mm;测点距构件边缘或外露钢筋、铁件的距离不小于 50 mm,且同一测点只允许弹击一次。

2.6.4.2　回弹值计算

（1）在测试时,如回弹仪处于非水平状态,同时构件测区又非混凝土的浇筑侧面,则应对测得的回弹值先进行角度修正,然后进行顶面或底面修正。修正方法和取值,按现行回弹法测强规程进行。

（2）计算测区平均回弹值时,应从该测区两个相对测试面的 16 个回弹值中,剔除 3 个较大值和 3 个较小值,然后将余下的 10 个回弹值按下列公式计算:

$$R_{\mathrm{m}} = \frac{1}{10} \sum_{i=1}^{10} R_i$$

式中, R_{m}——测区平均回弹值,精确至 0.1;

R_i——第 i 个点的回弹值。

2.6.5　构件混凝土强度推定

用回弹法检测结构或构件混凝土强度时,应在结构或构件上所布置的测区内,分别进行回弹和碳化深度测试,经测试获得的回弹值、碳化深度值,查表得到测区换算强度。

2.6.5.1　按单个检测的构件

当按单个构件检测时,单个构件的混凝土强度推定值 $f_{\mathrm{cu,e}}$,当构件测区小于 10 个时,取构件中最小的测区强度换算值为该个构件的混凝土强度推定值;当构件测区大于 10 个时,应按式(2–25)计算,作为该个构件混凝土强度的推定值。

$$f_{\mathrm{cu,e}} = m_{f_{\mathrm{cu}}} - 1.645\, s_{f_{\mathrm{cu}}} \tag{2–25}$$

$$m_{f_{\mathrm{cu}}} = \frac{1}{n} \sum_{i=1}^{n} f_{\mathrm{cu},i}^{c}$$

$$s_{f_{\mathrm{cu}}} = \sqrt{\frac{\sum_{i=1}^{n} \left(f_{\mathrm{cu},i}^{c}\right)^2 - n\left(m_{f_{\mathrm{cu}}}\right)^2}{n-1}} \tag{2–26}$$

式中, $f_{\mathrm{cu,e}}$——混凝土强度推定值,MPa,精确至 0.1 MPa;

$m_{f_{\mathrm{cu}}}$——测区混凝土强度平均值,MPa,精确至 0.1 MPa。

2.6.5.2　按批量检测的构件

有时由于施工管理方面的原因,致使一大批构件或某工程某层结构混凝土强度都未达到设计强度要求,构件数量较多,如果确是属于四同(混凝土强度等级相同;混凝土原材料、配合比、成型工艺、养护条件及龄期基本相同;构件种类相同;在施工阶段所处状态相同)的同批构件,则可按批进行抽样检测,抽样数量应不少于构件总数的 30%,且构件数量不得少于 10 件,每个构件测区不少于 10(5)个。按批量检测的构件,应按式(2-26)计算,作为该批构件混凝土强度的推定值。当该批构件混凝土强度标准差出现下列情况之一时,则该批构件应全部按单个构件检测,推定混凝土强度:

(1)当该批构件混凝土强度平均值小于 25.0 MPa 时:

$$s_{f_{cu}} > 4.5 \text{ MPa}$$

(2)当该批构件混凝土强度平均值不小于 25.0 MPa 时:

$$s_{f_{cu}} > 5.5 \text{ MPa}$$

2.6.6 混凝土强度换算值修正

当检测条件与《回弹法检测混凝土抗压强度技术规程》(JGJ/T 23)第 6.2.1 条和第 6.2.2 条的适用条件有较大差异时,可采用在构件上钻取的混凝土芯样或同条件试块对测区混凝土强度换算值进行修正。对同一强度等级混凝土修正时,芯样数量不应少于 6 个,公称直径宜为 100 mm,高径比应为 1。芯样应在测区内钻取,每个芯样应只加工一个试件。同条件试块修正时,试块数量不应少于 6 个,试块边长应为 150 mm。计算时,测区混凝土强度修正量及测区混凝土强度换算值的修正应符合下列规定。

2.6.6.1 修正量应按下列公式计算:

$$\Delta_{tot} = f_{cor,m} - f_{cu,m0}^{c} \tag{2-27}$$

$$\Delta_{tot} = f_{cu,m} - f_{cu,m0}^{c} \tag{2-28}$$

$$f_{cor,m} = \frac{1}{n} \sum_{i=1}^{n} f_{cor,i} \tag{2-29}$$

$$f_{cu,m} = \frac{1}{n} \sum_{i=1}^{n} f_{cu,i} \tag{2-30}$$

$$f_{cu,m0}^{c} = \frac{1}{n} \sum_{i=1}^{n} f_{cu,i}^{c} \tag{2-31}$$

式中, Δ_{tot} ——测区混凝土强度修正量,MPa 精确到 0.1 MPa;

$f_{cor,m}$ ——芯样试件混凝土强度平均值,MPa,精确到 0.1 MPa;

$f_{cu,m}$ ——150 mm 同条件立方体试块混凝土强度平均值,MPa,精确到 0.1 MPa;

$f_{cu,m0}^{c}$ ——对应于钻芯部位或同条件立方体试块回弹测区混凝土强度换算值的平均值,MPa,精确到 0.1 MPa;

$f_{cor,i}$ ——第 i 个混凝土芯样试件的抗压强度;

$f_{cu,i}$ ——第 i 个混凝土立方体试块的抗压强度;

$f_{cu,i}^{c}$ ——对应于第 i 个芯样部位或同条件立方体试块测区回弹值和碳化深度值的混凝土强度换算值,可按《回弹法检测混凝土抗压强度技术规程》(JGJ/T 23)附录 A 或附录 B 取值;

n ——芯样或试块数量。

2.6.6.2 测区混凝土强度换算值的修正应按式(2-32)计算：

$$f_{cu,i1}^{c} = f_{cu,i0}^{c} + \Delta_{tot} \qquad (2-32)$$

式中,$f_{cu,i0}^{c}$——第i个测区修正前的混凝土强度换算值,MPa,精确到 0.1 MPa;

$f_{cu,i1}^{c}$——第i个测区修正后的混凝土强度换算值,MPa,精确到 0.1 MPa。

例如:在构件上钻取 6 个混凝土芯样,同时在钻取芯样处进行回弹测试,换算强度和芯样强度,修正量计算见表 2-22。

表 2-22　修正量计算

强度值	1	2	3	4	5	6	平均值	Δ_{tot}
芯样强度	30.5	28.3	23.0	25.9	25.5	27.3	26.8	4.3
换算强度	22.2	22.5	21.8	22.0	23.5	22.7	22.5	

$$\Delta_{tot} = f_{cor,m} - f_{cu,m0}^{c} = 26.8 - 22.5 = 4.3 \text{ MPa}$$

测区混凝土强度换算值的修正量应按表 2-22 计算,然后进行统计计算出平均值 $m_{f_{cu}^{c}}$、标准差 $s_{f_{cu}^{c}}$,最后按式 $f_{cu,e} = m_{f_{cu}^{c}} - 1.645 s_{f_{cu}^{c}}$ 进行强度推定。

2.7 工程实例

例 1:某框架梁 A-2-3 跨度为 6 m,梁高 0.45 m,混凝土设计强度等级为 C25,普通混凝土,各种材料均符合国家标准要求,自然养护,龄期 18 个月。因资料不全,采用回弹法检测混凝土强度。此测试测区布置在构件浇筑侧面,回弹仪水平方向测试,检测数据见表 2-23。

表 2-23　A-2-3 梁检测数据

测区	1	2	3	4	5	6	7	8	9	10	11	12	13	14	15	16	R_m	d_m
1	34	33	34	35	36	43	32	33	34	23	34	55	43	45	34	34	35.1	2.0
2	34	33	34	35	40	43	32	33	34	43	34	55	43	45	34	34	36.5	2.0
3	34	33	45	35	36	43	32	33	34	43	34	55	43	45	34	34	36.0	2.0
4	34	33	34	35	36	43	32	33	34	33	34	55	43	45	34	34	35.1	2.0
5	34	33	34	35	44	43	32	33	34	43	34	55	43	45	34	34	35.8	2.0
6	34	33	34	35	36	43	32	33	34	43	34	55	43	45	34	34	36.1	2.0
7	34	46	34	35	36	43	32	33	34	43	34	55	43	45	34	34	36.1	2.0
8	34	33	34	41	36	43	32	33	34	43	34	55	43	45	34	34	35.7	2.0
9	34	33	34	35	36	43	32	33	34	23	34	55	43	45	34	34	35.1	2.0
10	34	39	34	35	36	43	32	33	34	43	34	55	43	45	34	34	36.6	2.0

构件混凝土强度计算表见表 2-24。

例 2:某框架 A-2 柱高度为 4.5 m,宽度 0.45 m,混凝土设计强度等级为 C25,各种材料均符合国家标准要求,自然养护,龄期 4 个月。因试块试验未达到设计要求,采用回弹法检测混凝土强度,在构件浇筑侧面水平方向测试。构件混凝土强度计算表见表 2-25。

表 2-24　A-2-3 梁构件混凝土强度计算表

项目＼测区		1	2	3	4	5	6	7	8	9	10
回弹值	测区平均值	35.1	36.5	36.0	35.1	35.8	36.1	36.1	35.7	35.1	36.6
	角度修正值	0.0	0.0	0.0	0.0	0.0	0.0	0.0	0.0	0.0	0.0
	角度修正后	35.1	36.5	36.0	35.1	35.8	36.1	36.1	35.7	35.1	36.6
	浇筑面修正值	0.0	0.0	0.0	0.0	0.0	0.0	0.0	0.0	0.0	0.0
	浇筑面修正后	35.1	36.5	36.0	35.1	35.8	36.1	36.1	35.7	35.1	36.6
平均碳化深度值 / d_m		2.0	2.0	2.0	2.0	2.0	2.0	2.0	2.0	2.0	2.0
测区强度值 f_{cu}/MPa		26.8	29.1	28.2	26.8	28.0	28.4	28.4	27.8	26.8	29.2
强度计算 / MPa　$n=10$		$m_{f_{cu}^c}=28.0$				$s_{f_{cu}^c}=0.90$				$f_{cu,e}=26.5$	
使用测区强度换算表名称：规程　　地区　　专用								备注：			

表 2-25　A-2 柱构件混凝土强度计算表

项目＼测区		1	2	3	4	5	6	7	8	9	10
回弹值	测区平均值	35.1	36.5	36.0	35.1	35.8	36.1	36.1	35.7	35.1	36.6
	角度修正值	0.0	0.0	0.0	0.0	0.0	0.0	0.0	0.0	0.0	0.0
	角度修正后	35.1	36.5	36.0	35.1	35.8	36.1	36.1	35.7	35.1	36.6
	浇筑面修正值	0.0	0.0	0.0	0.0	0.0	0.0	0.0	0.0	0.0	0.0
	浇筑面修正后	35.1	36.5	36.0	35.1	35.8	36.1	36.1	35.7	35.1	36.6
平均碳化深度值 / d_m		1.5	1.5	1.5	1.5	1.5	1.5	1.5	1.5	1.5	1.5
测区强度值 f_{cu}/MPa		28.1	30.4	29.6	28.1	29.3	29.8	29.8	29.2	28.1	30.6
强度计算 / MPa　$n=10$		$m_{f_{cu}^c}=29.3$				$s_{f_{cu}^c}=0.93$				$f_{cu,e}=27.8$	
使用测区强度换算表名称：规程　　地区　　专用								备注：			

　　例 3：某框架结构楼板（普通混凝土），混凝土设计强度等级为 C20，各种材料均符合国家标准要求，自然养护，龄期 12 个月。因试验资料不全，采用回弹法检测混凝土强度。在楼板底面方向布置测区进行测试。A-B-2-3 楼板构件混凝土强度计算表见表 2-26。

　　例 4：某砖混结构构造柱，混凝土设计强度等级为 C20，各种材料均符合国家标准要求，自然养护，龄期 8 个月。因试块试验未达到设计要求，采用回弹法检测混凝土强度。在构造柱侧面水平测试，A-5 柱构件混凝土强度计算表见表 2-27。

　　例 5：某框架结构顶板，混凝土设计强度等级为 C35，普通混凝土，各种材料均符合国家标准要求，自然养护，龄期 8 个月。因试块试验未达到设计要求，采用回弹法检测混凝土强度。回弹仪按 90°方向向顶板底面测试。该例计算时，必须进行角度修正、测试面修正。C-D-7-8 楼板检测强度计算表见表 2-28。

　　例 6：北京市某局培训中心主楼为一栋四层框架结构，位于某区某路。该楼于 1995 年由某县某建筑工程施工完成主体结构，建筑面积为 3 168 m²。基础、地梁、框架梁及框架柱

表 2-26　A-B-2-3 楼板构件混凝土强度计算表

项目 \\ 测区		1	2	3	4	5	6	7	8	9	10
回弹值	测区平均值	35.1	36.5	36.0	35.1	35.8	36.1	36.1	35.7	35.1	36.6
	角度修正值	−4.5	−4.4	−4.4	−4.5	−4.4	−4.4	−4.4	−4.4	−4.5	−4.4
	角度修正后	30.6	32.1	31.6	30.6	31.4	31.7	31.7	31.3	30.6	32.2
	浇筑面修正值	−2.0	−1.8	−1.9	−2.0	−1.9	−1.9	−1.9	−1.9	−2.0	−1.8
	浇筑面修正后	28.6	30.3	29.7	28.6	29.5	29.7	29.8	29.4	28.6	30.4
平均碳化深度值 / d_m		2.0	2.0	2.0	2.0	2.0	2.0	2.0	2.0	2.0	2.0
测区强度值 f_{cu} / MPa		18.2	20.4	19.6	19.4	19.6	19.8	19.3	18.2	18.2	20.6
强度计算 / MPa $n=10$		$m_{f_{cu}^c}=19.1$				$s_{f_{cu}^c}=0.88$			$f_{cu,e}=17.9$		
使用测区强度换算表名称:规程　地区　专用								备注:			

表 2-27　A-5 柱构件混凝土强度计算表

项目 \\ 测区		1	2	3	4	5	
回弹值	测区平均值	23.8	23.6	23.9	13.8	23.7	
	角度修正值	0.0	0.0	0.0	0.0	0.0	
	角度修正后	23.8	23.6	23.9	13.8	23.7	—
	浇筑面修正值	0.0	0.0	0.0	0.0	0.0	
	浇筑面修正后	23.8	23.6	23.9	13.8	23.7	
平均碳化深度值 / d_m		2.0	2.0	2.0	2.0	2.0	
测区强度值 f_{cu} / MPa		12.8	12.7	13.0	<10.0	12.8	
强度计算 / MPa $n=S$		—			—		$f_{cu,e}<10.0$
使用测区强度换算表名称:规程　地区　专用						备注:	

表 2-28　C-D-7-8 楼板检测强度计算表

项目 \\ 测区		1	2	3	4	5	6	7	8	9	10
回弹值	测区平均值	44.1	44.8	43.5	45.0	45.3	45.3	45.3	45.4	44.6	44.8
	角度修正值	−3.8	−3.8	−3.9	−3.8	−3.8	−3.8	−3.8	−3.8	−3.8	−3.8
	角度修正后	40.3	41.0	39.7	41.2	41.5	41.5	41.5	41.6	40.8	41.0
	浇筑面修正值	−1.0	−0.9	−1.0	−0.9	−0.8	−0.8	−0.8	−0.8	−0.9	−0.9
	浇筑面修正后	39.3	40.1	38.7	40.3	40.7	40.7	40.7	40.8	39.9	40.1
平均碳化深度值 / d_m		1.0	1.0	1.0	1.0	1.0	1.0	1.0	1.0	1.0	1.0
测区强度值 f_{cu} / MPa		41.1	42.7	39.9	43.1	44.0	44.0	44.0	44.2	42.3	42.7
强度计算 / MPa $n=10$		$m_{f_{cu}^c}=42.8$				$s_{f_{cu}^c}=1.41$			$f_{cu,e}=40.5$		
使用测区强度换算表名称:规程　地区　专用								备注:			

混凝土设计强度等级为 C25,顶板混凝土设计强度等级为 C20,按抗震烈度 8 度设计。现将准备对该楼进行后续施工,根据该工程结构施工图的设计,北京市某局委托对培训中心主楼的质量及抗震能力进行检测及鉴定。工程平面示意图见图 2-35。

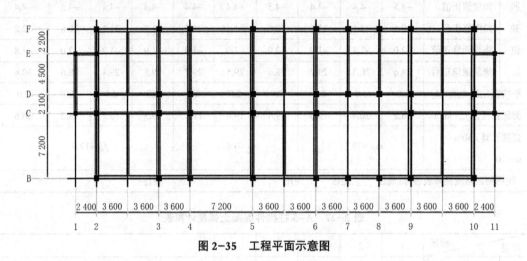

图 2-35 工程平面示意图

在构件上钻取 6 个混凝土芯样,同时在钻取芯样处进行回弹测试,换算强度和芯样强度见表 2-29。构件强度计算见表 2-30。

表 2-29 修正量计算

强度值	1	2	3	4	5	6	平均值	Δ_{tot}
芯样强度	30.5	28.3	23.0	25.9	25.5	27.3	26.8	4.3
换算强度	22.2	22.5	21.8	22.0	23.5	22.7	22.5	

表 2-30 A-2 柱构件混凝土强度计算表

项目	测区	1	2	3	4	5	6	7	8	9	10
回弹值	测区平均值	35.1	36.5	36.0	35.1	35.8	36.1	36.1	35.7	35.1	36.6
	角度修正值	0.0	0.0	0.0	0.0	0.0	0.0	0.0	0.0	0.0	0.0
	角度修正后	35.1	36.5	36.0	35.1	35.8	36.1	36.1	35.7	35.1	36.6
	浇筑面修正值	0.0	0.0	0.0	0.0	0.0	0.0	0.0	0.0	0.0	0.0
	浇筑面修正后	35.1	36.5	36.0	35.1	35.8	36.1	36.1	35.7	35.1	36.6
平均碳化深度值 / d_m		1.5	1.5	1.5	1.5	1.5	1.5	1.5	1.5	1.5	1.5
测区强度值 f_{cu} / MPa		28.1	30.4	29.6	28.1	29.3	29.8	29.8	29.2	28.1	30.6
芯样修正量 Δ_{tot}						4.3					
修正后测区强度值		32.4	34.7	33.9	32.4	33.6	34.1	34.1	33.5	32.4	34.9
强度计算 / MPa $n=10$		$m_{f_{cu}^c}=33.6$				$s_{f_{cu}^c}=0.93$			$f_{cu,e}=32.1$		
使用测区强度换算表名称:规程　　地区　　专用								备注:			

56

$$\Delta_{tot} = f_{cor,m} - f_{cu,m0}^{c} = 26.8 - 22.5 = 4.3 \text{ MPa}$$

需要指出的是:

（1）当测区数量≥10个时,为了保证构件的混凝土强度满足95%的保证率,采用数理统计的公式计算强度推定值;当构件测区数<10个时,因样本太少,取最小值作为强度推定值。此外,当构件中出现测区强度无法查出即 $f_{cu}^{c} < 10.0$ MPa 或 $f_{cu}^{c} > 60$ MPa 时,因无法计算平均值及标准差,也只能以最小值作为该强度推定值。

（2）回弹法规程第4.4.1条规定,检测泵送混凝土强度时,测区应选在混凝土浇筑侧面,检测现浇楼板没有侧面,只有板面和底面,不能满足规程要求,因此,现行《回弹法检测混凝土抗压强度技术规程》(JGJ/T 23—2011),还不能检测泵送混凝土楼板强度。

思 考 题

1. 回弹法的基本原理是什么? 为什么说回弹法是一种适合我国国情的非破损检测方法?

2. 简述回弹仪的构造及影响检测性能的主要因素和钢砧率定的作用。

3. 影响回弹法检测混凝土强度的主要因素是什么? 如何解决这些影响因素?

4. 回弹法测强曲线有几类? 适用于何种场合?

5. 简述现场检测结构或构件混凝土强度的步骤和方法。

6. 结构或构件中测区布置的原则是什么? 何为同批构件? 抽样原则是什么?

7. 简述单个结构或构件的计算过程及方法,抽样检测结构或构件的计算过程及方法。

8. 试述增量法计算处理过程及方法。

9. 某框架梁 A–2–3 跨度为 6 m,梁高 0.45 m,混凝土设计强度等级为 C25 泵送混凝土,因试块试验未达到设计要求,采用回弹法检测混凝土强度。在构件浇筑侧面水平方向测试,检测数据见下表。

项目	测区	1	2	3	4	5	6	7	8	9	10
回弹值	测区平均值	37.1	36.3	36.8	37.2	37.5	36.9	37.0	36.2	35.8	36.8
	角度修正值										
	角度修正后										
	浇筑面修正值										
	浇筑面修正后										
平均碳化深度值 / d_m						1.5					
测区强度值 f_{cu} / MPa											
强度计算 / MPa $n=10$		$m_{f_{cu}^{c}}$			$s_{f_{cu}^{c}}$				$f_{cu,e}$		
使用测区强度换算表名称:规程 地区 专用								备注:			

3 混凝土超声检测技术基础

3.1 概述

用声学的方法检测结构混凝土可以追溯到 20 世纪 30 年代，那时以锤击作振源，测量声波在混凝土中的传播速度，粗略地判断混凝土质量。目前所采用的这种超声脉冲法[①]是始于 20 世纪 40 年代后期。

1949 年，加拿大的莱斯利（Leslide）、切斯曼（Cheesman）和英国的琼斯（Jons）、加特费尔德（Gatfield）首先把超声脉冲检测技术用于结构混凝土的检测，开创了混凝土超声检测这一新领域。随着测试技术的深入和发展，仪器设备的不断改进和完善，这项测试技术在世界各国得到普遍推广和应用。

目前，世界许多国家及国际学术团体都先后制定了混凝土超声检测的规程、方法或建议。

我国自 20 世纪 50 年代开始这项技术的研究，在 20 世纪 60 年代已应用于工程检测，随后试制生产了国产超声仪。近 30 年，发展尤为迅速。混凝土超声检测技术已应用到建筑、水电、交通、铁道各类工程中。检测应用的范围和深度也不断扩大，从地面上部结构的检测发展到地下结构的检测；从一般小构件的检测发展到大体积混凝土的检测；从单一测强发展到测强、测裂缝、测缺陷、测破坏层厚度、弹性参数的全面检测；探测距离从 20 世纪 50 年代的 1 m，发展到能探测 20 m 的混凝土。电子计算机技术也应用到混凝土超声检测的自动化及数据处理、分析及判断中，提高了检测技术的准确性和可靠性。

在仪器设备方面，超声仪已由初期的电子管仪器发展到今天的数字式仪器，不但有较强的数据采集、量测、存储功能，还具有对数据进行自动处理、分析的功能。

目前，混凝土超声检测方法（包括灌注桩声波检测）已正式列入我国一些部门、地方和工程标准化委员会的规程中。

3.2 声学原理

3.2.1 波与声波

3.2.1.1 波动

波动是物质的一种运动形式。波动可分成两大类：一类是机械波，它是由于机械振动在弹性介质中引起的波动过程，如水波、声波、超声波等；另一类是电磁波，它是由于电磁振荡所产生的变化电场和变化磁场在空间的传播过程，如无线电波、红外线、紫外线、可见光等。

[①]目前超声检测中所用的均是超声脉冲波。为区别于超声连续波，严格来说，使用超声脉冲波及超声脉冲法的名称较为准确，国外文献也多是如此，但为了方便和照顾一般习惯，在一般情况下通常将超声脉冲波简称超声波，将超声脉冲法简称超声法。

3.2.1.2　声波

声波是弹性介质中的机械波。人们所能听到声波的频率是 $20 \sim 2 \times 10^4$ Hz,这叫可闻声波。当声波频率超过 2×10^4 Hz 时,人耳就听不到了,这种声波就叫超声波。频率低于 20 Hz 的叫次声波,人耳也听不到。

3.2.2　谐振动

物体在一定位置附近做来回重复运动,称为振动,例如摆的运动、汽缸中活塞的运动、弹簧振子的运动等,这些是可以直接看到的振动;又如一切发声体的运动、在高频电压激励下压电晶体的运动,则是不易或不能直接看到的振动。

相互间由弹性力联系着的质点所组成的物质,称为弹性介质。需要进行超声检验的大量固体构件都是弹性介质。可以认为,弹性介质是由相互间用小弹簧联系着的质点所组成,如图 3-1 所示。若这种介质中任何一个质点离开了平衡位置,则会产生使它恢复到平衡位置的力,这就是弹性力。

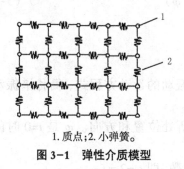

1.质点;2.小弹簧。

图 3-1　弹性介质模型

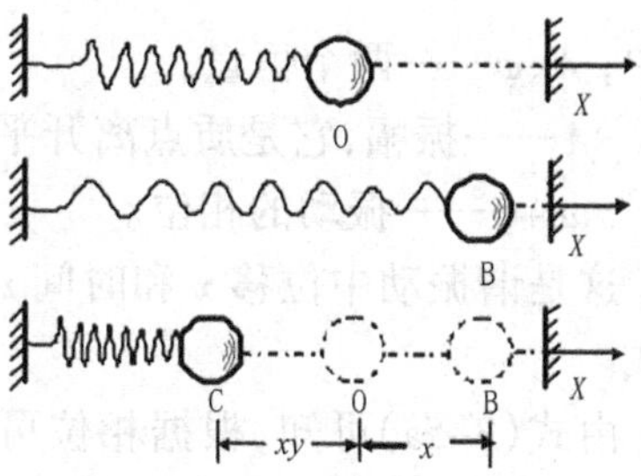

图 3-2　弹簧振子的振动

可以用弹簧振子来说明谐振动。如图 3-2 所示,弹簧左端固定,右端系一物体。为使讨论较为简单,设弹簧振子穿在光滑的水平玻璃棒上,以避免重力对运动的影响。设物体在位置 0 时,弹簧作用在物体上的力是零。这个位置就是物体的平衡位置。若把物体向右移动到位置 B,这时弹簧被拉长,相应地有指向左方即指向平衡位置的弹性力作用在物体上,使物体返回平衡位置。当物体回到平衡位置时,弹簧的弹力等于零,但物体在返回时获得了速度,由于惯性,它将继续向左移动。当物体在平衡位置左边时,弹簧被压缩,物体所受弹性力是指向右方,即平衡位置。这时弹性力作用是阻碍物体运动,直至物体停止在位置 C。在这以后,物体在弹性力的作用下向右移动,情况和上述向左移动相似。这样,在弹簧的弹性力作用下,物体在平衡位置的左右做重复运动,即振动。

取平衡位置 0 为 X 轴的原点,并设 X 轴的正向向右。根据胡克定律,物体所受的弹性力 F 与物体位移 x(弹簧的变形量)的关系为

$$F = -kx \tag{3-1}$$

式中,k——弹簧的弹性系数;

负号表示力和位移的方向相反。

设物体的质量为 m,根据牛顿第二定律,它的加速度 a 为

$$a = \frac{F}{m} = -\frac{k}{m}x \tag{3-2}$$

因为 k 和质量 m 都是常数,所以它们的比值可以用一恒量 ω^2 表示,即

$$k/m = \omega^2 \qquad (3\text{--}3)$$

式中,ω——角频率或圆频率。

代入式(3-3),得

$$a = -\omega^2 x \qquad (3\text{--}4a)$$

从式(3-4a)看出,上述振动的特征是:物体的加速度和位移成正比且方向相反。这种振动称为谐振动。物体在弹性力作用下发生的运动是谐振动。谐振动是最简单最基本的振动,任何复杂振动都是由许多不同频率的谐振动所合成的。

因为 $\dfrac{\mathrm{d}^2x}{\mathrm{d}t^2} = a$,又得

$$\frac{\mathrm{d}^2x}{\mathrm{d}t^2} + \omega^2 x = 0 \qquad (3\text{--}4b)$$

根据微分方程理论,式(3-4b)的解为

$$x = A\cos(\omega t + \varphi) \qquad (3\text{--}5a)$$

式中,A、φ——两个恒量;

 A——振幅,它是质点离开平衡位置的最大位移;

 $\omega t + \varphi$——振动的相位。

这是谐振动中位移 x 和时间 t 的关系式,称为谐振动的运动方程式,简称谐振动方程式。

由式(3-5a)可知,根据相位可确定质点在时刻 t 所处位置和方向。φ 是 $t=0$ 时的相位,称初相位,表示质点开始振动时的状态。

ω 称角频率,表示在 2π 秒时间物体所做的振动次数,即 $\omega = 2\pi f$。

从式(3-3a)看出,物体做谐振动时,其位移是时间的余弦函数。又因为 $\cos(\omega t + \varphi)$ $=\sin(\omega t + \varphi + \dfrac{\pi}{2})$,如果令 $\varphi' = \varphi + \dfrac{\pi}{2}$,则式(3-5a)可写为

$$x = A\sin(\omega t + \varphi') \qquad (3\text{--}5b)$$

因此,也可以说做谐振动时,位移是时间的正弦函数,只不过其初相位不同而已。以下均采用余弦函数来表示谐振动。

从式(3-5a)可以得出谐振动质点的振动速度 v_{a} 及加速度 a

$$v_{\mathrm{a}} = \frac{\mathrm{d}x}{\mathrm{d}t} = -A\omega\sin(\omega t + \varphi) \qquad (3\text{--}6)$$

$$a = \frac{\mathrm{d}^2x}{\mathrm{d}t^2} = -A\omega^2\cos(\omega t + \varphi) \qquad (3\text{--}7)$$

可见,当质点做谐振动时,它的振动速度及加速度分别是时间 t 的正弦或余弦函数。

以时间 t 为横坐标且设 $\varphi = 0$,以位移 x、速度 v_{a}、加速度 a 为纵坐标,可画出三条线,如图 3-3 所示。从图中可看到各参数周期性的变化。

3.2.3 波的产生与传播

在弹性介质中,任何一个质点做机械振动时,因为这个质点与邻近的质点间有相互作用的弹性力联系着,所以它的振动将传递给与之相邻近的质点,使邻近的质点也同样地发生振动,然后振动又传给下一个质点,依此类推。这样,振动就由近及远向各个方向

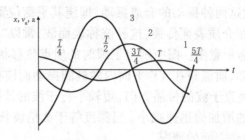

1. 位移；2. 速度；3. 加速度。

图 3-3　质点位移 x、速度 v_a、加速度与时间的关系

以一定速度传播出去，从而形成了机械波。从上述可知，机械波的产生，首先要有做机械振动的波（声）源，其次要有传播这种机械振动的介质。

例如，把石子投入平静水中，在水面上可以看到一圈圈向外扩展的水波。

手握绳子一端上下振动，可以看到图 3-4 所示的波向前传播的过程，这是横波。

如图 3-5 所示，用手迅速而有节奏地推拉弹簧的一端，可以看到弹簧上有部分密集，有部分稀疏，疏密相间，且这种疏密相间的状态沿着弹簧向前传播，这就是弹性纵波。

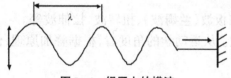

图 3-4　绳子上的横波

图 3-5　弹簧上的纵波

3.2.4　波的种类和形式

3.2.4.1　波的种类

波的种类是根据介质质点的振动方向和波的传播方向的关系来区分的。它分为纵波、横波、表面波和板波等。

（1）纵波

介质质点的振动方向与波的传播方向一致，这种波称为纵波，如空气、水中传播的声波就是纵波。纵波又常称"P"波。

纵波的传播是依靠介质时疏时密（时而拉伸，时而压缩）使介质的容积发生变形引起压强的变化而传播的，因此和介质的容变弹性有关。任何弹性介质（固体、液体、气体）在容积变化时都能产生弹性力，所以纵波可以在任何固体、液体、气体中传播。

（2）横波

介质质点的振动方向与波的传播方向相垂直，这种波称为横波，如绷紧的绳子上传播的波就是横波。横波又常称"S"波。

横波的传播是使介质产生剪切变形时引起的剪切应力变化而传播的，因此和介质的切变弹性有关。由于液体、气体无一定形状，当它们的形状发生变化时不产生切变应力，所以液体、气体不能传播横波，只有固体才能传播横波。在气体、液体中只有纵波存在。

（3）表面波

固体介质表面受到交替变化的表面张力，使介质表面的质点发生相应的纵向振动和横向振动,结果使质点做这两种振动的合成振动,即绕其平衡位置做椭圆振动。椭圆振动又作用于相邻的质点而在介质表面传播,这种波称表面波,常以"R"表示。

图 3-6 为表面波传播示意图。图中示出了瞬时的质点位移状态。右侧的椭圆表示质点振动的轨迹。由图可知,质点只在 XY 平面内做椭圆振动而波在体表面(XZ 平面)沿 X 方向传播。振动的长轴垂直于波的传播方向,短轴平行于波的传播方向。表面波传播时,质点振动的振幅随深度的增加而迅速减小。当深度等于 2 倍波长时,振幅已经很小了,因此,表面波多用于探测构件表面的情况。

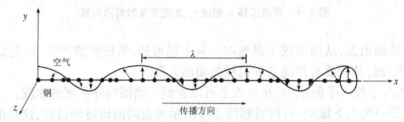

图 3-6　表面波传播示意

表面波也只能在固体中传播。

自然界中的机械波,还有许多复杂的形式,如板波(兰姆波)、扭转波、拉伸波等。

单纯的纵波和单纯的横波是最简单的两种波。从运动学的角度看,根据叠加原理,任何复杂的波都是纵波和横波叠加的结果。

3.2.4.2　波的形式

波的形式是根据波阵面的形状来划分的。如图 3-7 所示,声源在无限大且各向同性的介质中振动时,振动向各方向传播。传播的方向称为波线 1;在某一时刻振动所传到各点的轨迹称为波前 2;介质中振动相位相同的所有质点的轨迹称为波阵面 3。在任一确定的时刻,波前的位置总是确定的,只有一个波前,而波阵面的数目则是任意多的。

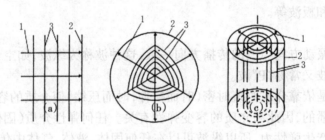

1. 波线;2. 波前;3. 波阵面。

图 3-7　波线、波前、波阵面

按波阵面的形状可以把波分成平面波、球面波和柱面波。

① 平面波:波阵面为平面的波称为平面波,其振源是一个作谐振动的无限大的平面。另外,从无穷远的点状声源(点源)传来的波,其波阵面可视为平面,也可称为平面波。

② 球面波:波阵面为球面的波称为球面波,其振源是一个点状声源。

③ 柱面波:波阵面为同轴圆柱面的波称为柱面波,其振源是一无限长的直柱形。

3.2.5 波动方程

用数学方程式来描述一个前进中的波动,即描述介质中某质点相对于平衡位置的位移随时间的变化,该数学方程式称为波动方程。

3.2.5.1 波动方程的建立

由于谐振动是最简单的振动,所以由它产生的余弦波是最简单、最基本的波。因此,先讨论余弦振动在均匀介质中传播过程所形成的余弦波波动方程。

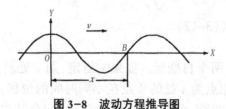

图 3-8 波动方程推导图

如图 3-8 所示,设一平面余弦波在无吸收的无限大均匀介质中沿 X 轴的正向传播,波速为 v。设 O 为波线上任意一点,并取其为坐标原点,Y 轴为振动位移。若 O 点处质点作谐振动,从式(3-8)可知,其振动方程为

$$y_0 = A\cos\omega t \qquad (3-8)$$

式中,A——振幅;

　　ω——角频率;

　　y_0——质点在时间 t 时离开平衡位置的位移。

如系横波,则位移方向与 X 轴垂直;如系纵波,则位移方向沿着 X 轴。设 B 为波线上另一任意点,离开原点 O 的距离为 x。因为振动从 O 点传播到 B 点需要的时间为:x/v,所以 B 点处质点在时间 t 的位移等于 O 点处质点在时间$(t - x/v)$的位移,即

$$y = A\cos\omega\left(t - \frac{x}{v}\right) \qquad (3-9)$$

式(3-9)表示,在波线上任意一点(距原点距离为 x)处的质点在任一瞬时的位移,即沿 X 轴方向前进的平面余弦的波动方程。

波在一个周期 T 内(或者说质点完成一次振动)所传播的路程为波长,用 λ 表示。根据周期和波速的定义,三者关系为

$$\lambda = vT \qquad (3-10)$$

因为周期 T 与频率 f 互为倒数,所以式(3-10)也可写为

$$\lambda = \frac{v}{f} \qquad (3-11)$$

这是波速、波长、频率间的基本关系。例如,当 50 kHz 的超声波通过混凝土,测得超声波传播的速度为 4 000 m/s, 则由式(3-11)可计算出混凝土中超声波的波长:$\lambda = \dfrac{4\,000 \times 10^3}{50 \times 10^3} = 80$ mm。

式(3-9)是平面余弦波在无吸收的无限均匀介质中传播的波动方程。平面波不扩散,在无吸收情况下,距振源各点的振幅也不变。

对于球面波,波向四周扩散。在介质不吸收波的能量时,球面波的振幅也逐渐减小。

根据通过各波阵面的平均能量流相等的原理,可以证明球面波的波动方程为

$$y = \frac{A}{r}\cos\omega(t - \frac{r}{v}) \qquad (3-12)$$

式中,r——质点离开声源的距离;

　　A——距声源单位距离的振幅。

对于柱面,其波动方程为

$$y = \frac{A}{\sqrt{r}}\cos\omega(t - \frac{r}{v}) \qquad (3-13)$$

式中,r、A 的物理意义同式(3-12)。

3.2.5.2　波动方程的意义

式(3-9)中含有 x 和 t 两个自变量。如果 x 给定,则 x 处质点的位移 y 单纯是 t 的函数。这时波动方程表示距原点为 x 处的质点在不同时间的位移,即质点振动情况。若以位移 y 为纵坐标,时间 t 为横坐标,就得到一条位移—时间余弦曲线,如图 3-10 所示,它表示该质点在做谐振动。超声仪屏幕上的波形就表示在接收换能器处介质振动(位移)随时间变化的曲线。这时,振动状态相同的两点(如波峰—波峰或波谷—波谷)间的横坐标(时间)值,代表的是波动周期 T 的大小。

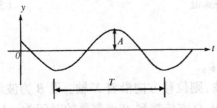

图 3-9　给定质点位移与时间的关系

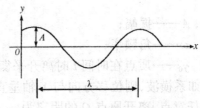

图 3-10　给定时刻各质点位移

如果 t 值给定,位移 y 将单纯是 x 的函数。这时波动方程表示在某一给定时刻波线上各质点的位移。若以位移为纵坐标,质点在波线上距振源距离 x 为横坐标,也得到一条余弦曲线,如图 3-10 所示。它表示这个波是余弦波。我们所看到的一端上下振动的绳子上的波就是这种情况。这时,振动状态相同的两点间的横坐标(距离)值,代表的是波长 λ 的大小。

如果 t 和 x 都在变化,则波动方程表示波线上各个质点不同时刻的位移。若以 y 为纵坐标,x 为横坐标,则在某一时刻 t_1 得一条余弦曲线,在另一时刻 $t_1 + \Delta t$ 得到另一条余弦曲线(虚线表示),如图 3-11 所示。

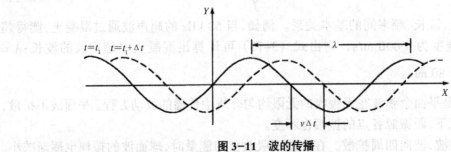

图 3-11　波的传播

当 $t=t_1$，各质点位移为

$$y = A \cos \omega \left(t_1 - \frac{x}{v} \right) \qquad (3-14)$$

当 $t=t_1 + \Delta t$，各质点位移为

$$y = A \cos \omega \left(t_1 + \Delta t - \frac{x}{v} \right) \qquad (3-15)$$

比较上述两式可以看出：在 $t=t_1 + \Delta t$ 时，位于 $x + v \Delta t$ 处质点的位移恰等于 $t=t_1$ 时 x 处质点的位移，也就是说整个波形在 Δt 时间向前移动了一段 $v \Delta t$ 距离。波速 v 就是整个波向前传播（移动）的速度。

从上述讨论可知，所谓波动的频率、相位和振幅也就是所考虑质点振动的频率、相位和振幅。

3.2.6 声波在固体中的传播速度

不同类型的波在传播过程中速度各不相同，且其声速还取决于固体介质的性质（密度、弹性模量、泊松比），所以声速是表征介质声学特性的一个参数。另外，声速的大小还与固体介质的边界条件有关。

3.2.6.1 纵波声速

（1）在无限大固体介质中传播的纵波声速 v_P：

$$v_P = \sqrt{\frac{E}{\rho} \frac{1 - \mu}{(1 + \mu)(1 - 2\mu)}} \qquad (3-16)$$

式中，E——杨氏弹性模量；

μ——泊松比；

ρ——密度。

在有限固体介质中传播时，则形成制导波，其速度变小。

（2）在薄板（板厚远小于波长）中纵波声速 v_B：

$$v_B = \sqrt{\frac{E}{\rho} \frac{1}{(1 - \mu^2)}} \qquad (3-17)$$

（3）在细长杆（横向尺寸远小于波长）中纵波声速 v_L：

$$v_L = \sqrt{\frac{E}{\rho}} \qquad (3-18)$$

3.2.6.2 横波声速

在无限大固体介质中传播的横波声速 v_S：

$$v_S = \sqrt{\frac{G}{\rho}} = \sqrt{\frac{E}{\rho} \frac{1}{2(1 + \mu)}} \qquad (3-19)$$

式中，G——切变弹性模量。

3.2.6.3 表面波声速

在无限大固体介质中传播的表面波声速 v_R：

$$v_R = \frac{0.87 + 1.12\lambda}{1 + \mu} \sqrt{\frac{G}{\rho}} = \frac{0.87 + 1.12\mu}{1 + \mu} v_S \qquad (3-20)$$

无限大的介质实际上是不存在的。当固体介质的尺寸与所传播的波长相比足够大时，可视为半无限大体，其声速即与无限大介质中的声速相近。

表 3-1 列出了部分材料的弹性参数与声速值。

表 3-1　部分材料的弹性模量、波速和特性阻抗

项目 材料	杨氏弹性 模量 / GPa	泊松比 (μ)	密度 / (g/cm³)	声速 / (m/s)		特性阻抗 /($\rho \times c$) [10⁴ g / (cm²·s)]
				v_P	v_S	
钢	21.0	0.29	7.8	5 940	3 220	470
玻璃	7.0	0.25	2.5	5 800	3 350	129
陶瓷	5.9	0.23	2.4	5 300	3 100	130
混凝土	3.0	0.28	2.4	4 500	2 756	108
石灰石	7.2	0.31	2.7	6 130	3 200	166
淡水(20℃)			0.998	1 481		14.8
空气(20℃)			0.001 2	343		0.004

注：混凝土组成各异,表中所列数值是一般混凝土参考值。

通过对固体介质声速的讨论可以看出:

① 介质的弹性性能越强即 E 或 G 越大,密度 ρ 越小,则声速越高。

② 把式(3-16)、式(3-19)两式相除,得到纵、横波速度之比:

$$\frac{v_P}{v_S} = \sqrt{\frac{2(1-v)}{1-2v}} \qquad (3-21)$$

对于一般固体介质,v 大约在 0.33,故 $\frac{v_P}{v_S} \approx 2$。混凝土的泊松比介于 0.20~0.30,因此 $\frac{v_P}{v_S}$ 介于 1.63~1.87,即在混凝土中,纵波速度为横波速度的 1.63~1.87 倍。

由式(3-21)可知,对于混凝土,$v_R \approx 0.9\ v_S$,故 $v_P \approx (1.81 \sim 2.08) v_R$。

3.2.7　声场

充满声波的空间叫声场。声压、声强、声阻抗率是描写声场特征的几个重要物理量,即声场的特征量。

3.2.7.1　声压

声场中某一点在某一瞬时所具有的压强 p_1 与没有声场存在时同一点的静态压强 p_0 之差称为声压 p,单位为[帕斯卡]Pa,1 Pa=1 N/m²。

声波在介质中传播时,介质每一点的声压随时间、距离而变化。

如图 3-12 所示,设声场中在一微小面积元 ds 的声压为 p,则此面积元上承受的作用力 $F=pds$。以 dx 表示在 dt 时间内波动传播的距离。

根据质点动力学中的动量原理,可得:

$$Fdt = \Delta m \cdot v_a \qquad (3-22)$$

式中,Δm——介质微小体积元(ds·dx)的质量;

v_a——介质质点振动速度。

由波动方程式(3-9)可以求出质点振动速度,即

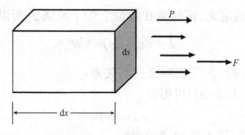

图 3-12 声压推导图

$$v_a = \frac{d\gamma}{dt} = \frac{d\left[A\cos\omega\left(t - \frac{x}{v}\right)\right]}{dt} = -A\sin\omega\left(t - \frac{x}{v}\right) \tag{3-23}$$

又，$\Delta m = \frac{Fdt}{v_a} = \frac{pdsdt}{v_a} = pdsdx$

式中，ρ——介质的密度。

所以，$pdsdt = \rho dsdx\left[-A\sin\omega\left(t - \frac{x}{v}\right)\right]$

显然，$\frac{dx}{dt} = v$（波速），得：

$$p = -A\rho v\sin\omega\left(t - \frac{x}{v}\right) = \rho v v_a \tag{3-24}$$

式中，ρv——声阻抗率。

介质的声阻抗率 ρv 越大，声压也越大。

由式（3-24）可知，声压的绝对值与波速成正比，也与角频率 ω 成正比，而 $\omega = 2\pi f$，所以声压的绝对值也与频率成正比，故超声波与可闻声波相比，其声压更大。

3.2.7.2 声强

在垂直于声波传播方向上单位面积、单位时间内通过的声能量称为声强。

当声波传播到介质中的某处时，该处原来静止的质点开始振动，因而具有动能。同时该处的介质也将产生形变，因而也具有位能。声波传播时，介质由近及远地一层接一层地振动，能量就逐层传播出去。

下面仅以纵波在均匀的各向同性的固体介质中传播为例，近似地计算声强。

考虑固体中一体积元（一个质点），其截面积为 S，长为 Δx，其体积 $\Delta V = S\Delta x$。设固体密度为 ρ，则其质量 $\Delta m = \rho\Delta V$。当纵波传播至体积元时，其振动过程中具有的能量形式是动能、位能（弹性位能）互相交替，但总的能量为一常数。当振动速度最大时，其动能即等于总的能量 ΔE。由式（3-23）可知，振动速度的幅值（速度的最大值）为：$v_{am} = A\omega$，故有：

$$\Delta E = \frac{1}{2}\Delta m v_{am}^2 = \frac{1}{2}\Delta m\omega^2 A^2 \tag{3-25}$$

单位体积质点具有的能量（能量密度）为 E，则：

$$E = \sum_{V=1}\Delta E = \frac{1}{2}A^2\omega^2\sum_{V=1}\rho\Delta V = \frac{1}{2}\rho A^2\omega^2$$

对于垂直于声传播方向的一单位面积来说，在单位时间内声波由此向前传播一段距离 v（数值上等于声速），这也就是说在这单位时间内使体积为 $1\times v$ 的介质具有声能量，

其大小为 Ev。根据声强的定义,该能量在数值上等于声强 J,所以:

$$J = Ev = \frac{1}{2}\rho v A^2 \omega^2 \qquad (3-26)$$

下面讨论质点振动速度、声压和声强三者关系。

设声压幅值为 p_m,由式(3-24)可得:

$$p_m = A\omega\rho v \qquad (3-27)$$

将式(3-25)、式(3-27)代入式(3-26),得:

$$J = \frac{1}{2}\rho v_{am}^2 \qquad (3-28)$$

$$J = \frac{1}{2}\frac{p_m^2}{\rho v} \qquad (3-29)$$

从式(3-20)、式(3-21)、式(3-22)可知,声强与质点振动位移幅值(A)的平方成正比,与质点振动角频率(ω)的平方成正比(也即与振动频率 f 的平方成正比),与质点振动速度幅度值(v_{am})平方成正比,与声压幅值(p_m)的平方成正比。

上述可知,超声波的频率大于可闻声波,因此,超声波的声强远大于可闻声波。这是超声波能用于检测、加工、清洗的原因。

3.2.7.3 声阻抗率

在声学中,把介质中某点的有效声压对质点振动速度的比值 $\frac{p}{v_a}$ 称为声阻抗率,以符号 Z 表示。从式(3-24)可知,在无吸收的平面波中,对于一定频率的声波来说,声阻抗率只取决于介质的特性,所以又常称 Z 为特性阻抗。在数值上它是 ρ 与 v 的乘积而不是其中某一个值。

由式(3-24)可知,在声压一定情况下,ρv 越大,质点振动速度 v_a 越小,ρv 越小,质点振动速度越大。或者,当振动速度 v_a 一定,则 ρv 越大,该质点声压越大。

部分介质的特性阻抗值列于表 3-1。

3.2.7.4 圆盘声源辐射的纵波声场

超声检测中常用的换能器是平面换能器。它可看成一圆盘形声源。圆盘源上各微小圆面积都可以看作单一点源。把所有这些单一点源辐射的声压叠加起来就得到合成声波的声压。

应当指出,下面关于声场讨论中一些推导和结论均是在声波为连续余弦波,传声介质是液体的条件下得出的,至于脉冲波在固体介质中的声场情况更为复杂,但这些结果可作为研究固体声场的基础。

(1)声源轴线上的声压

声源轴线上距声源距离为 x 处的声压幅值 p 的变化有如下公式:

$$p = 2p_0 \sin\left[\frac{\pi}{\lambda}\left(\sqrt{\frac{D^2}{4} + x^2} - x\right)\right] \qquad (3-30)$$

式中,p_0——距声源为零处的声压;

  D——圆盘声源直径;

  λ——波长。

式(3-25)可用图 3-13 表示。从图中可看到,在距离 x 小于某一特定的值 N 时,声压有若干极大值。这是由于源上各点源辐射到轴线上一点的声波因波程差引起的相互干涉造成的。这个范围的声场叫近场。$x > N$ 后,声压随 x 的增加而衰减,这个范围的声场叫远场。近场区的长度 N 取决于声源的尺寸和声波波长。由式(3-30)可推导出:

$$N = \frac{D^2}{4\lambda} - \frac{\lambda}{4} \tag{3-31}$$

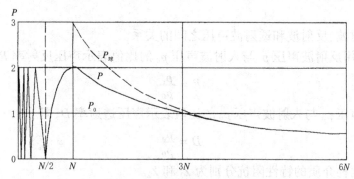

图 3-13　圆盘源轴线上的声压

近场区声压变化复杂,在检测时应避开这一区域。

图 3-13 中还给出了声源为点源情况下声压变化线(虚线)。当 $x > 3N$ 时,圆盘声源与点状声源辐射的球面波声场接近。

(2)圆盘声源的指向性

前面讨论的是圆盘声源轴线上的声场。在此方向上声压最大,而偏离轴线一角度时声压即减小。根据圆盘上各微小声源辐射的声压叠加的方法可计算出离圆盘声源足够远处声场的变化情况。若用极坐标描写声压比(偏离轴线某一角度 θ 时的声压与轴线上的声压之比)与偏离角度 θ 的关系,可得到一形象地表征声源指向性图形——指向性图案,如图 3-14 所示。从图中看到,随着偏离角度 θ 的增大,声压比迅速减小。到某一偏离角 θ_0 时,声压比为零。此时的偏离角 θ_0 称为半扩散角。θ_0 的值可按下式计算:

$$\theta_0 = \sin^{-1}\left(1.22\frac{\lambda}{D}\right) \tag{3-32}$$

随着角度 θ 再增大,声压比很小并重复交替变化,其间出现若干零值。从实用角度考虑,认为整个声速限定在 $2\theta_0$ 范围内并称这个区域内为声波的主瓣,其余区域称为声波的副瓣。

从式(3-32)可以看到,为提高圆盘声源所发声波的指向性,应提高声波频率(减小 λ)和增大圆盘直径。

在混凝土超声检测中所采用的是低频超声波,半扩散角很大,方向性差,在传播一定距离后已近于球面波。

3.2.8　声波在介质界面的反射与透射

声波在无限大介质中传播只是在理论上成立,实际上任何介质总有一个边界。当声波在传播中从一种介质到达另一种介质时,在两种介质的分界面上,一部分声波被反射,仍然回到原来介质中,称为反射波;另一部分声波则透过界面进入另一种介质中继续传播,称为折射波(透射波)。声波透过界面时,其方向、强度、波型均产生变化。这种变化取决于两种介质的特性阻抗和入射波的方向。现分垂直入射和倾斜入射两种情况来讨论。

3.2.8.1 垂直入射情况

（1）单一的平面界面

当平面波垂直入射到一个光滑平面界面时，将产生一个与入射波方向相反的反射波和一个与入射波方向相同的透射波，如图 3-15 所示。这是波入射到界面上时最简单的情况。

先讨论入射波、反射波和透射波声压之间的关系。

在界面上，用反射波声压 p_r 与入射波声压 p_0 的比值表示声压反射率 R，即

$$R = \frac{p_r}{p_0} \qquad (3-33)$$

用透射波声压 p_d 与入射波声压 p_0 的比值表示声压透射率 D，即

$$D = \frac{p_d}{p_0} \qquad (3-34)$$

界面两侧两种介质的特性阻抗分别为 Z_1 和 Z_2。

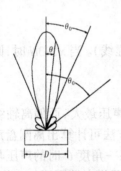

图 3-14　圆盘声源的指向性图案

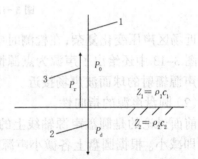

1. 入射波；2. 透射波；3. 反射波。

图 3-15　垂直入射单一界面情况

界面两侧面的声波必须符合下列两个边界条件：①一侧的总声压等于另一侧的总声压；②两侧质点振动速度的幅值应相等。

令 p_1 为第一介质的总声压，p_2 为第二介质的总声压，则：

$$p_1 = p_0 + p_r \qquad (3-35)$$
$$p_2 = p_d \qquad (3-36)$$

从式（3-24）可得：

$$v_a = \frac{p}{pv} = \frac{p}{Z} \qquad (3-37)$$

那么，两介质中质点振动速度幅值分别为

$$v_{a1} = \frac{1}{Z_1}(p_0 - p_r) \qquad (3-38)$$

$$v_{a2} = \frac{1}{Z_1}p_d \qquad (3-39)$$

反射波与入射波质点振动速度方向相反，故括号中取负号。

根据边界条件可得：

$$\begin{cases} p_0 + p_r = p_d \\ Z_2(p_0 - p_r) = Z_1 p_d \end{cases} \qquad (3-40)$$

70

解上述联立方程即可得垂直入射时的声压反射率和透射率：

$$\begin{vmatrix} R = \dfrac{z_2 - z_1}{z_2 + z_1} \\[2mm] D = \dfrac{2z_2}{z_2 + z_1} \end{vmatrix}$$
(3-41)

现讨论式(3-28)：

① 若 $Z_1 = Z_2$，则 $R = 0$，$D = 1$。这时声波全部从第一介质透射入第二介质。对声波来说，两种介质如同一种介质一样。

② 若 $Z_2 \gg Z_1$，则 $R \rightarrow 1$，声波在界面上几乎全部反射，透射极少。

③ 若 $Z_2 \ll Z_1$，则 $R \rightarrow -1$。声波也几乎全部反射，且反射率为负，表示反射波与入射波反相(相位差 180°)。

现以混凝土 / 水界面为例来计算 R 和 D。

当纵波从混凝土入射到混凝土 / 水界面时，Z_1(混凝土) $= 108 \times 10^4$ g/(cm²·s)；Z_2(水) $= 14.8 \times 10^4$ g/(cm²·s)，于是：

$$R = \frac{14.8 - 108}{14.8 + 108} = -0.76$$
(3-42)

$$D = \frac{2 \times 14.8}{14.8 + 108} = 0.24$$
(3-43)

用百分比表示，反射波声压为入射波声压的 76%，负号表示反射波与入射波反相，即假如在某一时刻界面上入射波声压达到正的极大值，则反射波在同一时刻达到负的极大值；透射波声压为入射波声压的 24%。

若纵波从水入射到混凝土 / 水界面，则：

$$R = \frac{108 - 14.8}{108 + 14.8} = 0.75$$
(3-44)

$$D = \frac{2 \times 108}{108 + 14.8} = 1.75$$
(3-45)

因为 R 是正值，即入射波与反射波同相，反射波声压为入射波声压的 75%；透射波声压为入射波声压的 176%。界面上声压变化情况如图 3-16 所示。

粗看，声压透射率超过 100% 似乎与能量守恒定律有矛盾。其实不然，根据式(3-29)可知，能量(声强)不仅与声压有关，而且与介质的特性阻抗有关。由于混凝土的特性阻抗远大于水的特性阻抗，所以尽管透射波有较高声压，但透射波的声强仍然比入射波的声强小得多。若按式(3-29)计算入射波、反射波和透射波的声强，则会得到：

$$J_0 = J_r + J_d$$
(3-46)

这完全符合能量守恒定律。同时，就上面计算得到的声压来说，它们也满足边界条件，即

$$p_0 + p_r = p_d$$
(3-47)

至于在界面上声强的变化，另以声强反射系数 α 和声强透射系数 β 来描述，且定义：

$$\alpha = \frac{J_r}{J_0}$$
(3-48)

$$\beta = \frac{J_d}{J_0}$$
(3-49)

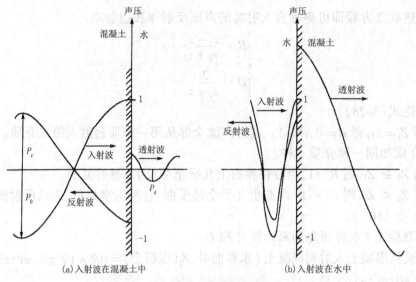

图 3-16　在混凝土/水界面上的声压变化

式中，J_0、J_r、J_d——入射波、反射波、透射波的声强。

可以推导出：

$$\alpha = \frac{(Z_2 - Z_1)^2}{(Z_2 + Z_1)^2}$$
$$\beta = \frac{4Z_1Z_2}{(Z_2 + Z_1)^2}$$
$$(3-50)$$

从式(3-50)可看出：

① 当 $Z_1 = Z_2$，$\alpha = 0$，$\beta = 1$，声波能量全部透射；

② 当 $Z_1 \gg Z_2$ 或 $Z_2 \gg Z_1$，$\alpha \to 1$，$\beta \to 0$，即当两种介质声阻抗相差悬殊时，声波能量在界面绝大部分被反射，难以进入第二种介质。

③ $\alpha + \beta = 1$，这符合能量守恒定律。

（2）异质薄层的反射与透射

当声波在一种介质中传播时，有时会遇到第二种介质的薄层，如混凝土裂缝就是这种情况。这种情况下声波将产生多次反射与透射，情况要更复杂一些。

如图 3-17 所示，当声波入射到薄层界面 I 时，将产生反射波与透射波，其反射波声

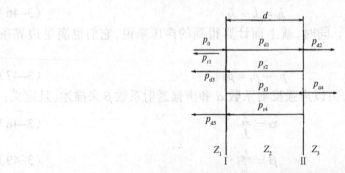

图 3-17　声波通过异质薄层的反射与透射

72

压为 p_{r1} 透射波声压为 p_{d1}。这部分声波到达界面Ⅱ时，又在界面Ⅱ又产生反射波和透射波，其声压分别为 p_{r2} 及 p_{d2}。当 p_{r2} 到达界面Ⅰ时，又产生反射波与透射波，其声压分别为 p_{r3} 及 p_{d3}。p_{r3} 到达界面Ⅱ时，又产生 p_{r4} 反射波、p_{d4} 透射波……如此继续下去，结果在夹层两侧分别有一系列反射波和透射波。这一系列的波是相互叠加的。其叠加结果与相位有关，计算十分复杂。

若以 m 表示两种介质的特性阻抗之比，即

$$m = \frac{Z_1}{Z_2}$$

以 d 表示薄层厚度，λ 表示声波在夹层中的波长，则夹层的反射率 R 和透射率 D 可按下式计算：

$$
\begin{aligned}
R &= \sqrt{\frac{\frac{1}{4}\left(m - \frac{1}{m}\right)^2 \sin^2 \frac{2\pi d}{\lambda}}{1 + \frac{1}{4}\left(m - \frac{1}{m}\right)^2 \sin^2 \frac{2\pi d}{\lambda}}} \\
D &= \frac{1}{\sqrt{1 + \frac{1}{4}\left(m - \frac{1}{m}\right)^2 \sin^2 \frac{2\pi d}{\lambda}}}
\end{aligned}
\tag{3-51}
$$

图 3-18、图 3-19 分别表示在混凝土中一个充满空气或水的裂隙按式(3-30)计算的透射率和反射率。图中横坐标表示裂隙宽度与声波频率的乘积(df)。

从图中可以看到：

① 裂隙越细，透射率越大，反射率越小；
② 裂隙充满空气时的透射率比充满水时小得多；
③ 声频率越高，反射率越大。

为了发现混凝土中细微的裂缝需提高反射率，这就希望以较高频率的超声波进行检测。

3.2.8.2 倾斜入射情况

当声波在一种介质中倾斜入射到另一介质界面时，将产生方向、角度及波型的变化。

与光的传播类似，声波在界面上方向和角度的变化服从反射定律和折射定律，如图 3-20 所示。

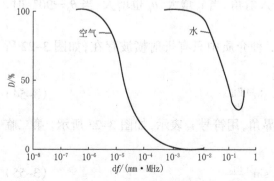

图 3-18 混凝土裂隙透射率

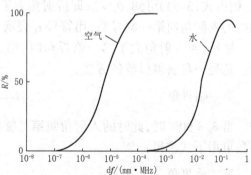

图 3-19 混凝土裂隙反射率

反射定律：入射角(i)的正弦与反射角(β)正弦之比等于入射波与反射波速度之比。由于入射波与反射波在同一介质中，其速度相等，所以入射角等于反射角($i=\beta$)。

折射定律：入射角(i)的正弦与折射角(θ)的正弦之比等于入射波与折射波速度之比，即

$$\frac{\sin i}{\sin \theta}=\frac{v_1}{v_2} \qquad (3-52)$$

以上情况可以在流体（气体、液体）的分界面看到。在这种情况下，介质中只有单一的波——纵波出现。

固体介质分界面的情况则复杂一些。当一种波（如纵波）入射到固体分界面时，不仅波方向发生变化且波型也发生变化，分离为反射纵波、反射横波，折射纵波和折射横波。各类波的传播方向（反射角与折射角）各不相同，如图3-21所示。

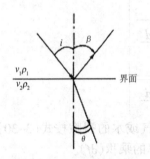

图3-20　流体界面上声波的
反射与折射

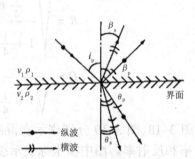

图3-21　固体界面上声波的
反射与折射

各种类型波的传播方向的变化也符合几何光学中的反射定律与折射定律。其数学表达式如下：

$$\frac{v_{1p}}{\sin i_p}=\frac{v_{1p}}{\sin \beta_p}=\frac{v_{1s}}{\sin \beta_s}=\frac{v_{2p}}{\sin \theta_p}=\frac{v_{2s}}{\sin \theta_s} \qquad (3-53)$$

式中，v_{1p}、v_{2p}——纵波在第一、二种介质中的传播速度；

v_{1s}、v_{2s}——横波在第一、二种介质中的传播速度；

i_p、β_p、θ_p——纵波入射角、反射角、折射角；

β_s、β_θ——横波反射角、折射角。

增大入射波的入射角，则折射波的折射角也随之增大。如果入射波是纵波，且$v_{1p}<v_{2p}$，则由式(3-53)可知，$\theta_p>i_p$，即折射角大于入射角。当i_p增大，θ_p也增大，当$\theta_p=90°$时，此时的入射角叫第一临界角，用符号i_1表示。

显然，当入射角大于第一临界角时，第二种介质中只有折射横波存在，如图3-22所示。这是一种获得横波的方法。

第一临界角　　　　　　　　$i_1=\sin^{-1}\dfrac{v_{1p}}{v_{2p}}$ $\qquad (3-54)$

当$\theta_S=90°$时，此时的入射角叫第二临界角，用符号i_2表示，如图3-23所示。第二临界角可用下式求得：

第二临界角　　　　　　　　$i_2=\sin^{-1}\dfrac{v_{1p}}{v_{2s}}$ $\qquad (3-55)$

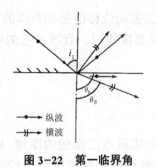

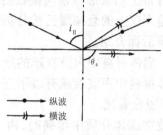

图 3-22　第一临界角　　　　　　　　　　　图 3-23　第二临界角

3.2.9　声波在传播过程的衰减

声波在介质的传播过程中,其振幅将随传播距离的增大而逐渐减小,这种现象称为衰减。在以上关于声波传播的讨论中,为使问题简化,假定声波是在无吸收的均匀介质中传播,也就是说声波在传播过程中无衰减。事实上,声波在任何介质中传播都有衰减存在。声波衰减的大小及其变化不仅取决于所使用的超声频率及传播距离,也取决于被检测材料的内部结构及性能。因此,研究声波在介质中的衰减情况将有助于探测介质的内部结构及性能。

3.2.9.1　衰减系数

当平面波通过某介质后,其声压将随距离 x 的增加而衰减。衰减按指数规律变化,其数学式为

$$p = p_0 e^{-\alpha x} \tag{3-56}$$

式中,p_0——$x=0$ 处的声压,即声源的声压;

p——距声源为 x 处的声压;

e——自然对数的底,e = 2.718 28;

α——衰减系数。

如果不考虑声波的扩散,则衰减系数取决于介质的性质。它的大小表示介质对声波衰减的强弱。

对式(3-56)取自然对数,可得:

$$\alpha = \frac{1}{x}\ln\frac{p_0}{p} \tag{3-57}$$

α 的量纲应是长度单位的倒数与 $\ln\dfrac{p_0}{p}$ 量纲的乘积。而两声压比值(量纲为 1)的自然对数的单位为奈培(Np),故衰减系数的单位为 Np/m,即单位长度上的奈培数。

现在的单位制规定对衰减的度量用另一单位:分贝(dB)。分贝是两个同量纲的比值取常用对数再乘 20。这样,衰减系数的计算式为

$$\alpha = \frac{1}{x}20\lg\frac{p_0}{p} \; (\text{dB/m}) \tag{3-58}$$

由于声波的声压与介质质点的振动位移幅值成正比,所以式(3-37)中的 p、p_0 可以用相应的振动位移 A、A_0 代替,衰减系数为

$$\alpha = \frac{1}{x}20\lg\frac{A_0}{A} \; (\text{dB/m}) \tag{3-59}$$

实际检测中,衰减系数通常是以仪器屏幕上接收波的振幅值来度量计算的。这是因

为仪器屏幕上的波形振幅与接收换能器处介质的声压及振动位移值是相对应的。

在超声仪上的衰减器已按分贝(dB)数分挡刻度,可直接使用。衰减系数的测量方法将在本章后面介绍。

3.2.9.2 固体材料中声波衰减的原因

固体材料中声波衰减有以下三个原因:

(1) 吸收衰减

声波在固体介质中传播时,由于介质的黏滞性而造成质点之间的内摩擦,从而使一部分声能转变为热能;同时,由于介质的热传导,介质的稠密和稀疏部分之间进行热交换,从而导致声能的损耗,这就是介质的吸收现象。介质的这种衰减称为吸收衰减,以吸收衰减系数 α_a 表示。

通常认为,吸收衰减系数 α_a 与声波频率的一次方,频率的平方成正比。

(2) 散射衰减

当介质中存在颗粒状结构(如液体中的悬浮粒子、气泡,固体介质中的颗粒状结构、缺陷、掺杂物等)而导致的声波的衰减称散射衰减,以散射衰减系数 α_s 来表示。对于混凝土来说,一方面是因为其中大的颗粒(粗骨料)构成许多声学界面,使声波在这些界面上产生多次反射、折射和波形转换,另一方面是微小颗粒在相应频率的超声波作用下产生共振现象,其本身成为新的振源,向四周发射声波,使声波能量的扩散达到最大。散射衰减与散射粒子的形状、尺寸、数量和性质有关,其过程是很复杂的。通常认为,当颗粒的尺寸远小于波长时,散射衰减系数与频率的四次方成正比;当颗粒尺寸与波长相近时,散射衰减系数与频率平方成正比。

吸收衰减与散射衰减都取决于介质本身的性质。若令因介质本身引起的衰减系数为 α,它由两部分组成:吸收衰减与散射衰减,即 $\alpha = \alpha_a + \alpha_s$。

综合上述衰减系数与频率的关系,对固体介质来说,总的衰减系数与频率的关系通常可表示为

$$\alpha = af + bf^2 + cf^4 \tag{3-60}$$

式中, a、b、c——由介质性质和散射物特性所决定的比例系数。

(3) 扩散衰减

通常的声波幅射器(发射换能器)发出的超声波束都有一定的扩散角。因波束的扩散,声波能量逐渐分散,从而使单位面积的能量随传播距离的增加而减弱。声波的声压和声强均随距声源距离的增加而减弱。

在混凝土超声检测中所采用的低频超声波,其扩散角很大。当超声波传播一定距离后,在混凝土中的超声波已近于球面波。远离声源的球面波的声压与至声源的距离 r 成反比,即 r 越大,声压越小。

这种因声波的扩散而引起的衰减称扩散衰减。

扩散衰减的大小仅取决于声波辐射器的扩散性能及波的几何形状而与传播介质的性质无关,因此,在计算介质的衰减系数时总是希望将该项衰减修正消除或在测量时选取相同距离,使扩散衰减成为一恒量,使其不影响将所测得的衰减系数结果作为相对比较得出介质的衰减特性规律。

3.2.9.3 分贝

在电学、声学中,为计算方便,对于两个量纲相同的量的比,如电压比、电流比、功率比、声压比、声强比等,常以分贝(dB)表示。以声压为例,如以 p 代表某声压,p_0 代表比较基础的基准声压,则声压比为 p/p_0。这是量纲为一的比值。若以分贝表示,其定义为

$$分贝数 = 20\lg\frac{p}{p_0}(\text{dB}) \tag{3-61}$$

由于接收波振幅(A)与接收换能器处声压幅值成正比,故接收波声压之比也可用相应的振幅之比表示。振幅比 A/A_0 以分贝表示时,其计算式如下:

$$分贝数 = 20\lg\frac{A}{A_0}(\text{dB}) \tag{3-62}$$

由于声强(J)与声压(p)的平方成正比,功率(W)与电流(I)或电压(V)的平方成正比,故声强比(J/J_0)或功率比(W/W_0)以分贝表示时,其计算式为

$$分贝数 = 10\lg\frac{J}{J_0}(\text{dB}) \tag{3-63}$$

分贝数为正,表示增益(放大);分贝数为负,表示衰减。表 3-2 是分贝数与声压(或振幅、电流、电压)比值的对应关系。

表 3-2　分贝值与声压比值的对应关系

分贝	声压(或电流、电压)比 p/p_0		分贝	声压(或电流、电压)比 p/p_0	
	分贝为负值(衰减)	分贝为正值(增益)		分贝为负值(衰减)	分贝为正值(增益)
0.0	1.00	1.00	15	0.18	5.62
0.5	0.95	1.06	20	1.0×10^{-1}	1.0×10
1.0	0.89	1.12	40	1.0×10^{-2}	1.0×10^2
2.0	0.79	1.26	50	0.316×10^{-2}	3.16×10^2
3.0	0.71	1.41	60	1.0×10^{-3}	1.0×10^3
5.0	0.56	1.78	80	1.0×10^{-4}	1.0×10^4
8.0	0.40	2.51	100	1.0×10^{-5}	1.0×10^5
10	0.32	3.16	120	1.0×10^{-6}	1.0×10^6

用分贝数计算比值是很方便的。例如超声仪放大器第一级放大(电压)10 倍,第二级放大 100 倍,第三级放大 100 倍,总共放大倍数是各级放大倍数的乘积:

$$10 \times 100 \times 100 = 100\,000\ 倍$$

这样运用不便。若以分贝计,则将各级的放大倍数相乘变为分贝数相加,即

(第一级)20 dB+(第二级)40 dB+(第三级)40 dB=100 dB

总放大量为 100 dB,也就是 100 000 倍。

在示波屏上,若接收波振幅为 8 格,经调衰减器,使其衰减 10 dB,即使 8 格高的振幅衰减 0.32 倍,得到 $8 \times 0.32 = 2.56$ 格。

3.2.10　混凝土超声检测中应用的超声波

在上面关于声学原理的论述中所讨论的声波指的都是连续的余弦波,而实际上超声仪

发射换能器所发射的超声波却是脉冲超声波。下面简述这种脉冲超声波的有关特点：

3.2.10.1　重复间断发射

发射换能器发出的超声波不是连续不断的，而是以一定重复频率（100 Hz 或 50 Hz）间断地发射出一组组超声脉冲波，如图 3-24 所示。这就是所谓超声脉冲波。

虽然脉冲波与连续波不一样，但是前面所推导的单一界面的反射率和透射率公式仍然能适用。至于异质薄层的反射和透射率的公式只有在异质薄层相对于脉冲宽度很窄时（如裂缝），脉冲波相当于连续波时，该式才适用。

3.2.10.2　脉冲超声波不具有单一频率而是所谓复频波

也就是说，这一组超声波由许多不同频率的余弦波组成。当然，它也有其固有的主频率，这就是换能器上的标称频率。这种复频超声波在有频散现象（频散：不同频率的余弦波在媒体中传播时，可能有不同的传播速度）的介质中传播时，各种频率成分的波将以不同速度传播，这就使得脉冲波形将随传播距离的增大而发生畸变，如图 3-25 所示，脉冲开始部分的频率比后面部分要高，后面越来越平坦变宽。

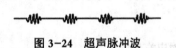

图 3-24　超声脉冲波

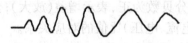

图 3-25　脉冲波传播过程中的畸变

由于声波的衰减与频率有关，频率越高，衰减越大，因此在脉冲超声波传播时由于衰减将引起主频率向低频侧的漂移，即所谓频漂。

3.3　混凝土声学参数与测量

3.3.1　混凝土的声学参数

混凝土超声检测目前主要采用所谓"穿透法"，即用一发射换能器重复发射超声脉冲波，让超声波在所检测的混凝土中传播，然后由接收换能器接收。被接收到的超声波转化为电信号后再经超声仪放大显示在屏幕上，用超声仪测量收到的超声信号的声学参数。当超声波经混凝土中传播后，它将携带有关混凝土材料性能、内部结构及其组成的信息。准确测定这些参数的大小及变化，可以推断混凝土性能、内部结构及其组成情况。

目前在混凝土检测中所常用的声学参数为声速（波速）、振幅、频率以及波形。还有一声学参数——衰减系数，在现场检测中上难以运用，通常只用于室内试验研究中。

3.3.1.1　声速（波速）

声速即超声波在混凝土中传播的速度。它是混凝土超声检测中一个主要参数。混凝土的声速与混凝土的弹性性质有关［式（3-12）］，也与混凝土内部结构（孔隙、材料组成）有关。不同组成的混凝土，其声速各不相同。一般来说，弹性模量越高，内部越是致密，其声速也越高。而混凝土的强度也与它的弹性模量、孔隙率（密实性）有密切关系，因此，对于同种材料与配合比的混凝土，强度越高，其声速也越高。

若混凝土内部有缺陷（孔洞、蜂窝体），则该处的声速将比正常部位低。

当超声波穿过裂缝而传播时，所测得的声速也将比无裂缝处声速有所降低。

声速 v 的计算按照下式：

$$v = \frac{l}{t} \tag{3-64}$$

式中，l——发、收换能器辐射面间被测体的尺寸；

　　　t——超声波在 l 距离内的传播时间。

3.3.1.2　振幅

接收波振幅通常指首波，即第一个波前半波的幅值，如图 3-27 中的 A。接收波的振幅与接收换能器处被测声压成正比，所以接收波振幅反映了接收到的声波的强弱。在发出的超声波强度一定的情况下，振幅值的大小反映了超声波在混凝土中衰减的情况。而超声波的衰减情况又反映了混凝土粘塑性能。混凝土是弹—粘—塑性体，其强度不仅和弹性性能有关，也和其粘塑性能有关，因此，衰减大小，即振幅高低也能在一定程度反映混凝土的强度。

对于内部有缺陷或裂缝的混凝土，由于缺陷、裂缝使超声波反射或绕射，振幅也将明显减小，因此，振幅值也是判断缺陷与裂缝的重要指标。

由于振幅值的大小还取决于仪器设备性能、所处的状态、耦合状况以及测距的大小，所以很难有统一的度量标准，目前只是作为同条件(同一仪器、同一状态、同一测距)下相对比较用。

3.3.1.3　频率

如前所述，在超声检测中，由电脉冲激发出的声脉冲信号是复频超声脉冲波。它包含了一系列不同频率成分的余弦波分量。这种含有各种频率成分的超声波在传播过程中，高频成分首先衰减(被吸收、散射)。式(3-39)已说明了这个问题。因此，可以把混凝土看作一种类似高频滤波器的介质。超声波越向前传播，其所包含的高频分量越少，则波的主频率也逐渐下降。这已为不同测距的试验及频谱分析结果充分证实。主频率下降的多少除与传播距离有关外，主要取决于混凝土本身的性质(质量、强度)和内部是否存在缺陷、裂缝等。因此，测量超声波通过混凝土后频率的变化可以判断混凝土质量和内部缺陷、裂缝等情况。

和振幅一样，接收波主频率的绝对值大小不仅取决于被测混凝土的性质和内部情况，也和所用仪器设备、传播距离有关，目前也只能用于同条件下的相对比较用。

3.3.1.4　波形

这里的波形是指在屏幕上显示的接收波波形。当超声波在传播过程中碰到混凝土内部缺陷、裂缝或异物时，由于超声波的绕射、反射和传播路径的复杂化，直达波、反射波、绕射波等各类波相继达到接收换能器，它们的频率和相位各不相同。这些波的叠加会使波形畸变。因此，对接收波波形的研究分析有助于对混凝土内部质量及缺陷的判断。鉴于波形的变化受各种因素的影响，目前对波形的研究只能做一般的观察、记录。

这里还要说明的是，通常所用的纵波换能器所发射的超声波不仅有纵波成分，也有横波成分。即便是较纯的纵波，在通过混凝土内各声学界面后也有部分转化为横波。因此，接收到的一串波形中，既有纵波也有横波，若邻近表面测量时，还有表面波。但是，由于横波与表面波传播速度较纵波慢，所以在首波之后一定时刻才出现并和纵波的后续波叠加在一起。如果波形分析与研究也包括这一部分，那么情况就更为复杂，所以，通常的波形分析与研究大多集中在波形前部的纵波，而且最好是不受边界影响的直达纵波。

3.3.2 声学参数的测量

3.3.2.1 声速测量方法

（1）精度要求

声速值可用于推算混凝土强度，探测裂缝、内部缺陷以及计算混凝土弹性参数。就推算混凝土强度而言，要求所测得的声速值满足一定精度要求。

混凝土的强度 f 与混凝土的声速 v 有一定相关性。超声法测量混凝土强度就是通过预先建立的 f–v 相关关系，用实测得的混凝土声速 v 来推算其强度值。

大量试验证实，f 与 v 的相关曲线属于指数型。也就是说，混凝土强度较大的变化只相对于声速较小的变化，且混凝土强度越高，这种趋向越突出。这种情况使得必须对声速测量的精度提出较高要求。

现以常用的 f–v 相关关系——幂函数为例进一步讨论。一般关系式为

$$f = av^b \tag{3-65}$$

式中，f——混凝土强度，MPa；

$\quad\ v$——混凝土声速，km/s；

$\quad\ a$、b——回归系数。

由误差传递分析可知，按照式（3-41），声速测量中声速的最大相对误差 e_{rv} 与因此而导致的强度计算结果的最大相对误差 e_{rf} 之间有如下关系：

$$e_{rf} = be_{rv} \tag{3-66}$$

式中，b——式（3-41）中的幂指数。

从大多数试验结果可知，对普通混凝土来说，$f \sim v$ 相关式中的幂指数 b 一般变化在 $4 \sim 6$，现取平均值 5。

在推算混凝土强度时，若要求单纯由声速测量误差而引起的强度最大允许相对误差 e_{rf} 不超过 10% 的话，那么从式（3-42）可知，此时所允许的声速最大相对误差 e_{rv} 应为

$$e_{rv} = \frac{e_{rf}}{b} = \frac{10\%}{5} = 2\%$$

又，声速的计算式为 $v = \dfrac{l}{t}$。l 值由一般长度测量方法测得，t 值由超声仪测得。从误差传递可知，测量 l 与 t 时的最大相对误差 e_{rl}、e_{rt} 与由此所引起的声速最大相对误差 e_{rv} 之间的关系为：

$$e_{rv} = e_{rl} + e_{rt}$$

以通常的长度测量方法而论，e_{rl} 为 1% 左右。这样，为保证声速的最大相对误差在 2% 以内，则声时测量最大相对误差应控制在 2% - 1% = 1% 以内。

这是一个相当高而又必须做到的要求，特别是在测试试件情况下。例如，通常试件尺寸为 15 cm × 15 cm × 15 cm，即测距为 15 cm。此测距下的混凝土的声时一般为 30 ~ 37 μs。1% 的相对误差表示此时测量声时的绝对误差应在 0.3 ~ 0.4 μs。

为了达到所测混凝土声速最大相对误差在 2% 以内，声时测量最大相对误差应控制在 1% 以内，为此，除了要求超声仪计时精度要达到 0.1 μs 外，还必须注意在测量过程中那些影响测量结果准确性的各种因素并加以修正和消除。这些因素包括测读声时的方法与标准、仪器零读数问题、测距的影响等。

（2）声时测读方法

超声仪以 100 Hz（或 50 Hz）的重复频率产生高压电脉冲去激励发射换能器，发射换能器不断重复发射出超声脉冲波。超声波经混凝土中传播后被接收换能器接收，接收换能器将接收到的声信号转化为电信号，再送回超声仪，经放大后加在屏幕上。因为超声仪在发射超声波时不断同步重复扫描（或采样并显示），使接收到的波形稳定显示在屏幕上。图 3-26 表示出屏幕上显示的波形。由于所显示的波形只能是从发射到接收这一时间段中的某一部分，当显示出波形时，往往看不到发射的起点（发射脉冲）。测量声时，就是测量从发射开始到出现接收波所经过的时间，即图 3-26 中的 t。为了测量这段时间，仪器在一开启就产生发射脉冲发射超声波，与此同时还将计时器的门打开，计时器开始不断记时。现在的问题是如何在出现接收波时刻，即首波起点（图中的 3 点）处将计时器关闭（关门）。测量声时的方法就是如何关闭计时器的方法。方法分为手动测量（关门）与自动测读（关门）两种。

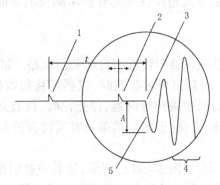

1. 发射脉冲；2. 游标脉冲；3. 接收波起点；4. 后续波；5. 首波。

图 3-26　手动测量接收波形（模拟式）

① 手动测量

a. 模拟式超声仪

早期的超声仪属于模拟式，示波仪上显示的是扫描出的模拟信号。为了测量声时，在超声仪上设置了专门的关闭计时器的电路，在关闭计时器的同时，在屏幕上显示一游标脉冲（图 3-26 中的 2）。游标所在的位置（时刻）也就是计时器被关闭的时刻。游标可以在屏幕上左右移动。当发、收换能器对准了测点后，调节仪器，使接收波显示在屏幕上，这时，调节仪器有关旋钮，使游标脉冲的前（左）沿与接收波的起点（图 3-26 中的 3）对准，这时仪器上就显示出时间值，这就是从发射开始时刻到接收波出现时刻所经过的时间 t。

b. 数字式超声仪

目前市售的超声仪均为数字式超声仪。数字式超声仪是采用采样方法将接收波的模拟信号采集下来，转变为数字量并加以存储。然后，再把存储的数字波形转化为模拟波形，显示在屏幕上。

当数字式超声仪处于手动测试模式时，屏幕显示如图 3-27 所示。此时屏幕上显示一条水平基线和接收波形，同时显示一条竖线，称为声时游标；一条水平线，称为幅度游标。用左右键移动声时游标，则仪器所显示的声时数值随之改变。将游标对准接收波的起点，则仪器显示出的声时就是从发射开始时刻到接收波出现时刻所经过的时间 t。如果仪器

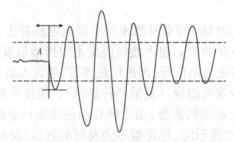

图 3-27　手动测量接收波形（数字式）

已输入测距，则同时显示所测体的声速。此时幅度游标也自动寻找到首波波谷（或波峰），并显示幅度值。

②自动测读

目前所用的模拟式和数字式超声仪都具有自动测读的功能，但二者原理和性能都不相同。现分述如下。

a. 模拟式超声仪

这类仪器的自动测读是在仪器中设置一自动关门电路。如前所述，超声仪开启后，仪器计时器开始计时，当某一时刻出现接收波时，仪器即将接收信号作为关门信号加到计时电路，使其产生一关门脉冲，去关闭计时器，停止记时，仪器立即显示出所测声时值来。

这种自动测读方式快速、方便，但测定结果具有其特有的误差。自动测读的原理与过程如图 3-28 所示。

当接收波到来，即被放大，如图 3-28(a)所示，接收波被引至整形电路，将近似衰减正弦波的波整形成一串矩形脉冲波，再由第一个矩形脉冲前沿去触发计时门控，使其关闭，停止计数。但是，要让正弦波整形成矩形脉冲，需要接收波达到一定幅值（需要一定的门限电压），如图 3-28 中的 D 值，方才可能。倘若接收波首波前沿不是垂直的（也不可能是垂直的），则第一个矩形脉冲的前沿，也就是关门时刻必然比接收波起点延迟 Δt 时刻，显示的声时值就包含了误差 Δt。且此误差不是定值，而是随接收波陡峭程度而变化。如果接收波振幅再小些，如图 3-28(b)所示，此时，接收波第一个半波振幅达不到所需电压 D 时，则只能由第二个，甚至第三个波……来关门。这样就使声时的测读出现错误，即所谓"丢波"。有时由于测距大或其他原因，接收信号很微弱，甚至根本无法自动关门，测量无法进行。

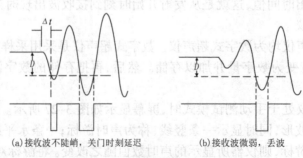

(a)接收波不陡峭，关门时刻延迟　　　　　(b)接收波微弱，丢波

图 3-28　自动整形关门波形

82

鉴于这种情况,这种类型的自动测读只能在接收信号较强的情况下,如测距较短,混凝土质量较好的情况下使用,且为了减少测量误差,应在扫描基线不畸变的情况下,尽量增大接收波振幅。

b. 数字式超声仪

图 3-29 是数字式超声仪屏幕显示的波形图线。要自动测读声时,首先要找到接收信号的起点,为此仪器设置了正负两个门限电压值,显示在屏幕上就是在基线上下方的两条线,称为自动判读门限线。有的仪器又把这门限电压的范围称为噪声区范围。把门限电压与存储的数字波形电压相比较,当某点(时刻)B 电压超过门限范围时,通过计算机软件就找到该点,同时还前后比较其他附近的数据点的数值,直到溯源找到首波的起点 A,并在该点处显示一条竖线,称为声时自动判读线。与此同时,仪器显示该线所处时刻的时间值,这就是所测得的接收信号起点声时。同时,一条称为幅度自动判读线的水平线也经过软件的比较,自动地找到与起点 A 最接近的波谷(或波峰)并显示其幅度值(以 dB 数表示)。

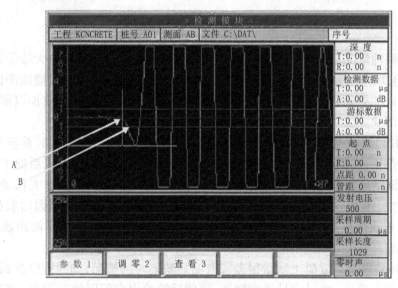

图 3-29   自动测读接收波形(数字式)

由于可以利用软件追溯信号起点,数字式自动测读不像模拟式关门测读那样在信号不陡峭时产生测读误差(图 3-28 中的 Δt)。

在进行自动测读时,选择判读门限范围是需要注意的事。这范围应当明显大于仪器噪声范围,以免把噪声当作首波起点;但又必须小于接收波首波的幅度,以免将某个后续波误当作首波起点来测读,即所谓"丢波"。在正常测试和被测混凝土质量正常情况下这些是可以做到的。但当测试中出现干扰和混凝土质量很差或有明显缺陷时,自动测试也会出现错误甚至无法测量。

图 3-30 可以说明这种情况。图 3-30(a)表示,在信号正常的情况下,自动测读能测到正确的起点 A。

图 3-30(b)表示当测试中遇到干扰时的情况。当干扰出现在首波之前且超过判断门限范围时,仪器把干扰信号起点 F 当作首波测读,测试结果特征是声速明显偏大。

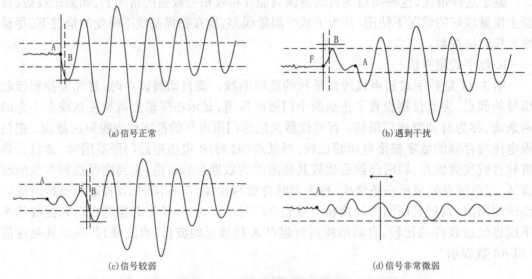

(a)信号正常

(b)遇到干扰

(c)信号较弱

(d)信号非常微弱

图 3-30　各类波形情况下的测读

干扰分两种情况：一是电干扰；二是声干扰。电干扰就是电路中放大器带来的噪声或是电路中、电源中出现的电脉冲。声干扰就是接收探头自身因移动、碰撞或测试现场出现的振动等形成的振动转化成的电脉冲。这些干扰可以通过仪器的滤波加以削弱,但目前尚不能完全消除。

图 3-30(c)表示当混凝土质量差或有缺陷时信号较弱的情况。此时首波幅度在自动判读门限线范围内,后续波某点 B 超过判断门限,仪器误判读到首波以后的 F 点。这就是"丢波",测试结果特征是声速明显偏小而幅度明显偏大。这时应当增大仪器增益,将接收波幅度放大。有的仪器有自动放大增益的功能,但须注意,一是不能因增益放大因而仪器的噪声也被放大以至超过门限线范围;二是不能因增益放大以致首波出现"削波",导致幅度测量失真。

图 3-30(d)表示当混凝土质量很差或有明显缺陷时的情况,如测桩中遇到夹泥断层、声测管被夹泥包裹等。此时信号非常微弱,即使后续波也在门限线范围内。这时仪器判读线来回跳动,已不能自动测读。这时只能改为手动测读。

总之,自动测读仪器虽可自动,但不智能,只能在一定条件下正常自动测读。因此,在进行自动测读操作时,应当人为监视接收波,只有看到自动判读线确实切在首波起点和波谷(峰)时才能按下确认或存储键。

对超声测强而言,需要高的声时测量精度,通常使用手动测量。

对超声测桩而言,由于测试目的主要是探测桩身内部的缺陷,其方法是通过声学参数的相对比较进行判断,因此, 对于声速绝对值的测量精度要求比推算混凝土强度时可以低一些,只要求测量正确,不出现仪器和人为的系统误差和干扰即可,可采用自动测读。

(3) 仪器初(零)读数问题

① 仪器初(零)读数的由来

如前所述,不管何种超声仪,不管何种测读方式,仪器上显示的时间都是由发射到接收这两个电信号之间的时间(以 t_1 表示),并非超声波在被测物体中的传播时间(以 t 表

示),且 $t_1 > t$。这是因为,t_1 除包含超声波在被测物体的传播时间 t 外,还包括以下三部分:

a. 电延迟时间。从超声仪电路原理可知,发出触发电脉冲并开始计时的瞬间到电脉冲开始作用到压电体的时刻,电路中有些触发、转换过程。这些电路触发转换过程有一定的短暂延迟响应过程。另外,触发信号在线路及电缆上也需要短暂的传播时间。接收换能器也类似。这些延迟统称电延迟。

b. 电声转换时间。在电脉冲加到压电体瞬间到产生振动发出超声波瞬间有个电声转换的延迟。接收换能器也类似。

c. 声延迟时间。换能器中压电体幅射出超声波并不是直接进入被测体,而是先通过换能器壳体或夹心式换能器的辐射体,再通过耦合介质层(黄油或水层),然后才进入被测体。接收过程也类似。超声波在通过这些介质时需要花费一定的时间,这些时间统称声延迟。

这三部分延迟构成了用仪器测读的声时 t_1 与超声波在被测体中传播时间 t 的差异。这三部分中,声延迟所占的比例最大。这种时间上的差异统称仪器初(零)读数,常用符号 t_0 来表示。仪器初(零)读数的定义为:当发、收换能器间仅有耦合介质(收、发各一层,共两层)时仪器的测读时间。而超声波在被测体中的传播时间 $t = t_1 - t_0$。也就是说,要求得超声波在被测体中真正的传播时间,应首先标定出仪器初(零)读数 t_0 的值,然后从每次测定的仪器声时读数中扣除。

② 初(零)读数的标定方法

初(零)读数的标定有不同的方法,使用于不同场合。

平面换能器初(零)读数的标定方法如下:

a. 直接相对法。把发、收换能器隔着耦合剂层相对(有人认为直接相对耦合剂层太薄,建议中间加垫一层纸),直接用超声仪测量声时读数 t_0。这种方法简单,但有两点值得考虑:

其一,这种方法只宜用于夹心式平面换能器。因为夹心式平面换能器 t_0 值较大,一般在几个微秒左右。至于非夹心式平面换能器,其 t_0 值较小(1 μs 左右),这样,当换能器直接相对时,发射脉冲几乎与接收脉冲相重叠,往往难以测出正确的声时值。另外,对于径向换能器而言,其圆柱体表面不平,直接相对也耦合不良。

其二,换能器若直接相对,这时的接收波不论在信号振幅与频率上均与通过一段被测介质的情况有差异。这样标定出的 t_0 值偏小。因此,这种直接相对的标定方法只宜在精度要求不高或测距较大的情况下,用于夹心式换能器的 t_0 的标定。

b. 长短测距法。利用某种匀质材料(如有机玻璃)制成长方块或长度不同的两段,准确测量其长方向的长度 l_1 和短方向的长度 l_2,以超声仪测量两个方向的仪器声时读数 t_1 和 t_2(以耦合剂耦合)。因为材质均匀,两个方向的声速应相等,于是有:

$$\frac{l_1}{t_1 - t_0} = \frac{l_2}{t_2 - t_0} \tag{3-67}$$

解出 t_0 得:

$$t_0 = \frac{l_1 t_2 - l_2 t_1}{l_1 - l_2} \tag{3-68}$$

c. 标准棒法。为了标定初(零)读数的方便,一些仪器生产厂家制作了一种金属短棒,称为标准棒。厂家用已标定出初(零)读数的仪器准确测定出标准棒的声传播时间并将它刻在标准棒上。当使用者欲标定自己设备的初(零)读数时,只需将发、收换能器对准标准棒(用黄油作耦合剂),测出仪器测读时间 t_1,则该时间与标准棒上所标出的时间之差即设备的初(零)读数值。

一些超声仪上有自动扣除初(零)读数的功能,只要将换能器对准标准棒,调整仪器有关旋钮或仪器设置,使仪器显示的声时读数值与标准棒所标出的声时值相等,则仪器计算出初(零)读数并在以后每次测量中自动将初(零)读数扣除,显示的就是没有初(零)读数的声传播时间。要注意的是,换一对换能器就需要重新标定一次初(零)读数。

径向换能器初(零)读数的标定方法如下:

对于径向换能器来说,因为换能器表面是圆柱面,上述方法不适用,可另用以下方法标定。

将换能器置于水中,使发、收换能器相对(压电元件高度相同),在长距离 l_1 时测一声时 t_1,再在短距离 l_2 时测一声时 t_2,同样按照式(3-68)计算出 t_0 值。这里的距离均指两换能器表面的净距离。

需要注意的是,在上述平面换能器的初(零)读数的标定中,初(零)读数的值中包含了耦合介质层的声延迟,在使用平面换能器测量时,可以直接从仪器声时读数中扣除出此初(零)读数。对径向换能器来说,上述方法标定出的初(零)读数只是测试系统(超声仪和换能器)的延迟,没有包括声波在耦合介质(如水)及声测管壁中的传播延迟时间(水层和声测管壁的延迟都产生两次)。在耦合介质(水)中的延迟传播时间 t_w:

$$t_w = \frac{d_1 - d_2}{v_w} \qquad (3-69)$$

式中, d_1——声测孔直径(钻孔中测量)或声测管内径(声测管中测量);

d_2——径向换能器外径;

v_w——耦合介质的声速,通常以水作耦合介质, v_w=1 480 m/s。

在声测管壁中的延迟传播时间 t_p:

$$t_p = \frac{d_3 - d_1}{v_p} \qquad (3-70)$$

式中, d_3——声测管外径;

d_1——声测管内径;

v_p——声测管材料的声速,通常以钢管作声测管, v_p=5 940 m/s。

在使用径向换能器进行测量时,还应加上这些时间才是总的初(零)读数值:

使用径向换能器在孔(管)中进行测量时,总的初(零)读数 t_{0a} 为

在钻孔中: $\qquad\qquad\qquad t_{0a} = t_0 + t_w \qquad (3-71)$

在声测管中: $\qquad\qquad\qquad t_{0a} = t_0 + t_w + t_p \qquad (3-72)$

3.3.2.2 振幅(幅度)测量方法

振幅的测量实际上是用某种指标来度量接收波首波的高度,并将它作为平行比较各测点声波信号强弱的一种相对指标。振幅的表示与测量有两种方法:直读法与衰减器法。

(1) 直读法

这是模拟式超声仪所采用的方法。当接收波显示在屏幕上后,直接以超声仪示波屏上的刻度线来度量。具体做法是:固定仪器发射电压和衰减器在某一预定刻度,将增益旋钮调至最小,此时示波屏上仅见一水平扫描线。调节"上下"旋钮,使扫描线移动至示波屏

上某一水平刻线处，然后将增益开大并调至某一预定刻度（在整个测量过程中保持不变），读取首波波谷（或波峰）距水平刻线的高度（毫米数或格数），以此高度作为度量各测点振幅值大小的指标。

此种方法操作简便、快速，但当各测点振幅值相差较大时，振幅大的可能超出示波屏或产生削波现象（放大器饱和），无法读出其振幅，所以，增益与衰减器的预定刻度应选择适当，使强信号的测点不致超出示波屏，信号弱的测点也有一定幅度。

（2）衰减器法

衰减器法就是用分贝（dB）来表示首波的幅度。对于模拟式超声仪，如 CTS–25 型，在接收信号进入放大器之前，信号先通过一个衰减器，将信号预先进行衰减。衰减量的大小可调，以分贝表示。操作方法如下：首先预定一增益刻度并在整个测量中保持不变。再设置一预定的波幅高度作为每次衰减的标准，如 10 mm。每次测读完声时后，均调节衰减器，将首波的高度压缩到预订高度（如 10 mm），读取这时的衰减器读数（dB 数），以此数代表该测点的振幅。这表示要将该测点信号衰减到 10 mm 需要有这样大的衰减量。显然，信号振幅越高，衰减器的读数越大。

衰减器法可以避免放大器非线性的影响，也可以避免波形超出示波屏，但测量手续较繁。

目前市场上的数字式超声仪是自动测定振幅值并以分贝数表示。当仪器自动寻找到首波，或手动移动游标到首波起点后，软件自动对所采集的波形各采样点幅值的大小进行比较，先确定首波的谷（峰）值所在及其大小，再自动计算该峰值与某预定的幅值（电压）相比为多少分贝，然后显示出来，作为该测点振幅值的度量。

由于接收波幅度大小不仅取决于混凝土本身性能、质量，还与换能器性能（灵敏度、频率及频率特性）、仪器发射电压和仪器接收增益以及换能器与混凝土的耦合状态有关。为使振幅测值能相对地反映混凝土性能、质量，除了应在测量中使仪器、换能器状态保持一致外，还要特别注意换能器与混凝土之间的耦合状况，尽量做到耦合良好、一致。在钻孔或声测管中测量时，由于采用水耦合，耦合状况容易做到一致。用平面换能器测量，以黄油作耦合剂，则须注意混凝土表面应平整，粗糙不平的表面应打磨平整。如果不能保证各测点耦合状况一致，则振幅测值只能作为评定混凝土质量的一个参考量。

当然，在运用振幅值作相对比较时，还应是在相同测距情况下。

3.3.2.3　频率测量方法

频率测量也有两种方法：周期法和频谱分析法。

（1）周期法

所谓周期法就是利用频率和周期的倒数关系，用超声仪测量出接收波的周期，进而计算出接收波的主频率。方法如下：接收波如图 3–31 所示，通过手动测试移动游标，分别对准接收波的 a、b、c、d 各波峰、波谷点，读取相应的声时读数 t_1、t_2、t_3、t_4（其中，t_1 即首波起点声时，在声时测量中已测得），则接收波主频率可按下式计算：

$$f = \frac{1}{4(t_2 - t_1)} \ \text{或} \ \frac{1}{2(t_3 - t_2)} \ \text{或} \ \frac{1}{t_4 - t_2} \cdots\cdots \tag{3–73}$$

由于所接收到的一串波中，各个波的频率并不完全相同，越往后面，波的频率越低，同时，也只有前面一两个波才是真正的穿过发射、接收点的直达纵波，其后面的后续波包

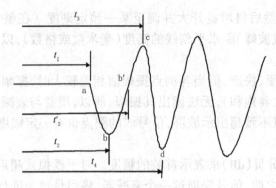

图 3-31　接收波形特征点

括从其他路径绕射或反射过来的波。所以,测定频率时应取其中最前面一两个波进行测量。另外,从试验中发现,按 $f = \dfrac{1}{4(t_2 - t_1)}$ 计算出的频率值明显偏小,因此,若要测得较真实的主频率值,还是以 $f = \dfrac{1}{2(t_3 - t_2)}$ 或 $\dfrac{1}{t_4 - t_2}$ 计算为好。在大量现场测试中,为了减少测量次数,也可以在测读 t_1 后再补测 b' 点(接收波和水平扫描线延长线交点)的声时 t_2',按 $f = \dfrac{1}{2(t_2' - t_1)}$ 计算频率。

由于频率值是按两次声时读数之差计算的,仪器初(零)读数已抵消,故不用扣初(零)读数。

(2) 频谱分析法

接收波的主频率就是构成这波形的各频率分量中幅度最大者,因此,若把各频率分量的幅度值一一解析出来,则幅度最大者的频率分量就是主频率。这种解析各频率分量并将各频率分量的参数按频率大小排列的方法称为频谱分析,所获得的图谱称为频率谱,简称频谱。若分析的频率分量的参数是幅度,则称为幅度谱。解析各频率分量的数学方法就是傅里叶变换。其中,可以快速获得解析结果的方法称为快速傅里叶变换,以缩写FFT表示。目前的数字式超声仪已将接收波采集下来并转化为数字量,应用FFT的计算程序可以很方便地进行频谱分析,获得频谱图以及主频率值,连同声时、首波振幅一并显示出来。

需要指出的是,这样获得的主频率值是所采集到的一串波形的主频率值。如前所述,为了获得真实的、能反映测点处混凝土质量的接收波主频率,应分析测定接收波前一两个波的主频率,而不应当将后续波包括进去,否则,测得的主频率值将失去使用价值。为此,应当在设置仪器采样长度、进行FFT分析长度上加以注意。

和振幅类似,频率测值也与换能器种类、性能、探测距离等因素有关,只有上述因素固定,频率值才能作为相对比较的参数而用于混凝土质量判断。

3.3.2.4　记录波形的方法

由于波形可以作为判断内部缺陷的参考,可以选择某些必要的测点将接收波形记录下来。对数字式超声仪来说,接收波已经被采集存储,只要调出来打印即可。对于模拟式超声仪要记录波形,可以有以下方法:

a. 数字示波器、瞬态波形存储仪采样。一般超声仪均有一信号输出接口可以将接收波输出。将此接口与上述一种仪器输入接口相连,即可将需要的波形采集下来并储存显示。采样频率一般为所用换能器标称频率5倍以上即可。

b. XY记录仪。将接收信号作为Y轴信号输入,X轴为时间,即可绘制出接收波形。

c. 拍摄波形照片。采用普通照相机,卸下镜头,装上合适的近摄接圈或在镜头上加接近拍镜头都可以近距离拍摄波形。拍摄中应遮住外面光线,调整好焦距,使用大光圈、较慢的快门速度(1/15 s左右),即可拍得清晰的波形照片。

3.3.3 现场超声检测的几种测试方法

为探测某部位混凝土质量,须使超声波测线通过该部位,然后测量其声学参数。由于结构物的形状及尺寸各异,探测的目的(项目)也各不相同,因此,须根据实际情况灵活地布置换能器,采用不同的测试方法。目前,在混凝土超声检测中,通常采用以下方法:

3.3.3.1 平面换能器对、斜测法

这是测量一般上部结构的基本方法。两平面换能器分别置于结构物相对的两个侧面彼此相对进行测量。由于对测是在超声波指向性最强的方向布置,可以取得最强的信号,因而可探测的距离最长,若使用20 kHz的低频换能器,可探测10 m以上。若是探测强度,则在相对的两侧面布置相互对应的测区,在测区中测量各测点的声时,再根据测距计算声速。若是探测内部缺陷,则在相对的两侧面画出相互对应的网格,网格的交点即测点。网格的大小视结构物的尺寸和要求探测的精细程度而定,通常为10~100 cm。

对于可两面对测的结构物(如柱、墩),可根据两个方向对测的结果确定缺陷在结构物纵深的位置,如图3-32(a)所示。

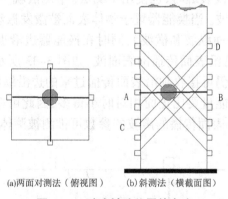

(a)两面对测法(俯视图)   (b)斜测法(横截面图)

图3-32 确定缺陷位置的方法

对于只能一面对测的结构(如墙体),如果要确定缺陷的纵深位置,可采用斜测法。由于混凝土超声探测中所使用的超声波频率很低,声波在混凝土中传播一定距离后已近于球面波,因此即使换能器彼此相互错开一定距离,仍能接收到信号。这就使斜测法成为可能。如图3-32(b)所示,已确定AB测线为缺陷异常点后,再在AB测线纵方向等间距、等斜度布置测线测量。若某条测线CD测值明显偏低,则缺陷在AB、CD交叉点处可能性最大。

另外,斜测法还可用来在裂缝深度探测中判断裂缝的深度。

3.3.3.2 径向换能器对、斜测法

在没有相对的两个测试面的结构(如底板、大坝、隧道衬砌)、地下隐蔽工程(如地下连续墙、灌注桩)及岩体勘察中进行声波检测,通常使用钻孔或预埋管道方法,以径向式换能器进行对测或斜测。由于采用水耦合,耦合条件比在结构物表面使用平面换能器时为好,所以接收信号的振幅也可以充分地用来判断混凝土质量。

径向换能器导线上应标注长度,以便测量换能器在孔(管)中的高程。通常的做法是,发、收换能器在相同高程逐点对测,测点间距一般为 20～50 cm。当在测试中发现某些测值异常时应加密测点。为确定缺陷的范围,可采用如图 3-32(b)的方式斜测。

用径向换能器在孔(管)中测量时应注意以下问题:

(1)关于测距的问题:孔(管)中测量时的测距指的是孔(管)间混凝土的净距离,应准确丈量。通常要求两钻孔平行,这样可以用孔口的孔距代表孔中各处的孔距。然而,两钻孔常常是不平行的,要测准声速,需要对不同高程的孔距进行修正。

对于灌注桩检测中预埋声测管管距问题,则更为复杂,因为声测管是一段一段接起来的。声测管管距的修正问题在《桩基工程检测手册》(人民交通出版社)一书中有专门的讨论。

(2)仪器初(零)读数的扣除:孔(管)中测量时其仪器初(零)读数与平面换能器测量时不同,一是初(零)读数的数值较大(因耦合水层声延迟较大);二是不同的孔(管)、不同的换能器初(零)读数值都不一样。因此,应根据实际情况专门进行标定[见上述初(零)读数标定方法]。

3.3.3.3 平面换能器平测法

只有一个面临空的结构物而又不能钻孔时,可用表面平测法探测其表层混凝土质量情况。在探测混凝土表层浅裂缝时,也使用平测法。平测法就是将换能器相互平行置于结构物表面进行发、收超声波。当换能器置于物体表面被激发振动时,从它的辐射面向固体物体发射平面波(包括平面纵波和横波),同时在换能器边沿也产生边沿波,包括边沿纵波和边沿横波,另外,还有沿表面传播的表面波,如图 3-33 所示。因此,虽然接收换能器与发射换能器相互平行,仍可接收到沿表面传播过来的边沿纵波、边沿横波和表面波。当然,这样传播接收到的波能量要比正面相对时小得多,因此可探测的距离也有限,一般在1 m 左右。接收和测量沿表面传播的声波的参数可推测被测体表面的质量情况。

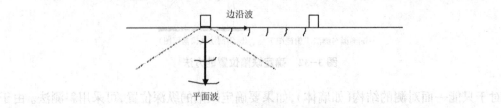

图 3-33 平面换能器发射的波

在用表面平测法测量表层混凝土声速时,声波传播的起点、终点和仪器初(零)读数如何确定都是问题,因为与平面换能器对测的情况不一样。为避开这些问题,通常采用初(零)"时—距法"来求取波速。

如图 3-34(a)所示,将一只换能器固定置于 A 点,另一换能器先后置于距固定换能

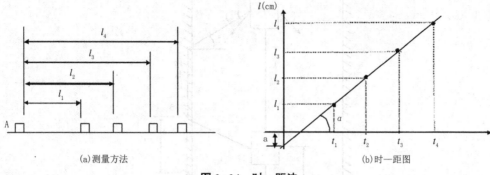

图 3-34 时—距法

(a)测量方法　　　　　　　　　　(b)时—距图

器为 l_1、l_2、l_3、l_4…处(以换能器内边缘净距离计),测得一系列声时 t_1、t_2、t_3、t_4…将各组数据点在坐标纸上(横坐标为 t,纵坐标为 l)。若测区内混凝土质量均匀,则各测点应基本上在一条直线上。该直线与横坐标夹角 α 的正切 $tg\alpha$(斜率)是距离的增量与时间的增量之比,它应是表层混凝土的平均波速。正因为是两个增量之比,初(零)读数相互抵消,仪器读数不用再扣初(零)读数,声波传播的起、终点也不用考虑。

实测中,为求得直线的斜率可利用回归分析的方法,以声时测值为 x,距离测值为 y,按直线方程 $y = a + bx$ 进行线性回归计算(可使用带统计计算功能的计算器),其回归方程的系数 b 即混凝土速度。

3.3.3.4　特殊部位测法

对于一些结构的特殊部位可采用一些特殊测量方法,如:

(1)斜角测法如图 3-35(a)所示。

(2)两种换能器组合测法如图 3-35(b)所示。

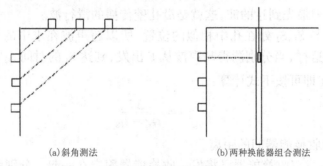

(a)斜角测法　　　　　　　　　(b)两种换能器组合测法

图 3-35　特殊部位测法

3.3.3.5　一发双收测法

上述的径向换能器测法是将发、收换能器各置于一个钻孔中进行对、斜测,所探测的部位是钻孔间水平方向上混凝土或岩体的情况。一发双收测法则是将发、收换能器置于同一钻孔中,孔中充水作耦合剂,所探测的是钻孔周围垂直方向上混凝土或岩体情况。

一发双收测试的原理如图 3-36 所示。

发射换能器 F(圆环形压电陶瓷)发射出一束超声脉冲波,其扩散半角为 θ_1。θ_1 的大小与发射换能器中的压电陶瓷圆环的高度有关。选择适当的圆环高度,使 θ_1 > 水与混凝土

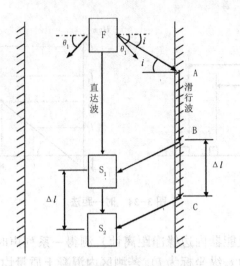

F. 发射换能器；S_1、S_2. 接收换能器。

图 3-36　一发双收测试的原理

（或岩体）的第一临界角 i_1。第一临界角的计算按式（3-33）计算：

$$i_1 = \sin^{-1} \frac{v_{1p}}{v_{2p}}$$

式中，v_{1p}、v_{2p}——水和混凝土的纵波声速。

　　当 $\theta_1 > i$ 时，将有一束超声波从水中以第一临界角射入混凝土，在孔壁产生滑行波（纵波）。同样，根据惠更斯原理，介质中每一点都是新的波源，于是，滑行波又会不断地有超声波束射回钻孔中，被换能器 S_1、S_2 接收。换能器 F 与 S_1 之间的距离又设计得使沿孔壁传播的滑行波比经由水中传播的直达波（水中声速小）先到达 S_1、S_2。同时，F 与 S_1、S_2 之间的连接物又采用隔声材料、网格状结构，隔断或延迟经由连接物传播的直达波。而超声仪测读的是首波，即最先到达的波，这就是沿孔壁传播的滑行波。

　　同时，由于 F 与 S_1、S_2 处在孔中相似的位置，所以超声波在水中的 FA、BS_1、CS_2 各段的传播时间相等，这样，当分别测得超声波从 F 出发，到达 S_1 的时间 t_{FS_1} 和到达 S_2 的时间 t_{FS_2} 时，BC 段的声速即可按下式计算：

$$v = \frac{\Delta l}{t_{FS_2} - t_{FS_1}} \qquad\qquad (3-74)$$

式中，Δl——两接收换能器间的距离。

　　厂家生产的一发双收换能器已将发、收换能器固定在一起，分别引出三根电缆，且 Δl 值也已给出（通常 20 cm 左右）。也可以用一般的三只径向换能器，连接在同一轴线上，进行一发双收测量。需要注意的是，各换能器应保持在孔中心位置，为此，需在各换能器上安装扶正器，扶正器齿轮的外径略小于孔径。

　　沿钻孔逐段测读，即可得出距孔壁一定深度的被测体声速值，从而推断混凝土质量或岩体情况。有资料介绍，此深度大约为 1 个波长。

　　灌注桩检测中，如果有取芯钻孔，可用一发双收换能器沿钻孔深度测量孔壁混凝土声速，和钻孔取芯结果相互验证。

3.4 非金属超声检测设备

非金属超声检测设备包括两部分:作为一次仪表的换能器(超声波探头);作为二次仪表的超声仪。现分别叙述如下。

3.4.1 超声仪

3.4.1.1 超声仪的发展

随着混凝土超声检测技术在我国的发展,超声检测设备也取得了很大进步。20世纪50年代,当我国开展超声检测技术研究时,各单位所使用的超声仪无一例外都是进口仪器(英国产UCT/2),那时还是电子管式仪器。1964年同济大学研制出我国第一台超声仪,结束了这种情况。同济大学研制的超声仪曾以CTS-10型短期生产面市过。

20世纪70年代后期,国内一些单位又研制出一批晶体管分离元件的超声仪,其中以同济大学的超声声波衰减测试仪、天津建筑仪器厂生产的SC-2型超声仪以及在岩体声波检测中广泛运用的湘潭无线电厂生产的SYC-2型岩体声波参数测定仪为代表。其中同济大学研制的仪器后经汕头超声电子仪器研究所修改定型生产(后转给汕头超声电子仪器公司生产),这就是CTS-25型非金属超声仪。这些仪器,特别CTS-25型和SYC-2型超声仪,性能良好,长期以来成为我国混凝土和岩体声波检测的主要设备,为我国声波检测技术的发展作出了重要的贡献,有的单位至今还在使用这些仪器。

随着计算机技术、数字技术的发展,我国超声仪的研制也进入到数字化阶段。1990年,天津建筑仪器厂首先研制成功我国第一台数字化的超声仪。接收信号不再是示波器显示的模拟信号,而是由采样系统采集的数字信号。虽然由于当时的采样速率的限制以及初次研制,该仪器投产销售时间很短,但它标志着数字化仪器的到来。随后由煤炭科学研究院研制的2000型超声仪、汕头超声电子仪研究所研制的CTS-35型超声仪、北京市政工程研究院研制、汕头超声电子仪器公司生产的CTS-45型超声仪都是数字化仪器,在超声检测中都发挥了作用。

1992年,建设部颁布了超声仪的行业标准——《混凝土超声波检测仪》(JG/T 5004—92)。

20世纪90年代后期,超声仪的研究开发出现了百花齐放,不断更新提高的快速发展的局面,许多单位研制出功能更强,体积重量更小,功耗更低的超声仪。

当前,北京康科瑞公司的NM系列超声分析仪、武汉岩海公司的RS-ST系列声波检测仪、北京智博联公司的ZBL-U5系列非金属超声检测仪、武汉长盛工程检测技术公司的JL-IUCA6(A)基桩多孔自动超声仪、同济大学声学研究所的U-Sonic型超声仪、成都工程检测研究所生产的CUT201型非金属超声仪、武汉岩土所的RSM-SY5型超声仪、长沙白云公司的SY-1型超声仪等都是具有连续采样,一定的数据处理功能的数字化超声仪器。同时,这类仪器大都附带信号触发采集功能,加上对信号的频谱分析,因此,除了可用于超声检测外,也可对瞬时信号进行采集和分析。由于广泛采用了计算机技术,一些测试规程或特殊用途也被编成软件,在仪器上运行,大幅方便了使用。这些先进的仪器不但在技术指标、性能及软件配置上性能优良,完全满足超声检测的要求,而且比国外仪器更符合工程测试需要和我国规程要求。

图3-37是部分国产仪器的外观照片。

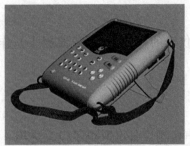
(a)北京康科瑞公司的NM系列

(b)北京智博联公司的ZBL-US系列

(c)同济大学的U-Sonic型

(d)武汉岩海公司的RS-ST系列

图 3-37　部分国产超声仪外观

3.4.1.2　超声仪工作原理

从电子技术的角度,将超声仪分为模拟式与数字式两类。现对两类仪器分别介绍如下:

(1) 模拟式超声仪

模拟式超声仪是早些年的产品,但除了对接收信号的存储和后期处理无法与数字式超声仪相比外,其他有关超声检测的技术性能完全满足测试要求,另外,其独特的优点是超声波形显示基本无闪烁,目前一些单位仍在使用它。

模拟式超声仪由以下各部分组成:

① 发射部分:其作用是将电源电压提升至高压(1 000 V,分挡),产生重复的高压脉冲,提供给发射换能器,激励发射换能器发出超声脉冲波。

② 接收部分:将接收换能器所接收到的信号经过衰减器后加以放大,再送到示波管显示波形,同时也作为关门信号送到计时系统。

③ 显示系统:包括示波管、扫描电压(锯齿波)发生器及延时系统。

④ 计时系统:包括计数器及开关计时器的计时门控、译码器、数码显示等。

⑤ 同步系统:超声仪发生和接收的都是脉冲波,是间断重复进行的,这就需要一个同步信号来统一各个部分的工作。同步系统包括晶体振荡器、分频器等。

⑥ 电源部分:包括电源的稳压器、变压器和电压提升电路,产生出各部分电路需要的电压。

以 CTS-25 型为代表的模拟式超声仪,其工作原理框图如图 3-38 所示。

(2) 数字式超声仪

数字式超声仪与模拟式超声仪的区别在于,模拟式是将接收放大后的信号(模拟信

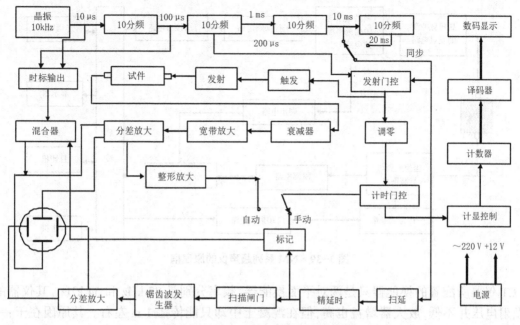

图 3-38 CTS-25 型超声仪电路框图

号)直接送到显示系统,以示波器直接显示;数字式则通过信号采集器采集信号,再将采集到的一系列离散信号转化为数字量(A/D 转换),加以存储,再将采集并转换后的数字量再转化为模拟量(D/A 转换)在屏幕上显示出来。早期研制的数字式超声仪是单次(或数次)采集一个信号后即显示这个信号,这就是静态显示。目前市售的数字式超声仪已实现了多次循环采集和显示,重复的频率可到每秒数十次,这就获得了动态的波形,称为动态显示,接近模拟超声仪信号的示波显示效果。

数字式超声仪具有以下优点:

① 由于接收信号被转化为数字量,便于对信号的存储和重现,包括测试结果和整个波形的存储、重现。

② 由于信号已成为数字量,可以方便地对信号进行数学运算,即对信号进行各种后处理。目前常进行的是对信号作频谱分析。

③ 由于信号已变成不同幅值(电压)的离散量,根据信号幅值的前后变化情况可以判断出接收信号达到的起点,即实现用软件进行的声时和振幅自动判读。这种自动判读优于模拟超声仪的整形关门自动判读。

④ 由于数字式超声仪以计算机为主体,许多由计算机完成的工作,如许多测试规程规定的数据处理、计算均可编制成软件在仪器上运行,直接获得测试数据处理、分析后的初步结果。

正是由于数字式超声仪的这许多优点,目前已取代模拟式仪器成为主要的品种。

图 3-39 是 NM 系列超声仪的原理框。

3.4.2　换能器

3.4.2.1　超声波换能器的发展

作为一次仪表的声波换能器,半个世纪以来也有了很大发展。20 世纪 50 年代的英国

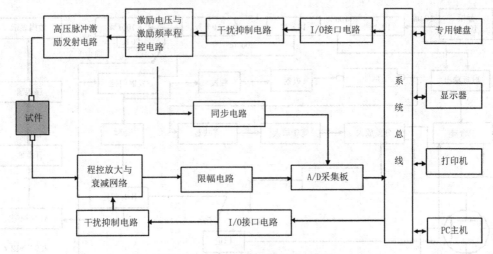

图 3-39　NM 系列超声仪的原理框

UCT 仪器所配置的换能器只是两对平面换能器,频率分别是 83 kHz 和 54 kHz。其仪器的发射电压并不低,放大器增益也高,但在混凝土中却只能传播 1 m 左右。其原因在于:一是其换能器所采用的压电材料是灵敏度低的钛酸钡;二是换能器的结构使其频率无法再降低一些。20 世纪 60 年代,同济大学、南京水科院等单位曾研制过酒石酸钾钠晶体的换能器,汕头超声电子仪器公司也曾短期生产过。它既有高的灵敏度,频率又可降到 35 kHz 左右。使用这种换能器,传播距离大幅增加。当时许多大体积结构(包括南京长江大桥桥墩、葛洲坝工程闸墩)就是用这种换能器测量的。但这种换能器制作麻烦,酒石酸钾钠晶体又很娇气(易风化、水解),现已不多用。

　20 世纪 70 年代,中国科学院声学研究所研制出新型的锆钛酸铅压电陶瓷并投入生产,许多从事声波检测研究的单位都应用它来制作换能器,如地矿部保定工程地质水文地质技术方法研究队、煤炭科学研究院、抚顺煤炭科学研究院等。为了降低换能器频率,研制出朗芝万型换能器(俗称夹心式换能器),开始由湘潭无线电厂生产,现已有多家厂家生产。另外,一些特种用途的换能器如横波换能器、宽带换能器等也相继问世。

　另一种换能器——径向换能器,20 世纪 70 年代初,笔者用它来研究钻孔法测量裂缝深度时,还是借用军工厂生产的潜艇上用的声纳的部件——水听器,很快,国内一些科研单位和生产厂家就生产出用于声波检测的径向换能器、一发双收换能器,满足了测试技术研究、应用的需要。当前,随着灌注桩声波检测的迅速发展和声波 CT 扫描成像的应用,笔者也研制生产了适合于灌注桩检测用的普通径向换能器和串式换能器并在工程实测中应用。

3.4.2.2　换能器原理

　应用超声波检测混凝土,首先要解决的是如何产生和接收超声波,然后再进行测量。解决这类问题通常采用能量转换方法,即用最方便的能量——电能,将它转化为超声能量,即产生出超声波。当超声波在混凝土中传播后,为了度量超声波的各种声学参数,又将超声能量转化为最容易量测的量——电量。这种将声能与电能相互转换的器具称为换能器。

　进行电声转换的方法很多,如电磁法、电动法、静电法、磁致伸缩法及压电伸缩法等。

在超声检测中,由于要求较高的频率、稳定一致的工作状态和不大的体积,一般都采用压电伸缩的方法,即压电换能器。近年来,在工程勘测中,为了在岩土中增大传播距离,除了提高接收灵敏度、降低声波频率外,为了增大发射功率,又新研制出大功率的磁致伸缩发射换能器。但在一般混凝土声波检测中主要还是使用压电式换能器。

（1）压电材料

① 晶体的压电效应

对某些不显电性的电介质施加压力,引起介质内部正负电荷中心发生相对位移而极化,导致介质两端上出现符号相反的束缚电荷。其电荷密度与应力成正比。当应力反向,电荷亦改号。这种现象称为正压电效应。如将具有压电效应的介质置于电场内,由于电场作用引起介质内部正负电荷中心发生位移,这位移在宏观上表现出产生了应变。所发生的应变与电场强度成正比。如果电场反向,则应变亦反向。这种现象称为反压电效应(或称电压效应)。

上述的反压电效应被用来发生超声波;正压电效应被用来接收超声波。

自然界中有 20 类晶体具有压电效应。石英是一种典型的压电晶体。

把压电晶体沿一定的晶轴切割成片就成为压电片。

早期的超声波换能器使用过石英晶体。目前以单晶做压电材料的还有酒石酸钾钠、铌酸锂等人造晶体,其余都被压电性能好,造价低廉,易于成型的压电陶瓷所代替。

② 压电陶瓷的准压电效应

目前应用最广泛的压电陶瓷有钛酸钡、钛酸铅、锆钛酸铅等。压电陶瓷是由许多小晶粒组成的多晶体。在多晶体的晶粒中会出现若干自发极化方向一致的区域,叫电畴(也叫铁电畴)。由于压电陶瓷是多晶体,各电畴的自发极化方向是杂乱的,其综合结果并不具有压电性。然而,压电陶瓷在强大外电场作用下,其电畴的极化方向可以转向一致,且外电场去掉后基本保持不变。这种性质称为铁电性。用外电场使电畴取向一致的处理过程叫极化处理。经过极化处理的压电陶瓷就具有和压电晶体类似的压电性能。

（2）压电元件的制作

首先由几种氧化物和碳酸盐配制混合,研磨成粉状,再进行烧结。在烧结过程中,各组分发生固相反应,形成以锆钛酸铅固溶体为基体的多晶体。预烧后的材料再经粉碎、磨细,然后加压成型制成各种需要的形状(片、管、棒等),再经高温烧结使其致密。未经极化处理的压电陶瓷在宏观上不显示压电性。把这样的陶瓷体两面镀上银层(电极),在高压直流电场(300 V/mm)下进行极化处理后,即制成了具有压电性的压电陶瓷。

目前常用的压电陶瓷是锆钛酸铅压电陶瓷材料,常用 PZT 表示,如 PZT-4、PZT-5V 等,后面的编号表示陶瓷体配方各不相同,性能指标有差异,分别用于不同场合,如发射型、接收型、收发两用型等。

（3）压电体的振动模式

当把电压加到压电体电极上时,压电体即发生振动。其振动的模式视晶体切割方向、压电陶瓷极化方向、所加电场方向及压电体的尺寸不同而不同。

表 3-3 列出了压电陶瓷振动模式。

① 厚度振动:在厚度为 d 的圆片相对两面涂有电极,沿厚度方向极化,也沿厚度方向施加电场,则圆薄片做厚度方向振动。厚度振动片是最常用的超声换能器元件,常用来制

表 3-3　压电陶瓷振动模式

样品形状和处理	振动方式	机电耦合系数
极化方向 E 电极面 d		k_t
极化方向 E 电极面 l		k_{33}
极化方向 E 电极面 d l		k_{31}
极化方向 E 电极面 a		k_p 或 k_r
E 电极面 a b d 极化方向		k_{15}

作纵波平面接收和发射换能器。

② 纵向长度振动:长度为 l 的长棒,在两端涂上电极,在长度方向极化,在长度方向施加电场,棒做纵向长度振动。这种振动模式常用于较低频率的纵波换能器。

③ 横向长度振动:长度为 l 厚度为 d 的长薄片,在两面涂上电极,在厚度方向极化,厚度方向施加电场,薄片沿长度 l 方向做侧向长度振动。实用中常以多片压电片叠合成一个压电体。某些人工压电晶体就是多片晶片叠合,利用横向长度振动来制作低频超声换能器。

④ 圆片径向振动:半径为 a 的厚度振动圆片,除了作厚度振动外,也做径向振动。显然,薄圆片径向振动的频率低于厚度振动的频率。实用中常以多片圆片装在薄壁圆管内,以激发圆管的径向振动,制作所谓增压式换能器。

⑤ 厚度切变型振动:厚度为 d,宽度为 b,长度为 a 的陶瓷片,在面积 $a \times d$ 的两端面涂上电极进行极化,然后去掉电极,再在 $a \times b$ 的两面涂上电极施加电场,即得到厚度切变振动。可用多片切变振动的压电片叠合起来制作横波换能器,以在固体中产生和接收横波。

除了上述基本振动模式外,还有其他一些振动模式,如弯曲振动模式,用来制作体积小的低频率超声波甚至声波的接收型换能器;圆环的径向振动模式:在压电陶瓷的圆环壁内外涂电极,环壁厚度方向极化,厚度方向施加电场即产生圆环径向振动。用这种压电环制作一发双收换能器和尺寸小的径向换能器。

3.4.2.3 换能器种类和构造

图 3-40 列出目前混凝土检测中所用的各种换能器。

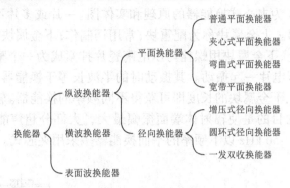

图 3-40 换能器种类

（1）换能器种类

换能器按其发射和接收的声波类型分为纵波换能器、横波换能器和表面波换能器。混凝土声波检测主要使用纵波换能器。纵波换能器按其辐射面和振动方式分为平面换能器和径向换能器。平面换能器辐射面是平面，发收平面波，用在结构表面上的测量，以黄油等膏体作耦合剂；径向换能器利用压电体的径向振动，发收柱面波，用在钻孔和管中测量，通常以水作耦合剂。

（2）换能器的构造

① 普通平面换能器：普通平面换能器的构造如图 3-41 所示。一片压电陶瓷片（1）置于金属外壳中，紧贴底壳。底壳厚度按薄层介质反射及透射公式计算，以期获得较大的透射率。陶瓷片厚度由所制换能器频率而定。陶瓷片两面镀银，电极一面与壳底相连接地；另一面电极上压一铜板（7）并以引线（5）与插座（3）的芯线相连。有的换能器为了消除压电体的反向辐射，使发射脉冲宽度变窄（频带变宽），在陶瓷片背后加上吸声块（6）。一般混凝土检测多以首波为主，对发射脉冲宽度要求不高，因而通常省去吸声块，以弹簧（4）压住陶瓷片。

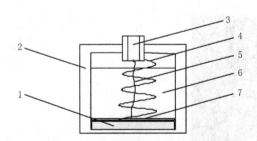

1. 压电陶瓷片；2. 外壳；3. 插座；4. 弹簧；5. 引出线；6. 背衬（吸声块）；7. 铜片。

图 3-41 普通平面换能器的构造

混凝土检测中，50 kHz 以上频率的换能器一般均为上述结构。

② 夹心式平面换能器：在探测大体积结构或衰减较大的介质（如土体、未完全硬化的混凝土），为提高测试距离，需要使用低频率的换能器，如 20～30 kHz。为此要求制作较厚

的压电陶瓷片(80 mm 左右)。这样厚的压电陶瓷片无论成型、烧结和极化均很困难。而且,太厚的压电陶瓷片阻抗太高,仪器难以匹配,散热也困难。于是出现了所谓朗芝万型换能器,俗称夹心式换能器。

图 3-42、图 3-43 为夹心式换能器的原理和实体图。一片或多片不厚的压电陶瓷片被夹紧在两金属块之间。上金属块称为配重块,常用钢制作;下金属块称为辐射体,常用轻金属(硬铝)制作。上、下金属块用螺栓与压电陶瓷片拧紧成为一个整体。在电脉冲激励下,上、下金属块与压电片一起振动。其振动时的半波长等于换能器总长,结果大幅降低了振子频率。改变上、下金属块的长度即可获得不同频率的换能器。辐射体和配重块分别采用轻重两种金属的目的是使辐射体端面振幅最大,大部分超声能量向辐射体方向传播,即实现单向辐射。50 kHz 以下频率的平面换能器多采用夹芯式。

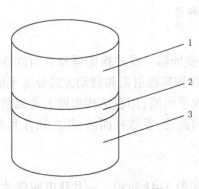

1. 配重块;2. 压电片;3. 辐射体。

图 3-42　夹心式换能器原理

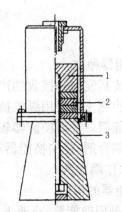

1. 配重块;2. 压电片;3. 辐射体。

图 3-43　夹心式换能器结构

目前市售的平面换能器有 500 kHz、200 kHz、100 kHz、50 kHz、20 kHz 等几种频率。另外,作为低频接收换能器,还有弯曲振荡式平面换能器,其频率响应范围在声频范围内。

③ 增压式径向换能器:增压式径向换能器属于径向换能器,发射和接收柱面波。增压式换能器外形如图 3-44 所示,构造原理如图 3-45 所示。

图 3-44　增压式换能器外形

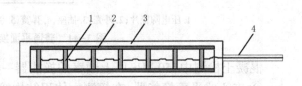

1. 压电陶瓷片;2. 金属管;3. 绝缘层;4. 引出电缆。

图 3-45　增压式换能器构造

在一薄壁金属管(2)内侧紧贴若干等距离排列的压电陶瓷圆片(1)。各压电陶瓷圆片相互之间用串、并联或串并混合等方式联结,由引出电缆引出。整个换能器用绝缘材料密封。当声波作用于换能器圆柱表面时,整个圆管表面所承受的声压总力加到压电陶瓷圆片周边,使其周边受到的声压提高,故名增压式。反过来,在电脉冲激励下,各压电片作径向振动,共同工作,并将振动传给金属圆管,这比单片陶瓷片发射效率高。

增压式换能器虽然灵敏度较高,但由于多片压电片的结构,不可避免地使其尺寸增大,不利于在管中的频繁移动,特别是当管子接头错开时,更容易卡在管中。

目前市售的增压式换能器频率在 30~40 kHz,直径多在 25~30 mm。新颁布的《建筑基桩检测技术规范》(JGJ 106—2003)限制换能器有效长度不得大于 150 mm。

④ 圆环式径向换能器

为了在钻孔或声测管检测中使换能器能方便地顺畅移动,针对增压式换能器的某些缺点,有关单位又研制生产了适合于孔(管)中使用的 JF 系列圆环式换能器。

圆环式换能器的压电元件是圆环。使用圆环压电陶瓷片是因为圆环压电陶瓷片比普通圆片有更高的径向振动灵敏度。这样就不必采用多片联结的方式,从而减小换能器尺寸,特别是减小换能器长度。图 3-46 是各种频率的 JF 系列圆环式换能器(60 kHz、40 kHz、20 kHz)外观。其直径分别是 25 mm、31 mm、56 mm。总长度在 170 mm 左右,有效长度在 30~50 mm。

图 3-47 是 JF 系列换能器的构造原理图。压电圆环(2)位于换能器中下部,其下方是铜制的锥形体(3),便于在管中升降。紧接压电圆环上部是铜制的屏蔽罩,内装前置放大器(5),经放大后的信号经引出电缆(1)引出到超声仪。为了给前置放大器提供电源(12 V)和传递接收信号,接收换能器电缆进入超声仪之前先通过一转换器(体积55 mm × 80 mm × 55 mm),由转换器再将信号输出给超声仪。接收换能器可交、直流供电。整个换能器由环氧树脂与玻璃钢密封。换能器下方的锥形铜头可以旋下,套上一个扶正器(4)再拧紧。

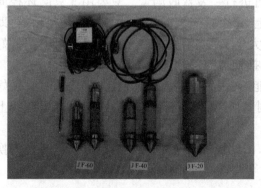

图 3-46　JF 圆环式径向换能器外观

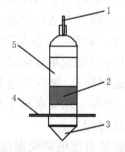

1.引出电缆;2.压电圆环;3.下锥体;
4.扶正器;5.前置放大器。

图 3-47　JF 圆环式径向换能器构造

所谓扶正器就是用厚 1~2 mm 的柔软、耐磨材料(如聚氨酯)制成一齿轮形套圈,套在换能器上。齿轮的外径略小于声测管内径。扶正器既保证换能器在管中能居中,又保护换能器在上下提升中不致与管壁碰撞,损坏换能器,软的圈齿又不致阻碍换能器通过管中某些狭窄部位。

作为换能器感应部件的压电元件,既具有压电效应(接收)也有电压效应(发射),因此,无论是平面换能器还是径向换能器其发射和接收头其基本构造是相同的。为了使用方便,其压电元件的信号经引出电缆(1)引出到超声仪。

采用兼顾发射和接收性能的压电材料,这样发射和接收探头就完全一样,可以互换。但有的制造者为了进一步挖掘压电材料性能,其接收、发射探头分别采用性能略有差异的压电材料,于是就分别标明接收和发射探头。

另外,由于径向振动模式不同于平面换能器,其灵敏度较低,为增大探测距离,有的径向换能器接收探头顶端装有前置放大器,以便在接收到的信号传输到仪器之前,预先将信号放大,以提高信号的信噪比。这样的换能器收、发就不能互换了,否则将损坏接收换能器。

⑤ 一发双收换能器

一发双收换能器的原理在上面章节已谈过。由于它是置于一个孔中测量,有的厂家又称其为单孔换能器,而将通常在两孔进行对测的径向换能器称为双孔换能器。

如图 3-48 所示,一发双收换能器是由一个发射,两个接收的压电陶瓷圆环串在一根轴线上构成。发射压电圆环 F 与接收压电环 S_1 间距离 l 取决于孔壁介质的波速、孔径的大小,目的是使 F 发出的透过孔中水层沿孔壁传播的波先于从 F 直接经水中传到 S_1 的波。孔壁介质波速越低,要求 l 越长。市售的换能器的 l 一般为 50 cm 左右。S_1、S_2 间的距离 Δl 通常为 20 cm 左右,换能器说明上应标出。换能器引出电缆(1)包括 F、S_1、S_2 三根分线,分别与超声仪发射、接收插座相接。如果超声仪为双通道,则可同时显示 S_1、S_2 两个接收波,如果是单通道超声仪,则可依次接入 S_1、S_2,分别测试之。也可制作一带两个接收插座的接线箱,用拨动开关来回拨动换接,省去每次拔接插头的麻烦。

发、收压电环之间的联结体(物)要么是隔声物质(如隔声橡胶);要么使发射压电环发出经联结物传递的声波后于沿孔壁传播的声波到达 S_1,为此有的厂家采用窗格状的尼龙作联结物,以延迟直接传播的声波。

事实上,采用单个圆环式径向换能器也可进行一发双收测量。只要用 3 只圆环径向换能器,相互隔开 l、Δl,并保持在同一轴线上,每个换能器的扶正器与钻孔孔径相当,即可进行测量。笔者正是使用这种方法进行了大量工程地质勘察声波测量。这种方法的好处是 l、Δl 可以随现场实际情况改变。另外,换能器间的软连接不易卡孔。

无论是圆环式、增压式还是一发双收换能器,因为都是在水下使用,都要求具有良好的水密性,应在 1 MPa 水压下不漏水。为了测量换能器深入孔中的深度,换能器电缆线上都标有长度标记。

换能器是由压电陶瓷做成。电陶瓷易碎,因此换能器应防止摔打碰撞,特别是径向换能器。

3.4.3 超声波自动测桩仪

采用上述超声检测设备可以对各种类型的混凝土结构进行各种项目的检测,包括混凝土灌注桩的检测。近几十年,声波法检测混凝土灌注桩得到广泛的运用和发展。这是因为该方法具有以下优点:

(1)检测细致,结果准确可靠;

(2)不受桩长桩径限制;

（3）无盲区，声测管埋到什么部位就可检测什么部位，包括桩顶低强区和桩底沉渣厚度；

（4）无须桩顶露出地面即可检测，方便施工；

（5）可估算混凝土强度。

声波法检测混凝土灌注桩的基本方法是：在灌注桩浇注时预先在桩身埋入 2～4 根声测管，检测时，将发、收换能器放入管中，沿着桩身逐点进行对、斜探测，如图 3-49 所示。一对声测管测完后，再进行另一声测管的测量。测量声学参数的同时，还须记录换能器在管中的位置（深度）。测试中通常采用自动测读模式。当探头提升到指定测点，观察自动判读线正确地对准首波起点和波谷（峰）后，再按下确认、存储键进行测读。当测量中受到干扰或接收信号弱，自动判读线来回跳动或未能对准首波起点和波谷（峰）时，则启动手动测量模式进行手动测读。

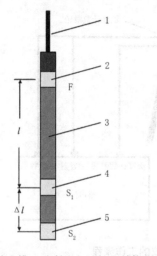

1. 引出电缆；2. 发射压电环；3. 联结体；
4. 接收压电环 1；5. 接收压电环 2。

图 3-48　一发双收换能器

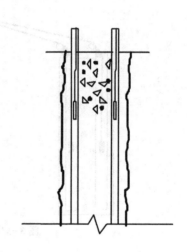

图 3-49　灌注桩的检测

这种测量固然准确可靠，但由于需要逐点提升、测试声学参赛和记录换能器位置，因此工作量大、耗时长。

前些年，各仪器制造公司纷纷研制自动测桩仪器设备并获得成功，推出各自的自动测桩仪，如北京康科瑞公司的非金属超声波检测仪（NM-A 半自动测桩仪）、武汉岩海公司的 RS-ST01D（P）型非金属超声检测仪、北京智博联公司的 ZBL-U520A 非金属超声检测仪等。

3.4.3.1　自动测桩仪工作流程

自动测桩仪的外形及工作流程如图 3-50、图 3-51 所示。自动测桩仪由发、收探头、深度计数装置和超声仪主体组成。

如图 3-51 所示，发、收探头电缆线通过固定在桩顶的导向轮被引向三脚架顶上的深度计数装置。电缆通过计数装置上的计数轮，被压在计数轮的凹槽中再引出，连接到超声仪上。深度计数装置的输出信号通过电缆也被连接到超声仪的专门接头上。拉动换能器

图 3-50 自动测桩仪

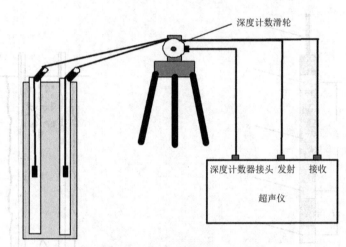

图 3-51 自动测桩仪的工作流程

电缆,计数轮转动,计数器记录转动的圈数和角度。这圈数和角度与电缆的移动长度对应,圈数和角度数据传输到超声仪。当预先设定好测试间距(如 20 cm),则计数轮每转动20 cm 发出一个信号去触发超声仪,采集一次接收信号,获得需要测定的各种声学参数,同时获得探头所在高度数据,显示探头位置。把探头先置于桩底测试起点,缓慢拉动电缆直至桩顶,即完成该测试面的全部测量。根据所测得的数据,仪器自动实时生成声学参数(声速、振幅)~桩深图。测试完一对测孔,再换另一对测孔。

3.4.3.2 使用自动测桩仪注意事项

自动测桩仪无疑大幅提高了测试效率,减轻了劳动强度,是声波测桩技术的一大进步。但是应当看到,由于到目前为止,对所有超声仪而言,自动测读仅仅是自动而非智能,对于前面谈到的因干扰和信号微弱引起的误读、误判甚至无法测读的问题并没有解决。当采用人工测读时,尚可监察接收信号,由人工按下确认键以保证正确测读到首波起点。现在,测读由深度计数器的信号指令发出,不管判读线是否在首波起点,仪器均采集声学参数数据。这就出现这种情况:当没有干扰和混凝土没有重大缺陷情况下,测试结果数据正常;当不是这样时,往往出现反常数据。例如:反常的高声速、反常的低声速而振幅又反常的高,甚至无法采集到数据(有的仪器设置有无法测读时的报警功能)。对于这种情况,解决的办法只能是：

（1）加强人工的监管。一方面在提升测试过程中，观察数据、波形的变化，当发现反常数据、波形出现时，立即停止继续提升，回到原来测点，重新人工手动测读；另一方面，整个测试面或桩测试完毕，应当审查所测资料，对可疑数据调出波形查看，如发现未判读到首波起点，改用手工判读重新测量。

（2）和人工测桩一样，当确认某些部位测试是准确的，但数据低下，为质量可疑部位时，也应当进行加密测量和斜测。

（3）另外，由于探头深度数据也是自动生成，所以也需要经常对深度数据进行检查。电缆线与计数轮凹槽间应当有足够的摩擦力，以保持同步移动，不允许打滑。通常在测桩前应当根据实际深度对仪器显示的深度进行检验。

（4）探头的提升应当缓慢、均匀，否则会引起仪器采样混乱。

3.4.3.3 全剖面自动测桩仪

如上所述，无论是普通超声仪还是自动测桩仪，都是一个测试面（剖面）一个测试面地测量。对于埋设 3 根声测管的桩，需要测量 3 次；对于埋设 4 根声测管的桩，需要测量 6 次，显然，工作量仍然较大。

近年来，一些研究和生产单位又宣布推出全剖面自动测桩仪。所谓全剖面自动测桩仪就是使用 3 只（3 根声测管）或 4 只（4 根声测管）换能器同时放入声测管，同步提升，在每个高程上一次完成所有剖面的测试工作。这中间由仪器自动进行安排测试顺序和探头的发射—接收功能的转换。当然，这种情况下使用的探头应当是收发两用的。

这无疑是测试仪器的又一次进步。仪器的进一步复杂化就要求使用者进一步提高操作和判别测试结果正确性的水平，不能因自动测试而导致检测工作的失误。

目前推出的该类仪器有：武汉岩海公司的 RS-ST06D（T）跨孔超声仪检测仪、北京智博联公司的 ZBL-U5 系列多通道超声测桩仪、武汉长盛工程检测技术开发有限公司的 JL-IUCA6（A）基桩多孔自动超声仪、北京康科瑞公司的 NM-8D 多通道声波透射法自动测桩仪。

3.5 影响声（波）速测值的因素及修正

在进行混凝土超声检测时，常遇到不同的测试对象，例如，为了标定混凝土强度和声速的关系，测定的是边长 15 cm 的立方体试件，而现场检测时，测试的又是现场混凝土构件或结构。众所周知，它们是有差别的：

（1）实体结构尺寸大，即超声测距大；

（2）实体结构内大多有钢筋；

（3）测试实体结构与试件时，所用的换能器频率可能不一样。

当我们严格按照上述的声学参数测试方法测试（以波速为例）时，结果会一致吗？通过大量研究发现，结构与试件的这些差别有时会导致二者所测波速不同（当然指相同的混凝土）。也就是说，上述的差别对波速的测试有影响。现在逐个加以讨论。

3.5.1 测距对波速测值的影响

实验发现，随着超声测距增大，所测声速会减小。

本来，一种介质的波速是一定的，不应随尺寸大小而变。但问题在于，用我们目前所采用的方法和仪器来测定混凝土的波速时,随着测距的增加,所测得的波速值确实会减小。

为了弄清这个问题,南京水利科学研究院曾与葛洲坝工程局合作进行了大规模的试验,制作了不同强度等级(C15、C25、C35)的大型混凝土阶梯型试件(图 3-52),每级阶梯25 cm。在不同测距情况下测量混凝土试件波速。

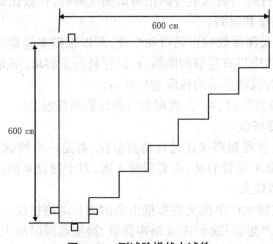

图 3-52 测试阶梯状大试件

为使测试结果准确,首先把整个试件混凝土尽可能弄得均匀一致,其次,每级测试都是从两个方向和部位,一级一级地测试混凝土的波速。这样就获得了在不同测距(从 15 ~ 600 cm)下混凝土波速的变化情况,如图 3-53 所示。

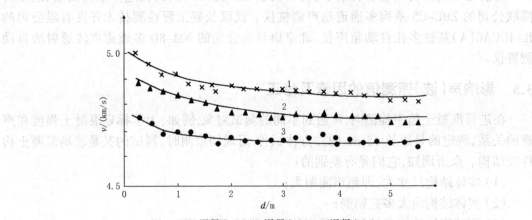

1. C35 混凝土;2. C25 混凝土;3. C15 混凝土。

图 3-53 测距—声速图

图 3-53 中三条线代表了高、中、低三种不同等级混凝土的情况,其变化趋势基本一致。从图中可以看到:

(1)随着测距增加,所测得声速逐渐减小。

(2)在 1.5 m 范围内,声速减小较快,以后渐趋平缓。

(3)在测距达 5 m 时,与 15 cm 测距相比,声速减小大约 3%。

关于测距影响的原因,大致可解释为:随着测距的增大,超声脉冲波中高频成分逐渐衰减,传播越远,接收波的主频率越低。频率的降低一方面使波的前沿平缓,读取声时的视差使首波的起点读得偏后(声时加大)。另外也可能出现所谓"频散"现象,也就是波速随频率的下降而减小。

因此,测距变化对声速测值的影响实质是接收波中频率变化的影响。图 3-54 是在上述阶梯形大试件测得的接收波频率随测距变化的曲线。从图中看到,频率随测距增大而降低的趋势与声速随测距增大而降低的趋势相似。当测距增至 2 m 以上时,标称为 30 kHz 的换能器发出的超声波主频率已下降到可闻声频率(<20 kHz)范围。如果采用较高频率的换能器测量,则频率的下降将更为明显,预计声速的变化也将更明显一些。这种频率下降导致声速下降的分析也可以说明为什么测距增大到相当距离以后,声速的变化渐趋平稳的原因。因为在经过较长的距离传播后,原本属低频换能器中的高频分量更为减少,主频已经很低了,再下降也就很有限了。

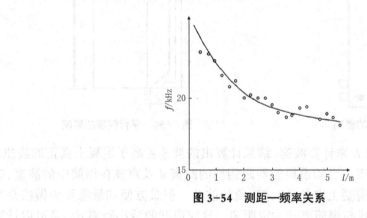

图 3-54　测距—频率关系

为了使在实体结构上测得的声速与在 15 cm 试件上测得的声速一致,根据上述试验结果制作了不同测距声速修正表(表 3-4)。表中以 15 cm 测距为准(修正系数为 1),凡测距大于 15 cm 者,可将测得的声速乘上表中的修正系数。中间测距可用内插法修正。

表 3-4　不同测距声速修正表

测试距离 / cm	15	50	100	200	300	400	500
修正系数	1	1.003	1.015	1.023	1.027	1.030	1.031

3.5.2　钢筋对波速测量的影响

为什么钢筋对混凝土波速测量有影响? 道理很简单,声波在钢中传播速度比混凝土快。钢的传播速度为 5 940 m/s;混凝土的传播速度为 4 000 ~ 5 000 m/s。

由于测定声时时,我们总是以首先到达的波来计时,所以当在声波的传播路径上遇到钢筋时,有时会使所测波速增大。

现在谈谈钢筋是如何影响,影响的大小及如何避免。钢筋的影响分以下两种情况。

3.5.2.1　垂直钢筋的影响

一些构件,如梁,上下有成排的主筋,如图 3-54 所示。如果我们测量梁的混凝土波速时,换能器垂直于梁,也就是垂直于钢筋且正好对准钢筋,这时,声波横穿钢筋而过,这将使所测波速略有提高。视钢筋排列的密度不同,波速通常会增大1%~5%。这时,只需要将换能器向上(下)移开钢筋3~5 cm,这种影响就没有了。

3.5.2.2 平行钢筋的影响

有时也会遇到钢筋的方向正好与声波的传播方向平行,如图3-55所示。当发射换能器A发出一束超声波,其中一部分在混凝土中传播,直接由A到达D。同时,也有一部分超声波从A出发,斜向传播到钢筋上的B点,然后沿着钢筋以较快的速度传播到C点,再从C到达接收换能器D。如果A、D换能器离开钢筋的距离d小到一定程度,那么完全有可能声波经折线AB—BC—CD传播的时间短于经AD直接传播的时间。

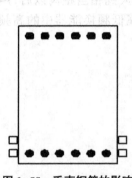

图3-55　垂直钢筋的影响

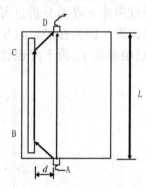

图3-56　平行钢筋的影响

这时,我们仍然以测距L来计算波速,结果计算出的波速就高于混凝土真正的波速。通过数学推导并经试验证实,当知道换能器距钢筋的距离d及声波在钢筋中的波速,我们也是可以计算出声波在混凝土中的AB、CD段的波速。但最方便和最稳妥的做法是在选定测点时,使换能器连线与钢筋离开一定距离。这应离开的最小距离d_{min}是可以计算的。作为大致估计,d_{min}为测距L的1/8~1/6。这样就可完全不受钢筋的影响了。

混凝土结构中大多有钢筋,那么是不是一听说有钢筋,就没办法测量呢? 完全不是这么回事。根据上面的叙述,我们可以归纳出关于钢筋影响的几点结论:

(1)对于垂直于测试方向的钢筋

这是常遇到的,如柱、墩、墙体的主筋。虽然可能纵横都有,但都与测试方向垂直,完全可以不去管它。仅仅像梁的底部、顶部有成排的主筋,因为密集,会显出一些影响。但避开也很简单:将测点移开3~5 cm就行了。

(2)对于平行于测试方向的筋

真正遇到这种情况的不多,只是在结构变断面或机械安装的局部区域碰到。这时通常考虑避开。避开的最小距离为测距的1/8~1/6。

(3)箍筋的情况

梁、柱一类结构有许多箍筋,往往平行于测试方向,似乎有影响。但是,这里有个有趣的问题,就是钢筋的声传播速度。我们说钢的传播速度是5 940 m/s,那是指在半无限大介质中的速度。当声波沿着钢筋传播时,边界条件变了,声波是近似在杆件中传播,速度变小。南京水利科学研究院实测了钢筋波速。结果发现,钢筋越细,波速越小。直径6 mm的钢筋波速为4 400 m/s左右甚至低于一般混凝土的波速。所以箍筋的问题一般可不予考虑。

关于钢筋对波速测量影响的试验、研究及公式推导，可详见罗骐先著的《水工建筑物混凝土的超声检测》（水利水电出版社，1986）。

3.5.3　换能器频率的影响

我们在率定f-v曲线时是测量试件，所用换能器频率较高，而实测结构时由于测距大，有时须换用频率较低的换能器。由于使用不同频率的换能器，对于所测得的声速结果有少许影响。这方面的详细情况在本书第一版中有较详细的叙述，本版作了节删。为使测试中结果一致，笔者建议：

（1）如果实测距离在 1 m 以内，如梁、板、柱，则率定试件时用的什么频率换能器（如 50～100 kHz），实体测试也用它。

（2）50 kHz 换能器通用性较强，可用来测试试件，也可用来测试实体，可达 2～3 m 的测距。

（3）当实体结构尺寸较大，如 4～5 m 以上，需要采用较低频的换能器（如 20 kHz 左右）时，宜在试件上比较两种换能器测值的差异，以修正测试结果。

思 考 题

1. 何为谐振动及谐振动的运动方程式？试述方程式的意义。

2. 何为纵波、横波、表面波？它们可以在哪些介质中传播？为什么？

3. 何为波动方程？试述平面余弦波波动方程的意义。

4. 无限大介质中纵波、横波、表面波速度是否相同？它们之间有何关系？

5. 声压反射系数为负说明什么？声压透射系数大于 1 是否不符合能量守恒定律？

6. 为何超声脉冲波在混凝土中传播越远，其接收波主频率越低？

7. 为什么声速测量要求较高精度？为什么测量试件声速时要求测量仪器最小分度为 0.1 μs？

8. 仪器零读数的由来及标定方法是什么？

9. 振幅测量采用哪些方法？优、缺点是什么？

10. 如何测量接收波主频率？试举一例。

11. 简述超声仪工作原理。

12. 超声换能器有哪些类型？各用在什么场合？

13. 压电体有哪些常见的振动模式？常用的换能器是哪些振动模式？

14. 什么是夹心式换能器？构造如何？为什么采用夹心式构造？

15. 简述超声波自动测桩仪工作流程。

16. 为保证声速测值的准确和试件与结构混凝土声速一致性，从测试上应注意哪些问题？

4 超声法检测混凝土强度

4.1 概述

4.1.1 超声法检测混凝土强度的依据

混凝土材料是弹粘塑性的复合体,各组分的比例变化、制造工艺条件不同,以及硬化混凝土结构随机性等,十分错综复杂地影响了凝聚体密实性、均匀性和力学的性质。工程上,通常采用建立试件的超声声速与混凝土抗压强度相关的统计测强曲线,检测和评估混凝土的力学性能。

超声波检测混凝土的强度基本依据是超声波传播速度与混凝土的弹性性质的密切关系。超声声速与固体介质的弹性模量之间的数学关系为:

无限固体介质中传播的纵波声速

$$v_\mathrm{P} = \sqrt{\frac{E(1-\mu)}{\rho(1+\mu)(1-2\mu)}} \tag{4-1}$$

薄板(板厚远小于波长)中纵波声速

$$v_\mathrm{B} = \sqrt{\frac{E}{\rho(1-\mu^2)}} \tag{4-2}$$

细长杆(横向尺寸远小于波长)中纵波声速

$$v_\mathrm{L} = \sqrt{\frac{E}{\rho}} \tag{4-3}$$

式中, E——杨氏弹性模量;

μ——泊松比;

ρ——密度。

在实际检测中,超声声速是通过混凝土弹性模量与其力学强度的内在联系,与混凝土抗压强度建立相关关系并借以推定混凝土的强度。

国内外采用统计方法建立专用曲线或数学表达式有以下几种:

俄罗斯、捷克和前民主德国采用:

$$f_\mathrm{cu}^\mathrm{c} = Q_\mathrm{v}^4$$

荷兰、罗马尼亚采用:

$$f_\mathrm{cu}^\mathrm{c} = A\mathrm{e}^{Bv}$$

法国采用 $f_\mathrm{cu}^\mathrm{c} = E_\mathrm{d}^2$,该公式与俄罗斯采用的 $(v^2 \infty E_\mathrm{d})$ 相似。波兰采用 $f_\mathrm{cu}^\mathrm{c} = Av^2 + Bv + C$ 。

在国内, $v \sim f_\mathrm{cu}^\mathrm{c}$,相关曲线基本上采用:

$f_\mathrm{cu}^\mathrm{c} = Av^B$ 和 $f_\mathrm{cu}^\mathrm{c} = A\mathrm{e}^{Bv}$ 两种非线性的数学表达式。

式中, E_d——动力弹性模量;

Q、A、B、C——实验系数。

110

可见,国内外实际应用的经验公式,采用超声声速参量便是突出了超声弹性波特性与混凝土弹性模量及强度的相关性。

4.1.2 超声法检测混凝土强度的技术途径

混凝土超声测强曲线因原材料的品种规格和含量、配合比和工艺条件的不同而有不同的试验结果,因此,建立按常用的原材料品种规格、不同的技术条件和测强范围进行试验,大量的试验数据经适当的数学拟合和效果分析,建立超声声速 v_i 与混凝土抗压强度的相关关系,取参量的相关性好、统计误差小的曲线作为基准校正曲线;并经验证试验,测强误差小的经验公式作为超声测强之用。

超声测强有专用校正曲线、地区曲线和统一曲线。校正曲线和地区曲线在试验设计中一般均考虑了影响因素,而校正试验的技术条件与工程检测的技术条件基本相同,曲线的使用,一般不要特殊的修正,因此,建议优先使用。在没有专用或地区测强曲线的情况下,如果应用统一的测强曲线,则需验证,按不同的技术条件提出修正系数,使推算结构混凝土的精度控制在许可的范围内。这些修正系数也可根据各种不同的影响因素分项建立,以扩大适用范围。

由于超声法测强精度受许多因素的影响,测强曲线的适应范围受到较大限制。为了消除影响,扩大测强曲线的适应性,除了采用修正系数法外还有采用较匀质的砂浆或水泥净浆声速与混凝土强度建立相关关系,以便消除骨料的影响,扩大所建立的相关关系的适用范围,提高测强精度。

4.1.3 混凝土超声法测强的特点与技术稳定性

4.1.3.1 超声法的特点

(1)检测过程无损于材料、结构的组织和使用性能。

(2)直接在构筑物上检测试验并推定其实际的强度。

(3)重复或复核检测方便,重复性良好。

(4)超声法具有检测混凝土质地均匀性的功能,有利于测强测缺的结合,保证检测混凝土强度建立在无缺陷、均匀的基础上合理地评定混凝土的强度。

(5)超声法采用单一声速参数推定混凝土强度。当有关影响因素控制不严时,精度不如多因素综合法,但在某些无法测量回弹值及其他参数的结构或构件(如基桩、钢管混凝土等)中,超声法仍有其特殊的适用性。

4.1.3.2 技术稳定性

混凝土超声测强技术稳定性是一个综合性的技术指标。为了保证技术稳定性,除继续深入开展技术完善和评价方法的研究之外,就广泛研究证实工程检测的经验,归纳起来有以下方面需加以控制:

(1)理解超声仪器设备的工作原理,熟悉仪器设备的操作规程和使用方法;

(2)正确掌握超声声速测量技术和精度误差的分析;

(3)建立校正曲线务必精确,技术条件和状况尽可能与实际检测的接近;

(4)从混凝土材质组分和组织构造上理解影响超声声速及测量的原因,并在实测中加以排除或做必要的修正;

(5)研究和确定超声检测"坏值"(指混凝土缺陷的指标)区别处理方法,以保证在混凝土材质均匀基础上推定强度值。

4.2 超声检测混凝土强度的主要影响因素

超声法检测混凝土强度,主要是通过测量在测距内超声传播的平均声速来推定混凝土的强度。可见,"测强"精度高低与超声声速读取值的准确与否是密切相关的,换句话说,正确运用超声声速推定混凝土强度和评价混凝土质量,从事检测工作的技术人员必须熟悉影响声速测量的因素,在检测中自觉地排除这些影响。

4.2.1 试件断面尺寸效应

关于试件横向尺寸的影响,在测量声速时必须注意。纵波速度是指在无限大介质中测得,随着试件横向尺寸减小,纵波速度可能向杆、板的声速或表面波速度转变,即声速比无限大介质中纵波声速为小。图 4-1 表示在不同断面尺寸的试件上测得声速的变化情况。

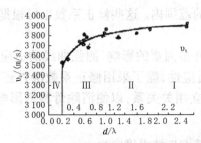

图 4-1 声速随试件横向尺寸的变化

当断面最小尺寸 $d \geq 2\lambda$(λ 为波长)时,传播速度与大块体中纵波速度值相当,如图 4-1 中 I 区。

当 $\lambda < d < 2\lambda$ 时,可使传播速度降低 2.5% ~ 3% 如图 4-1 中 II 区。

当 $0.2\lambda < d < \lambda$ 时,传播速度变化较大,降低 6% ~ 7%,在这个区间(III 区)里测量时,估计强度的误差可能达 30% ~ 40%,这是不允许的。

IV 区为 $d < 0.2\lambda$,是属于波在杆件中的传播。

Jones 等学者对不同测距、最小断面尺寸和探头固有频率的选择,参见表 4-1。

表 4-1 不同测距、最小断面尺寸和探头固有频率的选择

穿透长度 / mm	探头固有频率 / kHz	混凝土构件最小横向尺寸 / mm
100 ~ 700	≥60	70
200 ~ 1 500	≥40	150
>1 500	≥20	300

4.2.2 温度和湿度的影响

混凝土处于环境温度为 5 ~ 30℃情况下,因温度升高声速变化不大;当环境在 40 ~ 60℃时,脉冲速度值约降低 5%,这可能是由于混凝土内部的微裂缝增多所致。

温度在 0℃以下时,由于混凝土中的自由水结冰,使脉冲速度增加 $v_{自由水} = 1.45$ km/s,$v_{冰} = 3.50$ km/s。

当混凝土测试时的温度处于表 4-2 所列的范围内时,可以允许修正;如果混凝土遭受过冻融循环下的冻结,则不允许修正。

表 4-2 超声波传播速度的温度修正值

温度/℃	修正值 /%	
	存放在空气中	存放在水中
+60	+5	+4
+40	+2	+1.7
+20	0	0
0	-0.5	-1
<-4	-1.5	-7.5

混凝土的抗压强度随其含水率的增加而降低,而超声波传播速度 v 随孔隙被水填满而逐渐增高。饱水混凝土的含水率增高 4%,传播速度 v 相应增大 6%。速度的变化特性取决于混凝土的结构,随着混凝土孔隙率的增大,干混凝土中超声波传播速度的差异也增大。

在相同的抗压强度下,水中养护的混凝土比空气养护的混凝土具有更高的超声传播速度。水下养护混凝土的强度最大,其传播速度高达 4.60 km/s;而相同强度但暴露在空气里养护的混凝土的传播速度约 4.10 km/s。

湿度对超声波传播速度的影响可以解释为:

(1)水中养护的混凝土具有较高的水化度并形成大量的水化产物,超声波传播速度对此产物的反映大于空气中硬化的混凝土;

(2)水中养护的混凝土,水分渗入并填充了混凝土的孔隙,由于超声在水里传播速度为 1.45 km/s,在空气中仅 0.34 km/s,因此,水中养护的混凝土具有比在空气中养护的混凝土大得多的超声波传播速度,甚至掩盖了随着混凝土强度增长而提高的声速影响。

4.2.3 结构混凝土中钢筋的影响与修正

钢筋中超声传播速度约为普通混凝土中超声传播速度的 1.2～1.9 倍。因此测量钢筋混凝土的声速,在超声波通过的路径上存在钢筋,测读的"声时"可能是部分或全部通过钢筋的传播"声时",使混凝土声速计算偏高,这在推算混凝土的实际强度时可能出现较大的偏差。

钢筋的影响分两种情况:一是钢筋配置的轴向垂直于超声传播方向;二是钢筋轴向平行于超声传播的方向。对第一种情况,在一般配筋的钢筋混凝土构件中,钢筋断面所占整个声通路径的比例较小,所以影响较小(对于高强度混凝土影响更小)。钢筋轴向平行超声传播的方向,在做超声"声时"测量时,可能影响较大,应加以避免或修正。钢筋轴向垂直和平行于超声传播方向的布置对超声声速的影响分述如下。

4.2.3.1 钢筋的轴线垂直于超声传播的方向

图 4-2 表示钢筋的轴线垂直于声通路。当超声波完全经过钢筋的每个直径时,仪器测量的超声脉冲传播时间用下式表示:

$$t = \frac{L - L_{\mathrm{s}}}{v_{\mathrm{c}}} + \frac{L_{\mathrm{s}}}{v_{\mathrm{s}}} \qquad\qquad (4\text{--}4)$$

式中，L——两探头间的距离；

      L_{s}——钢筋直径的总和$(= \sum d_{\mathrm{i}})$；

      v_{c}、v_{s}——分别为混凝土、钢筋中的超声传播的速度。

用 $t = \dfrac{L}{v}$ 代入式(4--4)，则得：

$$\frac{L_{\mathrm{c}}}{v} = \frac{1 - \dfrac{L_{\mathrm{s}}}{L}}{1 - \dfrac{L_{\mathrm{s}} \cdot v}{L \cdot v_{\mathrm{s}}}} \qquad\qquad (4\text{--}5)$$

式中，v——钢筋混凝土中实测的超声波传播速度。

为了找出混凝土中实际的传播速度 v_{c}，需要对测得的声速 v 乘以某个系数，这个系数取决于脉冲穿过钢筋所经的路程与总路程之比 L_{s}/L 及测得的速度，以及测得的速度与钢筋中传播速度之比 v/v_{s}，此系数列于表 4--3，实际上，校正系数 v_{c}/v 稍大于表 4--3 中所列的值，因为发射—接收的路径与钢筋的布线不完全重合，即实际通过钢筋的距离小于 L_{s}。

修正系数还可以根据图 4--3 曲线查出，对实测的传播速度 v 进行修正。例如 L_{s}/L 为 0.2，并且认为混凝土质量是差的，则混凝土中钢筋影响 v_{s}/v 的修正系数为 0.9，这样，测

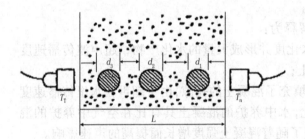

图 4-2　钢筋轴线垂直于超声波传播方向

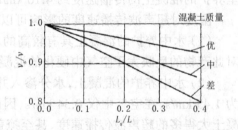

图 4-3　钢筋对超声脉冲速度的影响

表 4-3　钢筋影响的修正值(钢筋垂直于超声传播方向)

L_{s}/L	$v_{\mathrm{c}}/v = \dfrac{\text{超声波在混凝土中的传播速度}}{\text{超声波在钢筋混凝土中实测的传播速度}}$		
	质量差的混凝土 $v_{\mathrm{c}}=3\,000$ m/s	质量一般的混凝土 $v_{\mathrm{c}}=4\,000$ m/s	质量好的混凝土 $v_{\mathrm{c}}=5\,000$ m/s
1/12	0.96	0.97	0.99
1/10	0.95	0.97	0.99
1/8	0.94	0.96	0.99
1/6	0.92	0.94	0.98
1/4	0.88	0.92	0.97
1/3	0.83	0.88	0.95
1/2	0.69	0.78	0.90

得的脉冲速度乘以 0.9 就得出了素混凝土的脉冲速度。

4.2.3.2　钢筋轴线平行于超声传播方向

图 4-4 为超声传播与钢筋轴线平行,且探头靠近钢筋轴线的情况。超声波从发射探头 A 发出,先经 AB 段在混凝土中传播,然后沿钢筋 BC 段传播,再经 CD 段在混凝土中传播而到达接收探头 D。

假设:v_c 为混凝土的声速;v_s 为钢筋的声速;l 为两探头间距离;a 为探头与钢筋轴线的距离。

则超声波在混凝土中的传播时间为:$2t_1 = \dfrac{2\sqrt{a^2 + x^2}}{v_c}$

超声波在钢筋中的传播时间为:$t_2 = \dfrac{1 - 2x}{v_s}$

总的传播时间:$t = 2t_1 + t_2 = \dfrac{2\sqrt{a^2 + x^2}}{v_c} + \dfrac{1 - 2x}{v_s}$　　　　　　　(4-6)

欲求超声波到达接收探头的最短时间,即求 t 的最小值,需对 x 求导并令其为零,即

$$\frac{\mathrm{d}t}{\mathrm{d}x} = \frac{\mathrm{d}}{\mathrm{d}x}\left(\frac{2\sqrt{a^2 + x^2}}{v_c} + \frac{1 - 2x}{v_c} \right) = 0$$

得:$\dfrac{2}{v_c} \cdot \dfrac{1}{2} \dfrac{2x}{2\sqrt{a^2 + x^2}} - \dfrac{2}{v_s} = 0$

经整理后得:$x = \dfrac{a^2}{\sqrt{v_s^2 - v_c^2}} \cdot v_c$(只取正值)

将 x 代入式(4-6),得最短传播时间:

$$x = 2a\sqrt{\frac{v_s^2 - v_c^2}{(v_s \cdot v_c)^2}} + \frac{1}{v_s}　　　　　　　(4-7)$$

理论上要避免混凝土中传声受钢筋的影响,根据式(4-7)得到混凝土的真正声速为

$$v_c = \frac{2av_s}{4a^2 + (v_s t - l)^2}$$

令:$t_1 = l/v_c$ 为超声波直接在混凝土中传播所需要的时间。

则 $t_2 = 2a\sqrt{\dfrac{v_s^2 - v_c^2}{(v_s \cdot v_c)^2}} + \dfrac{1}{v_s}$ 为经由钢筋折线的传播时间。欲避免钢筋的影响,应使 $t_1 <$

t_2,即 $\dfrac{l}{v_c} < 2a\sqrt{\dfrac{v_s^2 - v_c^2}{(v_s \cdot v_c)^2}} + \dfrac{l}{v_s}$ 整理后得:

$$a > \frac{1}{2}\sqrt{\frac{v_s - v_c}{v_s + v_c}}　　　　　　　(4-8)$$

即当探头距离钢筋大于 $\dfrac{1}{2}\sqrt{\dfrac{v_s - v_c}{v_s + v_c}}$ 之后,由于经由钢筋传播的信号落在直接由混凝土传播的信号之后,于是钢筋的存在就不会影响混凝土声速的测量。一般当测量线离开钢筋轴线 1/8 ~ 1/6 测距时,就可避开钢筋的影响。

素混凝土中的传播速度也可以根据图 4-5 曲线中查出修正系数,对实测的超声传播速度 v 加以修正。例如钢筋混凝土中的 a/l 值为 0.1,并认为混凝土是一般的,那么混凝土

中钢筋影响的修正系数 v_c/v 为 0.80,最后将测得的脉冲速度乘以 0.80,即为素混凝土的脉冲速度。

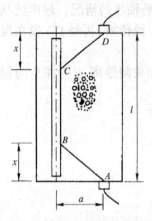

图 4-4　钢筋轴线平行于超声波传播方向

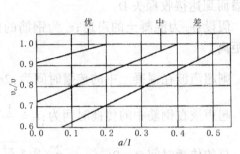

图 4-5　钢筋轴向平行于脉冲传播方向
声速修正系数

4.2.4　粗骨料品种、粒径和含量的影响

每立方米混凝土中骨料用量的变化、颗粒组成的改变对混凝土强度的影响要比水灰比、水泥用量及标号的影响小得多,但是,粗骨料的数量、品种及颗粒组成对超声波传播速度的影响却十分显著,甚至稍微增加一些碎石的用量或采用较高弹性模量的骨料,敏感性最强的是超声脉冲的声速。比较水泥石、水泥砂浆和混凝土三种试体的超声检测,在强度值相同的情况下,混凝土的超声脉声速最高,砂浆次之,水泥石最低。差异的原因主要是超声脉冲在骨料中传播的速度比混凝土中传播速度快。声通路上粗骨料多,声速则高;声通路上粗骨料少,声速则低。

4.2.4.1　粗骨料品种不同的影响

表 4-4 为不同品种粗骨料的声速值。由于骨料的声速比混凝土中其他组分的声速要高得多,它在混凝土中所占比例又高达 75% 左右。因此,骨料声速对混凝土总声速度具有

表 4-4　不同品种粗骨料的声速值

骨料品种	密度 / (g/cm³)	纵波速度 / (km/s)	横波速度 / (km/s)
花岗岩	2.66	4.77	2.70
辉长岩	2.99	6.46	3.50
玄武岩	2.63	5.57	2.40
砂岩	2.66	5.15	1.97
石灰岩	2.65	5.97	2.88
石英岩	2.64	6.60	2.75
重晶岩	4.38	4.02	—
页岩	2.74	5.87 ~ 6.50	2.80 ~ 3.61
河卵岩	2.78	5.0 ~ 5.58	—
陶粒	0.56 ~ 0.67	2.4 ~ 2.8	—

决定性的影响。

不同品种的骨料配制混凝土对 $f_{cu}-v$ 关系曲线的影响如图 4-6 所示。

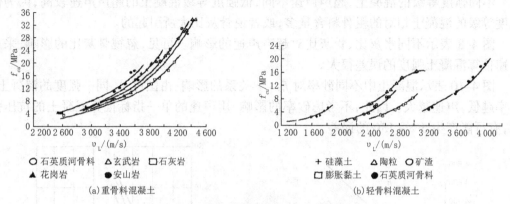

(a)重骨料混凝土
(b)轻骨料混凝土

图 4-6　不同品种骨料混凝土 $f_{cu}-v$ 关系曲线

由图可见,若不注意粗骨料品种的影响,简单地采用某一特定的混凝土强度与相应的超声声速关系曲线,在确定混凝土强度时将会造成较大的误差。

经研究和实际检测表明,卵石和卵碎石这两种骨料配制的混凝土,一般来说,当声速相同时,卵碎石混凝土的抗压强度比卵石混凝土的强度高出 10%~20%。其原因是当各种配比条件均相同时,卵碎石的表面粗糙,有利于水泥石与骨料的黏结,因此强度可略高于表面光滑的卵石混凝土,而由于石质基本相同,卵石较为坚实,可导致声速略为提高。

4.2.4.2　粗骨料最大粒径的影响

图 4-7 表示不同最大粒径的粗骨料配制的混凝土,抗压强度与超声声速的关系曲线。它表明了骨料粒径越大,则单位体积混凝土中骨料所占有的声程随之增加,即混凝土的声速随骨料最大粒径的增大而增加。换句话说,对于某一给定的超声声速所对应的混凝土抗压强度则较低,其原因是骨料的超声传播速度比混凝土中超声的传播速度要快,骨料粒径增大使混凝土中超声传播速度的增加,比混凝土强度测定值增加更快。

4.2.4.3　粗骨料含量的影响

图 4-8 表示骨料品种相同时,不同含石量对混凝土中超声脉冲传播速度的影响。一般相同强度的混凝土其超声声速随粗骨料含量增加而提高的趋势。实际上,在混凝土的

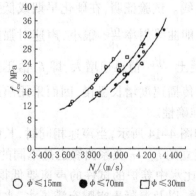

○ $\phi \leqslant 15mm$　● $\phi \leqslant 70mm$　□ $\phi \leqslant 30mm$

图 4-7　不同粒径骨料混凝土 $f_{cu}-v_c$ 关系曲线

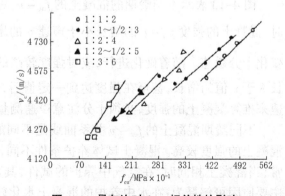

图 4-8　骨灰比对 $f_{cu}-v$ 相关性的影响

组合料中,砂率变化、骨灰比的大小,对混凝土超声声速影响仍然是粗骨料含量起主导作用。

不同强度等级的混凝土,超声声速不同,低强度等级混凝土的超声声速较高,因为低强度等级的混凝土相对的粗骨料含量多,或者说骨灰比大所引起的。

图4-8表示不同水灰比、骨灰比对超声声速的影响。可见,忽视骨灰比的影响,采用声速估算混凝土强度的误差很大。

图4-10表示混凝土中不同砂率对$f_{cu}-v$关系的影响。由图可见,同一强度的混凝土,砂率越低,声速越大。因此,不考虑砂率的影响,用声速的单一指标推算混凝土的抗压强度,有可能产生5%~15%的误差。

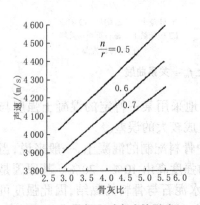

图4-9 骨灰比对声速的影响

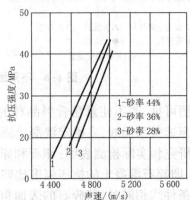

图4-10 砂率对$f_{cu}-v$关系的影响

4.2.5 水灰比(w/c)及水泥用量的影响

混凝土的抗压强度取决于水灰比,随着w/c降低,混凝土的强度、密实度以及弹性性质则相应提高,超声脉冲在混凝土中的传播速度也相应增大;反之,超声脉冲速度随着w/c的提高而降低,如图4-11所示。

水泥用量的变化,实际上改变了骨灰比的组分。图4-12表示混凝土中水泥用量不同的$f_{cu}-v$的关系曲线。在相同的混凝土强度情况下,当粗骨料用量不变时,水泥用量越多,则超声声速越低。

4.2.6 混凝土龄期和养护方法的影响

图4-13表示不同龄期的混凝土的$f_{cu}-v$关系曲线。试验证明,在硬化早期或低强度时,混凝土的强度$f_{cu}-v$的增长小于声速v的增长,即曲线斜率$\dfrac{df_{cu}}{dv}$很小,声速对强度的变化十分敏感。随着硬化进行,或对强度较高的混凝土,$\dfrac{df_{cu}}{dv}$值迅速增大,即f_{cu}值迅速增长大于v值的增长,甚至在强度达到一定值后,超声传播速度增长极慢,因而采用超声声速来推算混凝土的强度,必须十分注意声速测量的准确性。

不同龄期混凝土的$f_{cu}-v$关系曲线是不同的,如图4-14所示,当声速相同时,长龄期混凝土的强度较高。混凝土试体养护条件不同,所建立的$f_{cu}-v$关系曲线也是不同的。通常,当混凝土相同时,在空气中养护的试件,其声速比水中养护的试件的声速要低得多,主要原因可解释为:在水中养护的混凝土水化较完善,以及混凝土空隙充满了水,水的声

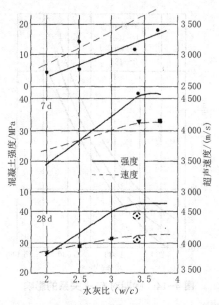

图 4-11 不同水灰比混凝土的 f_{cu}-v 关系曲线

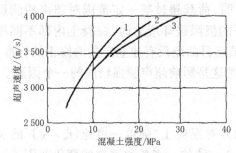

1. 水泥用量 260 kg/m³；2. 水泥用量 350 kg/m³；
3. 水泥用量 550 kg/m³。

图 4-12 不同水泥用量的混凝土 f_{cu}-v 关系曲线

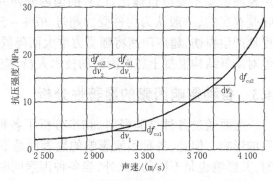

图 4-13 不同龄期混凝土的 f_{cu}-v 关系曲线

速比空气声速大 4.67 倍,所以,相同强度的试件,饱水状态的声速比干燥状态的声速大。此外,干燥状态中养护的混凝土因干缩等原因而造成的微裂缝也将使声速降低。

4.2.7 混凝土缺陷与损伤对测强的影响

采用超声检测和推定混凝土的强度时,只有混凝土强度波动符合正态分布的条件下,才能进行混凝土强度的推定。这就是要求混凝土内部不应存在明显缺陷和损伤。如果把混凝土缺陷或损伤的超声参数参与强度的评定,有可能使检测结果不真实或承担削弱安全度的风险。

在网格式布点普测的基础上,对区域性的低强度点,当 $f_{cu}^c < mf_{cu}^c - 2Sf_{cu}^c$ (Sf_{cu}^c 为标准差)时,建议单独标记或推定强度,当 $f_{cu}^c < mf_{cu}^c - 3Sf_{cu}^c$ 时,应明确确定为缺陷区。综合检测指标均较差,且又出现在重要的受力区,为了保证安全,即使其他区域检测指标均较好,则不宜作为整体评定强度。

鉴于目前建立混凝土超声测强曲线时,立方试件是在不受力的状态下测试的,而结

119

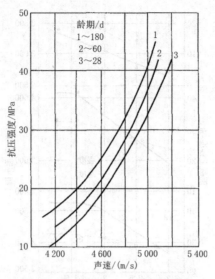

图 4-14　龄期对 $f_{cu}-v$ 关系的影响

构混凝土不同程度地承受了载荷。这种受力状态的构件究竟对超声检测有否影响,即超声检测值要不要进行修正,已有的国内外研究证明,荷载超过某一定范围对超声检测影响是存在的,一般认为构件受力超过 30%~50% 的极限破坏应力时,混凝土内部不同程度地产生损伤,超声声速将随受力增大而降低。虽然目前还没有建立定量的修正的标准,但对从事结构混凝土超声测强的技术人员,应注意这是影响超声测强精度的一个因素。

4.3　各种影响因素的显著性分析

上面通过各种试验资料,初步分析了各种因素对混凝土"强度—声速$(f_{cu}-v)$"的关系的影响。但是,各种因素影响的显著性是不完全一致的。当各种因素的变化范围不同时,其影响也是不同的。此外,当各种因素同时出现时,由于其间相互作用,它们的影响显著程度又往往与单一因素时不同。而且各种因素影响的显著性,还与 $f_{cu}-v$ 关系本身所要求的误差有关。当某种因素所造成的偏差在 $f_{cu}-v$ 关系允许的误差范围以内时,该因素的影响属于不显著之列,可不予置理。但当 $f_{cu}-v$ 关系允许的误差范围减小时,该因素所造成的偏差则有可能超出允许范围,而必须予以修正。因此,影响因素的显著性分析是个错综复杂的问题,单从试验资料的直观分析中是难以得出明确答案的。为此。我们不妨采用正交设计和方差分析的方法加以解决。关于正交设计和方差分析的原理,不是本书所论内容,这里仅举例说明其使用方法。

4.3.1　选定影响因素和变化水平

根据已有的资料和经验选定需要试验验证的主要影响因素。同时根据本单位或本地区这些因素的大概变化范围,以便选定这些因素在试验中所取的不同值。在正交设计中,这些因素中所取的不同值称为"水平"。

设本例中所要求验证的是当水灰比在 0.45、0.55、0.65、0.74 等四个"水平"上变化时,水泥品种(矿渣水泥和普通水泥两个"水平")及粗骨料品种(河卵石和石灰石碎石两个"水平")影响的显著性。本例所选定的因素和水平列于表 4-5。

表 4-5 选定的因素与水平

因素 水平号	A 水灰比	B 水泥品种	C 粗骨料品种
1	0.45	矿渣水泥	河卵石
2	0.55	普通水泥	石灰石碎石
3	0.65	—	—
4	0.74	—	—

4.3.2 选用正交表、确定试验方案

正交表是正交试验设计中合理安排试验,并对数据进行统计分析的重要工具。正交表选得合适,表头设计合理,则可用较少的试验次数得到较满意的结果。正交表的选用十分灵活,但一般来说应遵循下面的原则:需分析验证的因素及它们之间交互作用的自由度总和,必须不大于所选正交表的总自由度。

正交表的总自由度 $f_总$ 为

$$f_总 = nm - 1 \tag{4-9}$$

式中,n——试验次数;

m——某因素的水平数。

各因素的自由度 $f_因$ 为

$$f_因 = m - 1 \tag{4-10}$$

式中,m——某因素的水平数。

本例中各因素自由度总和为

$$\sum f_因 = f_A + f_B + f_C = (4-1) + (2-1) + (2-1) = 5$$

由于表 4-5 中选定的各因素水平数不等,所以我们使用混合型正交表 $L_8(4^1 \times 2^4)$。其试验次数 n 为 8,根据式(4-5)所算出的总自由度 $f_总 = 7$。所以各因素自由度总和 $\sum f_因$ 小于该正交表的总自由度 $f_总$。

该表共有五列,其中两个空列用来计算试验误差。根据该表所确定的试验方案如表 4-6 所示。表中与因素的代号及水平的下标与表 4-5 所列内容相对应。

然后,根据表 4-6 所确定的试验方案,设计出 8 次试验的混凝土配合比。并按试验要求制作试件和测出试件的声速 v 和抗压强度 f_{cu}。

4.3.3 对试验结果进行极差分析或方差分析

若以混凝土的声速值 v 与实测抗压强度 f_{cu} 之比(v/f_{cu})作为衡量指标 y_i(i 为水平号)。试验结果的极差分析和方差分析方法如下:

4.3.3.1 极差分析

将试验结果列于表 4-7 中。并算出各列的 $\overline{K_i}$,$\overline{K_i}$ 及极差 W。

若以 j 为列数,以 i 为水平号,则:

第 j 列的 $\overline{K_i}$ 等于第 i 中相同的"i"所对的结果 y_i 之和;

第 j 列的 $\overline{K_i}$ 等于第 j 列的 K_i 除以第 j 列中"i"的重复次数;

第 j 列的极差 W 等于第 j 列中 $\overline{K}$ 的最大值与最小值之差。

表 4-6　$L_8(4^1 \times 2^4)$正交试验方案

试验号因素	A	B	C	D	E
	水灰比	水泥品种	粗骨料品种	空	空
1	A_1	B_1	C_1	D_1	E_1
2	A_1	B_2	C_2	D_2	E_2
3	A_2	B_1	C_1	D_2	E_2
4	A_2	B_2	C_2	D_1	E_1
5	A_3	B_1	C_2	D_1	E_2
6	A_3	B_2	C_1	D_2	E_1
7	A_4	B_1	C_2	D_2	E_1
8	A_4	B_2	C_1	D_1	E_2

将计算结果填入表 4-7 中。

比较各列的极差，极差大则表示该因素在所变化的水平范围内所造成的差别大，是影响试验指标的主要因素，极差小的则是次要因素。空列极差代表试验误差，此外低于空列极差可认为不是由于因素水平变化所引起的偏差，而是试验误差，因此也可计入试验误差平均值。

就本例而言，三个因素的次序是：

$$W_A > W_C > W_B$$

即水灰比的影响最明显，其次是粗骨料品种。水泥品种变化所造成的偏差小于试验误差，可计入试验误差。

4.3.3.2　方差分析

用表 4-7 中的试验结果算出总的偏差平方和 $S_总$、各因素的偏差平方和 $S_因$ 及试验误差 $S_误$，其计算公式和本例的计算结果如下：

$$S_总 = \sum_{i=1}^{n}(y_i - y)^2 = \sum_{i=1}^{n} y_i^2 - \left(\sum_{i=1}^{n} y_i\right)/n$$

$$= \sum_{i=1}^{m} y_i^2 - CT \tag{4-11}$$

$$S_总 = r\sum_{i=1}^{n}(\bar{K} - \bar{y})^2 = r\left[\sum_{i=1}^{m}\left(\frac{K_i}{r}\right)^2 - m\left[\frac{\sum_{i=1}^{m} y_i}{n}\right]^2\right]$$

$$= \frac{\sum_{i=1}^{m} K_i^2}{r} - CT \tag{4-12}$$

$$S_误 = S_总 - \sum S_因 = S_空 \tag{4-13}$$

式中，CT——修正项，$CT = \left(\sum_{i=1}^{n} y_i\right)^2/n$；

n——试验号，$n = mr$；

122

表 4-7 极差分析

列号(j)	1	2	3	4	5	试验
试验号 因素	A水灰比	B水泥品种	C粗骨料品种	D空	E空	$Y_i=\dfrac{C_i}{R_i}\dfrac{v_i}{f_{cu}}$ (-10)
1	A_1	B_1	C_1	D_1	E_1	0.52
2	A_1	B_2	C_2	D_2	E_2	1.27
3	A_2	B_1	C_1	D_2	E_2	3.29
4	A_2	B_2	C_2	D_1	E_1	4.50
5	A_3	B_1	C_2	D_1	E_2	0.48
6	A_3	B_2	C_1	D_2	E_1	5.81
7	A_4	B_1	C_2	D_2	E_1	11.7
8	A_4	B_2	C_1	D_1	E_2	10.56
K_1	1.79	24.29	20.18	24.44	22.61	
K_2	7.87	22.22	26.33	22.07	23.9	
K_3	14.59	—	—	—	—	
K_4	22.26	—	—	—	—	$\sum y_1=46.51$
$\bar{K}_1$	0.895	12.145	10.09	12.22	11.305	$[\sum y_1]^2=2\,163.18$
$\bar{K}_2$	3.935	11.11	13.165	22.07	11.95	$\sum y_1^2=392.923$
$\bar{K}_3$	7.295	—	—	—	—	
$\bar{K}_4$	11.13	—	—	—	—	
W	10.24	1.035	3.075	1.185	0.645	

m——水平数;

r——水平重复数。

本例按式(4-8)~式(4-10)的计算结果如下:

$$CT=\left(\sum_{i=1}^{n}y_i\right)^2 /n=2\,163.18\div 8=270.398$$

$$\sum_{i=1}^{m}y_i^2=392.932$$

$$S_{总}=392.932-270.398=122.534$$

$$S_A=\frac{(1.79)^2+(7.87)^2+(14.59)^2+(22.26)^2}{2}-270.398=116.36$$

$$S_B=\frac{(24.29)^2+(22.22)^2}{4}-270.398=0.535$$

$$S_C=\frac{(20.18)^2+(26.33)^2}{4}-270.398=4.727$$

$$S_{误}=122.534-(116.36+0.535+4.727)=0.91$$

按式(4-9)、式(4-10)计算自由度 f:

$$f_\text{总} = n - 1 = 8 - 1 = 7$$
$$f_A = m - 1 = 4 - 1 = 3$$
$$f_B = m - 1 = 2 - 1 = 1$$
$$f_C = m - 1 = 2 - 1 = 1$$
$$f_\text{误} = f_\text{总} - (f_A + f_B + f_C) = 2$$

计算各因素的方差 $V_\text{因}$ 及统计量 $F_\text{因}$：

$$V_\text{因} = \frac{S_\text{因}}{f_\text{因}} \qquad (4-14)$$

$$V_\text{误} = \frac{S_\text{误}}{f_\text{误}} \qquad (4-15)$$

$$F_\text{因} = \frac{V_\text{因}}{V_\text{误}} \qquad (4-16)$$

本例计算结果列于表 4-8 中。

表 4-8 方差分析表

因素	偏差平方和 S	自由度 f	方差 V	$F_\text{因}$	临界值	显著性
A	116.36	3	38.86	85.41	$F_{0.05(3,3)}=9.28$ $F_{0.01(1,3)}=29.46$	＊＊
B	0.535	1	0.760	1.657	$F_{0.05(1,3)}=10.13$ $F_{0.01(1,3)}=34.12$	
C	4.727	1	4.952	10.88	$F_{0.05(1,3)}=10.13$ $F_{0.01(1,3)}=34.12$	＊
误	0.91	2	0.455			

从 F 检验的临界值表上，查出相应于信度为 5% 和 1% 时的临界值。

当 $F_\text{因} > F_{0.05}(f_\text{因} f_\text{误})$ 时，认为该因素对试验指标有显著的影响，以"＊＊"表示。

从表 4-8 中可见，本例中水灰比有高度显著影响，粗骨料品种有显著影响，而水泥品种的影响不显著。

从以上两种分析方法中可见，其结果是相同的。极差分析较为简单、直观，而方差分析则有比较明确的定量界限。

上述方法也可用于回弹法及其他检测方法影响因素显著性的分析。

4.4 声速换算法

在整个混凝土多相复合体系中，粗细骨料所占比例甚大，它的品种、特性、含量等往往对混凝土的总声速造成极大影响，而混凝土中水泥石的强度及其与骨料的粘结能力是对混凝土强度起决定作用的。但由于它所占比例较少，对混凝土总声速的影响却很小，这就是当混凝土原材料及配合比不同时，声速与强度关系发生明显变化，使强度—声速曲线无法普遍应用的根本原因。基于以上认识，若能将混凝土硬化水泥浆的声速或砂浆声速，从混凝土总声速中通过换算分离出来，建立换算的硬化水泥净浆声速或砂浆声速与混凝土强度的关系，则可消除骨料品种、含量等因素的影响。从而只要建立少数几种不同水泥品种的"硬化水泥净浆声速—混凝土强度"或"砂浆声速—混凝土强度"关系曲线或公式,就能适应各种不同配合比的混凝土的需要。这种将原来的混凝土声速换算为相应的水泥石或水泥砂浆的声速,即所谓声速换算法。

4.4.1 硬化水泥净浆声速换算方法

假定混凝土试件为一块由粗、细集料及硬化水泥浆分段组成的块件,如图4-15所示。

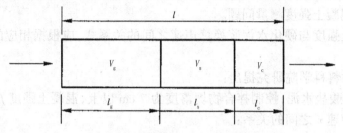

图4-15 假想的混凝土复合模型

设 l 为试件的长度,即超声穿过时的总路径,l_g、l_s、l_c 分别为超声波在粗、细集料及硬化水泥浆中的传播路径;t 为超声穿过试体所经历的时间,t_g、t_s、t_c 分别为超声穿过粗、细集料及硬化水泥浆在混凝土中所经历的时间;V_g、V_s、V_c 分别为粗、细集料及硬化水泥浆在混凝土中所占的体积分数;v 为混凝土的总声速;v_g、v_s、v_c 分别为粗、细集料及硬化水泥浆的声速。

假定,超声波穿过复合体时,在各组分中的传播路径 l_g、l_s、l_c,与各组分在混凝土中所占的体积成正比,即

$$l_g = lV_g$$
$$l_s = lV_s$$
$$l_c = lV_c$$

根据以上假定,可写出以下联立方程式:

$$\left. \begin{array}{l} t = t_g + t_s + t_c \\ v_g = \dfrac{lV_g}{t_g} \\ v_s = \dfrac{lV_s}{t_s} \\ v_c = \dfrac{lV_c}{t_c} \\ v = \dfrac{l}{t} \end{array} \right\} \qquad (4\text{-}17)$$

解联立方程式(4-17),即可得:

$$v_c = \frac{vv_g v_s V_c}{v_g v_s - v(v_s V_g + v_g V_s)} \qquad (4\text{-}18)$$

从式(4-18)中可见,只要分别知道混凝土的配合比(体积 V_g、V_s、V_c);以及粗、细骨料的声速 v_g、v_s,并测出混凝土的总声速 v,即可求出硬化水泥浆的声速 v_c,用 v_c 与混凝土的抗压强度建立关系则可消除配合比中粗骨料因素的影响。

图4-16和图4-17即为当不同集灰比及不同粗、细集料比例时,混凝土强度与声速

的关系曲线。从图中可见,一种配比对应一条曲线,彼此相关甚大,所以一条线只适用于一种配合比的混凝土。而图 4-16 和图 4-17,即用这些不同配比的混凝土所测试的数据,根据式(4-18)算成硬化水泥浆声速后,再与混凝土强度一起绘制成的关系曲线。从图中可见,经换算后,不同配合比例的混凝土的强度声速关系,均可用一条曲线来反映。即只要制作几条不同水泥品种,不同密实程度及不同期龄的"混凝土强度——硬化水泥浆换算成声速"的关系曲线。当已知混凝土配合比及粗、细集料声速后,即可用换算法解决各种不同配比的混凝土强度测量问题。

关于混凝土强度与硬化水泥浆换算声速之间的关系式,应根据相应的实测曲线用回归法求出。

我国建筑材料科学院研究提出:

(1)普通硅酸盐水泥,控制拌合物坍落度为 7 cm 以上,混凝土强度 f_{cu} 与混凝土中硬化水泥浆换算声速 v 之间的关系:

$$f_{cu}^{c} = 0.637v^{3.04} \qquad (4-19)$$

式中,f_{cu}^{c}——用水泥净浆声速换算法推算的混凝土强度,MPa;

v——经换算求得的硬化水泥浆声速,km/s。

此式计算值与实测值相比的平均相对误差为 10.23%。

(2)矿渣硅酸盐水泥,控制拌合物坍落度为 7 cm 以上的混凝土,换算式如式(4-20)所示。

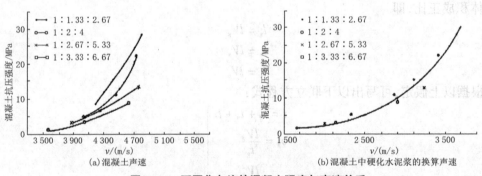

图 4-16 不同集灰比的混凝土强度与声速关系

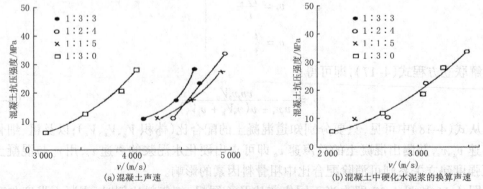

图 4-17 不同粗、细集料比例的混凝土强度与声速的关系

126

$$f_{cu}^c = 0.218v^{3.64} \qquad (4-20)$$

式中，f_{cu}^c——混凝土抗压强度，MPa；

    V——换算的水泥石超声声速，km/s；

该式计算值与实测值相比的平均相对误差为 10.35%。

4.4.2　水泥砂浆声速换算法

4.4.2.1　水泥砂浆声速换算法的基本原理

该法的基本思路与硬化水泥浆声速换算法相近，都是用换算法来排除骨料的影响。其间的主要区别是：水泥砂浆声速换算把混凝土视为由水泥砂浆和粗骨料复合而成的两相复合体系。因为一般普通混凝土的强度主要取决于硬化水泥砂浆的强度及其与骨料之间的粘结强度，其中砂与水泥水化产物之间存在一种吸附作用，粘结强度较高，而粗骨料周围则存在较多的空隙、微裂缝等构造缺陷和低强度层，影响水泥砂浆与粗骨料的粘结能力。此外，在混凝土超声检测中，常用频率为 20～100 kHz。若混凝土中的声速以 4.0 km/s 计，则其波长为 200～400 mm，远大于细集料粒径（＜5 mm）。因此，对常用超声频率而言，水泥砂浆可视为均质体。所以，砂浆声速换算法中，则以换算的砂浆声速与混凝土强度建立基本测强曲线，其换算公式为

$$v_m = \frac{l_m}{t_m} \qquad (4-21)$$

式中，v_m——混凝土中砂浆的声速；

    l_m——超声脉冲在混凝土试件中，穿越砂浆的声程，为

$$l_m = l - l_g \qquad (4-22)$$

式中，l——超声波穿过混凝土试件的声程；

    l_g——超声波穿过混凝土所经过的石子时的声程。

    式（4-23）中 t_m 为超声波穿越砂浆时所经历的声时，即

$$t_m = t - t_s \qquad (4-23)$$

式中，t——混凝土总声时；

    t_g——在混凝土中穿过石子所需的声时，与石子、声速关系为

$$t_m = \frac{l_g}{v_g} \qquad (4-24)$$

将式（4-22）～式（4-24）代入式（4-21），得

$$v_m = \frac{v_g(l - l_g)}{v_g t - l_g} \qquad (4-25)$$

从该式可知，只要预知石子声速 v_g，并算出超声波穿过混凝土试件时，在混凝土的石子中所经历的声程 l_g，即可换算出混凝土中砂浆的声速 v_m，然后用 v_m 与相应的混凝土强度 f_{cu} 建立关系，该关系排除了石子的影响，可适用于多种配合比的混凝土。

4.4.2.2　石子声速的测定

在硬化水泥浆声速换算法及水泥砂浆声速换算法中都需预先测出石子的声速 v_g，在一般测试中，可按石子所属岩种参考有关手册，但同种岩石的声速并不是恒定不变的，因此，最好以实测值为依据。

（1）直接测量法

即把石料加工成有两个相互平行平面的试件，然后用仪器量出超声脉冲通过时的声程（两平面间的距离）及声时，从而计算出声速，如图 4-18 所示。

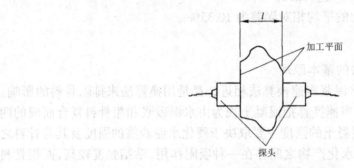

图 4-18 石子声速直接测量法

（2）拌入砂浆法

将待测混凝土所用的石子按四分法取样，取称一定质量的石子，使其体积，刚好等于 1.687 5 L（不包括空隙体积），即等于边长为 150 mm 立方体试块体积的一半，另外拌制 5.062 5 L 砂浆，即等于 1.5 个立方体试块的体积，然后制成一个边长为 150 mm 的砂浆试块，并把其余砂浆与所称取的石子拌成混凝土，制成边长为 150 mm 的混凝土试块。养护后测定砂浆试块的声时，算出砂浆声速 v_m，同时测出混凝土试块的声时，并用下式算出石子的声速。

$$v_\mathrm{g} = \frac{v_\mathrm{m} l_\mathrm{g}}{v_\mathrm{m} t - (l - l_\mathrm{g})} \tag{4-26}$$

式中，v_g——石子声速；

v_m——砂浆声速；

t——混凝土试块的声时；

l——混凝土试块的声程（15 cm）；

l_g——混凝土中石子计算声程。

第 1 种方法适用于一种岩体加工的碎石，第 2 种方法适用于河卵石、卵碎石等。试验证明 2 法所测的 v_g，往往稍低于 1 法，所以在条件许可时，可取两种方法的平均值。

4.4.3 混凝土强度与混凝土中砂浆换算声速的关系

求出各种混凝土的 V_g 和 v_g 以后，即可按式（4-26）求出 v_m，与实测的混凝土强度 f 绘成散点图，并用回归分析法求出关系式。

我国陕西省建筑科学院首先提出了这种方法，并进行了系统研究，他们用杭州、贵阳、成都、咸阳、湘潭、南京、北京等不同地区的 15 种石子的试验数据进行换算处理后，得出的混凝土强度与砂浆换算声速的回归方程为

$$f_\mathrm{cu}^\mathrm{c} = 0.958 v_\mathrm{m}^{2.88} \tag{4-27}$$

式中，f_cu^c——用砂浆声速法所推算的混凝土强度，MPa；

v_m——经换算求得的混凝土中砂浆的声速，km/s。

用该式计算的相关系数 $r = 0.91$，相对误差为 $\pm 15.49\%$，可见其适用范围是比较宽的。

4.5 结构混凝土强度检测与推定

4.5.1 测区选择

4.5.1.1 测区布置

如果把一个混凝土构件作为一个检测总体，要求在构件上均布划出不少于 10 个 200 mm × 200 mm 方格网，以每一个方格网视为一个测区。如果对同批构件(指混凝土强度等级相同，原材料，配合比，成型工艺，养护条件相同)的 30%，且不少于 4 个构件。同样，每个构件测区数不少于 10 个。

每个测区应满足下列要求：

（1）测区布置在构件混凝土浇灌方向的侧面；

（2）测区与测区的间距不宜大于 2 m；

（3）测区宜避开钢筋密集区和预埋铁件；

（4）测试面应清洁和平整，如有杂物粉尘应清除；

（5）测区应标明编号。

4.5.1.2 测点布置

为了使构件混凝土测试条件和方法尽可能与率定曲线时的条件、方法一致，在每个测区网格内布置三对或五对超声波的测点。

构件相对面布置测点应力求方位对等，使每对测点的测距最短。如果一对测点在任一测试面上布在蜂窝、麻面或模板漏浆缝上，可适当相应改变该对测点的位置，使各对测点表面平整且耦合良好。

4.5.2 结构混凝土强度的推定

根据各测区超声声速检测值，按率定的回归方程计算或查表取得对应测区的混凝土强度值。最后按下列情况推定结构混凝土的强度。

4.5.2.1 按单个构件检测时

单个构件的混凝土强度推定值取该构件各测区中最小的混凝土强度计算值：

$$f_{cu,e} = f_{cu,min}^{c} \tag{4-28}$$

式中，$m_{f_{cu,min}}$——该批中各构件中最小的测区强度换算值的平均值，MPa；

$f_{cu,min,i}^{c}$——第 i 个构件中的最小测区混凝土强度换算值，MPa；

$f_{cu,e}$——构件推定强度。

4.5.2.2 按批抽样检测时

该批构件的混凝土强度推定值按下式计算：

$$f_{cu,e}^{c} = m_{f_{cu}} - 1.645 S_{f_{cu}} \tag{4-29}$$

式中

$$m_{f_{cu}} = \frac{1}{n} \sum_{i=1}^{n} f_{cu}^{c} \tag{4-30}$$

$$S_{f_{cu}}^{c} = \sqrt{\frac{1}{n-1}(f_{cu}^{c})^{2} - n(m_{f_{cu}})^{2}} \tag{4-31}$$

129

4.5.2.3　按批抽样检测时

若全部测区强度的标准差出现下列情况时,则该批构件应全部按单个构件检测和推定强度:

(1)当混凝土抗压强度换算值平均值低于 25 MPa 时,$S_{f_{cu}^c} > 4.50$ MPa;

(2)当混凝土抗压强度换算值平均值为 25～50 MPa 时,$S_{f_{cu}^c} > 5.50$ MPa;

(3)一批构件的混凝土抗压强度换算值的平均值大于 50 MPa 时,$S_{f_{cu}^c} > 6.5$ MPa。

思　考　题

1. 如何保证混凝土强度超声法检测的技术稳定性?
2. 解释在混凝土测强中对声速检测值的影响因素有哪些? 应如何排除和修正?
3. 对各种不同影响因素的试验结果进行显著性分析有什么意义?
4. 说明建立超声测强曲线的技术途径。
5. 试述声速换算法的原理和意义。
6. 两种声速换算法有哪些区别?
7. 说明结构混凝土强度超声检测与强度推定的方法。

5 超声法检测混凝土缺陷

5.1 概述

5.1.1 混凝土缺陷超声检测技术的发展

混凝土和钢筋混凝土结构物，有时因施工管理不善或受使用环境及自然灾害的影响，其内部可能存在不密实或空洞，其外部形成蜂窝麻面、裂缝或损伤层等缺陷。这些缺陷的存在会严重影响结构的承载能力和耐久性，采用有效方法查明混凝土缺陷的性质、范围及尺寸，以便进行技术处理，乃是工程建设中一个重要课题。

混凝土缺陷无损检测技术，大致可分为两大类：一类是机械波法，其中包括超声脉冲波、冲击脉冲波和声发射等；另一类是穿透辐射法，其中包括 X 射线、γ 射线和中子流等。

罗马尼亚、日本及俄罗斯等国家，用 X 射线和 γ 射线检测混凝土的密实度、空洞、裂缝及预应力构件预留孔洞的灌浆质量。由于射线的穿透能力有限，尤其对于非匀质的混凝土，其穿透深度受到很大限制，而且产生射线的设备相当复杂，又需要严格的防护措施，现场应用很不方便。

超声脉冲波的穿透能力较强，尤其是用于检测混凝土，这一特点更为突出，而且超声检测设备简单，操作较方便，所以广泛应用于结构混凝土缺陷检测。早在 20 世纪 40 年代末 50 年代初，加拿大、前西德、英国和美国的学者相继进行简单的摸拟试验，当时由于受仪器灵敏度低、分辨率差的限制，加上混凝土缺陷检测的影响因素尚未弄清楚，因此难以普遍用于工程实测。自 20 世纪 70 年代末，随着电子技术迅速发展，混凝土超声检测仪的性能不断改善，测试技术不断提高，混凝土缺陷的超声检测技术发展很快。检测仪器由笨重的电子管单示波显示型发展到集成化、数字化和智能化的多功能型；测量参数由单一的声速发展到声速、波幅和频率等多参数；检测范围由单一的大空洞或浅裂缝检测发展到多种性质的缺陷检测；缺陷的判别由大致定性发展到半定量和定量的程度。不少国家已将超声脉冲法检测缺陷的内容列入结构混凝土质量检验标准。

在 20 世纪 60 年代初期，中国科学院水电研究所便进行了超声脉冲波检测混凝土表面裂缝的尝试，到 20 世纪 60 年代中期全国不少单位开展了超声测缺技术的研究和应用，尤其是 1976 年以来组织了全国性协作组，对超声测缺技术进行了较系统的研究，并逐步应用于工程实测。1982—1983 年，水利电力部、建设部先后组织了对超声脉冲法检测混凝土缺陷科研成果的鉴定，使这项技术进入了实用阶段，1990 年我国颁布了《超声法检测混凝土缺陷技术规程》（CECS 21:90），使该项技术实现规范化。该规程实施以来，在消除工程隐患、确保工程质量、加快工程进度等方面取得显著的社会经济效益。根据该规程的实施现状及我国建设工程质量控制和检验的实际需要，1998—1999 年对该规程进行了修订和补充，并由中国工程建设标准化协会批准为《超声法检测混凝土缺陷技术规程》（CECS 21:2000）。修订后的规程吸收了国内外超声检测设备最新成果和检测技术最新经验，使其适应范围更宽，检测精度更高，可操作性更好，更有利于超声检测技术的推广应用。

5.1.2 超声法检测混凝土缺陷的基本原理

采用超声脉冲波检测结构混凝土缺陷的基本依据是，利用脉冲波在技术条件相同（指混凝土的原材料、配合比、龄期和测试距离一致）的混凝土中传播的时间（或速度）、接收波的振幅和频率等声学参数的相对变化，来判定混凝土的缺陷。这些声学参数为什么可以作为判定混凝土缺陷的依据，是大家比较关心的问题。

因为超声脉冲波传播速度的快慢，与混凝土的密实程度有直接关系，对于原材料，配合比，龄期及测试距离一定的混凝土来说，声速高则混凝土密实，相反则混凝土不密实。当有空洞或裂缝存在时，便破坏了混凝土的整体性，超声脉冲波只能绕过空洞或裂缝传播到接收换能器，因此传播的路程增大，测得的声时必然偏长或声速降低。

另外，由于空气的声阻抗率远小于混凝土的声阻抗率，脉冲波在混凝土中传播时，遇着蜂窝、空洞或裂缝等缺陷，便在缺陷界面发生反射和散射，声能被衰减，其中频率较高的成分衰减更快，因此接收信号的波幅明显降低，频率明显减小或者频率谱中高频成分明显减少。再者经缺陷反射或绕过缺陷传播的脉冲波信号与直达波信号之间存在声程差和相位差，叠加后互相干扰，致使接收信号的波形发生畸变。

根据上述原理，可以利用混凝土声学参数测量值及其相对变化来综合分析、判别其缺陷的位置和范围，或者估算缺陷的尺寸。

5.1.3 超声法检测混凝土缺陷的基本方法

由于混凝土非匀质性，一般不能像金属探伤那样，利用脉冲波在缺陷界面反射的信号，作为判别缺陷状态的依据，而是利用超声脉波透过混凝土的信号来判别缺陷状况。一般根据被测结构或构件的形状、尺寸及所处环境，确定具体测试方法。常有的测试方法大致分为以下几种。

5.1.3.1 平面检测（采用厚度振动式换能器）

所谓平面检测，是采用厚度振动式换能器耦合在混凝土构件或结构的各表面进行质量检测。根据被测对象的外观形状和所处环境，可分为以下几种检测方法：

（1）当混凝土构件或结构被测部位能提供两对或一对相互平行的测试表面，可采用对测法进行检测。即将一对换能器（T 代表发射换能器、R 代表接收换能器），分别耦合于被测构件相互平行的两个表面，两个换能器的轴线始终处于同一直线上，依次逐点测读其声时、波幅和主频率等声学参数。

（2）当混凝土被测部位只能提供两个相对或相邻测试表面时，可采用斜测法检测。检测时，将一对 T、R 换能器分别耦合于被测构件的两个表面，两个换能器的轴线不在同一直线上。T、R 换能器可以分别布置在两个相邻表面进行丁角斜测，也可以分别布置在两个相对表面，沿垂直或水平方向斜线检测。

（3）当混凝土被测部位只能提供一个测试表面时，可采用平测法检测。将一对 T、R 换能器，置于被测结构同一个表面，可以用相同测距或逐点递增测距的方法进行检测。

5.1.3.2 钻孔或预埋管检测（采用径向振动式换能器）

所谓钻孔或预埋管检测，是预先在被测结构的适当部位钻测试孔（也称"声测孔"）或浇筑混凝土前预埋声测管（钢管、波纹管或 PVC 管），将径向振动式换能器放置于"孔"或

"管"中进行质量检测。根据被测对象的外观尺寸和测试需要,可分为以下几种测试方法:

(1)在"孔"或"管"中对测。对于一些大体积混凝土结构,有的断面尺寸很大,有的四周侧面被遮挡,检测时为了满足超声仪器的测试能力、提高测试灵敏度,一般需要在结构表面钻出一定间距的声测孔(或预埋声测管),向钻孔(或预埋管)中注满清水,将一对 T、R 径向式换能器,分别置于相邻两个钻孔(或预埋管)中,处于同一高度,以一定间隔向下或向上同步移动逐点进行检测。

(2)在"孔"或"管"中斜测。如果两个声测孔(或预埋管)之间存在薄层扁平缺陷或水平裂缝时,对测则有可能发生漏检,采用斜测法便可以避免漏检发生。另外,在钻孔或预埋管中对测时一旦发现异常数据,应围绕异常测点进行斜测,以进一步查明两个测孔之间的缺陷位置和范围。检测时将一对 T、R 径向式换能器,分别置于两个对应钻孔(或预埋管)中,但不在同一高度而是保持一定高程差同步移动进行斜线检测。

(3)在钻孔中平测。为了进一步查明某一钻孔壁周围的缺陷位置和范围,可将一对 T、R 径向式换能器,或一发双收换能器,置于被测结构的同一个钻孔中,以一定高程差同步移动进行检测。

5.1.3.3 平面和钻孔混合测试(采用一个厚度振动式换能器和一个径向振动式换能器)

有的混凝土结构虽然具有一对或两对相互平行的表面,由于其断面尺寸较大,若采用平面式换能器直接在两个相对表面进行对测或斜测,因受超声仪发射功率和接收灵敏度的限制,接收信号很微弱甚至收不到信号。因此,为了缩短测试距离、提高测试灵敏度,可在结构上表面钻出一定间距的垂直声测孔,孔中放置径向振动式换能器(用清水耦合),在结构侧面放置平面振动式换能器(用黄油耦合),进行对测和斜测。此种检测方法在大体积混凝土的密实情况或匀质性检验中经常用到。

5.1.4 超声法检测混凝土缺陷的主要影响因素

超声法检测混凝土缺陷,同超声法检测混凝土强度一样,也受许多因素的影响。在工程检测中如不采取适当措施,尽量避免或减小其影响,必然给测试结果带来很大误差。试验和实践表明,超声法检测混凝土缺陷的主要影响因素大致有以下几种。

5.1.4.1 耦合状态的影响

由于脉冲波接收信号的波幅值,对混凝土缺陷反映最敏感,所以测得的波幅值(A_i)是否可靠,将直接影响混凝土缺陷检测结果的准确性和可靠性。对于测距一定的混凝土,测试面的平整程度和耦合剂的厚薄,是影响波幅测值的主要原因,如图 5-1 所示。

由于脉冲波在特性阻抗(媒质的声速与密度之乘积)不同的两种媒质界面上发生反射、折射和散射,导致声能损失,波幅降低。因此,为使超声波最大限度地传播到混凝土中去,从发射换能器辐射面到混凝土测试表面之间的界面数越少越好,或者界面处两种媒质的特性阻抗差异越小越好。一般要求换能器辐射面与混凝土测试表面达到完全平面接触,即耦合层中无空气、无粉尘杂物并保持耦合层最薄,如图 5-1(a)所示。

如果测试面凹凸不平或黏附泥砂,便保证不了换能器辐射面与混凝土测试面的平面接触,发射和接收换能器与混凝土测试面之间只能通过一些接触点传递超声波,如图 5-1(b)所示,使得大部分声波能量被损耗,造成波幅降低。另外,当耦合层中垫有砂粒或作用在换能器上的压力不均衡,使其耦合层半边厚半边薄,如图 5-1(c)所示,还有换能器扶持者的人为因素造成某些测点耦合层薄、某些测点耦合层厚,耦合状态不一致等,这些因素都会造成波幅不稳定。因此,采用超声波检测混凝土缺陷时,必须自始至终保持换能器辐射面与混凝土测试表面有一个良好的耦合状态。

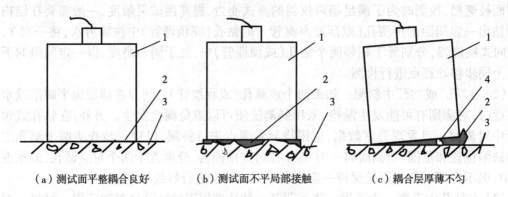

（a）测试面平整耦合良好　　　（b）测试面不平局部接触　　　（c）耦合层厚薄不匀

1.换能器;2.耦合层;3.测试面;4.砂粒。

图 5-1　耦合状态对波幅的影响

5.1.4.2　钢筋的影响

由于块体钢的纵波速度为 $5.80 \sim 5.90$ km/s,钢筋的纵波速度为 $5.30 \sim 5.40$ km/s,比一般混凝土的声速都高,如果在发射和接收换能器的连线上或其附近存在钢筋,仪器接收到的首波信号,大部分路径是通过钢筋传播的,测得的声速值必然偏大,不能反映混凝土的真实声速,必然给混凝土质量检测和缺陷判断带来误差。钢筋对混凝土声速的影响程度,除了超声测试方向与钢筋所处位置有关外,还与测点附近钢筋的数量和直径有关。

（1）超声测试方向与主筋轴线垂直。如图 5-2(a)所示,超声测试方向垂直于主筋轴线时,T、R 换能器所处位置不同,钢筋的影响程度也不同。

当换能器处于 T_1-R_1 位置时,超声波传播路径 l 中包含 6 根主筋直径 $d_1 \sim d_6$ 的总和 $(l_s = d_1 + d_2 + d_3 + d_4 + d_5 + d_6)$,同时还受到箍筋的影响。因此,即使超声测试方向与钢筋轴线垂直,换能器 T_1-R_1 的位置仍受钢筋影响较大,布置测点时必须避开此种位置。

对于 T_2-R_2 位置,在超声测距 l 中只含 $2d$ 钢筋的路径,所占比例很小,可以忽略钢筋的影响。不少研究者的试验结果表明,当钢筋轴线垂直于超声测试方向时,钢筋对混凝土声速的影响程度取决于超声传播路径中各钢筋直径之和(l_s)与测试距离(l)之比,对于声速 $v \geqslant 4.00$ m/s 的混凝土来说,$l_s/l \leqslant 1/12$ 时,钢筋对混凝土声速的影响很小,基本可以忽略。

（2）超声测试方向与主钢筋平行。当超声测试方向与附近的钢筋轴线平行时,如图 5-2(b)所示,无论换能器在 T_1-R_1 位置作平测还是在 T_2-R_2 位置进行对测,受钢筋的影响都很大。

实际检测中应尽量避免超声测试方向与主钢筋轴线平行,如因条件限制无法避免时,则应使两个换能器连线与附近钢筋的最小距离不小于 $l/5 \sim l/6$,最好使 T、R 换能器连线与附近钢筋轴线保持一定夹角(40° ~ 50°)。

5.1.4.3　水分的影响

大家知道,水的声速是空气声速的 4 倍多,密度是空气的 700 多倍,即水的特性阻抗

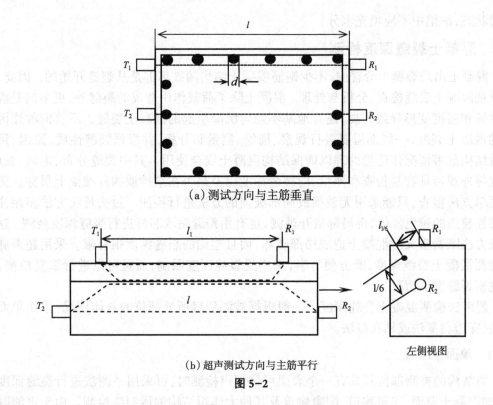

(a) 测试方向与主筋垂直

(b) 超声测试方向与主筋平行

左侧视图

图 5-2

是空气的 3 000 多倍。因此,混凝土缺陷中填充空气还是水,超声波在缺陷界面上的传播情况大不一样。

(1) 缺陷中填充空气时。如图 5-3(a)所示,空洞中填充空气时,超声波在混凝土与空洞界面上发生反射和绕射,其中频率较高的脉冲波都被反射掉,只有波长大于缺陷尺寸的低频部分通过绕射传播到接收换能器 R。则接收信号的首波幅度和主频率明显降低、声时偏长,几个声参量都会发生明显变化,有利于对缺陷的检测和判断。

(2) 缺陷中填充水时。如图 5-3(b)所示,当空洞填充了水,因水的特性阻抗处于混凝土和空气的特性阻抗之间,且更靠近混凝土,因此超声波在空洞界面的声压透过率相当高。只有频率很高的脉冲波在缺陷界面被反射掉,大部分中低频率成分都穿过空洞经过两次折射传播到接收换能器 R。使得有无缺陷的混凝土声速、波幅和主频测值无明显差异,给缺陷检测和判断带来很大困难。为此,在进行缺陷检测时,尽量使混凝土处于自然

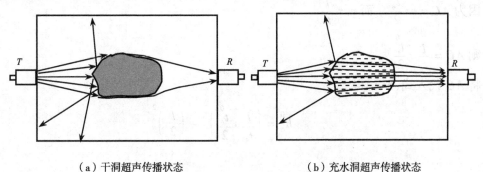

（a）干洞超声传播状态　　　　　　（b）充水洞超声传播状态

图 5-3　超声波在干洞及充水洞界面的传播

干燥状态,缺陷中不应填充水分。

5.2 混凝土裂缝深度检测

混凝土出现裂缝十分普遍,不少钢筋混凝土结构的破坏都是从裂缝开始的。因此,必须重视混凝土裂缝检查、分析与处理。混凝土除了荷载作用造成的裂缝外,更多的是混凝土收缩和温度变形导致开裂,还有地基不均匀沉降引起的混凝土裂缝。不管何种原因引起的混凝土裂缝,一般都需要进行观察、描绘、测量和分析,并根据裂缝性质、原因、尺寸及对结构危害情况作适当处理以确保结构混凝土安全使用。其中裂缝分布、走向、长度、宽度等外观特征容易检查和测量,而裂缝深度以及是否在结构或构件截面上贯穿。无法用简单方法检查,只能采用无破损或局部破损的方法进行检测。过去传统方法多用注入渗透性较强的带色液体,再局部凿开观测,也有用跨缝钻取芯样进行裂缝深度观测。这些传统方法既费事又对混凝土造成局部破坏,而且检测的裂缝深度很有限。采用超声脉冲法检测混凝土裂缝深度,既方便省事,又不受裂缝深度限制,而且可以进行重复检测,以便观察裂缝发展情况。

超声法检测混凝土裂缝深度。一般根据被测裂缝所处部位的具体情况,采用单面平测法、穿透斜测法或钻孔测法。

5.2.1 单面平测法

当结构的被测部位只具有一个表面可供超声检测时,可采用平测法进行裂缝深度检测,如混凝土路面、飞机跑道、洞窟建筑及其他大体积结构的浅裂缝检测。由于平测时的声传播距离有限,只适用于检测深度约为 500 mm 以内的裂缝。

5.2.1.1 单面平测法的基本原理

平测裂缝的原理如图 5-4 所示,按同一测试距离分别进行跨缝和不跨缝的声时测量。该原理考虑了以下三个假设条件:

(1) 裂缝所处部位及其附近的混凝土质量基本一致;

(2) 跨缝与不跨缝测量的混凝土声速相同;

(3) 跨缝测读的首波信号绕裂缝末端到达接收换能器。

根据图 5-4 的几何学原理:

$$h_c^2 = AC^2 - \left(\frac{1}{2}\right)^2 \tag{5-1}$$

因为 $AC = v \cdot \dfrac{t_c^0}{2}$ 而 $v = \dfrac{l}{t_c}$

则 $AC = \dfrac{l}{t_c} \cdot \dfrac{t_c^0}{2}$

将 AC 代入式(5-1)得

$$h_c^0 = \left(\frac{l}{t_c} \cdot \frac{t_c^0}{2}\right)^2 - \left(\frac{l}{2}\right)^2$$

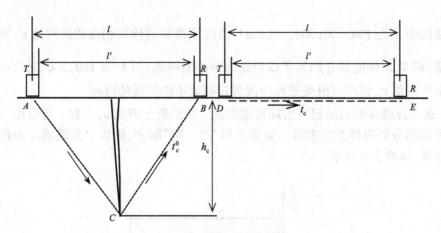

图 5-4 平测裂缝原理图

整理后得到式（5-2）：

$$h_c = \frac{l}{2} \cdot \sqrt{\left(\frac{t_c^0}{t_c}\right)^2 - 1} = \frac{l}{2} \cdot \sqrt{\left(\frac{t_c^0 \cdot v}{l}\right)^2 - 1} \tag{5-2}$$

式中，h_c——裂缝深度，mm；

l——超声测试距离，mm；

t_c——不过缝测量的混凝土声时，μs；

t_c^0——过缝测量的混凝土声时，μs；

v——不过缝测的混凝土声速，km/s。

该式便是当前普遍使用的裂缝深度计算公式。

5.2.1.2 单面平测裂缝按下列步骤进行操作

（1）选择被测裂缝较宽且便于测试操作的部位。

（2）打磨清理混凝土测试表面。对测试表面，应打磨平整、清理干净，以保证换能器与混凝土测试表面耦合良好。

（3）布置超声测点。所测的每一条裂缝，在布置跨缝测点的同时，都应在其附近布置不跨缝测点。测点间距一般可设 l_1' 为 80 ~ 100 mm，$l_2' = 2l_1'$，$l_3' = 3l_1'$ …如图 5-5 所示。

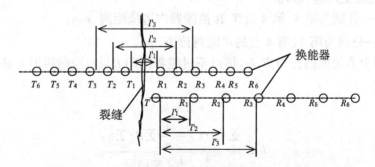

图 5-5 平测裂缝深度换能器布置平面示意图

（4）分别做不跨缝和跨缝的超声测试。按照图 5-5 所示，先做不跨缝声时测量。将发射换能器 T 和接收换能器 R 置于裂缝同一侧，并将 T 耦合好保持不动，以 T、R 两个换能

137

器内边缘间距 l'_i 为 $100,200,300,\cdots$(mm)，依次移动 R 并读取相应的声时值 t_i。再作跨缝声时测量，将 T、R 换能器分别置于以裂缝为中心的两侧，以 l'_i 为 $100,200,300,\cdots$(mm)，分别读取声时值 t^p_i，该声时值便是脉冲波绕过裂缝末端传播的时间。

（5）求不过缝各测点的超声实际传播距离 l_i 及混凝土声速 v。l_i 和 v 可以用"时—距"坐标图和回归分析两种方法求得。如果采用"时—距"图法，则以 l' 为纵轴、t 为横轴绘制 $l'-t$ 坐标图，如图 5-6 所示。

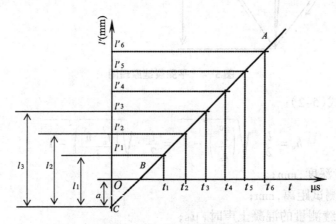

图 5-6　平测裂缝"时—距"图

由图 5-6 看出，斜线 AB 与时间轴相交并向下延伸与 l' 轴反向延伸线相交于 C 点，至 O 点的距离为"a"，且与 l' 轴反向。所以每一个测点的超声实际传播距离 $l_i = l'_i + |a|$。

考虑"a"是因为声时读取过程存在一个与对测法不完全一样的声时初读数 t_0 及首波信号的传播距离并非是 T、R 换能器内边缘的距离，也不等于 T、R 换能器的中心距离，所以"a"是一个 t_0 和声程的综合修正值（因"时–距"图中 a 为负值，所以加 a 的绝对值）。

图中直线 AB 的斜率即裂缝处混凝土的声速 v

$$v = \frac{l'_4 - l'_1}{t_4 - t_1} \tag{5-3}$$

式中，v——混凝土声速，km/s；

　　l'_1、l'_4——分别为第 1、第 4 点 T、R 换能器内边缘距离，mm；

　　t_1、t_4——分别为第 1、第 4 点的声时测读值，μs。

实际应用中多用回归分析方法。即以不过缝各测距 l'_i 与对应的声时 t_i 进行回归分析，求出直线方程：

$$l = a + bt \tag{5-4}$$

$$b = \frac{\sum (l'_i \cdot t_i) - \frac{1}{n} \sum l'_i \cdot \sum t_i}{t^2_i - \frac{1}{n} (\sum t_i)^2}$$

$$a = \frac{1}{n} (\sum l'_i - b \cdot \sum t_i)$$

式中，l——超声波实际传播距离，mm；

138

t——声时测读值,μs;

a、b——回归系数;

l_i'——第 i 点的 T、R 换能器内边缘距离,mm;

t_i——第 i 点的声时测读值,μs。

同样各测点超声实际传播距离:$l_i = |a| + l_i'$,混凝土声速 $v = b = \dfrac{l}{t}$。

(6)每一测距的裂缝深度可按式(5-2)计算。

即 $h_{ci} = \dfrac{l_i}{2} \cdot \sqrt{\left(\dfrac{t_i^0 v}{l_i}\right)^2 - 1}$

根据笔者研究,裂缝深度的计算式还可演变成更简捷的形式(省略演变过程)。

$$h_{ci} = \frac{v}{2} \cdot \sqrt{(t_i^0)^2 - t_i^2} \tag{5-5}$$

式中,h_{ci}——第 i 点裂缝深度,mm;

t_i——第 i 点不过缝测量的声时,μs;

t_i^0——第 i 点过缝测量的声时,μs;

v——不过缝测得的混凝土声速,km/s。

该式的特点是不含测距,只用测试部位的混凝土声速和每一测距过缝与不过缝的声时进行计算,比原计算式操作更简便,尤其采用计算器进行快速计算极为便捷。曾经利用十多条裂缝的实测数据进行对比计算,采用式(5-3)计算不仅耗时短(省时 50%),而且计算的结果与式(5-2)基本一致[当然测缺规程修订之前仍按式(5-2)计算]。

(7) 裂缝深度确定。近年来不少研究人员在工程检测和模拟试验中发现,跨缝测量时经常出现接收信号首波反相现象,而且首波反相时的测距 l_i 与被测裂缝深度存在一定关系,但有时由于受跨缝钢筋或裂缝中局部"连通"的影响,难以发现反相首波,因此超声测缺规程修订版中提出两种确定裂缝深度的方法。即当某测距出现首波反相时,可取该测距及两个相邻测距计算的裂缝深度 h_{cli} 的平均值做为该裂缝深度 h_c;当难以发现反相首波时,则先求各测距的计算裂缝深度(h_{cli})及其平均值(m_{hc}),再将各测距 l_i 与 m_{hc} 相比较,凡是测距 l_i 小于 m_{hc} 和大于 $3 m_{hc}$ 则剔除这些测距的 h_{cli},然后取余下 h_{cli} 的平均值作为该裂缝深度值。这里舍弃 l_i 小于 m_{hc} 和大于 $3 m_{hc}$ 的数据,是因为从大量检测数据和模拟试验结果看出,按式(5-2)计算的裂缝深度有随着 T、R 换能器距离增大而增大的趋势,当 l_i 与裂缝深度相近时,测得的裂缝深度较准确。l_i 过小或远大于裂缝深度,声时测读误差较大,对裂缝深度的计算值产生较大影响,所以要对 T、R 换能器的测距加以限制。

此法是基于裂缝中完全充满空气,脉冲波只能绕过裂缝末端到达接收换能器,当裂缝中填充水或泥浆,脉冲波便经水耦合层穿过裂缝直接到达接收换能器,不能反映裂缝的真实深度。因此检测时。要求裂缝中不得填充水和泥浆。若裂缝中的水无法排除,可采用横波换能器进行检测,因横波不能在水中传播,因而可排除水的干扰。

当有钢筋穿过裂缝时,如果 T、R 换能器的连线靠近该钢筋,则沿钢筋传播的脉冲波首先到达接收换能器,测试结果也不能反映裂缝的真实深度。

试验证明,当测点附近有钢筋穿过裂缝时,换能器必须离开钢筋一定距离,方能避免钢筋的影响。如图 5-7 所示,若换能器附近无钢筋时,则脉冲波绕过裂缝所需的声时 t_c 为

$$t_c = \frac{1}{v}\sqrt{4h^2 + l^2} \tag{5-6}$$

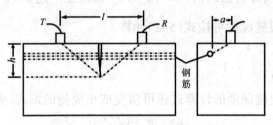

图 5-7　平测时避免钢筋的影响

当有钢筋时,脉冲波通过钢筋所需要的声时 t_s 可按下式计算:

$$t_s = 2a\sqrt{\frac{v_s^2 - v^2}{v_s^2 \cdot v^2}} \cdot \frac{1}{v_s} \tag{5-7}$$

欲使钢筋对裂缝深度检测不造成影响,必须使 $t_s \geqslant t_c$,所以应有:

$$2a\sqrt{\frac{v_s^2 - v^2}{v_s^2 \cdot v^2}} + \frac{1}{v_s} \geqslant \frac{1}{v}\sqrt{4h^2 + l^2} \tag{5-8}$$

上式经简化得:

$$a \geqslant \frac{v_s\sqrt{4h^2 + l^2} - v \cdot l}{2\sqrt{v_s^2 - v^2}} \tag{5-9}$$

式中,v_s——钢筋声速;

v——混凝土声速;

l——两个换能器之间的距离;

h——裂缝深度;

a——避免钢筋影响,换能器距离钢筋的最小距离。

由于混凝土的声速不是固定值,钢筋的声速又受其直径及周围混凝土质量的影响,也并非固定值,所以"a"也是随钢筋直径及混凝土质量而变化的一个数。因此,在实际工程检测中,布置测点时将 T、R 换能器连线与钢筋轴线形成一定角度(40°~50°)即可避免钢筋的影响。

5.2.2　斜测法

由于实际裂缝中不可能被空气完全隔开,总是存在个别连通的地方,如图 5-8(a)所示,因此单面平测时,脉冲波的一部分绕过裂缝末端,另一部分穿过裂缝中的连通部位,以不同声程到达接收换能器,在仪器的接收信号首波附近形成一些干扰波,如图 5-8(b)所示,严重影响首波始点的辨认,如操作人员经验不足,便产生较大的测试误差。所以当结构物的裂缝部位具有一对相互平行的表面时,宜优先选用对穿斜测法。

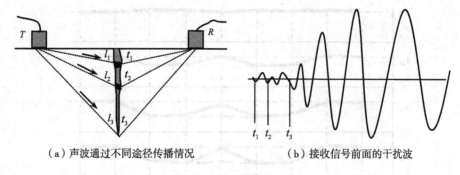

（a）声波通过不同途径传播情况　　　　（b）接收信号前面的干扰波

图 5-8　平测裂缝的干扰

5.2.2.1　斜测法测点布置

采用相同斜角、相同测距的过缝与不过缝斜测方法进行检测，测点布置如图 5-9 所示。检测混凝土梁、柱的裂缝一般多用该方法。

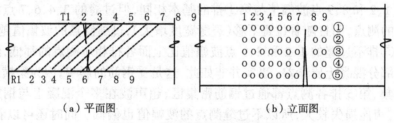

（a）平面图　　　　　　　　　　（b）立面图

图 5-9　斜测裂缝测点布置示意图

由图 5-9 可以看出，在梁两个侧面分别布置相互对应的①～⑤五排，每排 1～9 个测点，其中 1、2 和 8、9 为不过缝测点，3～7 为过缝测点。该方法是在保持 T、R 换能器连线的距离相等、倾斜角一致的条件下，进行过缝与不过缝检测。分别读取相应的声时、波幅和频率值。当 T、R 换能器的连线存在裂缝时，由于混凝土失去了连续性，在裂缝界面上产生很大衰减，接收到的首波信号很微弱，其波幅和频率与不过缝的测点相比较，存在显著差异。据此便可判定裂缝的深度及是否在裂缝所处截面贯通。

5.2.2.2　裂缝深度判定

由于裂缝两侧的混凝土不可能完全被空气隔开，总存在局部连通点，当 T、R 换能器连线通过裂缝时，超声波的高中频部分被空气层反射，低频部分通过连通点穿过裂缝直接传播到接收换能器，成为仪器的首波信号。就是说 T、R 换能器连线通过裂缝的测点，超声传播距离仍然为两个对应测点的间距，只是超声传播能量在裂缝界面被衰减、主频率降低，且随着裂缝宽度的增加，声波能量衰减也增大。因此，过缝与不过缝的测点，其声时差异不明显，而波幅和主频率差异却很大，可绘制各排测点波幅（或主频率）变化曲线，根据曲线分布情况判定裂缝深度。图 5-10 为按图 5-9 布置测点进行检测的波幅值分布示例。

由图 5-10 可以看出，第①排各测点的波幅值 $A_①$ 基本接近，没有明显差异。第②～④

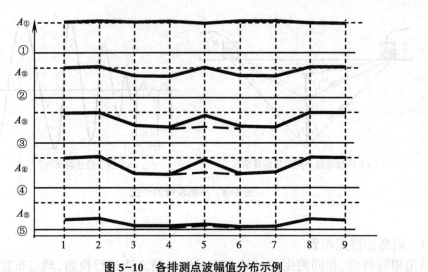

图 5-10　各排测点波幅值分布示例

注:粗虚线表示裂缝在断面贯通时的波幅分布。

排不过缝的 1、2 和 8、9 点波幅值与第①排的基本相同,但过缝的 3、4、6、7 点波幅值明显低于不过缝的测点,而且随着位置下移(裂缝宽度增大),过缝测点的波幅值越来越低。还可以看出第⑤排不过缝的 1、2 和 8、9 点波幅值比上面各排相应测点的都低,经验不足者往往以为这部分混凝土质量差。事实并非如此,这是受钢筋的影响,因为梁横断面的下部主钢筋很密集,第⑤排各测点都通过钢筋密集区,超声波在多个混凝土与钢筋界面发生反射和散射,声能损失较大,所以不过缝测点的波幅值也偏低。同时还可以看出,各排 5点的测线正好通过梁横断面的中部,第②～④排的 5 点波幅值没有降低,表明这些测点没有通过裂缝,该部位裂缝尚未裂透,如果断面中部裂透,则如虚线所示。因此,采用波幅分布曲线可以直接判定裂缝深度及是否在所处断面贯通,非常直观、方便。

5.2.3　钻孔测法

对于水坝、桥墩、大型设备基础等大体积混凝土结构,在浇筑混凝土过程中,由于水泥的水化热散失较慢,混凝土的内部温度比表面高,使结构断面形成较大的温差梯度,当由温差引起的拉应力大于混凝土的抗压强度时,便在混凝土表面产生裂缝。温差越大,形成的拉应力越大,裂缝越深。因此,大体积混凝土在施工过程中,往往因施工管理不善而造成较深的裂缝。

5.2.3.1　钻孔测法侧位布置

对于大体积混凝土裂缝检测,一般不宜采用单面平测法,即使被测部位具有一对平行表面,因其测距太大,测试灵敏度满足不了检测仪器要求,也不能在平行表面进行测试。一般是在裂缝两侧钻测试孔,用径向振动式换能器置于钻孔中进行测试。

如图 5-11 所示,用风钻在裂缝两侧分别钻测试孔 A、B。为了便于声学参数的比较,可在裂缝的一侧多钻一个较浅的孔 C。

为保证裂缝检测结果的可靠性,对声测孔有以下技术要求:

(1)孔径应比所用换能器的直径大 5～10 mm。目前国内生产的增压式和管式换能器直径多为 25～32 mm,近年也有生产 16 mm 的。为使换能器在测孔中移动顺利,声测孔直

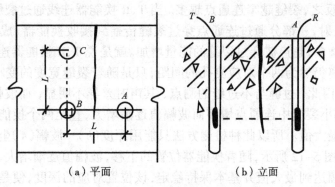

（a）平面　　　　（b）立面

图 5-11　钻孔测裂缝深度

径应大于所用换能器直径 10 mm 左右。

（2）测孔深度应比所测裂缝深 600～800 mm。本测试方法是以脉冲波通过有缝和无缝混凝土的波幅变化来判定裂缝深度，因此测孔必须深入无缝混凝土一定深度，为便于判别，深入无缝混凝土的测点应不少于 3 点。当然，事先不知道裂缝深度，一般凭经验先钻至一定深度，经测试，如发现测孔未超过裂缝的深度，应加深钻孔。

（3）对应的两个测孔应始终位于裂缝两侧，且其轴线保持平行。因声时值和波幅值随测试距离的变化而变化，如果两个测孔轴线不平行，各测点的测试距离不一致，读取的声时和波幅值缺乏可比性，将给测试数据的分析和裂缝深度判定带来困难。

（4）对应测孔的间距宜为 2 m 左右，同一结构各对应测孔的间距应相同。根据目前一般超声仪器和径向振动式换能器的灵敏度及工程实测经验表明，测孔间距过大，脉冲波的接收信号很微弱，过缝与不过缝进行测试的波幅差异不太明显，不利于测试数据的比较和裂缝的判断。若测孔间距过小，测试灵敏度虽然提高了，但是延伸的裂缝有可能位于两个测孔的连线之外，造成漏检。

（5）孔中的粉尘碎屑应清理干净。如果测孔中存在粉尘碎屑，注水后便形成悬浮液，使脉冲波在孔中产生散射而衰减，影响测试结果。

（6）横向测孔的轴线应具有一定倾斜角。当需要在混凝土结构物的侧面钻横向测孔时，为了保证测孔中能蓄满水，应使孔口高出孔底一定高度。必要时可在孔口做一"围堰"，以确保测孔中能储满水。

测试前应首先向测孔注满清水，并检查是否有漏水现象，如果漏水较快，说明该测孔与裂缝相交，此孔不能用于测试。经检查测孔不漏水，可将 T、R 换能器分别置于裂缝同侧的 B、C 孔中，以相同高度等间距地同步向下移动，并读取相应声时和波幅值。再将两个换能器分别置于裂缝两侧对应的 A、B 测孔中，以同样方法同步移动两个换能器，逐点读取声时、波幅和换能器所处的深度。换能器每次移动的间距一般为 200～300 mm，经初步查明裂缝的大致深度后，为了便于准确判定裂缝深度，当换能器在裂缝末端附近时，移动的间距应减小。

5.2.3.2　裂缝深度判定

混凝土结构产生裂缝，总是表面较宽，越向里深入越窄直至完全闭合，而且裂缝两侧的混凝土不可能被空气完全隔开，个别地方被石子、砂粒等固体介质所连通，裂缝越宽连通的地方越少。反之,裂缝越窄连通点越多。当 T、R 换能器连线通过裂缝时,超声波的一部分被空气层反射,一部分通过连通点穿过裂缝传播到接收换能器,成为仪器的首波信号,随着连通点增多,超声波穿过裂缝的能量增加。就是说 T、R 换能器连线通过裂缝的测点,超声传播距离仍然为两个对应测孔的间距,只是随着裂缝宽度的变小,接收到的声波能量逐渐增大。因此,过缝与不过缝的测点,其声时差异不明显,而波幅差异却很大,且随着裂缝宽度减小裂缝中连通点增多而波幅值逐渐增大,直至两个换能器连线超过裂缝末端,波幅达到最大值。所以此种检测方法只能用深度(h)—波幅(A)坐标图来判定混凝土裂缝深度。如图 5-12 所示,随着换能器位置的下移,波幅值逐渐增大,当换能器下移至某一位置后,波幅达到最大值并基本保持稳定,该位置对应的深度,便是所测裂缝的深度值 h_c。

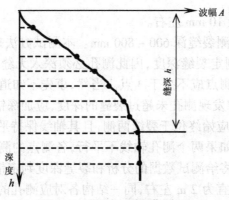

图 5-12 "深度—波幅"坐标图

5.2.3.3 裂缝末端位置判定

如果需要确定裂缝末端的具体位置,可按图 5-13 所示的方法,将 T、R 换能器相差一个固定高度,然后上下同步移动,在保持每一个测点的测距相等,测线的倾角一致的条件下,读取相应的声时、波幅值及两个换能器的位置。

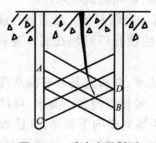

图 5-13 孔中交叉斜测

如图 5-13 所示,当两个换能器的连线(测线)超过裂缝末端后,波幅测值保持最大值,根据这种情况可以判定测线 AB 和 CD 的位置通过裂缝末端。该两测线的交点便是裂缝末端的位置。

实践证明,钻孔测裂缝深度的方法可靠性相当高,与传统的压水法和渗透法检验相比较,超声脉冲法能反映出极细微的裂缝,所以比其他方法检测的结果深一些。

例如,南京水利科学研究院等单位曾在某水利枢纽工程质量检测中,采用钻孔进行

144

超声脉冲波对测的方法，测了 70 多条裂缝的深度，设计和施工部门据此进行了补救处理。当时为了验证检测结果，对部分裂缝采用压水法复验其深度，如图 5-14 所示。以一定压力先后向每一斜孔中压水，当对某一孔做压水试验时，水无处渗透，水压基本保持不变，说明该孔未穿过裂缝，由此可判定该裂缝的深度。由于压水孔不可能钻很多，两个斜孔的高度差较大，测量结果误差较大，而且对于微细裂缝，由于渗水量极少，对裂缝末端的判断十分困难，故一般压水法测得的结果浅于裂缝的实际深度。现将几个裂缝的两种方法检测的结果列于表 5-1 进行对比。

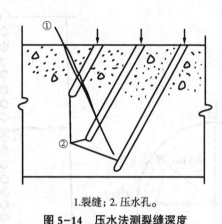

1.裂缝；2.压水孔。

图 5-14　压水法测裂缝深度

表 5-1　几个裂缝两种检测结果的对比

方法 \ 部位	1号厂房 16~17孔	2号厂房 14~15孔	3号船闸 5号缝	右墙右侧 7号缝	右墙 左侧	左墙 左侧
压水法	3.35 m	4.00 m	3.22 m	3.50 m	4.30 m	7.91 m
超声法	3.75 m	4.30 m	3.30 m	5.50 m	5.75 m	10.70 m

5.2.3.4　应用此法时应注意的几个问题

（1）混凝土不均匀性的影响。当一对测试孔之间的混凝土质量不均匀或存在不密实和空洞时，将使 $h-A$ 曲线偏离原来趋向。此时应注意识别和判断，以免产生对裂缝深度的误判。

（2）温度和外力的影响。由于混凝土本身存在较大的体积变形，当其温度升高而膨胀时，其裂缝变窄甚至可能完全闭合，结构混凝土在外力作用下，其受压力区也会产生类似情况。在这种情况下进行超声检测，将难以正确判别裂缝深度。因此，最好在气温较低的季节或者结构卸荷状态下进行裂缝检测。

（3）钢筋的影响。与浅裂缝测试的道理一样，当有主钢筋穿过裂缝且靠近一对测孔，T、R 换能器处于该钢筋的高度时，大部分脉冲波沿钢筋传播至接收换能器，波幅测值将难以反映裂缝的存在，测试时应注意判别。

（4）水分的影响。当裂缝内充水，脉冲波很容易穿过裂缝传播到接收换能器，有裂缝和无裂缝的波幅值无明显差异，难以判别裂缝深度。因此，检测时被测裂缝中不应填充水或泥浆。

5.2.4 裂缝深度检测实例

5.2.4.1 大体积混凝土裂缝平测

陕西安康某铁路桥，共有十多个桥墩，采用强度等级为 C35 的素混凝土浇筑，其中 $2^{\#}$、$3^{\#}$、$4^{\#}$、$5^{\#}$ 桥墩在海拔 347.7 ~ 349.4 m 标高处各产生 1 ~ 2 条环向裂缝，缝宽 0.3 ~ 0.7 mm，该标高处桥墩直径约 3.6 m。下面以 $3^{\#}$ 墩为例，介绍单面平测裂缝的过程。

测试部位及测点布置如图 5-15 所示。

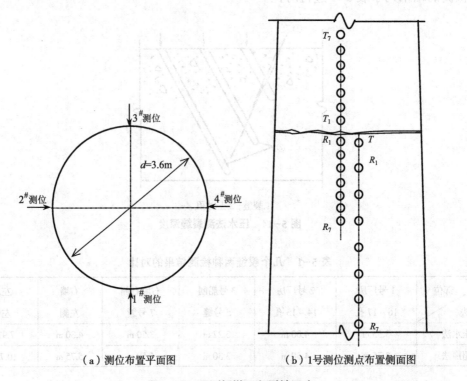

(a) 测位布置平面图　　　　　　(b) 1号测位测点布置侧面图

图 5-15　平测桥墩环向裂缝深度

因该裂缝所处部位的断面尺寸较大，故采用单面平测法检测，沿桥墩四周布置四个测试部位，每部位分别布置过缝与不过缝测点 7 个，测距 l'_i 分别为 100 mm、200 mm、300 mm…700 mm，如图 5-15 所示。各测点的声时值测完后，再将 T、R 换能器分别耦合于裂缝两侧 ($l' = 60$ mm) 发现首波向上，在保持换能器与混凝土表面耦合良好的状态下，将 T、R 换能器缓慢向外侧滑动，同时观察首波相位变化情况。当换能器滑动到某一位置首波反转向下时，再反复调节 T、R 换能器的距离，至首波刚好明显向下为止，测量两个换能器内边沿的距离 l' 并存储波形。最后再将两个换能器向内侧滑动至首波明显向上为止，量其测距 l'_i 存储波形。此过程应尽量将信号放大，否则当出现反相首波时可能被掩盖。

现将 1 号测位的数据列入表 5-2。

用不过缝的 l'_i、t_i 求得回归直线式 $l = -28.7 + 4.51\ t$。

表 5-2　混凝土桥墩平测裂缝数据

测距 l'/mm	100	200	300	400	500	600	700
过缝声时 t_i^0/μs	46.7	68.5	87.9	119.1	134.8	157.6	179.7
不过缝声时 t_i/μs	30.1	50.5	70.1	98.8	113.7	140.5	162.1
单点缝深计算值 h_{ci}/mm	83.9	104.1	110.9	162.0	150.1	165.8	177.30

则混凝土声速 $v = 4.51$ km/s，各点实际测距为 $l_i = l'_i + 29$ mm。

用（5-2）式计算各测距的裂缝深度 h_{ci} 见表 5-2。

各测点裂缝深度的平均值 $m_{h_c} = 136.3$ mm。

由于在 100 ~ 150 mm 处出现反相波，这里可用两种方法确定裂缝深度。

（1）三点平均法：由于当时未在 160 mm 处测读声时，不能计算该点的缝深，故取前三点 h_{ci} 的平均值 $h_c = (83.9 + 104.1 + 110.9)/3 = 99.6$ mm。

（2）平均值加剔除法：因第 1 点 $l' < m_{h_c}$，第 5、6、7 点的 $l' \times 3 > m_{h_c}$，故剔除 h_{c1}、h_{c5}、h_{c6}、h_{c7} 后再求平均值。

$$h_c = (h_{c2} + h_{c3} + h_{c4})/3 = (104.1 + 110.9 + 162.0)/3 = 125.7 \text{ mm}$$

最后取两种计算结果的平均数（113 mm）作为该测位的裂缝深度。经钻芯验证，裂缝实际深度为 116 mm。

检测结果各测试部位裂缝深度为：1 号 113 mm；2 号 65 mm；3 号 61 mm；4 号 90 mm。

检测时仪器屏幕显示的首波相位反转情况如图 5-16 所示。

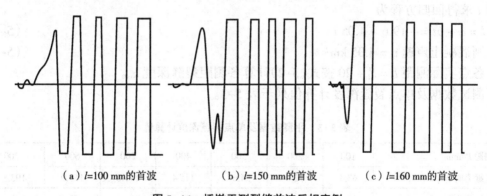

（a）l=100 mm 的首波　　　（b）l=150 mm 的首波　　　（c）l=160 mm 的首波

图 5-16　桥墩平测裂缝首波反相实例

本次检测的波形反相最为典型，因为测试部位断面尺寸较大（3.60 m），而且是素混凝土，不存在边界面及钢筋的影响，同时还进行了钻芯验证，具有一定说服力。

5.2.4.2　剪力墙裂缝平测

例如，西安市某局办公大楼属 18 层框剪结构，地下室外墙厚度 300 mm，混凝土设计强度等级为 C35，浇灌混凝土 6 d 后于墙外侧发现几条竖向裂缝，其宽度为 0.15 ~ 0.30 mm，为弄清裂缝深度，采用超声波进行了检测。由于墙面很宽而且上面楼板已浇灌混凝土，无法进行双面斜测，只能采用单面平测法检测。抽取其中一条较长较宽的裂缝进行检测，由于墙体内外侧分布有较粗的横、竖向钢筋，其间距为 150 ~ 200 mm，要按一般情况垂直于裂缝方向布置超声测点,必定受到钢筋的影响,因此采用约 45° 斜度布置测点,如图 5-17 所示。

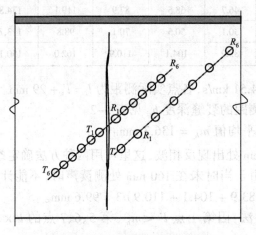

图 5-17　剪力墙裂缝平测示意图

检测时,先将发射换能器 T 和接收换能器 R 置于裂缝同一侧,并将 T 耦合好保持不动,以 T、R 两个换能器内边缘间距 l_i 为 100,150,200⋯(mm),依次移动 R 并读取相应的声时值 t_i。再做跨缝声时测量,将 T、R 换能器分别置于以裂缝为中心的两侧,以 l' 为 100,150,200⋯(mm),分别读取声时值 t_i^0。

这里省去了作图法计算裂缝深度的步骤。直接采用不过缝各测点的测距 l' 与对应的声时 t 求得回归方程为

$$l = a + bt = -19.6 + 4.05\,t \tag{5-10}$$

则混凝土声速 $v = 4.05$ km/s　　　　　　　　　　　　　　　　　　　　（5-11）

各点实际测距 $l_i = l_i' + 20$ 按式(5-2)计算各测距裂缝深度 h_{ci}。

测试数据及单点裂缝深度计算值列于表 5-3。

表 5-3　平测数据及单点裂缝深度计算值

测距 l'/mm	100	200	300	400	500	600	700
过缝声时 t_i^0/μs	63.4	72.6	94.6	115.4	141.0	167.0	193.8
不过缝声时 t_i/μs	31.0	55.4	77.0	101.0	129.4	153.4	178.6
单点缝深计算值 h_{ci}/mm	113.5	97.6	105.4	102.5	117.9	135.0	156.0

各测点裂缝深度的平均值 $m_{h_e} = 118.3$ mm。

由于在换能器内边缘距离为 130 mm 之前出现首波翻转,如图 5-18 所示。

故这里可采用三点平均法和平均值加剔除两种方法确定裂缝深度。

首波反相时的声时为 62.5 μs,计算的缝深为 102.0 mm

(1)用三点法计算:$h_e = (113.5 + 102 + 97.6)/3 = 104.4$ mm。

(2)用平均值加剔除法计算:此处将 $l' < m_{h_e}$ 和 $l' > 3\,m_{h_e}$ 的 h_{c1}、h_{c4}、h_{c5}、h_{c6}、h_{c7} 剔除后取

148

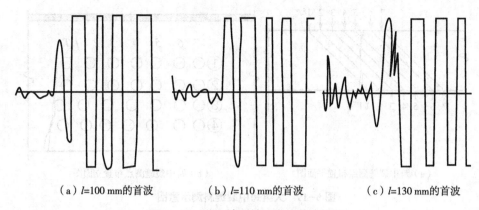

|（a）$l=100$ mm 的首波 | （b）$l=110$ mm 的首波 | （c）$l=130$ mm 的首波 |

图 5-18　剪力墙裂缝平测的首波状况

h_{c2}、h_{c3} 的平均值 $h_c = (97.6 + 105.4)/2 = 101.5$ mm。

最后以两种计算结果的平均值定为该裂缝测试部位的深度，即 $h_c = (104.4 + 101.5)/2 = 103$ mm。

由图 5-18 看出，测距 $l' \leqslant 110$ mm 时，首波都向上，当 $l' = 130$ mm 首波即转为正常，则首波转相时的测距与裂缝深度较接近。

5.2.4.3　斜测裂缝实例

一般工业与民用建筑中常遇到钢筋混凝土梁出现裂缝，需要检测裂缝的深度及其所处断面是否贯通，笔者检测这类裂缝最多。由于裂缝部位基本都具有一对相互平行的测试表面，所以多采用斜测法进行检测。

陕西安康市某工程系 5 层框架结构，屋顶框架梁（12 m 跨）混凝土浇灌结束 40 多天后，进行屋面施工时，陆续发现一部分主梁出现了裂缝，其分布没有规律，有的位于梁的跨中或 1/4 ~ 1/3 跨处，呈竖直裂缝，有的处于梁柱结点附近，呈八字形斜裂缝。裂缝宽度为 0.1 ~ 0.25 mm，大部分为双面裂缝，少部分为单面裂缝。由于产生裂缝的梁比较多，不可能进行全面检测，只选择几个具有代表性（从裂缝的分布位置、走向及其宽度来考虑）的裂缝，用裂缝卡尺测量其宽度，采用超声波检测裂缝的深度。现以（A）-（B）/（4）轴线梁的跨中竖直裂缝和距（B）柱 500 mm 处的斜裂缝为例，介绍其检测过程和计算分析结果。

（1）超声测点布置。先将梁的裂缝测试部位两个侧面打磨平整、清理洁净。为保证每个测点的测试距离和斜度都一致，应先对两个侧面各对应点的坐标位置定准，然后画线布置测点。如图 5-19 和图 5-20 所示。

（2）测读声学参数。由图 5-19 可以看出，该裂缝部位从上至下共布置 4 排，每排水平布置 7 个测点，其中每排 1 ~ 5 点为过缝测点，6、7 两点为不过缝测点。采用 CTS-25 型非金属超声波检测仪，配置 100 kHz 换能器从第①~④排，逐点进行声时、波幅测读。测试过程中应始终保持换能器辐射面与混凝土表面的耦合良好，尤其在测读波幅时，应反复揉搓换能器使其波幅达到最大时读数。对于梁端斜裂缝的检测，因裂缝距（B）柱较近，测试面较小，过缝测点布置较少，如图 5-20 所示。

测试过程中对于波幅明显低的测点，应检查两个换能器的耦合面是否平整，并清理表面后进行复测，以消除耦合因素的影响。

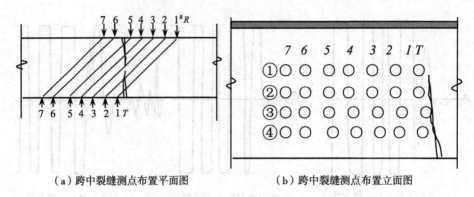

（a）跨中裂缝测点布置平面图　　　（b）跨中裂缝测点布置立面图

图 5-19　大梁跨中裂缝斜测示意图

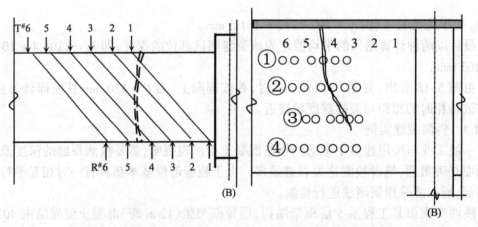

（a）梁端斜裂缝测点布置平面图　　　（b）梁端斜裂缝测点布置立面图

图 5-20　梁端斜裂缝斜测示意图

（3）数据整理与分析。两条裂缝的测试数据分别列于表 5-4 和表 5-5。

表 5-5 中波幅值为 0 dB 的说明：因本次检测是采用 CTS-25 型非金属超声波检测

表 5-4　（A）-（B）/（4）梁跨中裂缝检测数据

排号及参数	测点号	1	2	3	4	5	6	7
①	声时 $t/\mu s$	96.2	96.1	97.8	96.6	95.4	97.5	98.5
①	波幅 A/dB	16.0	19.3	21.4	19.6	14.2	25.7	28.0
②	声时 $t/\mu s$	100.8	100.0	100.0	99.8	98.7	94.0	96.4
②	波幅 A/dB	10.0	11.2	18.8	18.4	13.7	29.8	33.0
③	声时 $t/\mu s$	97.6	94.9	95.6	97.5	93.6	91.5	90.8
③	波幅 A/dB	8.0	9.3	15.7	12.0	6.0	28.0	26.8
④	声时 $t/\mu s$	98.3	100.5	99.0	98.7	98.2	86.1	87.4
④	波幅 A/dB	4.1	5.3	7.5	8.0	4.3	25.8	29.0

150

表 5-5　（A）-（B）/（4）梁靠近（B）轴的斜裂缝检测数据

排号及参数	测点号	1	2	3	4	5	6
①	声时 $t/\mu s$	104.1	101.0	101.8	99.6	98.4	98.9
①	波幅 A/dB	0	0	0	0	19.8	24.4
②	声时 $t/\mu s$	100.3	94.8	95.2	101.9	94.7	94.5
②	波幅 A/dB	0	1.2	5.0	3.0	19.7	25.4
③	声时 $t/\mu s$	104.2	102.7	104.0	103.4	97.7	98.6
③	波幅 A/dB	0	5.8	0	16.0	18.9	22.8
④	声时 $t/\mu s$	91.9	96.7	89.0	88.5	95.4	86.5
④	波幅 A/dB	7.1	12.3	17.5	21.8	24.3	29.0

仪,波幅的测读方法是 T、R 换能器在一对测点上耦合好后,先调节仪器"增益"旋钮使接收信号首波幅度达到 2~3 cm 时,读取声时值,随即将仪器"增益"调至最大,再用衰减器将首波幅度降低至 1 格(仪器荧光屏上的刻度),然后读取衰减器的 dB 数。当"增益"调至最大,且衰减器为 0 dB 时,首波幅度仍然不大于 1 格,即衰减读数为 0。此时,说明衰减很大,接收信号很微弱。

根据过缝与不过缝测点的声时、波幅值的差异情况,分析判断各测点声波通过的混凝土是否开裂。一般情况下,裂缝越宽中间的连通点越少,波幅值越低,声时值越长。相反,随着裂缝宽度逐渐减小,中间的连通点越来越多,波幅值会逐渐增大,但声时值变化不明显。因此,这里主要用波幅值的变化来判定裂缝深度。

(4)裂缝深度检测结果:根据各排过缝测点的波幅变化情况判断,用裂缝所处断面的剖面图来反映裂缝深度,如图 5-21 所示,图中阴影区表示混凝土开裂。

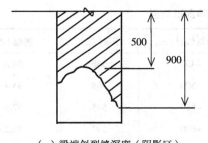

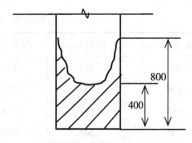

（a）梁端斜裂缝深度（阴影区）　　　　　　（b）梁跨中裂缝深度（阴影区）

图 5-21　（A）-（B）/（4）梁所测两条裂缝剖面图

5.2.4.4　钻孔测裂缝实例

某混凝土承台厚度为 16 m,混凝土强度等级 C25,在气温较低的 12 月浇灌混凝土,由于结构物体积较大,混凝土凝固过程水化热得不到及时散发(虽然事先考虑有降温措施,但效果不太好),而且环境温度又比较低,导致承台混凝土内外温差过大,在承台顶面出现裂缝,宽度为 0.2~1.2 mm,从裂缝的外观特征来看,裂缝可能很深,不宜采用平测法检测。经与几方协商,选取较宽较长的一条裂缝,在最宽部位采用风钻在裂缝两侧钻声测孔进行裂缝深度检测,钻孔及测点布置如图 5-22 所示。

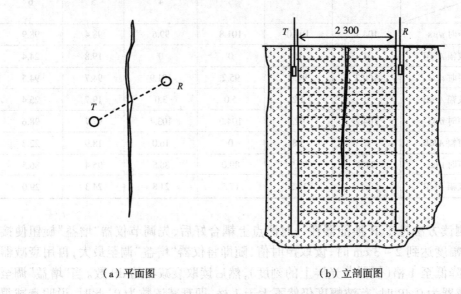

（a）平面图　　　　　　　　　（b）立剖面图

图 5-22　钻孔测某承台裂缝深度示意

考虑到承台中配有钢筋,为避免钢筋的影响,钻孔位置以两个换能器连线与钢筋轴线保持一定夹角为原则,如图 5-22(a)所示,两个钻孔尽量保持平行且与裂缝的距离相等。孔径 42 mm,孔深约 8.5 m,两孔内边缘距离 2 300 mm。采用智能式超声波检测仪,配置 32 kHz 径向振动式换能器(接收换能器带前置放大器)。

测试时先向钻孔中灌满清水,然后将 T、R 换能器分别置于两个声测孔中,自上向下同步移动,每间隔 0.5 m 测读声时(t)和波幅(A),数据列于表 5-6。

表 5-6　某承台裂缝超声测试数据

换能器位置 / cm	声时 / μs	波幅 / dB	换能器位置 / cm	声时 / μs	波幅 / dB
−50	552	21.4	−450	546	34.6
−100	551	23.7	−500	548	35.4
−150	547	24.1	−550	545	37.5
−200	546	26.5	−600	547	39.2
−250	546	27.8	−650	549	42.8
−300	547	28.6	−700	545	45.5
−350	545	31.2	−750	546	45.4
−400	548	33.8	−800	548	45.5

从表 5-6 看出,随着换能器位置下移,各测点声时变化很小,波幅却变化很明显,所以用"波幅—深度"曲线判断裂缝深度很直观、方便。波幅—深度曲线如图 5-23 所示,这里判断结果,该裂缝深度约 7.0 m。

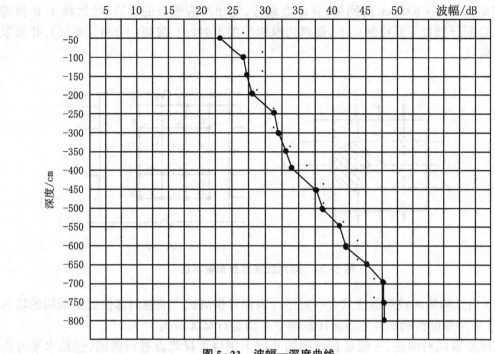

图 5-23 波幅—深度曲线

5.3 混凝土不密实区和空洞检测

所谓混凝土不密实区,是指因振捣不够、漏浆或石子架空等造成的蜂窝状,或因缺少水泥而形成的松散状以及遭受意外损伤所产生的疏松状混凝土区域。尤其是体积较大的结构或构件,因混凝土浇灌量大,且不允许产生施工缝必须连续浇灌,因此施工管理稍有疏忽,便会产生漏振或混凝土拌合物离析等现象。对于一般工业与民用建筑物的混凝土构件,处于钢筋较密集的部位(如框架结构的梁、柱节点和主次梁交接部位),往往产生石子架空现象。对于层高较高的柱子和剪力墙的混凝土浇灌,由于混凝土拌合物落差较大,灌注空间狭小,如工艺上不采取适当措施,混凝土也容易产生漏振和离析。工程检测中有时还发现在混凝土内部混入各种各样杂物(如砂石混合物、木块、砖头、土块、纸团等)。上述缺陷内容从广义上讲都属于混凝土不密实范畴。对于这种隐蔽在结构内部的缺陷,如不及时查明情况并作适当的技术处理,其后果难以设想。

5.3.1 测试方法

混凝土内部缺陷范围无法凭直觉判断,一般根据现场施工记录和外观质量情况,或在使用过程中出现质量问题而怀疑混凝土内部可能存在缺陷,其位置只是大概的,因此对这类缺陷进行检测时,测试范围一般都要大于所怀疑的区域,或者先进行大范围的初步测试,根据初步测试的数据情况再着重对可疑区域进行细测。检测时一般根据被测结构实际情况选用适宜的测试方法。

5.3.1.1 平面检测

(1)当结构被测部位具有两对互相平行表面时,可采用一对厚度振动式换能器,分别在两对互相平行的表面上进行对测。如图 5-24 所示,先在测区的两对平行表面上,分别画出间距为 200 ~ 300 mm 的网络,并逐点编号,定出对应测点的位置,然后将 T、R 换能器经耦合剂分别置于对应测点上,逐点读取相应的声时(t_i)、波幅(A_i)和频率(f_i),并量取测试距离(l_i)。

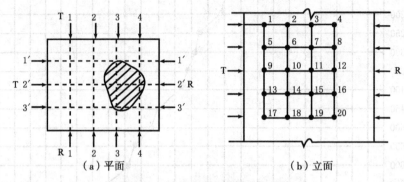

（a）平面 （b）立面

图 5-24　对测法换能器布置示意

（2）当结构物的被测部位只有一对平行表面可供测试,或被测部位处于结构的特殊位置,可采用厚度振动式换能器在任意两个表面进行交叉斜测。

测试步骤同对测法,一般是在对测的基础上围绕可疑测点进行斜测(包括水平方向和竖直方向的斜测),以确定缺陷的空间位置。测点布置如图 5-25 所示。

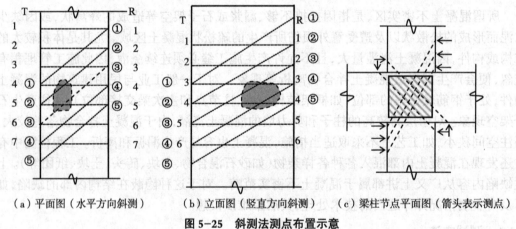

（a）平面图（水平方向斜测）　（b）立面图（竖直方向斜测）　（c）梁柱节点平面图（箭头表示测点）

图 5-25　斜测法测点布置示意

检测时,围绕怀疑区域在相互平行的两个表面布置对应测点先进行对测。当发现可疑数据时,再围绕可疑数据范围进行斜测。对于高度不太大的梁类构件,可将 T、R 换能器沿水平方向错位布置进行斜测,如图 5-25(a)所示,先在 T_1-R_1 至 T_7-R_7 进行对测,假设 T_4-R_4 和 T_5-R_5 两点数据异常,即沿水平方向将 T、R 换能器错开 2 ~ 3 个点,改由 $T_①$-$R_①$ 至 $T_⑤$-$R_⑤$ 进行斜测,假如在 $T_②$-$R_②$、$T_③$-$R_③$ 两点出现数据异常,则可通过几何坐标定位缺陷大致范围。对于梁柱节点内部的检测,可采用图 5-25(c)所示的方法进行交叉斜测。如果需要进一步判断缺陷的准确位置,可加密测点进行细测或者掉转方向进行斜测。

对于具有一定高度的结构或构件,可将 T、R 换能器沿竖直方向错位布置测点进行斜测。如图 5-25(b)所示,先在 T_1-R_1 至 T_6-R_6 进行对测,然后沿竖直方向将 T、R 换能器错开 2~3 个点,改由 $T_{①}-R_{①}$ 至 $T_{⑤}-R_{⑤}$ 进行斜测。当构件或结构断面尺寸较大时,也可同时采用水平斜测和竖直斜测相结合的方法进行细测,以达到精确判断缺陷三维位置的目的。一般来说,从两个方向斜测,判定的缺陷位置和范围更为准确。

5.3.1.2 钻孔测法

对于断面尺寸较大的结构,即使具有一对或两对相互平行的表面,但因测距太大,穿过整个断面进行测试,接收信号很微弱甚至接收不到信号。根据目前超声仪的最大发射功率并配置 50 kHz 换能器的检测能力,测距 $l \leqslant 3$ m 的情况下一般可以正常进行检测。当混凝土质量太差或测距太大($l > 3$ m),接收信号可能较微弱,既难辨认首波起始点,更难判定混凝土缺陷。另外,超声波在混凝土中传播时,主频率随着传播距离增大而减小,则波长随着传播距离增大而变大,尺寸小于波长的缺陷不易被发现,即缺陷被漏检的情况增多。因此,在检测断面尺寸较大的结构时,为了提高测试灵敏度,可在结构顶面沿短边的中部钻竖向声测孔,如结构长边方向较大还应钻多个孔,钻孔间距宜保持 2 m 左右,如图 5-26(a)所示。孔径为 38~42 mm(孔径应比所用的径向式换能器直径大 5~10 mm),孔的深度根据检测需要确定(不能钻透混凝土),孔底碎屑粉尘应采用高压风或水清理干净。

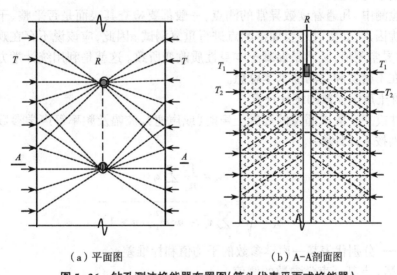

（a）平面图　　　　　　（b）A-A 剖面图

图 5-26　钻孔测法换能器布置图(箭头代表平面式换能器)

检测时,钻孔中放置径向振动式换能器(宜优先选用带前置放大器的接收换能器,以使接收信号更强),用清水作耦合剂,在结构侧表面放置厚度振动式换能器,用黄油耦合。一般是将钻孔中的换能器置于某一高度保持不动,在结构侧面相应高度放置平面式换能器,沿水平方向逐点测读声时 t_i 和波幅 A_i,然后将孔中换能器调整一定高度,再沿水平方向逐点测试。当出现异常数据时,可围绕异常测点沿竖直方向,使孔中换能器与侧面换能器保持一定高度差进行测试,以便进一步判定缺陷位置,如图 5-26(b)所示。

当有两个或两个以上钻孔时,除了孔中与侧面进行对测和斜测外,还应采用一对径向式换能器分别放在相邻两个钻孔中进行对测和斜测,以检验孔与孔之间的混凝土质量情况。如果孔对孔检测中发现异常数据,仅通过孔－孔斜测还难以判定缺陷范围时,可在适当位置补钻声测孔进行细测。

5.3.2 不密实区和空洞的判定

由于混凝土本身的不均匀性即使是没有缺陷的混凝土,测得的声时、波幅等参数值也在一定范围波动,更何况混凝土原材料品种、用量及混凝土的湿度和测距等都不同程度地影响着声学参数值。因此,不可能确定一个固定的临界指标作为判断缺陷的标准,一般都利用统计学方法进行判别。

统计学方法的基本思想在于,给定一置信概率(如 0.99 或 0.95),并确定一个相应的置信范围(如 $m_x \pm \lambda_1 \cdot s_x$),凡超过这个范围的观测值,就认为它是由于观测失误或者是被测对象性质改变所造成的异常值。如果在一系列观测值中混有异常值,必然歪曲试验结果,为了能真实地反映被测对象,应剔除测试数据中的异常值。

对于超声测缺技术来讲,认为一般正常混凝土的质量服从正态分布,在测试条件基本一致,且无其他因素影响的条件下,其声速、频率和波幅观测值也基本属于正态分布。在一系列观测数据中,凡属于混凝土本身质量的不均匀性或测试中的随机误差带来的数值波动,都应服从统计规律,在给定的置信范围以内。当某些观测值超过了置信范围,可以判断它是属于异常值。

在超声检测中,凡遇着读数异常的测点,一般都要检查其表面是否平整、干净或是否存在别的干扰因素,必要时还要加密测点进行重复测试。因此,应该说不存在观测失误的问题,出现的异常测值,必然是混凝土本身性质改变所致。这就是利用统计学方法判定混凝土内部存在不密实和空洞的基本思想。

5.3.2.1 混凝土声学参数的统计计算

一个构件或一个测试部位的混凝土声时(或声速)、波幅及频率等声学参数的平均值和标准差分别按下式计算:

$$m_x = \frac{1}{n} \sum_{i=1}^{n} x_i \tag{5-12}$$

$$S_x = \sqrt{\left(\sum_{i=1}^{n} x_i^2 - n \cdot m_x^2 \right)(n-1)} \tag{5-13}$$

式中, m_x、S_x——分别代表某一声学参数的平均值和标准差;

x_i——第 i 点某一声学参数的测值;

n——参与统计的测点数。

5.3.2.2 异常值的判别

在数理统计学中,判别异常观测值的方法有许多种,其中较典型的几种方法是:

(1)拉依达法。该方法的基本点是,对 n 次测量值 $x_1, x_2, \cdots, x_n$,计算其平均值 m_x 和标准差 S_x,当某个测值 $x_k > m_x + 3S_x$,则认为 x_k 是含粗大误差的异常值,应予以剔除。

此法较简单,曾在国内外广泛应用,但是只有在观测次数 n 足够大,且被测对象离散性较小时。判别异常值较为有效,当 n 较小时不易判出异常值,往往造成漏判。

(2)肖维勒法。该法是在 n 次测量中,取异常值不可能发生的个数为 0.5,那么对正态分布而言,异常值不可能出现的概率为

$$1 - \frac{1}{\sqrt{2\pi}} \int_{-\omega_n}^{\omega_n} \exp\left(-\frac{x^2}{2}\right) \mathrm{d}x = \frac{1}{2n} \tag{5-14}$$

根据标准正态分布函数的定义,则有:

$$\varphi(\omega_n) = \frac{1}{2}\left(1 - \frac{1}{2n}\right) + 0.5 = 1 - \frac{1}{4n} \tag{5-15}$$

利用标准正态函数表,可以求出各不同观测次数 n 所对应的 ω_n 值。若某一测量值 $x_k > m_x + \omega_n S_x$,则 x_k 判为异常值,应剔除。

此法克服了拉依达法的缺点,在测量次数 n 较小时也能判出异常值,但试验表明,对于非匀质混凝土来说。漏判的可能性也很大。

(3)格拉布斯法。该法先将 n 个测量值依大小顺序排列 $x_1 \leqslant x_2 \leqslant x_3, \cdots, \leqslant x_n$,假设可疑值是 x_n,则计算 n 个测量值的 m_x 和 S_x,并以 $\lambda(\alpha, n) = \lambda' \cdot (\alpha, n)\sqrt{(n-1)/n}$,列出观测次数 n 和某一置信水平 α 下的对应 λ 值。若 $X_n > m_x + \lambda(\alpha, n) \cdot S_x$,则判 X_n 为异常值。

此法被认为是一个较好的判别方法,尤其在统计数中仅有一个异常值的判出功效较高。

(4)狄克逊法。该法也是先将 n 个测量值按大小顺序排列,$x_1 \leqslant x_2 \leqslant x_3, \cdots, \leqslant x_n$,用极差比进行异常值判别。同样,以其概率密度函数,求出某一置信水平 a 和统计值个数 n 的临界值 $f(a, n)$。当认为 x_1 可疑时,极差比 $f_0 = \frac{x_2 - x_1}{x_n - x_1}$,若 $f_0 > f(a, n)$,则判 x_1 为异常值,予以剔除。当认为 x_n 可疑时,极差比 $f_0 = \frac{x_n - x_{n-1}}{x_n - x_1}$,若 $f > f_0(a, n)$,则判断 x_n 为异常值。人们认为此法设定的判别异常值的临界值较宽,适用于有多个异常值的情况。

上述四种判别异常值的方法,都是以被测对象均匀一致为条件,判别因观测失误造成的异常值。而混凝土缺陷检测,则是在尽可能避免观测失误的条件下,判别因被测对象本身性质改变所产生的异常值,两者之间有较大差异。由于混凝土的不均匀性,就是不存在缺陷,其声学参数值也会出现一定离散,统计的标准差 S_x 一般比较大,硬套上述某一种判别方法,都易造成缺陷的漏判。因此我们参考了肖维勒和格拉布斯法,结合混凝土缺陷检测的特点,制订了如下判别异常值的方法:

① 当测区各点的测距相同时,可直接用声时进行统计判断。将各测点声时值 t_i 按大小顺序排列 $t_1 \leqslant t_2 \leqslant t_3, \cdots, t_n$,将排列于后面明显偏大的声时视为可疑值,将可疑值中最小的一个数同其前面的声时值进行平均值 (m_t) 和标准差 (S_t) 的统计,以 $X_0 = m_t + \lambda_1 \cdot S_t$ 为异常值的临界值。

当参与统计的可疑值 $t_n \geqslant X_0$ 时,则 t_n 及排列于其后的声时值均为异常值,再将 $t_1 \sim t_{n-1}$ 进行统计判断,直至判不出异常数据为止。若 $t_n < X_0$ 时,再将 t_{n+1} 放进去统计和判别,其余类推。

② 用声速、波幅或频率进行统计判断。将测区各测点的声速 (v_i)、波幅 (A_i)、频率 (f_i) 分别按大小顺序排列,以 x_i 代表某声学参数,则 $x_1 \geqslant x_2 \geqslant x_3, \cdots, x_n$,将排列于其后面明显小的数视为可疑值,将可疑值中最大的一个连同其前面的数进行平均值 (m_x) 和标准差 (S_x) 的统计。

以 $X_0 = m_x - \lambda_1 \cdot S_x$ 为异常值的临界值,当参与统计的可疑值 $x_n \leqslant X_0$ 时,则 x_n 及排列于其后的数均为异常数据,再用 $x_1 \sim x_{n-1}$ 进行统计判断,直至判不出异常值为止。若 $x_n > X_0$,

再将 x_{n+1} 放进去统计和判别。

其中 λ_1 为异常值判定系数,可根据概率函数 $\varphi(\lambda_1) = \dfrac{1}{n}$,由正态分布函数表查出对应于统计个数 n 的 λ_1 值。

大量实践表明,当混凝土内部存在缺陷时,往往不是孤立的一个点,异常测点的相邻点很可能处于缺陷的边缘而被漏判。为了提高缺陷范围判定的准确性,可对异常测点的相邻点进行判断。

异常测点的相邻点是否异常,其判别临界值由下式计算:

当用平面振动式换能器在结构表面检测时,$X_0 = m_x - \lambda_2 S_x$;

当采用径向振动式换能器在钻孔或预埋管中检测时,$X_0 = m_x - \lambda_3 S_x$。

异常数据判断值(临界值)X_0 是参照数理统计学判断粗大误差(异常值)方法确定的。但与传统的 $m_x - 2S_x$ 或 $m_x - 3S_x$ 不同,在混凝土缺陷超声检测中,测点数量变化范围很大,采用固定的 2 倍或 3 倍标准差判断,置信概率不统一,容易造成漏判或误判。因此,这里的 λ_1、λ_2、λ_3 是随着测点数 n 的变化而改变。

根据概率统计原理,采用平面振动式换能器检测时,在 n 次测量中相邻两点不可能同时出现的概率:

$$P_2 = \frac{1}{2}\sqrt{\frac{1}{n}} \tag{5-16}$$

当用径向振动式换能器在钻孔或预埋管中测量时,相邻两点不可能同时出现的概率:

$$P_3 = \sqrt{\frac{1}{2n}} \tag{5-17}$$

则可根据概率函数 $\varphi(\lambda_2) = \dfrac{1}{2}\sqrt{\dfrac{1}{n}}$、$\varphi(\lambda_2) = \sqrt{\dfrac{1}{2n}}$ 由参与统计数据的个数 n,在正态分布表中分别查得 λ_2、λ_3。由测点个数 n 对应的 λ_1、λ_2、λ_3 列于表 5-7。

《超声法检测混凝土缺陷技术规程》(CECS 21 : 2 000)提供了表(6.3.2),根据统计值个数 n 可在表中查出相应的 λ_1、λ_2、λ_3 值。如果应用专门软件进行分析判断,查表就有些不太方便。为此,这里提供三条曲线方程,λ_1、λ_2、λ_3 可分别按以下公式计算:

$$\lambda_1 = 0.915\,n^{0.202\,5} \qquad \lambda_2 = 0.765\,n^{0.165\,2} \qquad \lambda_3 = 0.056\,8\,n^{0.205} \tag{5-18}$$

在实际工程检测中,分别用声速、波幅进行统计判断,有时出现互相矛盾的结果,即用声速判断为异常的测点,用波幅判不出异常,或者用波幅判断为异常的测点,声速却正常,如果检测人员经验不足,往往无法做出正确判断。在此情况下,可用声速、波幅相对值的乘积进行统计判断。

即 $$D_{vi} = v_i/v_{max}; D_{Ai} = A_i/A_{max} \tag{5-19}$$

$C_i = D_{vi} \cdot D_{Ai}$,再用综合参数 C_i 进行统计判断。

式中,D_{vi}、D_{Ai}——分别代表第 i 点声速、波幅相对值(无量纲);

v_i、A_i——分别代表第 i 点声速、波幅值;

v_{max}、A_{max}——分别代表测区的声速最大值、波幅最大值。

5.3.2.3 不密实混凝土和空洞范围判定

一个构件或一个测试部位中,某些测点的声时(或声速)、波幅或频率被判为异常值,可结合异常测点的分布及波形状况,判定混凝土内部存在不密实区和空洞的范围。

表 5-7　由统计数个数 n 查 λ_1、λ_2、λ_3 值

n	10	12	14	16	18	20	22	24	26	28
λ_1	1.45	1.50	1.54	1.58	1.62	1.65	1.69	1.73	1.77	1.80
λ_2	1.12	1.15	1.18	1.20	1.23	1.25	1.27	1.29	1.31	1.33
λ_3	0.91	0.94	0.98	1.00	1.03	1.05	1.07	1.09	1.11	1.12
n	30	32	34	36	38	40	42	44	46	48
λ_1	1.83	1.86	1.89	1.92	1.94	1.96	1.98	2.00	2.02	2.04
λ_2	1.34	1.36	1.37	1.38	1.39	1.41	1.42	1.43	1.44	1.45
λ_3	1.14	1.16	1.17	1.18	1.19	1.20	1.22	1.23	1.25	1.26
n	50	52	54	56	58	60	62	64	66	68
λ_1	2.05	2.07	2.09	2.10	2.12	2.13	2.14	2.15	2.17	2.18
λ_2	1.46	1.47	1.48	1.49	1.49	1.50	1.51	1.52	1.53	1.53
λ_3	1.27	1.28	1.29	1.30	1.31	1.31	1.32	1.33	1.34	1.35
n	70	72	74	76	78	80	82	84	86	88
λ_1	2.19	2.20	2.21	2.22	2.23	2.24	2.25	2.26	2.27	2.28
λ_2	1.54	1.55	1.56	1.56	1.57	1.58	1.58	1.59	1.60	1.61
λ_3	1.36	1.36	1.37	1.38	1.39	1.39	1.40	1.41	1.42	1.42
n	90	92	94	96	98	100	105	110	115	120
λ_1	2.29	2.30	2.30	2.31	2.31	2.32	2.35	2.36	2.38	2.40
λ_2	1.61	1.62	1.62	1.63	1.63	1.64	1.65	1.66	1.67	1.68
λ_3	1.43	1.44	1.45	1.45	1.45	1.46	1.47	1.48	1.49	1.51
n	125	130	140	150	160	170	180	190	200	210
λ_1	2.41	2.43	2.45	2.48	2.50	2.53	2.56	2.59	2.62	2.65
λ_2	1.69	1.71	1.73	1.75	1.77	1.79	1.80	1.82	1.84	1.85
λ_3	1.53	1.54	1.56	1.58	1.59	1.61	1.63	1.65	1.67	1.70

　　值得注意的是,在进行混凝土内部缺陷判定时,不仅依靠检测数据的分析和判别,还包含着检验人员的实践经验。经验不足者,容易产生漏判和误判。另外,实践证明,波幅测量值(A_i)虽然对缺陷的反映很敏感,但由于受声耦合状态的影响较大,一般不太服从正态分布,在统计和判别过程中是作为正态分布来处理的,若以波幅(A_i)为判定缺陷的主要依据时,应特别注意。尤其在耦合条件较差,难以保证波幅的准确测量时,更应慎重。

　　下面举例说明混凝土内部缺陷的检测和判定方法。

　　某机械厂框架柱,由于梁与柱交接处,横向、竖向钢筋交叉分布,排列十分密集,混凝土浇筑结束脱模后,发现部分梁、柱交接处存在蜂窝,凿开其中一个,发现柱头内部石子架空较严重,由此怀疑所有柱头的混凝土内部质量,经超声检测,有的柱头虽然表面存在蜂窝麻面,但内部不一定有空洞。可是有个别柱子表面很光洁,内部却存在蜂窝架空。现以最典型的(J)/(27)号柱为例,说明判定过程。

　　该柱的测距为 510 mm,测点布置如图 5-27 所示,各测点的声时和波幅测值分别按

大小顺序排列,示于表 5-8。

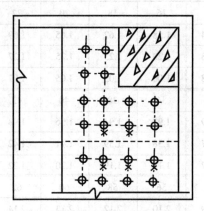

图 5-27 (J)/(27)超声测点布置

表 5-8 (J)/(27)柱测点数据排列

序号	1	2	3	4	5	6	7	8	9	10
$t/\mu s$	106.4	107.2	107.9	109.2	109.4	109.6	109.6	109.6	110.4	110.4
A/mm	44	44	41	40	40	40	39	39	36	34
序号	11	12	13	14	15	16	17	18	19	20
$t/\mu s$	111.2	111.4	111.6	111.8	112.2	112.4	114.3	114.6	115.1	115.8
A/mm	34	33	31	30	30	26	25	25	23	20

(1)判别声时(t)的异常值。假设 $t_{15}, t_{16}, \cdots, t_{20}$ 为可疑,则统计 $t_1 \sim t_{15}$ 的平均值(m_t)和标准差(S_t)并进行判别:

$$n = 15; m_t = 109.9; S_t = 1.71; \lambda_1 = 1.50$$

$$X_0 = m_t + \lambda_2 \cdot S_t = 109.9 + 1.71 \times 1.50 = 112.5$$

$$t_{15} > X_0$$

说明 t_{15} 为正常值,由于 t_{16} 与 t_{15} 接近,故再假设 $t_{17} \sim t_{20}$ 可疑,将 t_{17}、t_{16} 放进去统计和判断,结果是:

$$n = 17; m_t = 110.27; S_t = 2.00; \lambda_1 = 1.56$$

$$X_0 = 110.27 + 1.56 \times 2.00 = 113.39$$

$$t_{17} > X_0$$

则 $t_{17} \sim t_{20}$ 为异常值。

(2)判别波幅(A)的异常值。假设 $A_{16} \sim A_{20}$ 可疑,将 $A_1 \sim A_{16}$ 进行统计和判断,结果如下:

$$n = 16; m_A = 36.31; S_A = 5.36; \lambda_1 = 1.53$$

$$X_0 = 36.31 - 1.53 \times 5.36 = 28.1$$

$$A_{16} < X_0$$

则 $A_{16} \sim A_{20}$ 为异常值。

图 5-27 中"·"的测点为声时异常值,"×"的测点为波幅异常值。该部位正好是大梁

160

主钢筋穿过柱子,横竖钢筋密集的地方,经局部凿开检查,内部存在石子架空的蜂窝孔隙。

5.3.2.4 混凝土内部空洞尺寸的估算

关于混凝土内部空洞尺寸的估算,目前有两种方法。

(1) 设空洞位于发射和接收换能器连线的正中央,如图 5-28 所示。

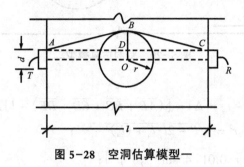

图 5-28 空洞估算模型一

根据几何学原理

$$\overline{BD}^2 = \overline{AB}^2 - \overline{AD}^2 \tag{5-20}$$

式中,$\overline{AB} = \dfrac{1}{2}v \cdot t_h$;

$\overline{AD} = \dfrac{l}{2}$;

$v = \dfrac{l}{t_m}$;

$\overline{BD} = r - \dfrac{d}{2}$。

将上述各项分别代入式(5-15)

则

$$\left(r - \frac{d}{2}\right)^2 = \left(\frac{l}{2} \cdot \frac{t_h}{t_m}\right) - \left(\frac{l}{2}\right)^2 \tag{5-21}$$

将式(5-16)整理后得:

$$r = \frac{1}{2}\left(d + l \cdot \sqrt{\left(\frac{t_h}{t_m}\right)^2 - 1}\right) \tag{5-22}$$

式中,r——空洞半径;

d——换能器直径;

l——测距;

t_h——绕空洞传播的最大声时;

t_m——无缺混凝土的平均声时。

此法在英国、罗马尼亚、俄罗斯等国家应用较多。

(2) 设空洞位于发射和接收换能器连线的任意位置,模型如图 5-29 所示。设检测距离为 l,空洞中心(在另一对测试面上声时最长的测点位置)距某一测试面的垂直距离为 l_h,脉冲波在空洞附近无缺陷混凝土中传播的时间平均值为 t_m,绕过空洞传播的时间(空洞处的最大声时值)为 t_h,空洞半径为 r。

161

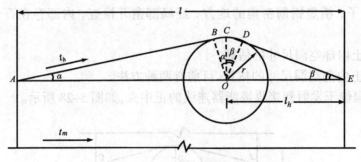

图 5-29　空洞估算模型二

由模型图看出：

$$t_h - t_m = \Delta t = \left[(\overline{AB} + \overline{BC} + \overline{CD} + \overline{DE}) - l \right] / v \qquad (5-23)$$

式中，$\overline{AB} = \sqrt{(l - l_h)^2 - r^2} = \sqrt{l^2 - 2l \cdot l_h + (l_h)^2 - r^2}$;

$\overline{BC} = r \cdot \alpha(\text{弧度}) = r \cdot 0.017\,45 \sin^{-1}\left(\dfrac{r}{l - l_h}\right)$;

$\overline{CD} = r \cdot \beta(\text{弧度}) = r \cdot 0.017\,45 \sin^{-1}\left(\dfrac{r}{l_h}\right)$;

$\overline{DE} = \sqrt{l_h^2 - r}$ 。

所以

$$\frac{\Delta t}{t} = \sqrt{1 - 2\frac{l_h}{l} + \left(\frac{l_h}{l}\right)^2 - \left(\frac{r}{l}\right)^2} + \frac{r}{l} \cdot 0.017\,45 \left[\sin^{-1}\left(\frac{l}{r} - \frac{l_h}{r}\right)^{-1} + \sin^{-1}\left(\frac{r}{l_h}\right) \right] +$$
$$\sqrt{\left(\frac{l_h}{l}\right)^2 - \left(\frac{r}{l}\right)^2} - 1 \qquad (5-24)$$

设 $x = \dfrac{\Delta t}{t}$; $y = \dfrac{l_h}{l}$; $z = \dfrac{r}{l}$; $\dfrac{r}{l_h} = \dfrac{l \cdot z}{l \cdot y} = \dfrac{z}{y}$

则 $x = \sqrt{(1 - y)^2 - z^2} + \sqrt{y^2 - z^2} + z \cdot 0.017\,45 \cdot \left[\sin^{-1}\left(\dfrac{z}{1 - y}\right) + \sin^{-1}\left(\dfrac{z}{y}\right) \right]$ (5-25)

已知 x、y 便可求出 z，根据 $z = \dfrac{r}{l}$，便可知空洞半径 r。

为便于应用，我们按式(5-20)事先计算出 x、y、z 之间的函数表，见表 5-9。

一般来说，混凝土内部如存在空洞，不可能刚好在正中间，所以第二种方法较符合实际情况。就这种估算方法，做过如下模拟实验：

[实验一] 南京水科院的实验

制作一个尺寸为 300 mm × 300 mm × 600 mm 的混凝土试件，内部制备了 ϕ150 mm、ϕ110 mm、ϕ85 mm、ϕ50 mm 的圆柱空洞，在另一个 ϕ85 圆柱孔中填充了多孔混凝土，经超声测试和估算，结果见表 5-10。

[实验二] 陕西省建筑科研院的实验

制作几个 200 mm × 200 mm × 200 mm 的混凝土模拟试件，其中分别预设空洞 ϕ30 mm、30 mm × 50 mm、60 mm × 80 mm、ϕ58 mm 和埋置 100 mm × 100 mm × 100 mm 加气混凝土块。采用超声垂直圆柱孔和矩形孔进行测试，如图 5-30 所示。测试和估算结果见表 5-11。

从上述试验结果看出，用该法大致估算混凝土内部空洞的尺寸还是可行的。不过这

表 5-9 x、y、z 函数值

z \ y \ x	0.05	0.08	0.10	0.12	0.14	0.16	0.18	0.20	0.22	0.24	0.26	0.28	0.30
0.10(0.9)	1.42	3.77	6.26	√	√	√	√	√	√	√	√	√	√
0.15(0.85)	1.00	2.56	4.06	5.96	8.39	√	√	√	√	√	√	√	√
0.2(0.8)	0.78	2.20	3.17	4.62	6.36	8.44	10.9	13.9	√	√	√	√	√
0.25(0.75)	0.67	1.72	2.69	3.90	5.34	7.03	8.98	11.2	13.8	16.8	√	√	√
0.3(0.7)	0.60	1.53	2.40	3.46	4.73	6.21	7.91	9.38	12.0	14.4	17.1	20.1	23.6
0.35(0.65)	0.55	1.41	2.21	3.19	4.35	5.70	7.25	9.00	10.9	13.1	15.5	18.1	21.0
0.4(0.6)	0.52	1.34	2.09	3.02	4.12	5.39	6.84	10.3	12.3	14.5	16.9	19.6	√
0.45(0.55)	0.50	1.30	2.03	2.92	3.99	5.22	6.62	8.20	9.95	11.9	14.0	16.3	18.8
0.5	0.50	1.28	2.00	2.89	3.94	5.16	6.55	8.11	9.84	11.8	13.8	16.1	18.6

注：表中 $x = (t_h - t_m)/t_m \times 100\%$；$y = l_h/l$；$z = r/l$。

表 5-10 南京水科院缺陷试件测试数据

空洞实际尺寸 /mm	$\phi 150$	$\phi 110$	$\phi 85$	$\phi 85$ 填多孔混凝土	$\phi 50$
无洞混凝土声时 /μs	68.0	68.0	69.8	67.5	67.5
过洞中心的声时 /μs	77.6	75.1	73.1	71.5	69.2
洞的计算尺寸 /mm	156	132	102	102	68
绝对误差 /mm	+6	+22	+17	+17	+18
相对误差 /%	+4	+20	+20	+20	+36

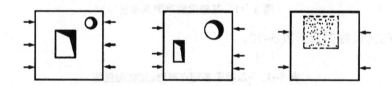

图 5-30 空洞估算模拟试验(箭头表示测点位置)

表 5-11 陕西省建科院缺陷试件测试数据

空洞实际尺寸 /mm	$\phi 30$	$\phi 68$	30×50	60×80	100×100
无洞混凝土的声时 /μs	37.0	36.3	37.7	37.7	42.0
过洞中心的声时 /μs	38.2	37.4	38.1	39.8	50.0
洞的计算尺寸 /mm	28.0	56	28.0	68.0	118
绝对误差 /mm	2	12	2	−8	−18
相对误差 /%	1.0	17.6	1.0	−13.3	−18
备注		取芯孔			加气混凝土块

种方法比第一种计算方法复杂得多,应用起来较麻烦,一般情况下,用第一种方法估算也可以。试验表明,不管空洞是否位于发射和接收换能器的连线的任何位置,按式(5-17)计

163

算的结果普遍偏大。值得注意的是,无论哪种估算方法在理论推导过程中,为了计算方便,都是假设空洞是圆球或其轴线垂直于测试方向的圆柱形,而且空洞周围的混凝土是密实的,上述模拟试验也是按此假设进行的。但是,实际结构物中因施工失误造成的空洞不可能处于如此理想的状态,形态总是不规则,周围总伴随一些蜂窝状不密实区。因此估算结果肯定存在一定误差,有待进一步研究和验证。

5.3.3　不密实混凝土检测实例

5.3.3.1　陕西渭南某工程筏板基础的基础梁检测

该筏板基础的底板厚度为 450 mm,主梁底板以上的尺寸为高×宽 =1 000 mm×600 mm,次梁底板以上的尺寸为高×宽 =500 mm×600 mm,因发现底板局部地方以及底板与梁交接部位存在零星不规则孔穴,用细铅丝捅时,有的竟能捅入 100～200 mm,为弄清底板及梁内部混凝土密实情况,采用超声波进行检测。下面以其中一段次梁的测试过程加以介绍。超声测点布置如图 5-31 所示,沿梁的高度方向布置四排,每排布置 10 个测点。使用 CTS-25 型超声仪,配置 100 kHz 换能器,每点分别测读声时(t)和波幅(A)。

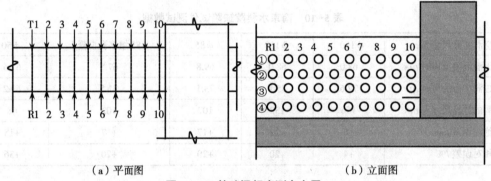

（a）平面图　　　　　　　　　　　　　（b）立面图

图 5-31　基础梁超声测点布置

各测点的测试数据列于表 5-12。

表 5-12　基础梁各测点声时、波幅测量值

测点 排号	1		2		3		4		5	
	声时 /μs	波幅 / dB	声时 /μs	波幅 / dB	声时 /μs	波幅 / dB	声时 /μs	波幅 / dB	声时 /μs	波幅 / dB
①	146	45	148	43	145	42	146	43	145	40
②	147	51	142	47	137	46	144	45	142	46
③	143	46	140	43	140	48	138	54	139	47
④	138	43	139	52	136	46	143	43	141	43

测点 排号	6		7		8		9		10	
	声时 /μs	波幅 / dB	声时 /μs	波幅 / dB	声时 /μs	波幅 / dB	声时 /μs	波幅 / dB	声时 /μs	波幅 / dB
①	146	39	147	46	143	47	145	44	143	41
②	140	48	146	39	150	28	157	24	161	27
③	145	42	150	38	168	10	169	6*	173	6
④	140	41	153	30	172	8	178	4	175	6

异常测点判断：

（1）用声时判断：

第一次统计。$n=40$；$m_t=148.5$；$S_t=11.46$，根据 $n=40$ 查得 $\lambda_1=1.96$，$X_0=m_t+\lambda_1\cdot S_t=148.5+1.96\times11.46=171.0$，从表 5-8 中查找声时大于 171 的测点。

大于 X_0 的测点有③-10、④-8、④-9、④-10 即为异常点。从统计数据中剔除该四点后继续统计判断。

第二次统计。$n=36$；$m_t=145.6$；$S_t=7.73$；$\lambda_1=1.92$；$X_0=160.4$，再从表中查找声时大于 160.4 的测点。又判出②-10、③-8、③-9 三点为异常，剔除该三点后再统计判断。

第三次统计。$n=33$；$m_t=143.8$；$S_t=4.66$；$\lambda_1=1.87$；$X_0=152.5$，声时大于 152.5 的测点有②-9、④-7 两点。剔除该两点后继续统计判断。

第四次统计。$n=31$；$m_t=143.0$；$S_t=3.73$；$\lambda_1=1.845$；$X_0=149.9$，又判出②-8、③-7 两点异常。剔除该两点后再统计判断。

第五次统计。$n=29$；$m_t=142.6$；$S_t=3.34$；$\lambda_1=1.815$；$X_0=148.6$，无异常点了。

最后再判断异常点的相邻点：$n=29$；$\lambda_2=1.335$；$X_0=147.0$，虽然判出①-2 号点，但不属于异常点的相邻点，不予考虑。即用声时共判出 11 个测点。

（2）用波幅判断：为了节省计算工作量，这里对波幅明显小的测点，先作预判：③-8、③-9、③-10、④-8、④-9、④-10 六点为异常点，不参与统计。

第一次统计。$n=34$；$m_a=42.6$；$S_a=6.74$；$\lambda_1=1.89$；$X_0=m_a-\lambda_1\cdot S_a=42.6-6.74\times1.89=29.9$，波幅值比 29.9 小的测点有②-8、②-9、②-10 三点，剔除该三点后再统计。

第二次统计。$n=31$；$m_a=44.1$；$S_a=4.56$；$\lambda_1=1.845$；$X_0=35.7$，判出④-7 异常。

第三次统计。$n=30$；$m_a=44.6$；$S_a=3.79$；$\lambda_1=1.83$；$X_0=37.7$，再无异常点。

再判断异常点的相邻点：$n=30$；$\lambda_2=1.34$；$X_0=39.5$，小于 39.5 的测点有②-7、③-7、①-6。显然①-6 不是异常点的相邻点。用波幅共判出 12 个测点。

根据声时和波幅测值的判断结果，异常测点的分布立面图见图 5-32。图中◎为异常点；⊙为异常测点的相邻点

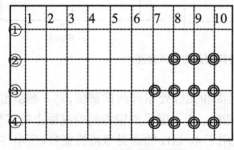
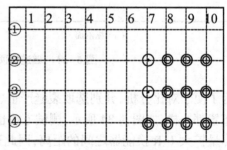

（a）声时判定的异常测点　　　　　（b）波幅判定的异常测点

图5-32　基础梁异常测点分布立面图

因为该部位外观很正常，而且与其他部位相比较，表面看不出任何差异，建设方和施工方都不相信内部会存在问题，为了验证检验结果，经几方协商当场对异常测点部位凿开进行检查，结果发现内部是一堆松散的砂石混合物，其范围如图 5-33 所示。

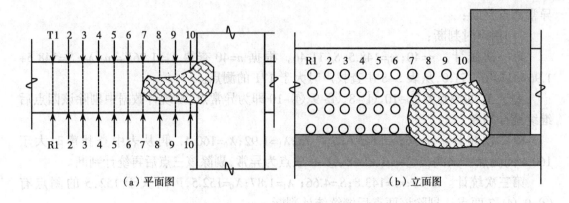

（a）平面图　　　　　　　　　（b）立面图

（a）平面图　　　　　　　　　（b）立面图

图 5-33　基础梁不密实混凝土分布示意（ ▨▨▨ 为不密实区）

5.3.3.2　陕西某铁路隧道拱壁混凝土质量检测

该隧道距出口约 60 m 一段两侧拱壁与拱顶交接部位出现严重水平裂缝，其宽度为 5～30 mm，部分区段裂缝两侧混凝土明显错位或局部破碎。拱壁设计厚度为 400 mm，混凝土设计强度等级为 C20，采用内撑钢模板逐段浇灌混凝土的施工方法。为了分析裂缝原因和拟定事故处理方案，需要检测裂缝部位的混凝土抗压强度、拱壁厚度及内部密实情况。经协商决定：采用钻芯法检测混凝土强度，用超声波检测内部混凝土密实情况，用钻孔法抽检拱壁厚度。超声测点布置如图 5-34 所示。

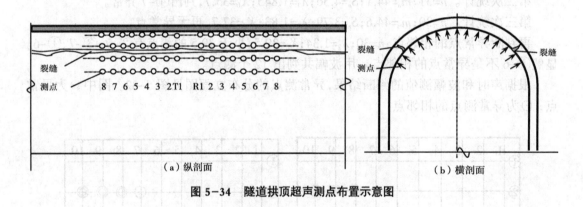

（a）纵剖面　　　　　　　　　（b）横剖面

图 5-34　隧道拱顶超声测点布置示意图

为了便于对比分析，分别选取裂缝严重、轻度和无缝处布置测试部位，每一测试部位的测点布置都一样，如图 5-34 所示，测试方法也相同。为了能反映较深处的混凝土密实情况，需要尽量扩大 T、R 换能器之间的距离，因此选用了 40 kHz 的高灵敏度换能器（压电体为酒石酸钾钠），各测点 T、R 换能器的间距分别为 20 cm、40 cm、60 cm、80 cm、100 cm、120 cm、140 cm、160 cm。采用 CTS-25 型超声仪，发射电压调到 1 000 V 进行测试，为减少杂波信号干扰，仪器与换能器之间采用较短的（3 m 左右）高频电缆线连接，同时关闭附近一切动力设备，逐点测读声时 t 和波幅 A。

测试过程中发现，测距 $l < 80$ cm 时，各个测试部位的波幅差异不明显，当 $l \geqslant 80$ cm 后，个别部位波幅明显降低，波形畸变严重，经钻芯取样检查发现，凡是测距在 80～160 cm

范围内波幅明显低、波形严重畸变的部位，拱壁靠近岩基侧的混凝土都存在蜂窝空洞。据此对各测试部位进行分析判断，并结合个别部位的钻芯验证判定内部混凝土的不密实范围。

检测结果：所测部位的混凝土强度除一处为 16.7 MPa 外，其余部位在 24.0～38.0 MPa，拱顶混凝土厚度为 420～480 mm，除三个部位存在蜂窝状不密实混凝土外，其他测位未发现不密实混凝土。所测部位不密实混凝土的分布范围如图 5-35 所示（阴影区代表不密实混凝土），各断面不密实混凝土沿隧道纵向分布长度为 1.2～2.5 m，其厚度为 160～210 mm。

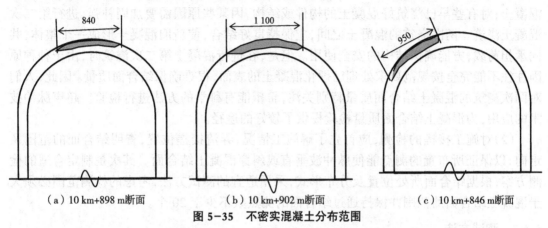

（a）10 km+898 m断面　　　（b）10 km+902 m断面　　　（c）10 km+846 m断面

图 5-35　不密实混凝土分布范围

单面平测时，为什么在测距较远时能反映较深层混凝土密实情况？下面用图 5-36 来说明：

由于岩石的密度和声速与混凝土的极为相近，即二者的特性阻抗很接近（$Z_1 \approx Z_2$），当两种媒质特性阻抗相近或相等时声波在其界面上的声压反射率 F 趋近于 0，透射率 K 趋近于 1，而超声波在混凝土与空气界面时正好相反，$F=1$。所以，当混凝土与岩基之间无空洞时，超声波在二者界面上产生的反射很少，绝大部分透射到岩基中去了，如果混凝土与岩基之间存在蜂窝空洞时，超声波在该界面几乎全被反射。由图 5-36 看出，T 换能器发射的超声波一部分通过混凝土表层直接传播到 R 换能器（称为直达波），另一部分经两媒质界面反射到 R 换能器（称为反射波）。当 T、R 换能器间距较小时，直达波与反射波的路程差很大，反射波远落后于直达波，对首波信号不会产生干扰。随着 T、R 换能器间距增大，直达波与反射波的路程差越来越小，反射波的干扰信号越来越靠近首波，且因空洞界面产生的反射信号很强，对接收信号的干扰很严重，所以随着 T、R 换能器间距增大，缺陷信号反应越明显。

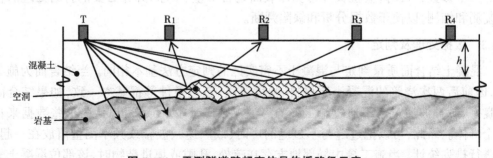

图 5-36　平测隧道壁超声信号传播路径示意

5.4 混凝土结合面质量检测

5.4.1 定义及检测前的准备

（1）所谓混凝土结合面是指前后两次浇筑的混凝土之间形成的接触面（主要指在已经终凝了的混凝土上再浇筑新混凝土，两者之间形成的接触面）。对于大体积混凝土和一些重要结构物，为了保证其整体性，应该连续不间断地一次浇筑完混凝土，但有时因施工工艺的需要或因停电、停水、机械故障等意外原因，中途停顿间歇一段时间后再继续浇筑混凝土；对有些早已浇筑好混凝土的构件或结构，因某些原因需要加固补强，进行第二次混凝土浇筑。两次浇筑的混凝土之间，应保持良好结合，使新旧混凝土形成一个整体，共同承担荷载，方能确保结构的安全使用。但是，在进行混凝土第二次浇筑时，由于种种原因往往不能完全按规范要求处理已硬化混凝土的表面，很难确保结合面质量。因此，人们对两次浇筑的混凝土结合面质量特别关注，希望能有科学的方法进行检验。超声脉冲技术的应用，为混凝土结合面质量检验提供了较好的途径。

（2）对施工接槎的检测，应首先了解施工情况，弄清接槎位置，查明结合面的范围及走向，以保证所布置的测点能使脉冲波垂直或斜穿混凝土结合面。其次是制定合适的检测方案，根据结合面所处位置及分布形式，采用适宜的测试方法，考虑的检测范围必须大于混凝土结合面的范围并保持通过结合面的测点数不少于 20 个。

5.4.2 测试方法

超声波检测混凝土结合面质量，一般采用穿过与不穿过结合面的脉冲波声速、波幅和主频率等声学参数进行比较分析的方法。因此，为保证各测点的声学参数具有可比性，每一对测点都应保持倾斜角度一致，测距相等。对于柱子、梁之类构件的施工接槎，可采用斜测法进行检测，换能器布置如图 5-37（a）所示；对于局部修补混凝土的结合面，可用对测法检测，换能器布置如图 5-37（b）所示；对于加大构件断面尺寸进行加固处理的混凝土结合面，可采用对测加斜测的方法进行检测，在对测的基础上，围绕异常测点进行斜测，以确定结合不良的具体部位，如图 5-37（c）所示。

图中 $T—R_1$ 为不通过结合面的测点，$T—R_2$ 为通过结合面的测点。测点间距可根据结构被测部位的尺寸和结合面外观质量情况确定，一般为 100 ~ 300 mm，测点间距过大，可能会导致缺陷漏检。

一般施工接槎附近的混凝土表面都较粗糙，检测之前一定要处理好被测部位的表面，以保证换能器与混凝土表面有良好的耦合状态，确保测试数据的可比性。当发现某些测点声学参数异常时，应检查异常测点表面是否平整、干净，并作必要的打磨处理后再进行复测和细测，以便于数据分析和缺陷判断。

5.4.3 数据处理及判定

混凝土结合面质量判定与混凝土不密实区的判定方法基本相同。当结合面为施工缝时，因前后两次浇筑的混凝土原材料、强度等级、工艺条件等都基本一致，如果结合面质量良好，脉冲波通过与不通过施工缝的声学参数应基本一致，可以认为这些数据来自同一个母体。因此，可以把过缝与不过缝的声时（或声速）、波幅或频率测量值放在一起，分别进行排列统计。当施工缝中局部地方存在疏松、孔隙或填进杂物时，该部位混凝土失去

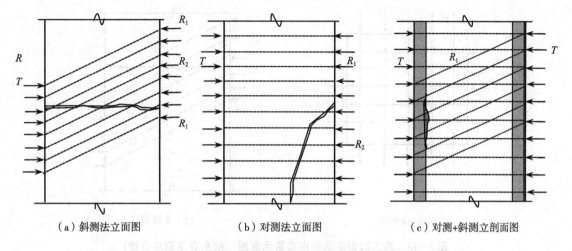

（a）斜测法立面图　　　　　　（b）对测法立面图　　　　　（c）对测+斜测立剖面图

图 5-37　混凝土结合面质量检测方法（箭头代表测点虚线表示测线）

连续性,脉冲波通过时,其波幅和频率会明显降低,声时也有不同程度增大,因此凡被判为异常值的测点,查明无其他原因影响时,可以判定这些部位施工缝结合不良。

当测试数据较少或数据较离散,无法用统计法判断时,可用通过结合面的声速、波幅值与不通过结合面的声速、波幅值进行比较,如果前者的声速、波幅值明显比后者低,则该点可判为异常测点。

对于结构物进行修补加固所形成的混凝土结合面,因两次浇筑混凝土的间隔时间较长,而且加固补强用的混凝土往往比结构物原来的混凝土高一个强度等级,骨料级配和施工工艺条件也与原来混凝土不一样。所以,可以说两次浇筑的混凝土不属于同一母体,但如果结合面两侧的混凝土厚度之比保持不变,通过结合面的脉冲波,其声学参数反映了该两种混凝土的平均质量。因此,仍然可以将通过结合面各测点的声时、波幅和频率测量值按 5.3.1 节、5.3.2 节所述的方法进行统计和判别。被判为异常值的测点,查明无其他原因影响时,可判定这些部位的新旧混凝土结合不良。

在一般工业与民用建筑中,混凝土结合面质量检验的机会相当多,大量实践表明,采用超声波检测其结合质量是相当有效的。

5.4.4　结合面质量检测实例

（1）陕西铜川某工程（A）/（7）框架柱施工缝检测

该柱断面尺寸为 500 mm × 500 mm,距地面约 1.9 m 处有一施工缝,外观质量较差,尤其西北角表面存在露石现象。采用过缝与不过缝的斜测法进行检测。

由于施工缝两旁表面很差,不能靠近施工缝布置测点,故过缝测点只能布置三排,如图 5-38 所示。

将两个方向的测试数据进行统计分析和异常数据判断,结果表明:该施工缝四周的结合质量都不太好,尤其位于西北角方向质量最差。经凿开检查,四周有 45 ~ 120 mm 深的疏松混凝土,其中西北角最深,疏松区深度达到 200 mm。结合不好的分布及尺寸如图 5-39 所示。

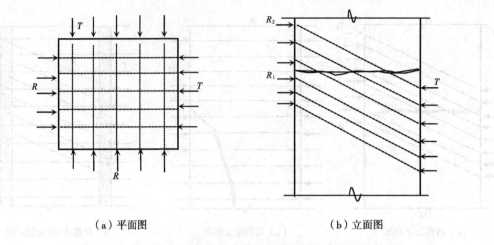

（a）平面图　　　　　　　　　　　（b）立面图

图 5-38　施工缝斜测法测点布置示意图（箭头表示测点位置）

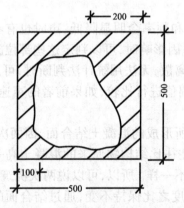

图 5-39　施工缝检测结果（阴影区为结合不良）

（2）陕西泾阳县某建材厂窑墩修补后新旧混凝土结合面质量检测

该窑墩属双肢门架结构形式，每个肢腿的断面尺寸为 3 600 mm × 1 500 mm，高约 9 000 mm，混凝土系现场搅拌，设计强度等级为 C35。当整个窑墩混凝土浇灌完 6 d 后脱模发现 2# 肢腿距地面高度约 7 m 处存在一层厚度为 200 mm 左右的疏松混凝土。有关专家采用凿除疏松混凝土再用 C40 细石混凝土进行修补处理，修补处理后的 2# 肢腿外观很好，看不出任何问题，但为慎重起见采用超声波进行验收性检测。

检测方法是采用对测和斜测相结合的方法，采用 NM-3A 智能型非金属超声波检测仪，配置 50 kHz 换能器，靠近修补混凝土区域沿着肢腿长边方向竖向布置 4 排对测点和 7 排斜测点，每排沿水平方向布置 17 个测点。检测部位的测点布置如图 5-40 所示。

由于通过结合面的数据都较差，而不通过结合面的测点数较少，故只能根据通过与不通过结合面的测点波幅明显差异情况来判断异常测点。从检测数据来看，声时的差异不大，主要从波幅和频率的变化来判断。因数据量大不便将原始数据一一列出，这里将对测和斜测的各排 17 个测点的波幅值、频率值的范围及其平均数和标准差分别列于表 5-13 和表 5-14。

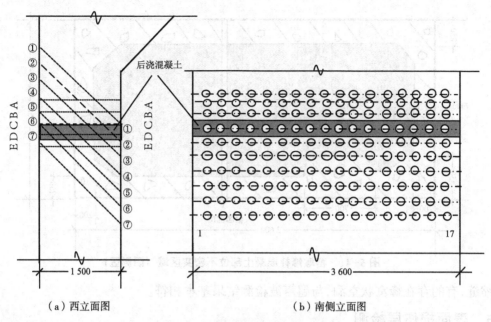

（a）西立面图　　　　　　（b）南侧立面图

图 5-40　窑墩超声测点布置示意图

表 5-13　窑墩修补混凝土处超声波对测数据统计

测点排号	A	B	C	D	E
波幅值范围 /dB	47.2 ~ 68.5	30.5 ~ 64.6	24.7 ~ 50.1	27.7 ~ 48.6	42.4 ~ 61.5
波幅平均值 / 标准差 /dB	58.1/5.28	47.6/11.2	40.5/7.82	37.2/6.67	51.5/4.85
频率值范围 /kHz	31 ~ 37	20 ~ 34	7.2 ~ 36.7	7.2 ~ 36.8	32.7 ~ 37.5
频率平均值 / 标准差 /kHz	33.9/1.71	30.6/4.31	26.6/11.74	22.6/12.92	33.6/1.71

表 5-14　窑墩修补混凝土处超声波斜测数据统计

测点排号	①	②	③	④	⑤	⑥	⑦
波幅值范围 /dB	45.8 ~ 61.9	22.7 ~ 47.8	23.8 ~ 35.7	20.1 ~ 31.0	20.2 ~ 35.5	21.8 ~ 38.7	46.3 ~ 52.5
波幅平均值 / 标准差 /dB	48.8/2.87	29.7/7.23	28.8/4.81	25.5/3.59	26.2/4.43	28.1/7.77	48.3/1.86
频率值范围 /kHz	25.2 ~ 36.6	12.2 ~ 36.8	14.6 ~ 33.8	10.6 ~ 36.7	10.8 ~ 31.0	12.6 ~ 33.7	24.2 ~ 34.5
频率平均值 / 标准差 /kHz	31.2/3.5	24.0/8.62	28.2/3.00	26.9/8.40	26.8/7.47	25.8/6.54	30.6/3.41

由表 5-13 和表 5-14 的统计数据看出,无论对测还是斜测,通过新旧混凝土结合面的测点,其波幅值和频率值都明显低于不通过结合面的测点且标准差都明显偏高。根据数据明显偏低的测点分布情况,最后判断结果如图 5-41 所示。图中阴影区表示数据异常区域。

经综合分析,判定为修补混凝土顶面与原混凝土之间存在大面积结合不良,修补混凝土中局部也存在蜂窝状不密实。后来采用钻芯取样的方法进行验证,沿修补混凝土顶面水平钻取 ϕ=50 mm 芯样,逐段取出芯样检查,结果证明,窑墩除靠南、北侧表面约 200 mm 深的混凝土密实外,其内部均存在不同程度的缺陷,有的为新旧混凝土间形成 2 ~ 5 mm

171

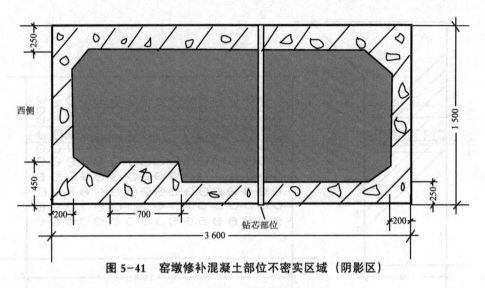

图 5-41　窑墩修补混凝土部位不密实区域（阴影区）

干缩缝,有的存在蜂窝状空洞,与超声波检测结果基本相符。

5.5　表面损伤层检测

混凝土和钢筋混凝土结构物,在施工和使用过程中,其表面层会在物理和化学的因素作用下受到损坏。物理因素大致有火焰和冰冻;化学因素大致有酸、碱盐类。结构物受到这些因素作用时其表层损坏程度除了作用时间的长短及反复循环次数有关外,还与混凝土本身的某些特征有关系,如体积和比表面积大小、龄期、水泥用量、水灰比及捣实程度等。

在考察上述问题时, 人们都假定混凝土的损伤层与未损伤部份具有明显的分界线。实际情况并非如此,国外一些研究人员曾用射线照相法观察因化学作用对混凝土产生的腐蚀情况。发现损伤层与未损伤部分不存在明显的界限。从我们的工程实测结果看,也反映了此种情况,总是最外层损伤严重,越向里深入,损伤程度越轻,其强度和声速的分布曲线应该是连续圆滑的,如图 5-42 所示。但人们为了计算方便,把损伤层与未损伤部分简单地分为两层来考虑,计算模型如图 5-43 所示。

图 5-42　实际声速分布　　　　　图 5-43　假设声速分布

5.5.1　测试方法

超声脉冲法检测混凝土表面损伤层厚度的方法大致有两种。

(1)单面平测法

此法可应用于仅有一个可测表面的结构,也可应用于损伤层位于两个对应面上的结构或构件。如图 5-44 所示,将发射换能器 T 置于测试面某一点保持不动,再将接收换能器 R 以测距 $l_i = 100, 150, 200, \cdots$ (mm)，依次置于各点，读取相应的声时值 t_i。

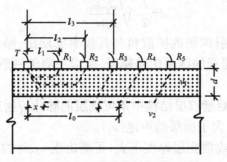

图 5-44 平测损伤层厚度

此法的基本原理是，当 T、R 换能器的间距较近时，脉冲波沿表面损伤层传播的时间最短，首先到达接收换能器，此时读取的声时值反映了损伤层混凝土的传播速度。当 T、R 换能器的间距较大时，脉冲波透过损伤层沿着未损伤混凝土传播的时间短，此时读取的声时中大部分是反映未损伤混凝土的传播速度。当 T、R 换能器的间距达到某一测距 l_0 时，沿损伤层传播与经过两次角度沿未损伤混凝土传播的脉冲波同时到达接收换能器，此时便有下面的等式：

$$\frac{l_0}{\nu_1} = \frac{2}{\nu_1}\sqrt{d^2 + x^2} + \frac{l_0 - 2x}{\nu_2} \tag{5-26}$$

式中，d——损伤层厚度；

　　　x——穿过损伤层传播路径的水平投影；

　　　ν_1——损伤层混凝土声速；

　　　ν_2——未损伤混凝土声速。

由于 $t_1 = \dfrac{l_0}{\nu_1}$，所以式（5-26）可改写成

$$t_1 = \frac{2}{\nu_1}(d^2 + x^2)^{\frac{1}{2}} - \frac{l_0 - 2x}{\nu_2} \tag{5-27}$$

取　　　　$\dfrac{\mathrm{d}t_1}{\mathrm{d}x} = 0$

$$\frac{\mathrm{d}t_1}{\mathrm{d}x} = \frac{2}{\nu_1} \cdot \frac{1}{2}(d^2 + x^2)^{-\frac{1}{2}} \cdot 2x - \frac{2}{\nu_2} = \frac{x}{\nu_1(d^2 + x^2)^{\frac{1}{2}}} - \frac{1}{\nu_2} = 0$$

则　　　　

$$\frac{x^2}{\nu_1^2(d^2 + x^2)} = \frac{2}{\nu_2^2} \tag{5-28}$$

将式（5-28）整理并取正值，得

$$x = \frac{d \cdot \nu_1}{\sqrt{\nu_2^2 - \nu_1^2}} \tag{5-29}$$

再将式（5-29）代入式（5-21）得

$$\frac{l_0}{\nu_1} = \frac{2}{\nu_1}\left(d^2 + \frac{d^2 \cdot \nu_1^2}{\nu_2^2 - \nu_1^2}\right)^{\frac{1}{2}} + \frac{l_0}{\nu_2} - 2\frac{d \cdot \nu_1}{\nu_2\sqrt{\nu_2^2 - \nu_1^2}} \tag{5-30}$$

173

整理后得：

$$d = \frac{l_0}{2} \sqrt{\frac{\nu_2 - \nu_1}{\nu_2 + \nu_1}} \tag{5-31}$$

由于平面式换能器辐射声场的扩散角与其频率成反比,频率越低,声场的扩散角越大,平测时传播到接收换能器的脉冲信号越强,所以平测法一般都采用 30～50 kHz 的低频换能器。

这种方法还可以用来测量双层结构中不可测层的脉冲传播速度。但是必要的测试条件是,要求内层的声速(ν_2)大于面层的声速(ν_1)。

有时由于损伤程度轻或损伤层厚度不大,可能出现 ν_1、ν_2 的差值不大。因此,测量时必须准确测量 T、R 换能器之间的距离。

（2）逐层穿透法

事先在损伤结构的一对平行表面上,分别钻出一对对不同深度的测试孔,孔径为 50 mm 左右,然后用直径小于 50 mm 的平面式换能器,分别在不同深度的一对测孔中进行测试,读取声时值和测试距离,并计算其声速值。或者在结构同一位置先测一次声速,然后凿开一定深度的测孔,在孔中测一次声速,再将测孔增加一定深度,再测声速,直至两次测得的声速之差小于 2% 或接近于最大值时为止,如图 5-45 所示。

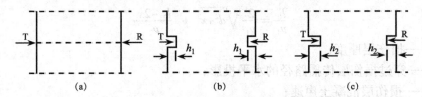

图 5-45　逐层穿透测损伤厚度

该方法不仅对结构造成局部破损,而且钻孔和凿孔很费事,还必须将孔底处理平整才能进行有效测试,操作相当麻烦。但局部凿开不仅可以测量混凝土的声速,还可以根据敲凿的难易程度和碎屑的外观质量情况,进行综合判断。在一般情况下,此方法检测结果的可靠性较高,因此仍不失为一种值得推广应用的方法。

5.5.2　损伤层厚度判定

当采用单面平测时,将各测点声时测值 t_i 与相应测距值 l_i 绘制"时—距"坐标图。如图 5-46 所示,图中前三点联结的直线斜率较小,反映了损伤混凝土的声速(ν_1)。

$$\nu_1 = (l_3 - l_1)/(t_3 - t_1) \tag{5-32}$$

后三点联结的直线斜率较大,反映了未损伤混凝土的声速(ν_2)。

$$\nu_2 = (l_6 - l_4)/(t_6 - t_4) \tag{5-33}$$

两根直线的交汇点所对应的距离,则为 l_0。损伤层厚度可按式（5-34）计算:

$$d = \frac{l_0}{2} \sqrt{\frac{\nu_2 - \nu_1}{\nu_2 + \nu_1}} \tag{5-34}$$

为便于绘制"时—距"图,每一测区的测点数不得少于 5 点,如果被测结构各测区的损伤层厚度差异较大,应适当增加测区数。

由于单纯用作图法求 ν_1、ν_2 和 l_0 比较麻烦,而且往往因声时坐标轴比例较粗,求得的数值误差较大,因此可用回归分析的方法,分别求出损伤、未损伤混凝土的回归直线方程:

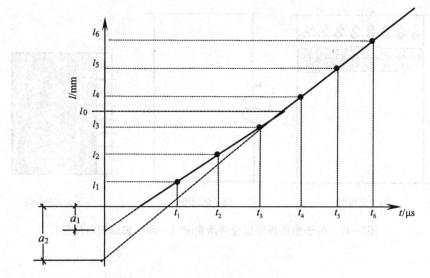

图5-46 损伤层检测"时—距"图

损伤混凝土回归方程：$l_f = a_1 + b_1 t_f$

未损伤混凝土回归方程：$l_a = a_2 + b_2 t_a$

式中，l_f、l_a——分别代表两条直线交点的前、后各测点测距，mm；

　　　　t_f、t_a——分别代表两条直线交点的前、后各测点声时，μs；

　　　　a_1、b_1、a_2、b_2——回归系数。

两条直线的交点所对应的测距：$l_0 = \dfrac{a_1 b_2 - a_2 b_1}{b_2 - b_1}$

损伤层厚度可按式（5-35）计算：

$$d = \frac{l_0}{2} \cdot \sqrt{\frac{b_2 - b_1}{b_2 + b_1}} = \frac{a_1 b_2 - a_2 b_1}{2 \times (b_2 - b_1)} \times \sqrt{\frac{b_2 - b_1}{b_2 + b_1}} \tag{5-35}$$

5.5.3 表面损伤层检测实例

（1）西安某公司招待所框架楼第三层柱烧伤程度检测

该柱断面尺寸 600 mm × 400 mm，浇筑混凝土第 8 天后正进行顶板和大梁支模（木模）、绑扎钢筋时不慎失火，几十根柱子遭受不同程度烧伤。为了尽量减少损失，对被烧柱子充分湿养护 20 d 后再委托笔者进行检测。

要求检测项目有：①各柱子现有混凝土抗压强度值；②被烧柱子的烧伤厚度。

根据现场实际情况确定超声-回弹综合法检测混凝土强度，采用超声波检测混凝土烧伤厚度。其中烧伤厚度又采用超声波平测和对测相结合的方法进行检测，先选取一个柱子在迎火面烧伤较重的部位，开凿一条宽约 150 mm、深 50 mm 的槽，并将槽底打磨平整，然后在槽底和槽旁边未凿表面层的部位分别进行平测，测点布置如图 5-47（a）和图 5-47（b）所示。同时也在未受火焰影响的柱子上进行对比测试，以便验证未烧伤混凝土的声速。

用凿去与不凿表面层的平测数据，分别绘制"时—距"图，如图 5-48 所示。

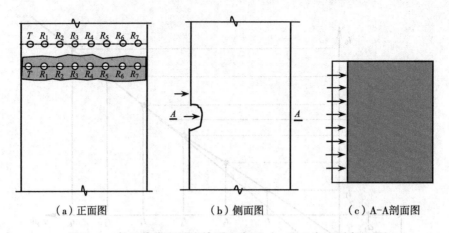

（a）正面图　　　　　　（b）侧面图　　　　　　（c）A-A剖面图

图5-47　柱子烧伤层厚度检测示意图（→和○表示测点位置）

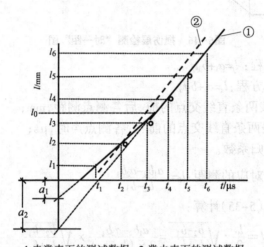

1.未凿表面的测试数据；2.凿去表面的测试数据。

图5-48　损伤层检测"时-距"图

由图5-48中的实线①查出损伤层声速 v_f=3.27 km/s；未损伤混凝土的声速 v_a=4.17 km/s；算得损伤厚度 d=56 mm。由虚线②查得 v_a=4.14 km/s。

基本未烧伤柱子的声速 v=4.0~4.13 km/s。由此表明，用平测法测量损伤和未损伤混凝土的声速是基本可靠的。

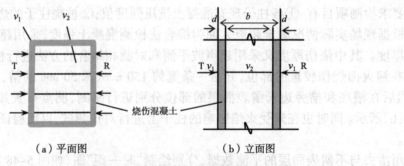

（a）平面图　　　　　　　　　（b）立面图

图5-49　烧伤层简化计算原理图

176

由于平测的测点布置受到柱子断面尺寸的限制，测点数较少而且还易受钢筋的影响，大面积测试的作图工作量太大。为了简化测试工序，减少作图工作量，在大面积检测时便采用对测的声时值与前面求出的声速 v_1、v_2 直接计算各部位的烧伤层厚度。计算原理如图 5-49 所示，假设柱子两个侧面烧伤厚度基本一样，可建立一个简单计算式。

由图 5-49 可知，用超声波穿透柱子进行对测时，通过两个厚度为 d 的烧伤层，其中烧伤混凝土声速为 v_1，内部未烧伤混凝土声速为 v_2，超声测距为 b，测读声时为 t，则有如下关系式：

$$t = 2 \cdot \frac{d}{v_1} + \frac{b-2d}{v_2}$$

将上式整理后得：$d = \dfrac{v_1}{2} \cdot \dfrac{v_2 t - b}{v_2 - v_1}$　　　　　　　　　　　　　　　　（5-31）

用此式对距火源较近[着火点位于(B)/(5)和(B)/(6)之间]的几根柱子，按上、中、下三个区段分别计算表面烧伤厚度，结果见表 5-15。

表 5-15　按式（5-31）计算的柱子表面烧伤厚度

柱子轴线	柱子表面烧伤厚度 /mm		
	上	中	下
(A)/(5)	6	45	48
(A)/(6)	71	34	0
(B)/(3)	71	45	62
(B)/(4)	76	74	51
(B)/(5)	64	68	51
(B)/(6)	78	88	67
(B)/(8)	58	36	28
(C)/(3)	64	8	0
(C)/(5)	76	45	38
(C)/(6)	64	46	37
(C)/(8)	51	30	0
(D)/(4)	58	50	8
(D)/(5)	64	53	32
(D)/(8)	26	4	0

当然实际遭受高温损伤的构件，两个相对表面的损伤厚度不一定相同，多是迎火面损伤较厚，背火面损伤较浅，不过用此简易计算法既节省测试工作量又简化数据处理步骤，而且对测的声速比平测准确可靠。

再用几根平测柱子的数据，分别以测距 l 和对应声时 t 进行回归分析，结果为：

$v_f = b_1 = 2.81 \sim 3.34$ km/s；$v_a = b_2 = 4.08 \sim 4.34$ km/s；

按式（5-31）计算的烧伤厚度为 $d = 40 \sim 72$ mm。

距火源越近的柱子，烧伤越深，基本符合着火现场实际情况。

（2）某学校教学楼门厅柱冻伤程度检测

采用单面平测和穿透对测相结合的方法进行检测。按平测法绘制的"l-t"曲线查得的 $v_1 = 2.30 \sim 2.90 \ \text{km/s}$；$v_2 = 4.0 \sim 4.17 \ \text{km/s}$，采用穿透对测法对未受冻柱子测得声速为 $4.01 \sim 4.18 \ \text{km/s}$；对受冻严重的部位（在柱子边缘对测）测得冻伤层声速为 $2.30 \sim 2.50 \ \text{km/s}$，按式（5-29）计算得冻伤层厚 $d = 60 \sim 110 \ \text{mm}$，如图 5-50 所示，迎风的东北侧面冻伤较深，与实际情况相符。

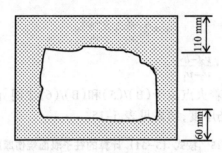

图 5-50　冻伤层厚度（阴影区）

5.6　钢管混凝土缺陷检测

5.6.1　概述

所谓钢管混凝土是指在钢管中浇筑混凝土，使钢管和混凝土结合成整体共同承受荷载的复合结构材料。由于钢管混凝土既能充分发挥钢材的韧性和抗拉强度又能充分发挥混凝土的抗压强度，因而它具有承载力高、重量轻、耐疲劳、抗冲击等特点，同时具有施工简便、省材料、省工时等优点，所以在工程中应用日益广泛，并于 1990 年颁布了《钢管混凝土结构设计与施工规程》（CECS 28∶90）。

钢管内的混凝土是否灌筑饱满、密实，无法直观检查，只能通过一定检测手段来判断。从同济大学材料系等单位的模拟试验和工程实测结果表明，采用超声脉冲波检测钢管混凝土内部缺陷是可行的。该项检测技术已正式编入《超声法检测混凝土缺陷技术规程》（CECS 21∶2000）中进行推广应用。

根据超声脉冲波的传播特性，钢管混凝土缺陷超声波检测，只适用于钢管壁与核心混凝土粘结良好的部位，同时需要满足超声波穿过核心混凝土直接传播的时间小于沿钢管壁传播的时间。然而钢管壁与核心混凝土粘结是否良好，可以用敲击法进行检查，仪器接收到的首波信号是否通过核心混凝土，可以通过以下计算分析来判断。

根据《钢管混凝土结构设计与施工规程》（CECS28∶29）的定义，钢管混凝土是指在圆形钢管内填灌混凝土的钢管混凝土结构。现设超声波穿过核心混凝土沿径向传播的声时为 t_1，沿钢管壁半周长传播的声时为 t_2，为使穿过核心混凝土径向传播的声波首先到达接收换能器，必须保持 $t_1 \leqslant t_2$。可通过以下计算进行论证。

$$t_1 = 2b/v_g + (d - 2b)/v_c$$
$$t_2 = 0.5\pi d / v_g \qquad\qquad (5\text{-}37)$$

式中，d——钢管外径（$\geqslant 100\text{mm}$）；

　　　　b——钢管壁厚（$\geqslant 4\text{mm}$）；

178

v_g——钢管声速(根据实测 v_g＝5.30～5.40 km/s);

v_c——混凝土声速(设计强度等级≥C30 的混凝土声速 v_c≥4.00 km/s)。

如按最不利条件计算可不考虑钢管壁厚的影响,混凝土声速取最小值 v_c＝4.00 km/s;钢管声速 v_g＝5.40 km/s;钢管外径取 d＝100～800 mm。

当 d＝100 mm 时,t_1＝d/v_c＝100/4.00＝25.0 μs

$$t_2＝0.5\pi d/v_g＝0.5 \times 3.1416 \times 100/5.4＝29.1 \text{ μs}$$

$$t_1/t_2＝25.0/29.1＝0.859$$

当 d＝800 mm 时,t_1＝d/v_c＝800/4.00＝200.0 μs

$$t_2＝0.5\pi d/v_g＝0.5 \times 3.1416 \times 800/5.4＝232.7 \text{ μs}$$

$$t_1/t_2＝0.860$$

由此证明只要钢管混凝土密实且管壁与核心混凝土粘结良好,不管其直径大小,接收到的首波信号总是穿过核心混凝土沿径向传播的。

5.6.2 测试方法

钢管混凝土的超声测试方法,应根据检测目的分别采用以下两种方法。

(1)径向对测法

对钢管混凝土进行检测时应先采用径向对测法进行普测,即每一对测点的 T、R 换能器连线(称为声测线)须通过钢管混凝土横截面的圆心。测点布置如图 5-51 所示。

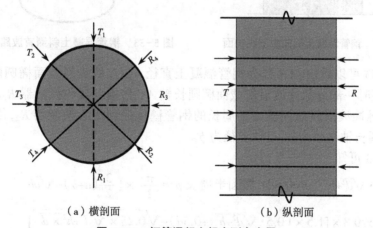

(a)横剖面　　　　　　　　　　(b)纵剖面

图 5-51　钢管混凝土超声测点布置

布置测点时应先用榔头敲击钢管混凝土管壁,根据敲击的"空""实"声音检查钢管壁与核心混凝土之间的粘结情况,尤其是轴线呈倾斜或水平走向的钢管混凝土,钢管壁的上方易与核心混凝土脱离,应着重检查该部位。选取粘结良好的部位布置超声测点,测点的表面不宜有焊缝、焊渣和严重锈蚀,如无法避开焊渣或锈蚀区,应将测点表面打磨平整后再进行超声测试。

检测时在钢管混凝土每一环线上保持 T、R 换能器联线通过圆心,沿环线逐点检测。环线间距可根据钢管混凝土直径大小及其在结构中所处位置确定,一般可定为 200～600 mm。对于直径较小、处于重要位置或者施工难度较大的钢管混凝土,测试环线间距应小一些。

测试过程中如发现某些测点声时偏长或波幅明显偏低,应检查 T、R 换能器与钢管表面耦合是否良好,同时还应敲击换能器耦合处是否存在空鼓声,以便排除耦合不良或混凝土与管壁脱离的干扰。

（2）轴向斜测法

对测中某些测点波幅、声时或频率测值存在异常且经过检查复测仍然异常时,为了判断核心混凝土的缺陷位置,可围绕异常测点沿钢管混凝土轴向进行斜测或扇形扫测,测点布置如图 5-52 所示。

但倾斜测试中,接收到的超声首波信号是穿过核心混凝土传播还是沿钢管壁传播,可由以下推导加以论证。推导原理如图 5-53 所示。

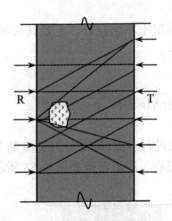

图 5-52　钢管混凝土轴向斜测纵剖面　　图 5-53　钢管混凝土斜测首波路径示意图

由图 5-53 可以看出,AB 线为钢管混凝土直径 d,AC 线为斜截面椭圆的长轴,BC 为斜距 h。斜测时一部分脉冲波沿斜截面椭圆长轴 AC 传播到接收换能器 R_2,传播时间为 t_1;另一部分脉冲波沿斜截面椭圆半周长的钢管壁传播到接收换能器 R_2,传播时间为 t_2。设斜截面椭圆长轴半径为 a、短轴半径为 b。

由图 5-53 可知:

$$a=0.5 \cdot \sqrt{d^2+h^2}\ ;\ b=0.5d\ ;\ 椭圆半周长\ p \approx \frac{\pi}{2} \times \left[\frac{3}{2}(a+b)-\sqrt{ab}\right]$$

则 $P \approx 1.570\ 8 \times [1.5 \times (0.5 \cdot \sqrt{d^2+h^2}+0.5d)-\sqrt{0.25 \times \sqrt{d^2+h^2 \times d}}\ ]$

即 $t_1=\dfrac{2a}{v_c}=\dfrac{\sqrt{d^2+h^2}}{v_c}$　　$t_2=\dfrac{p}{v_g}$

为简化叙述,现以钢管混凝土直径 $d=100 \sim 600$ mm,斜距 $h=\dfrac{2d}{10}-\dfrac{8d}{10}$,混凝土声速 $v_c=4.00$ km/s,钢管声速 $v_g=5.40$ km/s,分别计算椭圆半周长 P、斜距 h、t_1、t_2 以及 t_1 与 t_2 之差,结果见表 5-16。

由表 5-16 看出,穿过核心混凝土传播的声时 t_1 与沿钢管壁传播的声时 t_2 之差 Δt 不仅与钢管混凝土直径大小有关,还与斜距大小有关,同一直径钢管混凝土,随着斜距增大 Δt 值逐渐减小。同时还看出,对于直径较小的钢管混凝土,斜测时斜距不宜太大,对于直径小于等于 200 mm 的钢管混凝土,斜距 h 宜限制在直径的 6/10 范围内。

表 5-16 不同直径钢管混凝土在不同斜距下斜测时两种传播途径的声时之比较

钢管混凝土直径 d/mm	斜距 h/mm	椭圆半周长 P/mm	通过混凝土传播时间 t_1/μs	沿钢管壁传播时间 t_2/μs	两个声时之差 Δt/μs
100	20	159	25.5	29.4	3.9
	40	163	26.9	30.2	3.3
	60	170	29.2	31.6	2.4
	80	180	32.0	33.3	1.3
200	40	317	51.0	58.8	7.8
	80	326	53.9	60.4	6.5
	120	341	56.3	63.1	6.8
	160	360	64.0	66.6	2.6
300	60	476	76.5	88.1	11.6
	120	490	80.8	90.7	9.9
	180	511	87.5	94.7	7.2
	240	539	96.0	99.9	3.9
400	80	635	102.0	117.5	15.5
	160	653	107.7	120.9	13.2
	240	682	116.6	126.2	9.6
	320	719	128.1	133.2	5.1
500	100	793	127.5	146.9	19.4
	200	816	134.6	151.1	16.5
	300	852	145.8	157.8	12.0
	400	899	160.1	166.5	6.4
600	120	952	153.0	176.3	23.3
	240	979	161.6	181.3	19.7
	360	1 022	174.9	189.3	14.4
	480	1 079	192.1	199.8	7.7

斜测或扇行扫测时同样需要保持 T、R 换能器的耦合处钢管表面平整光洁,且钢管壁与混凝土结合良好,同时应保持 T、R 换能器连线通过钢管混凝土轴心。

(3)矩形钢管混凝土检测

虽然《钢管混凝土结构设计与施工规程》(CECS28:90)将钢管混凝土定义为"在圆形钢管内填灌混凝土的钢管混凝土结构",但实际工程中常采用矩形钢管混凝土,尤其是承受荷载较大的大断面钢管混凝土结构多采用矩形断面。对于矩形钢管混凝土的检测,其测试方法与圆形钢管混凝土相似,只是超声测点布置上有些不同,如图 5-54 所示。

由图 5-54(a)可以看出,为确保超声首波信号穿过核心混凝土直接传播到接收换能器,必须使最边上一对测点 T_1-R_1 与构件边缘距离不小于 x。

经过理论计算,最边上一对测点与构件边缘的距离只要不小于$(0.18 \sim 0.12)b$,超声

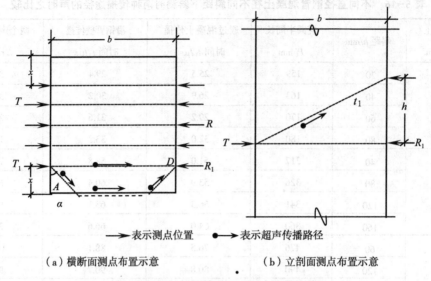

表示测点位置　　　　表示超声传播路径

（a）横断面测点布置示意　　　　　　　　　（b）立剖面测点布置示意

图 5-54　矩形钢管混凝土测点布置示意

首波信号必定通过核心混凝土。也就是 x 值应大于钢管混凝土测试距离的 1/7～1/5。

一般矩形钢管混凝土的断面尺寸比较大，在斜测时对斜距大小没有明确限制，但应保证仪器接收到的首波信号足够高，以便于测读识别。

5.6.3　数据分析与判断

钢管混凝土各声学参数的统计计算和异常值判断方法，与混凝土不密实区检测相同，只是对于数据异常的测点，应检查该部位是否存在钢管壁与混凝土脱离现象，如无脱离等因素影响，则可判定该点异常。

5.7　混凝土匀质性检测

5.7.1　概述

所谓匀质性检验，是对整个结构物或同一批构件的混凝土质量均匀性的检验。混凝土匀质性检验的传统方法是，在结构物浇筑混凝土的时候，现场取样制作混凝土标准试件，以其破坏强度的统计值来评价混凝土的匀质性水平。这种方法存在一些局限性，例如：试件的数量有限；因结构的配筋率、几何尺寸及成型方法的不同，其混凝土的密实程度与标准试件相比，必然存在较大差异；构件与试块的硬化条件（养护温度、失水快慢等）不同等。除此之外，还可能遇到一些偶然因素的影响。由此可以说标准试块的强度，很难全面反映结构混凝土的质量情况。

由于超声脉冲法是直接在结构上进行全面检测，虽然目前的测试精度还不太高，但其数据代表性较强，因此用此法检验混凝土的匀性质具有一定实际意义。国际标准及国际材料和结构试验室协会（RILEM）的建议，都确认用超声脉冲法检验混凝土匀质性是一种有效的方法。

5.7.2　测试方法

一般采用平面式换能器进行穿透对测法检测结构混凝土的匀质性，要求被测结构应

182

具备一对相互平行的测试表面,并保持平整、干净。先在两个测试面上分别画出等间距的网格,并编上对应的测点序号。网格的间距大小取决于结构的种类和测试要求,一般为200~500 mm。对于测距较小,质量要求较高的结构,测点间距宜小些,测距较大的大体积结构,测点间距可适当取大些。

测试时,应使 T、R 换能器在对应的一对测点上保持良好耦合状态、逐点读取声时值 t_i。超声测距的测量方法可根据构件的实际情况确定,如果各测点的测距完全一致,便可在构件的不同部位抽测几次,取其平均值作为该构件的超声测距值 l。当各测点的测距不尽相同(相差≥2%)时,应分别进行测量。有条件最好采用专用工具逐点测量 l_i 值。

5.7.3 计算和分析

为了比较或评价混凝土质量均匀性的优劣,需要应用数理统计学中两个特征值——标准差和离差系数(也称变异系数)。

在数理统计中,常用标准差来判断一组测量值的波动情况或比较几组测量过程的准确程度。但标准差只能有效地反映一组观测值的波动情况,要比较几组测量过程的准确程度,则概念就不够明确,没有统一的基数,便缺乏可比性。例如,有两批混凝土构件,分别测得混凝土强度的平均值为 20 MPa、45 MPa,标准差为 4 MPa、5 MPa,仅从标准差来看,前者的强度较均匀,其实不然,如以标准差除以其平均值,则分别为 0.2 和 0.11,实际上是后者的强度均匀性较好。所以人们除了用标准差以外,还常采用离差系数来反映一组或比较几组观测数据的离散程度。

(1)混凝土的声速值按式(5-38)计算:

$$v_i = \frac{l_i}{t_i - t_0} \tag{5-38}$$

式中,v_i——第 i 点混凝土声速值,km/s;

$\quad l_i$——第 i 点超声测距值,mm;

$\quad t_i$——第 i 点测读声时值,μs;

$\quad t_0$——仪器设备的声时初读数,μs。

(2)混凝土声速的平均值、标准差及离差系数分别按下列公式计算:

$$m_v = \frac{1}{n} \sum_{i=1}^{n} v_i \tag{5-39}$$

$$S_v = \sqrt{\left(\sum_{i=1}^{n} v_1^2 - n \cdot m_v^2 \right) / (n-1)} \tag{5-40}$$

$$c_v = \frac{S_v}{m_v} \tag{5-41}$$

式中,m_v——混凝土声速平均值,km/s;

$\quad S_v$——混凝土声速的标准差,km/s;

$\quad c_v$——混凝土声速的离差系数;

$\quad n$——测点数。

如果事先建立了混凝土声速与强度的相关曲线,将混凝土测点声速换算成强度值,再进行强度平均值、标准差和离差系数的计算更好。

由于混凝土的强度与其超声脉冲传播速度之间存在较密切的相关关系,结构上各测点声速值的波动,基本反映了混凝土强度质量的波动情况,因此可以用混凝土声速的标准差(S_v)和离差系数(c_v)进行分析比较相同测距的同类结构混凝土质量均匀性的优劣。

但是,由于混凝土的声速与其强度之间存在的相关关系并非线性,所以用声速统计的标准差和离差系数,与现行验收规范以标准试块 28 d 的抗压强度统计的标准差和离差系数不属于同一量值。因此,最好将声速值换算成混凝土强度,以强度的标准差和离差系数,来评价同一批混凝土的匀质性等级。

5.8 混凝土钻孔灌注桩的质量检测

5.8.1 混凝土钻孔灌注桩的无损检测技术概况

混凝土钻孔灌注桩是高层建筑、桥梁等工程结构常用的基桩形式。近年来钻孔灌注桩的施工数量逐年增多,而且为了提高单桩承载力,钻孔灌注桩的桩长和桩径都有越来越大的趋势。基桩是地下隐蔽工程,其质量直接影响上部结构的安全,同时,由于施工时需灌注大量水下混凝土,稍有不慎极易产生断桩等严重缺陷。据统计国内外钻孔灌注桩的事故率高达 5% ~ 10%。因此,对钻孔灌注桩的质量无损检测,具有特别重要的意义。而且,由于它伸入地下达数十米,在检测方法上也有其特殊性,为此,本节将钻孔桩的检测技术作为特例予以详述。

混凝土钻孔灌注桩的质量包含两方面的内容,其一,桩的承载力;其二,桩内混凝土的连续性、均匀性和强度等级。所谓连续性是指混凝土中是否存在内部缺陷,如断桩、夹层、孔洞、局部疏松、缩颈等,而均匀性则指灌注时是否产生离析或混入泥水导致混凝土强度严重差异。由于承载力与设计计算参数相关联,一般认为只要用动测法测定承载力能达到设计要求即可算合格。但是,仔细分析就会明白,钻孔灌注桩的质量主要是由混凝土的连续性、均匀性和强度控制的。从长期使用的观点看,钻孔灌注桩的某些缺陷将逐步导致承载力的下降,但缺陷桩的早期承载力未必达不到设计要求。例如,某市对 200 多根桩进行控制性压桩试验结果的统计,其中有 10% ~ 15% 的缺陷桩,而承载力达不到设计要求的只有 5% ~ 10%,这些承载力已达到要求的缺陷桩由于长期力和地下侵蚀性环境的作用,仍可能存在工程隐患。此外,就承载力的非破损试验而言,目前尚有不同意见。近年来我国大量采用动测法确定承载力,但根据国际力学与基础工程学会推荐动荷载试桩法时指出:"如果锤击力不足以充分发挥土的强度,则任何承载力的测定方法都将不能测定桩的承载力,如同静荷载试验中没有施加足够的作用荷载一样,也不能测得总强度。"而在大直径钻孔灌注桩上运用动测法时,要达到足够的锤击力和贯入度是有困难的,根据以上两点理由,钻孔灌注桩,尤其是大直径钻孔灌注桩的质量,主要应以桩身混凝土的连续性和均匀性以及混凝土的实际强度来控制,这一概念是合理的。

目前,常用的钻孔灌注桩质量的检测方法有以下几种。

5.8.1.1 钻芯检验法

由于大直径钻孔灌注桩的设计荷载一般较大,用静力试桩法有许多困难,所以常用地质钻机在桩身上沿长度方向钻取芯样,通过对芯样的观察和测试确定桩的质量。

但这种方法只能反映钻孔范围内的小部分混凝土质量,而且设备庞大、费工费时、价格昂贵。不宜作为大面积检测方法,而只能用于抽样检查,一般抽检总桩量的 3% ~ 5%,或作为对于无损检测结果的校核手段。

5.8.1.2 振动检验法

所谓振动检验法又称动测法。它是在桩顶用各种方法(如锤击、敲击、电磁激振器、电火花等)施加一个激振力。使桩体乃至桩土体系产生振动,或在桩内产生应力波,通过对波动及振动参数的各种分析,以推定桩体混凝土质量及总体承载力的一类方法。这类方法主要有以下四种:

(1)敲击法和锤击法。用力棒或锤子打击桩顶,在桩内激励振动,用加速度传感器接收桩头的响应信号,信号经处理后被显示或记录。通过对信号的时域及频率分析,可确定桩尖或缺陷的反射信号,据此可判断桩内是否存在缺陷。当锤击力是足以引起桩土体系的振动时,根据所测得的振动参数,可计算桩的动刚度和承载力。

(2)稳态激励机械阻抗法。在桩顶用电磁激振器激振,该激振力是一幅值恒定,频率从 $20 \sim 1\,000$ Hz 变化的简谐力。量测桩顶的速度响应信号。由于作用在简谐振动体系上的作用力 F,与所引起体系上某点的速度 v 之比,称为机械阻抗,机械阻抗的倒数称为导纳(Mobility),因此,可用所谓记录的力和速度经仪器合成,描绘出导纳曲线,还可求得应力波在桩身混凝土中的波速、特征导纳、实测导纳及动刚度等动参数。据此,可判断是否有断桩、缩颈、鼓肚、桩底沉渣太厚等缺陷,并可由动刚度估算单桩容许承载力。

(3)瞬态激振机械阻抗法。用力棒等对桩顶施加一个冲击脉冲力,这个脉冲力包含了丰富的频率成分。通过分子传感器和加速度传感器,记录力信号和加速度信号,然后把两种信号输入信号处理系统,进行快速傅里叶变换,把时域变成频率,信号合成后同样可得到桩的导纳曲线,从而判断桩的质量。

(4)水电效应法。在桩顶安装一高约 1 m 的水泥圆筒,筒内充水,在水中安放电极和水听器。电极高压放电。瞬时释放大电流产生声学效应,给桩顶一冲击能量,由水听器接收桩土体系的响应信号,对信号进行频谱分析,根据谱曲线所含有的桩基质量信息,判断桩的质量和承载力。

5.8.1.3 超声脉冲检验法

该法是在混凝土测缺技术的基础上发展起来的。其方法是在桩的混凝土灌注前,沿桩的长度方向平行地预埋若干根检测用管道,作为超声发射和接收换能器的通道。检测时探头分别在两个管子中同步移动,沿不同深度逐点测出横截面上超声脉冲穿过混凝土时的各项参数。并按超声测缺原理分析每个断面上混凝土的质量。

5.8.1.4 射线法

该法是根据放射性同位素辐射线在混凝土中的衰减、吸收、散射现象为基础的一种方法。当射线穿过混凝土时,因混凝土质量不同或因存在缺陷,接收仪所记录的射线强弱将发生变化,据此来判断桩的质量。

由于射线的穿透能力有限。一般用于单孔测量,采用散射法,以便了解孔壁附近混凝土的质量,扩大钻芯法检测的有效半径。

从以上所列的常用检测方法可见,桩基检测方法的研究和应用是一个十分活跃的领域。在这些方法中,就检测桩内混凝土的连续性、均匀性和强度等级而言,超声脉冲检测法是最直观、可靠的方法,因此受到广泛重视。例如英国试验顾问有限公司已用这种方法检测了几万根桩。法国 CEBTP 公司研制了超声脉冲法检测桩基质量的专用仪器,该仪器采用感光记录系统记录不同深度上超声接收信号首波位置的移动曲线(类似于"声时 – 深度"曲线),作为判断依据,该仪器输出形象直观,但只能作定性判断。我国湖南大学于

1982 年首先开展了超声脉冲检测桩基的研究工作,提出了定量判据,并于 1989 年研制成功全自动智能化超声测桩仪。许多单位也相继开展了研究和应用。本节将在已论述的超声测缺的基础上,介绍超声脉冲检测桩基的有关问题。

5.8.2 钻孔灌注桩超声脉冲检测法的基本原理和检测设备

钻孔灌注超声脉冲检测法的基本原理与超声测缺和测强技术基本相同。但由于桩深埋土内,而检测只能在地面进行,因此又有其特殊性。

5.8.2.1 检测方式

为了超声脉冲能横穿各不同深度的横截面,必须使超声探测深入桩体内部,为此,须事先预埋测管,作为探头进入桩内的通道。根据声测管埋置的不同情况,可以有以下三种检测方法:

(1)双孔检测。在桩内预埋两根以上的管道,把发射探头和接收探头分别置于两根管道中,如图 5-55(a)所示。检测时超声脉冲穿过两管道之间的混凝土,实际有效范围即为超声脉冲从发射到接收探头所扫过的范围。为了尽可能扩大在桩横截面上的有效检测控制面积,必须使声测管的布置合理。双孔测量时根据两探头相对高程的变化,又可分为平测、斜测、扇形扫测等方式,在检测时视实际需要灵活运用。

(2)单孔检测。在某些特殊情况下,只有一个孔道可供检测使用,例如在钻孔取芯后需进一步了解芯样周围混凝土的质量,以扩大取芯检测后的观察范围,这时可采用单孔测量方式,如图 5-55(b)所示,换能器放置在一个孔中,探头之间用隔声材料隔离。这时声波从水中及混凝土中分别绕射到接收换能器,接收信号为从水及混凝土等不同声通路传播而来的信号的叠加,分析这一叠加信号,并测出不同声通路的声时及波高等物理量,即可分析孔道周围混凝土的质量。

运用这一检测方式时,必须运用信号分析技术,排除管中的混响干扰。当孔道内有钢质套管时,不能用此法检测。

(3)桩外孔检测。当桩的上部结构已施工,或桩内未预埋管道时,可在桩外的土基中钻一孔作为检测通道。检测时在桩顶上放置一较强功率的低频发射探头,向下沿桩身发射超声脉冲,接收探头从桩外孔中慢慢放下。超声脉冲沿桩身混凝土并穿过桩与测孔之间的土进入接收探头,逐点测出声时波、高等参数,作为判断依据,如图 5-55(c)所示。这种方式的可测深度受仪器发射功率的限制,一般只能测到 10 m 左右。

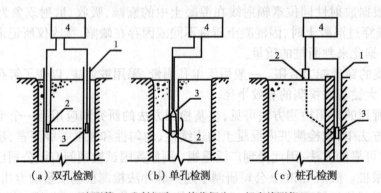

(a)双孔检测　　　　(b)单孔检测　　　　(c)桩孔检测

1.声测管;2.发射探头;3.接收探头;4.超声检测仪。

图 5-55　钻孔灌注桩超声脉冲检测方式

以上三种方法中,双孔检测是桩基超声脉冲检测的基本形式。其他两种方法在检测和结果分析上都比较困难,只能作为特殊情况下的补救措施。

5.8.2.2　判断桩内缺陷的基本物理量

在钻孔灌注桩的检测中所依据的基本物理量有以下四个:

(1)声时值。由于钻孔桩的混凝土缺陷主要是由于灌注时混入泥浆或混入自孔壁坍落的泥、砂所造成的。缺陷区的夹杂物声速较低,或声阻抗明显低于混凝土的声阻抗。因此超声脉冲穿过缺陷或绕过缺陷时,声时值增大。增大的数值与缺陷尺度大小有关。所以声时值是判断缺陷有无和计算缺陷大小的基本物理量。

(2)波幅(或衰减)。当波束穿过缺陷区时,部分声能被缺陷内含物所吸收,部分声能被缺陷的不规则表面反射和散射,到达接收探头的声能明显减少,反映为波幅降低。实践证明,波幅对缺陷的存在非常敏感,是在桩内判断缺陷有无的重要参数。

(3)接收信号的频率变化。当超声脉冲穿过缺陷区时,超声脉冲中的高频部分首先被衰减,导致接收信号主频下降,即所谓频漂,其下降百分率与缺陷的严重程度有关。接收频率的变化实质上是缺陷区声能衰减作用的反映,它对缺陷也较敏感,而且测量值比较稳定,因此,也可作为桩内缺陷判断的重要依据。

(4)接收波形的畸变。接收波形产生畸变的原因较复杂,一般认为是由于缺陷区的干扰,部分超声脉冲波被多次反射而滞后到达接收探头。这些波束的前锋到达接收探头的时间参差不齐,相位也不尽一致,叠加后造成接收波形的畸形。因此,接收波形上带有混凝土内部的丰富信息。如能对波形进行信息处理,弄清波束在混凝土内部反射和叠加机理,则可确切地进行缺陷定量分析。但目前,波形信息处理方法未能确定,一般只能将波形畸变作为缺陷定性分析依据和判断缺陷的参考指标。

在检测时,探头在声测管中逐点测量各深度的声时、波幅(或衰减)、接收频率及波形畸变位置等。然后,可绘成"声时－深度"曲线、"波幅－深度"曲线及"接收频率变化－深度"曲线等,供分析使用。

5.8.2.3　钻孔灌注桩超声脉冲检测法的主要设备

目前常用的检测装置有两种。一种是用一般超声检测仪和发射及接收探头所组成的,如图5-55所示。探头在声测管内的移动由人工操作,数据自动采集输入计算机处理。这套装置与一般超声检测装置通用,但检测速度慢、效率较低。

另一种是全自动智能化测桩专用检测装置,如图5-56所示。它由超声发射及接收装置、探头自动升降装置、测量控制装置、数据处理计算机系统等四大部分组成。

数据处理计算机系统是测控装置的主控部件,具有人机对话,发布各类指令,进行数据处理等功能。它通过总线接口与测量控制装置连接,发出测量的控制命令,以及进行信息交换;升降机构根据指令通过步进电机进行上升、下降及定位等动作,移动探头至各测量点;超声发射和接收装置由测量控制发射,并接收超声波,取得测量数据,传送到数据处理计算机,进行数据处理、存贮、显示和打印。由于测试系统由计算机控制,测量过程无需人工干预,因此可自动、迅速地完成全桩测量工作。

在桩基超声脉冲检测系统中,探头在声测管内用水耦合,因此探头必须是水密式的径向发射和接收探头。常用的探头一般是圆管式或增压式的水密型探头。

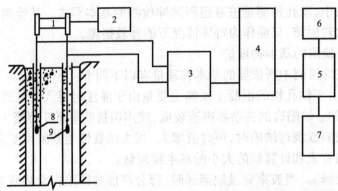

1.探头升降机构;2.步进电机驱动电源;3.超声发射与接收装置;
4.测控接口;5.计算机;6.磁带机;7.打印机;8.发射探头;9.接收探头。

图 5-56 全自动智能化测桩专用检测装置原理

5.8.3 声测管的预埋

声测管是桩基超声检测的重要组成部分,它的埋置方式及在横截面上的布置形式,将影响检测结果。因此,需检测的桩应在设计时将声测管的布置方法标入图纸。声测管材质的选择,以透声率最大及便于安装、费用低廉为原则。一般可采用钢管、塑料管、波纹管等。目前使用最多的是钢和波纹管。

(1)声测管的埋置数量和布置方式

声测管的埋置数量和横截面上的布局涉及检测的控制面积。通常如图 5-57 中所示的布置方式,图中阴影区为检测的控制面积。一般桩径小于 1 m 时沿直径布置两根;桩径为 1~2.5 m 布置三根,呈等边三角形;桩径大于 2.5 m 时布置四根,呈正方形。

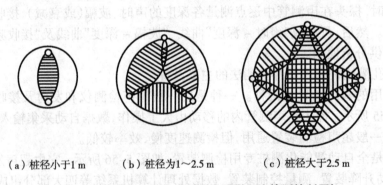

(a)桩径小于1 m   (b)桩径为1~2.5 m   (c)桩径大于2.5 m

图 5-57 声测管的布置方式（图中阴影区为检测控制区）

(2)声测管的预埋方法

声测管可直接固定在钢筋笼上,固定方式可采用焊接或绑扎。管子之间应基本上保持平行,不平行度控制在 1‰以下。管子一般随钢筋笼分段安装,每段之间接头可采用反螺纹套筒接口或套管焊接方案,如图 5-58 所示,波纹管可利用波纹套接。管子底部应封闭,管子接头和底部封口都不应漏浆,接口内壁应保持平整,不应有焊渣等凸出物,以免妨碍探头移动。

5.8.4 钻孔灌注桩缺陷检测结果的分析和判断方法

如何根据所测得的声学参数判断缺陷是超声脉冲检测法的关键,目前常用的方法有

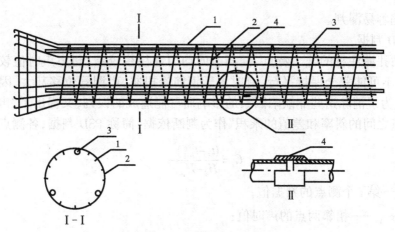

1.钢筋;2.箍筋;3.声测管;4.套管。

图 5-58　声测管的安装方法

两大类,第一类是数值判据法,即根据测试值经适当的数字处理后找出一个存在缺陷的临界值作为依据。这种方法能对大量测试数据作出明确的分析和判断。若用计算机进行,判断十分迅速,通常用于全面扫测时缺陷有无判断。第二类是声场阴影区重叠法,这类方法通常用于数值判据法确定缺陷位置后的细测判断,以便详细划定缺陷的区域和性质。此外,近年来超声CT成像法也有研究成果报道,并已有少量工程应用实例。

（1）数值判据法

概率法可按《超声法检测混凝土缺陷技术规程》（CECS 21:2000）进行,也可按《基桩低应变动力检测规程》（JGJ/T 93—95）进行。

《超声法检测混凝土缺陷技术规程》（CECS 21:2000）的方法如下:

将各测点的波幅、声速或主频值由大至小按顺序分别排列,即 $x_1 \geq x_2 \geq x_3, \cdots, \geq x_n \geq x_{n+1}$, $\cdots$,（若用声时值则反之,下同）,将排至后面明显小的数据视为可疑,再将这些可疑数据中最大的一个（假定为 x_n）连同其前面的数据一起,求出其平均值 m_x 和标准差 S_x,并按下式计算出异常情况的判断值（X_0）:

$$X_0 = m_x - \lambda_1 S_x \qquad (5-42)$$

式中,λ_1 可从《超声法检测混凝土缺陷技术规程》（CECS 21:2000）表 6.3.2 中查出。

再将 X_0 与可疑数据的最大值 X_n 比较,当 $X_n > X_0$ 时,则 X_n 及排列于其后的各数据均为异常,并将 X_n 去掉,再用 $X_1 \sim X_{n-1}$ 的数列进行计算和判断,直至判不出异常值为止;若 X_n 大于 X_0,则应将 X_{n+1} 放进去重新进行计算和判别。

当某测点判为异常值后,其相邻点应按下式再进行判别是否异常:

$$X_0 = m_x - \lambda_3 S_x \qquad (5-43)$$

式中,λ_3 可从《超声法检测混凝土缺陷技术规程》（CECS 20:2000）表 6.3.2 查出。

《基桩低应变动力检测规程》（JGJ/T 93—95）则采用比较简单的概率法计算,其方法是将所有测值的平均值 m_x 和标准差 S_x 求出,其异常情况的判别值 X_0 为

$$X_0 = m_x - k S_x \qquad (5-44)$$

式中,k——概率度,规程中规定取 $k=2$。

以上两种方法判断结果有所不同,前者较细致,但计算较烦琐;后者计算较简便,但

较小的缺陷容易漏判。

（2）PSD 判据

鉴于钻孔灌注桩的施工特点，混凝土的均匀性往往较差，超声声时值较为离散。同时，声测管不可能完全保持平行，有时由于钢筋笼扭曲，声测管位移甚大，因而导致声时值的偏离。为了消除这些非缺陷因素的影响而可能造成的误判，又提出了"声时－深度曲线相邻两点之间的斜率和差值的乘积"作为判断依据，简称 PSD 判据，各测点的判据式为

$$C_i = \frac{(t_i - t_{i-1})^2}{H_i - H_{i-1}} \tag{5-45}$$

式中，C_i——第 i 个测点的判据值；

　　　t_i 和 t_{i-1}——相邻两点的声时值；

　　　H_i 和 H_{i-1}——相邻两点的深度（或高程）。

该判据建立在这样的理论基础上，即在缺陷区由于超声传播介质发生变化，因此"声时－深度"曲线，在缺陷区的边界上，从理论上来说应是一个不连续函数，至少在缺陷边界上斜率增大。所以，当 i 和 $i-1$ 点之间声时没有变化或声时变化很小时 C_i 与两点声时差值的平方成正比，因而 C_i 将明显增大。因此该判据对缺陷十分敏感，同时还排除了因声测管不平行或混凝土不均匀等非缺陷因素所造成的声时变化而可能产生的误判。当 C_i 增大时该点可判为缺陷可疑点。

根据 PSD 判据的性质，可得出断桩临界判据

$$C_c = \frac{L^2(\nu_1 - \nu_2)^2}{\nu_1^2 \nu_2^2 (H_i - H_{i-1})} \tag{5-46}$$

式中，C_c——出现断桩或全断面夹层时的临界判据；

　　　L——声测管的间距；

　　　ν_1——混凝土的平均声速；

　　　ν_2——夹层内含物的估计声速；

　　　$H_i - H_{i-1} = \Delta H$——测点的间距。

当某点的 PSD 判据 C_i 大于 C_c 时，该点可判为断桩。即断桩的判定条件为

$$C_i > C_c$$

还可以得出 PSD 判据 C_i 与洞及蜂窝半径的关系式

$$C_i = \frac{4R_1^2 + 2L_2 - 2L\sqrt{4R_1^2 - L^2}}{\Delta H \nu_1^2} \tag{5-47}$$

$$C_i = \frac{4R_2^2(\nu_1 - \nu_2)^2}{\Delta H \nu_1^2 \nu_3^2} \tag{5-48}$$

以上两式中，　R_1——孔洞半径；

　　　　　　　R_2——蜂窝或裹入混凝土中的泥团的半径；

　　　　　　　ν_3——蜂窝或泥团中的声速；

其余各项同前。

190

根据以上两式,可用各点的 C_i 值计算出缺陷的半径,作为参考。

（3）多因素概率分析法

以上两种判据多是采用声时或波幅等单一指标作为判别的基本依据,但检测时可同时读出声时、波高、接收波频率参数,若能综合运用这些参数作为判断依据,则可提高判断的可靠性。多因素的概率法就是运用声时、频率、波高或声速频率、波高等参数,通过其总体的概率分布特征,获得一个综合判断值 NFP 来判断缺陷的一种方法。

各测点的综合判据值 NFP 按下式计算

$$\mathrm{NFP}_i = \frac{v_i' \cdot F_i' \cdot A_i'}{\frac{1}{n}\sum_{i=1}^{n} v_i' F_i' A_i' - ZS} \tag{5-49}$$

式中, NFP_i——第 i 测点的综合判据;

v_i'、F_i'、A_i'——第 i 点的声速、频率、波幅的相对值,即分别除以该桩各测点中最大声速、频率、波幅后所得的值;

S——上述三个参数相对值之积为样本的标准差;

Z——概率保证系数,它是根据与样本相拟合的夏里埃(Charliar)分布概率密函数及样本的偏倚系数,峰凸系数及其保证率所决定的。

根据 NFP 判据的性质可知,当 NFP 越大,则混凝土质量越好,当 $\mathrm{NFP}_i<1$ 时,该点应判为缺陷,同时根据实践经验所得的表 5-17 可作为判断缺陷性质的参数。

表 5-17　多因素概率法判断缺陷性质的参考表

判断依据				缺陷性质
NFP	ν	F	A	
≥1				无缺陷
0.5 ~ 1	正常	正常	略低	局部夹泥（局部缺陷）
	低	低	正常	一般低强区（局部缺陷）
0.35 ~ 0.5	正常	正常	较低	较严重的夹泥、夹砂
	低	低	较低	较严重的低强区或缩颈
0 ~ 0.35	低	低	较低	砂、石堆积断层
	很低	很低	很低	夹泥、砂断层

（4）声场阴影重叠法

运用上述值判定桩内是否有缺陷,以及缺陷的大体位置后,应在缺陷区段内采用声场阴影重叠法仔细判定缺陷的确切位置、范围和性质。所谓声场阴影重叠法,就是当超声脉冲横向穿过桩体并遇到缺陷时,在缺陷背面的声场减弱,形成一个声辐射阴影区。在阴影区内,接收信号波高明显下降,同时声时增大,甚至波形畸变。若采用两个方面检测,分别找出阴影区,则两个阴影区边界线交叉重叠所围成的区域,即为缺陷的确切范围。

图 5-59、图 5-60 和图 5-61 为各种不同缺陷用声场阴影重叠法的具体测试方法。其基本方法是一个探头固定不动,另一个探头上下移动,找出声场阴影的边界位置,然后交换测试,找出另一面的阴影边界。边界线的交叉范围内的重叠区,即为缺陷区。

在混凝土中,由于各界面的漫反射及低频声波的绕射,使声场阴影的边界十分模糊,

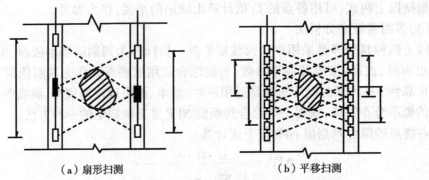

(a) 扇形扫测　　　　　　　　　　（b) 平移扫测

图 5-59　孔洞或泥团、蜂窝等缺陷范围的声阴影重叠测定

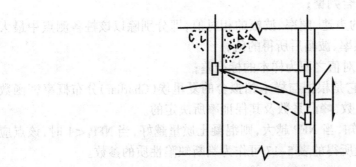

图 5-60　断层位置的判断（图中箭头位置为声时波高突变点）

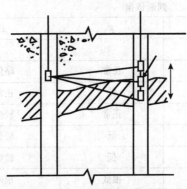

图 5-61　厚夹层上下界面的定位（图中箭头所指位置为声时波高突变点）

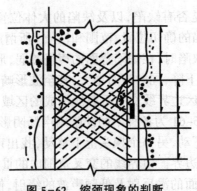

图 5-62　缩颈现象的判断

192

因此,需综合运用声时、波高、频率等参数进行判断,在这些参数中波高是对阴影区最敏感的参数,在综合判断时应有较大的"权数"。

当需要确定局部缺陷在桩的横截面上的准确位置时,可用图 5-62、图 5-63 所示多测向叠加法。

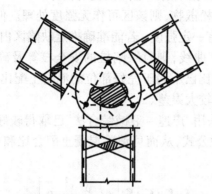

图 5-63　局部缺陷在桩的横截面上位置的多测向叠加定位法

5.8.5　桩内混凝土强度的测量

在检测实践中,设计和施工单位都希望能提供桩内混凝土强度的推定值。桩内混凝土强度的推定有两种情况:一种是以总体验收为目的,即给出其全桩的平均强度。另一种是以缺陷区或低强区强度验算为目的,即要求给出全桩纵剖面上各点的强度值,或缺陷区及低强区强度值,以便确定缺陷处理方案。目前,这两种情况下,要准确推定混凝土强度都有一定困难。其原因是,桩内一般只能用声速单一指标推算混凝土的强度,但"声速≠强度"相关关系受混凝土配合比等因素的严重影响,而桩内混凝土由于水下灌注往往离析严重,无法知道各段混凝土的实际比,也就是说无法确切知道影响"声速-强度"相关关系有关因素的实际变化情况,因此也无从修正,所以,即使事前按桩内混凝土的设计配比制定了"声速-强度"是基准曲线的情况下,推算误差仍然很大。为了解决这一问题,我们可以将上述两种情况分别处理。

（1）桩内混凝土总体平均强度的推算

当根据检测结果确认桩内混凝土均匀性较好时,可用平均声速推算平均强度。

事先按混凝土设计配合比为基准,制作"声速-强度"的相关公式,并对若干影响因素进行修正。目前常用的公式和修正系数如下:

$$f = a v^b \cdot K_1 \cdot K_2 \cdot K_3 \tag{5-45}$$

式中,f——全桩混凝土平均强度换算值。

　　v——全桩混凝土平均声速（计算声速时应扣除 t_0 及声测管厚度和耦合水的声时值）。

　　a、b——经验系数。

　　K_1——测距修正系数,当 $L < 100$ cm 时,$K_1 = 1$;当 100 cm $\leqslant L < 150$ cm 时,$K_1 = 1.015$;当 150 cm $\leqslant L < 200$ cm 时,$K_1 = 1.020$;当 $L \geqslant 200$ cm,$K_1 = 1.023$。

　　K_2——含水修正系数（一般取 0.98）。

　　K_3——混凝土流动性修正系数（该系数由实验确定）。

试验证明,若针对某工程的实际情况,建立专用"声速-强度"公式,并合理选择修正系数,则对混凝土均匀性良好的桩,用该式推定的混凝土总体强度与预留试块的平均强度之间的相对误差小于15%。

该法不宜用于均匀性较差的桩的强度推算,否则误差明显偏大。

（2）缺陷区强度的估算及桩纵剖面逐点强度的估算

若已确定缺陷为夹砂等松散物,则该区可作无强度处理。但如果缺陷为混凝土低强区或蜂窝状疏松区,则仍具有一定强度。若能准确推定缺陷区内混凝土的强度,或给出全桩纵向各点的"强度 – 深度"曲线,则对缺陷桩的安全核算及确定修补方案具有重要意义。但由于缺陷区混凝土配比已不同于完好部位的混凝土配比,因此要用声速单一指标推定缺陷区的混凝土强度有较大误差。

根据现有的研究成果,采用"声速 – 衰减综合法"已取得较好效果。该法采用声速、衰减两项参数与强度建立相关公式,从而可消除混凝土配合比和离析等因素的影响,其推算公式如下：

$$f = K_1 \cdot K_2 \cdot K_3 \left[A \left(\frac{\nu}{\alpha} \right)^2 + B \right] \tag{5-46}$$

式中,f——各测点的推算强度;

　　ν——各测点的声速;

　　α——各测点的衰减系数;

　　A、B——实验系数;

　　$K_1 \cdot K_2 \cdot K_3$——修正系数,意义同前。

采用该法时应保证探头在声时测管中的耦合稳定,以保证α值的稳定测量。制作相关公式时,探头的耦合条件应与桩内相似。

总之,对于均匀性较差的桩,以及缺陷桩,要检测其各点强度时,由于实际配比不一致等原因,不宜用单一声速指标估算其强度。用"声速 – 衰减"综合法也应持慎重态度。

（3）钻孔灌注桩混凝土质量水平的评价

混凝土的均匀性是钻孔灌注桩质量的重要指标之一。根据《混凝土强度检验评定标准》（GB/T 50107—2010）附录三的规定,混凝土的总体质量水平,可根据统计周期内混凝土强度标准差和试件强度不低于要求强度等级的百分率两项指标来划分。并按规定将混凝土划分为优良、一般、差三等。对桩的混凝土进行总体质量水平评价时也应以上述规定为基础。具体方法是根据予先建立的"声速 – 强度"相关公式,将各测点声速换算成强度换算值。然后按式（5-44）、式（5-45）算出全桩混凝土强度标准差和不低于规定强度等级的百分率。

$$S = \sqrt{\frac{\sum_{i=1}^{n} f_{cu,i}^2 - n \cdot m_{fcu}^2}{n-1}} \tag{5-47}$$

$$P = \frac{n_0}{n} \times 100\% \tag{5-48}$$

式中,$f_{cu,i}^c$——全桩各测点混凝土强度换算值;

　　n——全桩测点总数,$n \geqslant 25$;

　　m_{fcu}——n个测点强度换算值的平均值;

　　n_0——全桩各测点强度换算值中不低于要求等级的组数。

194

根据所算出的 S 和 P,按表 5-18 划分混凝土质量水平等级,则应以表为依据进行推算。

表 5-18　钻孔灌注桩混凝土质量水平等级参考表

混凝土质量水平 / 评定指标	优良		一般		差	
混凝土强度等级	<C20	≥C20	<C20	≥20	<20	≥20
全桩混凝土强度换算值标准差 S/(N/mm²)	≤3.5	≤4.0	≤4.5	≤5.5	>4.5	>5.5
强度换算值不低于要求强度等级的百分率 P/%	≥95		>85		≤85	

（4）桩身完整性的分类。

为了对灌注桩桩身完整性有一个概括性的评价,通常根据桩内缺陷的特征,按表 5-19 把桩的质量按其完整性分为四类。

表 5-19　桩身完整性评价

类别	缺陷特征	完整性评定结果
Ⅰ	无缺陷	完整,合格
Ⅱ	局部小缺陷	基本完整,合格
Ⅲ	局部严重缺陷	局部不完整。不合格经工程处理后。可使用
Ⅳ	断桩等严重缺陷	严重不完整,不合格报废或通过验证确定是否加固使用

注:表引自《超声法检测混凝土缺陷技术规程》(CECS 21:2000)。

思 考 题

1. 采用哪些声学参数检测混凝土缺陷? 其基本原理是什么?

2. 超声波检测混凝土缺陷的一般方法有哪些?

3. 混凝土裂缝深度的检测方法如何确定? 为什么浅裂缝中只用声时作判定依据,而深裂缝只用波幅判定?

4. 钻取测试孔的技术要求是什么?

5. 什么是混凝土不密实区? 怎样选定不密实区和空洞的测试方法?

6. 如何判定混凝土内部的不密实和空洞等缺陷?

7. 什么是混凝土结合面? 如何检测结合面质量?

8. 在哪些场合结构物的混凝土表面易受到损伤? 损伤程度与哪些因素有关?

9. 在进行单面平测时,需要注意哪些问题?

10. 钢管混凝土缺陷检测有哪些特殊性?

11. 混凝土钻孔灌注桩质量检测有何特殊性? 主要有哪些质量指标?

12. 预埋声测管时的注意要点是什么?

13. 判断桩内缺陷的数值判据有哪几种,它们各自的含义是什么?

14. 什么是声场阴影重叠法?

15. 推定桩内混凝土强度有何特性?

6 超声回弹综合法检测混凝土强度

概述

所谓超声回弹综合法,即采用混凝土超声波检测仪和混凝土回弹仪,在结构混凝土同一测试区域分别测出超声传播速度 v 和回弹值 R,利用事先建立的相关曲线推定混凝土强度的方法。该方法由于设备较简单,操作应用较方便,国内外研究较多,技术较成熟,是目前应用最为广泛的一种综合测强方法。

综合法就是采用两种(或两种以上)的测试方法同混凝土强度建立关系。综合法检测混凝土强度的方法较多,如"超声波脉冲速度 – 回弹值""超声波脉冲速度 – 表面硬度""超声波脉冲速度 – 超声波衰减""超声波脉冲速度 – 回弹值 – 碳化深度"等。

而"超声波脉冲速度 – 回弹值"综合法是在国内外研究最多、应用最广的一种方法。与单一的回弹法和超声法相比,综合法具有以下特点:

(1)减少龄期和含水率的影响。混凝土含水率大,超声波的声速偏高,而回弹值偏低;混凝土的龄期长,超声波声速的增长率下降,而回弹值则因混凝土碳化程度增大而提高。因此,二者综合起来测定混凝土强度就可以部分减少龄期和含水率的影响。

(2)弥补相互不足。当构件截面尺寸较大或内外质量有较大差异时,回弹值 R 就很难反映结构的实际强度。超声波声速是以整个断面的动弹性来反映混凝土强度,超声法可以较精确地测量混凝土密实度对混凝土强度影响的数据,这种测试方法可以反映骨料组成、骨料种类和湿度的影响。

采用超声法和回弹法综合测定混凝土强度,既可以内外结合,又能在较低或较高的强度区间相互弥补各自的不足,能够较全面地反映结构混凝土的实际质量。

(3)提高测试精度。由于综合法测试能减少一些因素的影响程度,较全面地反映整体混凝土质量,所以对提高无损检测混凝土强度的精度具有明显的效果,这是通过大量的试验所证明的。

6.1 综合法检测混凝土强度仪器

最常用的超声波检测仪和回弹仪,如图 6 – 1 所示。

（a）超声波检测仪

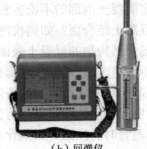
（b）回弹仪

图 6 – 1 综合法检测仪器

检测仪器技术要求

（1）回弹仪

回弹仪满足下列要求：

①测量回弹值的仪器，可采用数字式回弹仪或指针直读式回弹仪；

②回弹仪必须具有产品合格证及计量检定证书；

③水平弹击时，回弹仪的标称能量应为 2.207 J；

④在洛氏硬度 HRC 为 60±2 的钢砧上，回弹仪的率定值应为 80±2；

⑤数字式回弹仪应带有指针直读示值系统，数字显示的回弹值与指针直读示值相差不应超过 1。

（2）超声波检测仪

用于混凝土的超声波检测仪可分为下列两类：模拟式和数字式。

（1）超声波检测仪应满足下列要求：

①具有波形清晰、显示稳定的示波装置；

②声时最小分度值为 0.1 μs；

③具有最小分度值为 1dB 的信号幅度调整系统；

④接收放大器频响范围 10~500 kHz，总增益不小于 80 dB，接收灵敏度（信噪比 3:1 时）不大于 50 μv；

⑤电源电压波动范围在标称值 ±10% 情况下能正常工作；

⑥连续正常工作时间不少于 4 h；

⑦超声波检测仪器使用时，环境温度应为 0~40℃。

（2）模拟式超声波检测仪还应满足下列要求：

①具有手动游标和自动测读两种声时测读功能；

②数字显示稳定，声时调节在 20~30 μs 范围内，连续静置 1 h 数字变化不超过 ±0.2 μs。

（3）数字式超声波检测仪还应满足下列要求：

①具有采集、储存数字信号并进行数据处理的功能；

②具有手动游标测读和自动测读两种方式。当自动测读时，在同一测试条件下，在 1 h 内每 5 min 测读一次声时值的差异不超过 ±0.2；

③自动测读时，在显示器的接收波形上，有光标指示声时的测读位置。

6.2 超声回弹综合法检测技术发展概况

6.2.1 超声回弹综合法检测混凝土强度技术

综合法检测技术，最早是 R. 琼斯（R. Jones）、I. 弗格瓦洛（I. Facaoaru）、惠恩（Wheen）、马霍特（Malhotra）等进行过研究。其中罗马尼亚 I. 弗格瓦洛教授从 1956 年开始研究混凝土非破损（以下简称无损）检验技术，是世界开展无损检测技术较早的国家之一。最初主要采用单一的回弹法和超声法对混凝土的强度、缺陷进行检测，1961—1962 年制定了"回弹法、超声法检测技术规程"，在此期间在回弹和超声综合测试技术方面也做了许多工作，提出了混凝土无损检验新的测试方法——"超声 – 回弹"综合法，并于 1971 年制定了"综合法混凝土无损检验技术规程"，采用综合法推定混凝土试件、芯样和结构的强度精度与超声法及回弹法的比较，见表 6–1。

表 6 - 1   几种检测方法推定结构混凝土强度的比较

现场分类	被测试件	实测强度/MPa	推定强度/MPa			误差/%		
			综合法	超声法	回弹法	综合法	超声法	回弹法
工厂建筑	试件	15.2	15.0	19.7	17.4	-1.0	30.0	14.5
	结构	—	14.5	17.2	20.2	—	—	—
塔式砌块	试件	8.0	9.2	12.1	12.3	15.0	51.3	53.8
	结构	—	9.0	12.2	11.8	—	—	—
预制厂	芯样	39.7	43.2	48.2	54.8	8.8	21.4	38.0
	结构	37.9	42.0	48.0	53.0	10.8	26.6	39.8
预应力梁	试件	53.0	51.0	47.0	60.0	-3.8	-11.3	13.2
	芯样	44.8	45.3	40.0	50.6	1.1	-10.0	12.9
	结构	44.8	41.8	39.7	48.5	-6.7	-11.4	8.3

据资料报道,20 世纪 70 年代初期"超声 - 回弹"综合法在罗马尼亚使用较为广泛,在工程质量检测中有 70% 采用综合法、20% 采用超声法、10% 采用回弹法。有资料介绍,所检测的工程结构或构件有无原始资料直接影响检测精度,见表 6 - 2。

表 6 - 2   有无原始资料的检测精度

单位：%

原始资料	综合法	超声法	回弹法
有试件或芯样并知其组成	10 ~ 14	12 ~ 16	12 ~ 18
只有试件或芯样	12 ~ 16	14 ~ 18	15 ~ 20
只知其组成	15 ~ 20	18 ~ 25	18 ~ 20
无试件,不知其组成	>20	>30	>30

6.2.2   综合法测强技术影响因素的研究

6.2.2.1   国外研究情况

罗马尼亚综合法测强考虑以下因素:水泥品种、水泥用量、骨料性质、最大骨料粒径、0 ~ 1 mm 细骨料所占比例等。求影响系数的方法,制作试件先进行回弹法试验,后进行超声法试验,最后进行破损试验。将每个试件的平均回弹值作为纵坐标,平均超声波声速值作为横坐标,在坐标图上作散点图,将破损强度值标在坐标点附近。根据散点图画出标准混凝土和非标准混凝土的等强曲线,影响系数 C 按式(6 - 1)计算:

$$C = \frac{f_{ef}}{f_{st}}$$ (6 - 1)

式中,f_{ef}——标准混凝土强度;

f_{st}——非标准混凝土强度。

罗马尼亚在各种影响因素和影响系数为 1.0 条件下配制的混凝土为标准混凝土。如不满足则为非标准混凝土,见表 6 - 3。

表 6-3 罗马尼亚设定的标准混凝土

影响因素	影响系数
水泥品种(波特兰水泥 P400)	1.00
水泥用量(300 kg/m³)	1.00
骨料性质(石英质河卵石)	1.00
最大骨料粒(30 mm)	1.00
细骨料比例(12%)	1.00

　　试验研究进一步证明,单一的回弹法或超声法对同一影响因素影响程度不同,有的甚至完全相反。例如混凝土龄期和混凝土湿度,对回弹法来讲,随着混凝土龄期增长,混凝土表面硬化,加上混凝土表层结硬,使回弹值偏高;潮湿混凝土表面硬度降低,回弹值显著偏低。对超声法来讲,情况却相反,随着龄期增长,混凝土内部逐渐趋于干燥,传播速度偏低,对潮湿混凝土传播速度要比干燥混凝土快。如果将两种单一方法结合后,混凝土龄期和湿度的影响可以相互抵消而不加考虑了,由此证明综合法与单一法相比,精确度高,适用范围广。

　　a. 水泥品种

水泥品种	影响系数(C_c)
快凝水泥 RIM	1.08 ~ 1.11
波特兰水泥 P400	1.00
矿渣水泥 F300	0.88 ~ 0.92

　　b. 水泥用量

水泥用量	影响系数(C_d)
200 kg/m³	0.86 ~ 0.92
300 kg/m³	1.00
400 kg/m³	1.11 ~ 1.16
500 kg/m³	1.22 ~ 1.27

　　c. 骨料性质

骨料性质	影响系数(C_a)
石英质河卵石	1.00
石英质河卵石 30%	1.58
重晶石 70%	1.58
重晶石	1.90

d. 最大骨料粒径

最大骨料粒径	影响系数(C_ϕ)
7 mm	1.07 ~ 1.11
30 mm	1.00
70 mm	0.95 ~ 0.96

e. 0 ~ 1 mm 细骨料的比例

0 ~ 1 mm 细骨料的比例	影响系数(C_g)
6%	0.95 ~ 0.96
12%	1.00
18%	1.03
30%	1.06 ~ 1.09
48%	1.13 ~ 1.16

总影响系数为：$C = C_c \times C_d \times C_a \times C_\phi \times C_g$，综合法测试混凝土强度的关系曲线如图 6 - 2 所示，标准混凝土强度值见表 6 - 4。

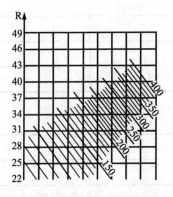

图 6 - 2　综合法测试混凝土强度的关系曲线

表 6 - 4　标准混凝土强度值　　　　　　　　　单位：MPa

声速\回弹	22	24	26	28	30	32	34	36	38	40	42
3 000	5.9	6.5	—	—	—	—	—	—	—	—	—
3 100	6.5	7.2	7.8	—	—	—	—	—	—	—	—
3 200	7.2	7.8	8.4	9.3	—	—	—	—	—	—	—
3 300	7.7	8.4	9.2	9.8	10.6	—	—	—	—	—	—
3 400	8.3	9.2	9.8	10.6	11.5	12.5	—	—	—	—	—
3 500	9.1	9.8	10.5	11.4	12.4	13.6	14.6	—	—	—	—

声速＼回弹	22	24	26	28	30	32	34	36	38	40	42
3 600	9.7	10.5	11.3	12.3	13.4	14.6	15.6	16.7	—	—	—
3 700	10.3	11.2	12.1	13.2	14.4	15.6	16.7	18.1	19.6	—	—
3 800	11.0	12.0	13.1	14.3	15.5	16.8	18.2	19.7	21.5	—	—
3 900	11.7	12.9	14.1	15.4	16.7	18.1	19.6	21.4	23.7	—	—
4 000	12.5	13.8	15.2	16.4	17.8	19.6	21.4	23.4	25.7	27.7	—
4 100	13.5	14.9	16.2	17.6	19.3	21.2	23.3	25.5	27.7	29.8	32.2
4 200	14.5	15.9	17.2	18.8	20.9	23.1	25.3	27.5	29.8	31.8	34.1
4 300	—	16.9	18.5	22.4	22.7	25.3	27.3	29.4	31.5	33.8	36.0
4 400	—	—	—	24.5	27.3	29.2	31.2	33.4	35.5	37.8
4 500	—	—	—	—	29.0	30.8	33.0	35.2	37.3	39.3

6.2.2.2 我国综合法研究情况

1976 年我国引进了这一方法,在结合我国具体情况的基础上,许多科研单位进行了大量的试验,完成了多项科研成果,在结构混凝土工程的质量检测中已获得了广泛的应用。1988 年由中国工程标准化协会批准发布了我国第一本《超声回弹综合法检测混凝土强度技术规程》(CECS 02:88),现行规程编号为 CECS 02:2005。

陕西省建筑科学研究院曾做过这样的试验:用相同材料配制不同强度等级(C10 ~ C50)的混凝土立方体试件,每一强度等级的试件分成三部分。第一部分进行潮湿养护(其中一组泡水、一组标准养护、一组用塑料袋密封)至 28 d,测试时混凝土含水率 7% ~ 12%;第二部分进行半干养护(标养 7 d 后置于 40℃烘箱中养护至 28 d),测试时混凝土含水率 4% ~ 6%;第三部分进行干养护(自然养护 21 d 后置于 50 ~ 60℃烘箱烘至 28 d),测试时混凝土含水率 0.2% ~ 3%。到测试龄期后分别对上述三部分试件进行超声波声速 v、回弹值 R、抗压强度 f_{cu} 和混凝土含水率 W 测试。共计 150 多组数据,分别作回弹法、超声法和超声波回弹综合法的回归分析及误差分析,结果见表 6 - 5。

表 6 - 5　不同养护方法三种测强方法进行比较

方　法	回归方程回归方程形式	相关系数(r)	平均相对误差/%	相对标准差/%
回弹法	$f = aR^b$	0.75	±27.1	34.2
超声法	$f = av^b$	0.77	±25.2	32.6
综合法	$f = av^b R^c$	0.98	±8.9	10.8

由表看出,对含水率相差很大(0.2% ~ 12%)的混凝土,回弹法和超声法的误差很大,而超声回弹综合法的误差却很小,充分说明综合法的适应范围很广,基本可以不考虑混凝土龄期和湿度的影响。

不同强度混凝土试件,分别用回弹法、超声法和综合法进行强度推定和误差分析,结果见表 6 - 6。

表 6 – 6　不同强度的数据用三种测强方法比较

强度推定方法	回归方程形式	混凝土强度≤15 MPa		混凝土强度≥35 MPa	
		平均相对误差/%	相对标准差/%	平均相对误差/%	相对标准差/%
回弹法	$f = aR^b 10^{cd}$	±14.5	17.0	±12.8	15.4
超声法	$f = av^b$	±11.0	12.9	±13.9	17.9
综合法	$f = av^b R^c 10^d$	±8.7	10.9	±8.9	11.1

由上表看出,无论低强度区间还是高强度区间,综合法的误差都最小。充分说明综合法的适应范围比单一方法广,且测试误差小。

6.2.2.3　综合法测强影响因素研究

针对我国原材料的具体情况及施工特点,曾组织有关协作单位,对超声回弹综合法测定混凝土强度的影响因素进行了大量的试验研究,取得全面地结合我国实际情况的分析结论。

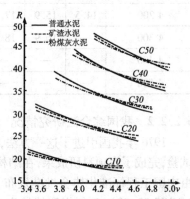

图 6 – 3　水泥品种、用量无影响

(1)水泥品种及水泥用量的影响

试验结果证明:水泥品种及水泥用量对综合法测强无显著影响,如图 6 – 3 所示。

(2)细骨料(砂)品种及砂率的影响

试验的结果证明:细骨料(砂)品种对综合法测强无显著影响。砂率在常用的 30% 上下波动时,对综合法测强无显著影响,如图 6 – 4 所示。

当砂率小于 28% 或大于 44%,明显超出混凝土常用砂率范围时,影响也不可忽视,应另外建立测强曲线,如图 6 – 5 所示。

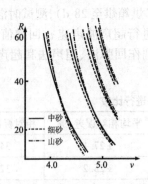

图 6 – 4　细骨料(砂)品种无影响

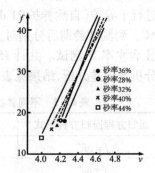

图 6 – 5　砂率小于 28% 或大于 44% 有影响

(3)粗骨料(石子)品种、石子用量及粒径的影响

用卵石和碎石配制的混凝土进行对比试验,结果证明石子品种对综合测强有十分明显的影响,如图 6 – 6 所示。

(4)外加剂的影响

混凝土的外加剂品种对比试验证明,外加剂品种对综合测强无显著影响。

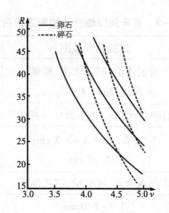

图6-6　粗骨料(石子)品种影响

(5)碳化深度的影响

试验证明,在综合法中碳化深度仅对回弹值产生影响,碳化深度较大的混凝土含水量相应降低,导致声速稍有下降,综合法在实际检测中碳化因素可不予考虑。

(6)混凝土含水率的影响

试验证明,混凝土表面的湿度对回弹值有显著影响。一般来说湿度越大,回弹值越低,而对超声来说,声波在水中的传播要比在空气中传播速度快,因此可部分抵消因回弹值下降造成的影响。

(7)测试面的影响

当测试在混凝土浇筑上表面或下底面时,由于石子离析下沉及表面水、浮浆等因素的影响,其回弹值与声速值均与浇筑侧面测量时不同,采用修正系数进行修正,见表6-7。超声值修正,见表6-8。

表6-7　不同浇筑面的回弹值修正值

R_m^b	ΔR	
	表　面	底　面
20	+2.5	−3.0
25	+2.0	−2.5
30	+1.5	−2.0
35	+1.0	−1.5
40	+0.5	−1.0
45	0.0	−0.5
50	0.0	0.0

表6-8　超声值修正系数

测试状态	修正系数(β)
浇筑的两侧面	1.000
浇筑的上表面与底面	1.034

超声回弹综合法的影响因素汇总,见表6-9。

表 6 − 9　超声回弹综合法的影响因素汇总

因　素	试验验证范围	影响程度	修正方法
水泥品种及用量	普通水泥、矿渣水泥、粉煤灰水泥;200 ~ 450 kg/m³	不显著	不修正
细骨料(砂子)品种及砂率	山砂、特细砂、中砂;28% ~ 40%	不显著	不修正
粗骨料(石子)粒径	0.5 ~ 2 cm;0.5 ~ 3.2 cm;0.5 ~ 4 cm	不显著	粒径 > 4 cm应修正
外加剂	木钙减水剂,硫酸钠,三乙醇胺	不显著	不修正
碳化深度	0.0 ~ 6.0mm	有影响	应修正
含水率	—	有影响	尽可能在干燥状态
测试面	浇筑侧面与浇筑上表面及底面比较	有影响	对 v、R 分别进行修正

6.3　超声回弹综合法测强曲线的制定

用混凝土试块的抗压强度与无损检测的参数(超声声速值、回弹值等)之间建立起来的关系曲线,称为测强曲线。超声回弹综合法测强曲线,是以混凝土试块的抗压强度(f)与超声声速值(v)、回弹值(R),选择相应的数学模型来拟合它们之间的相关关系。

6.3.1　测强曲线的分类

根据制定测强曲线材料来源,测强曲线一般分为以下三类:

(1)统一测强曲线(全国曲线)

这类曲线以全国一般常用的有代表性的混凝土原材料成型养护工艺和龄期为基本条件。这类曲线的建立是以全国许多地区曲线为基础。同时按经过标定的仪器(或扣除 t_0 的标准棒),采用统一的测试方法进行试件制作、试验和数据处理,经过大量的分析研究和计算汇总而成。它适应于无地区测强曲线和无专用测强曲线的单位,该曲线对全国大多数地区来说,具有一定的适应性,因此使用范围广,但其精度不是很高。

(2)地区(部门)测强曲线

采用本地区或本部门常用的具有代表性的混凝土原材料、成型养护工艺和龄期为基本条件,在本地区或本部门制作一定数量的试件,进行非破损测试后,再进行破损试验建立的测强曲线。这类曲线适应于无专用测强曲线的工程测试,对本地区或本部门来说,其现场适应性和强度测试精度均优于统一测强曲线。这种曲线是针对我国地区辽阔和各地材料差别较大特点而建立起来的。

(3)专用(率定)测强曲线

以某一工程为对象,采用与被测工程相同的混凝土原材料、成型养护工艺和龄期,制作一定数量的试件,进行非破损测试后,再进行破损试验建立的测强曲线。制定的这类曲线因针对性较强,故专用(率定)测强曲线精度较地区(部门)曲线为高。

因此,在一些现行的检测规程中都明确指出,对有条件的地区和部门,应制定本地区的测强曲线或专用测强曲线。各检测单位应按专用测强曲线、地区测强曲线、统一测强曲线的次序选用测强曲线。

6.3.2 测强曲线的建立方法

6.3.2.1 建立测强曲线的基本要求

（1）采用的回弹仪、超声仪应符合有关标准对仪器的技术要求；

（2）必须对使用的混凝土原材料的种类、规格、产地及质量情况进行全面的调查了解；

（3）选用本地区（本工程）常用的混凝土强度等级、施工工艺、养护条件及最佳配合比，制定详细的试验计划。

6.3.2.2 混凝土试件制作和养护

（1）制定测强曲线的混凝土试件规格为 150 mm×150 mm×150 mm 立方体试件；

（2）混凝土试件强度等级可分为 C10、C20、C30、C40、C50、C60 等；

（3）龄期 28 d、60 d、90 d、180 d、360 d；

（4）每种龄期最好制作 6 个试块；每种强度等级的试块一次成型制作完成；

（5）混凝土试件成型后的第二天拆模，然后移到室外不受日晒雨淋处，按品字形堆放养护至一定的龄期进行超声回弹测试，试件制作数量，见表 6-10。

表 6-10 混凝土试件制作数量

强度等级	龄 期/d					备注
	28	60	90	180	360	
C20	3 组(9 块)	2 组(6 块)	2 组(6 块)	2 组(6 块)	2 组(6 块)	28 d 龄期多一组标养试件
C30	3 组(9 块)	2 组(6 块)	2 组(6 块)	2 组(6 块)	2 组(6 块)	
C35	3 组(9 块)	2 组(6 块)	2 组(6 块)	2 组(6 块)	2 组(6 块)	
C40	3 组(9 块)	2 组(6 块)	2 组(6 块)	2 组(6 块)	2 组(6 块)	
C45	3 组(9 块)	2 组(6 块)	2 组(6 块)	2 组(6 块)	2 组(6 块)	
C50	3 组(9 块)	2 组(6 块)	2 组(6 块)	2 组(6 块)	2 组(6 块)	
C60	3 组(9 块)	2 组(6 块)	2 组(6 块)	2 组(6 块)	2 组(6 块)	
合计	21 组(63 块)	14 组(42 块)	14 组(42 块)	14 组(42 块)	14 组(42 块)	共计 231 块

6.3.2.3 混凝土试件声时的测试及声速计算

（1）试件声时测量，应取试件浇筑方向的侧面为测试面，宜采用机制黄油为耦合剂；

（2）声时测量应采用对测法，在一个相对测试面上测三点，如图6-7所示。发射和接收换能器应在一直线上，试件声时值为三点声时值的平均值，精确至 0.1 μs。

（3）试件的声速值按式（6-2）计算。

$$v = \frac{1}{3} \sum_{i=1}^{3} \frac{l_i}{t_i - t_o} \tag{6-2}$$

或
$$t_m = (t_1 + t_2 + t_3)/3 \qquad v = \frac{l}{t_m}$$

式中，v——试件声速值，km/s，精确至 0.01 km/s；

l——超声测距，mm；

t_m——声时平均值，μs。

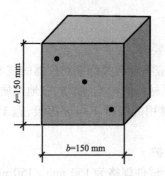

图 6 – 7　声时测量测点布置

6.3.2.4　混凝土试件回弹值的测试及计算

（1）回弹值测量应选用未进行超声测量的一对侧面，将测过超声的侧面的油污擦净，放置于压力机的上下承压板之间，根据试件块的强度大小，预压 30 ~ 80 kN 的压力下在每个试件的对应测试面上各弹击 8 次，两个测试面共测定 16 个回弹值。

（2）将 16 个回弹值中的三个最大值和三个最小值剔除，余下的 10 个回弹值取平均值，作为该试件的回弹值，精确至 0.1。

6.3.2.5　混凝土试件抗压强度计算回弹值测试

混凝土试件抗压强度计算回弹值测试完毕后卸荷，将回弹面放置在压力机承压板间，以《普通混凝土力学性能试验方法标准》（GB/T 50081—2002）规定的速度连续均匀加荷至破坏。试件抗压强度 f 值精确至 0.1 MPa。

6.3.3　超声回弹综合法测强曲线

超声回弹综合法测强曲线回归分析在混凝土无损检测技术中，超声回弹综合法检测混凝土强度，拟合曲线的选定，是经过多种组合计算分析后确定，现在确定的幂函数形式为 $f = av^b R^c$ 最佳曲线形式。

现将混凝土试块测试所得的声速值、回弹值及抗压强度值汇总。如测试了 30 个试块，其结果如表 6 – 11 所示。

表 6 – 11　综合法测试数据计算表

序号	v_i	R_i	f_i	$\ln v_i$	$\ln R_i$	$\ln f_i$	$\ln v_i^2$	$\ln R_i^2$	$\ln f_i^2$	$\ln v_i \ln R_i$	$\ln v_i \ln f_i$	$\ln R_i \ln f_i$
1	4.80	31.0	25.3	1.568 6	3.434 0	3.230 8	2.460 6	11.792 3	10.438 1	5.386 6	5.067 9	11.094 5
2	4.75	30.8	26.0	1.558 1	3.427 5	3.258 1	2.427 2	11.747 9	10.615 2	5.340 6	5.076 6	11.167 1
3	4.66	30.5	27.1	1.539 0	3.417 7	3.299 5	2.368 6	11.680 9	10.886 9	5.259 9	5.078 0	11.276 9
4	4.87	38.6	39.0	1.583 1	3.653 3	3.663 6	2.506 2	13.346 6	13.421 7	5.783 4	5.799 8	13.383 9
5	4.85	36.6	38.8	1.579 0	3.600 0	3.658 4	2.493 2	12.960 3	13.384 0	5.684 4	5.776 6	13.170 5
6	4.91	38.2	40.7	1.591 3	3.642 8	3.706 2	2.532 2	13.270 2	13.736 1	5.796 7	5.897 6	13.501 2
7	4.07	20.7	10.0	1.403 6	3.030 0	2.302 6	1.970 2	9.093 1	5.301 9	4.253 2	3.232 0	6.977 1
8	4.08	18.8	10.0	1.406 1	2.933 9	2.302 6	1.977 1	8.607 5	5.301 9	4.125 3	3.237 7	6.755 5
9	4.23	17.2	10.2	1.442 2	2.844 9	2.322 6	2.079 9	8.093 5	5.393 5	4.102 9	3.349 4	6.607 0
10	4.40	20.9	14.8	1.481 6	3.039 7	2.694 6	2.195 2	9.240 1	7.261 0	4.503 2	3.992 4	8.191 0

序号	v_i	R_i	f_i	$\ln v_i$	$\ln R_i$	$\ln f_i$	$\ln v_i^2$	$\ln R_i^2$	$\ln f_i^2$	$\ln v_i \ln R_i$	$\ln v_i \ln f_i$	$\ln R_i \ln f_i$
11	4.56	21.5	15.9	1.517 3	3.068 1	2.766 3	2.302 3	9.412 9	7.652 5	4.655 2	4.197 4	8.487 2
12	4.45	20.0	14.6	1.492 9	2.995 7	2.681 0	2.228 8	8.974 4	7.187 9	4.472 3	4.002 5	8.031 6
13	4.28	24.0	13.0	1.454 0	3.178 1	2.564 9	2.114 0	10.100 0	6.579 0	4.620 7	3.729 3	8.151 5
14	4.20	25.2	13.3	1.435 1	3.226 8	2.587 8	2.059 5	10.412 5	6.696 5	4.630 8	3.713 7	8.350 3
15	4.25	26.4	13.5	1.446 9	3.273 4	2.602 7	2.093 6	10.714 9	6.774 0	4.736 3	3.765 9	8.519 6
16	4.41	28.2	19.0	1.483 9	3.339 3	2.944 4	2.201 9	11.151 1	8.669 7	4.955 1	4.369 2	9.832 4
17	4.37	26.1	18.7	1.474 8	3.261 9	2.928 5	2.174 9	10.640 2	8.576 3	4.815 6	4.318 9	9.522 7
18	4.50	27.0	19.6	1.504 1	3.295 8	2.975 5	2.262 2	10.862 5	8.853 8	4.957 0	4.475 4	9.806 9
19	4.63	31.6	23.8	1.532 6	3.453 2	3.169 7	2.348 7	11.924 3	10.046 9	5.292 2	4.857 7	10.945 4
20	4.65	27.2	20.8	1.536 9	3.035 0	3.035 0	2.362 0	10.911 9	9.210 9	5.076 6	4.664 3	10.025 1
21	4.58	30.1	23.9	1.521 7	3.404 5	3.173 9	2.315 6	11.590 8	10.073 5	5.180 7	4.829 7	10.805 5
22	4.62	30.5	24.9	1.530 4	3.417 7	3.214 9	2.342 1	11.680 9	10.335 2	5.230 5	4.920 0	10.987 5
23	4.70	30.7	25.5	1.547 6	3.424 3	3.238 7	2.395 0	11.725 6	10.489 0	5.299 3	5.012 1	11.090 1
24	4.60	29.9	25.0	1.526 1	3.397 9	3.218 8	2.328 8	11.545 4	10.361 2	5.185 3	4.912 2	10.937 3
25	4.77	38.6	41.8	1.562 3	3.653 3	3.732 9	2.440 9	13.346 3	13.934 5	5.707 6	5.832 1	13.637 2
26	4.79	40.4	47.9	1.566 5	3.698 8	3.869 1	2.454 8	13.681 3	14.970 1	5.878 3	6.061 1	14.311 2
27	4.75	36.8	39.0	1.558 1	3.605 5	3.663 6	2.427 8	12.966 6	13.421 7	5.617 9	5.708 4	13.209 0
28	4.78	41.0	46.8	1.564 4	3.713 6	3.845 6	2.447 5	13.790 1	14.790 8	5.809 7	6.016 7	14.282 0
29	4.70	35.0	36.3	1.547 6	3.555 3	3.591 8	2.395 0	12.640 5	12.901 2	5.502 1	5.558 6	12.770 2
30	4.75	36.3	36.7	1.558 1	3.591 8	3.602 8	2.427 8	12.901 1	12.980 0	5.596 6	5.613 6	12.940 5
Σ				45.513 9	100.882 2	93.847 1	69.133 1	340.927 0	300.245 2	153.367 9	143.066 5	318.797 9

如超声回弹综合法测强拟合曲线

$$f_i^c = A v_i^B R_i^C$$

取自然对数　　$\ln f_i^c = \ln A + B \ln v_i + C \ln R_i$

令　　　　　　$\ln f_i^c = y, \ln A = a, B = b, \ln v_i = x, C = c, \ln R_i = z$

则上式可写为　$y = a + bx + cz$

[实例1]　用表 6 - 11 中的 30 个试块 v_i、R_i、f_i 测试值，按 $f_i^c = A v_i^B R_i^C$ 方程进行回归分析。

令　$\bar{K} = \dfrac{1}{n} \sum \ln f_i = \dfrac{93.847\ 1}{30} = 3.128\ 2$

$\bar{I} = \dfrac{1}{n} \sum \ln v_i = \dfrac{45.513\ 9}{30} = 1.517\ 1$

$\bar{J} = \dfrac{1}{n} \sum \ln R_i = \dfrac{100.882\ 2}{30} = 3.362\ 7$

$L_{11} = \sum \ln v_i^2 - \dfrac{1}{n}(\sum \ln v_i)^2 = 69.133\ 1 - \dfrac{(45.513\ 9)^2}{30} = 0.082\ 7$

$L_{22} = \sum \ln R_i^2 - \dfrac{1}{n}(\sum \ln R_i)^2 = 340.927\ 0 - \dfrac{(100.882\ 2)^2}{30} = 1.686\ 4$

$$L_{12} = L_{21} = \sum \ln v_i \ln R_i - \frac{1}{n} \left(\sum \ln v_i \right) \left(\sum \ln R_i \right)$$

$$= 153.367\,9 - \frac{45.513\,9 \times 100.882\,2}{30} = 0.316\,6$$

$$L_{1f} = \sum \ln v_i \ln f_i - \frac{1}{n} \left(\sum \ln v_i \right) \left(\sum \ln f_i \right) = 143.066\,5 - \frac{45.513\,9 \times 93.847\,1}{30} = 0.688\,4$$

$$L_{2f} = \sum \ln R_i \ln f_i - \frac{1}{n} \left(\sum \ln R_i \right) \left(\sum \ln f_i \right) = 318.797\,9 - \frac{100.882\,2 \times 93.847\,1}{30} = 3.214\,8$$

$$L_{ff} = \sum \ln f_i^2 - \frac{1}{n} \left(\sum \ln f_i \right)^2 = 300.245\,2 - \frac{93.847\,1^2}{30} = 6.669\,3$$

$$b = \frac{L_{1f}L_{22} - L_{2f}L_{12}}{L_{11}L_{22} - L_{12}L_{21}} = \frac{0.688\,4 \times 1.686\,4 - 3.214\,8 \times 0.316\,6}{0.082\,7 \times 1.686\,4 - 0.316\,6^2} = 3.648\,0$$

$$c = \frac{L_{2f}L_{11} - L_{1f}L_{21}}{L_{11}L_{22} - L_{12}L_{21}} = \frac{3.214\,8 \times 0.082\,7 - 0.688\,4 \times 0.316\,6}{0.082\,7 \times 1.686\,4 - 0.316\,6^2} = 1.221\,4$$

$$\therefore \quad \overline{K} = a + b\overline{I} + c\overline{J}$$

$$\therefore \quad a = \overline{K} - b\overline{I} - c\overline{J} = 3.128\,2 - 3.648\,0 \times 1.517\,1 - 1.221\,4 \times 3.367\,2 = -6.513\,4$$

对 a 取反对数 $a = -6.513\,4 e^x \rightarrow 0.001\,484$

最后得回归方程式为 $f_i = 0.001\,483 v_i^{3.648\,0} R_i^{1.221\,4}$

用 $r = \sqrt{\dfrac{U}{L_{ff}}}$，$U = bL_{1f} + cL_{2f}$ 公式计算相关系数 $r = 0.982\,5$

用 $e_r = \sqrt{\dfrac{\sum\limits_{i=1}^{n} \left(\dfrac{f_{cu,i}^c}{f_i} - 1 \right)^2}{n-1}}$ 公式计算相对标准误差 $e_r = 8.90\%$

或按表 6 – 12 计算。

表 6 – 12　表格计算

序号	R_i	d_i	f_i	$f_{cu,i}^c$	$(f_{cu,i}^c / f_i - 1)^2$
1	4.80	31.0	25.3	30.1	0.025 174
2	4.75	30.8	26.0	28.7	0.008 947
3	4.66	30.5	27.1	26.5	0.000 581
4	4.87	38.6	39.0	41.4	0.003 461
5	4.85	36.6	38.8	38.3	0.000 205
…	…	…	…	…	…
…	…	…	…	…	…
26	4.79	40.4	47.9	38.4	0.007 753
27	4.75	36.8	39.0	41.2	0.026 069
28	4.78	41.0	46.8	35.7	0.008 605
29	4.70	35.0	36.3	41.7	0.015 145
30	4.75	36.3	36.7	32.3	0.002 083
			Σ		0.229 565 1

$$e_r = \sqrt{\frac{\sum_{i=1}^{n} (\frac{f_{cu,i}^c}{f_i} - 1)^2}{n - 1}} = \sqrt{\frac{0.229\,565\,1}{30 - 1}} = 8.90\%$$

采用计算机进行回归分析,见表 6 – 13。

表 6 – 13 采用计算机进行回归分析

步序	显 示	操 作	说 明
1	启动程序开始计算	ZHFZHF ↓	
2	数据组数	30 ↓	提示需要计算的组数,30 组
3	请输入数据名	A:ZHHG. TXT ↓	输入路径和数据名
4	H – G – X – S:A = 0.001 484 B = 3.646 410 C = 1.222 010 HGFC:f_{cu} = AV^{B}R^C XGXS:r = 0.982 5 Lc = 2.58 Er = 8.903% Da = 7.46%		

综合法回归分析采用计算机计算演示:

NO. A   N = 30   ZHONG HE FA HUI GUI FE XI 03 – 06 – 2007

ZWC(N) = 14   PIZWC = 8.43%

FWC(N) = 16   PJFWC = – 6.65%

X – G – X – S: A = 0.001 480,   B = 3.654 120,   C = 1.219 269

H – G – F – C: f_{cu} = 0.001 480 × v^3.654 120 × R^1.219 269

XGXS:R:r = 0.982 4   LC:s = 2.59   XDBZC:er = 8.93%   PJWC Da = 7.48%

《超声回弹综合法检测混凝土强度技术规程》(CECS 02:2005)规定:地区测强曲线的相对误差 $e_r \leqslant 14.0\%$;专用测强曲线的相对误差 $e_r \leqslant 12.0\%$,即可满足测强使用要求。

测强曲线的表达形式,通常采用将测强曲线回归方程列出,计算机处理数据时代入测强曲线公式,即可非常方便计算出所需要的有关数值。另外,也可以列表的形式进行表达,见表 6 – 14。

表 6 – 14 混凝土强度换算表

回弹 \ 声速 强度	3.80	3.90	4.00	4.10	4.20	…	4.80	4.90	5.00
20	—	—	—	—	10.0	…	11.9	12.2	12.5
21	—	—	10.2	10.5	10.8	…	15.1	15.5	15.9
22	10.3	10.7	11.0	11.4	11.8	…	14.0	14.4	14.8
⋮	⋮	⋮	⋮	⋮	⋮		⋮	⋮	⋮
⋮	⋮	⋮	⋮	⋮	⋮		⋮	⋮	⋮
48	40.1	41.4	42.8	44.2	45.7	…	54.4	55.9	57.3
49	41.5	43.0	44.4	45.9	47.3	…	56.4	57.9	59.4
50	43.0	44.5	46.0	47.5	49.0	…	58.4	60.0	—

6.4 综合法测强技术

6.4.1 测试前准备

6.4.1.1 测试前应具备下列资料

（1）工程名称和设计、施工、建设、委托单位名称；

（2）结构或构件名称、施工图纸和混凝土设计强度等级；

（3）水泥的品种、强度等级和用量，砂石的品种、粒径，外加剂或掺合料的品种、掺量和混凝土配合比等；

（4）模板类型，混凝土浇筑、养护情况和成型日期；

（5）结构或构件检测原因的说明。

6.4.1.2 检测数量应符合下列规定

（1）按单个构件检测时，应在构件上均匀布置测区，每个构件上测区数量不应少于10个。

（2）同批构件按抽样检测时，构件抽样数不应少于同批构件的30%，且不应少于10件；对一般施工质量的检测和结构性能的检测，可按照现行国家标准《建筑结构检测技术标准》（GB/T 50344—2004）的规定抽样。

6.4.1.3 按批抽样检测时，符合下列条件的构件可作为同批构件

（1）混凝土设计强度等级相同；

（2）混凝土原材料、配合比、成型工艺、养护条件和龄期基本相同；

（3）构件种类相同；

（4）施工阶段所处状态基本相同。

6.4.1.4 综合法测强测区布置

构件的测区布置，如图6-8所示应满足下列规定：

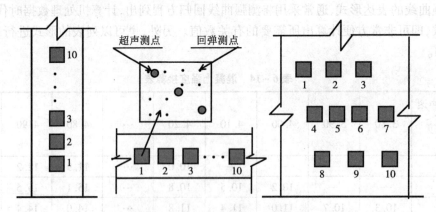

图6-8 柱、梁、墙测区布置示意图

①在条件允许时，测区宜优先布置在构件混凝土浇筑方向的侧面；

②测区可在构件的两个对应面、相邻面或同一面上布置；

③测区宜均匀布置，相邻两测区的间距不宜大于2 m；

④测区应避开钢筋密集区和预埋件；

210

⑤测区尺寸宜为 200 mm×200 mm；采用平测时宜为 400 mm×400 mm。

6.4.1.5 测区清理

①测试面应清洁、平整、干燥，不应有接缝、施工缝、饰面层、浮浆和油垢，并应避开蜂窝、麻面部位。必要时，可用砂轮片清除杂物和磨平不平整处，并擦净残留粉尘。

②结构或构件上的测区应编号，并记录测区位置和外观质量情况。

③对结构或构件的每一测区，应先进行回弹测试，后进行超声测试。

④计算混凝土抗压强度换算值时，非同一测区内的回弹值和声速值不得混用。

6.4.2 回弹测试及回弹值计算

(1)回弹测试时，应始终保持回弹仪的轴线垂直于混凝土测试面。宜首先选择混凝土浇筑方向的侧面进行水平方向测试。如不具备浇筑方向侧面水平测试的条件，可采用非水平状态测试，或测试混凝土浇筑的顶面或底面。

(2)测量回弹值应在构件测区内超声波的发射和接收面各弹击 8 点；超声波单面平测时，可在超声波的发射和接收测点之间弹击 16 点。每一测点的回弹值，测读精确度至 1。

(3)测点在测区范围内宜均匀布置，但不得布置在气孔或外露石子上。相邻两测点的间距不宜小于 30 mm；测点距构件边缘或外露钢筋、铁件的距离不应小于 50 mm，同一测点只允许弹击一次。

(4)测区回弹代表值应从该测区的 16 个回弹值中剔除 3 个较大值和 3 个较小值，其余 10 个有效回弹值按式(6-3)计算：

$$R = \frac{1}{10}\sum_{i=1}^{10} R_i \qquad (6-3)$$

式中，R——测区回弹代表值，取有效测试数据的平均值，精确至 0.1；

R_i——第 i 个测点的有效回弹值。

(5)非水平状态下测得的回弹值，应按式(6-4)修正：

$$R_a = R + R_{a\alpha} \qquad (6-4)$$

式中，R_a——修正后的测区回弹代表值；

$R_{a\alpha}$——测试角度为 α 时的测区回弹修正值，按规程列表的数值采用。

(6)在混凝土浇筑的顶面或底面测得的回弹值，应按式(6-5)修正：

$$R_a = R + (R_a^t + R_a^b) \qquad (6-5)$$

式中，R_a^t——测量顶面时的回弹修正值，按规程列表的数值采用；

R_a^b——测量底面时的回弹修正值，按规程列表的数值采用。

(7)测试时回弹仪处于非水平状态，同时测试面又非混凝土浇筑方向的侧面，则应对测得的回弹值先进行角度修正，然后对角度修正后的值再进行顶面或底面修正。

6.4.3 超声测试及声速值计算

(1)超声测点应布置在回弹测试的同一测区内，每一测区布置 3 个测点。超声测试宜优先采用对测或角测，当被测构件不具备对测或角测条件时，可采用单面平测。

(2)超声仪应扣除 t_0，超声测试时，换能器辐射面应通过耦合剂与混凝土测试面良好耦合。

(3)声时测量应精确至 0.1 μs，超声测距测量应精确至 1.0 mm，且测量误差不应超过 ±1%。声速计算应精确至 0.01 km/s。

(4)当在混凝土浇筑方向的侧面对测时,测区混凝土中声速代表值应根据该测区中 3 个测点的混凝土中声速值,按式(6-6)计算:

$$v = \frac{1}{3}\sum_{i=1}^{3}\frac{l_i}{t_i - t_0} \tag{6-6}$$

式中, v——测区混凝土中声速代表值,km/s;

　　l_i——第 i 个测点的超声测距,mm。角测时测距按《超声回弹综合法检测混凝土强度技术规程》(CECS 02:2005)附录 B 第 B.1 节计算;

　　t_i——第 i 个测点的声时读数,ms;

　　t_0——声时初读数,ms。

(5)当在混凝土浇筑的顶面或底面测试时,测区声速代表值应按式(6-7)修正:

$$v_a = v \times \beta \tag{6-7}$$

式中, v_a——修正后的测区混凝土中声速代表值,km/s;

　　β——超声测试面的声速修正系数,在混凝土浇筑的顶面和底面间对测或斜测时, $\beta = 1.034$;在混凝土浇筑的顶面或底面平测时,测区混凝土中声速代表值应按《超声回弹综合法检测混凝土强度技术规程》(CECS 02:2005)附录 B 第 B.2 节计算和修正。

6.4.4　混凝土强度推定

(1)结构或构件中第 i 个测区的混凝土抗压强度换算值,可按《超声回弹综合法检测混凝土强度技术规程》(CECS 02:2005)第 5.2 节和第 5.3 节的规定求得修正后的测区回弹代表值 R_{ai} 和声速代表值后 v_{ai},优先采用专用测强曲线或地区测强曲线换算而得。

(2)当结构或构件所采用的材料及其龄期与制定测强曲线所采用的材料及其龄期有较大差异时,应采用同条件立方体试件或从结构或构件测区中钻取的混凝土芯样试件的抗压强度进行修正。试件数量不应少于 4 个。

(3)结构或构件混凝土抗压强度推定值 $f_{cu,e}$,应按下列规定确定:

①当结构或构件的测区抗压强度换算值中出现小于 10.0 MPa 时,该构件的混凝土抗压强度推定值应小于 10 MPa。

②当结构或构件中测区数少于 10 h

$$f_{cu,e} = f_{cu,min}^{c} \tag{6-8}$$

式中, $f_{cu,min}^{c}$——结构或构件最小的测区混凝土抗压强度换算值,MPa,精确至 0.1 MPa。

③当结构或构件中测区数不少于 10 个或按批量检测时

$$f_{cu,e} = m_{f_{cu}^{c}} - 1.645 s_{f_{cu}^{c}} \tag{6-9}$$

(4)对按批量检测的构件,当一批构件的测区混凝土抗压强度标准差出现下列情况之一时,该批构件应全部按单个构件进行强度推定:

①一批构件的混凝土抗压强度平均值 $m_{f_{cu}^{c}} < 25.0$ MPa,标准差 $s_{f_{cu}^{c}} > 4.50$ MPa;

②一批构件的混凝土抗压强度平均值 $m_{f_{cu}^{c}} = 25.0 \sim 50.0$ MPa,标准差 $s_{f_{cu}^{c}} > 5.50$ MPa;

③一批构件的混凝土抗压强度平均值 $m_{f_{cu}^{c}} > 50.0$ MPa,标准差 $s_{f_{cu}^{c}} > 6.50$ MPa。

6.4.5　超声波角、平测及声速计算方法

《超声回弹综合法检测混凝土强度技术规程》(CECS 02:2005)规定超声测点应布置在回弹测试的同一测区内,每一测区布置 3 个测点。超声测试宜优先采用对测或角测,当被测

构件不具备对测或角测条件时,可采用单面平测。

6.4.5.1 测试方法

（1）对测法

当混凝土被测部位能提供一对相互平行的测试表面时,可采用对测法检测。即将一对厚度振动式换能器（发射简称 F 换能器,接收简称 S 换能器）,分别耦合于被测构件同一测区两个相互平行的表面逐点进行测试,F、S 换能器的轴线始终位于同一直线上。例如检测一般混凝土柱、梁等构件。

（2）角测法

当混凝土被测部位只能提供两个相邻表面时,虽然无法进行对测,但可以采用角测方法检测。即将一对 F、S 换能器分别耦合于被测构件的两个相邻表面进行逐点测试,两个换能器的轴线形成 90°夹角。例如检测旁边存在墙体、管道等障碍物的混凝土柱子。

（3）平测法

当混凝土被测部位只能提供一个测试表面时,可采用平测法检测。将一对 F、S 换能器置于被测结构同一个表面,以一定测试距离进行逐点检测。如检测路面、飞机跑道、隧道壁等结构。

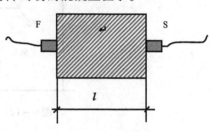

图 6 – 9 对测法示意图

6.4.5.2 声速计算

（1）对测法,如图6 – 9所示。

$$v_i = \frac{l_i}{t_i - t_0} \qquad (6-10)$$

式中, v_i——测区混凝土中声速代表值,km/s;

　　　l_i——第 i 个测点的超声测距,mm;

　　　t_i——第 i 个测点的声时读数,μs;

　　　t_0——声时初读数,μs。

（2）角测法,如图6 – 10所示。

$$v_i = \frac{l_i}{t_i - t_0} \qquad (6-11)$$

$$l_i = \sqrt{l_{1i}^2 + l_{2i}^2} \qquad (6-12)$$

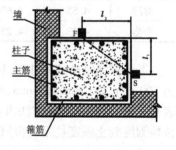

图 6 – 10 角测法示意图

式中, l_{1i}、l_{2i}——第 i 个测点换能器与构件边缘的距离,mm。

角测声速值接近对测声速,不需进行修正。

（3）平测法,如图 6 – 11 所示。

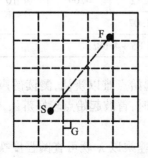

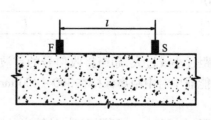

图 6 – 11 平测法示意图

①宜采用同一构件的对测声速与平测声速之比求得修正系数($\lambda = vd/vp$)，对平测声速进行修正。

如地下室外墙有一门洞（或窗洞），可以进行对测，如图6-12所示。

在门洞（或窗洞）附近，按 $l = 350$ mm 测距进行平测，测试数据见表6-15。

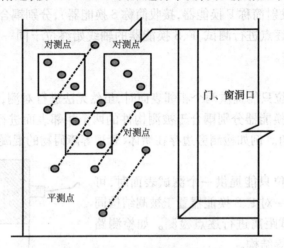

图6-12 门、窗洞口对测、平测布点示意图

表6-15 有门、窗洞处对测、平测数据

测试状态	测试声速/(km/s)					平均声速/(km/s)	λ
	1	2	3	4	5		
对测	4.55	4.60	4.48	4.56	4.36	4.51	1.06
平测	4.33	4.25	4.31	4.22	4.26	4.27	

②当被测结构或构件不具备对测与平测的对比条件时，宜选取有代表性的部位，以测距为 200 mm、250 mm、300 mm、350 mm、400 mm、450 mm、500 mm，逐点测读相应声时值，见表6-16。用回归分析方法求出直线方程。以回归系数代替对测声速，再按《超声回弹综合法检测混凝土强度技术规程》（CECS 02:2005）第 B.2.3 条的规定对各平测声速进行修正。

表6-16 平测不同距离声时数据

测距(l)/mm	200	250	300	350	400	450	500
声时(t)/μs	54.6	63.4	72.2	85.0	97.8	109.8	113.8
声速(u)/(km/s)	3.66	3.94	4.16	4.12	4.09	4.10	4.39
平均声速/(km/s)	4.07						
回归方程	$l = -48.85 + 4.68t$						

平测时测距过小或过大，超声接收信号的首波起始点难以辨认，测读的声时误差较大。一般将 F、S 换能器中对中距离保持在 300~400 mm 时，首波起始点较好辨认，便于进行声时测量。

在同一测距（如 350 mm）所测声时，计算出的声速乘以 λ 就可查阅强度换算表，对混凝土构件进行强度推定。

将表6-16平测数据进行直线回归分析(以声时为自变量,距离为因变量)。

54. 6,200

63. 4,250

72. 2,300

85. 0,350

97. 8,400

109. 8,450

113. 8,500

＊ ＊ ＊ ＊ ＊ZXHGFX＊ ＊ ＊ ＊ ＊DATE:03 - 06 - 2007   N = 7   = = = = = =

HGXS:	A = - 48. 854 3 B = 4. 679 8
HGFC:	y = - 48. 854 3 + 4. 679 8x
XGXS:	r = 0. 994 7
LC:	s = 12. 154 3
BZC:	er = 2. 941 1%
PJXDWC:	Da = 2. 421 1%

[**实例2**]   2006 年 4 月 5 日检测广东省佛山某高速公路桥,如图6-13~图6-16 所示。

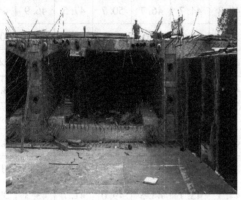

图 6 - 13

图 6 - 14

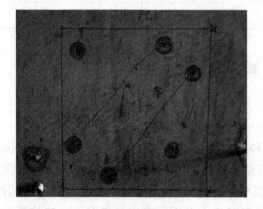

图 6 - 15

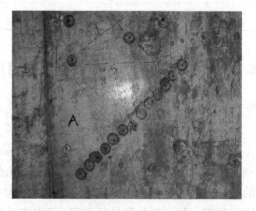

图 6 - 16   平测超声测距 l = 350 mm

平测布点测试,求修正系数,见表6-17,强度推定见表6-18。

表6-17 单面平测 λ 值计算

测距/mm	100	200	300	400	500	600
声时/μs	18.8	42.8	58.0	88.0	108.8	130.4
声速/(km/s)	5.32	4.67	5.17	4.55	4.60	4.60
平均声速/(km/s)	4.82					
回归方程及参数	$l = 19.3772 + 4.44t, r = 0.9979$ $e_r = 4.40\%, \delta = 3.08\%, \lambda = 4.44/4.82 = 0.921162$					

表6-18 构件强度推定计算

计算项目		测区									
		1	2	3	4	5	6	7	8	9	10
回弹值	测区平均值	47.6	43.2	46.3	48.8	44.7	46.7	50.7	47.5	46.9	44.2
	角度修正值	0.0	0.0	0.0	0.0	0.0	0.0	0.0	0.0	0.0	0.0
	角度修正后	47.6	43.2	46.3	48.8	44.7	46.7	50.7	47.5	46.9	44.2
	浇筑面修正值	0.0	0.0	0.0	0.0	0.0	0.0	0.0	0.0	0.0	0.0
	浇筑面修正后	47.6	43.2	46.3	48.8	44.7	46.7	50.7	47.5	46.9	44.2
声速	测区声速值	4.59	4.96	4.60	4.67	5.32	4.95	4.78	4.63	4.83	4.90
	修正值(λ)	0.92									
	声速值修正后	4.22	4.56	4.23	4.30	4.89	4.55	4.40	4.26	4.44	4.51
强度修正值($\bar{\eta}$)		1.0	1.0	1.0	1.0	1.0	1.0	1.0	1.0	1.0	1.0
测区强度修正后		41.3	39.8	39.5	44.3	45.7	44.5	49.0	41.7	43.3	39.8
强度计算 n = 10		$m_{f_{cu}}$ 42.8 MPa			$s_{f_{cu}}$ 3.17 MPa			$f_{cu,e}$ 37.6 MPa			
使用测区强度换算表名称		规程,地区,专用			备注						

6.5 综合法测强优先采用地区(专用)测强曲线

6.5.1 建立地区测强曲线

(1)建立地区测强曲线的意义

由于我国幅员辽阔,材料分散,混凝土品种繁多,生产工艺又不断改进,所建立的全国统一曲线很难适应全国各地的情况。因此,凡有条件的省、自治区、直辖市,可采用本地区常用的有代表性的材料、成型养护工艺和龄期为基本条件,制作一定数量的混凝土立方体试件,进行超声、回弹、碳化和抗压试验,建立本地区曲线或大型工程专用测强曲线。这种测强曲线,对于本地区或本工程来说,它的适应性和强度推定误差均优于全国统一曲线。可以减少误判和提高测试精度。因此,混凝土强度检测优先采用专用或地区测强曲线势在必行。

（2）使用地区测强曲线的实际效果

采用专用或地区测强曲线检测结构混凝土强度,其精度比全国测强曲线高,误差比全国测强曲线小。对全国几个地区进行综合法测强曲线计算分析,现用地区测强曲线与现行使用的全国超声回弹综合法规程(统一曲线)进行比较,见表6-19和图6-17。

表6-19　全国综合法测强曲线与地区曲线强度换算　　　　　　　　　单位:MPa

声速、回弹	全国	北京	中山	保定	山东公路
$v=3.8$、$R=25$	11.3	15.3	15.4	21.2	11.0
$v=4.0$、$R=30$	16.9	20.8	23.5	29.5	16.8
$v=4.2$、$R=35$	23.7	27.2	34.0	39.3	24.3
$v=4.4$、$R=40$	32.2	34.4	47.3	50.7	34.1
$v=4.6$、$R=45$	42.2	42.6	63.7	63.7	46.3
$v=4.8$、$R=50$	54.1	51.8	83.6	78.4	61.4
$v=5.0$、$R=55$	67.9	62.1	107.5	95.0	79.8

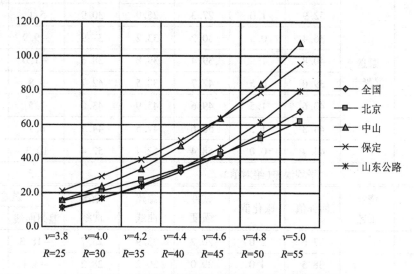

图6-17　全国综合法测强曲线与地区测强曲线比较

由表6-19和图6-17可以看出,对应相同的声速值和回弹值全国测强曲线换算强度也低于地区测强曲线换算值,仅北京地区综合法测强曲线,在30 MPa以下强度段略高于全国测强曲线换算强度,超过30 MPa就低于全国测强曲线了。

6.5.2　使用地区测强曲线工程验证

（1）按北京市地方性标准《回弹法、超声回弹综合法检测泵送混凝土强度技术规程》(DBJ/T 01-78—2003)进行工程测试验证,见表6-20。

表 6 - 20 北京×××住宅楼剪力墙混凝土强度检测结果

构件名称	设计强度	回弹值	碳化值	芯样强度	北京曲线	全国曲线	误差/% 北京曲线	误差/% 全国曲线
5 层墙 A	C25	35.6	6.0	30.6	26.2	19.8	14.4	35.3
5 层墙 B		41.2	6.0	34.4	33.9	26.5	1.5	23.0
5 层墙 C		40.1	6.0	35.4	23.3	25.1	8.8	29.1
5 层墙 D		34.3	6.0	26.4	24.5	18.5	6.5	29.4
5 层墙 E		41.5	6.0	37.7	34.3	26.8	9.0	28.9
5 层墙 F		38.5	6.0	31.8	26.2	23.1	5.3	27.4
平均误差(绝对值)							7.6	28.9

(2)温州地区回弹法检测预拌混凝土抗压强度曲线与国家统一测强曲线比较,见表 6 - 21。

表 6 - 21 温州地区预拌混凝土抗压强度检测结果

构件名称	浇筑工艺	回弹值	碳化值	试件强度	温州曲线	全国曲线	误差/% 温州曲线	误差/% 全国曲线
1	泵送混凝土	32.4	1.5	22.0	24.3	27.5	-10.5	-25.0
2		32.9	1.0	27.3	25.9	30.9	5.1	-13.2
3		36.4	0.5	30.2	33.2	37.9	-9.9	-25.5
4		40.8	1.5	39.4	39.8	38.6	-1.0	2.0
5		39.0	0.5	42.7	38.5	42.7	9.8	0.0
6		43.6	1.5	49.6	45.9	43.0	7.5	13.3
7		44.3	1.5	50.6	47.5	44.4	6.1	12.3
8		44.4	0.0	58.4	52.4	52.4	10.3	10.3
平均误差(绝对值)							7.5	12.7

构件名称	浇筑工艺	回弹值	碳化值	试件强度	温州曲线	全国曲线	误差/% 温州曲线	误差/% 全国曲线
1	非泵送混凝土	32.6	2.0	20.2	23.9	23.7	-18.3	-17.3
2		38.5	4.0	29.0	30.2	28.2	-4.1	2.8
3		46.6	6.5	36.4	38.9	33.9	-6.9	6.9
4		37.9	0.5	39.1	36.2	36.2	7.4	7.4
5		40.9	0.5	41.3	42.6	41.8	3.1	-1.2
6		48.0	2.5	49.8	53.1	47.4	-6.6	4.8
7		44.7	0.5	53.9	51.5	49.8	4.5	7.6
8		48.2	3.0	58.7	51.9	46.0	11.6	21.6
平均误差(绝对值)							7.8	8.7

（3）山东省公路工程混凝土超声回弹测强曲线与国家统一测强曲线比较,见表6-22。

表6-22　山东省公路工程混凝土强度检测结果

构件名称	浇筑工艺	回弹值	碳化值	试件强度	山东曲线	全国曲线	误差/%	
							山东曲线	全国曲线
1		4.98	50.7	64.3	69.7	60.1	-8.4	6.5
2		4.96	48.3	62.7	64.0	55.3	-2.1	11.8
3		4.79	38.9	40.6	41.8	37.1	-3.0	8.6
4		4.71	36.9	40.5	40.9	37.4	-1.0	7.7
5		5.04	47.9	68.0	66.6	56.2	2.1	17.4
6	非泵送混凝土	5.18	44.2	66.0	63.9	51.9	3.2	21.4
7		5.07	45.3	63.2	62.0	52.0	1.9	17.7
8		4.67	34.4	31.5	32.3	29.3	-2.5	7.0
9		4.80	31.9	33.8	31.2	27.3	7.7	19.2
10		5.17	43.2	56.6	61.3	49.9	-8.3	11.8
平均误差(绝对值)							4.0	12.9

（4）保定地区测强曲线换算强度与全国测强曲线比较,见表6-23。

表6-23　保定地区换算强度与全国测强曲线比较

试件编号	试件强度	按保定测强曲线计算的强度误差/%		按全国测强曲线计算的强度误差/%	
		回弹法	综合法	回弹法	综合法
1	43.0	11.9	12.5	25.3	29.6
2	51.6	1.3	7.7	31.9	31.3
3	45.7	10.3	10.5	26.1	30.3
4	45.7	17.0	19.6	19.2	24.0
5	41.8	8.3	10.5	27.1	31.9
6	43.9	9.9	15.6	24.7	27.9
7	24.7	27.9	24.7	24.3	25.0
8	43.6	8.6	7.0	25.7	33.8
9	42.0	17.2	15.2	19.6	28.2
平均误差(绝对值)		10.6	12.8	24.9	29.1

6.6　综合法测强规定

6.6.1　构件强度推定

现《超声回弹综合法检测混凝土强度技术规程》(CECS 02:2005)对构件强度的推定进行了修订,现规定结构或构件混凝土强度推定值应按下列公式确定:

（1）当结构或构件的测区强度换算值中小于 10.0 MPa 时,该构件混凝土强度推定值取小于 10.0 MPa。

（2）结构或构件测区数少于 10 h

$$f_{cu,e} = f_{cu,min}^c$$

（3）结构或构件测区数不少于 10 个或按批量检测时

$$f_{cu,e} = m_{f_{cu}^c} - 1.645 s_{f_{cu}^c}$$

6.6.2 构件按批检测标准差限值

（1）该批构件混凝土强度平均值小于 25.0 MPa,标准差 $s_{f_{cu}^c} > 4.5$ MPa;

（2）该批构件混凝土强度平均值在 25.0 ~ 50.0 MPa,标准差 $s_{f_{cu}^c} > 5.5$ MPa;

（3）该批构件混凝土强度平均值大于 50.0 MPa,标准差 $s_{f_{cu}^c} > 6.5$ MPa。

出现上述三种情况时,构件不能按批推定强度,应全部按单个构件检测推定强度。

现在采用的无损检测测强技术,对混凝土构件强度进行检测推定,其保证率为 95%。回弹法、综合法测强规程都规定,结构或构件测区数不少于 10 个或按批量检测时均按 $f_{cu,e} = m_{f_{cu}^c} - 1.645 s_{f_{cu}^c}$ 推定混凝土强度。如果混凝土均匀性差,$s_{f_{cu}^c}$ 就很可能使构件强度推定达不到设计要求。需要指出的是我们检测的混凝土强度不能对结构进行"评定",所谓"评定"混凝土抗压强度,应系指按照标准方法制作和养护的边长为 150 mm 的立方体试件,在 28d 龄期,用标准试验方法测得的,具有 95% 保证率的抗压强度,可以"评定"混凝土强度是否达到多少设计强度等级要求。而我们采用的无损检测方法检测混凝土强度,一般都是龄期超过 28 d 后进行测试,所测构件并非在标准条件下进行养护,因此,对结构或构件混凝土强度不能进行"评定",只能是利用无损检测手段获得一些参数进行换算,最后进行"推定"构件混凝土强度为多少 MPa。这个推定值为测试时龄期的强度值,不能反推到 28 d 时龄期混凝土强度。

《超声回弹综合法检测混凝土强度技术规程》(CECS 02:2005)测强曲线适用于符合下列条件的普通混凝土:

①混凝土用水泥应符合现行国家标准《硅酸盐水泥、普通硅酸盐水泥》(GB 175—1999)、《矿渣硅酸盐水泥、火山灰质硅酸盐水泥及粉煤灰硅酸盐水泥》(GB 1344—1999)和《复合硅酸盐水泥》(GB 12958—1999)的要求;

②混凝土用砂、石骨料应符合现行行业标准《普通混凝土用砂石质量标准及检验方法》的要求;

③可掺或不掺矿物掺合料、外加剂、粉煤灰、泵送剂;

④人工或一般机械搅拌的混凝土或泵送混凝土;

⑤自然养护;

⑥龄期 7 ~ 2 000 d;

⑦混凝土强度 10 ~ 70 MPa。

6.6.3 检测记录计算表

（1）原始记录表格,见表 6 - 24。

表 6 - 24 原始记录表格

中国建筑科学研究院

混凝土强度超声回弹综合法检验记录

构件:梁板柱墙 基础 圈梁 构造柱( );楼层 ;轴线 ;共 页第 页

测面 状态	侧面 底面 顶面 干 湿( )			卵石 碎石	测试 角度	0°⇨90°⇧ -90°⇩ ( )		环境温度/ ℃	换算强度/ MPa	备注
测区	回弹值						声速/(km/s)			
	一	二	三	四	五	六	七	八	均值或修正值	测试值	均值或修正值		
1a													
2a													
3a													
4a													
5a													
1b													
2b													
3b													
4b													
5b													

计算校核: 计算: 记录: 检验: 检验日期:201 年 月 日

（2）超声回弹综合法检测计算表，见表 6-25。

表 6-25　混凝土强度计算表

计算项目		测　区									
		1	2	3	4	5	6	7	8	9	10
回弹值	测区平均值										
	角度修正值										
	角度修正后										
	浇筑面修正值										
	浇筑面修正后										
声速	测区声速值										
	修正值(λ)										
	声速值修正后										
强度修正值($\bar{\eta}$)											
测区强度修正后（MPa）											
强度计算 $n=10$		$m_{f_{cu}^c}=$　　MPa				$s_{f_{cu}^c}=$　　MPa			$f_{cu,e}=$　　MPa		
使用测区强度 换算表名称		规程,地区,专用			备　注						

计算校核：　　计算：　　记录：　　检验：　　检验日期:201 年 月 日

6.7　工程检测实例

6.7.1　工程实例

旧厂房混凝土柱综合法测强,我国驻芝加哥总领馆地下室车库混凝土柱综合法测强,如图 6-18～图 6-20 所示。

图 6-18　旧厂房混凝土柱综合法测强

图 6-19　我国驻芝加哥总领馆地下室车库混凝土柱综合法测强

图 6 – 20　在测区内钻取混凝土芯样

[**实例 1**]　如北京某工程采用卵石、中砂配制的混凝土强度等级为 C30 的混凝土,浇筑了 5 根断面为 350 mm × 350 mm 混凝土柱。混凝土试块受冻,28 d 龄期抗压强度未达到设计要求,现场已无试块。天气回暖后采用综合法对柱子进行检测(测试角度为 0°;测试面为侧面)。

计算推定 3 – D 柱混凝土强度,见表 6 – 26。

表 6 – 26　构件名称及编号:3 – D 柱混凝土强度计算表

<table>
<tr><td colspan="2" rowspan="2">计算项目</td><td colspan="10">测　　区</td></tr>
<tr><td>1</td><td>2</td><td>3</td><td>4</td><td>5</td><td>6</td><td>7</td><td>8</td><td>9</td><td>10</td></tr>
<tr><td rowspan="5">回弹值</td><td>测区平均值</td><td>41.4</td><td>41.6</td><td>39.9</td><td>44.7</td><td>42.6</td><td>43.2</td><td>46.3</td><td>42.6</td><td>41.1</td><td>42.8</td></tr>
<tr><td>角度修正值</td><td>0.0</td><td>0.0</td><td>0.0</td><td>0.0</td><td>0.0</td><td>0.0</td><td>0.0</td><td>0.0</td><td>0.0</td><td>0.0</td></tr>
<tr><td>角度修正后</td><td>41.4</td><td>41.6</td><td>39.9</td><td>44.7</td><td>42.6</td><td>43.2</td><td>46.3</td><td>42.6</td><td>41.1</td><td>42.8</td></tr>
<tr><td>浇筑面修正值</td><td>0.0</td><td>0.0</td><td>0.0</td><td>0.0</td><td>0.0</td><td>0.0</td><td>0.0</td><td>0.0</td><td>0.0</td><td>0.0</td></tr>
<tr><td>浇筑面修正后</td><td>41.4</td><td>41.6</td><td>39.9</td><td>44.7</td><td>42.6</td><td>43.2</td><td>46.3</td><td>42.6</td><td>41.1</td><td>42.8</td></tr>
<tr><td rowspan="3">声速</td><td>测区声速值</td><td>4.31</td><td>4.42</td><td>4.19</td><td>4.54</td><td>4.54</td><td>4.55</td><td>4.48</td><td>4.40</td><td>4.11</td><td>4.42</td></tr>
<tr><td>修正值(λ)</td><td colspan="10">1.00</td></tr>
<tr><td>声速值修正后</td><td>4.31</td><td>4.42</td><td>4.19</td><td>4.54</td><td>4.54</td><td>4.55</td><td>4.48</td><td>4.40</td><td>4.11</td><td>4.42</td></tr>
<tr><td colspan="2">强度修正值($\bar{\eta}$)</td><td>1.0</td><td>1.0</td><td>1.0</td><td>1.0</td><td>1.0</td><td>1.0</td><td>1.0</td><td>1.0</td><td>1.0</td><td>1.0</td></tr>
<tr><td colspan="2">测区强度修正后</td><td>41.3</td><td>33.2</td><td>34.7</td><td>29.8</td><td>40.9</td><td>37.6</td><td>38.7</td><td>42.7</td><td>35.9</td><td>30.6</td></tr>
<tr><td colspan="2">强度计算
n = 10</td><td colspan="3">$m_{f_{cu}^c} = 36.1$ MPa</td><td colspan="3">$s_{f_{cu}^c} = 4.16$ MPa</td><td colspan="4">$f_{cu,e} = 29.2$ MPa</td></tr>
<tr><td colspan="2">使用测区强度
换算表名称</td><td colspan="4">规程,地区,专用</td><td colspan="2">备　注</td><td colspan="4"></td></tr>
</table>

计算校核:　　计算:　　记录:　　检验:　　检验日期:201　年　月　日

223

[**实例 2**] 某工程混凝土梁,采用卵石、中砂配制的混凝土强度等级为 C30 的混凝土。混凝土试块 28 d 龄期抗压强度未达到设计要求,现场已无试块。采用综合法对柱子进行检测(测试角度为 0°;测试面为侧面)。

计算推定 3 - D - E 梁混凝土强度,见表 6 - 27。

表 6 - 27　构件名称及编号:3 - D - E 梁混凝土强度计算表

计算项目		测 区									
		1	2	3	4	5	6	7	8	9	10
回弹值	测区平均值	45.8	41.8	45.1	40.5	41.8	41.2	41.8	41.0	40.7	40.5
	角度修正值	0.0	0.0	0.0	0.0	0.0	0.0	0.0	0.0	0.0	0.0
	角度修正后	45.8	41.8	45.1	40.5	41.8	41.2	41.8	41.0	40.7	40.5
	浇筑面修正值	0.0	0.0	0.0	0.0	0.0	0.0	0.0	0.0	0.0	0.0
	浇筑面修正后	45.8	41.8	45.1	40.5	41.8	41.2	41.8	41.0	40.7	40.5
声速	测区声速值	4.31	4.42	4.19	4.54	4.54	4.55	4.48	4.40	4.11	4.42
	修正值(λ)					1.00					
	声速值修正后	4.31	4.42	4.19	4.54	4.54	4.55	4.48	4.40	4.11	4.42
强度修正值($\overline{\eta}$)		1.0	1.0	1.0	1.0	1.0	1.0	1.0	1.0	1.0	1.0
测区强度修正后		39.7	35.0	37.1	34.4	36.4	35.6	35.7	33.6	30.1	33.1
强度计算 $n = 10$		$m_{f_{cu}^c} = 35.0$ MPa			$s_{f_{cu}^c} = 2.56$ MPa			$f_{cu,e} = 30.8$ MPa			
使用测区强度换算表名称		规程,地区,专用			备　注						

计算校核:　　计算:　　记录:　　检验:　　检验日期:201　年　月　日

[**实例 3**] 北京某大厦写字楼现浇混凝土楼板,板厚为 200 mm,混凝土设计强度等级为 C30,粗骨料为卵碎石,28 d 标养混凝土试件试验未达到设计要求,需对该楼板混凝土强度进行检测。

用回弹仪检测板底,超声波沿板底、面对测,采用综合法推定混凝土强度。测试数据如表 6 - 28 所示。

表 6 - 28　构件名称及编号:B - C - 3 - 4 板混凝土强度计算表

计算项目		测 区									
		1	2	3	4	5	6	7	8	9	10
回弹值	测区平均值	45.4	45.6	44.9	45.7	46.6	46.2	46.3	44.6	45.1	44.8
	角度修正值	- 3.8	- 3.8	- 3.8	- 3.8	- 3.8	- 3.8	- 3.8	- 3.8	- 3.8	- 3.8
	角度修正后	41.6	41.8	41.1	41.9	42.8	42.4	42.5	40.8	41.3	41.0
	浇筑面修正值	- 1.0	- 1.0	- 1.0	- 1.0	- 1.0	- 1.0	- 1.0	- 1.0	- 1.0	- 1.0
	浇筑面修正后	40.6	40.8	40.1	40.9	41.8	41.4	41.5	39.8	40.3	40.0

计算项目		测　区									
		1	2	3	4	5	6	7	8	9	10
声速	测区声速值	4.44	4.42	4.39	4.54	4.54	4.55	4.48	4.50	4.51	4.42
	修正值(β)	1.034									
	声速值修正后	4.59	4.57	4.54	4.69	4.69	4.70	4.63	4.65	4.66	4.57
强度修正值($\bar\eta$)		1.0	1.0	1.0	1.0	1.0	1.0	1.0	1.0	1.0	1.0
测区强度修正后		35.1	35.2	33.8	36.7	38.1	37.6	37.6	34.5	35.4	34.0
强度计算 $n=10$		$m_{f_{cu}^c}=35.7$ MPa			$s_{f_{cu}^c}=1.51$ MPa			$f_{cu,e}=33.2$ MPa			
使用测区强度 换算表名称		规程，地区，专用			备　注						

计算校核：　　　计算：　　　记录：　　　检验：　　　检验日期:201　年　月　日

此类型属于现场既无混凝土试件,又无混凝土芯样试件的情况。测试时回弹仪测试是在非水平(+90°)、非浇筑侧面(在楼板底面),计算回弹值时需要进行测试角度和测试面修正。超声波测试是在楼板上、下面对测,需要进行 1.034 修正,然后换算测区强度。因所检测的混凝土构件龄期符合测强曲线要求,未进行钻芯(或采用同条件试件)进行修正,取强度修正值($\bar\eta$)等于 1.0。

[实例 4] 北京某大厦地下停车场外墙,墙厚 400 mm,配置两层 $\phi12@200$ mm 的钢筋网片,混凝土设计强度等级为 C25,粗骨料为卵碎石配制的泵送混凝土,结构验收时缺乏规定的试验资料,要求对地下停车场 A 轴线⑤~⑩轴外墙段混凝土强度进行测试。测试时,考虑有⑤~⑩轴无混凝土强度资料,按 5 个混凝土构件采用综合法测试,回弹测试能满足在浇筑侧面、水平弹击,超声波测试采用平测。平测时换能器轴线距离为 300 mm,所测声速为 v_p;对测测距为 400 mm,声速为 v_d,$\lambda=1.04(\lambda=v_d/v_p)$。选其中一构件数据见表 6 – 29。

表 6 – 29　构件名称及编号:A – 6 – 7 外墙混凝土强度计算表

计算项目		测　区									
		1	2	3	4	5	6	7	8	9	10
回弹值	测区平均值	37.4	37.6	38.9	38.7	37.6	35.2	38.3	37.6	39.1	37.3
	角度修正值	0.0	0.0	0.0	0.0	0.0	0.0	0.0	0.0	0.0	0.0
	角度修正后	37.4	37.6	38.9	38.7	37.6	35.2	38.3	37.6	39.1	37.3
	浇筑面修正值	0.0	0.0	0.0	0.0	0.0	0.0	0.0	0.0	0.0	0.0
	浇筑面修正后	37.4	37.6	38.9	38.7	37.6	35.2	38.3	37.6	39.1	37.3
声速	测区声速值	4.24	4.22	4.29	4.26	4.34	4.25	4.35	4.28	4.29	4.38
	修正值(λ)	1.04									
	声速值修正后	4.41	4.39	4.46	4.43	4.51	4.42	4.52	4.45	4.46	4.55
强度修正值($\bar\eta$)		1.0	1.0	1.0	1.0	1.0	1.0	1.0	1.0	1.0	1.0

计算项目	测 区									
	1	2	3	4	5	6	7	8	9	10
测区强度修正后	28.6	28.7	31.2	30.6	29.9	25.8	31.0	29.3	31.4	29.8
强度计算 $n=10$	$m_{f_{cu}^c}=296$ MPa			$s_{f_{cu}^c}=1.66$ MPa			$f_{cu,e}=26.9$ MPa			
使用测区强度换算表名称	规程,地区,专用				备 注					

计算校核: 计算: 记录: 检验: 检验日期:201 年 月 日

此类型测试时回弹仪测试是在水平(0°)、浇筑侧面,计算回弹值不进行修正。超声波测试是在单面平测,$\lambda=1.04(\lambda=v_d/v_p)$,需要进行 1.04 修正,然后换算测区强度。因所检测的混凝土构件龄期符合测强曲线要求,未进行钻芯(或采用同条件试件)进行修正,取强度修正值($\bar{\eta}$)等于 1.0。

[实例5] 如采用综合法检测某工程剪力墙混凝土强度,混凝土粗骨料为卵石,设计强度等级为 C20,龄期为 18 个月。按照综合法规定,钻取 4 个 $\phi100$ 直径混凝土芯样进行修正,见表 6 – 30,抽取一道墙板计算,见表 6 – 31。

表 6 – 30　混凝土芯样试件抗压试验结果及强度修正系数

构件编号	综合法换算强度/MPa	混凝土芯样强度/MPa	系数(η_i)	平均修正系数($\bar{\eta}$)
1#	32.2	34.5	1.07	
2#	32.5	31.0	0.95	0.98
3#	31.8	30.0	0.94	
4#	32.0	30.0	0.94	

表 6 – 31　5 – A – B 墙板强度计算

测区号	1	2	3	4	5	6	7	8	9	10
R_m	33.5	34.0	32.9	33.4	33.3	33.9	31.1	33.2	31.4	31.8
角度修正值	0.0	0.0	0.0	0.0	0.0	0.0	0.0	0.0	0.0	0.0
角度修正后	33.5	34.0	32.9	33.4	33.3	33.9	31.1	33.2	31.4	31.8
浇筑面修正值	0.0	0.0	0.0	0.0	0.0	0.0	0.0	0.0	0.0	0.0
修正后回弹值	33.5	34.0	32.9	33.4	33.3	33.9	31.1	33.2	31.4	31.8
测区声速值/(km/s)	4.22	4.50	4.41	4.33	4.22	4.39	4.31	4.19	4.44	4.71
修正值(λ、β)	1.0									
声速值修正后/(km/s)	4.22	4.50	4.41	4.33	4.22	4.39	4.31	4.19	4.44	4.71
测区强度换算值	22.2	25.0	22.9	22.9	21.9	24.0	20.0	21.6	21.3	23.7
强度修正值($\bar{\eta}$)	0.98	0.98	0.98	0.98	0.98	0.98	0.98	0.98	0.98	0.98
测区强度修正后/MPa	21.8	24.5	22.4	22.4	21.5	23.5	19.6	21.2	20.9	23.2
计算值/MPa	$m_{f_{cu}^c}=22.1$				$s_{f_{cu}^c}=1.42$					
强度推定值/MPa	$f_{cu,e}=m_{f_{cu}^c}-1.645 s_{f_{cu}^c}=19.8$									

计算校核: 计算: 记录: 检验: 检验日期:201 年 月 日

226

6.7.2 计算机处理

采用计算机计算构件强度是最简便、快捷的处理方法,许多检测单位都是按本地区规定计算程序进行处理,有的是自编程序,须强调的不管使用的哪种程序,都必须符合检测规程要求,以及数值修约规定,进行单个或按批抽检批量构件强度推定。

如测试一个混凝土柱,布置了10个测区,在相对的测试面上各测试8个回弹值和3个声时值。将测试数据生成强度计算数据文件。如 B – 5. TXT,其文件格式为纯文本,数值之间逗号分开:16个回弹值、3个声时值和1个超声测距(200 mm),见下列数据。

B – 5. TXT

38,33,42,45,50,46,43,43,44,46,51,36,46,50,50,31,44.7,44.2,45.0,200
46,32,46,40,38,43,44,50,47,53,52,45,48,44,46,31,45.8,43.7,45.1,200
46,35,48,44,54,53,46,48,48,53,50,52,40,48,42,42,44.9,48.6,45.7,200
30,34,50,52,48,52,46,40,52,48,58,51,50,48,43,31,43.6,44.1,43.7,200
45,36,45,44,44,48,44,46,46,52,48,46,45,39,39,47.3,43.4,43.9,200
45,34,45,48,50,51,43,44,46,48,42,50,42,44,41,40,43.5,43.9,44.0,200
46,32,46,40,38,43,44,50,47,53,52,45,48,44,46,31,45.8,43.7,45.1,200
46,35,48,44,54,53,46,48,48,53,50,52,40,48,42,42,44.9,48.6,45.7,200
30,34,50,52,48,52,46,40,52,48,58,51,50,48,43,31,43.6,44.1,43.7,200
44,46,43,51,47,49,51,55,45,48,49,50,44,42,47,48,40.3,44.1,41.2,200

操作步序,见表6 – 32。

表6 – 32　操作步序

步序	显　　　示	操　　作	说　　明
1		点击 ZHFCQ↓	↓回车
2	请输入计算日期	2008.7.6↓	—
3	编号(NO.)	B – 5↓	输入构件编号
4	测区数量(N)	10↓	—
5	请输入回弹测试角度(–90°～ +90°)	0↓	水平方向为0角度
6	测试面(侧面为0;上表面为1;底面为2)	0↓	输入测试面
7	选用卵(碎)石测强曲线50 MPa;以下者(卵石1;碎石2)50 MPa 以上者(卵石3;碎石4)	1↓	选用卵石测强曲线
8	请输入数据名	B – 5. TXT↓	输入数据名

计算结果:

```
##########   NO.:B – 5   ##########
= = = = = RQ = 2008.7.6   = = = = = CQSL = 10      = = = = = = =
= = = = = JD = 0          = = = = = CSM = CM       = = = = = = =

Vi        Ri        fi        Vi        Ri        fi        Vi        Ri        fi
4.48      44.3      39.6      4.46      44.9      40.3      4.31      47.2      41.9
```

227

4.57	47.6	46.2	4.46	45.3	40.9	4.57	44.7	41.4
4.46	44.9	40.3	4.30	47.2	41.9	4.57	47.6	46.2
4.78	47.3	48.8						

$= = = =$ CYQX:LSCQQX $\quad$ LC $= 3.15$ MPa $\quad$ PJQD $= 42.8$ $\quad$ MIN $= 39.6$ $\quad$ $= = = = = =$

$f_{cu,e1} = 37.6$ MPa $\quad$ $f_{cu,e2} = 39.6$ MPa $\quad$

$= = = = = = = = = =$ TDQD $= 37.6$ MPa $\quad$ $= = = = = = = = =$

单个构件混凝土强度的推定计算

######### $\quad$ NO.：B－10 $\quad$ #########

$= = = = =$ RQ $= 2008.7.6$ $\quad$ $= = = = =$ CQSL $= 10$ $\quad$ $= = = = = = =$

$= = = = =$ JD $= 0$ $\quad$ $= = = = =$ CSM $=$ CM $\quad$ $= = = = = = =$

V_i	R_i	f_i	V_i	R_i	f_i	V_i	R_i	f_i
4.31	41.4	32.7	4.42	41.6	34.1	4.19	39.9	32.1
4.54	44.7	40.5	4.54	42.6	36.6	4.55	43.2	38.0
4.48	46.3	42.8	4.40	42.6	35.5	4.11	41.1	33.2
4.42	42.8	36.0						

$= = = = =$ CYQX:LSCQQX $\quad$ LC $= 3.47$ MPa $\quad$ PJQD $= 36.1$ $\quad$ MIN $= 32.1$ $\quad$ $= = = = = =$

$f_{cu,e1} = 30.4$ MPa $\quad$ $f_{cu,e2} = 32.1$ MPa $\quad$

$= = = = = = = = = =$ TDQD $= 30.4$ MPa $\quad$ $= = = = = = = = =$

批量构件混凝土强度的推定计算

######### $\quad$ NO.：2 层柱 $\quad$ #########

$= = = = =$ RQ $= 2008.7.6$ $\quad$ $= = = = = =$ CQSL $= 100$ $\quad$ $= = = = = = =$

$= = = = =$ JD $= 0$ $\quad$ $= = = = =$ CSM $=$ CM $\quad$ $= = = = = = =$

V_i	R_i	f_i	V_i	R_i	f_i	V_i	R_i	f_i
4.42	42.8	36.0	4.31	41.4	32.7	4.42	40.1	31.7
4.31	41.4	32.7	4.42	41.6	34.1	4.49	39.9	32.1
4.54	44.7	40.5	4.54	42.6	36.6	4.55	43.2	38.0
4.48	46.3	42.8	4.40	42.6	35.5	4.11	41.1	33.2
.	.	.	.	.	.	.	.	.
.	.	.	.	.	.	.	.	.
4.49	39.9	32.1	4.54	44.7	40.5	4.54	42.4	36.6
4.42	42.8	36.0	4.41	41.1	33.2	4.31	41.4	32.7

$= = = = =$ CYQX:LSCQQX $\quad$ $L_C = 3.35$ MPa $\quad$ PJQD $= 35.3$ $\quad$ MIN $= 31.7$ $\quad$ $= = = = = =$

$f_{cu,e1} = 29.8$ MPa $\quad$ $f_{cu,e2} = 31.7$ MPa

$= = = = = = = = = =$ TDQD $= 29.8$ MPa $= = = = = = = = =$

思　考　题

1. 超声回弹综合法有哪些特点?
2. 试述超声回弹综合法的影响因素。
3. 综合法测强曲线按其适用范围可分几种?
4. 如何制定地区(或专用)测强曲线?
5. 综合法检测混凝土强度需进行哪些准备?
6. 回弹仪、超声仪应符合哪些要求?
7. 怎样进行单个和批量构件检测推定?
8. 某混凝土(卵石)楼板构件,向上 +90°在构件底面进行回弹测试,超声波采用上下对测,各测区回弹值及声速值列于下表,采用综合法测试,计算该构件混凝土强度。

测区号	1	2	3	4	5	6	7	8	9	10
R	45.0	46.0	45.5	44.8	44.9	45.2	45.1	45.3	45.1	44.9
角度修正值										
角度修正后										
浇筑面修正值										
修正后回弹值										
测区声速值/(km/s)										
修正值/(β)					1.034					
声速值修正后/(km/s)										
f_{cu}^c										
计算值/MPa	$m_{f_{cu}^c} =$					$s_{f_{cu}^c} =$				
强度推定值/MPa					$f_{cu,e} =$					

229

7 钻芯法检测混凝土强度

7.1 概述

7.1.1 钻芯法的发展过程及现状

钻芯法是利用专用钻机,从结构混凝土中钻取芯样以检测混凝土强度或观察混凝土内部质量的方法。由于它对结构混凝土造成局部损伤,因此是一种半破损的现场检测手段。

这种方法在国外的应用已有几十年的历史,俄罗斯从 1956 年开始就利用钻取的芯样,评定道路和水工工程混凝土的质量,并且于 1967 年颁布了钻取芯样方法的国家标准。丹麦的道路建筑规程中要求每 300 m² 混凝土路面必须钻取一个以上的 ϕ150 mm × 300 mm 的芯样进行试验,以检测其抗折强度。

英国、美国、前东、西德、比利时和澳大利亚等国分别制定有钻取混凝土芯样进行强度试验的标准。国际标准化组织提出了"硬化混凝土芯样的钻取检查及抗压试验"(ISO/DIS 7034)国际标准草案。

中华人民共和国成立前,在我国就已开始使用钻芯法检测混凝土路面的厚度,1948年制定有"钻取混凝土试体长度之检测法"。中华人民共和国成立后我国曾有一些单位利用地质钻机,对水工工程,大型基桩或基础等结构钻取混凝土芯样进行抗压强度、抗折强度及内部缺陷的检验。但是,作为一种现场检测混凝土抗压强度的专门技术的研究并使其标准化的工作,是从 20 世纪 80 年代开始的,另外,在钻芯机、人造金刚石薄壁钻头、切割机及其配套使用的机具研制和生产方面也已取得了很大的进展,现在国内已可生产十几种型号的钻机和几十种规格的钻头可供选择和使用。

利用钻芯法检测混凝土强度,无须进行某种物理量与强度之间的换算,普遍认为它是一种直观、可靠和准确的方法。但由于在检测时总是对结构混凝土造成局部损伤,因而近年来国内外都主张把钻芯法与其他非破损检测方法,如回弹法综合使用,一方面利用非破损法可以大量测试而不损伤结构的特点,另一方面可以利用钻芯法提高非破损测强精度,使二者相辅相成。

中国工程建设标准化委员会早在 1988 年批准发行了《钻芯法检测混凝土强度技术规程》(CECS 03:88),这一方法已在结构混凝土的质量检测中得到了普遍的应用。

随着科学技术的发展、检测经验的积累和对工程检测的新要求,在对原标准(CECS 03:88)进行了修订基础上,并于 2007 年制定出(CECS 03:2007)新的标准。

7.1.2 钻芯法的应用特点

7.1.2.1 钻芯法的应用情况

用钻芯法检测混凝土的强度、裂缝、接缝、分层、孔洞或离析等缺陷,具有直观、精度高等特点,因而广泛应用于工业与民用建筑、水利大坝、桥梁、公路、机场跑道等混凝土结构或构筑物的质量检测。

在正常生产情况下,混凝土结构应按《钢筋混凝土工程施工及验收规范》(2011 版)

（GB 50204—2002）的要求，制作立方体标准养护试块进行混凝土强度的评定和验收。只有在下列情况下才可以进行钻取芯样检测其强度，并作为处理混凝土质量事故的主要技术依据。

（1）对立方体试块的抗压强度产生怀疑，其一是试块强度很高，而结构混凝土的外观质量很差，其二是试块强度较低而结构外观质量较好或者是因为试块的形状、尺寸、养护等不符合要求，而影响了试验结果的准确性。

（2）混凝土结构因水泥、砂石质量较差或因施工、养护不良发生了质量事故。

（3）采用超声、回弹等非破损法检测混凝土强度时，其测试前提是混凝土的内外质量基本一致，否则会产生较大误差，因此在检测部位的表层与内部的质量有明显的差异，或者在使用期间遭受化学腐蚀、火灾，硬化期间遭受冻害的混凝土均可采用钻芯法检测其强度。

（4）使用多年的老混凝土结构，如需加固改造或因工艺流程的改变荷载发生了变化，需要了解某些部位的混凝土强度。

（5）对施工有特殊要求的结构和构件，如机场跑道测厚等。

用钻取的芯样除可进行抗压强度试验外，也可进行抗劈强度、抗拉强度、抗冻性、抗渗性、吸水性及容重的测定。此外，并可检查混凝土的内部缺陷，如裂缝深度、孔洞和疏松大小及混凝土中粗骨料的级配情况等。

试验表明，当混凝土的龄期过短或强度没有达到 10 MPa 时，在钻芯过程中容易破坏砂浆与粗骨料之间的黏结力，钻出的芯样表面变得较粗糙，甚至很难取出完整芯样，因此在钻芯前，应根据混凝土的配合比，龄期等情况对混凝土的强度予以预测，以保证钻芯工作的顺利进行和检测结果的准确性。新的试验表明，钻芯法已可检测 C80 混凝土的强度。

7.1.2.2 钻芯法的局限性

钻芯法检测混凝土质量除具有直观、可靠、精度高和应用广外，它也有一定的局限性：

（1）钻芯时对结构造成局部损伤，因而对于钻芯位置的选择及钻芯数量等均受到一定限制，而且它所代表的区域也是有限的。

（2）钻芯机及芯样加工配套机具与非破损测试仪器相比，比较笨重，移动不够方便，测试成本也较高。

（3）钻芯后的孔洞需要及时修补，尤其当钻断钢筋或导线时更增加了修补工作的困难。

7.1.3 与其他无损检测方法的比较

钻芯法、超声法、回弹法、拔出法和超声回弹综合法是结构混凝土质量的常见检测方法，在我国应用已比较普遍，各种测试方法的测定内容、适用范围及优、缺点列入表 7-1 中。

7.2 钻芯机及切割机

7.2.1 钻芯机

7.2.1.1 钻芯机的分类

在混凝土结构的钻芯或工程施工钻孔中，由于被钻混凝土的强度等级、孔径大小、钻孔位置以及操作环境等因素变化很大，因而设计一台通用钻机来满足钻孔工程中各种复

表 7-1　几种无损检测方法的比较

种类	测定内容	适用范围	优点	缺点	备注
回弹法	混凝土表面硬度值	混凝土抗压强度、匀质性	测试简单、快速、被测物的形状尺寸一般不受限制	测定部位仅限于混凝土表面，同一处不能再次使用	应用较多
超声法	超声波传播速度、波幅、频率	混凝土抗压强度及内部缺陷	被测构件形状与尺寸不限，同一处可反复测试	探头频率较高时，声波衰减大。测定精度稍差	应用较多
超声回弹综合法	混凝土表面硬度值和超声波传播速度	混凝土抗压强度	测试也比较简单，精度比单一方法高	比单一回弹或超声法费事	应用较多
拔出法	预埋或后装于混凝土中锚固件，测定拔出力	混凝土抗压强度	测强精度较高	对混凝土有一定损伤，检测后需进行修补	应用较多
钻芯法	从混凝土中钻取一定直径的芯样	混凝土抗压强度，抗拉强度，抗劈强度，内部缺陷	测强精度高	设备笨重，成本较高，对混凝土有损伤，需修补	应用较多

杂的要求实际上是不可能的,因此在国外设计生产了轻便型、轻型、重型和超重型四种类型的钻芯机,其主要技术参数列入表 7-2 中。

表 7-2　国外钻芯机类型及技术参数

序号	类型	钻孔直径 /mm	转速 /(r/min)	功率 /kW	机重 /kg	钻机高度 /mm
1	轻便型	12～75	600～2 000	1.1	25	1 040
2	轻型	25～200	300～900	2.2	89	1 190
3	重型	200～450	250～500	4.0	120	1 800
4	超重型	330～700	200	7.5	300	2 400

在国内,为了钻取芯样工作的需要,生产了多种牌号的钻芯机,但从钻机的功率及可钻孔径来看,属轻型和轻便型两种。

国内外几种钻芯机的技术指标见表 7-3。

(1)轻便型钻机

轻便型钻机体积小、重量轻,适合于工地作业。这种钻机主要用于水、暖、电、煤气、空调管道安装孔和机械设备地脚螺栓孔的钻孔需要,以及混凝土内部缺陷的取样检验。也可进行其他非金属材料诸如耐火材料、光学玻璃、大理石、岩石、砖砌体等的钻孔工作。

(2)轻型钻机

这种钻机的体积和重量比轻便型钻机稍大和稍重,电动机的功率一般为 2 kW 左右,通常它以钻取混凝土芯样为主的钻机,也可用于其他非金属材料的钻孔工作。为了移动的方便,在钻机底盘上一般装有两个滚轮。

表 7-3　国内外几种钻芯机的技术指标

序号	钻机型号	钻孔直径 / mm	最大行程 / mm	主轴转速 / (r/min)	电机		钻机尺寸(长×宽×高)/(mm× mm × mm)	整机重量 /kg	固定方式
					电压 / V	功率 / kW			
1	GZ-1120	φ160	500	950/440	380	3	630 × 450 × 1 800	85	支撑
2	HZO-100	φ118	370	850	220	1.7	480 × 250 × 890	23	锚固螺栓
3	回 HZ-160	φ160	400	500~1 000	220	1.7	470 × 235 × 880	25	锚固螺栓
4	回 ZJ-160A	φ160	400	900/450	220	2.2	300 × 260 × 1 050	30	锚固螺栓
5	HZ-1	φ30	400	720	380	0.75			吸盘式
6	HZK-200	φ200	350	900/450	220	2.2	高 1 060	36	锚固螺栓
7	TXZ-83-1	φ200			柴油机	3			配重式
8	DZ-1	φ10	370	1 000	220	1.6		31	支撑
9	HE-200	φ200	500	900/450	220	2.2		28	锚固螺栓
10	HZ-100	φ100	220	800	220	1.0		10	锚固螺栓
11	SPO(日本)	φ160	400	600/300	220	2.2	230 × 100 × 603	30	锚固螺栓
12	HME(英国)	φ150	600	900/450	220	2.2	610 × 500 × 1 800	75	支撑

（3）重型（或超重型）钻机

这种钻机钻孔直径大、功率大、重量重、钻机体积也大、而主轴的转速则最低,它主要用于通过建筑物的大孔径管道的钻孔工作。

7.2.1.2　钻芯机的构造

为了满足钻孔或取芯工作的需要,钻芯机应具备以下五个基本功能:

（1）向钻头传递力,推动钻头前进或后退。

（2）驱动钻头旋转,并应具有一定范围的转速,以便保证所需的线速度。

（3）为了冷却钻头和冲洗钻孔过程中产生的磨削碎屑,应不断供给冷却水。

（4）钻机应具有足够的刚性和稳定性。

（5）钻机的移动、安装和拆卸方便。

为了满足上述五个条件,钻芯机一般应包括以下几个主要部分:

机架部分主要由底座、立柱所组成。立柱安装在底座上,在立柱上还安装有齿条、电动机等零部件。为了减轻钻芯机的重量,立柱与底座一般由铝合金制造。在底座上一般均安有四个调整水平的螺钉和两个行走轮。

进给部分由滑块导轨、升降座、齿条、齿轮、进给手柄等组成。当把升降座上的锁紧螺钉松开后,利用进给手柄可使升降座安全匀速的上下移动,如图 7-1 所示,以保证钻头在允许行程范围内的前进或后退。对于一些轻型钻机立柱也是导轨(在立柱上安有齿条),以保证进给部分的上下移动。

变速箱由壳体、变速齿轮、变速手柄和旋转水封等组成。通过拨动变速手柄可得到高低两挡转速,如 ZIZS-200 型钻机就有 415 r/min 和 750 r/min 两种转速,也有的钻机变速箱只有一挡转速。钻芯时在变速箱前端的主轴上安装金刚石薄壁钻头。

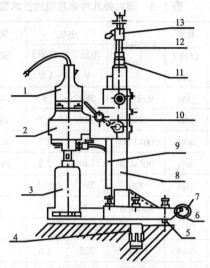

1.电动机;2.变速箱;3.钻头;4.膨胀螺栓;5.支承螺钉;6.底座;
7.行走轮;8.立柱;9.升降齿条;10.进给手柄;11.堵盖;12.支撑杆;13.紧固螺帽。

图 7-1 回 HZ-160 混凝土钻芯机构造

给水部分在钻芯过程中,必须供应一定流量的冷却水,以便冷却钻头和冲走混凝土碎屑。水经过水嘴后流入水套内,再经过水套进入主轴中心孔,然后经过连接接头最后由钻头端部排出。给水部分如图 7-2 所示。为了防止漏水,在水套两端分别安装有橡胶水封,当发现磨损漏水时应及时更换。

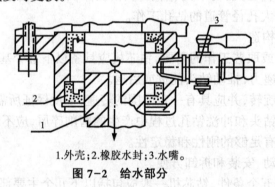

1.外壳;2.橡胶水封;3.水嘴。

图 7-2 给水部分

动力部分主要由电动机、起动器和开关等组成。为了保证电动机的安全起动、运转和停止,有些钻机还配备过电流保护器。

目前国内生产的钻芯机其电源主要有:三相感应电动机和单相串激式电动机两种类型,其电气工作原理如图 7-3 所示,也有钻机采用柴油发动机。

7.2.1.3 钻芯机的维护和保养

(1)钻芯过程因有振动,因此在钻芯过程中或结束后,应仔细检查各连接部位,及时调整紧固。

(2)钻机应保持清洁。当钻芯完毕,应将钻机各部位擦干净后,并加机油润滑各运动部分,放在干燥处,用防尘罩罩上。

(3)钻头安装前,应在连结螺纹处加入钙基润滑脂,保证拆装方便。

234

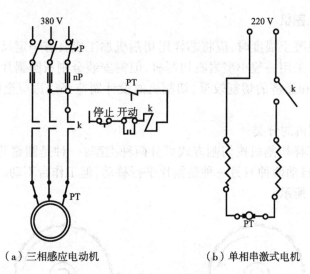

（a）三相感应电动机   （b）单相串激式电机

图 7-3　钻机电气工作原理

（4）长期停止工作的钻机,在重新使用时,必须测试电机绕组与机壳间的绝缘电阻,其数值不应小于 5 MΩ。

（5）钻头刃口磨损或崩裂严重时应更换钻头,以免在磨削过程中损坏电机和芯样。

（6）定期检查电源线、插头、开关、炭刷和换向器。

（7）定期检查变速箱内润滑油情况,并随时加以补充;轴承处加钙基或钠基润滑脂（ZGN-1 或 ZGN-2）;齿轮宜加 3 号钙基润滑脂（ZG-3）。

钻芯机在使用过程中,一般常见故障及排除方法见表 7-4。

表 7-4　一般常见故障及排除方法

故障现象	产生原因	排除方法
电机不运转或运转不良	1.电源不通;	1.修复电源;
	2.接头松落;	2.检查所有接头,修理;
	3.炭刷接触不良或已经磨损;	3.更换;
	4.开关接触不良或不动作;	4.修理或更换;
	5.转子有断线;	5.更换;
	6.转子变形;	6.更换;
	7.轴承损坏	7.更换
电机发生严重火花（环火）	1.电枢短路局部发热、焊点脱落;	1.修复;
	2.炭刷与换向器接触不良;	2.修磨换向器及炭刷;
	3.炭刷磨损	3.更换
电机表面过度发热	1.作业时间过长;	1.停机休息;
	2.绕组潮湿;	2.干燥电机;
	3.电源电压下降	3.调整电源电压
水封处严重漏水	密封圈已损坏	更换密封圈

7.2.2 芯样切割机

当检测混凝土强度时,应将芯样用切割机加工成具有一定尺寸的抗压试件。混凝土芯样的切割可采用一般小型岩石切割机,但需安装金刚石圆锯片。为使金刚石圆锯片取得高效、优质和经济的切割效果,切割机的设计制造必须适应金刚石圆锯片的特点和加工要求。

7.2.2.1 切割机的分类

混凝土芯样切割机按切割方式可分两种类型:一种是圆锯片不移动,但工作台可以移动(手摇和自动两种);另一种是锯片平行移动,但工作台不动。两种类型切割机工作示意图如图 7–4 所示。

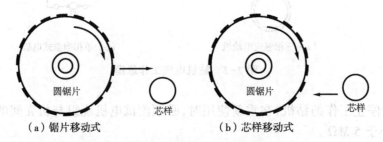

图 7–4 切割机工作示意图

（a）锯片移动式　　　　　　　　（b）芯样移动式

也有一些单位用砂轮锯改装成简易芯样切割机效果也较好。

7.2.2.2 切割机的构造及工作原理

为了保证芯样的切割质量,减轻工作人员的劳动强度,应尽量采用自动化程度较高、全密封、低噪声的切割机。现以 DQ–2 型切割机为例,简单介绍其构造及工作原理。

该机为锯片移动芯样固定式,由主机及控制台两大部分组成。

（1）主机

主机由导轨、圆锯片工作台、芯样固定装置、传动变速箱、电机及供水冷却系统所组成。这些部件全部放置在机箱内,整机结构紧凑、刚性大、工作平稳可靠。

主电机安装在锯片工作台上,利用三角皮带传至锯片轴工作。进给电机是选用的 JZT 型电磁调整电机,通过给定电位器,对电机实现宽范围无级调整,以保证得到合适的切割线速度。在主机下部配置有水箱,用水泵供应锯切过程中的循环冷却水。还有一台电机是为了对工作台进行快速前进和后退调节而设置。

锯片工作台的起端和终端各备有行程开关,当工作台运动至终端时,可自动后退至起端,并可自动停止移动。

芯样的固定装置如图 7–5 所示。有两个顶杆螺钉夹紧芯样,并用螺帽锁紧顶杆螺钉防止顶杆在切削时松动。

（2）控制台

切割机所有电器控制部分均安置在控制台内。控制台的外接电源为交流三相四线,电压为 380 V,控制台与主机之间采用电缆线连接。

在控制台的面板上安装有操作按钮。当按下总电源按钮,控制台面板上的各停止按钮上方的指示灯均应明亮。依次按主机的起动按钮,看其主机的旋转方向与所标方向是

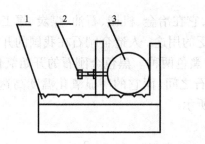
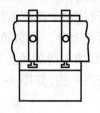

1.工作台;2.顶杆螺钉;3.混凝土芯样。

图 7-5　芯样的固定装置

否相同,如反转时即停车调整。按"工进"、"快进"或"快退"按钮,圆锯片应沿工作台执行前进或后退的指令;按电泵按钮,冷却水流应充足稳定。

JZT 控制器的转速表为"工进"调整电机的转速指示。在"工进"过程中转动调速旋钮,可以控制切割速度的快慢,应根据混凝土芯样的强度进行选择。

切割机电器工作原理如图 7-6 所示。

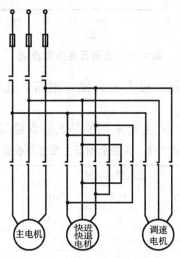

图 7-6　切割机电器工作原理

7.3　钻芯配套机具

7.3.1　人造金钢石空心薄壁钻头

混凝土是由多种材料组成的比较坚硬的建筑材料,其钻孔取芯工作需采用人造金刚石空心薄壁钻头来完成。金刚石有天然和人造两种类型。由于天然金刚石非常稀少,开采困难且价格昂贵,所以一般坚硬材料的锯切、研磨和钻孔工具都采用人造金刚石来制造。

7.3.1.1　人造金刚石的特点

金刚石是目前自然界中已知硬度最高的一种物质,属于等轴晶系。其莫氏硬度为 10,比石英和刚玉都硬。由于金刚石中所含的杂质不同,其密度在 $3.514\,77 \sim 3.515\,54$ g/cm³。金刚石具有极高的弹性模量,因而抗压强度高、耐磨性好。在外力作用下,绝大多数金刚石都不会发生塑性变形。此外,金刚石还具有抗腐蚀、抗辐射和良好的光学性能。所有这些性质都具有重要的实用意义。所以,它在冶金、机械、石油、煤炭、军工仪器仪表、光学仪器、电子工业及空间技术中都有着广泛的用途。人造金刚石在我国的开发利用是较快的。从人造金刚石的颜色上分,有黄色和黑色两种。黑色金刚石的开始氧化温度达 650℃左右,介于天然金刚石和人造黄色金刚石之间,而它的明显氧化温度高达 900℃左右,与天然金刚石相比还略高一些,如图 7-7 所示。

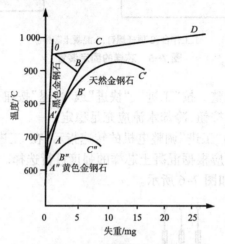

图 7-7　金刚石热失重曲线

黑色金刚石抗压强度超过一般人工合成金刚石。几种主要人造金刚石的性能见表 7-5。

在我国空心薄壁钻的生产中,主要采用的是人造含硼黑色金刚石。

表 7-5　人造金刚石主要性能参数

粒度号	尺寸 /mm	抗压强度 /kgf			完成晶形比例 /%		
		JRT	JRY	JRB	JRT	JRY	JRB
36#	0.5～0.4	10	6	5.5	15	8	7
46#	0.4～0.315	9	5.5	5	15	8	7
70#	0.315～0.25	8	5	4.5	18	5	7
80#	0.25～0.2	7	4.5	4	20	12	10
100#	0.2～0.16	6	4	3.5	20	12	10
200#	0.16～0.125	5	3.5	3.0	25	12	10
	0.125～0.1	4	3	2.5	25	10	9

注:1. J-金刚石;R-人造;T-特级;Y-优质级;B-标准级。

2. 人造金刚石在空气中的碳化温度为 850～1 000℃。

3. 1 kgf=9.8 N≈10 N。

7.3.1.2　空心薄壁钻的应用范围及规格

人造金刚石薄壁钻头是一种新型钻孔取芯工具,根据钻头冷却方式的不同,可分为外冷式及内冷式两种。混凝土取芯用薄壁钻头一般为内冷式。

空心薄壁钻适用于下列范围的钻孔和取芯工作。

（1）非金属脆硬材料的钻孔,如玻璃、陶瓷、石材、耐火材料、混凝土等。

（2）建筑安装工程施工钻孔如水、电、暖、风、煤气等管道安装。

（3）爆破钻孔如用破碎剂或铝锰燃烧剂破碎。

（4）房屋及各类建筑物的加固、翻修、扩建的施工钻孔。

（5）结构混凝土质量检验的钻孔取芯。

为了满足上述钻孔或取芯工作的需要,国内已生产的各种规格的钻头见表7-6。

表7-6　金刚石薄壁钻头规格

尺寸/mm　　水口数	钻头外径(D)	钻头内径(d)	钢体外径($D1$)	钢体内径($D2$)	胎环外径($D3$)	胎环内径($D4$)	钢体有效长度(L)	金刚石层高度	非金刚石层高度
1	10.0	6.0	9.5	6.5	10.0	6.0	100	5	5
	12.0	8.0	11.5	8.5	12.0	8.0	100		
	14.0	10.0	13.5	10.5	14.0	10.0	150		
	16.0	12.0	15.5	12.5	16.0	12.0	150		
	18.0	14.0	17.5	14.5	18.0	14.0	200		
	21.0	15.0	20.0	16.0	21.0	15.5	300		
2	26.0	20.0	25.6	21.0	26.0	20.5	200/400	5	5
	31.0	25.0	30.0	26.0	31.0	25.5	200/400		
	36.0	30.0	35.0	31.0	36.0	30.5	200/400		
	41.0	35.0	40.0	36.0	41.0	35.5	200/400		
3	46.0	40.0	45.0	41.0	46.0	40.5	200/400	5	5
	51.0	45.0	50.0	46.0	51.0	45.5	200/400		
	56.0	50.0	55.0	51.0	56.0	50.5	200/400		
	61.0	55.0	60.0	56.0	61.0	5.5	200/400		
4	66.0	60.0	65.0	61.0	66.0	60.5	200/400	5	5
	71.0	65.0	70.0	66.0	71.0	65.5	200/400		
	76.0	70.0	75.0	71.0	76.0	70.5	200/400		
	82.0	75.0	81.0	76.5	82.0	76.5	200/500		
5	108.0	100.0	107.0	102.0	108.0	101.0	200/500	5	5
	159.0	150.0	158.0	152.0	159.0	151.0	200/500		

7.3.1.3　空心薄壁钻的构造

空心薄壁钻头主要由钢体和胎环两部分组成。钢体一般系由无缝钢管车制而成,为了钻芯的方便减少摩擦阻力,其外直径比胎环略小 0.5 ~ 1.0 mm,内直径比胎环大 0.5 ~ 1.0 mm。钻头的胎环是由钢系、青铜系、钨系等冶金粉末和适量的人造金刚石浇注成型,胎环的高度为 10 mm,金刚石层的浇注高度一般只有 5 mm。在钻芯过程中为了冷却钻头和排屑畅通,根据钻头直径的大小,在胎环上加工数个排水槽(一般称水口),钻头的构造如图 7-8 所示。

胎环与钢体之间的连接,可以采用热压、冷压浸渍、无压浸渍、低温电铸或高频焊接

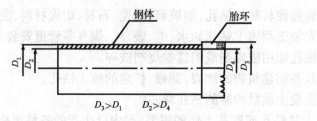

图 7-8 空心薄壁钻构造示意图

等方法。

成型后的胎环金钢石的含量为 20%～40%,钻头本身的性能由于金钢石的含量和胎环与钢体的连接方法的不同,其利度和寿命也不一样。金刚石含量越大,则磨断能力越高。

在钻芯过程中,随着进尺的增加,则金刚石颗粒逐渐磨损而在磨断作用面上又不断露出新的磨粒,即称为磨粒的自生作用,这样,旧的金刚石颗粒不断磨损,新的金钢石颗粒又不断露出,使钻头一直保持自锐状态,直到金刚石全部磨完为止,如图 7-9 所示。当钻头的自锐能力变差,即钻头磨钝时可采用耐火砖、砂轮片等强磨性材料重新进行开刃处理。

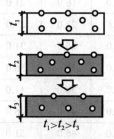

图 7-9 金刚石颗粒的自生作用

钻头与钻机的连接方式,主要由钻头的直径和钻机的构造决定。一般可分为直柄式、螺纹式和胀卡连接式三种,如图 7-10 所示。

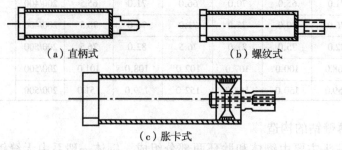

（a）直柄式　　　　　　（b）螺纹式

（c）胀卡式

图 7-10 钻具的连接方式示意图

直柄式连接的小直径钻头主要用于台钻或手提电钻等,螺纹连接的中等直径钻头和胀卡连接的较大直径钻头适用于钻芯机使用。

7.3.2 人造金刚石圆锯片

金刚石圆锯片是一种新型的切割工具,它可以切割石材、耐火材料、玻璃、陶瓷、石膏板、混凝土等多种非金属材料。其特点是加工效率高、质量好、能耗少、成本低。因而在混

240

凝土芯样的加工中应采用金刚石圆锯片进行切割。

7.3.2.1　圆锯片的构造及分类

圆锯片主要由基体和锯齿两部分组成。基体一般用薄钢板等材料制造,锯齿则由人造金刚石和金属(合金)粉末用粉末冶金的方法制成。

根据锯齿构造型式的不同,圆锯片可分为连续式、镶齿式和节块式三种类型,如图7-11所示。

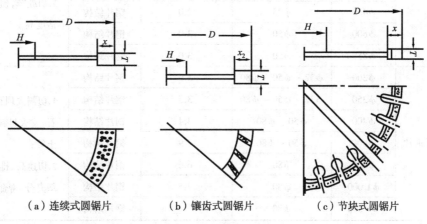

（a）连续式圆锯片　　　（b）镶齿式圆锯片　　　（c）节块式圆锯片

图 7-11　圆锯片构造

（1）连续式圆锯片

外边锯齿刃口为连续式金刚石层。这种锯片一般直径较小,为 50~300 mm,刃口厚度为 1.0~2.0 mm。切割光洁度高、切缝窄、损耗少。适用于玻璃、水晶、半导体、宝石等切割。

（2）镶齿式圆锯片

镶齿有直齿和斜齿两种。它是将齿条均匀地镶嵌在锯片基体上,这种形式的锯片除了具备连续式圆锯片的适用范围及加工特点外,还很适合混凝土芯样的加工。

（3）节块式圆锯片

又称水口式圆锯片,在锯片基体上带有水口。水口宽度为 10 mm 时称宽水口锯片,水口宽度为 3 mm 时为窄水口锯片。这种锯片具有切速高、排屑快、冷却好、寿命长等特点,适合于耐火材料、石材、混凝土路面等非金属材料的切割。由于切割光洁度一般和切口较宽,对混凝土芯样切割并不合适。

7.3.2.2　圆锯片的选择、安装及使用

在选用人造金刚石圆锯片时应考虑以下几点:

（1）根据被切割材料的类型选择相应金刚石磨料制造的锯片,对于混凝土芯样的切割来说,选择用 JRB 人造金刚石制造的锯片可以满足使用要求。

（2）根据被切割材料的规格(如直径、厚度等)选择圆锯片的直径,一般应大于被切割芯样直径的 3 倍,但也必须考虑芯样夹具台面的高度。根据使用经验镶齿式圆锯片切割的混凝土芯样比较光滑平整、不易掉角损伤。

（3）在选择圆锯片的规格及类型时,还应考虑切割机的具体技术条件、使之相互匹配。

表 7-7　锯片的类型及特点

名称	外径 /mm	内孔径 /mm	锯片厚度 /mm	结构	使用范围及特点
镶齿式圆锯片	$\phi200$	$\phi25$	1.7	钢片结构	1.切割玻璃、玉石、大理石、宝石、混凝土等；2.切缝窄，损耗小、光洁度高
	$\phi300$	$\phi32$	1.8	钢片结构	
	$\phi350$	$\phi32$	3.0	钢片结构	
	$\phi400$	$\phi32$	3.0	钢片结构	
	$\phi450$	$\phi25$	2.0	钢片结构	
	$\phi600$	$\phi50$	3.0	钢片结构	
	$\phi850$	$\phi50$	3.0	钢片结构	
节块式圆锯片	$\phi300$	$\phi32 \sim \phi50 \sim \phi80$	3.0	钢片结构	1.切割大理石、花岗石、耐火材料、混凝土等；2.切速高、排屑好、冷却充分、寿命长、光洁
	$\phi350$	$\phi32 \sim \phi50 \sim \phi80$	3.5	钢片结构	
	$\phi400$	$\phi50 \sim \phi80$	4.4	钢片结构	
	$\phi500$	$\phi50 \sim \phi80$	4.9	钢片结构	
	$\phi600$	$\phi80$	6.6	钢片结构	
	$\phi1\,000$	$\phi80$	7.5	钢片结构	
	$\phi1\,200$	$\phi80$		钢片结构	

7.3.2.3　圆锯片的安装及使用注意事项

（1）旋转方向：锯片安装在切割机上时，应使用其旋转方向和锯片基体上的所标箭头方向相一致，并从开始一直到用完为止，不要改变方向。否则，锯齿上的金钢石容易脱落而降低使用寿命。

（2）法兰盘：主要作用是定位、夹紧及传递力矩。保证锯片以正确位置安装在切割机主轴上，并使其具有足够刚度，以减少切割时偏摆和振动。

（3）内孔直径：在选择圆锯片时，应使其内孔与切割机主轴直径很好配合，不得有松动。

（4）锯片在切割机上的安装精度要求见表 7-8。

表 7-8　锯片安装精度要求

名称 ＼ 锯片直径	$\phi200$	$\phi300$	$\phi400$	$\phi500$	$\phi600$	$\phi800$	$\phi1\,000$	$\phi1\,200$
锯片径向跳动 /mm	0.20	0.25	0.25	0.30	0.36	0.60	0.80	1.2
锯片端面跳动 /mm	0.20	0.25	0.30	0.40	0.50	0.60	0.80	1.2
锯片安装平面与工作台导轨平行度	1/1 000							

（5）锯片安装完毕后，如锯齿未"开刃"，则应先切几刀强磨损性材料（如耐火砖、软砂石等）。将金刚石"刃口"开出后方可使用。

7.3.3　磁感仪（或雷达仪）

磁感仪又名混凝土保护层厚度测定仪，是取芯工作必备的配套仪器。在取芯过程中为了避免碰到钢筋、预埋铁件或电线等金属物品,在取芯前应采用磁感仪准确测出这些物品的位置。

7.3.3.1 工作原理

该仪器的电路原理如图 7-12 所示。它包括电源、振荡器、平衡比较器、放大器、测量电路以及直读表头(或数字显示部分)等组成。它的工作原理是磁感应原理:振荡器将直流电变换成一定频率的交流电供给探头使之激磁。在仪器探测前调整调零电位器,使电路为平衡状态。差分放大器无信号输入,表头指示为零。

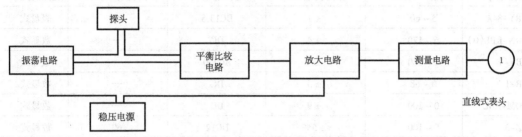

图 7-12 磁感仪电路原理

该仪器探头主要有两组线圈和一根磁棒所组成,探头的线圈在交变电信号的激励下,将产生一定变磁场,当探头靠近钢筋或其他铁磁性物质时,在磁场作用下钢筋表面就会产生涡流,涡流又将产生一定变磁场阻碍原磁场的变化,从而使探头的电感 L,等效阻抗 Z 和线圈的品质因数 Q 值都随之变化,使流过线圈的电流同样也发生变化,电路失去平衡。由于平衡比较器输出一直流信号,经两级差分放大后输出一定的电流,这样就可以把钢筋的位置或者说被测钢筋到探头距离的大小变成了探头中电流变化的大小。实验证明,探头电流变化的大小不仅与上面所说的距离,而且与被测钢筋的直径、钢种等因素有关。

7.3.3.2 操作技术

以 HBY-84A 型混凝土保护层厚度测定仪为例。仪器的操作键,调整旋钮和表头都装在仪器的前面板上,仪器的具体操作步骤如下:

(1)使用前,应首先装好电池。

(2)检查电源电压,按下"电源"键,表头指针指示在表盘电压标注符号"△"内为正常。

(3)测量前应根据建筑结构图及施工图,了解被测钢筋的品种、直径、间距,以及电线管的走向、预埋铁件的位置等,在确定的钻芯孔周圈仔细寻找钢筋等分布情况。

(4)选择钢种和直径:根据被测钢筋的等级和直径在面板上选择相应的钢种和直径键并按下。

(5)选择表盘刻度:本仪器表盘上有Ⅰ、Ⅱ级钢"测近""测远"和钢丝"测近""测远"四条刻度线。若保护层厚度小于或等于 20 mm 时,按下"测近"键。若测厚大于 20 mm 时,按下"测远"键。

(6)调零:为防止周围磁场对探头的影响,调零时应使探头和被测钢筋平行,探头调零处(包括被测物)周围 300 mm 以内不得有磁性和导电体。旋转调零电位器,使指针对准表盘左边"0"刻度线,调零应在按下"钢种""直径""测近""测远"键后进行。

（7）选择测试点：将探头沿被测构件内钢筋方向左右移动，当指针指示测距最小即偏转最大时，沿探头轴向即是钢筋的方位。当找出水平筋之后，采用上述同样办法找出纵筋的方位，这样就可准确确定钻孔位置。

国内生产的磁感仪不仅有表盘式，而且有数字显示式，探测深度可达 180 mm，几种磁感仪的技术性能见表 7-9。

表 7-9 磁感仪的技术性能

仪器型号	探测深度 /mm	探测误差 /mm	电源电压 /V	消耗功率 /mw	显示方式
HBY-84A	5 ~ 60	± 1	DC13.5	180	表盘式
KON-RBL(0)	6 ~ 170	± 4	DC	—	数显式
GBY-1	0 ~ 180	± 9	AC220	—	数显式
GB-1	0 ~ 68	± 3	DC	—	数显式
KOM-RBL	0 ~ 100	± 9	DC	—	数显式
HZ-3	0 ~ 100	± 5%	DC12	60	数显式
HZ-5	0 ~ 200	± 5%	DC12	60	数显式

雷达仪是由主机、天线、打印机等组成。由雷达天线向混凝土内部发射窄幅电磁脉冲波即雷达波，当遇到钢筋、预埋铁件或电线时被反射回来，再由天线接收，接收信号经控制部分微处理后，便能确定这些异物的存在。

雷达仪国产有 KON-LD（A）型，日本产有 JET-60BF 型、RC-60B 型、NJJ-85 型，意大利产 R15-2K 型等。这些仪器一般可测直径 6 mm 以上，深度在 200 mm 以内的钢筋位置。测试快速，显示清楚，数据准确。

7.3.4 冲击钻

冲击钻又名电锤，是打孔洞安装膨胀锚栓固定钻芯机的电动工具，国产有 ZC-SD12-22、ZC-20、ZCH-16 等多种型号。

7.4 芯样钻取技术

7.4.1 钻芯前的准备

钻芯前充分做好准备工作，是保证钻芯工作顺利进行和得到符合规定要求芯样的必要条件。

准备工作主要包括以下内容：

7.4.1.1 调查了解工程质量情况

（1）工程名称或代号，以及设计、施工、建设单位名称；

（2）结构或构件种类、外形尺寸及数量；

（3）混凝土强度等级；

（4）混凝土的成型日期、所用的水泥品种、粗骨料粒径、砂、石产地及配合比等；

（5）混凝土试块抗压强度；

（6）结构或构件的现有质量状况以及施工或使用中存在的质量问题；

（7）有关的结构设计图和施工图。

7.4.1.2 钻芯机具准备

建筑结构一般体积较大,混凝土质量有问题的部位也不尽一致,检测目的也各不相同,为了便于取芯,选择合适型号的钻机、钻头是十分必要的。例如体积较大的混凝土基础当取芯深度要求大于 400 mm 时,宜选用 GZ-1200 型钻机和长度 500 mm 的钻头,对于取芯较浅和取芯位置不方便的区域,应选用轻便式钻机和长度 350 mm 的钻头。

7.4.1.3 钻头直径的选择

应根据检测目的选择适宜尺寸的钻头,当钻取的芯样是为了进行抗压试验时,则芯样的直径与混凝土粗骨料粒径之间应保持一定的比例关系,在一般情况下,芯样直径为粗骨料粒径的 3 倍。在钢筋过密或因取芯位置不允许钻取较大芯样的特殊情况下,钻芯直径可为粗骨料直径的 2 倍。在建筑工程中的梁、柱、板、基础等现浇混凝土结构中,一般使用粗骨料的最大粒径为 32 mm 或 40 mm,这样采用内径为 100 mm 的钻头已可满足要求。

随着我国建筑事业的发展,采用泵送混凝土现浇高层结构越来越多,这些混凝土的粗骨料粒径一般为 5~20 mm,为使用小直径钻头提供了可能。为了减少结构或构筑物的损伤程度,确保结构安全,在粗骨料最大粒径限制倍数范围内,可选取内径不小于 70 mm 的钻头。

如取芯是为了检测混凝土的内部缺陷、裂缝或受冻害层、腐蚀层的深度,则钻头直径的选择可不受粗骨料最大粒径的限制。

7.4.1.4 钻芯数量的确定

取芯的数量,应视检测的要求而定,进行强度检测时一般可分为以下三种情况:

(1)单个构件进行强度检测时,在构件上钻取标准芯样个数一般不少于 3 个,当构件的体积或截面较小时取芯过多会影响结构承载能力,这时可取 2 个。钻取小直径芯样数量应适当增加。

(2)按批进行强度检验时,钻取直径 100 mm 标准芯样的数量不宜少于 15 个,当钻取直径小于 100 mm 的小直径芯样时,应根据具体情况适当增加。

(3)为了修正回弹,超声回弹综合法等无损检测结果时,钻取标准芯样(ϕ100 mm)数量不应少于 6 个(综合法不应少于 4 个),小直径芯样数量宜适当增加。

(4)为了对构件某一指定的局部区域的质量进行检测,取芯数量和取芯直径应视这一区域的大小而定。如某一区域遭受冻害、火灾、化学腐蚀或质量可疑等情况。这时检测结果仅代表取芯位置的质量,而不能据此对整个构件或结构物强度作出整体评价。至于检查内部缺陷的取芯试验更应视具体情况而定。

7.4.2 钻芯位置的选择

钻芯时会对结构混凝土造成局部损伤,因此在选择钻芯位置时要特别慎重。其原则,应尽量选择在结构受力较小的部位。对于一些重要构件或者一些构件的重要区域,尽量不在这些部位取芯,以免对结构安全造成不利影响。

在一个混凝土构件中,由于受到施工条件、养护情况及不同位置的影响,各部分的强度并不是均匀一致的,在选择钻芯位置时应考虑这些因素,以使取芯位置混凝土的强度具有代表性。如有条件时,应首先对结构混凝土进行回弹或超声的测试,然后根据检测目的与要求来确定钻芯位置。

在使用回弹、超声或综合等无损方法与钻芯法共同检测结构混凝土强度时，取芯位置应选择在具有代表性的无损测区内。这样才能建立起无损测试强度与芯样抗压强度之间的良好对应关系。

当采用拔出法等方法对结构构件进行有损检测时，取芯位置应布置在测区的附近。

另外，在钻芯过程中如果碰到钢筋、铁件或管线，不仅容易损坏钻头，取出的芯样也不符合规定要求，而且会给钻孔的修复工作带来很大困难。因此在取芯前，应根据结构图、电线分布图，并用磁感仪或雷达仪等仪器查明这些物品的准确位置，钻芯时应设法避开。

7.4.3 钻芯技术

7.4.3.1 钻芯机的安装与调试

钻芯位置确定后，应将钻机移到钻芯位置附近的适当地点，并根据钻芯机的构造和施工现场等具体条件，将钻芯机牢牢固定，钻芯机固定的好坏是保证顺利取芯的首要前提，如钻芯机固定不稳，钻芯时就容易发生卡钻、芯样折断或芯样表面形成凹凸不平等缺陷，影响取芯质量。

钻芯机的固定方法有配重法、真空吸附法、顶杆支撑法和膨胀螺栓固定法等数种，在必要时可同时采用其中的两种方法将钻机固定，如配重与顶杆支撑或顶杆支撑与膨胀螺栓同时使用等。

（1）配重法

钻芯前在钻机底座上配以重物，使钻机在工作中稳固可靠。如 JXZ83-1 型钻机就是专门适用于野外作业用配重固定的钻机。试验证明采用 GZ-1200 型钻机当钻取 ϕ100 mm 芯样时用 150 kg 配重即可满足要求。配重固定方式比较笨重，只有在不宜采用其他方法时使用。

（2）真空吸附法

在钻机底座上安装有 3 个或 2 个真空吸盘，并配备有专用真空吸泵。当把钻机垂直放置在被钻混凝土表面后，开动真空泵将吸盘中的空气抽出，则吸盘即把钻机底座牢牢吸附在混凝土表面。这种固定方法简单、方便、可靠。但设备比较复杂，成本较高，并要求吸盘下的混凝土表面比较光滑平整。

日本产 NBQ-3M、NBQ-3E 型和国产 HZ-1 型钻机，均是吸盘式真空吸附专用钻芯机。NBQ-3M 型钻机有 3 根立柱，每个立柱下部的底座上均安装有 1 只吸盘。钻机电动机功率 1.5 kW，钻机外型尺寸宽 300 mm，长 240 mm，高 700 mm，总重 22 kg。此外，并配备有真空泵专用车，真空泵电动机功率 0.4 kW。在该车上还安装有供给钻机冷却水的给水泵，不管现场的水压如何。均以稳定的水压供应冷却水。

（3）顶杆支撑法

这种固定方法是在钻机立柱上另加上一个顶杆，使顶杆顶部与楼板或其他固定物接触，然后采用顶升螺钉拧紧，使钻机固定，如 GZ-1120 型、DZ-1 型等钻机即是采用这一方法。顶杆支撑固定法简单方便，但顶杆过长时使钻机稳定性变差。

（4）膨胀螺栓固定

对大部分国产轻便型钻机来说，这是一种常用的固定方法，如 HZQ-100 型、回

HZ-160型、HZ1-120型等钻机即采用膨胀螺栓固定,这些钻机也具备采用顶杆支撑固定的功能。

钻机固定前首先用冲击钻在预定位置钻一孔洞。孔洞的直径视根据膨胀螺栓的直径确定,一般为 $\phi16 \sim 18$ mm,孔洞的深度为 $70 \sim 80$ mm。孔钻好后,将膨胀螺栓放于钻孔中,置入深度可为 $60 \sim 70$ mm。螺栓放置前应将孔内混凝土碎屑清理干净。

用锤敲击膨胀螺栓的套管使其下部膨胀并与混凝土孔壁贴紧紧固,然后再把钻机底座的螺栓孔插入膨胀螺栓中,最后用螺帽紧固固定好钻机。这种紧固方法在垂直或水平位置取芯时均很方便,而且安全可靠,其缺点是另需配置打孔电锤并需预先打好固定孔,较为费事,如图7-13所示。

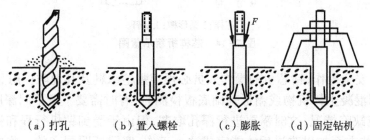

（a）打孔　　（b）置入螺栓　　（c）膨胀　　（d）固定钻机

图7-13　膨胀螺栓安装示意

钻芯机初步固定后应调整底座四角的螺钉,使钻头的轴线与混凝土表面垂直,否则在开始钻芯时将在钻头刃部某些部位首先接触,而另一面接触不上使钻机振动,影响进钻效果。钻机安放牢固并调至水平后可安装钻头。对于采用三相电源的电动机,未安钻头前应首先通电检查钻机主轴的旋转方向是否与所标方向一致,如与所标方向相反时,则应将电源线进行调相处理。如果先安钻头后通电试验,一旦方向相反则主轴与钻头的连接头变成反相退扣旋转,容易把钻头甩掉而发生事故。

总之,钻机安装的稳定性和与混凝土表面的垂直性是保证钻芯工作顺利进行的首先条件。

7.4.3.2　钻芯操作技术

混凝土芯样的钻取,是钻芯测强过程的首要环节,是技术性很强的工作。芯样质量的好坏,钻头和钻机的使用寿命以及工作效率,均与操作者的熟练程度和经验有关。因此,熟练的操作技术,合理的调节各部位装置,将会获得较好的钻进效果。

钻机安放稳固并调至水平后,安好钻头,接通水源,启动电动机,然后操作加压手柄使钻头慢慢接触混凝土表面,当混凝土表面不平时下钻更应特别小心,待钻头入槽稳定后方可适当加压进钻。有两挡转速的钻机,首先宜采用慢挡进钻,当钻头入槽稳定后,再改为快挡钻取。

在进钻过程中应保持冷却水的畅通,水流量宜为 $3 \sim 5$ L/min,出口水温不宜过高,冷却水的作用一是防止金刚石温度升高烧毁钻头,二是及时排除钻孔中产生的大量混凝土碎屑,以利钻头不断切削新的工作面和减少钻头的磨损。水流量的大小与进钻速度和钻头直径成正比,以达到料屑快速排出,又不致四处飞溅为宜。当钻头钻至芯样要求的长度后,退钻至离混凝土表面 $20 \sim 30$ mm 时停电停水,然后将钻头全部退出混凝土表面,如停电停水过早则容易发生卡钻现象，尤其在深孔作业时更应特别注意。

如图 7-14 所示，移开钻机后，用带弧度的钢钎插入芯样圆形槽用锤敲击，此时由于弯矩的作用，使芯样在底部与结构断离，然后将芯样提出，取出的芯样应及时编号，并检查外观质量情况，做好记录后，妥善保管，以备切割成芯样试件。

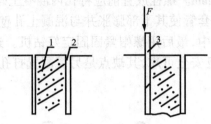

1.芯样；2.圆形槽；3.钢钎

图 7-14　芯样折断示意图

为了保证安全操作，钻芯机的操作人员必须穿戴绝缘鞋及其他防护用品。

在大体积混凝土构筑物或箱形基础底板检测时，有时需要了解不同深度混凝土强度质量的分布或缺陷情况，这时需要进行深孔取芯，但由于受到钻机行程和钻头长度的限制，需要在某些方面加以改进后才能完成这一工作，实践证明国产的一些中小型钻机均可胜任这一工作。如采用 GZ-1120 型钻机配置 ϕ108 mm、长 500 mm 的钻头取芯深度可达 2 m，用 HZQ-100 型钻机配置 ϕ76 mm、长 350 mm 的钻头，取芯深度可达 1.5 m。为了保证深孔取芯工作的顺利进行，需要解决以下技术问题：

（1）在钻头上加接长杆（或套管）

与地质钻孔一样，当钻完第一段并将芯样取出后，在钻头上应接上一段接长杆（或接长钻头的套管），这时可进行第二段的钻取工作，每钻完一段取出一段，钻下一段时再接一加长杆，直至达到所要求的深度为止。

接长杆的长度应比钻头的有效长度略短或相等，以便充分利用钻头的有效长度，此外，并应避免在钻芯过程中的掉钻事故。

在钻芯过程中应随时注意钻机的稳定性及钻头与钻孔的同心度，如发现钻芯机紧固螺丝松动、卡钻或电机声音异常应及时进行调整或停机。

（2）采用专门夹钳取出芯样

在深孔中用铁丝套扣和普通夹钳取出芯样已十分困难，应采用专门制作的夹钳来完成。专用夹钳的构造如图 7-15 所示。它由夹紧环、锁紧环、螺杆、套管及锁紧螺母等组成。当夹紧环套入芯样后，用扳手拧紧螺母，使锁紧环下移并促使夹紧环夹紧芯样，这样即可顺利地将芯样提出。

7.4.3.3　钻芯工艺参数

钻芯过程中注意选择以下工艺参数：

钻芯直径越大，所需钻机功率也越大，反之亦然。在钻芯机的产品说明书中，一般都规定了允许钻孔的最大直径，因此在允许范围内钻机功率可不必计算。

在钻芯过程中有时可能碰到冷却水中断、卡钻等一些特殊情况，为了避免过载烧毁电机，在一些钻机的构造设计上已有所考虑，如 HZK-200 型和 ZT-160A 型钻机在电机主轴上有安全保险销钉,当过载时销钉被剪断,使电机空载运转,如图 7-16(a)所示。也有的钻机如 HZQ-100 型,在变速箱内与钻头连接的主轴的齿轮上安装有摩擦片,当电机超载时摩擦片不起作用,则电机空转,如图 7-16(b)所示。

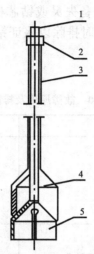

1.螺杆;2.锁紧螺母;3.套管;4.锁紧环;5.夹紧环。

图 7-15　深孔取芯夹钳

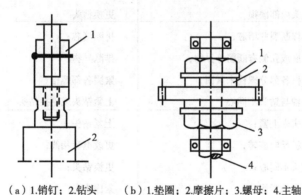

（a）1.销钉;2.钻头　　（b）1.垫圈;2.摩擦片;3.螺母;4.主轴

图 7-16　钻机过载安全系统

此外,也有钻机采用过电流保护器,对电机过载情况进行安全保护。

混凝土的强度、粗骨料的种类、钻头的直径及新旧程度对进钻速度都有一定的影响,当混凝土强度较高、粗骨料较硬或钻头直径较大时则进钻速度较慢,反之则可加速进钻。对于强度等级在 C10 ~ C80 的混凝土,进钻速度可控制在 20 ~ 70 mm/min 的范围内。在进钻过程中凭手感、耳闻或从回水中的颜色判断,当钻头已在切割钢筋或其他金属物品时,应退钻或适当地减少钻杆压力,缓慢、平稳地进钻,直到钢筋被切断为止。

在同一钻孔中如没有碰到钢筋或混凝土内部没有缺陷等情况,进钻速度应尽量保持均匀一致,以保证得到光滑完整的芯样表面。

金刚石薄壁钻的工作线速度采用 3 ~ 5 m/s 为宜,因而钻取直径 100 mm 的芯样,钻机钻速可为 580 r/min 左右,钻取直径为 150 mm 的芯样,钻机转速为 360 r/min 左右,当工作线速度较低时,切割转矩显著增加,这样将会增加钻头的磨损,特别是工作线速度较低而又增大进钻速度时,钻机发生振动使钻头偏斜,则切口变宽,切割面凹凸增大,使骨料和砂浆的黏结力降低,成为损伤芯样试件强度的主要原因。

7.4.3.4 常见故障及排除

在钻芯过程中由于操作不当,设备失灵或钻芯机安放不稳等原因,有时会发生钻机振动、卡钻、堵芯等技术故障,必须及时排除以保证钻芯工作的顺利进行。故障原因及排出方法见表 7-10。

表 7-10 故障原因及排除方法

故障名称	原因	排除方法
堵芯	钻速过快,杆压太大; 水量太小,排屑不畅; 钻头内径磨损较大; 通孔快透时用力过大	减少杆压降低钻速; 增大供水流量; 更换钻头; 降低钻速增大供水流量
卡钻	钻机不稳或移位; 钻机各部位紧固螺栓有松动; 切断钢筋压力过大; 钻头内部磨损	使钻头对准钻孔,调整固定装置和底座螺栓; 紧固机内各部位螺栓; 降低杆压; 更换钻头
钻机振动	芯样断裂并堵芯; 孔底或孔侧有断筋等异物; 钻机各部分螺栓未紧固; 主轴与钻头不同心	排除堵芯; 排除异物; 紧固各部螺栓; 上紧钻头或更换钻头
钻头振动	钻头未上紧; 钻机反向旋转; 钻头不同心; 胀卡未紧固	上紧钻头; 更改电源相线; 更换钻头; 紧固胀卡
过载停机	钻孔孔径过大; 杆压过大; 转速过大; 接触器过载调节太小; 碰到钢筋	更换钻头; 降低杆压; 调整转速; 增大安培数; 降低杆压
钻进中声音异常	钻机变速箱齿轮轴承损坏; 钻头损坏; 碰到钢筋等异物	拆修或更换; 提钻排出碎块更换钻头; 缓慢进钻
启动后主轴不转	电源连接不正确; 保险丝断; 调整杆处于空挡位置	纠正; 更换保险丝; 校正调速杆

7.4.4 钻孔的修补

混凝土结构经钻孔取芯后,对结构造成一定损伤,应及时进行修补。修补前孔壁应尽量凿毛,并应清除孔内污物,以保证新旧混凝土的良好结合。在一般情况下可采用合成树脂为胶结料的细石聚合物混凝土,也可采用微膨胀水泥细石混凝土,修补的混凝土应比原设计提高一个强度等级,并应在修补后注意养护,还可采用预先制作圆柱体试件的办法放入钻孔中,然后用环氧树脂灌满缝隙。

在钻芯过程中如切断主筋时,孔洞修补之前应先用同直径同钢号的钢筋补焊。

7.5 芯样加工及技术要求

从钻孔中取出的芯样往往是长短不齐和两端极为粗糙的,不能满足芯样试件的尺寸要求,必须进行切割加工和端面修补后才能进行抗压试验。

7.5.1 芯样试件尺寸要求及测量方法

芯样试件尺寸包括平均直径、高度、端面平整度及垂直度四种尺寸。

（1）平均直径

在钻芯过程中,由于受到钻机振动钻头偏摆等因素的影响,沿芯样高度的任一直径以及在芯样高度的各个方向并不是均匀一致的,也就是说同一芯样其直径有的部位大、有的部位小,为了方便地计算芯样的截面积,故以平均直径为代表。

测量平均直径时,用游标卡尺测量芯样中部,在相互垂直的两个位置上取其两次测量的算术平均值作为平均直径,精确至 0.5 mm。对于直径为 $\phi100$ mm 的芯样,当平均直径误差为 0.5 mm 时,芯样的截面误差只有 0.89%,对抗压强度的计算影响不大。当沿芯样高度任一直径与平均直径相差达 2 mm 以上时,由于对抗压强度的影响难以估计,故这样的芯样不能作为抗压试件使用。

从早期的国内外关于芯样直径对抗压强度影响的研究工作来看,芯样直径越小,则抗压强度越高,但近年来的研究指出,由于小直径芯样其表面积与体积之比较大,即钻芯时损伤程度大,认为直径在 50~150 mm 的芯样,其平均抗压强度差别不大,见表 7-11。但随着直径的减少其标准差增大。

表 7-11 芯样直径与强度的关系

试验单位	粗骨料最大直径 /mm	抗压强度 /MPa			
		$\phi150$	$\phi100$	$\phi75$	$\phi50$
中国建研院	20（碎石）	43.6	44.4	—	42.4
	20（卵石）	34.4	38.9	—	35.7
山西建研所	30（碎卵石）	36.3	38.2	—	—
四川建研所	20（碎石）	31.7	29.1	32.1	29.1
	20（卵石）	27.8	30.0	29.1	25.4

（2）高度

许多国家采用以直径为 $\phi150$ mm,高径比 $h/d=2$ 的芯样作为标准圆试件,其他尺寸的芯样,即直径或高径比不同时统称为非标准圆试件。由于芯样尺寸（主要指高度）对抗压强度有较大影响,当采用非标准圆试件时,其抗压强度必须乘以相应的修正系数后才能换算成标准圆试件的强度。

以立方体为标准试件的国家,进行混凝土强度计算时,还需要将标准圆柱体试件强度换算成标准尺寸的立方体强度。据国内外的一些试验证明,高度和直径均为 100 mm 的芯样试件与边长为 150 mm 立方体试块的强度是非常接近的,为了计算的方便,故在我国钻芯法规程中规定,用直径和高度均为 100 mm 的芯样试件作为圆柱体标准试件。但考虑到芯样加工过程中的一些特殊情况(如含有钢筋、缺陷区域或取芯较短等),芯样的高径比可放宽至0.95 ~ 1.05。

芯样的高度用钢板尺或卡尺测量,测量精度为 1 mm。

(3)端面平整度

芯样端面与立方体试块的侧面一样,是进行抗压试验时的承压面,其平整度对抗压强度影响很大。端面不平时,向上凸比向下凹引起的应力集中更为剧烈,如同劈裂抗拉破坏一样,强度下降更大。根据试验,当端面中间凸出 1 mm 时,其抗压强度只有平整度符合要求试件的1/2 左右,因此国内外标准都对芯样端面平整度有严格要求。

测量端面平整度的方法是,用钢板尺或直角尺紧靠在芯样端面上,一面转动钢板尺另一面用塞尺测量与芯样之间的缝隙,在 100 mm 长度范围内不超过 0.1 mm 为合格。

(4)垂直度

芯样两个端面应相互平行且应垂直于轴线。芯样端面与轴线间垂直度偏差过大,抗压时会降低强度,其影响程度还与试验机的球座及试件的尺寸大小有关。

因此国外许多标准对垂直度都有一定要求,大部分规定垂直度偏差不得超过 1 ~ 2 度。

按照我国目前的设备及工艺条件,当采用具有球座的万能试验机进行抗压试验时发现,端面与轴线的垂直度偏差在 2 度左右时,对抗压强度影响不大,见表 7-12。

表 7-12　垂直度偏差对芯样抗压强的影响

试件类别	芯样尺寸(直径×高)/(mm×mm)	试件数量/个	平均强度/MPa	标准差/MPa	偏差/°	$\dfrac{f_{斜}-f_{直}}{f_{直}}$
端面垂直于轴线	$\phi 100 \times 100$	9	37.4	2.31	0	≈ 0
端面与轴线间有偏斜	$\phi 100 \times 100$	9	37.4	2.19	1.4 ~ 2.6	

垂直度的测量方法是,用游标量角器分别测量两个端面与轴线间的夹角,在 90 ± 1 度时为合格,测量精度为 0.1 度。

四种尺寸的测量示意图如图 7-17 所示。

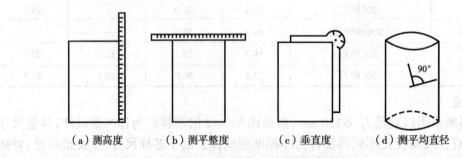

(a)测高度　　　(b)测平整度　　　(c)垂直度　　　(d)测平均直径

图 7-17　芯样尺寸测量示意图

一个质量合格的芯样试件除了各项尺寸符合要求外,还应在外观上符合要求,如不得有裂缝或较大气孔、缺陷、掉角、杂物等缺陷存在。

7.5.2 芯样切割加工

芯样试件要采用安装有人造金刚石圆锯片的切割机进行切割加工。芯样切割部位的选择和切割机操作的正确与否,是保证芯样切割质量的重要环节,这一工作需由有经验的工作人员完成。

芯样加工时的切除部分和保留部分应根据检测的目的确定。在一般情况下,应将影响强度试验的缺边、掉角、孔洞、疏松层、钢筋等部分切除。但是,在一些特殊情况下,如为了检测混凝土受冻或疏松层的强度时,在切割加工中要特意保留这一部分混凝土。

芯样切割前应标注好编号,切割完成后的编号应保持清晰完整。

现以 DQ-2 型切割机为例,简介其切割时的操作步骤及注意事项。

接通电源后检查控制台各种按钮是否按指令进行工作,检查完毕后即可装上芯样切割。芯样装夹时,应选择可靠的夹紧点,对于强度较低的混凝土芯样,顶紧部位应选在粗骨料颗粒上,防止"虚夹"和"假夹"现象,以免在切割过程中因芯样窜动而损坏锯片和芯样。装夹完毕后,按快进按钮使圆锯片刃部与芯样保持适当距离,然后顺序按压水泵、主电机和工进按钮,则切割工作即可自动进行。根据混凝土芯样强度的高低,主电机的转速一般调节至 350 ~ 500 r/min 比较合适,混凝土强度越高,转速则适当减慢。

根据经验,当切割强度小于 15 MPa 的芯样时,如在被切割的圆周上有局部疏松部位和较大粗骨料存在,夹紧芯样前应将这一部位调整到首先被切割的位置。这一部位处于最后切割位置时,会使芯样产生掉角缺陷,给修补工作带来困难,影响抗压结果。

切割时的注意事项如下:

(1)圆锯片到达终端后退时,待锯片完全脱离芯样后才可关闭水泵和主电机,然后打开密封门卸下工件。

(2)在正常切割时,切不可按快进按钮,快速进刀会损坏锯片、机件和芯样。

(3)锯切过程中如发现主机有异常响声和控制台电流表超过正常值(2.5 A),则应立即退刀停机检查。

(4)随时注意冷却水流量是否充足,避免锯片加剧磨损和损坏芯样的质量。

工作完毕后,应清洗工作台面等处的混凝土残渣和水泵导管中的水泥浆,加注进刀拖板与导轨的润滑油,以防机件锈蚀。

在切割过程中有时会发生芯样掉角、切缝偏斜、夹锯或功率消耗大等缺陷,应及时寻找原因予以排除。

7.5.3 芯样端面的修整

芯样在锯切过程中,由于受到振动,夹持不紧或圆锯片偏斜等因素的影响,芯样端面的平整度及垂直度很难完全满足试件尺寸的要求。此时需采用专用机具进行磨平或补平处理。

芯样端面的修整基本可分磨平法和补平法两种。根据补平材料的不同又可分为硫黄补平、硫黄胶泥补平、硫黄砂浆补平、水泥净浆补平、水泥砂浆补平等。

7.5.3.1 磨平法

在磨平机的磨盘上撒上金刚石砂粒对芯样两端进行磨平处理,或采用金刚石磨轮在磨平机上对芯样端面进行磨光处理,直到平整度及垂直度达到要求时为止。国内生产有 HM-15 型混凝土芯样自动磨平机。

7.5.3.2 补平法

(1)硫磺胶泥或硫黄补平可在如图 7-18 所示专用的补平器上进行芯样端面补平。这种补平器有底盘、夹具、立柱、齿条和手轮等部件组成。当转动手轮时可带动夹具沿着立柱的齿条上下移动。由于补平器是保证芯样端面平整度及垂直度的最后工序,因此其精度应满足两个主要条件,一是夹具与底盘应保持垂直,二是盛硫黄液体的底盘表面不平度在长 100 mm 范围内不得超过 0.05 mm。

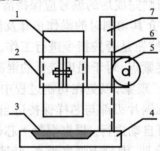

1.芯样;2.夹具;3.硫黄液体;4.底盘;5.手轮;6.齿条;7.立柱。

图 7-18 硫黄胶泥补平示意图

补平工艺如下:

①补平前芯样应处于自然干燥状态,并应将端面的污物清除干净,刚刚切割完的芯样表面因比较潮湿,修补时不能得到牢固的接合面。

②将芯样垂直地夹持在补平器的夹具中,升到适当高度然后固定。

③在补平器底盘内涂上一层矿物油或其他脱模剂,以防硫黄胶泥与底盘粘结。

④将硫黄胶泥置放于容器中加热熔化,待硫黄胶泥溶液由黄色变成棕色时(约150℃)倒入补平器底盘中,然后转动手轮使芯样下移并与底盘接触。待硫黄胶泥凝固冷却后,反向转动手轮,把芯样提起,打开夹具取出芯样,然后,按上述步骤补平芯样另一端面。

这种补平方法简单、方便、效率高,容易保证补平质量,补平后即可进行抗压试验,其缺点是在硫黄蒸汽中含有二氧化硫等有害气体,有损人身健康,因此应在通风良好或有抽风机的室内进行修补。

(2)水泥砂浆(或水泥净浆)补平

采用比芯样强度高一个强度等级的水泥砂浆进行补平时,其工艺为:

①补平前先将芯样端面上的污物清除干净,然后将端面用水湿润。

②在长 100 mm 平整度不超过 0.05 mm 的钢板上涂上一薄层矿物油或其他脱模剂。然后,倒上适量水泥砂浆摊成薄层,稍许用力将芯样压入水泥砂浆中,并应保持芯样与钢板垂直。之后,将芯样侧面多余的砂浆上洒少许干水泥吸水,用刮刀仔细切除芯样侧面多余砂浆,待凝固后(约 2 h)再补另一端面,如图 7-19 所示。

补平后的芯样在室内静放一昼夜后送入养护室内养护,当补平层强度不低于芯样强度时(一般养护 3~4 d),方可进行抗压试验。

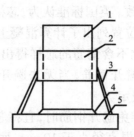

1.芯样；2.套膜；3.支架；4.水泥砂浆；5.钢板。

图 7-19　水泥砂浆补平示意图

用硫黄补平时,补平厚度对芯样抗压强度有一定影响,补平层越厚,则抗压强度越低,当硫黄胶泥的厚度为 7～8 mm 时,比厚度为 0.5～1.5 mm 的强度低 9.2%左右。同样,用水泥砂浆修补层较厚时,在养护期间易产生一些小裂纹,也会降低抗压强度,故硫黄胶泥的补平厚度不宜超过 1.5 mm,水泥砂浆补平层厚度不宜大于 5 mm。

在表 7-13 中列出了几种芯样端面状态的抗压结果,由于锯切面其表面的平整度及垂直度很难完全满足试件尺寸要求,其抗压强度偏低,不能反映混凝土的实际质量状况。而磨平面和补平面(硫黄或水泥浆)的芯样强度十分接近。

表 7-13　芯样端面补平方法比较

试验单位	试件数量 / 个	芯样尺寸 /mm	端面状态	平均强度 /MPa	标准差 /MPa	变异系数 /%
中国建研院	9	$\phi 75 \times 112.5$	锯切面	21.7	5.1	23.2
	9	$\phi 75 \times 112.5$	磨平面	36.3	4.1	11.3
	9	$\phi 75 \times 112.5$	硫黄补平	36.0	3.0	8.3
广西区建研所	9	$\phi 100 \times 100$	锯切面	10.3	1.6	16.1
	9	$\phi 100 \times 100$	磨平面	13.0	1.6	12.3
	9	$\phi 100 \times 100$	水泥净浆补平	14.7	1.5	10.5
	9	$\phi 100 \times 100$	硫黄补平	14.9	1.7	11.1
冶金建筑研究总院	9	$\phi \times 100$	磨平面	39.9	1.3	3.3
	9	$\phi \times 100$	水泥净浆补平	40.6	2.9	7.1

7.5.4　芯样中含有钢筋对抗压强度的影响

混凝土芯样的抗压强度除了受到钻机、锯切机等设备的质量和操作工艺的影响外,还受到芯样本身各种条件的影响,如芯样直径的大小,高径比,端面平整度、端面与轴线间的垂直度、芯样的湿度等,上述问题在有关章节中已有所阐述,此不赘言。下面仅就钢筋对强度的影响简述如下。

芯样在进行抗压试验时,其轴线方向承受压力,因此不允许存在与轴线相互平行的钢筋存在是显而易见的,许多国家的标准都作了这样的规定。但对于与轴线垂直的钢筋,各国标准的规定很不一致。国际标准规定,芯样应不带或基本不带有钢筋;前东德标准规定,直径 $\phi 100$ mm 的芯样试件允许在芯样中有一根直径至多为 14 mm 并与轴线垂直的钢筋,钢筋与最近端面的距离至少应为 30 mm。关于与轴线垂直的钢筋对抗压强度的影响问题国内外的试验结果并不一致。英国标准认为,芯样中含有钢筋会降低抗压强度,并根据钢筋直径和钢筋在芯样中的位置列出了计算混凝土抗压强度修正系数的公式。在美国标准中提到,含有钢筋的芯样比不含钢筋的芯样得出的或高或低的抗压强度值。俄罗斯、澳大利亚标准都谈到要尽量避开钢筋,当无法避开时,允许有垂直于芯样轴线的钢筋,但对于直径及数量没有明确规定。

国内一些单位试验认为,当难免避开钢筋时,宜将芯样中含有钢筋的部位切去,如果无法切去时芯样最多只允许有 2 根直径小于 10 mm,而且不靠近端面的钢筋,否则将影响抗压强度。

表 7–14 的试验结果认为,由于钢筋直径小且数量少,影响程度被混凝土强度本身的变异性所掩盖,因此反映出含有钢筋的芯样强度比不含钢筋的芯样强度稍高点,影响并不显著。试验还认为。芯样中部存在钢筋,影响就会大一些,若钢筋通过中部,芯样受压时钢筋受拉应力,阻止横向膨胀,起到增强作用,如果在芯样周边上存在一小段钢筋,由于钢筋与砂浆之间的黏结力不如砂浆和粗骨料之间的粘结力强,该处为低强区,降低了芯样的强度。因此认为芯样中含有钢筋对强度的影响是一个复杂的问题。综合各种观点,在规程中提出了在标准芯样试件中,最多只允许两根直径小于 10 mm 的钢筋存在。

表 7–14 芯样中有无钢筋对强度影响

含钢筋情况	试件数量 / 个	试件尺寸 / mm	平均强度 / MPa	均方差 / MPa	变异系数 / %	$\dfrac{f_{有筋} - f_{无筋}}{f_{无筋}}$
不含钢筋	7	$\phi 100 \times 100$	34.5	1.19	3.5	6%
含有 $\phi 6$ 或 $\phi 8$ mm 两根钢筋离端面 5 ~ 40 mm	10	$\phi 100 \times 100$	36.7	2.06	5.9	

7.6 芯样试件抗压试验及强度计算

芯样试件加工修补完成后,应检测平均直径、高度、垂直度和平整度等几何尺寸,并应仔细检查外观质量符合要求后方能进行抗压试验。

7.6.1 抗压试验方法

芯样试件在进行抗压试验时可分潮湿状态和干燥状态两种试验方法。

芯样的潮湿程度对抗压结果有一定影响,混凝土材料随着含水量的增加会降低强度。这是由于受荷载时水在混凝土中不能被压缩,只能横向膨胀,使试件在侧向增加拉应力,还由于混凝土内的水分产生尖劈力并减弱了颗粒之间摩阻力等多种原因,使试件强度降低。强度降低的数值与混凝土的密实性和含水量有关,混凝土强度越底,则密实性差、吸水量大,强度降低越大,反之亦然。

在干燥状态下试验的试件,通常比经过浸湿的芯样强度高,见表 7–15。

为了使芯样试件与被检测结构混凝土的湿度在基本一致的条件下进行试验,在钻芯法规程中,规定了芯样试件可在两种湿度状态下进行试验。即如结构工作条件比较干燥,芯样试件应以自然干燥状态进行试验;结构工作条件比较潮湿,芯样试件应以潮湿状态进行试验。此外,为了统一试验标准并规定了试验状态的条件。对于干燥的状态,即芯样

表 7-15 芯样干湿状态对抗压强度影响

试验单位	湿度状态	试件数量/个	试件尺寸/mm	平均强度/MPa	标准差/MPa	变异系数/%	$\dfrac{f_干-f_湿}{f_干}$
中国建研院	风干芯样	66	$\phi 100 \times 100$	39.4	4.8	12.1	19
	浸水芯样	66	$\phi 100 \times 100$	31.9	4.8	15.0	
	风干试块	33	$150 \times 150 \times 150$	32.2	6.6	20.5	15.9
	浸水试块	33	$150 \times 150 \times 150$	27.1	6.0	22.1	
中建四局科研所	风干芯样		$\phi 100 \times 100$	41.2	4.0	9.7	13
	浸水芯样		$\phi 100 \times 100$	36.0	3.29	10.9	
广西区建研所	风干芯样		$\phi 100 \times 100$	19.1	2.8	14.8	22
	浸水芯样		$\phi 100 \times 100$	14.9	1.6	11.1	
	风干试块		$150 \times 150 \times 150$	17.4	2.3	12.9	14
	浸水试块		$150 \times 150 \times 150$	15.1	2.3	15.1	
北京建工研究所	风干芯样	66	$\phi 100 \times 100$	—	—	—	12.5
	浸水芯样	66	$\phi 100 \times 100$	—	—	—	
	风干试块		$150 \times 150 \times 150$				3
	浸水试块		$150 \times 150 \times 150$				
冶金部建筑研究总院	风干芯样		$\phi 100 \times 100$	43.4	2.0	5.0	7
	浸水芯样		$\phi 100 \times 100$	40.4	2.3	6.2	
山西省建研所	风干芯祥		$\phi 100 \times 100$	—	—	—	8~12
	浸水芯祥		$\phi 100 \times 100$	—	—	—	

试件在受压前应在室内自然干燥 3 d；按潮湿状态进行试验时芯样试件应在 20℃±5℃ 的清水中浸泡 40~48 h。

建筑工程中很大一部分混凝土构件是在自然干燥状态下工作的，甚至常年不接触水，如建筑物内的内墙板、梁、柱等。但也有一部分混凝土构件是在潮湿状态下工作，如地基基础、桩等。因此芯样试件抗压前的状态应根据构件实际工作条件的含水程度而决定。

芯样试件进行抗压试验时，对于压力机、压板的精度要求以及试验步骤等，应与立方体试块相同。

压力机的精度不低于 ±2%。根据混凝土的强度等级和芯样外观质量，选择适当的量程，使试件的预期破坏荷载在全量程的 20%~80% 的范围内。压力机的上、下压板应有足够的刚度，其中一块压板应带有球形支座以便于试件对中。与试件接触的压板或垫板的尺寸应大于试件的承压面，其不平度在 100 mm 长度范围内不应超过 0.02 mm。

芯样试件在试压前应将两端的污物，水迹等清除干净，然后放于压力机下压板上，并使试件的中心与下压板中心对准。开动试验机后，当上压板与试件接近时，调整球座，使之均匀接触，以每秒 0.3~0.8 MPa 的速度连续而均匀地加荷。混凝土强度等级小于 C30 者取较低的加荷速度，强度等级大于或等于 C30 者取较高的加荷速度。

7.6.2 抗压强度计算

芯样试件的抗压强度等于试件破坏时的最大压力除以截面积,截面积用平均直径计算。

在钻芯法规程中规定,以直径 100 mm,高径比为 1 的圆柱体作为标准试件。经大量实践证明,同条件的标准圆柱体试件抗压强度与边长 150 mm 立方体试块强度基本上是一致的,见表 7-16。因此,由标准圆柱体试件强度换算成标准立方体试块强度时,可不必进行修正,即取修正系数为 1。

表 7-16　标准立方体试块与标准圆柱体试件强度比值

试验单位	试件数量 / 个	强度比值 $f_{cu}^c / f_{cu,cor}$
中国建研院	100	1.06
山西省建研所	30	1.02
北京建工研究所	30	1.03
广西区建研所	30	1.02
中建四局科研所	18	1.05
冶金部建筑研究总院	102	1.01
平均值		1.03
前苏联 ΓOCT	—	1.04
英国 BSl881 Partl20-1983	—	1.00
国际标准		1.00

芯样试件的混凝土抗压强度可按下列公式计算:

$$f_{cu,cor} = F_c / A \qquad (7-1)$$

式中,　$f_{cu,cor}$ ——芯样试件混凝土抗压强度值,MPa;

　　　　F_c ——芯样试件抗压试验测得的最大压力,N;

　　　　A ——芯样试件抗压截面面积,mm²。

7.7　混凝土芯样抗压强度推定

7.7.1　检测单个构件

在单个构件混凝土抗压强度推定中,标准芯样试件数量不少于 3 个,对于较小构件则为 2 个。钻取小直径芯样时,试件的数量则适当增加。

众所周知,在外力作用下,结构混凝土的破坏一般都是在最薄弱的区域,因此在推定单个构件混凝土强度时,取其中最小值作为代表值。强度推定前不应进行数据的舍弃。

7.7.2　检测批构件

在工程检测中,对于相同的混凝土强度等级、生产工艺、原材料、配合比、成型工艺、养护条件生产的一定数量的构件可以作为检测批构件进行钻芯检测。

芯样应从检测批构件中随机抽取,且每个芯样应取自一个构件或结构的局部部位。标准芯样试件数量一般不少于 15 个,小直径芯样试件数量应适当增加。

检测批混凝土强度的推定值应按下列方法确定：

（1）检测批混凝土强度的推定值应首先计算推定区间，推定区间的上限值和下限值按下列公式计算：

$$上限值 \quad f_{cu,e1} = f_{cu,cor,m} - k_1 s_{cor} \tag{7-2}$$

$$下限值 \quad f_{cu,e2} = f_{cu,cor,m} - k_2 s_{cor} \tag{7-3}$$

$$平均值 \quad f_{cu,e2} = \frac{\sum\limits_{i=1}^{n} f_{cu,cor,i}}{n} \tag{7-4}$$

$$标准差 \quad s_{cor} = \sqrt{\frac{\sum\limits_{i=1}^{n}(f_{cu,cor,i} - f_{cu,cor,m})^2}{n-1}} \tag{7-5}$$

式中，$f_{cu,cor,m}$—— 芯样试件的混凝土抗压强度平均值，MPa，精确至 0.1 MPa；

$\qquad f_{cu,cor,i}$—— 单个芯样试件的混凝土抗压强度值，MPa，精确至 0.1 MPa；

$\qquad f_{cu,e1}$—— 混凝土抗压强度推定上限值，MPa，精确至 0.1 MPa；

$\qquad f_{cu,e2}$—— 混凝土抗压强度推定下限值，MPa，精确至 0.1 MPa；

$\qquad k_1, k_2$—— 推定区间上限值系数和下限值系数，按表 7-17 查出；

$\qquad s_{cor}$—— 芯样试件抗压强度样本的标准差，MPa，精确至 0.1 MPa。

（2）$f_{cu,e1}$ 和 $f_{cu,e2}$ 所构成推定区间的置信度宜为 0.85，$f_{cu,e1}$ 与 $f_{cu,e2}$ 之间的差值不宜大于 5.0 MPa 和 $0.10 f_{cu,cor,m}$，两者的较大值。

（3）宜以 $f_{cu,e1}$ 作为检测批混凝土强度的推定值。钻芯确定检测批混凝土强度推定时，可剔除芯样试件抗压强度样本中的异常值。剔除规则应按现行国家标准《数据的统计处理和解释正态样本离群值的判断和处理》（GB/T 4883—2008）的规定执行。当确有试验依据时，可对芯样试件抗压强度样本的标准差 s_{cor} 进行符合实际情况的修正或调整。

在置信度 0.85 条件下，试件数与上线值系数、下线值系数的关系见表 7-17。

7.7.3 钻芯修正方法

对回弹法、超声回弹综合法等无损测强方法进行钻芯修正时，可以采用对应测区的修正系数法或修正增量的方法，芯样应从无损测强构件中随机抽取，钻芯位置应与无损测区相重合。

钻取标准芯样试件数量不少于 6 个（综合法不少于 4 个），小直径芯样试件数量宜适当增加。

（1）修正系数法的换算强度

修正系数法的换算强度按下式计算：

$$\eta = \frac{1}{n} \sum_{i=1}^{n} (f_{cu,cor,i} / f_{cu,i}^c) \tag{7-6}$$

$$f_{cu,i0}^c = \eta \times f_{cu,i}^c \tag{7-7}$$

式中，η——对应测区修正系数；

$\qquad n$——芯样试件数量；

表 7-17 上、下限值系数

试件数 n	$k_1(0.10)$	$k_2(0.05)$	试件数 n	$k_1(0.10)$	$k_2(0.05)$
1	1.222	2.566	23	1.360	2.149
2	1.234	2.524	24	1.363	2.141
3	1.244	2.486	25	1.366	2.133
4	1.254	2.453	26	1.369	2.125
5	1.263	2.423	27	1.372	2.118
6	1.271	2.396	28	1.375	2.111
7	1.279	2.371	29	1.378	2.105
8	1.286	2.349	30	1.381	2.098
9	1.293	2.328	31	1.383	2.092
10	1.300	2.309	32	1.386	2.086
11	1.306	2.292	33	1.389	2.081
12	1.311	2.275	34	1.391	2.075
13	1.317	2.260	35	1.393	2.070
14	1.322	2.246	36	1.396	2.065
15	1.327	2.232	37	1.415	2.022
16	1.332	2.220	38	1.431	1.990
17	1.336	2.208	39	1.444	1.964
18	1.341	2.197	40	1.454	1.944
19	1.345	2.186	41	1.463	1.927
20	1.349	2.176	42	1.471	1.912
21	1.352	2.167	43	1.478	1.899
22	1.356	2.158	44	—	—

$f_{cu,cor}$——单个芯样试件混凝土抗压强度值;

$f_{cu,i}^c$——与芯样对应其他方法测区混凝土换算强度值;

$f_{cu,i0}^c$——修正后的测区混凝土换算强度值。

修正后的单个构件或检测批构件混凝土抗压强度的推定值,可按所选用检测方法相应标准规定执行。

(2)修正量法的换算强度

修正量法的换算强度按下列公式计算:

$$f_{cu,i0}^c = f_{cu,i}^c + \Delta f \qquad (7-8)$$

$$\Delta f = f_{cu,cor,m} - f_{cu,m}^c \qquad (7-9)$$

式中,$f_{cu,i}^c$——与芯样对应其他方法测区混凝土换算强度值;

$f_{cu,i0}^c$——修正后的测区混凝土换算强度值。

260

Δf——修正量；

$f_{cu,m}^{c}$——无损检测方法对应芯样测区换算强度的平均值；

$f_{cu,cor,m}$——芯样试件抗压强度平均值。

由修正量法确定的检测批构件的混凝土强度推定值,应采用修正后的样本算术平均值和标准差,并按上述的有关内容进行计算确定。

7.8　混凝土芯样抗拉强度测试方法

7.8.1　轴心抗拉强度

在承受轴向拉力芯样试件的两端,可用建筑结构胶粘贴特制的钢夹具。钢夹具的抗拉垫板应与芯样端面粘贴牢固,并与芯样轴线保持垂直。夹具两端拉杆轴线与芯样轴线的重合度偏差不应大于 1 mm。另外抗拉垫板与拉杆之间最好采用铰接的连接方式,以减少或消除拉杆轴线与芯样轴线不垂直带来的影响。

芯样试件进行抗拉试验时,其加荷速度参照《普通混凝土力学性能试验方法》(GB/T 50081—2002)中的有关规定,加载方式,如图 7-20 所示。

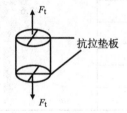

图 7-20　轴心抗拉试验

承受轴向拉力芯样试件的混凝土轴心抗拉强度可按下式计算:

$$f_{t,cor}=F_t/A_t \qquad (7-10)$$

式中,F_t—— 芯样试件抗拉试验测得的最大拉力,N;

A_t—— 芯样试件抗拉破坏截面面积,mm²。

7.8.2　劈裂抗拉强度

芯样试件与立方体试件一样,也可进行劈裂抗拉强度试验。试验方法也与立方体试块相同。

芯样试件混凝土的劈裂抗拉强度可按式(7-11)计算:

$$f_{cts}=0.637F_{spl,cor}/A_{ts} \qquad (7-11)$$

式中,$F_{spl,cor}$—— 芯样试件劈裂抗拉试验测得的最大劈裂力,N;

A_{ts}—— 芯样试件劈裂抗拉破坏截面面积,mm²。

芯样试件的轴心抗拉强度或劈裂抗拉强度的试验研究,在国内还不多见,试验数据还有待进一步积累完善。

7.9 工程应用

7.9.1 检测结构混凝土强度

（1）黄河某公路桥 8 号桥墩

该桥墩在冬季施工中因暖棚失火，遭受一次严重火灾，混凝土桥墩表面被烧伤，发生较大面积的剥落、裂纹、露筋等缺陷。为了弄清混凝土的烧伤程度、裂纹深度以及对混凝土强度的影响，决定采用钻芯法和超声法进行检测。

在 8 号桥墩选择了具有代表性的部位钻取 8 个芯样进行了抗压试验，芯样加工时把火烧影响部位切除。该桥墩按单个构件进行混凝土强度推定时取其最小值为 47.6 MPa，满足设计强度等级 C40 的要求，见表 7-18。

表 7-18　芯样试件抗压结果

芯样编号	芯样强度 /MPa	强度推定值 /MPa	注
1	60.1		
2	56.3		
3	48.7		芯样试件尺寸为
4	55.6	47.6	$\phi 100$ mm × 100 mm，
5	48.4		混凝土设计强度等级为 C40
6	60.7		
7	47.6		
8	57.2		

采用超声波平测法和钻芯观察测量的办法，检测了几条主要裂缝的深度，深度一般达 300 mm 左右。

用指数型换能器从芯样外表面开始向里面测试，每隔 10 mm 测一次，一直把 400 mm 长的芯样全部测完，从测试数据分析，火烧严重部位的烧伤深度为 50 ~ 70 mm。

（2）某高层住宅楼

该住宅楼为钢筋混凝土剪力墙结构，地下 2 层、地上 26 层，检测时已施工至 15 层。检测原因是施工单位在自检时发现部分剪力墙混凝土强度偏低。

根据工程的具体情况确定采用回弹法测强并采用芯样修正的办法以提高测强的准确性，检测范围为地下 2 层、地上 12 层。抽样数量，检测方法和强度推定均按《回弹法检测混凝土抗压强度技术规程》(JGJ/T 23—2011)中的有关规定。

现列举 1、5 两层的检测结果。1 层回弹测试 54 面墙，在对应测区取芯样 9 个，5 层回弹测试 42 面墙，也取芯样 9 个。芯样试件抗压强度和对应测区回弹强度值见表 7-19，并计算出单个芯样修正系数及总修正系数。

该楼剪力墙混凝土强度按批推定结果见表 7-20。

1 层剪力墙混凝土强度按批推定结果为 34.5 MPa，达到混凝土设计强度等级 C35 的 99%。5 层剪力墙混凝土强度按批推定结果为 30.6 MPa，达到混凝土设计强度等级 C30 的 102%。

表 7-19　1、5 层芯样强度及修正系数

楼层	构件编号	芯样强度 /MPa	回弹强度 /MPa	测区修正系数 $f_{cor,i}/f_{cu,i}^c$	总修正系数 /η
1 层	8-A-B	41.2	42.1	0.98	1.03
	M-1-6	44.0	38.7	1.14	
	15-K-N	33.7	38.7	0.87	
	13-A-B	38.5	37.4	1.03	
	5-A-D	47.0	39.4	1.19	
	G-3-7	43.8	40.2	1.09	
	6-M-N18-J	31.3	33.6	0.93	
	-M	31.0	34.3	0.90	
	16-A-C	40.9	36.0	1.14	
5 层	16-A-C	32.8	30.7	1.07	1.08
	11-E-K	36.2	28.6	1.27	
	G-3-4	31.5	28.1	1.12	
	13-A-B	34.9	31.8	1.10	
	5-A-D	31.1	31.0	1.00	
	15-K-N	32.5	35.8	0.91	
	8-A-B	31.8	31.3	1.02	
	2-A-C	32.7	30.7	1.07	
	6-M-N	34.2	29.8	1.15	

表 7-20　剪力墙混凝土强度修正后推定结果　　　　　　　　　　单位:MPa

楼层	构件个数	强度范围	平均值	标准差	推定值
1 层	54	31.2~41.7	39.0	2.75	34.5
5 层	42	25.2~37.0	35.0	2.68	30.6

（3）某框架结构工程

该工程主体框架结构完工后因故停工,5 年后开工重建时需对原有构件混凝土强度进行检测鉴定。混凝土设计强度等级为 C30,检测前施工单位早已对构件表面全部进行了凿毛处理,无法采用无损检测法进行测试,确定采用钻芯法按批进行检测。设备层和 1 层钻取的 $\phi70$ mm 小直径单个芯样抗压强度检测结果见表 7-21。

经协商,按式（7-2）和式（7-3）推定区间的置信度为 0.9 时的计算结果见表 7-22。

计算结果表明,设备层混凝土柱的芯样强度推定值为 35.4 MPa,满足混凝土设计强度等级 C30 的要求;1 层混凝土柱的芯样强度推定值为 29.9 MPa,虽然略小于 C30 混凝土的强度,但在置信度为 0.9 进行计算时已包含了各 0.05 错判和漏判概率,因此,1 层柱评为未达到设计要求。

7.9.2　检测结构混凝土抗拉强度

某工程采用商品泵送混凝土,浇筑过程中由于供料不及时,先浇混凝土出现初凝,施

表 7-21　混凝土芯样抗压强度

楼层	构件编号	芯样强度 /MPa	楼层	构件编号	芯样强度 /MPa
设备层	3-B 柱	41.3	1 层	5-C 柱	36.4
	3-E 柱	46.7		8-C 柱	29.0
	2-D 柱	40.8		1-A 柱	51.0
	5-C 柱	53.0		4-E 柱	42.2
	9-C 柱	46.3		1-D 柱	25.2
	8-C 柱	29.8		5-D 柱	45.2
	3-D 柱	56.4		6-C 柱	45.8
	5-D 柱	40.4		2-A 柱	40.3
	8-D 柱	42.8		4-C 柱	42.2
	9-B 柱	49.0		3-E 柱	25.5
	6-D 柱	44.0		1-C 柱	29.8
	6-C 柱	44.5		9-C 柱	40.8
	2-C 柱	32.8		9-B 柱	30.4
	8-A 柱	44.9		8-A 柱	35.8
	4-C 柱	41.2		9-A 柱	26.9
	3-C 柱	50.0		5-E 柱	36.8
	7-B 柱	42.3		2-C 柱	35.1
	6-E 柱	49.0		1-B 柱	45.9
	7-D 柱	33.0		6-C 柱	36.6
	2-B 柱	35.8		6-E 柱	49.7
	8-B 柱	54.1		2-E 柱	43.3
	7-C 柱	38.3		6-D 柱	49.7
	5-E 柱	43.3		7-C 柱	50.7
	4-D 柱	56.4		3-C 柱	41.9
	2-A 柱	42.8		—	—

表 7-22　混凝土柱芯样强度推定上、下限值计算结果

计算结果　　　　　　楼层	设备层柱 /MPa	1 层柱 /MPa
平均值 $f_{\mathrm{cu,cor,m}}$	44.0	39.4
标准差 s_{cor}	7.02	7.88
上线推定系数 k_1	1.217 39	1.209 82
下线推定系数 k_2	2.291 67	2.309 29
推定上线值 $f_{\mathrm{cu,e1}}$	34.4	29.9
推定下线值 $f_{\mathrm{cu,e2}}$	27.9	21.2
批构件推定值 $f_{\mathrm{cu,e}}$	35.4	29.9

264

工单位应急使用了部分现场搅拌的同强度等级混凝土,在构件中部出现了明显的混凝土结合面。建设方要求检测结合面混凝土的抗拉强度。

为了对比,劈裂抗拉强度分泵送混凝土和结合面混凝土。

从结合面上钻取 9 个芯样,从泵送混凝土中钻取 6 个芯样,加工成 ϕ100 mm × 100 mm 试件后,参照《普通混凝土力学性能试验方法》(GB/T 50081—2002)的规定,进行了劈裂抗拉试验。

劈裂荷载加载方向如图 7-21 所示,试验结果见表 7-23。

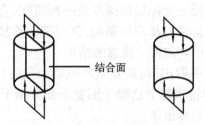

图 7-21　芯样试件劈裂试验示意图

表 7-23　劈裂抗拉强度试验结果

试件编号	泵送混凝土 /MPa	结合面混凝土 /MPa	备注
1	6.71	3.12	
2	3.40	2.93	
3	3.62	3.06	
4	3.37	2.63	从结合面混凝土钻取的 2 个芯样在加工时出现结合面破坏
5	4.15	2.53	
6	4.87	1.10	
7	—	1.89	
平均值 $f_{cu,cor,m}$	4.35	2.56	
标准差 s_{cor}	1.29	0.73	
变异系数 C_v	0.296	0.285	

试验结果表明,结合面的劈裂抗拉强度算术平均值(剔除 2 个强度更低的芯样)只有泵送混凝土劈裂抗拉强度的 58.9%。这个实例说明,在一些特殊情况下,可用钻取的芯样试件检测结构混凝土的抗拉强度,并且能够明确得到泵送混凝土与结合面混凝土的差异程度。

7.9.3　检测结构混凝土内部缺陷

(1)某大厦基础工程

某大厦箱形基础底板为 C30、B8 级抗渗混凝土工程。箱形基础底板厚 1.4 m、长 36.6 m、宽 30.2 m。由于混凝土塌落度小、钢筋密、振捣不够或漏振,拆模后发现多处混凝土有蜂窝、孔洞、疏松、烂根、漏筋等缺陷。

为了检查基础内部缺陷,确定采用中心、灌水和超声综合检测的办法,用钻芯机和外

径 φ76 mm 的钻头打孔 50 个,平均孔深 1.0 m 左右,芯样累计长度 51.9 m。从钻取的芯样中进行逐段外观检查发现,大部分芯样混凝土比较密实,芯样中有孔洞和疏松的部位累计长度为 3.6 m,约占取芯总长度的 6.9%。通过钻孔灌水试验时发现有 4 个钻孔漏水严重,说明该孔洞周围某些区域混凝土质量很差。另外通过钻孔的超声测缺表明也有多个测点存在质量问题。

采用钻芯、超声、灌水相结合的办法可直观、可靠、准确获得混凝土质量的有关信息。

(2)某机车车辆厂工程

利用钻芯法检测基础混凝土受冻层的深度是一种简便、直观和可靠的方法。已成功应用到某机车车辆厂零部件清洗打压车间基础,某医院门诊楼基础以及某塔楼基础等工程混凝土受冻层深度的检测中均取得了满意的结果。

受冻混凝土芯样从孔洞中取出后,放置室外晾晒一段时间,因混凝土受冻层孔隙率较大,含水率也大,因此芯样密实部分已晾干而受冻部分未干,形成比较明显的分界线,这样即可方便的将受冻深度测量出来。

思 考 题

1. 应用钻芯法检测混凝土质量的优、缺点是什么?
2. 钻芯机具及配套设备的种类及选择时的注意事项是什么?
3. 钻取芯样前应作何种准备工作? 钻芯数量如何确定?
4. 选择钻芯位置时应注意什么问题?
5. 钻取芯样时的工作要点是什么?
6. 芯样的几何尺寸包括哪些内容,深孔取芯时注意事项如何?
7. 芯样端面有几种修整方法?
8. 影响芯样抗压强度的因素是什么?
9. 芯样试件混凝土强度的计算方法如何? 怎样推定单个构件和批构件混凝土强度?
10. 其他无损法与钻芯法配合使用时,有何优、缺点? 如何利用芯样强度进行修正?

8 混凝土强度拔出法检测技术

8.1 概述

混凝土强度的现场检测技术有多种方法,如回弹法、超声回弹综合法、钻芯法、拔出法等,这些方法有许多优点,但也存在一定的局限性。如回弹法、超声回弹综合法所测试的回弹值、超声声速值和混凝土强度并无直接关系,只是反映混凝土强度的间接参数,在欧洲标准中被称为间接检测方法,而且回弹值、声速值对混凝土强度来说并不是很敏感的参数,在测试中也容易带来误差,因而这两种方法的最大缺点是检测结果的精度不高。在结构物上钻取混凝土芯样直接进行抗压强度试验无疑是直接、可靠的强度检测方法,但由于对结构物有一定的损伤,试验的费用又较大,无法进行大量的检测。为了能够找到一种操作简单易行,又有足够检测精度的检测方法,拔出法——这种现场混凝土强度检测技术便逐步发展起来。它介于无损检测方法和钻芯法之间,也被称为半破损检测方法。

拔出法可以分为两类:一类是预埋拔出法;另一类是后装拔出法。早在 1953 年,原苏联就开始使用拔出法进行混凝土强度的检测。然后,一直到 20 世纪 70 年代初,在 Richards 和 Malbotra 的研究报告之后,这种试验才开始被认为是一种实用的现场混凝土强度检测方法。从那时起,许多国家在这个领域进行了研究,各种各样获得专利的试验体系被发展起来。如丹麦的 LOK 试验法和 CAPO 试验法。尽管这些方案各有优劣但是大量的试验资料足以证明一个同样结论:在极限拔出力和混凝土抗压强度之间确实存在某种近似线性的相关关系。这就揭示了拔出法的良好发展前景。因此,一些有影响的技术组织已将拔出试验列为标准试验方法。1978 年,ASTM 发表了用于检测混凝土拔出强度的一个试验方法暂行标准 C-90-78T。这本标准稍后进行了修改并在 1982 年作为正式标准出版,这就是美国材料试验学会标准 ASTM C-900-06《硬化混凝土拔出强度标准试验方法》。除此以外,将拔出法列为标准试验方法的还有:国际标准化组织 ISO1920-7:2004(E)《混凝土试验——第 7 部分:硬化混凝土的非破损试验》第 5 章拔出力的测定,英国标准 BS1881-207:1992《混凝土试验第 207 部分:用近表面试验评估混凝土强度的介绍》,欧盟标准 BS EN 13791:2007《结构和预制混凝土构件混凝土抗压强度的现场评估》等。

在 EN 13791 中,对可能要求评估现场混凝土强度的场合进行了以下规定:将要改造和重新设计的既有结构;因工艺缺陷、火灾或其他原因造成的混凝土劣化,结构中的混凝土抗压强度受到质疑时,评估结构是否适当;施工期间需要评估现场混凝土强度;由标准试样得到的混凝土抗压强度不合格时,评估结构的适当性;规范或产品标准中规定评估现场混凝土抗压强度是否合格时。

而拔出法另一些试验目的则主要用于质量控制,例如,采用后张法时,是否可以施加预应力;模板和支撑是否可以被拆除;冬期施工防护和养护是否可以结束等。

我国在 1985 年左右开始这项技术的研究工作。近年来已取得不少科研成果,几种不同类型的拔出仪研制成功,各种拔出仪的锚固件及锚固深度、反力支承尺寸等参数各不相同。概括起来可分为两大类:一类是圆环式反力支承,主要有丹麦生产的 LOK 和 CAPO 拔出仪,国产的圆环式拔出仪与其基本一致,如 TYL 型混凝土强度拔出试验仪,北京瑞驰科技有限公司生产的 BCY-II 型混凝土强度拔出仪;另一类是三点式反力支承,这类拔出仪是我国自行研制的,如北京盛世伟业科技有限公司生产的 SW-40 多功能强度检测仪、北京中煤矿山工程有限公司生产的 SHJ-40 混凝土强度检测仪等,与圆环反力支承不同的是三点式反力支承的尺寸一般都比较大。所有这些拔出仪都已应用于工程质量检测,普遍受到欢迎。一些行业已制订了拔出法检测标准,中国工程建设标准化协会标准《后装拔出法检测混凝土强度技术规程》(CECS 69:94)经修订后,已更名为《拔出法检测混凝土强度技术规程》(CECS69:2011)重新颁布执行,以及铁道行业标准《混凝土强度预埋拔出试验方法》(TB/T 2298.1—91)和《混凝土强度后装拔出试验方法》(TB/T 2298.2—91)。

对拔出法试验时混凝土破坏机理的研究不仅有助于建立起对拔出试验作为一种混凝土强度检测手段的认识,而且是选择试验方案和制订标准所不可缺少的依据。因此,这一方面的理论研究,尤其是拔出力是作为一种什么性质的力作用于混凝土,以及拔出时混凝土的破坏过程越来越受到人们的重视,并进行了深入的研究。需要指出的是,这些理论研究都是采用预埋拔出法进行试验的。

丹麦的 Niel Saabye Ottosen 专门对 Kierkegaard-Hansen 提出的 LOK 拔出试验进行非线性有限元分析。采用 AXIPLANE 程序,除考虑混凝土裂缝之外,还分别考虑了前破坏区和后破坏区(pre-and post-failure rgions)的应变硬化和软化,单轴抗压强度对结构性能的影响,抗拉与抗压强度之比,不同的破坏判据以及后破坏性能等进行了研究。此外,由于大多数争论着重于混凝土中实际发生的破坏形式,所以对结构性能和破坏形式给予特别的注意。

结果表明,在荷载达到极限的 18% 时,径向裂纹在靠近混凝土外部表面的环带上开始发生,并随着荷载的增加,裂纹逐渐扩展。继续增加到 64% 以后,新的环状裂纹发生很大的扩展,这些新的环状裂纹从锚头的外部向支承物处延伸。然而在这一狭窄的环状地带之内,依然存在巨大的三向或双向压应力,直到破坏。笔者认为,LOK 试验中的破坏是由混凝土的压碎引起的,所以,拔出嵌入的钢制锚头所要求的力直接取决于所考虑的混凝土抗压强度。然而,由于发生破坏的应力状态主要是由微小拉应力偶尔叠加的双轴压力,所以,混凝土的抗拉强度具有某种间接影响。后破坏区的应变软化效应是很重要的。一般来说,与高标号混凝土相较,低标号混凝土具有较大的抗拉强度和较高的延展性。这就说明了为什么拔出力和抗压强度之间的关系是线性的而不是比例关系。

美国国家标准局(NBS)为弄清混凝土被拔出的破坏机理,曾在 20 世纪 80 年代初进行了一系列试验研究和理论分析,得出了以下一些结论:在荷载的各个阶段,在锚头顶面外缘和支座内缘上都存在应力集中, 在理想破坏面附近最小主应力的方向大致与这个表面平衡,但是直到破坏时为止,锚头和支座间的轴向相对位移只有 0.001 0 ~ 0.001 5,与单轴压力荷载下通常发生的极限变形 0.002 ~ 0.003 相差很多。

混凝土拔出破坏后脱落的块体外形清晰可辨。破坏的表面呈喇叭状,块体表面近似锥面。

根据传感器提示,混凝土内部受拉变形不是随着荷载增长一直均匀发展的,而是每经过一段均匀发展,就有一个跳跃增长。这种跳跃增长集中发生在荷载达到 35% 和 65% 极限值前后以及临近极限的 3 个阶段之内。

当荷载增加到 65% 左右时,环向裂纹已经扩展到支座内缘,但是,荷载仍能继续增长。

根据以上一些研究结果,NBS 的作者们不同意 Ottosen 提出的环状狭窄地带被压碎的破坏机理。同时,鉴于环向裂纹发展到支座内缘后混凝土尚有 35%的承载能力,他们认为,混凝土的破坏也不可能是拉应力引起的。他们关于破坏机理的看法是,混凝土的砂浆基质在荷载达到 65%极限值时,已经在剪应力作用下破坏,只是由于硬的粗集料嵌在裂开的两半部砂浆体内起着连锁作用,致使混凝土能够继续承受尚未发挥的 35%的荷载。他们断言混凝土如是一种匀质材料,那么它将在裂纹发展的第二阶段完毕时破坏。

国内的学者也对混凝土在拔出试验时的破坏机理进行了研究。他们认为,在拔出力的作用下,混凝土破坏是由压应力和剪应力组合而成的拉应力所造成的。这种破坏和立方体(或圆柱体)试块在承压面上有约束条件下的破坏根本上是一样的。所不同的是:立方体边缘开裂后立即到达极限状态,而拔出法试验的极限状态需在开裂进行到一定程度方才到来。因而认为,拔出强度和抗压强度之间的高度相关性并不是偶然的。

8.2 预埋拔出法

8.2.1 拔出仪

在国际标准化组织标准中,使用的预埋拔出法拔出仪的装置尺寸是:反力支承圆环内径为 55 mm、外径为 70 mm,预埋件锚头直径为 25 mm,锚固深度为 25 mm,拉杆直径不大于 0.6 倍锚头直径。拔出装置的尺寸关系如图 8-1 所示。当锚固体锚固深度一定时,拔出力随着反力支承尺寸的增加而减少;同一锚固深度和反力支承尺寸时,圆环支承的拔出力比三点支承的拔出力大;在同一反力支承尺寸下,拔出力随着锚固件锚固深度的增加而有较大幅的增加。

8.2.2 试验拔出

预埋拔出法是在混凝土表层以下一定距离处预先埋入一个钢制锚固件,混凝土硬化以后,通过锚固件施加拔出力。当拔出力增至一定限度时,混凝土将沿着一个与轴线呈一定角度的圆锥面破裂,并最后拔出一个类圆锥体。LOK 试验技术便是预埋拔出法中有代表性的,得到世界上许多国家广泛使用的一种方法,它是丹麦技术大学于 20 世纪 60 年代后期研制成的。我国研制的 TYL 型拔出仪与丹麦的 LOK 拔出仪基本相同,如图 8-2 所示。

(1)拔出试验操作

预埋拔出法装置由锚头、拉杆、支承环和拔出仪等组成。拔出装置的尺寸为拉杆直径 d_2=7.5 mm(LOK 试验)或 10 mm(TYL 试验)、锚头直径 d_2=25 mm、支承环内径 d_3=55 mm、锚固深度 h=25 mm。锚头示意图如图 8-3 所示。

预埋拔出试验的操作步骤可分为:安装预埋件、浇筑混凝土、拆除连接件、拉拔锚头,如图 8-4 所示。安装预埋件时,将锚头定位杆组装在一起,并在其外表涂上一层隔离剂。在浇筑混凝土以前,将预埋件安装在模板内侧的适当位置,如图 8-4(a)所示。当进行楼板试验时,可将预埋件固定到一个塑料浮杯或木块上,等到混凝土浇筑完毕、尚未凝结时,把预埋件插入混凝土内让浮杯或木块浮在混凝土表面。预埋件安装完毕后,在模板内浇筑混凝土,预埋点周围的混凝土应与其他部位同样振捣,但是,不能损坏预埋件,如图 8-4(b)所示。拆除模板和定位杆,如图 8-4(c)所示,把拉杆拧到锚头上,另一端与拔出试验仪连接,拔出试验仪的支承环应均匀地压紧混凝土表面,并与拉杆和锚头处于同一轴

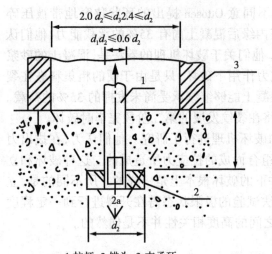

1.拉杆；2.锚头；3.支承环。

图 8-1　拔出试验简图

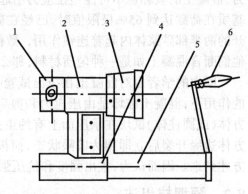

1.支承环；2.工作缸；3.显示器；4.高压泵；5.护套；6.摇把。

图 8-2　拔出仪

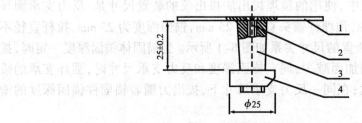

1.连接圆盘；2.沉头螺丝；3.定位杆；4.锚盘。

图 8-3　锚头示意图

线。摇动拔出仪的摇把,对锚固件施加拔出力。施加的拔出力应均匀和连续,拔出力的加荷速度控制在 1 kN/s 左右,当荷载加到了峰值时,记录极限拔出力读数,然后回油卸载,混凝土的表面上留下微细的圆环裂纹,如图 8-4(d)所示。根据提供的测强曲线,可由试验的拔出力换算出混凝土的抗压强度。

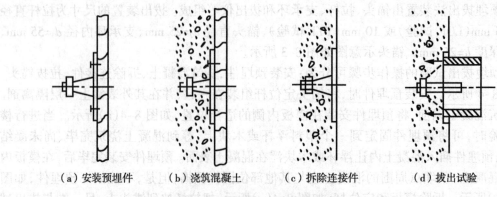

（a）安装预埋件　　　（b）浇筑混凝土　　　（c）拆除连接件　　　（d）拔出试验

图 8-4　预埋拔出试验操作步骤

270

（2）拔出试验的比较

据资料报道，LOK 试验的可靠性相当好。实验室建立的测强曲线为线性，相关系数为0.96，变异系数为7%。TYL 型拔出试验仪的可靠性也很好，其测强曲线的相关系数为0.98。与回弹法和超声法的测强曲线相比，拔出法试验对混凝土强度的变异性更敏感，比其他的大多数非破损的试验方法更可靠。H.Krenchel 或 C.G.Peterson 曾经收集了北欧和北美各国从事 LOK 拔出试验的大量实验室和工地资料，进行统计分析，并和抗压强度试验进行对比。对实验室中测定普通混凝土拔出力和抗压强度的一般变异性见表 8-1。对工地混凝土拔出试验的一般变异性估计见表 8-2。

表 8-1　实验室测定普通混凝土拔出力和抗压强度的一般变异性

拔出试验				抗压试验			
试验面	试验次数(n)	标准差/MPa	变异系数/%	试块	试验次数(n)	标准差/MPa	变异系数/%
150 mm 或 200 mm（高强度混凝土立方体侧面上）	1 087	2.5	6.8	150 mm（立方体）	360	2.4	6.2

表 8-2　工地混凝土拔出试验的一般变异性

构件类型	拔出试验		
	试验次数(n)	拔出力标准差/kN	拔出力变异系数/%
梁和柱	325	2.7	7.8
板底部	4 190	3.1	9.7
墙和基础	753	3.2	10.0
顶部	274	3.5	12.5
可疑结构	1 001	4.5	14.7

H.Krenchel 和 C.G.Peterson 还转载了从 1979 年发表的不同作者研究提出的拔出力与抗压强度之间的试验相关关系，见表 8-3 和图 8-5。

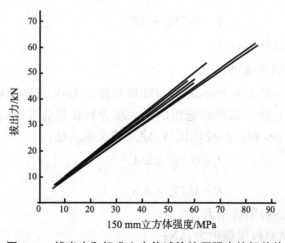

图 8-5　拔出力和标准立方体试块抗压强度的相关关系

271

表 8-3 拔出力与抗压强度的试验相关关系

序号	作者	强度参照试件数量和类型	拔出试验数量和位置	测强曲线	强度范围 / MPa	最大粗骨料粒径 / mm	拔出力 标准差 / kN	拔出力 变异系数 /%	立方体强度 标准差 / kN	立方体强度 变异系数 /%	相关系数
1	JOHANSEN 1979 年	65 个立方体试块	65 个,镶板面顶部	$p=0.780 \times f_c+1.70$	8.0 ~ 35.0	18	2.4	9.5	1.5	5.0	0.94
2	GELHAND 1979 年	140 个立方体试块	140 个,150 mm 立方体(低强)和 200 mm 立方体(高强侧面)	$p=0.813 \times f_c+2.00$	12.0 ~ 64.0	32	3.3	8.0	3.2	6.6	0.95
3	Vouder WIN DEN1980 年	75 个立方体试块	75 个,150 mm 立方体侧面	$p=0.792 \times f_c+1.50$	3.0 ~ 48.0	16.32	3.5	8.5	3.4	7.0	0.95
4	Vouder WIN DEN 1979 年	90 个立方体试块	75 个,150 mm 立方体侧面	$p=0.758 \times f_c+2.23$	18.0 ~ 50.0	16	1.4	5.0	3.0	7.5	0.99
5	BELLANDER 1979 年	420 个芯样	378 个,现浇镶板侧面	$p=0.746 \times f_c+2.76$	10.0 ~ 60.0	18.38	4.7	11.0	6.0	13.5	
6	BELLANDER 1979 年	340 个芯样	612 个,现浇镶板侧面	$p=0.725 \times f_c+3.31$	10.0 ~ 60.0	18.38	2.6	6.3	1.6	6.0	
7	BELLANDER 1979 年	75 个立方体试块	75 个,150 mm 立方体侧面	$p=0.705 \times f_c+1.80$	3.0 ~ 85.0	18.38	2.0	5.0	2.0	5.0	0.98
8	BELLANDER 1979 年	75 个立方体试块	75 个,150 mm 立方体侧面	$p=0.696 \times f_c+1.68$	3.0 ~ 85.0	18.38	2.0	5.5	2.0	5.0	0.98

从表 8-3 可以看出,这 8 个不同来源的测强曲线彼此之间并无多大差别。如取这些方程斜率的平均值作为斜率,它们的截距的平均值作为截距,可以得到一个具有一般代表性并被两位作者推荐的测强曲线:

$$F = 0.75f_{cu} + 2.2 \tag{8-1}$$

式中, F ——极限拔出力,kN;

   f_{cu} ——立方体试件强度,MPa。

上述两位作者之一的 C.G.Pterson 曾对预埋拔出法 LOK 试验和后装拔出法 CAPO 试验的相关关系进行了比较。试验时选用的最大粗骨料粒径为 8 mm、16 mm、32 mm,强度试件为 150 mm × 300 mm 标准圆柱体试件,建立的关系式是:

$$L = 0.77f_c + 4.4 \tag{8-2}$$

$$C = 0.77f_c + 4.5 \tag{8-3}$$

式中, L ——LOK 试验极限拔出力,kN;

   C ——CAPO 试验极限拔出力,kN;

f_c——圆柱体试件强度,MPa。

圆柱体试件的变异系数是 3.7%,LOK 试验的变异系数是 7.2%,CAPO 试验的变异系灵敏是 7.1%,足见这两种试验方法并无区别。

《拔出法检测混凝土抗压强度技术规程》(CECS69:2011)提供的预埋拔出法(圆环支承方式)测强曲线为

$$f_{cu}^c = 12.8F - 0.64 \tag{8-4}$$

式中, F——极限拔出力代表值,kN;

f_{cu}^c——相当于边长 150 mm 立方体试块混凝土强度换算值,MPa。

当抗压强度在 5~70 MPa 范围内,粗骨料最大粒径不大于 40 mm 的普通混凝土时,TYL 型拔出仪与 LOK 拔出仪,由于仪器装备参数相同,因而建立的测强曲线也是很接近的。

预埋拔出法试验在北欧、北美等许多国家得到了迅速地推广应用,这种试验方法,在现场实际应用上相当方便,而且试验费用低廉,除非特别低的混凝土强度以外,可以在很大的强度范围内进行试验,尤其适合用于混凝土质量现场控制的检测手段,例如:决定拆除模板或加置荷载的适当时间,这在冷却塔混凝土施工工程中,确定拆模时间最为普遍;决定施加或放松应力的适当时间;决定吊装、运输构件的适当时间;决定停止湿热养护或冬期施工时停止保温的适当时间。在丹麦,这种方法已被承认作为一种校准的现场强度测定方法并可作为规范检验验收评定的依据。在斯堪的纳维亚地区,相当广泛地被采用于控制现场混凝土的强度,并取得不断的进步和发展。

预埋拔出法在我国的应用还不普及,似乎工程技术人员不愿在质量控制上花费精力。事实上,施工中对混凝土的强度进行控制,不仅可以保证工程的质量,减少出现质量问题,也是提高施工技术水平,提高企业经济效益的一个重要手段,例如在高温施工季节,确定提前拆模时间,可以加快模板周转,缩短施工工期;冬季施工时,确定防护和养护可以结束的时间,避免出现质量问题,减少养护费用;预制构件生产时,确定构件的出池、起吊、预应力的放松或张拉时的混凝土强度,加快生产周转等,其经济效益和社会效益都是巨大的。

某厂生产的 32 m 后张预应力混凝土桥梁,混凝土强度设计等级为 C55。为控制混凝土的张拉强度,每片梁至少要制作 5 组试块,与梁同条件养护,以分别掌握 50% 和 100% 设计强度的张拉时间。现在采用预埋拔出法来确定混凝土的强度,同时制作试块进行验证。共进行 9 组拔出试验,在每片混凝土梁的下缘部位埋设 6 个锚固件(1 组),浇筑混凝土 2 d 后进行拔出试验。同时进行立方体试件抗压试验。试验结果见表 8-4。

拔出试验采用 TYL 型拔出仪。试验结果表明,通过拔出法测得的混凝土抗压强度与立方体试块抗压强度的平均相对误差为 5.2%,平均组内变异系数为 9.3%。预埋拔出法具有试验简单、及时、准确、直观、试验费用低廉的优点,在混凝土质量控制中有着很好的应用前景。

8.3 后装拔出法

预埋拔出法尽管有许多优点,但它也有缺点,其主要缺点是必须事先做好计划,不能

表 8-4　混凝土拔出试验结果

序号	立方体抗压强度 f_{cu} /MPa	拔出力 F_p / kN	组内变异系数 C_V /%	换算强度 f_{cu}^c /MPa
1	41.9	37.4	11.2	43.8
2	42.4	36.2	8.3	42.3
3	54.7	46.9	7.2	56.2
4	48.1	43.9	7.2	52.3
5	60.1	48.6	8.4	58.4
6	58.8	52.9	9.4	64.0
7	59.0	52.7	9.8	63.7
8	56.4	48.1	2.7	57.7
9	53.1	48.3	12.9	57.6

像其他大多数现场检测那样在混凝土硬化后随时进行。为克服上述缺点,人们便开始研究一种在已硬化的混凝土上钻孔,然后再锚入锚固件进行拔出试验的技术,这就是另一类拔出法——后装拔出法。

后装拔出法是近一二十年才出现的。它是针对预埋拔出法的缺点,为了对没有埋设锚固件的混凝土也能进行类似的试验,在预埋拔出法的基础上逐渐发展起来的。采用这种方法时只要避开钢筋或铁件位置,在已硬化的新旧混凝土的各种构件上都可以使用,特别是当现场结构缺少混凝土强度的有关试验资料时,是非常有价值的一种检验评定手段。由于后装拔出法适应性很强,检测结果的可靠性较高,已成为许多国家注意和研究的现场混凝土强度检测方法之一。丹麦的 CAPO 试验法就属于这一种。我国对后装拔出法的研究较多,并已取得了不少科研成果。

后装拔出法可以分为几种,各种方法之间并不完全相同,但大同小异。

8.3.1 圆环支承拔出试验

CAPO 拔出仪和 TYL 型拔出仪试验所采用的拔出装备参数相同,而且与预埋拔出法采用的是同样的拔出仪。

8.3.1.1 后装拔出法试验拔出孔槽的尺寸

圆孔直径为 18 mm,孔深为 55 ~ 65 mm,工作深度 35 mm,预留 20 ~ 30 mm 作为安装锚固件和收容粉屑所用。在距孔口 25 mm 处磨槽,槽宽 10 mm,扩孔的环形槽直径为 25 mm,拔出试验的夹角 α=31°。

8.3.1.2 孔槽加工

(1)钻孔

所有后装拔出法,无论锚固件是胀圈、胀簧、胀钉还是粘钉方式,都离不开钻孔。钻孔的基本要求是:孔径准确,孔轴线与混凝土面垂直。当混凝土表面不平时,可以用手磨机磨平,孔壁光滑无损伤。钻孔时采用带水冷却装置的薄壁空心钻头钻孔机,钻孔机带有保持钻孔轴线与混凝土表面垂直的装置,钻出的孔外形规整、孔壁光滑,钻一个合格的直径为 18 mm 的孔需 3 ~ 10 min,如图 8-6(a)所示。

274

(2)磨槽

在圆孔中距孔口 25 mm 处磨切一环形槽,磨槽采用由电动机、专用磨头及水冷却装置组成的专用磨槽机,并且有控制深度和垂直度的装置,磨槽时磨槽机沿孔壁运动磨头便对孔壁进行磨切。磨槽时间一般为 3 min 左右,磨出的环形槽外径为 25 mm、宽为 10 mm,如图 8-6(b)所示。

(3)锚固件

常用的锚固件主要有两种:一种是 CAPO 试验的胀圈方式;另一种是在我国使用的胀簧方式。胀圈拔出装置由胀杆、胀圈、定位套管、拉杆和压胀母组成,如图 8-7 所示。胀圈是一个闭合时外径为 18 mm、胀开时外径为 25 mm、断面为方形条钢绕成两层的开口圆环。胀杆下端有一圆锥体。

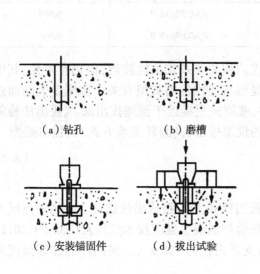

（a）钻孔   （b）磨槽

（c）安装锚固件   （d）拔出试验

图 8-6　后装拔出试验操作步骤

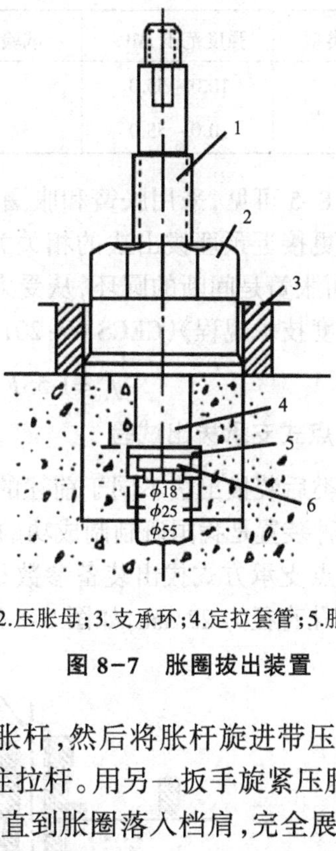

1.拉杆;2.压胀母;3.支承环;4.定拉套管;5.胀圈;6.胀杆。

图 8-7　胀圈拔出装置

胀圈装置安装时,将胀圈、定位套管依次套入胀杆,然后将胀杆旋进带压胀母的拉杆,互相扣接。把带胀圈的一端插入孔中,用扳手稳住拉杆。用另一扳手旋紧压胀母,使其通过定位套管对胀圈产生压入胀杆圆锥体的压力。直到胀圈落入档肩,完全展开成一外径为 25 mm、厚度为 5 mm 带有斜切口的单层圆环。当进行拔出试验时,先在拔出装置上套入支承环。在拉杆上拧上连接盘,通过连接盘与拔出仪连接。使拔出仪压紧支承环,就可以开始拔出试验。

胀圈拔出装置的优点是,胀圈张开后为平面状圆环,拔出时胀圈与混凝土接触良好,能避免混凝土在拔出时局部受力不均,拔出试验的数据离散性小。其缺点是在安装时要想使胀圈完全胀开比较费劲,尤其是胀圈安装在混凝土中,难以准确判断是否已完全胀开。为克服上述缺点,人们研制出一种胀簧拔出装置。这一装置由胀簧管、胀杆、对中圆盘和拉杆组成,如图 8-6(c)所示。胀管前部有个簧片,簧片端部有一突出平钩。胀簧簧片闭合时,突出平钩的外径为 18 mm,正好可以插入钻孔中。当将胀杆打入胀簧管中时,4 个簧片胀开,突出平钩嵌入圆孔的环形扩大磨槽部位,胀杆的打入深度能恰好使簧片胀开成平均直径为 25 mm。拔出试验时,分别套进对中圆盘和支承环,拧上拉杆和连接盘。即可与拔出仪连接进行拔出试验,如图 8-6(d)所示。拔出时,簧片平钩对槽沟部分混凝土的接触是呈间断的圆环状。胀簧装置是由我国研制成功的一种使用方便的锚固件,国内研制的拔出仪基本上都使用胀簧方式。《拔出法检测混凝土强度技术规程》(CECS 69:2011)中规定使用胀簧式锚固件。

8.3.1.3 拔出试验

后装拔出试验的方法和操作过程与预埋拔出法完全相同。

拔出试验时为比较胀圈和胀簧两种方式的差异,对此进行了比较试验,通过试验分别建立的相关关系,数值见表 8-5。

表 8-5　胀圈、胀簧两种方式相关关系式

锚固件类型	强度范围 /MPa	试验次数(n)	相关关系式	相关系数
胀簧	10.0~55.0	20	$F_p=0.59f_c+6.9$	0.969
胀圈	10.0~55.0	20	$F_p=0.67f_c+5.9$	0.965

由表 8-5 可见,采用胀簧和胀圈两种方式的相关关系式虽然接近,但仍有差异,其中胀圈方式更接近预埋拔出法的相关关系,这显然与锚固件的类型有关。胀圈是全断面连续圆环,而胀簧是间断的圆环,从受力方式讲,胀圈式更接近于预埋拔出法。《拔出法检测混凝土强度技术规程》(CECS 69:2011)提供的预埋拔出法(圆环支承方式)测强曲线为

$$f_{cu}^c =1.55F + 2.35 \tag{8-5}$$

8.3.2 三点式支承拔出试验

另一类后装拔出法不同于前述的 CAPO 拔出仪和 TYL 型拔出仪试验,采用三点反力支承。这种装置是我国研制制成功的,《拔出法检测混凝土强度技术规程》(CECS69:2011)规定的三点支承方式拔出装备参数是:反力支承内径为 120 mm,锚固件的锚固深度为 35 mm,钻孔直径为 22 mm,如图 8-8 所示。

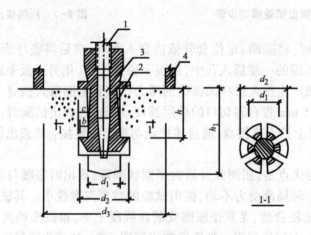

1.拉杆;2.胀簧;3.胀杆;4.反力支承。
图 8-8　三点式后装拔出法示意图

该规程提供的测强曲线为

$$f_{cu}^c = 2.76F - 11.54 \qquad (8-6)$$

三点支承方式的拔出设备制造简单、价格便宜。对同一强度的混凝土,三点支承的拔出力比圆环支承小,因而可以扩大拔出装置的检测范围,和圆环支承方式的拔出仪一样,也是一种很受欢迎的拔出仪。

拔出法试验时,混凝土中粗骨料的粒径对拔出力的影响最大。混凝土的拔出力变异系数随着粗骨料最大粒径的增加而增加。因此,一般规定锚固件的锚固深度为 25 mm 时,被检测混凝土粗骨料的最大粒径大于 40 mm,当粗骨料粒径大于这个尺寸时,便要求更深的锚固件锚固深度,以保证检测结果的精度。不同的粗骨料粒径对拔出试验的影向是显而易见的,尤其是后装拔出法试验,安设的锚固件也许就在骨料中。另一个原因是不同的粗骨料粒径要求被拔出的混凝土圆锥体的体积大小也不同,这跟混凝土粗骨料粒径与标准试块尺寸的比例的规定是相似的。在我国,虽然大部分建筑工程所用混凝土的最大粗料骨粒径往往不大于 40 mm,而大于 40 mm 的情况也是经常碰到的,这就要求锚固件有较深的锚固深度。为满足这一使用要求,我国研制了锚固件深度为 35 mm 的拔出试验装置,能满足粗骨粒最大粒径不大于 60 mm 时的使用要求,使拔出试验具有更广的适用范围。当锚固件锚固深度 35 mm 时,拔出力将比锚固深度为 25 mm 时有较大幅的增加,采用三点反力支承可以降低拔出力,使拔出仪能够容易满足最大量程的要求,采用三点支承便成为一种较好的选择。下面选择有代表性的 SW-40 型拔出仪进行介绍。

8.3.2.1　拔出仪

（1）拔出仪

拔出仪由手动油泵和工作油缸合为一体组成,锚固件采用胀簧方式。

（2）钻孔机

钻孔机具有水冷却功能,采用直径为 22 mm 的薄壁金刚石钻头。钻孔时钻头与混凝土表面保持垂直,钻孔深度不少于 65 mm。

（3）磨槽机

扩孔磨槽所用的磨槽机与 CAPO 等拔出仪所用磨槽机相同,为一带水冷却装置的专用设备,磨出的环形槽外径不小于 28 mm,宽为 10 mm。

（4）安设胀簧

将胀簧放入加工好的拔出孔内,使胀簧的平钩位于环形槽内,把锥梢放入胀簧胀管内锤击锥梢,使胀簧完全胀开,并使胀管贴近孔壁,胀簧平钩均匀完全嵌入环形槽内。

（5）安装拔出仪

将拔出仪中心拉杆与胀簧通过螺纹连接,使两者的轴线重合,并且垂直于混凝土表面。

（6）加荷拔出

摇动手动油泵加荷,加荷速度控制在 0.5～1.0 kN/s,加荷要求连续均匀,拔出试验进行到反力支承架下的混凝土已经破坏,力值显示器读数不再增加为止。

8.3.2.2　工程实例

检测对象为一构件,该构件的混凝土强度设计等级、粗骨料粒径、混凝土龄期等资料不详。拔出试验点选在构件浇捣方向的侧面,共进行 3 次拔出试验,并在每一拔出点处钻取混凝土芯样进行强度验证。拔出试验的锚固件埋深为 35 mm，反力支承内径为 120 mm，采用《拔出法检测混凝土强度技术规程》（CECS69:2011）提供的测强曲线，试验结果见表 8-6。

表 8-6　构件混凝土拔出试验结果

序号	拔出力 F / kN	换算强度 f_{cu}/MPa	芯样强度 f_{cor}/MPa	相对误差 /%	平均相对误差 /%
1	23.6	53.6	49.1	9.1	
2	20.9	46.1	52.2	11.7	9.9
3	21.0	46.2	50.8	9.0	

在所检测对象资料不详的情况下，检测结果的平均相对误差为 9.9%，其测试精度还是比较高的。

8.4　测强曲线的建立

拔出法检测混凝土强度，一个重要的前提就是预先建立混凝土拔出力和抗压强度的相关关系，即测强曲线。在建立测强曲线时，一般按照以下的基本要求进行。

8.4.1　基本要求

（1）混凝土用水泥应符合现行国家标准《通用硅酸盐水泥》（GB 175—1999）的要求；混凝土用砂、石应符合现行标准《普通混凝土用砂、石质量标准及检验方法标准》（GJ 52—2006）的要求。

（2）用于制定测强曲线的混凝土，一般不少于 8 个强度等级。在拔出仪拔出力许可的情况下，可根据实际检测的需要增加试验混凝土强度的等级和数量，以扩大测强曲线的使用范围。资料表明，拔出法试验的混凝土最高强度可达到 85.0 MPa。可以认为，对高强混凝土检测，拔出法也是一种很好的检测方法。

每一强度等级的混凝土不少于 6 组数据，每组由 1 个至少可布置 3 个测点的拔出试件和相应的 3 个立方体试块组成。在试验中，影响混凝土强度的因素很多，很难在实验室中模拟现场施工混凝土的所有情况，总是存在一定的差异，这种差异包括原材料、配合比、成型工艺、养护条件等。建立测强曲线时，应考虑这些因素的影响，最好是针对具体的检测对象建立专门的测强曲线。

8.4.2　试验规定

（1）拔出法用的混凝土试件每个应至少能进行 3 点拔出试验，对应每一拔出试件留置 1 组立方体试块，拔出试件和留置的立方体试块应采用同一盘混凝土，在振动台上同时振捣，同条件养护，试件和试块的养护条件与被测构件预期的养护条件基本相同，尽可能消除拔出试件、强度试块和被检测混凝土在制作和养护上的差异。

（2）拔出试验点布置在混凝土浇捣方向的侧面，共布置 3 个点，同一试件的 3 个拔出力，取平均值为代表值。

（3）拔出试验的强度代表值，按现行国家标准《混凝土强度检验评定标准》（GB/T 50107—2010）的规定确定，如：

①取 3 个试件强度的平均值。

②当 3 个试件强度中的最大值和最小值与中间值之差超过中间值的 15%时,该组试件作废。

8.4.3 分析计算

将各试件试验所得的拔出力和试块抗压强度值汇总,按最小二乘法原理,进行回归分析时。回归分析时,一般采用直线回归方程:

$$f_{cu}^c = A \cdot F + B \tag{8-7}$$

式中,A、B——回归系数,即测强曲线系数。

直线方程使用方便、回归简单、相关性好,是国际上普遍使用的方程形式。用相对标准差和相关系数来检验其回归效果。

相对标准差 e_r 按式(8-8)计算:

$$e_r = \sqrt{\frac{\sum\limits_{i=1}^{n} \left(\frac{f_{cu,i}}{f_{cu,i}^c} - 1 \right)^2}{n-1}} \tag{8-8}$$

式中,e_r——相对标准差;

$f_{cu,i}$——第 i 组立方体试块混凝土抗压强度代表值;

$f_{cu,i}^c$——对应于第 i 个拔出试块,按式(8-5)计算的强度换算值。

拔出法检测混凝土强度时建立的测强曲线的允许相对标准差为 12%。经过上述步骤建立的测强曲线在进行技术鉴定后,才能用于工程质量检测。

8.5 工程检测要点

在正常情况下,混凝土质量的检查,应按现行国家标准《混凝土结构工程施工质量验收规范》(GB 50204—2002)和《混凝土强度检验评定标准》(GB/T 50107—2010)的有关规定进行。只有对混凝土试块强度代表性有怀疑时或缺少强度试验资料时,可以采用各种非破损检测方法,按有关标准的规定,对混凝土的强度进行现场检测,推定混凝土构件的强度值,作为处理混凝土质量的一个主要依据。

拔出法对遭受冻害、化学腐蚀、火灾、高温损伤等部位的混凝土检测不适用。如需检测应采取打磨、剔除等有效措施将薄弱表层清除干净后方可进行检测,以免造成误判。

试验前应搜集有关资料,如工程名称及设计、施工和建设单位名称,结构及构件名称,设计图纸及设计要求的混凝土强度等级,粗骨料品种、粒径及混凝土配合比,混凝土浇筑和养护情况以及混凝土的龄期,结构或构件存在的质量问题等。对钻头、磨头、锚固件及拔出仪进行检查,保证其处于正常工作状态。

8.5.1 测点布置

《拔出法检测混凝土强度技术规程》(CECS 69:2011)中分别按单个构件检测和按批抽样检测,具体规定如下。

8.5.1.1 按单个构件检测

按单个构件检测时,应在构件上均匀布置 3 个测点。当 3 个拔出力中的最大拔出力和最小拔出力与中间值之差的绝对值均小于中间值的 15%时,可仅布置 3 个测点;当最大拔出力或最小拔出力与中间值之差的绝对值大于中间值的15%(包括两者均大于中间值的15%)时,应在最小拔出力测点附近再加两个测点。这种复式布点可减少一些测点数量,且检测结果偏于安全。

8.5.1.2 按批抽样检测

当按批抽样检测时,抽检数量应符合现行国家标准《建筑结构检测技术标准》(GB/T 50344)的有关规定,每个构件宜布置 1 个测点,且最小样本容量不宜少于 15 个。

符合下列条件的构件才可作为同批构件:

(1)混凝土强度等级相同。

(2)混凝土原材料、配合比、施工工艺、养护条件及龄期基本相同。

(3)结构或构件种类相同。

(4)构件所处环境相同。

测点一般要求布置在构件混凝土成型的侧面,如不能满足这一要求时,可布置在混凝土成型的表面或底面;在构件的受力较大及薄弱部位应布置测点,相邻两侧点的间距不应小于 250 mm;当采用圆环式拔出仪时,测点距构件边缘不应小于 100 mm;当采用三点式拔出仪时,测点距构件边缘不应小于 150 mm;检测部位的混凝土厚度不宜小于 80 mm。

测试面要求清洁、平整、干燥,对饰面层、浮浆等应予清除,必要时可用砂轮清除杂物和进行磨平处理,测点应避开接缝、蜂窝、麻面部位和混凝土表层的钢筋、预埋件。铁件可在布点前用钢筋探测仪进行探测。

8.5.1.3 拔出试验的取舍

在拔出试验中,如锚固台阶并未完全嵌入环形槽内,则锚固件锚固不牢,拔出时锚固件容易产生滑移,使拔出混凝土的深度也各不相同,将严重影响混凝土拔出试验的拔出力,或使锚固件锚固台阶断裂,使拔出试验不能进行到底,这种情况下的拔出试验应该作废。

拔出试验出现异常时,应做详细记录,并进行补测。拔出试验结果是否出现异常,可以从下面几个方面来判断:

(1)反力支承内混凝土仅有小部分破损,而大部分没有破损。

(2)拔出后的混凝土破损面有外露钢筋、铁件等。

(3)拔出后的破坏面出现混凝土缺陷,如蜂窝、孔洞、疏松等。

(4)拔出后的混凝土出现特大骨料,超过了各锚固深度所允许的最大粗骨料粒径。

(5)拔出后的混凝土内出现异物,如泥土、砖块、煤块等。

对圆环支承还有以下几个方面来判断是否出现异常:

(1)不见圆形突痕,也没有其他破损现象。

(2)反力支承环外的混凝土有裂缝。

当结构所用混凝土与制定测强曲线所用混凝土有较大差异时,需从结构构件检测处钻取混凝土芯样进行修正,此时得到的混凝土强度换算值应乘以修正系数。这样能够提高检测精度减少检测误差。

8.5.2 混凝土强度推定

8.5.2.1 单个构件的混凝土强度推定

单个构件检测时,当构件 3 个拔出力中的最大和最小拔出力与中间值之差均小于中间值的 15% 时,取最小值作为该构件拔出力代表值,当需加测时,加测的两个拔出力值和最小拔出力值一起取平均值,再与前次的拔出力中间值比较,取较小值作为该构件拔出力代表值。将单个构件的拔出力代表值代入测强曲线,则所得的混凝土强度计算值即为单个构件混凝土强度推定值。

8.5.2.2 按批抽检构件的混凝土强度推定

按批抽样检测时,将同批构件抽样检测的每个拔出力作为拔出力代表值代入相应的测强曲线计算混凝土的强度换算值,则混凝土强度推定值按下列公式计算:

$$f_{cu,e} = m_{f_{cu}^c} - 1.645 S_{f_{cu}^c} \tag{8-9}$$

$$m_{f_{cu}^c} = \frac{1}{n} \sum_{i=1}^{n} f_{cu,i}^c \tag{8-10}$$

$$S_{f_{cu}^c} = \sqrt{\frac{\sum_{i=1}^{n} \left(f_{cu,i}^c\right)^2 - n \times \left(m_{f_{cu,i}^c}\right)^2}{n-1}} \tag{8-11}$$

式中,$S_{f_{cu}^c}$——检验批中构件混凝土强度换算值的标准差,MPa;

n——检验批中所抽检构件的测点总数;

$f_{cu,e}$——混凝土强度推定值,MPa;

$f_{cu,i}^c$——第 i 个测点混凝土强度换算值,MPa;

$m_{f_{cu}^c}$——检验批中构件混凝土强度换算值的平均值,MPa。

对于按批抽样检测的构件,当全部测点的强度标准差或变异系数出现下列情况时,则该批构件应全部按单个构件检测。

(1)当混凝土强度换算值的平均值不大于 25 MPa 时,$S_{f_{cu}}$ 大于 4.5 MPa。

(2)当混凝土强度换算值的平均值大于 25 MPa 且不大于 50MPa 时,$S_{f_{cu}}$ 大于 5.5 MPa。

(3)当混凝土强度换算值的平均值大于 50 MPa 时,δ 变异系数大于 0.1。

变异系数按下式计算:

$$\delta = \frac{S_{f_{cu}}}{m_{f_{cu}}} \tag{8-12}$$

这是因为按批抽样检测的构件,当其全部测点混凝土强度换算值的标准差或变异系数过大时,全部测点已经不能视为同一母体,因此不能按批进行推定。

8.6 拉剥试验

拉剥试验的做法是把一圆形钢制拉剥盘,用环氧树脂黏结剂,粘到处于试验条件下的混凝土表面上。在进行该操作以前,要使用砂纸或砂轮打磨混凝土表面除去粉状物,必要时使用合适的溶剂消除油污。在花费足够的时间使环氧树脂粘结剂硬化后,慢慢地增加拉剥盘上的拉力。由于黏结部位的抗拉强度比混凝土大,于是导致混凝土在拉力作用下被剥离,破碎量一般是很小的,可能发生的破损面约等于拉剥圆盘。通过拉剥试验,就能计算混凝土试验的正常抗拉强度。该参量就其本身而言,很少为结构工程师使用,但是借助于大量的拉剥试验和相应的立方体试块或圆柱体试块抗压试验的基础上所得到的测强曲线,就能对等效的立方体试块或圆柱体试块的强度作出可靠的估价。这种方法分为直接粘结法和局部钻芯粘结法,如图8-7所示。这一方法在广义上也可以认为是一种后装拔出法。

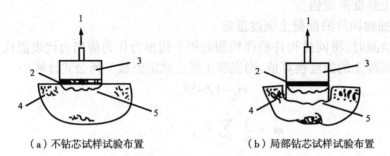

（a）不钻芯试样试验布置   （b）局部钻芯试样试验布置

1.抗拉力;2.环氧树脂粘结剂;3.圆形钢制拉剥盘;4.局部钻芯;5.典型破坏面。

图8-9 拉剥试验

这种方法的优点是试验程序简单,不需要技术专长的操作员,对梁和板的底面也可以进行试验,拉剥试验是混凝土抗拉强度的一个直接度量值,试验造成的破损轻微,无须考虑因试验造成的损坏,与局部取芯试验一起使用时,能指出不同深度处的混凝土强度。在评价矾土水泥混凝土的强度时,能够克服硬壳效应而得到可靠真实的检测结果,这一方法是特别有价值的。

8.7 后锚固法

在我国,还有一种可以归类为拔出法检测技术的后锚固法。所谓的后锚固法是在已硬化混凝土中钻孔,并用高强胶粘剂植入锚固件,待胶黏剂固化后进行拔出试验,根据拔出力来推定混凝土强度的方法。

我国制定了相应的行业标准,即《后锚固法检测混凝土抗压强度技术规程》(JGJ/T 208—2010),在该规程中,规定的后锚固法试验装置的反力支承圆环内径为 d_1=120 mm、外径为 d_2=135 mm,高度为 50 mm,锚固深度 h_d=(30 ± 0.5)mm,后锚固法试验装置如图 8-10 所示。

该规程提供的测强曲线为

$$f_{cu,i}^c =2.166\ 7P_i +1.828\ 8 \tag{8-13}$$

上述测强曲线适用于采用普通成型工艺,抗压强度为 10 ~ 80 MPa,混凝土粗骨料为碎石且最大粒径不大于 40 mm,自然养护 14 d 或蒸汽养护出池后经自然养护 7 d 以上的普通混凝土。

思 考 题

1. 拔出法可以分为几类?
2. 混凝土拔出力和抗压强度之间为什么具有高度的相关性?

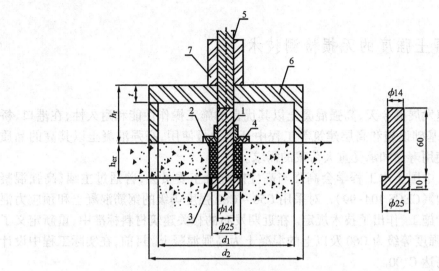

1.锚固件;2.锚固胶;3.橡胶套;4.定位圆盘;5.拉杆;6.反力支承圆环;7.拔出仪。

图 8-10　后锚固法试验装置示意图

3. 拔出法检测混凝土强度的范围有多大?
4. 胀圈和胀簧两种方式有什么优、缺点?
5. 拔出法测强曲线的允许相对标准差是多少?
6. 哪些情况下的拔出试验应作废?
7. 按批抽检查应具备什么条件?

9 高强混凝土强度的无损检测技术

9.1 概述

在经济高速发展的今天,高强混凝土以其优良的施工操作性能和耐久性,在港口、桥梁、隧道等重要基础设施和高层建筑等工程中开始大量使用,高强混凝土以其高的品质解决延长工程使用寿命和承受重大荷载的需求。

在 1999 年,中国土木工程学会高强与高性能混凝土委员会,曾通过主编《高强混凝土结构技术规程》(CECS 104:99),对采用 C50 ~ C80 强度等级的钢筋混凝土和预应力混凝土的结构设计施工,作出了技术规定。在近期发布的相关建筑材料标准中,重新定义了高强混凝土,即强度等级为 C60 及以上的混凝土为高强混凝土。目前,在实际工程中设计强度等级已经高达 C100。

在 20 世纪 90 年代初期,高强混凝土开始用于实际工程时,由于我国常用的无损检测混凝土强度的标准《回弹法检测混凝土抗压强度技术规程》(JGJ/T 23—2011)、《超声回弹综合法检测混凝土强度技术规程》(CECS 02:2005),仅能对传统意义上的普通混凝土强度进行检测。而对高于 60 MPa 以上强度混凝土的强度检测方面则无能为力。所以,有关结构施工阶段(包括使用过程)如何用非破损的方法确认实体混凝土强度问题,曾经遇到过技术上的瓶颈。在这种大的技术背景下,笔者进行了大量的高强混凝土实体结构强度的无损检测技术试验研究工作,并取得了较好的研究成果,编制了相应的检测技术标准。在此,用几个高强混凝土无损检测技术开发实例,介绍一下高强混凝土强度无损检测技术的研究开发过程和经验。

9.2 回弹法测强曲线的建立

9.2.1 试验概况

9.2.1.1 试验装置

笔者沿用以往的检测技术手段进行了各种尝试,回弹法是笔者首先考虑的方法。在回弹法试验之初,采用普通混凝土回弹仪(2.207 J)进行了探索性试验。试验结果表明,普通混凝土回弹仪回弹代表值,与混凝土强度之间离散性很大,找不到精度满足要求的回弹值与强度之间的相关规律。根据检测砂浆、黏土砖和普通混凝土所采用的回弹仪能量逐渐增加的思想,经过筛选,最后确定采用标称能量为 4.5 J 的回弹仪(GHT450 型回弹仪)进行高强混凝土测试强度试验。GHT450 型回弹仪技术指标如表 9-1 所示。GHT450 型回弹仪的构造如图 9-1 所示。

表 9-1　GHT450 型回弹仪技术指标

标称动能(J)	弹击拉簧刚度 /(N/mm)	弹击拉簧工作时拉伸长度 /mm	弹击拉簧工作长度 /mm	弹击杆端部球面半径 /mm	指针摩擦力 /N	指针长度 / mm	配套钢砧上率定值
4.5	900	100	106	35	0.65	25	88

9.2.1.2 试件

由于标准混凝土试件（150 mm × 150 mm × 150 mm 的立方体），能够在回弹测试结束后立即进行抗压试验，从而获得对应性很好的各技术参数，所以，采用标准试件进行测强曲线建立的试验。试件的混凝土强度等级选用 C50、C60、C70、C80，考虑到温度适宜环境下，高强混凝土强度增长速度快的情况，为获得较大强度范围的试验数据，也少量地在试验中加入了 C30 和 C40 试件。试件采用自然养护，置于阴凉通风场所。为了模拟实际结构混凝土浇筑情况，将试件以 80 kN 左右荷载夹持在试验架上，并对标准试件的成型表面和底面分别向下弹击和向上弹击，获得回弹测试数据。对于试块成型侧面的水平弹击，选择在试验机上下承压板之间加 80 kN 的恒载后进行。

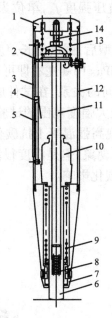

1.尾盖；2.导向法兰；3.刻度尺；4.指针滑块；5.指针轴；6.弹击杆；7.前端盖；8.缓冲弹簧；
9.弹击拉簧；10.弹击锤；11.中心导杆；12.仪壳；13.压缩弹簧；14.调整螺栓。

图 9-1　GHT450 型回弹仪的构造

9.2.2　回弹法的基本原理及试验结果分析

关于回弹法的基本原理，在国际标准化组织标准《混凝土试验第 7 部分：硬化混凝土的无损试验》（ISO 1920-7-2004）中，有比较权威并简洁的描述："由回弹仪弹击被测物体表面，以其回弹距离作为测试结果。"

回弹法之所以应用了半个多世纪而未被其他方法完全取代，主要原因是仪器构造简单、方法较易掌握、效率高及低成本。

回弹法检测混凝土强度的基本思想，是事先找到回弹值与混凝土抗压强度之间的相关关系，即建立测强曲线。其相关关系一般以经验公式或基准测强曲线的形式来确定，建立基准测强曲线试验步骤如下。

在试件成型底面、顶面、侧面各回弹 16 次，记录每一次回弹值，回弹试验结束后立即进行抗压试验，记录抗压试验结果。数据处理时，考虑到回弹测点刚好落在坚硬的粗骨料或气孔上的情况,将最大和最小的 3 个值剔除后,把余下的 10 个数据进行平均,作为该试件的回弹代表值。通过对 666 组（每 1 组为 1 个试件，每 1 组数据包括 16 个回弹值、1 个抗压试验强度值、1 个碳化深度值）共 11 988 个数据处理,进行回归分析后得到如下曲线公式。

$$f_{cu}^c = 1.5 + 0.26R + 0.015\ 5R^2 \tag{9-1}$$

式中, f_{cu}^c——测区混凝土强度换算值,MPa,精确至 0.1 MPa;

　　　R——测区平均回弹值,精确至 0.1。

曲线公式的相关系数 $r = 0.91$,相对标准差 $e_r = 14\%$。测试数据分布情况与测强曲线如图 9-2 所示,图中纵坐标为试件抗压强度 f_{cu},单位为 MPa,横坐标为试件回弹代表值 R。试验时试件强度在 5.8 ~ 96.4 MPa。

试验中发现,高强混凝土在成型后,强度增长速度很快。在夏季(25 ~ 30℃)自然养护条件下,24 h 强度最高可达 30.0 MPa。10 d 左右即可达到强度设计值。为了了解在较大强度变化范围内的回弹值与强度之间的关系,在试件成型后 24 h 即开始(脱模时)进行试验,考虑到尽量在试验中捕捉到较大强度范围的试验数据问题,试件中加入少量的 C30、C40 强度等级试块。试验中也发现高强混凝土抗碳化能力很强,保留 1 年的试件仍未被碳化,两年以上的试件虽然有碳化现象,但是深度很浅,对于测强曲线的建立未形成明显影响。所以在测强曲线中未考虑碳化影响。

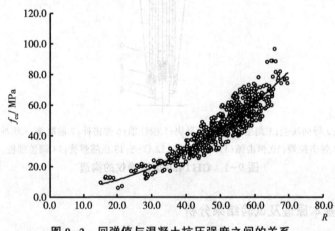

图 9-2　回弹值与混凝土抗压强度之间的关系

实际结构混凝土检测步骤、数据处理办法及混凝土强度推定等,可按传统的普通混凝土回弹法进行。这里需要指出的是,混凝土碳化深度一直以来都是我国混凝土强度回弹法测试中的一个重要参数(其他国家的相关标准中,测强曲线公式并未考虑碳化深度的影响)。但是,高强混凝土回弹法试验过程表明,混凝土碳化深度是可以忽略的影响因素。实际上,对于混凝土来说,混凝土强度测试时的湿度、粗骨料强度、配合比和构件尺寸等都对回弹测试结果有一定影响。但是,在忽略这些因素的情况下,仍然能够找到检测精度符合要求的测强曲线,说明一些影响因素是可以忽略的。这对于简化测强曲线公式是有利的。

9.3　超声回弹综合法测强曲线的建立

对于混凝土强度这种多要素的综合指标来说,它与诸多因素有关,如材料本身的弹

286

塑性、非均质性、混凝土内气孔含量和试验条件等。所以，人们从很早以前就采用多种检测手段结合的办法来综合判断混凝土强度，目的是减少单一指标判断混凝土强度的局限性。国内外对于综合法检测混凝土强度虽然有过许多提案，但是经过多年工程实践证明，当数超声回弹综合法的应用最为成功。根据这种情况，并为了弥补我国现行《超声回弹综合法检测混凝土强度技术规程》(CECS 02：2005)不适用于高强混凝土测强的欠缺，也采用超声和回弹相结合的办法，对高强混凝土测强进行了试验研究。试验中回弹测试采用GHT450 型的回弹仪，混凝土超声测试则采用了非金属超声仪。

非金属超声仪基本原理，是向待测的结构混凝土发射超声脉冲，使其穿过混凝土。然后接收穿过混凝土后的脉冲信号，仪器显示超声脉冲穿过混凝土所需的时间和接收信号的波形、波幅等。根据超声脉冲穿越混凝土的时间(称为声时)和距离(称为声程)，即可计算声速；根据波幅可求得超声脉冲在混凝土中的能量衰减；根据所显示的波形，经适当处理后可得到接收信号的频谱等信息。非金属超声仪基本工作原理如图 9-3 所示。

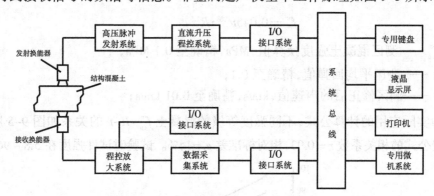

图 9-3　非金属超声仪工作原理简图

超声回弹综合法试验条件如下：

试件为边长 150 mm 的立方体，强度等级为 C50、C60、C70、C80(为捕获较低强度段的数据，少量加入了 C30 和 C40 试件)，采用自然养护。在浇注混凝土 24 h 后开始进行试验。试块声时测量，取试块浇注方向的侧面为测试面，并用钙基脂作耦合剂。声时测量时采用对测法，在一个相对测试面上测 3 点，测点布置如图 9-4 所示，发射和接收探头轴线在一直线上，试块声时值 t_m 为 3 点的平均值，保留小数点后一位数字。试块边长测量精确至 1 mm。

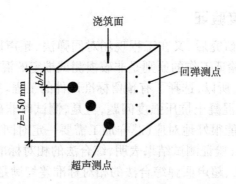

图 9-4　测点布置示意图

287

试块的声速值按下式计算：

$$\nu = l / t_{m} \qquad (9\text{-}2)$$

式中，ν ——试块声速值，km/s，精确至 0.01 km/s；

l ——超声测距，mm；

t_{m} ——3 点声时平均值，精确至 0.1 μs。

回弹值测量选用不同于声时测量的另一相对侧面。将试块油污擦净放置在压力机上下承压板之间加压至 80 kN，在此压力下，在试块相对测试面上各测 8 点回弹值。在数据处理时，剔除 3 个最大值和 3 个最小值，将余下的 10 个回弹值的平均值作为该试块的回弹代表值 R，计算精度至 0.1。

回弹值测试完毕后卸荷，将回弹面放置在压力承压板间连续均匀加荷至破坏。抗压强度值 f_{cu} 精确至 0.1 MPa。经过对所取得的 13 500 个数据整理回归分析后得到如下测强公式。

$$f_{cu}^{c} = 0.045\nu^{0.68} \cdot R^{1.5} \qquad (9\text{-}3)$$

式中，f_{cu}^{c} ——测区混凝土强度换算值，MPa，精确至 0.1 MPa；

R ——测区平均回弹值，精确至 0.1；

ν ——测区修正后的声速值，km/s，精确至 0.01 km/s；

作为实际应用的计算公式，不同强度等级的混凝土 f_{cu}^{c}–R–ν 的关系如图 9-5 所示。曲线公式的相关系数 $r = 0.93$，相对标准差 $e_{r} = 14\%$。试验时试件强度在 5.8～96.4 MPa。

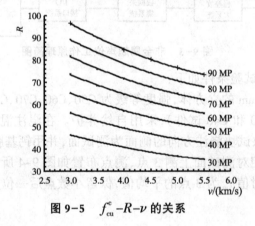

图 9-5　f_{cu}^{c}–R–ν 的关系

9.4　计算公式精度验证

在结束上述试验研究后，又在工程现场对回弹法、超声回弹综合法测强曲线公式的精度做了验证工作。验证工作的原则是非破损测试推定的混凝土强度与测试时混凝土的实际抗压强度作对比，所以，选择了有预留标准试件的工程。当然可以用钻取混凝土芯样的办法解决测试对象混凝土抗压强度问题，但是，测试时非破损推定结果与混凝土芯样抗压强度试验时间不能很好地对应（芯样加工需要一定时间），对于龄期短的混凝土不宜采用芯样验证的办法。验证测试结果表明，综合法的相对标准差为 12.1%，回弹法相对标准差为 12.4%，回弹法、超声回弹综合法的相对标准差均满足《超声回弹综合法检测混凝土强度技术规程》（CECS 02：2005）对测强曲线的使用精度要求（相关标准规定：专用测强曲线相对标准差≤12%,地区测强曲线相对标准差≤14%)。

表 9-2　测强曲线验证结果

序号	工程名称	回弹值	声速 /(km/s)	试件抗压强度 /MPa	推定强度 /MPa	
					回弹法	综合法
1		46.6	4.76	37.5	39.4	41.4
2		45.7	4.61	40.0	38.1	39.3
3		46.6	4.75	40.7	39.4	41.3
4		46.1	4.75	42.2	38.6	40.6
5		55.7	4.57	53.5	54.0	52.6
6		52.5	4.93	46.4	48.6	50.7
7	山西某工程实际工	62.1	4.75	63.6	65.9	63.5
8	程预留标准试件	58.3	4.65	60.1	58.7	57.0
9		60.8	4.74	63.7	63.4	61.5
10		63.7	5.05	68.4	69.1	68.8
11		64.9	5.34	72.1	71.5	73.5
12		65.0	5.39	72.0	71.7	74.1
13		63.0	4.98	68.4	67.7	67.0
14		61.2	4.68	63.7	64.1	61.5
15		60.1	4.78	64.8	62.0	60.7
相对标准差 e_r /%					12.4	12.1

9.5　针贯入法测强曲线的建立

9.5.1　试验概况

20 世纪 70 年代美国和日本先后根据贯入阻力的原理,研制出一种新型混凝土测强仪器。该仪器与回弹法依据混凝土表面硬度来推定其强度有所不同。它是通过测针贯入混凝土内部深度来推定混凝土强度。

9.5.1.1　试验仪器

仪器的工作原理是依据美国 ASTMC803—82 标准的贯入阻力原理,采用压缩弹簧加载,将一钢制测针贯入混凝土中,根据测针的贯入深度来推定混凝土的强度。仪器本身是在普通混凝土针贯入仪的基础加大了仪器贯入能量,使其适用于高强混凝土强度测试。

(1)仪器的主要技术性能指标

①仪器贯入力　　1 500 N

②仪器的工作冲程　　20 mm

③测针

直径　　　　　ϕ3.5 mm

长度　　　　　30.5 mm

针尖锥角　　　45°

289

（2）仪器的特点

①构造简单，单人可操作。

②可在任意角度的测试面上进行检测，无须进行修正。

③不破坏构件，便于携带。

仪器构造如图9-6所示。

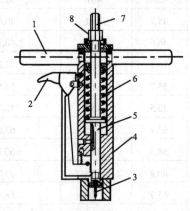

1.把手；2.启动器；3.测针；4.主构架；5.锤式压轴；6.负载弹簧；7.加载螺栓；8.加载螺帽。

图9-6　针贯入仪构造

9.5.1.2　试件制作

试验中所用的试件均为150 mm × 150 mm × 150 mm 标准试件，强度等级分别为C50、C60、C70、C80。

9.5.2　试验步骤及试验数据分析

9.5.2.1　试验步骤

为确保捕捉到混凝土低强度段数据，在试验中加入了少量C30和C40混凝土试件，并在试件成型24 h后便开始进行试验。试件试验顺序为装入测针→预压负载弹簧至扣上启动器位置→将测针发射端紧压测试面发射测针→清除贯入孔中的残存物→测量贯入深度。

每个测区测7点（标准试件的侧面视为一个测区），测点均匀分布，每1测点的贯入深度值仅测量一次。针贯入法试验结束后立即对试件进行抗压强度试验。

9.5.2.2　试验数据分析

试验中部分测点可能会处于表面坚硬的石子上或靠近气孔，所以，在数据处理时将每个试件7个贯入深度值中的最大值和最小值剔除，将剩下的5个深度值平均。以平均值作为被测混凝土的贯入深度代表值进行分析。通过对C50、C60、C70和C80的主要4个强度等级的309组2 472个试验数据分析表明，混凝土的抗压强度与贯入深度值之间存在较好的相关关系。根据贯入深度值随其抗压强度发展的趋势，进行回归分析。结果如下：

$$f_{cu}^{c} = 103.6 - 11.95H \tag{9-4}$$

式中，f_{cu}^{c}——一个测区的混凝土强度换算值，MPa，精确至0.1 MPa；

H——测针在混凝土表面的贯入深度，mm，精确至0.01 mm。

290

回归方程的相关系数 r 为 0.92。f_{cu}^c – H 关系示意图如图 9-7 所示,其中横坐标为贯入深度值,纵坐标为混凝土抗压强度。

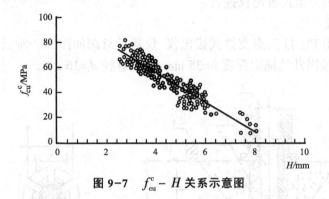

图 9-7 f_{cu}^c – H 关系示意图

回归分析的强度参数为 7.1 ~ 82.0 MPa,所以,在应用本强度计算公式时,应限定其强度为 7.1 ~ 82.0 MPa,不得外推。这里需要注意的是,针贯入法目前主要为短龄期(半年以内)的数据,长龄期的数据较少,所以,测强曲线公式仅供短龄期混凝土强度推定试验参考。

曲线的精度在实际工程中进行了验证。验证结果表明,公式计算值与实际抗压强度值之间相对标准差为 10.9%,能够满足现场施工质量控制精度的要求。

用大量数据计算分析发现,一个测区取 7 个贯入数据与取 5 个贯入数据,其贯入平均值之间的差别仅为 1.6%,所引起的强度推定值之差绝大多数都低于一个测区取 7 个贯入数据推定值的 2%。所以,为方便现场检测,在一个测区内取 5 个贯入值较为合适。

采用本测强曲线检测高强混凝土强度时,被测混凝土强度等级不宜低于 C30。对于各地区不同材质的混凝土进行强度检测时,建议先进行验证试验,如果误差超过允许范围,应按照《针贯入法检测混凝土强度技术规程》(Q/JY 23—2001)中所给的方法,重新建立测强曲线。在实际检测时,每一测区为 150 mm × 150 mm 的正方形,测点在其内均匀分布,测试五点,将五个测值中最高值和最低值剔除后,取余下的三个贯入深度的平均值代入公式计算。所得之值为该测区的强度换算值。一个构件测试五个测区,测区间距不宜大于 2 m。五个测区中的最小值作为该构件的强度推定值。其他详细操作要求可参照《针贯入法检测混凝土强度技术规程》(Q/JY 23—2001)。

9.6   后装拔出法测强曲线的建立

9.6.1   试验概况

后装拔出法检测混凝土强度是直接在混凝土结构上进行局部力学试验的检测方法。早在 20 世纪 30 年代美、苏、北欧等国就有了实际应用,并将该方法纳入标准。我国在 1994 年也颁布了《后装拔出法检测混凝土强度技术规程》(CECS 69:94)。后装拔出法检测混凝土强度与现行几种无损测强方法比较,具有结果可靠、破损很小、不影响结构承载力、测试精度较高的特点。

拔出仪从反力支撑形式上划分,有圆环式支撑和三点式支撑两种。两者相比,三点支撑稳定,边界约束小而清楚,拔出力及其离散性比圆环支撑相对较小。对混凝土测试面的平整度要求不高,一般情况下测试表面不用磨平加工处理,便于使用,在混凝土粗骨料粒径较大的情况下,仍可保证测试精度。考虑到我国实际建筑施工现状,建立后装拔出法测强曲线的试验采用三点式拔出仪进行。

9.6.1.1 试验装置

试验装置采用 PL-1J 三点支撑式拔出仪,仪器示意图如图 9-8 所示。其中反力支承内径 d_3=120 mm,锚固件的锚固深度 h=35 mm,钻孔直径 d_1=16 mm。

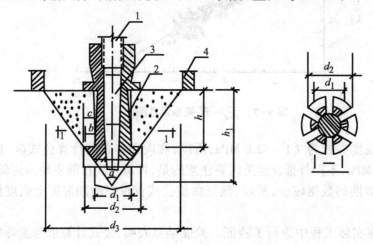

1.拉杆;2.胀簧;3.胀杆;4.反力支承;α.拔出角。

图 9-8 三点式拔出试验装置示意图

9.6.1.2 试件

试件混凝土强度等级分别为 C30、C40、C50、C60、C70、C80。对应于每种强度等级制作一块(或两块)试件,尺寸为 1 500 mm × 1 000 mm × 300 mm。同时采用相同的混凝土制作 150 mm × 150 mm × 150 mm 试块,与相应大尺寸试件同条件养护。

9.6.2 拔出法的理论根据及试验结果分析

作为拔出法测强的基本原理,主要是依据混凝土抗拉强度与混凝土抗压强度之间的相关关系。在拔出试验中,混凝土的破坏形式与拔出装置的拔出角 α 有关。拔出角较大时混凝土接近于拉坏。拉拔力与混凝土的抗拉强度有很好的相关关系。与此相反,当拔出角较小时,则混凝土接近于剪切破坏。当拔出角很小时,混凝土呈局部承压破坏。但是,区别这些破坏的临界角并不明确。

经过对拔出角 α=70°、α=54° 的拔出试件力学分析表明,如图 9-9 所示,拔出角较大为 70° 的试件,破坏面和主拉应变方向的夹角大体呈直角,而拔出角为 54° 的试件破坏面与主拉应变方向夹角并不成直角。说明拔出角越大,拔出破坏形式越接近拉坏。

归纳起来,拔出角对试验结果有如下影响:拔出角很小时,拉拔力会增加,这样就需要试验装置有较高的拉拔力。而且这时的拉拔力结果的离散性会加大,这是我们所不希望的。这次试验采用的试验装置拔出角为 108°。

试验时在每一强度等级的混凝土大尺寸试件的成型侧面上进行 3 个测点的拔出试验,记录混凝土拉坏时的最大拉拔力,取其平均值作为该试件的拉拔力计算值 P(kN),精

292

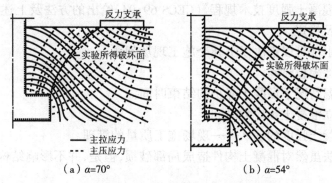

（a）α=70° 　　　　　　　　　　（b）α=54°

图 9-9　混凝土主应力方向和破坏面的关系

确至 0.1 MPa。同时对一组（3 块）相应的相同强度等级、同条件养护的标准混凝土试件做抗压强度试验，其抗压强度代表值按现行国家标准《混凝土强度检验评定标准》（GB/T 50107—2010）确定。这样就获得了在某一龄期、某一强度等级的一组混凝土试件的拔出力代表值和对应的抗压强度代表值。

本次试验取得了 99 组数据。按照现行《后装拔出法检测混凝土强度技术规程》（CECS 69：94）数据处理原则，对数据进行了分析处理。根据拔出力值随试件试验时抗压强度的变化关系，首选 Y=A+BX 形式进行了回归分析。其结果如下：

$$f_{cu}^{c} = 3.4 + 1.94P \tag{9-5}$$

式中，f_{cu}^{c}——混凝土强度换算值，MPa，精确至 0.1 MPa；

P——拔出力，kN，精确至 0.1 kN。

公式的相关系数 r =0.97。拔出力与抗压强度之间的关系如图 9-10 所示。

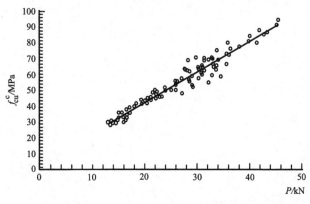

图 9-10　拔出力与抗压强度之间的关系

由图 9-10 中可以看出，拔出力与混凝土抗压强度之间有较好的线性关系。图中每一点的横坐标为三个后装拔出测试数据的平均值，纵坐标为同条件标准试件的混凝土抗压强度。本次试验研究主要对象为高强度混凝土。所以 C50～C80 强度等级的混凝土共进行了 99 组拔出试验。

试验结果证明，作为现场高强度混凝土强度检测技术，后装拔出法是一种行之有效的检测方法。测试精度满足现场质量控制要求，检测高强度混凝土强度时可按照现行《后装拔出法检测混凝土强度技术规程》(CECS 69:94)给出的方法及上述测强公式对混凝土进行强度换算及推定。

用后装拔出法可以解决以下几个施工现场问题：

①决定拆除模板时间。

②决定低温情况下混凝土养护的结束时间。

③决定建立混凝土预应力时间。

④结构混凝土强度的确认——现场施工质量的管理。

后装拔出法虽然对混凝土构件造成局部破损，但是，并不影响结构的承载能力。

思 考 题

1．什么强度等级的混凝土为高强混凝土？

2．测强曲线的强度应用范围是否可以外推？为什么？

3．为什么后装拔出法对构件有局部损伤，仍然属于无损检测技术？

4．建立测强曲线时，为了尽量在较大强度范围内获取无损测试数据与混凝土抗压强度之间的关系，在试验中应注意哪些问题？

5．测强曲线建立后，是否不需要经过实际工程验证就可以在大量的工程中使用？为什么？

10 红外成像无损检测技术

10.1 概述

运用红外热像仪探测物体各部分辐射红外线能量,根据物体表面的温度场分布状况所形成的热像图,直观地显示材料、结构物及其结合上存在不连续等缺陷的检测技术,称为红外成像检测技术。它是非接触的无损检测技术,即在技术上可作上下、左右对被测物非接触的连续扫测,也称红外扫描测试技术。

显然,红外成像无损检测技术是依据被测物连续辐射红外线的物理现象,非接触式不破坏被测物体,已经成为国内外无损检测技术的重要分支,它具有对不同温度场、广视域的快速扫测和遥感检测的功能,因而,对已有的无损检测技术功能和效果具有很好的互补性。

红外成像检测技术的特点:红外线的探测器焦距在理论上为 20 cm 至无穷远,因而适用于作非接触、广视域的大面积的无损检测;探测器只响应红外线,只要被测物温度处于绝对零度以上,红外成像仪就不仅在白天能进行工作,而且在黑夜中也可以正常进行探测工作;现代的红外像仪的温度分辨率高达 0.02 ~ 0.1℃,所以探测的温度变化的精确度很高;红外热像仪测量温度为 -50 ~ 2 000℃,其应用的探测领域十分广阔;摄像速度 1 ~ 30 帧/s,故适用静、动态目标温度变化的常规检测和跟踪探测,因而,也有把检测仪称为温度跟踪仪的说法。

红外成像检测技术已广泛用于电力设备,高压电网安全运转的检查,电子产品热传导、散热、电路设计等测试,石化管道泄漏,冶炼温度和炉衬损伤,航空胶结材料质量的检查,大地气象检测预报,山体滑坡的监测预报,医疗诊断等。总之,红外热像技术的应用,已有文献报道,大至进行太阳光谱分析,火星表层温度场探测,小至人体病变医疗诊断检查研究。

红外检测技术用于房屋质量和功能检查评估,在我国尚处于起步阶段,但是其用武之地是十分广阔的,如建筑物墙体剥离、渗漏,房屋保温气密性的检测,具有快速、大面积扫测、直观的优点,它有当前其他无损检测技术无法替代的技术特点,因而在建筑工程诊断中研究推广红外无损检测技术将十分必要。

10.2 红外检测技术基本原理

10.2.1 红外线及检测依据

早在 1800 年英国物理学家 F. W. 赫胥尔发现了红外线,它是介乎可见红光和微波之间的电磁波,其波长为 0.76 ~ 1 000 μm,频率为 $3 \times 10^{11} ~ 4 \times 10^{14}$ Hz,图 10 - 1 表示整个电磁辐射光谱。

从电磁辐射光谱看出,可见光仅占很小一部分,而红外线则占很大一部分,科学研究把 0.76 ~ 2 μm 的波段称为近红外区;2 ~ 20 μm 称为中红外区;20 μm 以上称为远红外区。实际应用中,人们已把 3 ~ 5 μm 称为中红外区,8 ~ 14 μm 的称为远红外区。

在自然界中,任何高于绝对温度零度(-273℃)的物体都是红外辐射源,由于红外线是辐射波,被测物具有辐射的现象,所以,红外无损检测是测量通过物体的热量和热流来鉴定该物体质量的一种方法,当物体内部存在裂缝和缺陷时,它将改变物体的热传导,使物体表

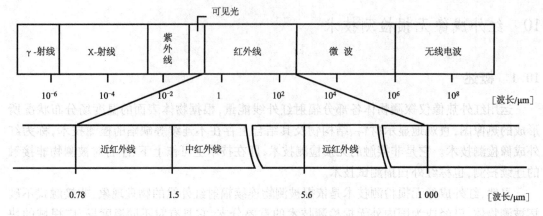

图 10 – 1　电磁辐射光谱

面温度分布产生差异,利用红外成像的检测仪测量物体表面的不同热辐射,可以查出物体的缺陷位置或结合上不连续的疵病。

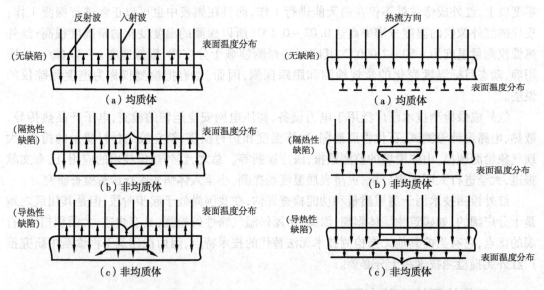

图 10 – 2　表示向物体注入热量,从物体表面辐射状况来测量温度分布的方式

图 10 – 3　表示热流通过物体内部的传导,从背面测量温度分布的方式

　　从图 10 – 2、图 10 – 3 中可以看出,光照或热流注入是均匀的,对无缺陷的物体,经反射或物体热传导后,正面和背面的表层温度场分布基本上是均匀的;如果物体内部存在缺陷,将使缺陷处的表层温度分布产生变化,对于隔热性的缺陷,正面检测方式,缺陷处因热量堆积将呈现"热点",背面检测方式,缺陷处将呈现"低温点";而对于导热性的缺陷,正面检测方式,缺陷处的温度将呈现"低温点",背面检测方式,缺陷处的温度将呈现"热点",因此,采用热红外测试技术,可较形象地检测出材料的内部缺陷和均匀性。前一种检测方式常用于检查壁板、夹层结构的胶结质量,检测复合材料脱黏缺陷和面砖黏贴的质量等;后一种检测方式可用于房屋门窗、冷库、管道保温隔热性质的检查等。

10.2.2 红外线辐射特性

红外线辐射是自然界存在的一种最为广泛的电磁波辐射,它是基于任何物体在常规环境下产生自身的分子和原子无规则的运动,并不停地辐射出红外能量,这种分子和原子的运动越剧烈,辐射的能量越大,温度在绝对零度以上的物体,都会因自身的分子运动而辐射出红外线,显然红外线的辐射特性是红外成像的理论依据和检测技术的重要物理基础。

10.2.2.1 辐射率

物体的热辐射总是从面上而不是从点上发出来的,其辐射将向平面之上的半球体各个方向发射出去,辐射的功率指的是各方向的辐射功率的总和,而一个物体的法向辐射功率与同样温度的黑体的法向辐射功率之比称为"比辐射率",简称为辐射率。所谓黑体是对于所有波长的入射光(从 γ 射线到无线电波)能全部吸收而没有任何反射,即吸收系数为 1,反射系数为零。

热像仪光学系统的参考黑体是不可缺少的部件,它提供一个基准辐射能量,使热像仪据此能够进行温度的绝对测量。根据普朗克辐射定律:温度、波长和能量之间存在一定关系,一个热力学温度为 $T(K)$ 的黑体,在波长为 λ 的单位波长内所辐射的能量功率密度为

$$W(\lambda, T) = \frac{c_1}{\lambda^5}(e^{\frac{c_2}{\lambda T}} - 1)^{-1} [\text{W}/(\text{cm}^2 \cdot \mu\text{m})] \tag{10-1}$$

式中, λ ——波长, μm;

T ——黑体热力学温度,K;

c_1 ——第一辐射常量 $= 2\pi hc^2 \approx 3.7418 \times 10^{-12}$ W·cm^2;

c_2 ——第二辐射常量 $= ch/k \approx 1.4388$ cm·K;

根据普朗克定律可知,一个物体的热力学温度只要不为 0 K,它就有能量辐射。

光谱辐射强度与温度的关系如图 10 – 4 所示。

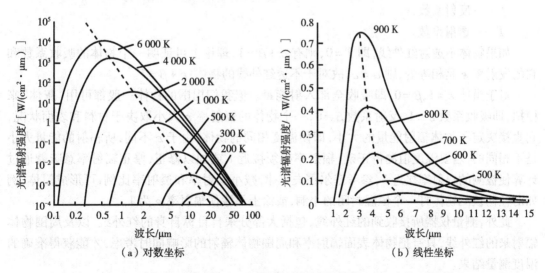

图 10 – 4 光谱辐射与温度的关系

图 10 – 4(a)、(b) 表明黑体波长辐射能量与温度的关系,辐射能量对于波长的分布有一

个峰值,随着温度的升高,峰值所对应的波长越来越短,峰值波长的位置按 $\lambda_p = 2\,890/T$ 方向移动。处于室温的物体($T \approx 300$ K 左右),由上式可以估算其辐射能量的峰值波长 $\lambda_p \approx 10\ \mu m$。从图中可见,温度较高的分布曲线总是处于温度较低的曲线之上,即随着温度升高,物体辐射的能量在任何波长位置总是增加的。

为了解释温度和辐射能量之间的关系,斯蒂芬-玻尔兹曼对波长从零到无穷大,对式(10-1)进行积分,得出黑体在某一温度 T 时所辐射的总能量,表明前面曲线包络下单位面积的红外线能量。

$$W = \int_{\lambda=0}^{\lambda=\infty} W_\lambda \mathrm{d}\lambda = 2\pi^5 k^4 T^4/15c^3h^3 = \sigma T^4 (\mathrm{W/cm^2}) \quad (10-2)$$

式中,σ——斯蒂芬-玻尔兹曼常量 $\approx 5.670 \times 10^{-12}\ \mathrm{W/(cm^2 \cdot K^4)}$;

　　λ——波长,μm;

　　k——玻耳兹曼常数;

　　T——黑体的热力学温度,K。

式(10-2)可阐述红外线能量和黑体温度之间的关系,物体辐射的总能量随着温度的4次幂非线性关系而迅速增加,当温度有较小的变化时,会引起总能量的很大变化。对辐射信号进行线性化,则所测得的能量就能计算出温度值。

物体的温度越高,发射的辐射功率就越大,在绝对黑体中,任何物体在 520~540 K 的辐射波长达到暗红色的可见光,温度再高,电阻由暗红变亮,6 000 K 的太阳光辐射波长为 0.55 μm,便呈白色的。

10.2.2.2　红外线辐射的传递

当红外线到达一个物体时,将有一部分红外线从物体表面反射,一部分波被物体吸收,另一部分透过物体,三者之间的关系为

$$\alpha + \beta + T = 1 \quad (10-3)$$

式中,α——吸收系数(= 发射率);

　　β——反射系数;

　　T——透射系数。

如果物体不透射红外线,即 $T=0$,则有 $\alpha + \beta = 1$,理论上可证明一个物体的吸收系数和它的发射率 ε 是相等的,则 $\alpha = \varepsilon$,故对于不透红外线的物体:$\varepsilon + \beta = 1$。

对于黑体 $\varepsilon = 1$,$\beta = 0$,即吸收全部入射能量。但我们周围的物体一般都可用"灰体"来模拟,即吸收系数 $\varepsilon < 1$,反射系数 $\beta \neq 0$,一个物体的辐射率 ε 大小取决于材料和表面状况,它直接决定了物体辐射能量的大小,即使温度相同的物体,由于 ε 不同,所辐射的能量大小是不相同的,若要温度值测得正确,辐射率必须接近 1 或加以修正,修正辐射率意味着通过计算使被测的辐射率接近 1,参考基尔霍夫定律,减小反射率和透射率比例,可形成黑体,例如对任何被测物体打一个恒温封闭的小洞,或涂上黑漆使辐射率 ε 为 1。

此外,测量仪器所接收到的红外线,包括大部分来自目标自身的红外线,以及周围物体辐射来的红外线,只有把物体表面辐射率和周围物体辐射的影响同时考虑,才能获得准确的温度测量结果。

10.2.2.3　红外线的大气运输

处于大气中物体辐射的红外线,从理论计算和大气吸收实验证明,红外线通过大气中的微粒、尘埃、雾、烟等,将发生散射,其能量受到衰减,衰减程度与粒子的浓度、大小有关,但在

$3 \sim 5 \ \mu m$ 和 $8 \sim 14 \ \mu m$ 波段，大气对红外线吸收比较小，可认为是透明的，称为红外线的"大气窗口"，如图10-5所示。

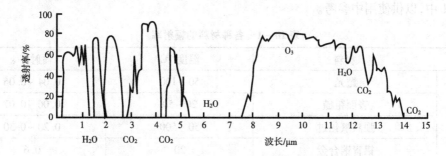

图 10-5　红外线在大气物质中的透射率

根据理论分析，双原子分子转动振动能级，正处在红外线波段，因而这些分子对红外线产生很强的吸收，大气中水汽、CO_2、CO 和 O_3 都属于双原子分子，它们是大气对红外线吸收的主要成分，且形成吸水带，如水汽吸收带在 $2.7 \ \mu m$、$3.2 \ \mu m$、$6.3 \ \mu m$，CO_2 在 $2.7 \ \mu m$、$4.3 \ \mu m$、$15 \ \mu m$，O_3 在 $4.8 \ \mu m$、$9.5 \ \mu m$、$14.2 \ \mu m$，N_2O 在 $4.7 \ \mu m$、$7.8 \ \mu m$，CO 在 $4.8 \ \mu m$。

因而，在使用热像仪时，要尽量避免目标与热像仪之间水汽、烟、尘等影响，即设法使环境对测量所选用的红外线波段没有吸收或吸收很小，则测量更为准确。

10.2.2.4　被测物体表面辐射率 ε 的作用与环境辐射的影响

在检测工作中，热像仪探测器所接收的来自物体的红外线辐射包括两个部分，一部分来自物体自身辐射的红外线，另一部分是来自周围物体表面反射过来的红外线。只要被测物体的表面辐射率 ε 不等于1，这后一部分的红外线就永远存在。物体辐射的红外线大小取决于物体材料的 ε 的大小、物体表面性质和周围物体的温度及其相对位置。周围物体反射的红外线的影响，可以近似地以一个温度为 T_B 黑体来表示，所以热像仪接收到的红外线辐射 E 可表示为

$$E = \varepsilon W(T) + (1 - \varepsilon) W(T_B) \qquad (10-4)$$

式中，$W(T)$——温度等于 T 的黑体辐射。

由式(10-4)可得如下结论：

(1)被测物体的 ε 越小，周围物体对测量结果的影响越大，要得到准确的测量结果就比较困难，因为周围物体的影响 $W(T_B)$ 是很难正确估计的，当 ε 接近于 1 时(或 >0.9)，除非周围有很高温度的物体存在，热像仪才能够测得正确的结果。

(2)若被测物体的温度较低，而周围有高温物体存在，则由于 $W(T_B)$ 一项影响大，温度也不容易测准。

(3)若被测物体的温度很高，而周围物体的温度都比较低，则 $W(T_B)$ 一项可以忽略，热像仪能够测得正确的结果。

由此可知，使用热像仪时，应尽量避免对 ε 很小且表面光滑的物体进行测温。在必要测温时，可对这些物体的表面进行改装，使其具有较高的表面辐射率。例如，涂上一层油漆，蒙上一层反射率 ε 高的纸张或布匹等，是行之有效的办法。

此外，在使用热像仪时，应当用东西遮挡周围高温物体对被测物体的影响，使真实的温度得到显示。

总之,知道了红外线测量的基本原理,懂得了物体表面辐射率的作用和周围物体的影响后,就能正确地使用热像仪进行测温,可获得满意的结果。一些常用材料的辐射率 ε 列于表 10-1 中,以供使用中参考。

表 10-1　各种材料的辐射率

材料		温度/℃	辐射率 ε
铝	抛光	50~100	0.04~0.06
	表面粗糙	20~50	0.06~0.07
	强烈氧化过	50~500	0.20~0.30
	铝青铜合金	20	0.6
	氯化铝、纯铝、铝粉	常温	0.16
黄铜	钝化	20~350	0.22
	600℃氧化	200~600	0.59~0.61
	抛光	200	0.03
	薄片(金刚砂打磨)	20	0.2
青铜	抛光	50	0.1
	多孔、粗糙	50~150	0.55
铬	抛光	50	0.1
	抛光	500~1 000	0.28~0.38
铜	化学磨光	20	0.07
	电解、精细抛光	80	0.018
	电解、粉状	常温	0.76
	熔融	1 100~1 300	0.13~0.15
	氧化	50	0.6~0.7
	氧化到黑色	5	0.88
铁	覆盖红锈	20	0.61~0.85
	电解、精细抛光	175~225	0.05~0.06
	用金刚砂打磨	20	0.24
	氧化	100	0.74
	氧化	125~525	0.78~0.82
	热碾压	20	0.77
	热碾压	130	0.60
锂	灰色、氧化	20	0.28
	200℃氧化	200	0.63
	红色、粉状	100	0.93
	硫化锂、粉状	常温	0.13~0.22
汞	纯	0~100	0.09~0.12

材料		温度/℃	辐射率 ε
钼	—	600 ~ 1 000	0.08 ~ 0.13
	细线	700 ~ 2 500	0.10 ~ 0.30
镍铬合金	线、干净	50	0.65
	线、干净	500 ~ 1 000	0.71 ~ 0.79
	线、氧化	50 ~ 500	0.95 ~ 0.98
镍	化学纯、抛光	100	0.045
	化学纯、抛光	200 ~ 400	0.07 ~ 0.09
	600℃氧化	200 ~ 600	0.37 ~ 0.48
	线	200 ~ 1 000	0.1 ~ 0.2
镍	氧化镍	600 ~ 650	0.52 ~ 0.59
	氧化镍	1 000 ~ 1 250	0.75 ~ 0.86
铂	—	1 000 ~ 1 500	0.14 ~ 0.18
	纯、抛光	200 ~ 600	0.05 ~ 0.10
	带状	900 ~ 1 000	0.12 ~ 0.17
	线状	50 ~ 200	0.06 ~ 0.07
	线状	500 ~ 1 000	0.10 ~ 0.16
银	纯、抛光	200 ~ 600	0.02 ~ 0.03
钢	合金(8%镍、18%铬)	500	0.35
	粒状	20	0.28
	氧化	200 ~ 600	0.80
	强烈氧化	50	0.88
	强烈氧化	500	0.98
	热碾压	20	0.24
钢	表面粗糙	50	0.95 ~ 0.98
	生锈、红色	20	0.69
	薄片状、打磨过	950 ~ 1 100	0.55 ~ 0.61
	薄片状、镍板	20	0.11
	薄片状、抛光	750 ~ 1 050	0.52 ~ 0.56
	薄片状、碾压	50	0.56
	不锈钢、碾压	700	0.45
	不锈钢、砍砂	700	0.70
铸铁	浇铸	50	0.81
	铸块	1 000	0.95
	液态	1 300	0.28
	600℃氧化	200 ~ 600	0.64 ~ 0.78
	抛光	200	0.21
锡	打磨	20 ~ 50	0.04 ~ 0.06

材料		温度/℃	辐射率ε
钛	540℃氧化	200	0.40
	540℃氧化	500	0.50
	540℃氧化	1 000	0.60
	抛光	200	0.15
	抛光	500	0.20
	抛光	1 000	0.36
钨	—	200	0.05
	—	600 ~ 1 000	0.1 ~ 0.16
	细线状	3 300	0.39
锌	400℃氧化	400	0.11
	表面氧化	1 000 ~ 1 200	0.50 ~ 0.60
	抛光	200 ~ 300	0.04 ~ 0.05
	薄片	50	0.20
铝	氧化铝,粉状	常温	0.16 ~ 0.20
	硅化铝,粉状	常温	0.36 ~ 0.42
石棉	块状	20	0.96
	纸状	40 ~ 400	0.93 ~ 0.95
	粉状	常温	040 ~ 0.60
	薄板状	20	0.96
碳	细线	1 000 ~ 1 400	0.53
	经纯化(0.9%灰分)	100 ~ 600	0.79 ~ 0.81
水泥		常温	0.54
煤	粉状	常温	0.96
黏土	干	70	0.91
布	黑色	20	0.98
硬橡胶	—	常温	0.89
金刚砂	粗糙	80	0.85
	胶木	80	0.93
喷漆	黑色,无光泽	40 ~ 100	0.96 ~ 0.98
	黑色,有光泽,喷于铁上	20	0.87
	隔热	100	0.92
	白色	40 ~ 100	0.80 ~ 0.97
黑烟	—	20 ~ 400	0.95 ~ 0.97
	涂在固体表面	50 ~ 1 000	0.96
	和水玻璃	20 ~ 200	0.96

材料		温度/℃	辐射率ε
纸	黑	常温	0.90
	黑,无光泽	常温	0.94
	绿	常温	0.85
	红	常温	0.76
	白	20	0.70 ~ 0.90
	黄	常温	0.72
玻璃	—	20 ~ 100	0.94 ~ 0.91
	—	250 ~ 1 000	0.87 ~ 0.72
	—	1 100 ~ 1 500	0.70 ~ 0.67
	霜冻	20	0.96
石膏	—	20	0.80 ~ 0.90
冰	覆盖霜	0	0.98
	光滑	0	0.97
石灰	—	常温	0.30 ~ 0.40
大理石	灰色、抛光	20	0.93
云母	厚层	常温	0.72
陶瓷	上釉	20	0.92
	白色、有光泽	常温	0.70 ~ 0.75
橡胶	硬	20	0.95
	软、灰色、粗糙	20	0.86
砂	—	常温	0.60
胶漆	黑色、无光泽	75 ~ 150	0.91
	黑色、有光泽、用于锡板上	20	0.82
硅	粒状粉	常温	0.48
	硅(硅胶)、粉状	常温	0.30
矿渣	锅炉	0 ~ 100	0.97 ~ 0.93
	锅炉	200 ~ 500	0.89 ~ 0.78
	锅炉	600 ~ 1 200	0.76 ~ 0.70
雪	—	—	0.80
灰泥	粗糙、石灰	10 ~ 90	0.91
焦油沥青	—	—	0.79 ~ 0.84
	沥青纸	20	0.91 ~ 0.93
水	金属表面的水膜	20	0.98
	层厚 >0.1 mm	0 ~ 100	0.95 ~ 0.98

材料		温度/℃	辐射率 ε
砖	红色、粗糙	20	0.88 ~ 0.93
	耐火砖	20	0.85
	耐火砖	1 000	0.75
	耐火砖	1 200	0.59
	难熔、刚玉	1 000	0.46
	难熔、刚玉、强辐射	500 ~ 1 000	0.80 ~ 0.90
	难熔、刚玉、弱辐射	500 ~ 1 000	0.65 ~ 0.75
	硅质(95% SiO_2)砖	1 230	0.66

注:该表摘自 Mikael A. Bramson 的《红外辐射应用手册》。

10.3 红外成像仪

10.3.1 红外成像仪工作原理

红外成像仪是利用红外探测器和光子成像物镜接受被测目标的红外辐射能量分布的图形反映到红外探测器的光敏元件上,从而获得红外热像图,这种热像图与物体表面的热分布场相对应,简单地说红外热像仪就是将物体发出的不可见红外能量转变为可见的热图像,热像上的不同颜色代表被测物件的不同温度。

红外成像仪的工作原理如图10 – 6所示。

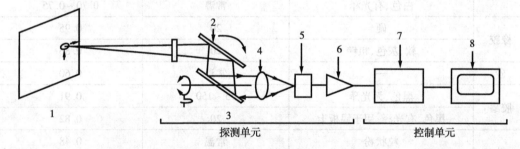

1. 视域;2. 垂直扫描镜;3. 水平扫描镜;4. 镜头;5. 探测器;6. 放大器;7. 信号处理器;8. 显示器。

图10 – 6 红外成像仪的工作原理

上图表示从被测物上某一点辐射的红外线能量入射到垂直和水平的光学扫描镜上,通过目镜聚集到红外线探测器上,把红外线能量信号转换成温度信号,经放大器和信号处理器,输出反映物体表面温度场热像的电子视频信号,在终端显示器上直接显示出来。

用垂直和水平扫描镜在被测物上的某一点进行扫描,使采样与扫描同步,可以得到该点或视域范围的图像数据。

10.3.2 红外成像仪组成系统与特性分析

热像仪的基本工作原理犹如闭路电视系统,由摄像机拍摄图像,然后在监视器上显示图像,但两者有本质的不同:

①普通电视摄像机接收的是可见光,不响应红外线,故夜间摄像需要灯光照明,而热像

304

仪摄像器仅对红外线有响应,如前所述,由于任何物体日夜均辐射红外线,因而,它在白天、夜间均可以工作。

②普通电视摄像机摄像后显示的图像是人眼睛能感觉的物体亮度和颜色成分,大多数情况下,图像不反映物体的温度,而热像仪所显示的图像主要是反映物体的温度特性,可见的物体图像跟红外线热像没有直接的关系。

当前,国内外使用先进的热像仪均是光学机械方法扫描的,其工作原理如图 10-7 所示。

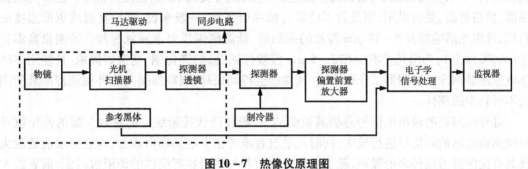

图 10-7   热像仪原理图

综合图 10-6、图 10-7 将热像仪的主要部件的功能介绍如下:

10.3.2.1   光学系统

热像仪的光学系统由图 10-7 虚线框内部分组成。物镜的主要功能是接收红外线,保证有足够的红外线辐射能量聚集热像仪系统,满足温度分辨率的要求。物镜往往还是一个望远镜或是近摄镜,起着变换系统视场大小的作用,如果物镜是一个望远镜,那么由扫描所决定的视场随望远镜的放大倍率而缩小,热像仪可以观察远处的目标,显示的图像将得到放大;如果物镜是一个近摄像,由扫描所决定的视场将以近摄镜的倍率而放大,热像仪可以观察近处大范围内物体,起到广角镜的作用。现代仪器的结构设计,使用者在现场即可以更换物镜,操作简便。

扫描器采用光学机械的方法改变光路,实现自左至右水平扫描,称为行扫描,而自上至下垂直扫描,称为帧扫描,保证红外线探测器接收到视域范围内每一个单元的红外线辐射的能量,直至覆盖整个视场。由于光机扫描器的扫描速度是无法达到电视的电子扫描速度那么快,因而要提高帧频则采用多元探测器来达到。马达驱动和扫描器通常作成一个部件,并需有特殊的驱动电路,与扫描工作密切相关的是同步电路,它能精确地取出行、帧扫描的位置信号,保证行、帧扫描之间严格的相关关系。同步电路能把同步信号输送给热像信号处理器,使监视器上显示的图像与目标图像相同,它是保证热像仪内几何成像质量的关键部件。

探测器透镜最靠近红外探测器,由物镜收集视场范围内物体辐射的红外线,经扫描器后,由探测器透镜会聚于红外探测器的敏感元上,探测器敏感元的几何尺寸跟探测器的透镜的焦距之比称为瞬时视场,是一个决定热像仪空间分辨本领的重要参数。

参考黑体是热像仪光学系统中不可缺少的部件,它提供一个基准辐射能量,是热像仪据此能够进行温度的绝对测量,参考黑体应具有尽可能高的辐射系统($\varepsilon \approx 1$)。参考黑体在某扫描瞬间充满探测器瞬时视场,探测器此时输出的信号电平即对应于参考黑体的辐射能量。

10.3.2.2   红外探测器和前置放大器

红外探测器的作用在于把聚焦在敏感元上的红外线转换成电的信号,信号大小与红外线的强弱成正比,它是热像仪内最为关键的部件,其性能直接影响热像仪的性能。红外探测仪仅有一个敏感元件,称为单元探测器,而包含2个或2个以上敏感元件,则称为多元探测器,休斯 probage 7000 系列热像仪采用30元锑化铟探测器。使用多元探测器即可提高仪器的性能,一个 n 元的探测器相当于性能提高了$\sqrt{n}$倍的单元探测器,如果一个 n 元的探测器代替单元探测器,在并联使用情况下,若保持温度分辨率和空间分辨率不变,则可提高 n 倍扫描帧频,在串联使用情况下,若保持扫描速度不变,则可提高$\sqrt{n}$倍温度分辨率。但多元的探测器,价格更高,是否采用,需进行系统设计的综合平衡,一般来说,测量室温或更低温度的目标,选用光谱响应在 8 ~ 14 μm 波段的探测器,低温碲镉汞要求液氮冷却。若测量高温目标(400℃以上),选用光谱响应在 3 ~ 5 μm 波段探测器,如锑化铟、高温碲镉汞,且使用多极热电制冷器制冷。探测器工作制冷后,其性能会得到提高,制冷器是与红外探测器配套使用的不可缺少的部件。

红外探测器的输出电信号是极其微弱的,一般在微伏数量级。前置放大器的作用就是将探测器输出的弱信号进行放大,同时几乎没有或者很少增加噪声成分,这就要求前置放大器具有比探测器低得多的噪声,除要求前置放大器与探测器有最佳的源阻抗匹配,前置放大器还应有优良抗干扰性能,通常前置放大器不具有很高的放大倍数,主放大器则担负着将信号放大的任务。

10.3.2.3 信号处理机

由红外探测器把红外线信号转换成电信号,并由前置放大器和主放大器放大达到一定电平的热图像信号进入信号处理机,同时进入的还有同步信号,参考黑体温度信号等,信号处理机的主要任务是:恢复热图像信号的直流电平,使信号电平跟热图像所接收的能量有固定的关系,补偿摄像器因环境温度变化所引起的影响,使热像信号跟温度绝对值有一一对应的线性关系,操作时可随意改变热图像信号电平和灵敏度进行图像处理,提供显示器显示的热图像视频信号,其工作框图如图10−8所示。

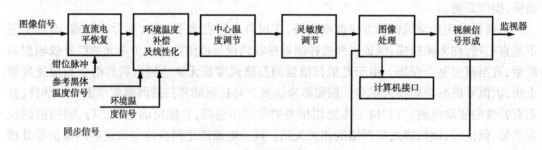

图 10 −8　热像仪信号处理框图

由于红外探测器和前置放大器之间通常采用交流耦合的,使信号失去了直流分量,信号电平不能代表辐射的绝对量,无法从所接收的辐射能量计算得到物体的温度。而热像仪不仅显示温度分布,还显示温度的绝对值,因而,信号处理的第一步必须设法恢复热图像信号的直流电平。参考黑体的辐射能量是已知的一个能量基准,在扫描中,当参考黑体充满探测器的瞬时视场时,使用钳位脉冲把热像信号恢复了直流电平。这个固定电平所对应的能量等于参考黑体的辐射能量,由其他物体的信号电平与固定电平之差,可以得到其他物体与参考黑体的辐射能量之差,推知其他物体辐射能量的绝对值。

环境温度补偿电路的作用就是当物体的表面辐射系统 $\varepsilon<1$ 时,同时考虑物体周围环境的红外辐射影响,对信号电平作相应的修正,使其跟温度有一一对应的线性关系。为此,根据参考黑体的温度求得相对应的直流电平,并把此直流电平叠加到信号电平中去,采用数字计算方法是解决这一问题的途径。

热图像信号反映物体温度的差别,它的电平变化比较大,也就是信号的动态范围相当大,因而在一幅图像上往往不可能反映温度分布的细节,为了让使用者观察和分析热图像,热像仪设置了中心温度和灵敏度两种调节电路,经过中心温度和灵敏度调节之后,监视器成为显示热图像的"窗口"。改变中心温度,即改变"窗口"的信号电平,热图像反映的温度在测温范围内的位置也改变,所以,调节中心温度可以从高温区看到低温区。选择灵敏度,就是改变热像仪电子系统的放大倍率,即改变"窗口"的宽度,此宽度对应于热图像上反映的最大温差,因而,调节灵敏度度量可以在热图像上从全貌看到细节。

热像处理是信号处理器把热图像所包含的信号以各种人们易于接受的方式充分地显示出来,它所具有的功能反映了热像仪处理信息本领的大小。先进的热像仪采用数字方法对热图像信息进行处理,不仅大幅增加了功能,其性能也得到了提高,例如,通过存储器的作用,获得热像的电视制式的彩色显示,通过积累图像信息提高信噪比和温度分辨率,运用内插方法提高显示图像的像元数目等,它还配有多种接口,实现热图像的输出记录和跟其他计算机的通信。

处理器的最后一部分是视频信号形成电路,把热图像和同步信号、消隐信号混合成一个视频信号。再输给监视器供显示热图像之用,也可以当记录信号输出,跟随电视复合同步信号混合形成电视制式的热图像信号。此信号即可输入监视器获得电视热图像,而不必考虑热图像原先由慢扫描摄取的。

10.3.2.4 监视器

监视器是显示热图像的终端设备,便携式的显示器往往与处理器连在一起,监视器的扫描速度要求跟摄像头部扫描器一致,便于实现同步成像。

先进的热像仪均采用彩色监视器显示热图像,用一种颜色表示温度或者一个等温区,这种假彩色显示,使人们更容量区分热像上温度的差别,一般采用 4、8、16 种颜色显示热图像。此外,还有一些文字信息,如日期、图片、温度值、系统设置等,便于人机对话。

10.3.2.5 热像仪特性分析

红外热像检测技术,由于测试往往是温度差异不大和现场环境复杂的因素,好的热像仪必须具备高像素,分辨率小于 0.1℃、空间分辨率小、具备红外图像和可见光图像合成的能量。

比较和分析热像仪的技术特性,是综合评价热像仪性能和适用性的基本观点。评价仪器的性能高低,必然要涉及热像仪的价格指标。选择合适功能仪器,首先应考虑仪器的技术指标应符合检测工作的要求。一味地追求高科技性能,且不仅不符合自身工作的需要,或"宽求窄用"的选择仪器,有可能造成经济上的浪费,为了选用仪器不至于盲目性,需要对热像仪的特性做些综合的分析。

决定热像仪技术特性的关键部件是红外探测器,因此,分析热像仪的特性,首先要介绍探测器的特性。

(1)红外探测器的特性参数

能把红外辐射能转变为便于测量的电量的器件,称为红外探测器,从以下的特性参数,

可区别红外探测器的优劣:

①探测器的敏感元面积 A,接收红外线产生信号的几何尺寸。光电型的探测器敏感元有碲镉汞(HgCdTe)、锑化铟(InSb)和硫化铅(PbS)三种化合物的半导体。碲镉汞探测器的灵敏度高,响应速度快,能作成响应 $3\sim5~\mu m$ 和 $8\sim14~\mu m$ 的探测器,是大多数红外成像系统所使用的,也是世界上新型的红外探测器。1999 年日本 NEC 推出的 TH3105 型红外成像仪,选择 $5.5\sim8.0~\mu m$ 波段的探测器,它的缺点是包含了水蒸气吸收红外线辐射能的波段,但与玻璃及主要建筑材料的低光谱反射相匹配,因而,其特点是降低了太阳光或天空反射对探测温度绝对值的影响。锑化铟探测器响应波长为 $3\sim5~\mu m$,性能佳,价格贵。硫化铅探测器响应波长为可见光到 $2.5~\mu m$,灵敏度低,一般适用于高温目标的探测,但也可在常温下工作,价格便宜。碲镉汞、锑化铟探测器的工作温度 77 K,通常探测器工作时采用液氮、热电和氩气制冷。

②响应率 R,红外探测器的输出电压(伏)和输入的红外辐射功率(瓦)之比,称为响应率。它反映一个探测器的灵敏度,单位为 V/W,通常用 $\mu V/\mu W$。

③响应时间,当红外线辐射照到探测器敏感元的面 A 上时,或入射辐射去除后,探测器的输出电压上升至稳定值,或降下来,这段上升或下降的延滞时间称为"响应时间",它反映一个探测器对变化的红外辐射响应速度的快慢。

④响应波长范围,没有一个探测器能对所有波长的红外线都有响应,因而,在实际工作中根据接收红外线所在波段来选择合适的红外探测器,使系统对该波段的红外线产生响应。红外探测器的响应率和入射辐射的波长关系如图10-9所示,在波长为 λ_p 时,响应率最大,波长小于 λ_p 时,响应率缓慢下降。波长大于 λ_p 时,响应率急剧下降以至于零,通常把响应率下降到最大值的一半的波长 λ_c 称为"截止波长",表明这个红外探测器使用的波长最长不得超过 λ_c。

⑤比探测率 D^*,定义为 $D^*=R\cdot\sqrt{A\cdot\Delta f}/V_N[Cm^2\cdot Hz^{1/2}/W]$,$V_N$ 为测量系统的频带宽度等于 Δf 条件下,所测量到的探测器噪声电压,比探测率是反映探测器分辨最小能量的本领,一般运用此参数表征一个探测仪性能的高低。

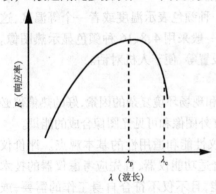

图 10-9 响应率和入射波长的关系

(2)热像仪温度分辨率

热像仪温度分辨率是热像仪温度分辨本领的基本参数,一般用噪声等效温差来表示。噪声等效温差定义为当系统的信号跟噪声电压相等时热像仪所反映的温差,在热像仪的性能指标中温度分辨率通常都是指噪声等效温差这一个量。噪声电压是红外探测器输出端存在的毫无规律、无法预测不可避免的电压起伏,因而,红外探测器只有辐射输出功率产生的电压信号至少大于探测器本身的噪声电压时,才能分辨和测量温度的变化,噪声等效温差用下式表示

$$NETD=\frac{T-T_B}{V_S/V_N} \qquad (10-5)$$

式中,T——目标温度;

T_B——背景温度;

V_S——目标信号峰值电压;

V_N——热像仪系统噪声电压。

根据上式,同一数值的温差,在高温时相对有较大的辐射能量差别,在低温时则对应于较小辐射能量的差别,因而在噪声等效温差测量中高温目标的同等温差产生较大信号,信噪比变高,测量得到的噪声等效温差将变小,亦即温差分辨率更高,可见噪声等效温差是依赖于被测目标的温度,热像仪这一参数是在室温目标(30℃)情况下测量的结果。

（3）热像仪空间分辨率

空间分辨率是表征热像仪在空间分辨物体线度大小的本领。一般用热像仪的瞬时视场来表示空间分辨率,所谓瞬时视场是热像仪静态时探测器元件通过光学系统在物体上所对应线度大小对热像仪的空间张角。瞬时视场或空间张角越小,热像仪越能分辨细小的物体,如果要观察远距离的目标,热像仪应该具有较小的瞬时视场,即较高的空间分辨率,在热像仪上添加望远物镜缩小瞬时视场,实现远距离观察的要求。

（4）热像仪视场范围

视场范围表示在多大空间范围内热像仪能摄取热图像,用 X、Y 方向视场大小来表示,热像仪所包含的像元素等于视场范围除以瞬时视场,像元素越多,热图像越清晰,像质量越高,因此,成像清晰与否与视场范围或瞬时视场以及像元素大小有关。

探测的距离与视场范围、空间分辨率关系见 TH3101 系列、TH3104 的图例,如图10－10所示、图10－11所示。

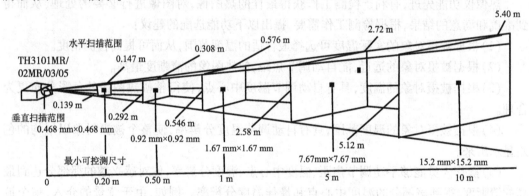

图 10－10　仪器探测距离与扫描范围的关系

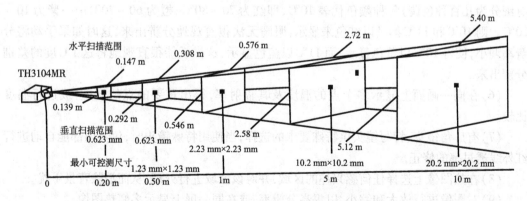

图 10－11　仪器探测距离与扫描范围的关系

（5）热像仪帧频

帧频表示热像仪摄像器在 1 s 内摄取多少帧热图像,帧频高,摄取的信息也多,能观察运动目标或温度变化快的过程。

（6）热像仪响应波段

目前热像仪响应波段有 3~5 μm 和 8~14 μm 两类,前者适用于测量高温物体的温度,后者适用于测量室温和低温物体的温度。

（7）热图像信号处理功能

热图像信息的处理是反映热像仪先进性的一个重要方面。

10.3.3　热像仪选用

选用热像仪是一项综合性的工作,除对仪器各个技术参数作比较分析之外,还要考虑应用要求等。上述诸多参数和性能中,温度分辨率和空间分辨率是最关键的,应用于低温环境,要求温度分辨率高一些;而用于高温环境,温度分辨率要求可以低一些,探测的目标移动快的,或被测物温度变化快的,采用帧频高一些;对于静目标或温度变化慢的场合,可以选用较低帧频,其价格相对就便宜些。而仪器处理机的功能和图像记录处理本领也是十分重要的。在选择热像仪时,最重要的应该根据自己应用领域和使用要求来决定,同时兼顾价格的高低。

热像仪功能先进,有利于检测工作获得最佳的热图像,对图像进行必要的处理,从而得到准确和满意的结果,根据检测工作需要,提出以下功能选配的建议:

（1）根据被摄对象的实际温度可选择最合适的温度范围,从而可提高检测精度。

（2）根据被摄对象的远近,能自动调节焦距,使热图像的清晰度最高。

（3）根据被摄对象的温度,具有自动调节温度中心点,使得整幅热图像的色彩分布更为合理。

（4）根据被摄对象的温度范围,具有自动调节温度分辨率,使整个被摄对象以平均的色差显示出来。

（5）操作人员能够手动调节焦距、温度中心点、温度分辨率,使对感兴趣的那部分达到最高的清晰度,得到该部分的温度中心点和最佳温度分辨率。例如,由于背景的介入,整个被摄对象的温度为 10~80℃,这种情况下,红、橙、黄、绿、青、蓝、紫 7 种显示颜色(当然内部又有细分为几百种色调)每种颜色代表 10℃,即红为 70~80℃,橙为 60~70℃……紫为 10~20℃。则 10℃和 11℃都是以红色来显示,眼睛无法很直观地分辨出来,这时如果手动将分辨率调小,使得 10℃以紫色显示,而 11℃以蓝色显示,这样就能很直观地将这 1℃度的差别分辨出来。

（6）在同一画面上显示多个点的温度及其辐射率,得出重要的点的温度,或进行温度比较。

（7）有广角镜头、特写镜头供特殊要求的选择,当使用特殊镜头时,仪器内部能自动进行红外线透过率的修正。

（8）在热图像上选择任何感兴趣的区域,并对该区域进行处理,从而消除背景干扰。

（9）对图像进行放大和缩小,以提高分辨率,或在同一屏上显示多幅热图像。

（10）以等温带的方式显示图像,即用彩色显示感兴趣的温度范围,而其他温度则用黑白颜色来显示。

310

（11）热图像的显示颜色可以调整，能够进行多级彩色显示、黑白显示或反色显示。

（12）将两幅热图像相减，既可以消除由于室内供热造成的恒定温度噪声，又能突出缺陷部位与正常部位的温差，使得缺陷更容易被识别出来。例如上午缺陷部位比正常部位的温度高 1℃，到下午缺陷部位比正常部位的温度低 0.5℃，则将两幅热图像相减之后，缺陷部位比正常部位的温度要高 1.5℃，这样诊断的精度就得以提高。

（13）统计功能，软件能对整幅热图像进行统计计算，即计算平均温度、最高温度、最低温度，以及每个温度在整幅热图像上所占的百分比。

（14）能够在图像的任何位置上标注文字注解。

（15）热图像要能进行存储、传输到计算机进行进一步的分析。

（16）仪器内部要有时钟，以显示正确的检测时间并和热图像一起记录下来。

（17）能设置声音警报，当温度高于或低于某一值时能发出警报声。

几种国产和进口热像仪的性能技术指标，参见表 10 - 2。

由于目前市场上的红外热像仪系统大多是通用设备，尤其是不专门为建筑诊断而设计的，更需要选择比较合适的型号，比如在建筑物外墙诊断中，墙面的温度变化小，要保证红外测试的精度，须采用温度分辨率高一些的红外热像仪，其依据为最小温度分辨率和瞬时视域。最小温度分辨率，通常房屋外墙部位和正常部位的温差约 1℃，因此，仪器的最小温度分辨率必须达到 0.1℃。瞬时视域，此指标反映图像中的每个像素代表目标上多大方块温度的平均值，瞬时视域越小，所拍的图像越精细、越好。

影响诊断精度和效率的功能如表 10 - 3 所列举。

表 10 - 2 几种国产、进口热像仪性能表

	型号	841 型智能热像仪	TH9100MLN	TH9100WLN	TH3101MR	TH3102MR
摄像头	测温范围	-30 ~ 1 500℃	-20 ~ 2 000℃	-40 ~ 2 000℃	-50 ~ 2 000℃	-50 ~ 2 000℃
	温度分辨率	0.1℃	0.04 ~ 0.08℃	0.05 ~ 0.10℃	0.08℃（30℃）0.02℃（S/N 方式）	0.08℃（30℃）0.02℃（S/N 方式）
	视场范围	20° × 20°	21.7°（H）× 16.4°（V）		30° × 28.5°	30° × 28.5°
	像元素	128 × 128	320（H）× 240（V）		344 × 239	344 × 239
	响应波长	8 ~ 12 μm	8 ~ 14 μm		8 ~ 13 μm	8 ~ 13 μm
	帧频	10 帧/s	60 帧/s		1.25 帧/s	1.25 帧/s
	探测器	HgCdTe	氧化钒		HgCdTe	HgCdTe
	制冷方式	液氮冷却	非制冷（微量热型）		液氮冷却	搅拌冷却
	重量	2.6 kg	1.4 kg（不带电池）、1.7 kg（包括电池）		3 kg	3.4 kg
处理器	显示模式	彩色电视	彩色/黑白、正像/负像		彩色电视	彩色电视
	温度计算	自动	全自动		自动	自动
	图像处理	自身带有	自身带有		带微机处理	带微机处理
	计算机接口	RS - 232 等	IEEE1394，RS - 232C		GP - IB	GP - IB
	重量	4.1 kg	—		3.8 kg	3.8 kg

型号	TH3104MR	TH5104	Probeye7300	Probeye3300	Inframetrics600
摄像头 测温范围	-10~2 000℃	-10~800℃	-20~1 500℃	-20~1 500℃	-20~400℃
温度分辨率	0.2℃(30℃) 0.05℃(S/N方式)	0.1℃(30℃) 0.3℃(100℃)	0.1℃	0.1℃	0.1℃
视场范围	30°×28.5°	21.5°×21.5°	27°×20°	15°×10°	20°×15°
像元素	261×239	255×233	214×140	120×100	256×200
响应波长	3~5.3 μm	3~5.3 μm	3~5 μm	3~5 μm	8~14 μm
帧频	1.25 帧/s	1.67 帧/s	30 帧/s	30 帧/s	30 帧/s
探测器	HgCdTe	HgCdTe	30 元 InSb	10 元 InSb	HgCdTe
制冷方式	热电冷却	热电冷却	热电冷却	氩气冷却	液氮冷却
重量	3 kg	2.5 kg	3 kg	2.7 kg	—
处理器 显示模式	彩色电视	彩色电视	彩色电视	彩色电视	彩色电视
温度计算	自动	自动	自动	自动	自动
图像处理	带微机处理	带微机处理	带微机处理	带微机处理	带微机处理
计算机接口	GP-IB	GP-IB	RS-232C	RS-232C	RS-232C
重量	3.8 kg	—	5 kg	17.8 kg	—

表 10-3　影响诊断精度和效率的功能

精度/可操作性		功能、性能项目	标准的最低要求
图像精度	图像细度	显示器像素数	300×200 以上
		瞬时视域	2.5 mrad
		扫描线数	200 线以上
	测试温度	最小温度分辨率	0.1℃
		平均功能	
		使用环境温度	冷天:-40℃以上,热天:0℃以上
仪器的可操作性	每次能拍摄的范围	测试视场	水平和竖直方向约30℃
		放大功能	约3倍
	操作的简易性	制冷剂类型	最好采用循环制冷系统
		电源	具有交、直流供电装置
		仪器尺寸大小	最好带有 LCD 显示器,便携
图像存储、数据处理和二次处理的简易性	数据处理的简易性	存储方法	必须能够数字化存储,软盘、硬盘或光驱
		改变已拍图像的温度水平/灵敏度	必须能够改变已拍图像的温度水平/灵敏度
		A/D 转换	12 位以上
	可视图像的存储	CCD 功能	最好能同时编辑可见光图像和热图
	二次处理功能	图像相减功能	所提供软件最好能进行两图像相减

10.4 红外检测技术的适用范围

凡被测物体具有辐射红外能量,由于各种缺陷所造成组织结构不均匀性,导致使物体表面温度场分布变异,均为红外成像提供无损检测的条件。当前,红外成像检测仪具有 0.02 ~ 0.1℃的温度分辨率,可以广泛用于温度场变化的精确测量,近代红外成像仪功能较为完善,只要合理地选配和有效地利用光照条件,就能使红外成像技术的检测评估点效果得到充分地发挥。

10.4.1 建筑节能中的应用

统计表明,在工业、运输和建筑三部分的能耗中约 30% ~ 50% 的能量消耗集中在建筑住宅方面,其中一半的能耗同人们生活舒适有关,可见,建筑领域节能的潜在效益极大。

建筑住宅能量的消耗来自热传导,热对流和渗漏受潮。

对于安装隔热层的建筑围护结构,缺少隔热材料或安装不当,如隔热材料未填充设计空间、缝隙、孔洞,隔热层过薄,隔热材料沉降、收缩或受潮,从检测面的温度场分布或热图像均可发现温度起伏波动,使空间温度分布失衡。

在建筑结构中,砖墙或加气混凝土墙,金属、钢筋混凝土梁、柱、板和肋,夹心保温墙中金属连接杆、外保温墙中固定保温板的金属锚固体、内保温层中的龙骨、挑出阳台与主体结构的连接部位,保温门窗框等,使整体楼房存在大量的传热通道,或称为"热桥",对于非节能型建筑中,热桥附加能耗占 30% ~ 50%,而新型节能型建筑中,热桥附加能耗占总能耗的 20% 左右。从节能角度考虑,对热桥应设置隔热条对传热加以阻隔。这些热工现象,不是肉眼所能明察秋毫的,需要应用高精密度的红外热像仪检测、鉴别和判断,提供房屋保温隔热节能的依据。

另外,在刚性隔热体之间,因安装不当或损坏,使密封连接不良而漏热,造成房内局部温度下降增加能耗。

总之,为了使建筑保温隔热良好,空间温控均衡、生活舒适、降低能量无益的损耗,节能任务相当繁重但具有相当的潜力,周密的静、动态温度检测,揭示能耗大及温度失衡是重要的科技任务。

10.4.2 建筑物外墙剥离层的检测

如图 10 – 12 所示,新旧建筑墙体剥离有砂浆抹灰层与主体钢筋混凝土局部或大面积脱开,形成空气夹层,通常称为剥离层。砂浆粉饰层剥离,将导致墙面渗漏,大面积的脱落,可能酿成重大事故。因剥离形成的墙身缺陷和损伤,降低了墙体的热传导性,在抹面材料产生剥离,外墙体和主体之间的热传导变小,因此,当外墙表面从日照或外部升温的空气中吸收热量时,有剥离层的部位温度变

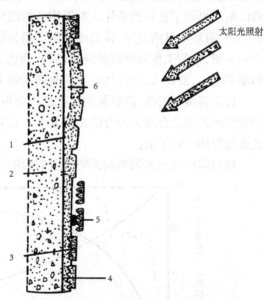

太阳光照射

1. 砂浆;2. 钢筋混凝土墙;3. 饰面层;
4. 黏结正常部分;5. 饰面局部脱黏;
6. 剥离部分(空气层)。

图 10 – 12　墙体构造及剥离、脱黏示意图

化比正常情况下大。通常,当暴露在太阳光或升温的空气中时,外墙表面的温度升高,剥离部位的温度比正常部位的温度高;当阳光减弱或气温降低,外墙表面温度下降时,剥离部位的温度比正常部位的温度低。由于太阳照射后的辐射和热传导,使缺陷、损伤处的温度分布与质量完好的面层的温度分布产生明显的差异,经高精度的温度探测分辨,红外成像后能直观检出缺陷和损伤的所在,为诊断和评估提供科学依据,具有检测迅速,工作效率高,热像反映的点和区域温度分布明晰易辨等优点。

10.4.3 饰面砖黏贴质量大面积安全扫测

由于长期雨水冲刷、严寒酷热温度效应或受震冲击,使本来黏贴质量尚可的饰面砖与主体结构产生脱黏,如图10-12所示。对于施工时"空鼓"黏结性差的面砖则更有脱落的可能。此种危险现象在国内外均时有发生,若危及人身安全将会造成严重的后果。为此,国外很重视专项扫测检查,国内也已引起了关注。

面层与基体产生脱黏和"空鼓",同样造成整体的导热性与正常部位的导热性的差异,在脱黏部位,受热升温和降温散热均比正常部位的升温和散热快。这种温度场的差异提供了红外检测的可行性。对大面积非接触墙面的安全质量检测,红外遥感检测技术是很适用的,它可以根据阳光照射墙面的辐射能量,由红外热像仪采集和显示表面温度分布的差异,检出饰面砖黏贴质量问题或使用过程中局部脱黏的部位,为检修和工程评估提供确切的依据,对防患于未然具有十分重要的社会效益。

10.4.4 玻璃幕墙、门窗保温隔热性、防渗漏的检测

气密性、保温隔热性检查,是根据房屋耐久性、防渗漏要求提出的,随着生活水平的提高,也是节能的重要课题。冬夏季节室内外温差较大,内外热传导给红外检查门窗气密保温和渗漏性提供了良好的条件。对于构造的漏热、气密性不良部位与热传导、气密性良好部位的比较,有较明显的差异,其形成的温度场分布也有显然的不同。红外热像仪能形象快速显示和分辨,检测工作对建筑保温隔热性、为施工装配质量检查和节能评估提供科学的依据,扫测视域广,面积大,非接触快速检测是其他无损检测方法无法替代的。

玻璃幕墙气密性、防渗漏的检查是一项重要的课题。红外检测技术视域广,非接触快速扫测效率是很适合这种场合的检测任务。但由于玻璃幕墙是低光谱反射材料,玻璃的反射光谱如图10-13所示。

检测时应注意太阳光或天空反射的影响,选择适用于被测物波长的仪器。

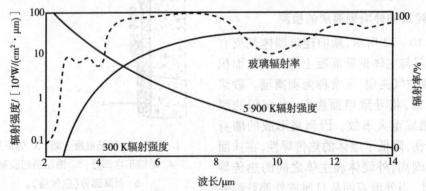

图 10-13 玻璃的光谱反射

日本 NEC 曾推出的 TH3105 型的红外成像仪。摄像头对 $5.5 \sim 8.0\ \mu m$ 的波十分灵敏。设计该波段的热像仪旨在与玻璃及一些主要的建筑材料的低光谱反射相匹配,使检测时红外成像受阳光或天空反射的影响大幅降低,但该波段仍然处于受空间水蒸气吸收的范围,因而,检测时应尽可能避开大气中水蒸气吸红外辐射能的干扰。先进的红外成像仪,在常用波段的摄像头部(红外线的"大气窗口")光学系统配上滤波器来降低太阳光或天空反射的影响,以适合于被测物低光谱反射特点的探测需要。

10.4.5　墙面、屋面渗漏的检查

屋面防水层失效和墙面微裂所造成的雨水渗漏,是一种普遍性的房屋老化或质量问题,也是广大用户十分烦恼的问题。这种缺陷用红外检测在国外已有成功的文献报道。屋面或墙面渗漏、隐匿水层的部位,其水分的热容和导热性与质量正常的周边结构材料的热容和热传导性是不同的。借太阳光照射后的热传导或反射扩散的结果,缺陷部位在表面层的温度场分布与周边表层的温度分布有明显的差异,红外检测技术可以检出面层不连续性或水分渗入隐匿部位,从室内热扩散、阳光被吸收和传导的物理现象给红外成像检测提供了可行的依据。

10.4.6　结构混凝土火灾受损、冻融冻坏的红外检测技术

当前,对结构混凝土火灾的损伤程度和混凝土的强度下降范围,以及混凝土受冻融反复作用的损伤情况还缺乏无损和快速的有效检测手段,在国内近年来有采用红外成像技术对上述混凝土损伤破坏进行探测研究。

根据混凝土火灾的物理化学反应,使混凝土表层变为疏松,表面因被直接火烧,其疏松尤为严重,其强度也随着疏松程度而下降;混凝土受冻融作用,出现剥离破坏和局部疏松,以上均导致混凝土的导热性下降。在阳光或外部热照射后,损伤部位的温度场分布与完好或周边混凝土的温度场分布产生明显的差异。从红外成像显示的"热斑"和"冷斑"比较容易分辨出火烧和冻融破坏的损伤部位,红外成像不失为非接触快速检测的技术。通过模拟试验,还可以建立一定条件下混凝土损伤的程度和灾后强度下降的大致对应范围,以作为工程实际检测热图像分辨判断的指标,半定量探测为工程修复加固处理提供参考,依据基本原理,进行广泛深入的试验,使红外成像技术适应不同的技术条件,提高判别的精度,将是可行、有效的新检测手段。

10.4.7　其他方面

(1)铁路和公路沿线山体岩层扩坡的监测,国外已采用红外成像技术监测山体岩石的滑移活动,通过拍摄护坡层的温度场变化,预警可能出现坍塌、滑坡的交通事故。

(2)窑炉衬里耐火材料不同程度的磨损或开裂,因导热和泄热在窑炉表层均会造成温度场分布的变异,采用红外成像技术非接触扫查窑炉外壳,显示耐火衬里不同程度的磨损及开裂泄热的部位,为窑炉检修提供必要的科学信息,红外检测仪用于冶炼炉内温度分布变化的观察更是常用的工具。

(3)保温管道、冷藏库的保温绝热的部局失效而导致泄热,均有温度场分布变异,红外成像技术具有简捷、直观的检查效果。

(4)大至高压电网安全运输,小至集成电路工作故障的检测,在国内外红外成像技术均成了专业的测试手段。

(5)远距离的红外技术探测

大地的气象动态预报、星球的探测研究、夜幕的军事活动探测、导向攻击均有红外遥感探测技术的应用。

10.5 红外成像影响因素与摄像条件选择

10.5.1 红外成像影响因素

红外成像系统摄取的热图像是反映物体表面的温度分布,在许多情况下,热图像上物体表面反射的温度并不总是准确地反映要检测的真实温度,例如建筑物外墙面温度场可能要受到诸如室内空调温度热传导和泄漏的叠加,建筑物外表面不平或构件搭接和屋檐的拐角以及墙面上程度不同的污渍等对表面温度场的干扰,均可造成表面红外辐射的差异,此外,还可能因太阳光的反射,对面建筑物、天空和地面的反射干扰,拍摄的热图像的温差,也往往都能影响热图像正确分析甚至误判。

太阳光、建筑物和地面反射干扰的示意图如图 10 – 14 所示。

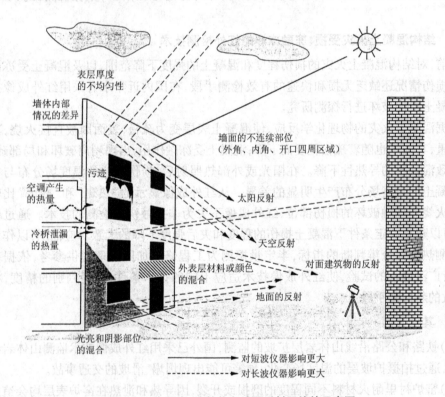

图 10 – 14　太阳光、建筑物和地面反射干扰的示意图

10.5.2 摄像条件选择

选择合适波段的热像仪:红外热像仪系统的测量波段选择了大气吸收红外辐射能很小的 $3 \sim 5~\mu m$ 和 $8 \sim 13~\mu m$,或称红外辐射能穿透率很高的 $3 \sim 5~\mu m$ 短波段和 $8 \sim 13~\mu m$ 长波段。

短波仪器常用于高温测量环境,它受天空、对面建筑物和地面反射的影响很小,这种波段适合于大气中透射率很高的红外辐射能成像,但是,短波仪器易受太阳光反射(特别是上釉的瓷砖),以及当时天气时阳时阴的波动等影响,因成像温度不稳定,均要引起系统性能的噪声干扰,尤其是在低温情况下成像质量受影响更甚。

长波仪器适合于室温和低温测试环境,其波段恰是系统所具有的接收大气中透射率很高的红外辐射能而成像的特性,它对太阳光反射抗干扰性能良好,但是长波仪器成像将受对面建筑物、天气和地面反射的干扰,产生系统性能的噪声。

根据仪器的特性,在摄像时应尽可能选择太阳、天空和对面建筑物等反射均很小的地点进行拍摄,避开噪声干扰的环境条件,有条件采用长、短波仪器同时拍摄同一个表面,加以综合分析,提高热图像的真实性和鉴别率。

对于反射很小的墙面,长波仪器可以提供比短波仪器拍摄的质量更高的图像,且图像质量不因温度下降而下降。

根据墙面情况选择仪器的标准,参见表 10 - 4。

表 10 - 4　仪器选择

探测波段范围	拍摄墙面的温度	墙面的光泽程度			
		低		高	
		对面有墙体	对面无墙体	对面有墙体	对面无墙体
短波 3 ~ 5 μm	高	○	○	○	○
	低	△	△	△	△
长波 8 ~ 13 μm	高	◎	◎	△	○*2
	低	◎	◎	×	○*2

注:◎很好,可以得到高质量的图像。

　　○可以得到足够好的图像判断出剥离部位。

　　△必须在天气非常好的时候才能进行拍摄。

　　×噪声太多,不适合拍摄。

　　○*2 即使对面有墙体,当其温度比拍摄墙体温度低很多的时候,也可以认为"对面无墙"。

　　○*2 对于高温墙面,必须尽量减少天空的反射。

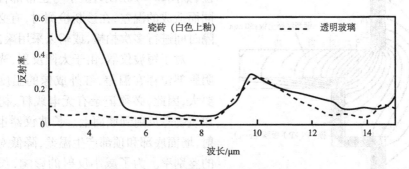

图 10 - 15　玻璃和瓷砖的光谱反射特性

近期在国外也有开发波段为 5 ~ 8 μm 的中波仪器,是把大气作为滤镜来降低环境空间反射对成像的干扰,例如瓷砖和砂浆等含大量二氧化硅的材料,在中波段的反射率较低,如图10 - 15所示。发挥了中波仪器红外成像限制对面墙体反映的噪声干扰,但由于该型仪器所摄取的红外辐射能波段在空气中透射率较低,即空气对辐射能吸收率较高,随着拍摄距离的增加,图像质量将受影响而下降,因此,当前尚没有推广应用。但根据实验情况,拍摄距离在 100 m 之内,这种影响就较小,当用短波、中波和长波三种仪器拍摄同一个墙面时,比较所得的图像,中波仪器的受噪声干扰最小,总之要推广应用,仍需作更多应用验证。

无论是长波还是短波仪器,拍摄距离越远,越难判别损伤缺陷,短距离的瞬时视域面积以长距离观察可能是一个点,分辨率必然要降低。

10.5.3 拍摄热像方法

10.5.3.1 选择合适的拍摄热像的时间

总的设想应使被测目标损伤区与正常部位温差最大。当损伤区的温度很高时,相当于晴天阳光对墙面的辐射达到最大,例如拍摄东墙的最佳时间略为提前于太阳辐射峰值的时间,而拍摄西墙,最佳拍摄时间是太阳落山后 2～3 h。对于北墙或因临近建筑物遮阳的情况下,最佳拍摄时间是在白天空气温度最高的时候,一般是较佳条件下的温差。但这些条件将随季节不同而变化,对于东墙和西墙来说,夏季太阳辐射可达 500～600 kcal/(m² · h),而冬季只有 200～300 kcal/(m² · h)。南墙则不同,夏天可能只有 300 kcal/(m² · h),而冬季有可能超过 500 kcal/(m² · h)。拍摄时最低需要的太阳辐射量为 300～400 kcal/(m² · h),并持续 2～3 h(东墙和西墙)或 3～4 h(南墙)。

对于没有太阳辐射的北墙,因损伤与正常部位的温差很小,从所拍摄的热图像上分辨出缺陷比较困难。

10.5.3.2 拍摄对象及状况

对于建筑物的诊断,拍摄的距离一般在 100 m 左右,正常天气拍摄条件下,大气对红外辐射能的衰减可不必考虑,在作长距离拍摄的场合,如观察发射火箭和火山爆发过程,大气中水蒸气和二氧化碳对红外辐射能的衰减将是比较大的。混凝土砂浆等主要建筑材料的辐射率很高,用红外成像仪测量其温度变化较容易,而对于高反射率的墙面材料,仪器接收到的太阳辐射产生的热量较少,在晴天拍摄,则要注意避开各种周围空间的反射干扰。

建筑物构造上拐角和开口等不连续的部位,如图 10－16 所示,由于与正常部位热传递不同而造成的温差,在诊断检测时,有必要采用间隔时间进行多次拍摄,或辅以采用敲击法。

对于短波仪器,由于太阳反射,光亮部位和阴影部位存在温差,红外成像的温度比实际的要大,因此,必须记录有无电线杆、树木和邻近建筑物等反射到墙面上。长波仪器也因天空反射,墙面底部和顶部产生温差,降低对探测图像的鉴别率。为了减小反射的影响,长波仪器拍摄的仰角尽可能小,即设法寻找一个避开对面建筑物等的位置进行拍摄。

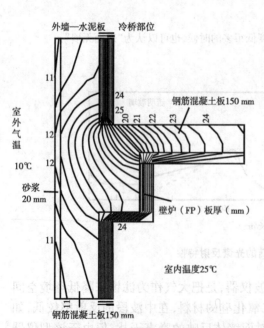

外墙—水泥板　冷桥部位

室外气温

10℃

砂浆 20 mm

钢筋混凝土板 150 mm

壁炉(FP)板厚(mm)

室内温度 25℃

钢筋混凝土板 150 mm

图 10－16　建筑物构造不连续部位

10.5.4 热像图二次处理

在现场检测时,一个平面红外成像图,可疑的温度场分布中有可能包括损伤部位和室内空调热泄漏,以及墙面污渍对太阳能吸收和红外辐射能差异等呈现的附加温度效应,均将给热像图的分析判断带来了一定的困难,为此,采用图像处理功能对热像进行二次处理达到去伪存真的效果,技术上可通过最佳时间拍摄的图像与另一时间拍摄影的热像图相减,来放大损伤区与周围正常部位的温差,消除附加温度的干扰,提高缺陷热像图真实性和分析判断的可靠性。通过图像二次处理,可使分辨温差由原来的1℃左右,降低到0.5℃,如对建筑物墙面的剥离损伤缺陷的红外检测作图像相减的二次处理的方法有:

(1)为了放大温差,可采用同一墙面在白天红外辐射量处于峰值时拍摄的图像与夜晚红外辐射较低时拍摄的图像进行相减的所谓二次处理,使损伤部位与正常部位的温差得到放大,从实时图像中温差分辨出缺陷区,如图10-17所示。

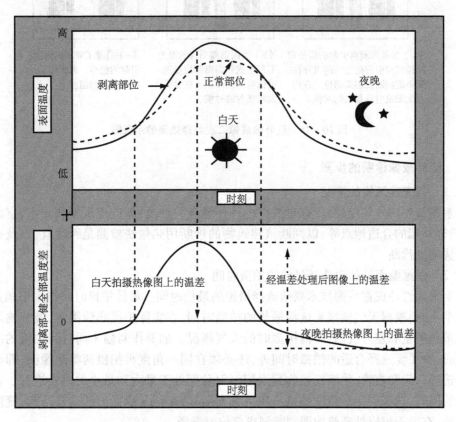

图10-17　通过图像处理后温差得到放大示意图

(2)为了消除诸如已存在的空调漏热和非剥离损伤的温度干扰噪声采用同一墙面有剥离缺陷区温差拍摄的图像与剥离层未产生温差或温差极小的拍摄图像相减,从技术上将保留剥离缺陷区红外辐射的热像图,如图10-18所示。

10.6　建筑工程红外成像诊断的步骤

当前,红外成像检测技术最广泛应用当属于建筑外墙的诊断,它的实际诊断步骤对无损检测工作具有一定的典型性,现概要地将诊断步骤介绍如下。

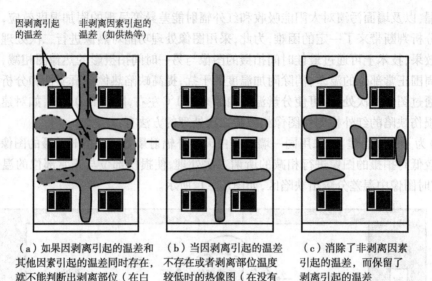

因剥离引起
的温差

非剥离因素引起的
温差（如供热等）

（a）如果因剥离引起的温差和
其他因素引起的温差同时存在，
就不能判断出剥离部位（在白
天太阳辐射量最大的时候）

（b）当因剥离引起的温差
不存在或者剥离部位温度
较低时的热像图（在没有
太阳辐射的时候）

（c）消除了非剥离因素
引起的温差，而保留了
剥离引起的温差

图 10－18　红外热成像二次处理效果的示意图

10.6.1　红外成像诊断的步骤

10.6.1.1　调查建筑物的情况

了解建筑物的外墙组成，调查建筑室内外环境有关现况：邻近建筑物和树木、室内供热管道、拍摄外墙的合适地点等，以判断该建筑物的诊断用热像法检测是否适宜，以及是否采用敲击法辅助诊断。

10.6.1.2　根据墙面的朝向选择最佳的拍摄时间

如要采用红外成像检测技术则须选择摄像的最佳时间。最佳拍摄时间指太阳辐射为峰值的几个小时，根据天气预报来选择最佳的拍摄时间，在实际拍摄热像图时，最好提前测试一下太阳辐射量和室外气温，弄清拍摄时的天气情况。如要作两幅不同时间拍摄的图像相减处理时，除了要选择合适的拍摄时间外，还必须在同一角度再拍摄两幅热像图，即要求拍摄时间选择白天和夜晚，使墙面接收到太阳辐射分别处于最大和最小的时候进行。在拍摄热像图的同时，选择同一个角度拍摄一幅可见光照片，来记录墙面上的局部凸起，缝隙和修补的痕迹，有助于编辑处理热像图判断剥离部位时参考。

10.6.1.3　辅以敲击法作局部复核

对可疑的损伤缺陷区，在伸手可及的地方，运用敲击法回音情况加以复核。

综上所述，要确定剥离区域，须拍摄较好的图像，还要结合部分墙面敲击法和目测的结果进行综合断判。

10.6.1.4　大墙面分区拍摄和合拼等处理

实际拍摄建筑物时，难以将整个墙面拍摄在一幅热像图中，即使有条件作足够远距离拍摄，但是热像图后处理分析的分辨率将要下降。为此，常将墙面分若干区进行拍摄。为了将多幅热像图拼成一幅图，可将每幅热像图分别输入 PC，将图像拼到一起，进行几何校正和差异处理后，再作各种图像的二次处理。

10.6.2 进行红外诊断的流程图

初步调查	☆建筑物朝向； ☆外墙表面类型； ☆设计文件,黏结类型,修理历史； ☆现场是否有合适的拍摄点； ☆建筑物周围的环境(邻近建筑物等)、建筑物室内环境(是否有内部供热)； ☆电源等

↓

确定是否可用 红外诊断法	☆不适合用红外诊断法的条件有： ☆没有拍摄地点(停车场、墙面前的开阔空间)； ☆外墙表层反射很多； ☆墙面非常粗糙； ☆建筑物处于屋檐或邻近建筑物的阴影中； ☆周围有许多掩蔽的物体如树木等； ☆外墙表层太厚

↓ OK

确定拍摄地点	☆主要考虑仰角不能太大、避开各种干扰

↓

选择仪器类型	☆也就是选择仪器的测量波段(也可使用2种类型的红外仪器)

↓

确定拍摄时间	☆根据方向选择最合适的拍摄时间,通常选择太阳辐射量峰值的时候； ☆根据天气预报确定具体的检测日期； ☆如果需要进行两幅图差异处理,那么就必须在同一角度、在2个或多个不同的时间进行拍摄

↓

拍摄图像	☆注意根据太阳的移动,变换拍摄方向； ☆最好在拍摄的同时,测量一下太阳的辐射量和室外气温； ☆要从一个太阳、天空、对面建筑物等反射均很小的地点进行拍摄

↓

辅助检测与 拍摄图像 同时进行	☆在手可以伸到的地方,对部分墙面进行敲击法诊断(以校正图像)； ☆拍摄墙面的可见光照片； ☆记录下墙面的局部凸起、裂缝、风化、维修的痕迹等

↓

图像输出和二次处理	☆几何校正； ☆温度梯度校正； ☆图像差异处理； ☆进行各种统计分析； ☆拼图； ☆根据所使用的仪器类型选配合适的处理软件

↓

判断剥离部位	☆分辨图像温差是由剥离层形成还是噪声引起的； ☆从图像中确定出剥离区域，与辅助检测的结果相对照综合分析

↓

画出剥离区域图	☆制作诊断报告

思 考 题

1. 何为红外线成像检测技术？
2. 简述红外成像检测技术的基本原理。
3. 红外成像检测技术具有哪些特点？
4. 红外成像仪常用波段适用于哪些检测场合？
5. 分析红外线大气运输影响因素对检测技术有什么意义？
6. 解释红外成像仪的温度分辨率、空间分辨率、视场范围。
7. 选购热像仪需注意哪些要点？
8. 当前红外成像技术在建筑工程哪些方面上应用是有效可行的？

附录

现行建筑红外热像检测技术标准摘要

为适应建筑工程质量红外成像检测的要求,中国工程建设标准化协会于 2006 年 8 月颁布《红外热像法检测建筑外墙饰面层黏结缺陷技术规程》(CECS 204:2006)以及国家住房和城乡建设部于 2010 年 8 月颁布《建筑红外热像检测要求》(JG/T 269—2010)行业标准。

1 《红外热像法检测建筑外墙饰面层黏结缺陷技术规程》(CECS 204:2006)

主要内容为采用红外热像法检测建筑外墙面层黏结缺陷的检测流程、图像处理和建筑外墙饰面层脱黏空鼓判定以及检测报告的编写内容等。

本规程不适用于凹凸程度较大墙面、拉毛墙面、大理石墙面和表面反光性强的饰面层的检测。

1.1 技术规程中所用的红外热像仪的性能指标

(1)温度检测范围: – 20 ~ 100℃

(2)分辨温度:< 0.1℃

(3)检测精度:± 0.1℃

(4)红外图像像素:≥300bit × 200bit

(5)瞬间可见区域:≥2.5 mrad

1.2 现场检测的要求

(1)仪器使用环境温度:0 ~ 40℃

(2)环境相对湿度:≤90%,且无结露

(3)摄像头严禁受阳光直射

(4)检测方案中,建筑各立面宜选择最佳摄像时间段

全国主要城市夏季最佳的检测时间段可参照附表 1。

附表 1 红外检测建筑外墙饰面层黏结缺陷的最佳时间

城市	建筑立面的朝向			
	东	南	西	北
北京	7:00 ~ 9:00	11:00 ~ 13:00	15:00 ~ 17:00	11:00 ~ 13:00
上海	8:00 ~ 9:00	11:00 ~ 13:00	15:00 ~ 16:00	11:00 ~ 13:00
南宁	8:00 ~ 9:00	11:00 ~ 13:00	15:00 ~ 16:00	11:00 ~ 13:00
广州	8:00 ~ 9:00	11:00 ~ 13:00	15:00 ~ 16:00	11:00 ~ 13:00
福州	8:00 ~ 9:00	11:00 ~ 13:00	15:00 ~ 16:00	11:00 ~ 13:00
贵阳	8:00 ~ 9:00	11:00 ~ 13:00	15:00 ~ 16:00	11:00 ~ 13:00
长沙	8:00 ~ 9:00	11:00 ~ 13:00	15:00 ~ 16:00	11:00 ~ 13:00
郑州	8:00 ~ 9:00	11:00 ~ 13:00	15:00 ~ 16:00	11:00 ~ 13:00
武汉	8:00 ~ 9:00	11:00 ~ 13:00	15:00 ~ 16:00	11:00 ~ 13:00
西安	8:00 ~ 9:00	11:00 ~ 13:00	15:00 ~ 16:00	11:00 ~ 13:00

城市	建筑立面的朝向			
	东	南	西	北
重庆	8:00 ~ 9:00	11:00 ~ 13:00	15:00 ~ 16:00	11:00 ~ 13:00
杭州	8:00 ~ 9:00	11:00 ~ 13:00	15:00 ~ 16:00	11:00 ~ 13:00
南京	8:00 ~ 9:00	11:00 ~ 13:00	15:00 ~ 16:00	11:00 ~ 13:00
南昌	8:00 ~ 9:00	11:00 ~ 13:00	15:00 ~ 16:00	11:00 ~ 13:00
合肥	8:00 ~ 9:00	11:00 ~ 13:00	15:00 ~ 16:00	11:00 ~ 13:00

表中拍摄距离 10 ~ 50 m,长焦镜头可选 50 ~ 200 m,广角镜头可选 5 ~ 10 m,拍摄仰角一般取 45°以内,水平倾角宜控制在 30°以内,上、下或左右相邻图像之间应有重合部分。

1.3 外墙饰面层脱黏空鼓缺陷判定

(1)锤击法判定与红外热像图上部位应一致,并将该部位周围正常部位的温度作为标准温度。

(2)以标准温度为基准,对同一种颜色材质的外墙饰面层作脱黏空鼓判定。

(3)有室内空调,采暖设备情况判定:

①采用图像相减法(最佳时拍摄的热像) - (无热照时外墙热像)

②其他补充检测方法

(4)现场外观目测和局部锤击法补充检测。目测饰面层剥离、缺损、污损、风化、弓凸、开裂、钢筋锈胀和露筋、空调机架、金属锚固件锈蚀等。锤击部位,在上述目测缺陷轮廓 1 m 范围锤击补充验证。

(5)脱黏空鼓率计算:

统计空鼓部分的面积,计算每个立面外墙脱黏面积

$$\varepsilon_E = \frac{A_E}{A} \times 100\%$$

式中, ε_E ——空鼓率,%;

A_E ——空鼓总面积,m^2;

A ——被测净面积,m^2。

2 《建筑红外热像检测要求》(JG/T 269—2010)

该行业标准包括对建筑物外墙面缺陷检测、建筑物的渗漏和围护结构热工缺陷等检测。

红外热像仪具有目标物表面温度检测并生成红外热像图谱,对采集视域内温度差异快速准确记录,存储数据的功能。

2.1 仪器主要技术参数

(1)工作波段:8.0 ~ 14.0 μm

(2)温度范围: - 20 ~ 100℃(严寒地区 - 40 ~ 100℃)

(3)准确度:±2% 及 ±2℃ 中的大值

(4)温度分辨率:≤0.08℃

(5)像素:≥320 bit ×240 bit

(6)探测器:氧化锘或非晶硅

（7）温度稳定性：连续工作 100 min 以上

（8）温度一致性：不超过 ±0.5℃按《工业检测型红外热像仪》（GB/T 19870—2005）式（6）计算

2.2 红外检测建筑物外墙缺陷

工作流程如附图 1 所示。

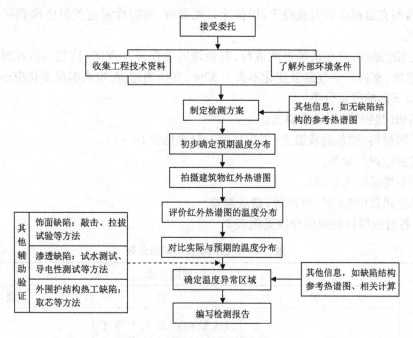

附图 1 建筑红外热像检测工作流程

在无雨、低风速的环境条件下，夏季最佳拍摄时间进行，最小测区为 50 mm × 50 mm，测距不超过 50 m，空间分辨 1 mrad，拍摄角度不超过 45°，外墙饰面检测缺陷异常参数值：

一般外墙缺陷温差在晴朗天气下为 1℃（有阳光直射照射下）及 0.5℃（无阳光直射照射下），温差会根据现场环境及目标物状态有轻微变化，应配合目视法及敲击法进行确认，也应以热聚焦的方法进一步检视红外热谱图；

严重外墙缺陷温差在晴朗天气下为 2℃（有阳光直射照射下）及 1℃（无阳光直射照射下），温差会根据现场环境及目标物状态有轻微变化，应配合目视法及敲击法进行确认，也应以热聚焦的方法进一步检视红外热谱图。

可根据现场分析结果，采用敲击法、拉拔试验等确认缺陷。

2.3 建筑物渗漏检测

像素≥640 bit×980 bit，分辨率≤0.06℃的红外热像仪。当找不到渗漏源时，采用试水方法，标准规定了试水的技术条件。

渗漏检测缺陷温度异常参数值：

一般户外渗漏温差在晴朗天气下为 1~2℃（有阳光直射照射下）及 0.5~1℃（无阳光直射照射下），但温差会根据现场环境及目标物状态有轻微变化，应配合目视法及敲击法进行确认，也应以热聚焦的方法进一步检视红外热谱图。

一般室内渗漏温差在 0.3~0.5℃，但温差会根据现场环境及目标物状态有轻微变化，应配合目视法及敲击法进行确认,也应以热聚焦的方法进一步检视红外热谱图,由于相对温差较小而不能确定渗漏部位时,应使用其他辅助手段进行检测。

2.4 建筑物外围护结构热工缺陷检测

先室外,遇异常点,应在室内相应部位检测,选择避免受大阳光直射,对严寒地区、寒冷地区检测时,室内外温度宜大于10℃,其他地区宜大于5℃。

室外检测宜选择多云天或晚上,以排除日光影响、室内检测应关掉空调和照明灯,避免辐射源干扰。

严寒、寒冷地区,宜在采暖中期进行,其他地区宜在夏季夜间,检测部位在测前12 h应避免阳光直射,室内外空气温度变化不大于30%,在检测过程,室内温度变化应小于2℃。

需按以下影响因素分类:

(1)结构(热桥等)所造成温差。

(2)不同材料、颜色造成温差(常用材料发射率见表10-1)。

(3)发射造成的温差。

(4)不平均的阳光分布。

(5)其他热源(热水炉、空调等)造成温差。

2.5 各检测项目的缺陷分级见附表2

附表2 各检测项目的缺陷分级

检测项目	缺陷分级		
	一级	二级	三级
外墙饰面质量空缺	最大缺陷面积小于35 mm×35 mm或相等面积	最大缺陷面积大于等于35 mm×35 mm且小于等于100 mm×100 mm,或相等面积	最大缺陷面积大于100 mm×100 mm或相等面积
渗漏缺陷	无明显渗漏情况	有渗漏情况	—
外围护结构热工缺陷	最大缺陷面积小于100 mm×100 mm或相等面积	最大缺陷面积大于等于100 mm×100 mm且小于等于300 mm×300 mm或相等面积	最大缺陷面积大于300 mm×300 mm或相等面积

11 地质雷达检测技术

11.1 概述

11.1.1 地质雷达发展史

地质雷达(Ground Penetrating/Probing Radar, GPR)是利用超高频窄脉冲($10^6 \sim 10^9$ Hz)电磁波在地下介质中传播规律的一种无损检测设备,它能使用户快速获得相关探测区域的详细信息。地质雷达的历史最早可追溯到 20 世纪初,1904 年,德国人 Hülsmeyer 首次将电磁波信号应用于地下金属体的探测。1910 年,Letmback 和 Löwy 以专利形式提出将雷达原理用于地质方面,他们用埋设在一组钻孔中的偶极天线探测地下相对高导电性质的区域,正式提出了地质雷达的概念。1926 年 Hülsenbeck 第一个提出应用脉冲技术确定地下结构的思路,他指出介电常数不同的介质交界面会产生电磁波反射。由于地下介质比空气具有更强的电磁衰减特性,加之地下介质情况的多样性,电磁波在地下介质中的传播比在空气中的传播复杂得多。因此,地质雷达初期的应用仅限于对电磁波吸收很弱的冰层、岩盐等弱耗介质的探测。20 世纪 70 年代以后,随着电子技术的发展以及先进数据处理的应用,地质雷达的实际应用范围迅速扩大,现已涉及考古、矿产资源勘探、灾害地质勘察、岩土工程调查、工程质量检测、市政设施探测、爆炸物探测等诸多应用领域。

自 20 世纪 70 年代以来,许多商业化的通用数字地质雷达系统先后问世,其中有代表性的是:瑞典地质公司(SGAB)的 RAMAC/GPR 系列,最新主机 ProEX 如图11-1所示、美国 Geophysical Survey System Inc. 公司的 SIR 系统,最新主机 SIR3000 如图11-2所示、Microwave Associates 的 MK 系列、加拿大 Sensor & Software 的 Pulse Ekko 系列、日本应用地质株式会社 OYO 公司的 GEORADAR 系列及一些国内产品(电子工业部 LTD 系列,矿业大学 GV 系列等)。这些雷达仪器的基本原理大同小异,主要功能有多通道采集、多维显示、实时处理、变频天线、多次叠加等。另外还有井中雷达系统,层析成像雷达系统等。

图 11-1　瑞典 ProEX 型主机

图 11-2　美国 SIR3000 型主机

11.2 地质雷达基本理论

11.2.1 地质雷达的成像原理

地质雷达系统主要由主机、天线和界面单元组成,其中天线又包括发射端和接收端两部分。地质雷达系统采集数据时,天线的发射端向测量表面以下发送以球面波形式传播的电磁波,同时,天线的接收端接收由不同电介质特性的层面反射的回波,经电缆或光纤传输到终端连接的计算机上,实时显示雷达图像。电磁波在介质中传播时,其路径、波形将随所通过介质的电性质和几何形态的不同而变化,如图11-3所示,当目标体为面反射体时,雷达图像上显示的是与反射界面相一致的一条曲线;当目标体为点反射体时,其雷达图像上显示的是一个抛物线,或称为双曲线的一支。

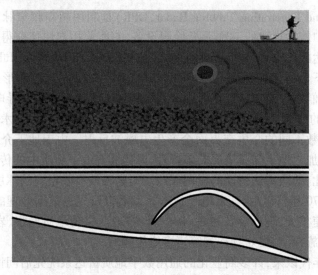

图11-3　地质雷达波性特征与实物对照示意图

　　地质雷达天线的发射端与接收端之间的距离很小,甚至合二为一,当地层倾角不大时,反射波的全部路径几乎是垂直地面的,因此,可以认为在测线不同位置上法线反射时间的变化就反映了地下地层的构造形态。地质雷达工作频率高,在介质中以位移电流为主,因此,电磁波传播过程中很少频散,速度基本上由介质的介电性质决定。电磁波传播理论和弹性波的传播理论有很多类似的地方,两者遵循同一形式的波动方程,只是波动方程中变量代表的物理意义不同。雷达波与地震波在运动学上的相似性,可以在资料处理中加以利用。

11.2.2　地质雷达基本理论

11.2.2.1　麦克斯韦方程组

　　地质雷达是研究电磁波在介质中传播规律的一门学科。根据波的合成原理,任何脉冲电磁波都可以分解成不同频率的正弦电磁波,因此,正弦电磁波的传播特征是地质雷达的理论基础。

　　地质雷达采用高频电磁波进行测量,图11-4所示的单道波形就是经过目标体反射的电磁波图形,在模拟信号向数字信号转换过程中,根据信号振幅大小和正负的不同,使用黑白或彩色进行填充,得到二维的填充图。最终得到的雷达剖面图就是由多个这样的填充图形排列组成的。如图11-5所示,地质雷达系统会自动把不同水平位置采集到的电磁波信号(每一信号称为一道)从

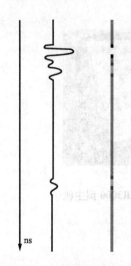

图11-4　单道波形色彩
填充说明图

328

时间域转换成空间域,不同水平位置采集的道信号组合起来,最终得到雷达剖面图上的波形反应,其典型特征为黑、白相间的抛物线。雷达剖面图上抛物线顶点横向坐标值是目标体中心轴线距测量起始点的水平距离,抛物线顶点竖向坐标值为目标体上表面距测量表面的深度值。

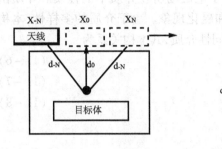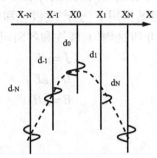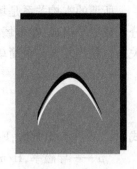

图 11 −5　雷达剖面成像示意图

麦克斯韦电磁理论表明磁场变化产生电场,而磁场变化又伴随有电场变化。电场与磁场随时间的变化可向周围空间扩散,形成电磁场由近及远的传递,电磁场这种随时间与空间的变化符合波动理论。

地质雷达采用高频电磁波进行测量。根据电磁波传播理论,高频电磁波在介质中的传播服从麦克斯韦方程组。即

$$\nabla \times E = -\frac{\partial B}{\partial t} \tag{11-1}$$

$$\nabla \times H = j + \frac{\partial D}{\partial t} \tag{11-2}$$

$$\nabla \cdot B = 0 \tag{11-3}$$

$$\nabla \cdot D = \rho \tag{11-4}$$

式中, ρ ——电荷密度, C/m^3 ;

j ——电流密度, A/m^2 ;

E ——电场强度, V/m ;

D ——电位移, C/m^2 ;

B ——磁感应强度, T ;

H ——磁场强度, A/m 。

式(11 −1)为微分形式的法拉第电磁感应定律;式(11 −2)称为安培电流环路定律,其中由麦克斯韦引入的一项 $\frac{\partial D}{\partial t}$ 可称为位移电流密度 J_d ,即

$$J_d = \frac{\partial D}{\partial t} \tag{11-5}$$

式(11 −3)和式(11 −4)分别称为磁荷不存在定律和电场高斯定理。

麦克斯韦方程组描述了电磁场的运动学规律和动力学规律。其中 E 、 B 、 D 和 H 这四个矢量称为场量,是在问题中需要求解的; J 和 ρ 中一个为矢量,另一个为标量,均称为源量,一般在求解问题中是给定的。例如在利用时间域有限差分(FDTD)方法求解中,在已知的边界

条件下,给定发射源的类型和大小等。

要充分地确定电磁场的各场量,求解上述方程的四个参数是不够的,必须补进媒质的本构关系。

11.2.2.2 本构关系

所谓的本构关系是场量与场量之间的关系,取决于电磁场所在介质中的性质。介质由分子或原子组成,在电场和磁场作用下,会产生极化和磁化现象。由于介质的多样性,本构关系也相当复杂。最简单的介质是均匀、线性和各向同性介质,其本构关系为

$$J = \sigma E \qquad\qquad (11-6)$$
$$D = \varepsilon E \qquad\qquad (11-7)$$
$$B = \mu H \qquad\qquad (11-8)$$

式中, ε ——介电常数,F/m;

μ ——导磁率,H/m;

σ ——电导率,S/m。

其中 ε 、μ 、σ 均为标量常量,也是反映介质电性质的参数。

11.2.2.3 分辨率

地质雷达的分辨率是指分辨最小异常的能力,可分为垂向分辨率与横向分辨率。垂向分辨率是指在雷达剖面中能够区分一个以上反射界面的能力。理论上可以把雷达天线主频波长的 1/8 作为垂直分辨率的极限,但考虑到外界干扰等因素,一般把波长的 1/4 作为其下限。当地层厚度超过 $\lambda/4$ 时,复合反射波形的第一波谷与最后一个波峰的时间差正比于地层厚度。地层厚度可以通过测量顶面反射波的初至和底界反射波的初至之间的时间差确定出来。横向分辨率是指地质雷达在水平方向上能分辨的最小异常体的尺寸。

图 11-6 Fresnel 带示意图

其中横向分辨率又包含目标体本身的最小水平尺寸和两个有限目标体的最小间距。雷达的横向分辨率可以用 Fresnel 带加以说明,假设地下有一水平反射层面,已发射天线为中心,以到层面的垂距为半径,作一圆弧和反射层面相切。此圆弧代表雷达波到达该层面的波前,再以多出 1/4 和 1/2 子波长度的半径画弧,在水平反射层面的平面上得出两个圆,如图 11-6 所示。其中内圆称为第一 Fresnel 带,两圆之间的环带称作第二 Fresnel 带,同理还可以有第三 Fresnel 带、第四 Fresnel 带等。根据干涉原理,除第一 Fresnel 带外,其余各带对反射的贡献不大,可以不予考虑。当反射层面的深度为 D,发射和接收天线间距远小于 D 时,第一 Fresnel 带的直径 d_F 可以按式(11-9)计算。

$$d_F = 2\sqrt{\left(D + \frac{\lambda}{4}\right)^2 - D^2} = 2\sqrt{\frac{1}{2}\lambda D + \frac{1}{16}\lambda^2}$$

$$= \sqrt{2\lambda D + \frac{1}{4}\lambda^2} \approx \sqrt{2\lambda D} \qquad\qquad (11-9)$$

式中, λ ——波长,m;

D ——反射层面深度,m;

d_F ——Fresnel 带直径,m。

Fresnel 带的出现使中断的目标体的边界模糊不清，它和绕射现象一致。因此，雷达图上目标体的尺寸都大于它的实际大小。我们可以得出结论，地质雷达的水平分辨率高于 Fresnel 带直径的 1/4，两个目标体之间的最小间距大于 Fresnel 带时才能把两个目标体区分开。

11.2.2.4 地质雷达常用到的几个公式

（1）电磁波的传播时间 t

$$t = \frac{\sqrt{4D^2 + x^2}}{v} \approx \frac{2D}{v} \tag{11-10}$$

式中，D——目标体的深度，m；

x——天线发射端和接收端的距离（因为通常式中 $4d^2 \gg x^2$，故 x^2 项可以忽略不计）；

v——电磁波在介质中的传播速度，m/s；

t——电磁波的传播时间，s。

（2）电磁波在介质中的传播速度 v

$$v = \frac{c}{\sqrt{\varepsilon_r \mu_r}} \approx \frac{c}{\varepsilon_r} \tag{11-11}$$

式中，c——电磁波在真空中的传播速度，3×10^8 m/s；

ε_r——介质的相对介电常数，F/m；

μ_r——介质的相对磁导率，H/m（一般 $\mu_r \approx 1$）。

（3）电磁波的反射系数 R 和折射系数 T

$$R = \frac{\sqrt{\varepsilon_1} - \sqrt{\varepsilon_2}}{\sqrt{\varepsilon_1} + \sqrt{\varepsilon_2}} \tag{11-12}$$

$$T = \frac{2\sqrt{\varepsilon_1}}{\sqrt{\varepsilon_1} + \sqrt{\varepsilon_2}} \tag{11-13}$$

式中，R——界面的电磁波反射系数；

T——界面的电磁波折射系数；

ε_1——第一层介质的相对介电常数；

ε_2——第二层介质的相对介电常数。

当 $\varepsilon_1 > \varepsilon_2$ 时，R 为正值；当 $\varepsilon_1 < \varepsilon_2$ 时，R 为负值。R 的正、负值差别意味着相位相反（相位变化 π）。

从反射系数公式可以得出两个结论：

①界面两侧介质的电性质差异越大，反射波信号越强。

②电磁波从介电常数小入射到介电常数大的介质时，即从高速介质进入低速介质，反射系数为负，相位变化 π，即反射振幅反向。相反，从介电常数大入射到介电常数小的介质时，反射系数为正，反射波振幅与入射波同向。折射系数总是正值。

如果从空气（$\varepsilon_空 = 1$）入射到混凝土（$\varepsilon_砼 \approx 6 \sim 10$）时，混凝土反射振幅反向，折射波不反向。从混凝土后边的脱空区在反射回来时，反射波不反向，因此脱空区的反射方向与混凝土表面的反射方向正好相反。

如果是混凝土中的金属物体。例如钢筋（$\varepsilon_钢筋 = 1 \times 10^6$），反射波反向，而且反射振幅特别强。

(4)电磁波传播时间与目标体深度的关系

$$D = \frac{1}{2}vt = \frac{1}{2} \cdot \frac{c}{\sqrt{\varepsilon_r}} \cdot t \qquad (11-14)$$

式中，D——目标体的深度，m；

　　　v——电磁波在介质中的传播速度，m/s；

　　　c——电磁波在真空中的传播速度，m/s；

　　　ε_r——介质的相对介电常数，F/m；

　　　t——地质雷达记录的电磁波传播时间，s。

通过这个公式，可以将混凝土雷达接收到的双程走时转换为反射目标体的深度。

11.2.2.5　电磁波的特点

电磁波的传播具有波动性，波动传播是一个过程。麦克斯韦方程组和波动方程理论，描述了电磁场随时间变化的一组耦合的电场和磁场，当输入一个变化的电场时，变化的电场产生变化的磁场，并且电场和磁场的方向与电磁波的运动方向相互垂直，电场和磁场相互激励作用的结果是电磁场在介质中传播。

地质雷达的天线向目标体发送高频脉冲电磁波，传播过程中电磁场的场量满足波动方程

$$\nabla^2 E = \rho \frac{1}{c^2} \frac{\partial^2 E}{\partial t^2} \qquad (11-15)$$

$$\nabla^2 H = \rho \frac{1}{c^2} \frac{\partial^2 H}{\partial t^2} \qquad (11-16)$$

式中，c——真空中电磁波的波速，m/s，等于真空中的光速；

　　　ρ——电荷密度，C/m^3；

　　　E——电场强度，V/m；

　　　H——磁场强度，A/m。

通过以上分析我们可以看到电磁波具有以下特点：

(1)电场 E 和磁场 H 的方向与电磁波的运动方向相互垂直，因此电磁波是一种横波性质的波。

(2)当电磁波在某种确定的介质中传播时，E 和 H 的比值数值是一个常数，不随电场和磁场的变化而变化，电场与磁场的相位差恒定。因此，对于在同一种介质中传播的电磁波，可以用由一个场量求另一个场量，其关系是 $\sqrt{\varepsilon_0 \varepsilon_r} E = \sqrt{\mu_0 \mu_r} H$。

(3)电场 E 和磁场 H 分别在各自的平面内振动，具有偏振性特征。

(4)根据电磁场的波动方程和与数理波动方程中标准波动方程 $\nabla^2 E - \frac{1}{v^2} \frac{\partial^2 u}{\partial t^2} = 0$，可以求

出电磁波的传播速度 $v = \frac{1}{\sqrt{\mu \varepsilon}}$。

(5)波有脱离场源能够独立传播的特点，电磁波和弹性波、声波不同之处在于电磁波可以在真空中传播。这就使得电磁波在数值模拟中与弹性波的边界条件不同，即不存在自由边界的问题。

(6)电磁波的频率越高，相应的波长就越短。

11.2.2.6　电磁波速与能量衰减特性

相对介电常数是一个无量纲物理量,它表征一种物质在外加电场情况下,储存极化电荷的能力。自然界中物质的相对介电常数最大的物质是水,数值为81,最小的是空气,数值为1。工程状态下的岩土介质,其介电常数的主要差异决定于含水量的大小。介电常数不同的两种介质的界面,会引起电磁波的反射,反射波的强度与两种介质的介电常数及电导率的差异有关。

磁导率是一个无量纲物理量,它表征介质在磁场作用下产生磁感应能力的强弱。绝大多数工程介质都是非铁磁性物质,磁导率都接近1,对电磁波传播特性无重要影响。纯铁、硅钢、坡莫合金、铁氧体等材料为铁磁性物质,其磁导率很高,达到 $10^2 \sim 10^4$,电磁波在这些物质中传播时波速和衰减都受到重大影响。

电导率(电阻率的倒数)是表征介质导电能力的参数,单位为 S/m ,它对于电磁波的传播有重大影响。

电磁波的传播是一个过程,波动的传播实际上可以看作波前沿传播方向推进。传播常数:

$$k = \omega \sqrt{\mu\left(\varepsilon + j\frac{\sigma}{\omega}\right)} \tag{11-17}$$

是一个复数,可写成:

$$k = \beta + j\alpha \tag{11-18}$$

其中

$$\beta = \omega \sqrt{\mu\varepsilon} \sqrt{\frac{1}{2}\left(\sqrt{1 + \frac{\sigma^2}{\omega\varepsilon}} + 1\right)}$$

$$\alpha = \omega \sqrt{\mu\varepsilon} \sqrt{\frac{1}{2}\left(\sqrt{1 + \frac{\sigma^2}{\omega\varepsilon}} - 1\right)}$$

式中,β——相位常数,rad/m;

α——衰减常数,Np/m;

ω——电磁波的角频率,$\omega = 2\pi f$,f 为电磁波的中心频率。

电磁波在介质中传播,速度的变化主要取决于相位常数 β,相位常数与电磁波速度 v 的关系为

$$v = \frac{\omega}{\beta} \tag{11-19}$$

由上式可知,相位常数是波速的决定因素。通常情况下,地质雷达发射电磁波的频率是已知的,随发射的电磁波的中心频率增大,相位常数 β 增大,电磁波在该介质的传播速度就越小。

电磁波在不同性质的介质中传播,根据介质的电磁性质,分三种情况对式(11-19)进行讨论。

(1)低电导(高阻介质):电导率 $\sigma < 10^{-7}$ S/m,满足 $\sigma/\varepsilon\omega \leqslant 1$,电磁波衰减小,电导率 σ 很小,适宜雷达工作。此类介质有:空气、干燥花岗岩、干燥灰岩、混凝土、沥青、橡胶、玻璃和陶瓷等。

此时相位常数、衰减常数和电磁波速 v 分别为

$$\beta \approx \omega \sqrt{\mu\varepsilon} \tag{11-20}$$

$$\alpha = \frac{\sigma}{2}\sqrt{\mu/\varepsilon} = \frac{60\pi\sigma}{\sqrt{\varepsilon_r}} \qquad (11-21)$$

$$v = \frac{1}{\sqrt{\mu\varepsilon}} \qquad (11-22)$$

上式说明电磁波在高阻介质中传播,电磁波的衰减速度取决于电阻率的大小,而与天线的中心频率无关;电磁波的传播速度与介电常数和磁导率乘积的平方根成反比;衰减常数与电导率成正比,与介电常数的平方根成反比。说明电磁波能量的衰减主要是由于感生涡流损失引起的。

(2)高电导(低阻介质):电导率 $\sigma > 10^{-2}S/m$,满足 $\sigma/\varepsilon\omega \geqslant 1$,对应于 σ 很大,电磁波衰减极大,难以传播。此类介质有:湿黏土、湿页岩、海水、海水冰、湿沃土、含水砂岩、含水灰岩和金属物等。此时相位常数、衰减常数和电磁波速 v 为

$$\alpha = \beta \approx \sqrt{\omega\mu\sigma/2} \qquad (11-23)$$

$$v = 2\sqrt{\pi f/\sigma\mu} \qquad (11-24)$$

上式说明在低阻介质中,衰减常数除与电导率成正比例关系外,还同电磁波角频率有关,但与 ε 无关。可见在高导电介质中或使用高频时,α 值将增大。不同的电磁波频率,衰减常数变化,探测能力也不同,在相同介质中,地质雷达天线频率越高,探测深度越小;在低阻介质中波速与频率的平方根成正比,与电导率的平方根成反比,波速是频率和电导率的函数,波速很低。

(3)中电导(中等电阻):电导率 $10^{-7}S/m < \sigma < 10^{-2}S/m$,电磁波衰减较大,雷达勉强工作。此类介质有淡水、淡水冰、雪、砂、淤泥、干黏土、含水玄武岩、湿花岗岩、土壤、冻土、砂岩、黏土岩和页岩等。

电磁波的传播条件与低电阻介质性质基本相同。

11.2.2.7　电磁波的反射与折射

电磁波在均匀层状介质中传播,在遇到不同阻抗的界面时将发生反射和透射,产生反射波和透射波。在界面上的反射和透射满足 Snell 定律,如图11-7所示,反射角等于入射角,入射角等于反射角,折射角满足正弦定理,见式(11-25):

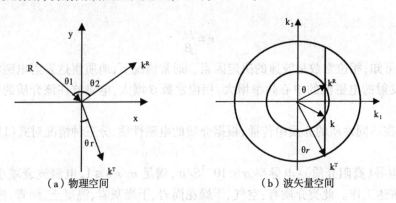

(a)物理空间　　　　　　　　(b)波矢量空间

图 11-7　Snell 定律示意图

$$\sin\theta_1/\sin\theta_2 = V_1/V_2 = (\varepsilon_2/\varepsilon_1)^{1/2} \qquad (11-25)$$

式中，θ_1——入射角，rad；

  θ_2——反射角，rad；

  V_1——电磁波在第一层介质中的传播速度，m/s；

  V_2——电磁波在第二层介质中的传播速度，m/s；

  ε_1——第一层介质的相对介电常数，F/m；

  ε_2——第二层介质的相对介电常数，F/m。

电磁波具有横波性质，当电磁波以近垂直角度入射反射界面，由于地质雷达发射和接收天线间距很小，雷达波可看作法相入射，此时电磁波的反射系数 R 见式(11-12)。

地质雷达采集的是来自地下介质分界面的反射波的信号，如果介质单一均匀，则入射电磁波会一直在介质传播不会产生明显的反射现象。如果地下介质组成成分结构越复杂，介电常数或电导率差异越大，反射能量也越强，反射信号的信息也越丰富，通过分析其中包含的各种信息，可以充分了解介质的结构和成分。

11.2.2.8　地下介质的电磁性质

电磁波在介质中能够达到的穿透深度是由介质的电导率决定的，电磁波在介质中的传播速度是由介质的电特性决定的。电磁波的穿透深度和电导率的关系如图11-8所示，电导率越大，探测深度越浅。

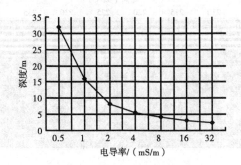

图11-8　电磁波的穿透深度与电导率的关系

介电常数不同是两个不同介质的界面具有发生反射必要条件，同时介电常数不仅能够决定电磁波的传播速度，还能确定雷达电磁波在介质中的覆盖范围。

介电常数和探测到的有效范围的关系为

$$\alpha = \frac{\lambda}{4} + \frac{D}{\sqrt{\varepsilon_r - 1}} \tag{11-26}$$

式中，ε_r——相对介电常数，F/m；

  λ——电磁波波长，m；

  D——深度，m；

  α——探测的有效范围，m。

一般情况下，空气的电阻率最大，介电常数最小，电磁波速最高，衰减最小；水的介电常数最大，电磁波速最低。以下的两个雷达剖面如图11-9和图11-10所示，可以看出雷达在低电导率黏土中得到的雷达剖面信噪比高，数据质量好，而在高电导率湿黏土中得到的雷达剖面，其能量迅速衰减。

另外,电磁波不能穿透的物质还有:

①海水,海水的介电常数不能让雷达波穿透,在海水平面上,雷达能够探测到但是不能够穿透。

②新浇混凝土,新浇混凝土养护时,其介电常数也会减弱电磁波的传播。

③金属,雷达能够在更深处轻易的探测到金属,但是不能穿透它。

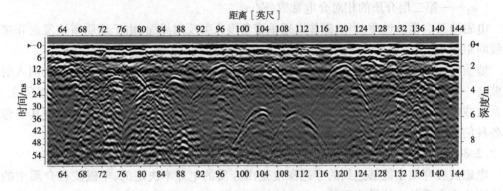

图 11 –9 在干沙介质中采集的雷达数据

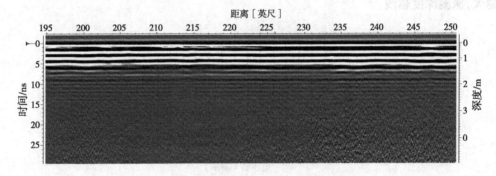

图 11 –10 在湿黏土介质中采集的雷达数据

11.2.2.9 薄层反射特性

当某层介质的厚度小于半波长时, 即 $\Delta h \leqslant \lambda/2$ 时, 波在该层内的双程走时小于波的周期:

$$2\Delta h/v \leqslant T \qquad\qquad (11 -27)$$

式中, Δh——薄层厚度,m;

　　　v——电磁波在介质中的传播速度,m/s;

　　　T——电磁波在介质中的传播周期,s。

上层进入薄层的折射波与薄层下界面的反射波、多次反射波相干涉,使得从薄层上界面返回的反射波与薄层返回到上层的折射波相互叠加,使得上界面反射能量加强,反射系数加大。当薄层内双程走时恰好等于波的周期时,层内相长干涉,能量最强,进入上层的能量大。当薄层内双程走时小于波的半周期时,层内相消干涉,能量最小,进入上层的能量也少。因而反射的能量的大小与薄层厚度及频率有关,在某些频率带宽内反射信号增强,某些频段内反射很弱,厚度为 Δh 的薄层表现出滤波器的作用。增强频率与消减频率与波层厚度的关系如下:

薄层反射增强频率:

$$f = V/2\Delta h \qquad\qquad (11-28)$$

薄层反射消减频率：

$$f = V/\Delta h \qquad\qquad (11-29)$$

式中，f——电磁波的频率，Hz；

Δh——薄层厚度，m；

V——电磁波在介质中的传播速度，m/s。

增强频率低，消减频率高，消减频率是增强频率的 2 倍。利用薄层反射频率特性与厚度的关系，可以测定薄层的厚度。

薄层效应在实际探测中是经常遇到的。例如，当时用 500 MHz 频率的天线探测时，岩土或混凝土介质的电磁波速近似为 1×10^8 m/s，此时厚 0.1 m 的软弱层或厚 0.3 m 的脱空区就是典型的薄层，可表现出明显的薄层效应。

11.2.2.10 岩土工程介质的电磁性质

各类岩石、土的电磁学性质已经有了很多的研究和测定。空气是自然界中电阻率最大，介电常数最小的介质，电磁波速最高，衰减最小。水是自然界中介电常数最大的介质，电磁波速最低。干燥的岩石、土和混凝土电磁参数虽有差异，但差异不大，基本上多数属于高阻介质，介电常数介于 4~9，属中等波速介质。但是由于各类岩土不同的孔隙率和饱水程度，显现出较大的电磁学性质差异。这些差异表现在介电常数和电导率方面，决定了不同岩性对应不同的波速和不同的衰减。表 11-1 是一些工程介质电磁学参数测定结果表。

表 11-1　工程介质的电磁参数表

介质类型	电导率 $\sigma/(S/m)$	相对介电常数 ε_r
空气	0	1
纯水	$10^{-4} \sim 3 \times 10^{-2}$	81
海水	4	81
淡水冰	10^{-3}	4
花岗岩(干燥)	10^{-8}	5
石灰岩(干燥)	10^{-9}	7
黏土(饱水)	$10^{-1} \sim 1$	8~12
坚硬雪	$10^{-6} \sim 10^{-5}$	1.4
干砂	$10^{-7} \sim 10^{-3}$	4~6
饱水砂	$10^{-4} \sim 10^{-2}$	30
饱水淤泥	$10^{-3} \sim 10^{-2}$	10
海水冰	$10^{-2} \sim 10^{-1}$	4~8
玄武岩(湿)	10^{-2}	8
花岗岩(湿)	10^{-3}	7
页岩(湿)	10^{-1}	7
砂岩(湿)	4×10^{-2}	6
石灰岩(湿)	2.5×10^{-2}	8
铜	5.8×10^{-7}	1

介质类型		电导率 $\sigma/(S/m)$	相对介电常数 ε_r
铁		10^6	1
冻土		$10^{-5} \sim 10^{-2}$	$4 \sim 8$
土壤	干砂	1.4×10^{-4}	2.6
	湿砂	6.9×10^{-3}	25
	干沃土	1.1×10^{-4}	2.5
	湿沃土	2.1×10^{-2}	19
	干黏土	2.7×10^{-4}	2.4
	湿黏土	5.0×10^{-2}	15

11.2.2.11 天线频率、分辨率及穿透深度的对比

地质雷达的天线中心频率越高,分辨目标体的能力越强,但其穿透深度也就越浅;天线中心频率越低,分辨目标体的能力越弱,穿透深度也就越大。图 11 – 11 是分别采用 1.2 GHz、1.6 GHz 和 2.3 GHz 中心频率的天线在同一区域采集的雷达数据。从 1.2 GHz 天线雷达剖面图中,可以看到四根钢筋的反射信号,钢筋位置如图标注所示;1.6 GHz 天线雷达剖面图中,四根钢筋的反射信号更加强烈,更容易判读,分辨率比 1.2 GHz 天线要高;在 2.3 GHz 天线雷达剖面图中,不仅能够清晰识别第一排的四根钢筋,而且能够识别出有第二排钢筋的存在,其位置如图所示。从三张雷达剖面图中可以看出,天线中心频率越高,电磁波的穿透深度越浅,如 2.3 GHz 天线的测深在混凝土中大概在 0.2 m 左右。

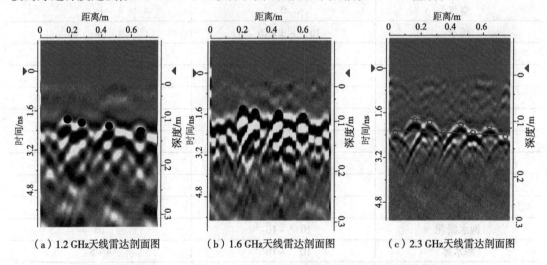

（a）1.2 GHz 天线雷达剖面图　　（b）1.6 GHz 天线雷达剖面图　　（c）2.3 GHz 天线雷达剖面图

图 11 – 11　1.2 GHz、1.6 GHz 和 2.3 GHz 天线同一区域测量数据

11.3　地质雷达的探测方式

地质雷达的数据采集方式是借鉴了地震勘探的数据采集方式,根据不同探测目的和场地特点采取不同的数据采集方式。

11.3.1 数据采集模式

由于地质雷达系统操作方式灵活多样,通常有三种采集模式(A – Scan、B – Scan 和 C – Scan)可供选择,方式不同,所得数据与探测空间位置所对应关系也不同。

A – Scan 是一维数据采集模式,地质雷达天线在某一点位进行单点数据采集,输出多次数据的平均值,如图 11 – 12 所示。

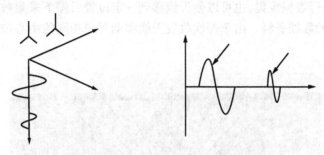

图 11 – 12　A – Scan 数据采集示意图

B – Scan 是二维数据采集,地质雷达的天线沿某一条线移动,并按一定的点距进行数据采集,形成一个二维多道数据剖面,如图 11 – 13 所示。

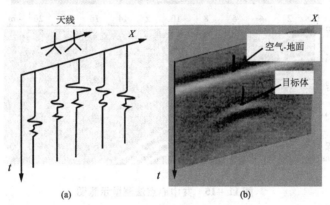

图 11 – 13　B – Scan 数据采集示意图

C – Scan 是三维数据采集,地质雷达沿多条平行的测量线对某一区域进行数据采集,完成对某一区域的数据采集。三维数据是由多条测量线构成的三维数据体,是对目标体进行的三维观测,三维观测如图 11 – 14 所示。

11.3.2 地质雷达的探测方法

地质雷达探测技术具有不同的野外工作方法,探测方式根据实际测区的地质情况、目标体的差异而采用不同的测量方法。目前常用的一些数据采集方法主要包括单点采集、共中心点采集、广角采集、连续剖面扫描采集和多天线的采集。在正式进行生产采集前,应有目的地进行现场采集实验,以达到最佳探测效果。

11.3.2.1 单点采集

单点测量是将天线置于固定位置,对目标体进行多

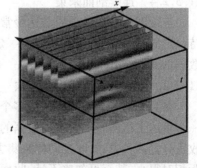

图 11 – 14　C – Scan 数据采集示意图

次采集的方法。采集数据时,一般是连续采集多道数据,并取其平均值,以减小测量的随机误差。

11.3.2.2 共中心点采集

共中心点采集是发射天线和接收天线,在保持中心点位置不变的情况下,不断改变天线之间的距离,进行数据采集,这种方法称为共中心点法,如图11-15所示。共中心点采集可以在移动的同时进行数据采集,也可以使天线移到一定位置后停下采集数据,不同的采集位置,可得到相应点的数据资料。由于每次收发天线移动对应相同的中心位置,而称为共中心点法 CMP。

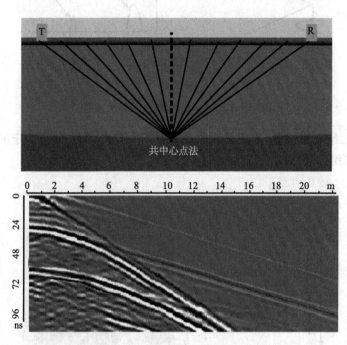

图 11 -15 共中心点法测量示意图

11.3.2.3 广角采集

广角测量法采用的是发射天线和接收天线相分离的形式。广角测量方式与共中心点测量相似,将其中的一根天线固定,另一根天线沿测线等间距移动,同时进行数据采集,其采集示意图如图11-16所示。

11.3.2.4 连续剖面采集

连续剖面采集是地质雷达最常用的方法之一。连续剖面测量是发射天线和接收天线保持一定的间距不变,沿着测线向一定方向移动,在移动的同时进行数据采集,所获得是二维数据剖面。

11.3.2.5 多天线法或天线阵法

多天线法或天线阵法是把多个相同频率或不同频率的天线按照一定阵形组合起来,用一个雷达主机同时采集多道数据的采集方法。天线阵雷达数据采集方式一般为收发同体和收发分置两种方式,收发同体采集方式是天线的发射端和接收端在同一个天线内部,天线间距相对很小,甚至可忽略不计;收发分置采集方式则是天线的发射端和接收端位于不同天线内部,天线间距相对较大。两种不同的采集方式各具优点,收发同体采集方式对与雷达扫描

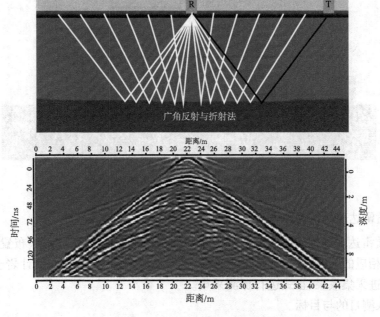

图 11－16 广角测量方式示意图

方向相垂直的目标体反应灵敏,收发分置采集方式对与天线扫描方向有一定倾斜角度的目标体反应较好。天线频率越高,分辨率也就越高,而探测深度越浅;天线频率越低,分辨率也就越低,而探测深度增加,这样,天线阵雷达中不同频率的天线对不同深度有着足够的分辨率,不同位置的天线对同一目标体有着不同角度的探测。所以,天线阵雷达对上下重叠或距离很近的目标体的探测有着明显的优势。每个天线道的参数,例如采样点、时窗、增益等都可以单独用程序设置。多天线法或天线阵法测量主要使用两种方式,第一种方式是所有天线相继工作,形成多次单独扫描,多次扫描使得一次测量所覆盖的面积扩大,提高工作效率,如图11－17所示。第二种方式是所有的天线同时工作,利用时间延迟器推迟各道的发射和接收时间,可以形成一个叠加的雷达记录,改善系统的聚焦特性,即天线的方向特性。聚焦程度取决于各天线之间的间隔。不同天线间距的结果表明,各天线之间的间距越大,聚焦效果越好,如图11－18所示。

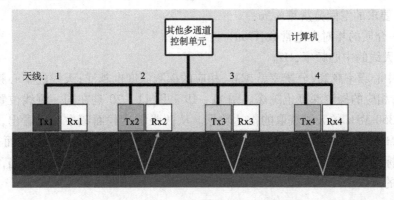

图 11－17 传统天线阵探测示意图

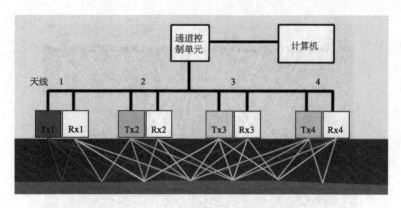

图 11 –18　多通道天线阵探测示意图

11.3.3　地质雷达现场探测工作

进行地质雷达现场探测要注意下列环节:估计探测对象的性质特点、布置测线、进行现场记录、选择相应的天线、设置雷达采集参数、进行简单现场采集实验、估计岩土和工程介质电磁波速、改进采集效果、正式进行探测采集。

11.3.3.1　探测目的与目标

地质雷达探测项目一般都会有确定的检测对象,明确的检测目的和要求。探测对象特点分析对于制定探测方案、选择合适天线、设置仪器参数等事项都是非常重要,它是取得良好探测结果的基础。对象特点包括对象的埋深和需要探测的深度、对象的形状大小、介质环境特点、地下水位、目标体与环境介质的电磁特性差异等。在此基础上进行测线走向、间距的设计、仪器参数的选择。探测深度关系到雷达时间窗口的大小;目标体的水平尺寸和要求的分辨率决定测线的间距;二度、三度体对应测线布置方案。这些参数在进入现场后,开始工作前要确定下来。

11.3.3.2　天线中心频率的选取

天线中心频率的选择需兼顾目标体深度、目标体最小尺寸及天线尺寸是否符合场地需求等多方面因素。一般来说,在满足分辨率且场地条件许可时,应该尽量使用中心频率低的天线。天线的中心频率可由下式初步选定。

$$f = \frac{1.5 \times 10^8}{x \sqrt{\varepsilon_r}} \tag{11-30}$$

式中,　x——要求的空间分辨率 x,m;

ε_r——介质的相对介电常数,F/m;

f——天线的中心频率,Hz。

天线的中心频率越高,分辨率就越高,相应的探测深度也越浅;天线的中心频率越低,分辨率就越低,相应的探测深度也越深。图 11 –19 和图 11 –20 是在同一测线位置,分别使用 500 MHz 和 350 MHz 的天线获取的雷达数据。从两张雷达截面图中可以看出,500 MHz 天线相对 350 MHz 天线来讲,它对浅部目标体的识别更清晰一些,更容易识别;而 350 MHz 天线对深部目标体的反射信号更强烈。因此,为了探测不同深度的目标体和缺陷,需要选取适当中心频率的天线。

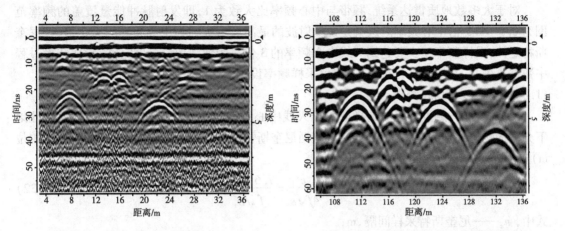

图 11 - 19　500 MHz 天线采集的数据　　　　图 11 - 20　350 MHz 天线采集的数据

11.3.3.3　时窗的选择

时窗选择主要取决于最大探测深度 D_{max} 与介质中电磁波传播速度 v。时窗 W 可由下式估算

$$W = 1.3 \frac{2D_{max}}{V} \qquad\qquad (11-31)$$

式中，W——时窗，s；

$\quad D_{max}$——最大探测深度，m；

$\quad V$——介质中电磁波传播速度，m/s。

上式中时窗的选用值增加30%，是为介质中电磁波传播速度变化和目标深度的变化留出来的余量。

11.3.3.4　采样频率的选择

采样频率是指反射波采样点之间的时间间隔的倒数，采样方法如图 11 - 21 所示。采样频率由尼奎斯特（Nyquist）采样定律控制，即采样频率至少应达到记录的反射波中最高频率的 2 倍。

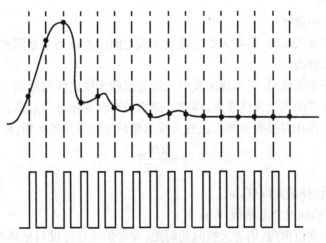

图 11 - 21　A/D 转换实时采样方法

对于大多数地质雷达系统,频带与中心频率比大致为1,即发射脉冲能量覆盖的频率范围为0.5~1.5倍中心频率。这就是说反射波的最高频率大约为中心频率的1.5倍,按尼奎斯特定律,采样频率至少要达到天线中心频率的3倍。为使波形记录更完整,A/D转换过程中数据不失真,在实际工作过程中,建议采样频率设定为天线中心频率的10倍左右。

11.3.3.5 触发间隔(测点点距)

离散测量时,触发间隔的选择取决于天线中心频率与地下介质的介电特性。为保证地下介质的响应在空间上不重叠,也应该遵循尼奎斯特采样定律。尼奎斯特采样间隔 n_x(单位m)应为介质中波长的四分之一,即

$$n_x = \frac{c}{4f\sqrt{\varepsilon}} = \frac{7.5 \times 10^7}{f\sqrt{\varepsilon_r}} \qquad (11-32)$$

式中, n_x——尼奎斯特采样间隔,m;

　　　c——电磁波在真空中的传播速度,m/s;

　　　f——天线的中心频率,Hz;

　　　ε_r——介质相对介电常数,F/m。

如果触发间隔大于尼奎斯特采样间隔,急倾斜反射体就不能很好确定。当反射体比较平整时,触发间隔可适当放大,因为随着触发间隔变大,数据量将减少,工作效率将提高。

在连续测量时天线的最大移动速度主要取决于扫描速率以及目标体大小。扫描速率是定义每秒钟雷达采集多少扫描线(道)记录,扫描速率大时采集密集,天线的移动速度可增大,因而可以尽可能的选大,但是它受仪器能力的限制。对于一种类型的雷达,它的A/D采样位数、扫描样点数和扫描速度三者的乘积应为常数。当扫描速率 Scan m/s 决定后,要认真估算天线移动速度 V_{max}。估算移动速度的原则是要保证最小探测目标内只少有20条扫描线记录:

$$V_{max} \leqslant 扫描速率/20 \times 目标体大小 \qquad (11-33)$$

式中, V_{max}——天线最大移动速度,m/s。

例如,探测目标最小尺度为0.1 m、扫描速率64 Scan m/s 时,推算天线运动速度应小于0.32 m/s,相当于0.005 m/Scan。如果最小目标为0.5 m,则天线移动速度可达1.6 m/s,相当于0.025 m/Scan。

11.3.3.6 天线间距选择

当采用收发同体天线时,发射天线与接收天线之间的距离通常是固定不变的,参数设置时一般不允许进行修改。

当采用收发分置天线时,适当选取发射天线与接收天线之间的距离,可使来自目标体的回波信号增强。通常的偶极天线发射,接收方向增益在临界角方向最强,于是天线间距 S 的选择应使最深目标体相对接收天线与发射天线的张角为临界角的2倍,即

$$S = \frac{2D_{max}}{\sqrt{\varepsilon_r}} \qquad (11-34)$$

式中, D_{max}——目标体最大深度,m;

　　　ε_r——介质的相对介电常数,F/m。

在有效探测深度范围内,增加天线间的间距,即增加来自深度目标体的信息。实际测量中,天线间距的选择通常小于该数值,原因之一是天线间距加大,增加了测量工作的不便。原因之二是随着天线间距增大,垂向分辨率将降低,特别是当天线间距 S 接近目标体深度的

一半时,该影响将大大加强。因此在实际测量中天线间距 S 常取做目标体最大深度的20%。

11.3.3.7　测线的布置

测线布置对于取得满意的探测结果十分关键,如果测线布置不当,虽做了工作但不一定能取得满意结果。测线布置应该注意两点,一是探测的目标是二度体还是三度体。如果是二度体,测线应该彼此平行,垂直目标轴向布设;如果是三度体,测线应该按网格状布设,详见图11-22和图11-23。二是探测目标水平尺度的大小及要求的水平分辨,即要求水平方向探测目标的最小尺度。两者有时是相同的,但大多数场合是不同的。测线的间距应该同时小于或等于目标尺度与分辨率尺度,以防目标漏测。有时在实际工作中为了节省时间,测线间距布置过大,这就有漏测的危险。

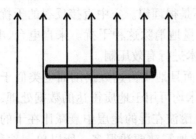 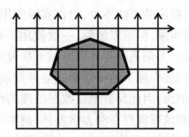

图11-22　二度体探测剖面布置　　　　　图11-23　三度体探测剖面布置

测量中要做好场地标记和记录打标。场地标记包括测线标记和测线上距离标记。同时,雷达记录里的标记要与场地标记相一致。

11.3.3.8　探测场地记录

探测场地记录很重要,它是资料解释的基础。数据采集时有些环境干扰信号可能会被记录下来,如电线反射、侧边墙反射、金属物品反射等,如不参考探测场地记录很容易错判为异常体。场地记录的要点是把那些可能产生反射的干扰物都记录下来,注明它们的性质、与测线的距离、位置关系等。

现场探测时,为有效、可靠地识别第一个界面反射波和区分环境干扰波,要将天线远离界面和靠近界面、向左和向右反复移动几次,第一个界面反射波走时会发生同步变化,环境干扰波形也会发生相应变化,将这些记录下来,以便资料分析解释时使用,如图11-24所示。

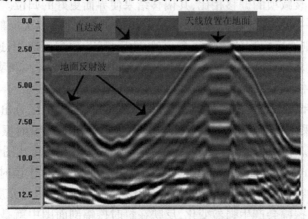

图11-24　第一界面反射波与直达波雷达图

11.4 地质雷达数据处理和解释

11.4.1 雷达图像的数据处理技术

由于电磁波在地下的传播过程十分复杂,各种噪声和杂波的干扰非常严重,正确识别各种杂波与噪声、提取其有用信息是地质雷达记录解释的重要的环节,其关键技术是对地质雷达记录进行各种数据处理。

地质雷达的噪声和杂波大致可归结为系统噪声,主要源于发射和接收天线之间的耦合;多次波干扰;空中直接反射,非屏蔽干扰;来自电台、电视台、雷电放电、太阳活动等外部电磁干扰。对系统噪声干扰可采用滤波和多次叠加压制。多次波干扰的问题一直是研究的热点和难点,提出的方法不少,但在实际应用的效果都不是很理想。空中直接反射的干扰常常很强烈,易识别,但难以消除,一般使用屏蔽天线以尽量地消除这种干扰。来自电台、电视台、雷电放电、太阳活动等外部电磁干扰可通过滤波技术进行有效压制。

电磁波在地下的传播形式与地震波十分相似,而且地质雷达数据剖面也类似于反射地震数据剖面,因此反射地震数据处理的许多有效技术均可用于地质雷达的数据处理,但由于电磁波和地震波存在动力学差异,例如强衰减性,电磁波在湿的地层中衰减比在干的地层中要大,而地震波却恰好相反,地质雷达的穿透深度比地震波要浅得多。所以单一地移植、借鉴地震资料处理技术是不够的。

常规的地质雷达模拟浅层地震资料处理技术有滤波、道均衡、速度分析、多次叠加、单道多次测量平均、偏移、反褶积、复信号处理等。

地质雷达的原始数据剖面显示的是扭曲、失真的地下结构图像,偏移(归位)处理则是把雷达记录中的每个反射点移到其真正位置,从而获得反映地下介质的真实图像。用于雷达数据偏移处理的算法主要有:Kirchhoff 偏移(绕射叠加)、F-k 偏移、波动方程偏移等。绕射叠加偏移的特点是可偏移陡倾角,允许根据地层倾角和相干性进行加权与道切除,偏移孔径可以明显不同,但通常不能适应横向速度变化;Stolt 偏移(F-k)允许偏移的地层倾角较小,很难处理速度的横向变化,由于采用快速 FFT,所以它是一种最经济的偏移方法;波动方程偏移,主要是声波方程偏移,允许偏移的地层倾角最大为 60°,产生的偏移噪声较小,在低信噪比的地方比较有效,可以适应速度的横向变化。带衰减项的有限元偏移,更符合电磁波的动力学规律,与不带衰减项的偏移相比,其偏移结果使界面更好的归位。

反褶积其实是一种特殊的滤波方法,它可以压缩子波,抑制多次反射,从而提高垂直分辨率和同相轴的识别。反褶积的算法很多,有脉冲反褶积、预测反褶积、递归反褶积、同态反褶积等,其中应用最多的是脉冲反褶积。但是,当地下介质的复杂性和噪声的影响增加时,反褶积处理的效果并不明显,而且还存在寻找适当处理参数的问题。

经过去除噪声和信号放大等预处理之后,可以从 GPR 图像中区分出双曲线等有用波形特征,而且,进一步采用复信号分析技术,可以分离出雷达信号的瞬时振幅、瞬时相位、瞬时频率(俗称"三瞬")。在工程应用中,多参数综合分析方法有利于雷达图像的准确解释。

瞬时振幅(instantaneous amplitude)是反射强度的量度,它正比于该时刻地质雷达信号总能量的平方根,这种特征便于确定特殊岩层的变化。当地层存在明显介质分层或滑裂带,或地下水分界面,瞬时振幅会产生强烈变化,反映在瞬时振幅剖面图中就是分界面位置出现明显振幅变化。

瞬时相位(instantaneous phase)是地质雷达剖面上同相轴连续性的量度,无论反射波的能量强弱都能显示出来。当电磁波在各向同性均匀介质中传播时,其相位是连续的。当电磁波在有异常存在的介质中传播时,其相位将在异常位置处发生显著变化,在剖面图中明显不连续,因此,利用瞬时相位能够较好地对地下分层和地下异常进行辨别。当瞬时相位图像剖面中出现相位不连续时,就可以判断该处存在分层或异常。

瞬时频率(instantaneous frequency)是相位的时间变化率,它反映了组成地层的岩性变化,有助于识别地层。当电磁波通过不同介质界面时,电磁波频率将发生明显变化,这种变化可以在瞬时频率图像剖面中较为清晰地显示出来。

对于同一反射层,三种瞬时信息同时发生明显变化就可能反映地层的物性变化。因为在这三个参数中,瞬时相位谱的分辨率最高,而瞬时频率谱和瞬时振幅谱的变化反映较为直观,所以通常根据瞬时频率谱和瞬时振幅谱来确定异常或分层的大概位置,然后利用瞬时相位谱精确确定异常位置和分层轮廓线。

11.4.2 RAMAC/GPR 数据处理实例

我们通过地质雷达采集系统得到的雷达数据还不容易直观的判读,我们称为原始数据。为了更容易地识别目标体和得到更清晰的反射信号,还需要对雷达原始数据进行进一步的后处理操作。在这里,仅以瑞典公司的 Ground Vision 采集处理软件为例,简要说明数据处理的过程。

雷达数据后处理通常需要采用的滤波器有下面几种:

(1)DC Removal:通常每道波形的振幅都存在一个常量的偏移,我们称为直流偏移。这个滤波器去除数据中的 DC 部分,每道波形的 DC 都将被单独的计算和去除掉。

(2)Subtract Mean Trace:这个滤波器通过减去一个所有道波形的平均值来在雷达图像上消除水平或近似水平的特征。

(3)Automatic Gain Control(AGC):自动增益控制能够调整每道波形的增益,主要通过调整时间窗口内的平均振幅来实现。

(4)Band Pass:带通滤波器主要是在数据中去除不想要的频率,在低取舍点和高取舍点区间之外的频率成分都将被削弱。

(5)Running Average:这个滤波器通过对激活采样窗口内全部采样的平均值来替换每个采样值,这使雷达图像看起来更加平滑。

下面通过对一个雷达数据逐步施加上述的几种滤波处理,通过数据图形的对比,体会各中滤波的功能和效果,如图11-25至图11-32所示。

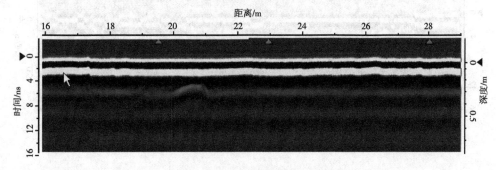

图 11-25　雷达原始数据剖面图

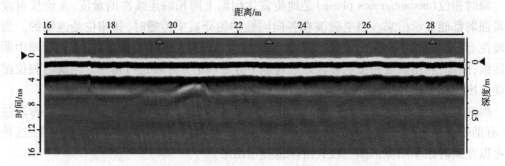

图 11 - 26　DC Removal 滤波后雷达数据剖面图

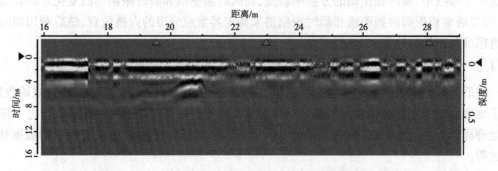

图 11 - 27　Subtract Mean Trace 滤波后雷达数据剖面图

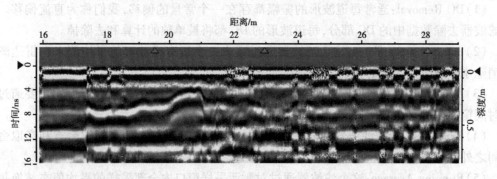

图 11 - 28　Automatic Gain Control 滤波后雷达数据剖面图

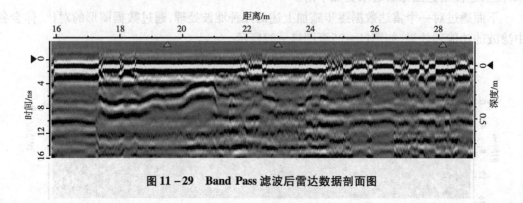

图 11 - 29　Band Pass 滤波后雷达数据剖面图

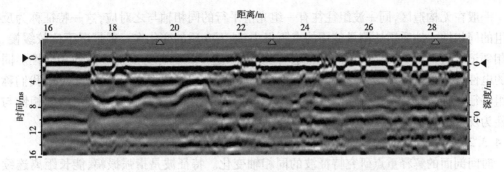

图 11 -30 Running Average 滤波后雷达数据剖面图

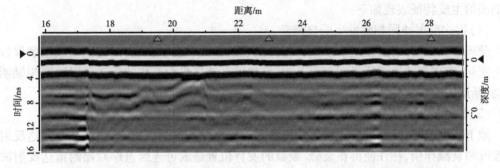

图 11 -31 去掉 Subtract Mean Trace 滤波突出分层效果雷达数据剖面图

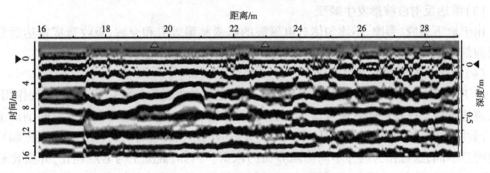

图 11 -32 增益过大雷达数据剖面图

11.4.3 地质雷达数据解释方法

11.4.3.1 反射层的拾取

地质雷达数据解释基础是拾取反射层。在雷达数据记录中,根据相邻道上反射波的对比,把不同道上同一连续界面反射波相同相位连接起来的对比线称为同相轴。同相轴的时间、形态、强弱、方向反正等特征是数据解释最重要的基础,而反射波组的同相性与相似性也为反射层面的追踪提供依据。同相轴的形态与探测目标物的形态并非完全一致,由于边缘反射效应的存在,使得目标物波形的边缘形态有很大差异。对于孤立的目标体,其反射波的同相轴为开口向下的抛物线,有限平板界面反射的同相轴中部为平板,两端为半支开口向下的抛物线。通常通过钻孔取芯与雷达图像对比,建立各层的反射波组特征。地质雷达图像剖面是数据解释的基础图件,只要介质中存在电性差异,就可以在雷达图像剖面中找到相应的反射波与之对应。

一般在无构造区,同一波组往往有一组光滑平行的同相轴与之对应,这一特征称为反射波组的同相性。地质雷达测量使用的点距很小,地下介质的变化在一般情况下比较缓慢,因此相邻记录道上同一反射波组的特征会保持不变,这一特征称为反射波形的相似性。同一层的电性特征接近,其反射波组的波形、振幅、周期及其包络线形态等有一定特征,我们称为波组特征。确定具有一定特征的反射波组是反射层识别的基础,而反射波组的同相性与相似性为反射层的追踪提供了依据。

11.4.3.2 时间剖面的解释

时间剖面的解释重点研究特征波的同相轴变化。特征波是指强振幅、能长距离连续追踪、波形稳定的反射波。它们一般是主要岩性的分界面的有效波,特征明显,易于识别。时间剖面的主要特征表现如下:

(1)雷达反射波同相轴发生明显错动

破碎带及大的风化裂缝、含水量变化大造成正常地层发生突变,两侧地层或土壤层性质发生变化,表现在地质雷达时间剖面上为:反映地下地层界面变化的雷达反射波同相轴明显错动,断层或土壤层性质发生变化越大,这一特征越明显。

(2)雷达反射波同相轴局部缺失

地下裂缝、地下性质突变和风化发育情况和程度往往是不均衡的,由于其对雷达反射波的吸收和衰减作用,往往使得在裂缝、裂隙的发育位置造成可连续追踪对比的雷达反射波同相轴局部缺失,而缺失的范围与裂缝横向发育范围和土壤性质突变范围有关。

(3)雷达反射波波形发生畸变

由于地下裂缝、裂隙、不均匀体对电磁波的电磁驰豫效应和衰减、吸收造成雷达反射波在时间剖面上局部发生波形畸变,畸变程度与裂缝、裂隙及不均匀体的规模有关。

(4)雷达反射波频率发生变化

由于土壤中各种成分含量及盐碱性质对于电磁波的电磁驰豫效应和衰减、吸收作用,往往对雷达波波形改变的同时造成雷达波在局部频率降低,这也是地质雷达在时间剖面上识别不同性质边界的一个重要标志。不同介质有不同的结构特征,内部反射波的高、低频率特征也明显不同,这可作为区分不同物质界面的依据。例如,混凝土与岩层相比,介质比较均匀,没有岩石构造复杂,因此,混凝土内部反射波较少,只是在有缺陷的地方有反射,而围岩中反射波明显,特别是高频波较为丰富。如果围岩中含水较多,反射信号会出现低频高振幅的反射特征,易于识别。节理带、断裂带等结构破碎,内部反射和散射较多,在相应位置表现为高频密纹反射,但是,由于破碎带的散射和吸收作用,从其后部位反射回来的后继波能量变弱,信号振幅较为平坦。

11.5 工程应用实例

11.5.1 地下停车场基础拉梁检测

深圳某小区居民楼完工之后,有人反映施工单位擅自取消了地下停车场的基础拉梁,因为有地下室底板覆盖,所以传统检测方法不能直接判断基础拉梁是否存在。如果采用钻孔取芯的方法,不仅对结构破损严重,而且时间长,工作量大,因此不宜采用。当笔者使用 500 MHz 的地质雷达对其进行检测时,则取得十分满意的效果,现场即可判明。图 11-33 左侧和右侧的抛物线分别是两根拉梁反射的雷达剖面图,深度大概在 0.6 m,如图 11-33 所示。

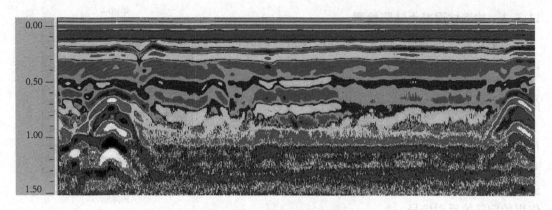

图 11 – 33 拉梁雷达剖面图

11.5.2 楼板厚度及钢筋位置检测

图 11 – 34 是检测某楼板的雷达数据,左侧是经过处理的雷达剖面图,右侧是剖面图黑线位置的单道波形图。根据左侧雷达剖面图能够非常肯定地找出第一排钢筋,且可以判定有第二排钢筋,但因为受第一排钢筋影响,其位置较难读取。为了得到第二排钢筋深度和楼板厚度,有必要结合右侧的波形图进行分析。根据前面讲到的反射系数分析方法,1 处为楼板面的反射位置(采样点:36,深度:0 m),2 处为第一排钢筋的反射位置,其深度(采样点数:87,深度 0.09 m),因为波形不是位于第一排钢筋正上方,所以其值偏大,将黑线移到第一排钢筋抛物线顶点位置,从对应的波形上即可得到实际值(采样点数:64,深度:0.04 m),3 处为第二排钢筋的反射位置(采样点数:118,深度:0.15 m),4 处为楼板底面的反射位置(采样点数:131,深度:0.17 m)。由此可见,波形特征分析是雷达数据解释的根本方法和重要手段。

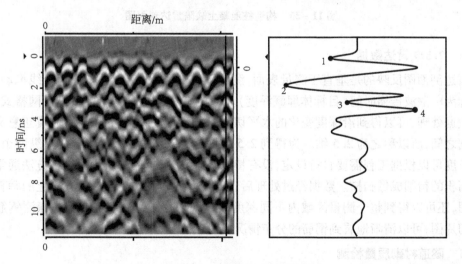

图 11 – 34 某楼板的雷达剖面图

从图 11 – 35 可知,圆点为某混凝土板底层钢筋的位置,钢筋间距约为 200 mm,钢筋直径约为 14 mm,混凝土板厚度约为 250 mm,图中第二条线为混凝土板底面,第一条线为实际测量表面,其上部分是雷达发射极与测量表面的空隙部分,如果需要,可以将其消除。

11.5.3 构造柱混凝土缺陷检测

为了试验的目的,在某建筑物外墙构造柱内人为的留有空洞,希望通过红外热像仪和地质雷达的检测方法找到缺陷位置。图 11-36 是使用频率 1.2 GHz 的天线沿构造柱柱身采集的雷达数据,从雷达剖面图上可以看出,椭圆内部的雷达反射波形明显与其他部位的波形不同,同相轴不连续,信号反射强烈。经核实此处便是构造柱内缺陷的位置。另外,雷达剖面图上还有几个小的抛物线形状的波形,这是墙体内起加固作用的钢筋的反射信号。

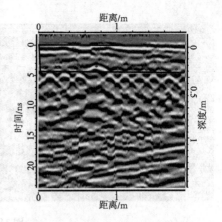

图 11-35 某混凝土板雷达剖面图

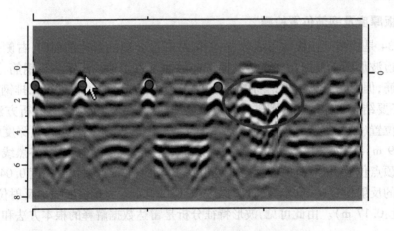

图 11-36 构造柱混凝土缺陷雷达剖面图

11.5.4 2.5D 雷达数据

雷达剖面图反映的是垂直于测量表面,测线下方的回波信息,横坐标为天线拖动距离,纵坐标为电磁波传播时间(目标体埋藏深度)。地质雷达通过对测量区域进行网格式扫描,经过数据处理,可以得到沿深度变化的水平切片图,因为这种方法介于二维和真正意义的三维数据之间,所以称之为 2.5 维。为得到 2.5 维图像,雷达测线需要布置成横纵两个方向,测线长度可以根据工程需要自行设定,没有特殊限制,如图 11-37 所示。这种方法通常适用于小面积的精细成像扫描。数据经过处理后,不仅能够查看 X 轴和 Y 轴方向上的垂直雷达剖面图,还可以得到整个测量区域内不同深度的水平切片图,图 11-38 就是探测钢筋网的水平切片图,可以清晰地看到钢筋的分布情况。

11.5.5 隧道衬砌质量检测

11.5.5.1 衬砌混凝土厚度检测

隧道衬砌混凝土厚度是隧道工程质量控制的关键因素之一,利用材料之间的介电差异,追踪分层界面反射波型的同相轴,可得出衬砌的厚度值。在实际工程中,通常采用钻孔取芯的方法得到某一点的速度值,然后再返带回去。或者在洞口等能够现场测量厚度的地方采集数据,计算出电磁波在衬砌中的传播速度,然后作为参考值用于测量剖面。

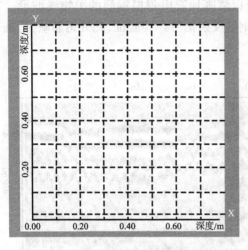
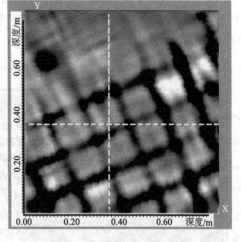

图 11 – 37　网格式测线布置示意图　　　　图 11 – 38　钢筋网探测雷达水平切片图

　　电磁波速度的准确性直接影响着衬砌厚度的精确度,由于混凝土强度、含水量等诸多因素的影响,在实际工程测量中很难确定每一处的电磁波传播速度,因此,最后得到的衬砌厚度值是存在一定误差的。

11.5.5.2　钢筋和钢架位置检测

　　衬砌内钢筋和钢格栅对隧道薄弱或重要部位起着不可忽略的加固作用,地质雷达能够检测钢架的位置。受到现场施工干扰、天线操作人员托举不当及路面不平整等因素的影响,可能造成实测钢筋数量小范围的误差。因为金属物体对雷达波的屏蔽及反射强烈,且钢筋间距较小,所以通常只能判读靠近混凝土表层的一排钢筋数量,后排钢筋往往反射信号很弱。另外,如果二衬内设计有钢筋网,这时初衬的钢架需要在浇注二衬之前进行检测,否则,是不能在雷达图上分辨出钢架信号的;如果二衬是素混凝土,也可在二衬完成后进行。典型图例如图11 – 39和图 11 – 40 所示。

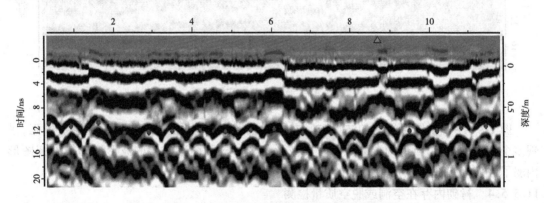

图 11 – 39　初衬内钢架反射信号雷达图

　　图 11 – 39 是在某隧道边墙处采集的雷达数据,设计在初期支护中有型钢钢架,间距为0.5 m。图中每个点位置代表一榀钢架,钢架深度大约为 0.75 m,间距约为 0.5 m。可以看出,在二次衬砌内没有钢架的情况下,雷达可以探测到初期支护中的钢架信号。

图 11-40 中每个点代表一根钢筋,从图可以清晰地看出每根钢筋的抛物线波形。在图 11-40 左侧方框区域,较为容易地发现未有钢筋反射信号。经验证,此处钢筋缺失,施工单位在此处未布设钢筋。

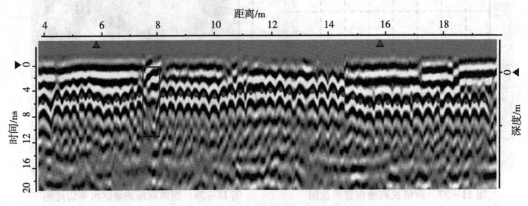

图 11-40　二衬内钢筋反射信号雷达图

11.5.5.3 衬砌混凝土胶结情况检测

如果在比较连续一致的衬砌混凝土层内部反射波中出现较强反射波组,反射波振幅明显增强,而且同相轴发生畸变,呈现多个细密的弧形,这些特征表明衬砌混凝土层内部出现局部不均匀性变化,振幅的明显增强说明混凝土的胶结密实度较差。典型图例如图11-41所示。

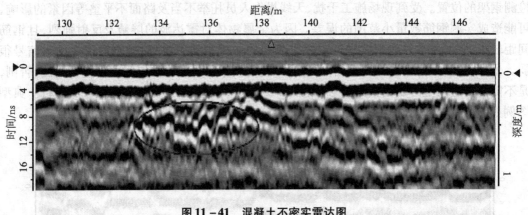

图 11-41　混凝土不密实雷达图

图 11-41 中椭圆区域内的波形与其左侧的波形比较会发现,反射波振幅明显增强,呈现多个细密的弧形,典型的混凝土不密实波形特征。椭圆图形右侧的波形振幅较椭圆图形内弱了许多,属于轻微不密实。

11.5.5.4 衬砌内存在空洞或脱空质量检测

衬砌内通常会存在空洞或脱空的质量问题,从雷达剖面图中方框区可以明显看出,衬砌层底部的反射波振幅明显增强,但层底的反射波同相轴依然连续清晰,形状未发生大的变化。根据衬砌层底反射波振幅的强度情况可以定性地判断脱空地相对严重情况。典型图例如图11-42所示。

图 11-42 中衬砌底层的反射波振幅明显,同相轴连续清晰,从左到右贯穿整个图形,深

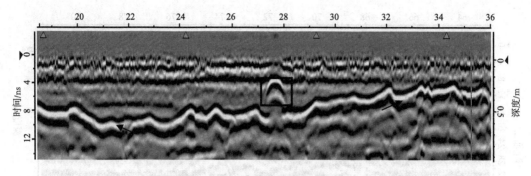

图 11 -42　衬砌内脱空雷达图

度大致为 0.3 ~ 0.7 m,属于隧道二衬和初期支护结合面之间存在大范围脱空,但要特别注意的是,在图像右侧位置,二衬的厚度值已明显小于左侧位置的厚度值。矩形方框内的波形反射是混凝土二衬浇筑施工缝的位置,其波形异常和施工缝有着密切的关联。

11.5.5.5　隧道检测中干扰信号的识别

隧道内的检测条件非常复杂,电磁设备,隧道中的电力电缆等都会产生反射干扰信号,图 11 -43 中方框内的波形就是数据采集过程中对讲机通话时造成的干扰波形;隧道检测中通常选用的天线都是屏蔽天线,能够排除一些干扰信号,但对有些金属物体的强干扰还是不能完全屏蔽,图 11 -44 椭圆框内的波形就是测量仰拱时经过衬砌台车时引起的假异常信号;另外,在数据采集过程中,由于隧道地面不平坦造成检测车的颠簸也会引起数据信号的假异常,数据解释时应注意区分。

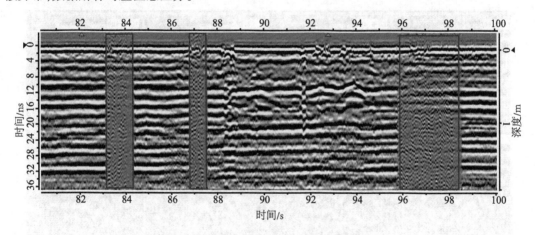

图 11 -43　对讲机通话时电磁波干扰雷达图

11.5.6　管线位置探测

11.5.6.1　在雷达剖面图上判读管线

雷达剖面图的横轴是天线沿测量表面扫描过的水平距离,纵轴是电磁波穿透的深度,即相当于沿天线测线向地下做了一个剖面。当在雷达剖面图上发现抛物线形状的波形时,就可以和探测现场的地下管线联系起来。应该注意的是,地下埋藏的孤立物体,如大的混凝土块、空洞等物体都会在雷达剖面图上产生类似管线的波形反映。因此,根据管线连续铺设的特点,最好在相近位置处多布置几条测线,如在多张雷达剖面图的相同水平和深度位置都能

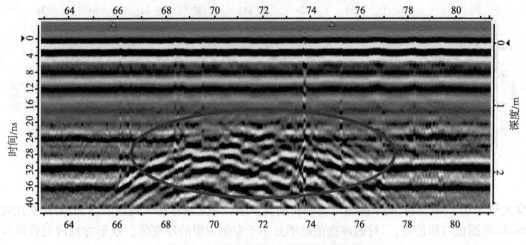

图 11 -44 隧道衬砌台车引起的假异常信号

发现类似的波形反映,就可以断定是一条管线了。天线阵雷达一次扫描就能同时得到多张雷达剖面图,每张雷达剖面图对应的水平位置相互平行,可以根据不同的编号来识别它们的排列位置,如图11 -45所示。管线的深度和水平距离可以从雷达剖面图上直接读出,雷达系统在数据采集时已自动把深度值和水平距离自动计算出来,在雷达数据后处理软件中,当鼠标指针指到抛物线顶点时,其数值即显示在窗口的相应位置,一般来说,管顶位置恰好在抛物线的黑白过渡处。天线阵雷达的使用极大的提高判读数据的准确性和工作效率。

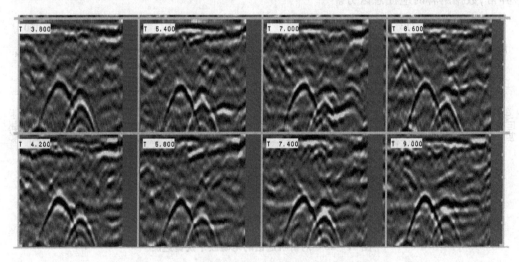

图 11 -45 天线阵雷达同时采集的多张雷达剖面图

11.5.6.2 水平切片图上判读管线

雷达水平切片图是假设把测量区域放置于坐标的第一象限,然后沿深度方向做厚度切片,它是雷达数据后处理软件经过复杂处理过程的一种产物,在这个过程中雷达数据后处理软件将所有邻近的雷达截面图中相应深度范围内的雷达信号合为一体并在对应深度范围的底端成图,通过恰当的颜色显示因管线的存在而引起在分层范围内(分层厚度最大值一般不超过 20 cm)电磁波强弱的不同,从而判断管线的位置及其走向。

图 11 -46 和图 11 -47 分别显示的是天线阵雷达在扫描过程中产生雷达剖面图和水平切片图的图解过程,图中显示了两个位于不同深度的管线所产生的反应。在雷达剖面图上,我们可以看到因管线存在而产生的抛物线形状;在水平切片图上,管线存在的深度范围内的水平切片图中可以清晰看到管线在水平切片图上的反映形式,它将测量区域内采集到的所有信息综合成一个整体并绘制出来,在对应深度范围的末端显示管线的实际走向。

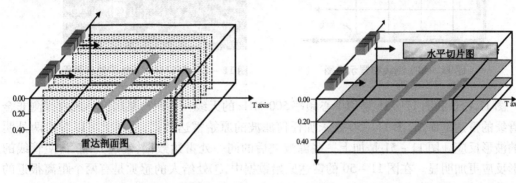

图 11 -46　管线在雷达剖面图上的反应　　　　图 11 -47　管线在水平切片图上的反应

11.5.6.3　管线深度和水平位置的确定

管线的深度可从雷达剖面图上直接读取,地质雷达系统自动把时间域转换成空间域。电磁波在不同介质中的传播速度是不一样的,在确定管线深度之前,最好在测量区域内找一条已知管线进行传播速度测试。波速值的求法是根据电磁波在介质中的双程走时时间不变的原理求得的,即 $D_1/V_x = D_2/V_2 = \Delta t$,其中,$D_1$ 为管线的实际埋深,V_x 为我们需要求的雷达波速值,D_2 为从雷达图上读出的管线深度值,V_2 为在测量前事先假设的雷达波速,Δt 为电磁波的双程传播时间。

管线的水平位置可由测量轮精确测得,而且地质雷达具有现场回拉定位功能,当屏幕上显示出管线波形时(天线拖动方向与管线方向垂直时,典型波形反应为抛物线),可将天线回拉,屏幕上将出现一个光标,随着天线的回拉,光标在雷达剖面图上移动,当光标移到抛物线顶点时,天线的中心位置对应的就是该管线轴心的平面位置。

11.5.6.4　工程实例

当对一个区域进行"盲探"时,我们通常按照图 11 -48 的方式进行测线的布置,测线间距应根据管线、场地和天线的大小进行确定。图 11 -49 是用中心频率 250 MHz 天线探测得到的一张雷达剖面图,①处是一根金属管线,②处是一根非金属管线。一般来说,我们很难直接从雷达剖面图上判别探测目标是金属管线还是非金属管线,但是,因为金属管线的反射信号较强,地质雷达从较远的位置就能接收到其反射信号,所以金属管线的抛物线两叶相对非金属管线的两叶要长一些,也就是说,非金属管线的抛物线两叶要短小一些。从原理上说,这么判断非金属管线是没错的,但实际情况千差万别,非常复杂,探测时往往需要根据场地的实际情况并结合管线布置方面的专业知识加以综合判断。

如果采取开挖回填的施工方法铺设管线,那么回填土部分也会对地质雷达的探测效果产生负面影响,有的甚至接收不到管线的反射信号。图 11 -49 中③处方框内的雷达波形明显异于它两侧的波形,经核实,这是埋设管线②时对路面进行开挖回填土所造成的。总的来说,开挖回填这种情况往往只能判断出开挖过的位置,不能准确判读管线的深度位置。

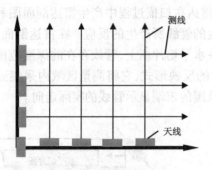

图 11 –48　测线布置示意图

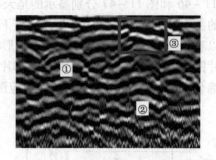

图 11 –49　250MHz 天线雷达剖面图

图 11 –50 和图 11 –51 是用中心频率 500 MHz 的天线在福州市某居民小区内探测非金属管线的雷达剖面图,图 11 –50 是未加任何滤波的原始雷达数据,从图上可以看出两处明显的波形反应。图 11 –51 是加上一些滤波之后的同一处雷达数据,经过处理后,使管线的波形反应更加明显。在图 11 –50 的雷达原始数据中,①处给人的感觉是有两个距离很近的抛物线,容易判读为两个距离很近的平行管线或开挖管沟的两个沟沿反射造成的波形反应;但从图 11 –51 滤波后的雷达数据来看,发现两个抛物线的中间部分波形反应比两侧强烈,这是上述两种情况不该有的波形异常,遂排除了上面两种可能,经验证,该管线实际是 PVC 管线内嵌套了一根金属管线。②处是一根 PE 管,从原始数据和处理后的雷达剖面图上都可以明显看到它的波形反应,埋深在 1.2 m 处。

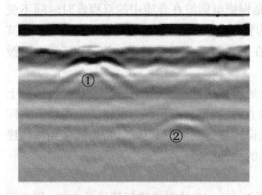

图 11 –50　雷达原始数据

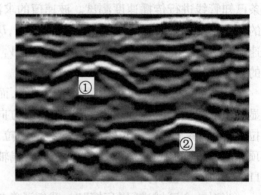

图 11 –51　处理后的雷达数据

11.5.7　挡土墙质量检测

挡土墙是路基的重要防护建筑物,它的质量好坏直接关系到线路的正常运营,但挡土墙多为隐蔽工程,施工完成后很难从其好看的外表面发现在施工过程中可能存在的工程质量问题,因此,对挡土墙的质量检测成为质检部门的重中之重。地质雷达因无须破坏挡土墙的整体结构,在墙体表面快速扫描之后就可以分析得出挡土墙墙体厚度是否达到设计标准,内部有无空洞及密不密实等情况而得到迅速的推广和应用。墙体测线布置主要分为横向和纵向两个基本测线方向。

图 11 –52 和图 11 –53 是对渝怀线某标段的设计高度 5 m 及 5 m 以上的衡重式路基挡土墙检测采集的雷达数据。图 11 –52 是沿着浆砌片石挡土墙的一条横向测线扫描得到的雷达图,此位置的挡土墙厚度均匀,没有大的变化,如图 11 –52 所示,挡土墙的厚度分界面

非常明显,厚度约 1.3 m(可以从雷达后处理软件上直接读出挡土墙厚度)。把挡土墙的厚度定在此位置是因为该处有一明显的分界线(同相轴),并且该分界线上下的雷达波形差异较大,上部雷达波形相对细密并存在多个小抛物线,为明显的混凝土雷达波形反应,下部雷达波形相对疏松,为挡土墙后面介质的雷达波形反应。图 11 - 53 是沿着浆砌片石挡土墙的一条竖向测线检测得到的雷达图,此位置的挡土墙厚度沿着测线前进方向逐渐增加,基本上呈线性变化,如图 11 - 53 所示,在图两侧分别用箭头标示出了挡土墙厚度的起始位置和最后位置。

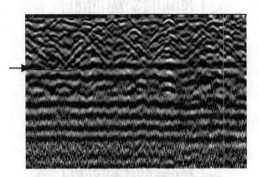 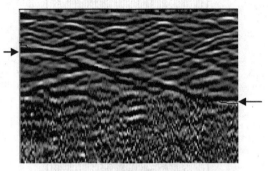

图 11 - 52　厚度均匀的挡土墙雷达图　　　　　图 11 - 53　厚度增厚的挡土墙雷达图

11.5.8　隧道超前预报

地质雷达数据采集时的信号触发方式一般有三种,即测量轮触发、时间触发和键盘触发。测量轮触发方式一般要求测量表面比较光滑,保证测量轮正常滚动,这样采集的雷达数据长度才能够和实际测线长度相符,因为隧道掌子面凹凸不平,所以一般不能保证测量轮的正常工作,因此不建议采用这种触发方式;时间触发方式是地质雷达系统按照一定的时间间隔自动采集数据,要求天线按照合适的速度匀速前进,天线底部和测量表面允许一定的间隙,一般不要超过 20 cm,无论天线是否移动,系统都会按照设定好的速度自动采集数据,因此雷达数据长度会与实际测线长度不符,所以最好不要采用这种触发方式;键盘触发方式是通过电脑键盘发送指令给雷达控制系统,按一下键盘采集一道数据,天线按照固定间距移动,每移动一次采集一道数据,这种信号触发方式非常适合掌子面这种恶劣的工作条件,进行隧道超前预报时,建议采用这种信号触发方式。

隧道超前预报主要是确定掌子面前方的构造断裂、软弱夹层、岩溶洞穴等的分布位置以及掌子面前方地下水状况,岩溶洞穴填充物及其性质的预报等。构造断裂带在雷达剖面图上的波形反映一般是与断裂带走势相同的一条曲线,软弱夹层和岩溶洞穴的波形反映一般是由许多细小的抛物线组成的一块较大区域,与周围的波形存在明显的差异。实践证明,地质雷达对掌子面前方含水、溶洞、断裂带等异常反映较好,但预报范围将会相对缩短。因为水的相对介电常数 $\varepsilon_r = 81$,电磁波能量会被水大量吸收,探测距离相对缩短。电磁波在地层中传播时的能量消耗也很大,也会对探测距离有一定的影响。雷达图像的判读除了在雷达剖面图上发现明显的信号异常之外,最好还要注意观察掌子面施工现场的地质情况,结合地质方面的知识加以综合判断会得到更准确的结果。

图 11 - 54 和图 11 - 55 是在宜万铁路某隧道进行超前预报采集到的地质雷达数据,测区属构造剥蚀—溶蚀深切割中山,基本地形配置为台原山地和深切峡谷。地势北高南低,山

顶高程1 593~1 100 m,河谷切割深度200~700 m。受区域内NE向和EW向构造影响,山脉一般沿NE向和EW向延伸。地形条件对区内岩溶发育起明显的控制作用,岩溶发育总体呈深切峡谷型特征。测区地处亚热带温暖湿润气候区,四季分明,冬季干冷少雨,夏季湿热多雨,其气候条件有利于岩溶发育,形成丰富多彩的岩溶形态。

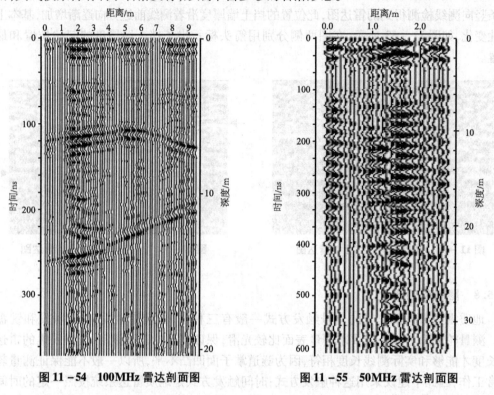

图11-54 100MHz雷达剖面图   图11-55 50MHz雷达剖面图

图11-54是使用瑞典地质雷达100 MHz的主频天线采集的雷达数据,采样频率为995 MHz,采样点数为512,天线间隔1.0 m,采样间隔0.1 m。从雷达剖面图上可以明显看出,在掌子面前方5.9~7.8 m和11.4~14.0 m分别各有一个明显异常。后经开挖验证,第一处异常为不同岩性的界面,第二处异常是一夹泥薄层,并与隧道顶部的一个大溶洞相通,因该地区在预报检测之后发生过大的降雨,在实际开挖时发生了突泥,由于事先采取了有效的防范措施,所以未造成任何的工程事故。地质雷达的隧道超前预报工作为隧道安全施工起到了保驾护航的巨大作用。

图11-55是使用瑞典地质雷达50 MHz的主频天线采集的雷达数据,采样频率为499 MHz,采样点数为480,天线间隔1.0 m,采样间隔0.1 m。从雷达剖面图上可以看出,在掌子面前方8.0~16.5 m处有一处明显异常。数据采集过程中,我们发现隧道已开挖部分大多是碳质灰岩,而在接近掌子面的地段,碳质灰岩中夹杂的方解石明显增多,这是岩溶发育或裂隙发生的初步特征,因此判断该处异常可能富含水。经开挖验证,现场情况与预报结果相符。

11.5.9 公路路基及结构层质量检测

针对公路路基及结构层内存在的缺陷,依据其分布位置和损坏程度可归纳如下。

11.5.9.1 层间黏结不密实

层间黏结不密实主要指沥青面层离析或黏结不密实,面层与基层间的黏结不密实或脱

360

空。从雷达剖面图上分析,主要表现为沿水平方向的横向变化。如果层间黏结不密实,实际上会在层间形成一个孔隙度较高的过渡带或薄夹层,从而引起明显的强反射。典型数据如图11-56所示。

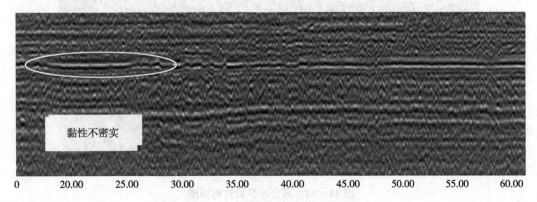

图 11 -56 黏结不密实雷达剖面图

11.5.9.2 (底)基层破碎、松散

(底)基层破碎、松散主要指结构层本身被破坏,层间发生了明显的物质运移和融合,从雷达剖面图上分析,主要表现为层间反射微弱或消失,层内反射紊乱,同相轴破碎、不连续,严重损坏区存在明显的裂隙或空隙。典型数据如图11-57所示。

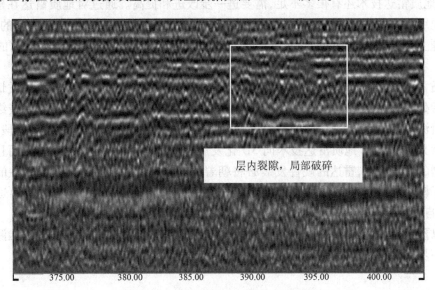

图 11 -57 基层破碎、松散雷达剖面图

11.5.9.3 层间富水/高含水

层间富水/高含水主要指地表水经裂缝等破损部位渗入结构层内,形成富集。从雷达剖面图上分析,主要表现为层间反射加强,大范围富水区的雷达波长明显变宽。典型数据如图11-58所示。

361

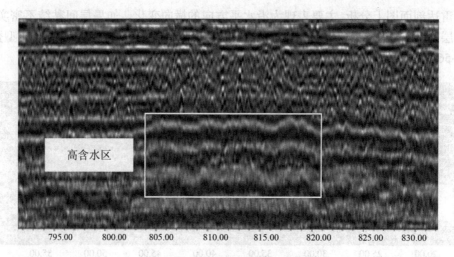

图 11-58　高含水区雷达剖面图

11.6　结语

经过大量实践证明,地质雷达检测技术不失为一种高效、准确、经济的无损检测方法。地质雷达检测技术必将在建设工程无损检测领域发挥其重要作用。但是,作为一种新的检测手段,地质雷达技术还有很多不足,需要进一步改进和提高。通过对地质雷达在建设工程领域的应用研究发现,该技术在确定缺陷深度尺寸、钢筋网覆盖下的缺陷、混凝土的强度、裂缝等问题上还存在较大困难,只能定性地加以描述,定量化还需地质雷达技术的进一步提高。

地质雷达的数据是时间-距离的二维剖面,其数据仅能反映测线下方的介质情况。地质雷达后处理软件能够对网格式采集或天线阵采集的雷达数据进行综合处理,最终得到测量区域沿深度方向变化的水平切片图,为定位缺陷位置提供了一种新的依据和手段,但还不是真正意义上的 3D。地质雷达技术向 3D 化发展不仅是科学发展的必然趋势,而且是实际工程检测的切实需要,雷达的硬件发展必将朝着这一方向前进。雷达后处理软件的发展也会更趋于模块化、自动化和人性化,能够对采集的数据进行处理和解释,自动选出适宜的处理参数,自动剔除干扰波,突出显示缺陷或目标体的波形特征。

可以预料,随着科学研究的进展和大量生产实践经验的总结提高,地质雷达检测技术将获得进一步发展和完善,它将成为建设工程领域无损检测的重要手段。

思　考　题

1. 简明阐述地质雷达的工作原理。
2. 写出地质雷达时深(时间—深度)转换公式,并说明各物理量的意义。
3. 写出电磁波在介质中的传播速度公式,并说明各个物理量的意义。
4. 写出电磁波反射系数公式,并说明各个物理量的意义。
5. 简要说明如何确定地质雷达的水平分辨率。
6. 简明阐述电磁波的薄层反射特性。

7. 地质雷达现场测量时,请说明确定适当时窗(时间窗口)长度的依据。

8. 地质雷达数据采集时,可能存在的噪声和杂波有哪几类?

9. 阐述同相轴的定义和在雷达数据解释中的应用。

10. 在地质雷达数据解释时,请列举地质雷达时间剖面的主要表现特征是什么?

12 检测数据分析处理

在任何测试过程中,无论采用什么检测方法,由于设备、测量方法、测量环境、人的观察力等多种因素的影响,都会造成测量结果与待求量真实值之间存在一定的差值,这个差值就是测量误差。这一规律在测量结果中普遍存在,因此测量结果都带有误差。

在混凝土无损检测中也不例外,同样存在误差。由于误差的存在,使我们对客观现象的本质及其内在规律的认识受到某种程度的限制。因此,就必须分析产生误差的原因、性质和误差对测试结果的影响,并采取有效的措施,以消除、抵偿和减少误差。从而提高检测结果的可靠性。

12.1 误差与数据处理

12.1.1 误差的估计

12.1.1.1 误差的来源与种类

首先,我们应了解什么叫误差、绝对误差、相对误差和真实值。

测量结果与该测量真实值大小之间的差异,叫作误差。即

$$误差 = 测量值 - 真实值$$

测量值与真实值之差称为绝对误差。

$$绝对误差 = 测量值 - 真实值$$

误差与真实值之比称为相对误差。即

$$相对误差 = \frac{误差}{真实值} \approx \frac{误差}{测量值}$$

真实值是在某一时刻,某一位置的状态下,被测物理量的真正大小。

$$真实值 = 测量值 + 修正值$$

在应用中,应根据所测误差的需要,用尽可能近于真实值的数值来代替真实值。如仪表指示值加上修正值,就可作为真实值。

例如:一根金属标准棒为 26.2 μs,实际测得为 26.6 μs,计算测量的误差为

$$26.6 - 26.2 = 0.4 \text{ μs}$$

在一般的测试过程中,误差来源可从以下几方面考虑:

①设备误差:包含标准器误差、仪器误差、附件误差;

②环境误差:温度、湿度、磁场、振动等引起的误差;

③人员误差:观测人员读数的分散性等引起的误差;

④方法误差:如经验公式的近似值等引起的误差;

⑤测量对象变化误差:被测对象变化使测量不准带来的误差等。

在试验中得到的测量数据,由于受各种因数的影响,总是存在误差。为了最后确定检测结果的可靠程度,必须进行误差分析和数据处理,即所谓测量误差估计。

根据误差产生的原因和性质,常把误差分为随机误差(或称偶然误差)、系统误差、综合误差和粗差(或称过失误差)。

12.1.1.2　随机误差

随机误差是指在实际相同条件下,多次测量同一量值时误差的绝对值和符号的变化,时大时小,时正时负,没有确定的规律,也不可预定。

随机误差常由测量仪器、测量方法和环境等因素带来。如仪器的电源电压、刻度线不一致、读数中的视差、度量曲线中线条宽度、峰谷之间的距离瞄准不精确、温湿度的影响、磁场的干扰等,都会给测量结果带来随机误差。

随机误差无法避免,它在各项测量中单个表现为无规律,但在多次重复测量时,它就表现稳定的统计规律性。在实际测量中,往往很难区分随机误差和系统误差,因此许多误差都是这两类误差的组合。

12.1.1.3　系统误差

系统误差是指在同一条件下多次测量同一量值时,误差的绝对值和符号保持恒定;或在条件改变时,按某一确定规律变化的误差。

系统误差的来源是多方面的,例如:

仪器误差:非金属超声波检测仪 t_0 调整不对,回弹仪未调整成标准状态等。

测量误差:这是由于使用中产生的误差,如混凝土构件进行超声波无损检测时,测区相对面位置不对,收发换能器未在一直线上,超声测距测量不准等。

另外,环境(温湿度等按某一规律变化)、观察者特有习惯等都可能产生系统误差。

系统误差有的可以通过查明原因或找出变化规律,在测量结果中予以修正。例如回弹仪检测时有角度和测试面修正;超声波检测仪当在混凝土浇筑的顶面与底面测试时,测区声速应进行修正等。

12.1.1.4　综合误差

随机误差与系统误差的合成叫作综合误差。

12.1.1.5　粗差

明显歪曲测量结果的误差称为粗差或过失误差。例如试验者粗心大意测错、读错和记错等都会带来粗差。含有粗差的测量值为坏值和异常值,正确的结果不应包含粗差,所以坏值都应剔除。

12.1.2　测量误差对测量结果的影响

我们从误差的性质出发,谈了误差的分类与来源。我们知道误差有三类,即随机误差、系统误差和粗差。由于误差的性质不同,因而它们对测量结果的影响也不同,下面分别讨论它们对测量结果的影响。

12.1.2.1　随机误差对测量结果的影响

随机误差是指在多次测量某一被测值时,误差的大小,符号变化不定的情况,一般来说这种误差只有在仪器设备的灵敏度比较高,或分辨率足够高,并且对某一被测量值只有进行多次测量或多次比较时方能发现。随机误差的存在,只影响测量结果的精密程度,而对其他无大的影响。所谓精密程度,是指测量数据的重复性好还是坏。重复性好即精密度高;反之,则说精密度低。总之,精密度是反映随机误差大小的程度。

12.1.2.2　系统误差对测量结果的影响

系统误差一般是一项固定的误差。例如在某项测量中,存在某种系统误差,而我们又未及时发现,这个测量结果是不正确的。由此说明,系统误差的存在,直接影响测量结果的正确程度,也就是说,测量结果的正确与否,很大程度上取决于该次测量的系统误差的大小。

12.1.2.3　粗差对测量结果的影响

由于粗差明显地歪曲了测量结果,所以含有粗差的测量结果应从测量数列中剔除。

关于精密度、正确度和准确度之间的关系,我们用射击打靶例子来说明。通常在射击打靶时可能会出现如图12-1所示的三种情况。

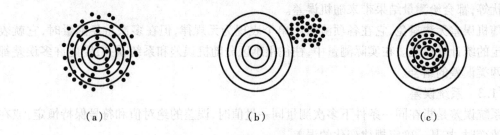

（a）　　　　　　　　　　　（b）　　　　　　　　　　　（c）

图12-1　精密度、正确度和准确度图解

①射击点在靶心附近,如图12-1（a）所示。我们说它的正确度高,精密度低。原因是射击较准,但分布却很零乱。

②射击点离靶心较远,但都密集在一处,如图12-1（b）所示。我们说它的精密度高,正确度差。原因虽未射击在靶心,但较集中。

③射击点离靶心很近的某一处,如图12-1（c）所示。我们说它的正确度及精密度都较高。原因是大部分都射在靶心,而且分布也比较集中,所以既正确又精密,即准确度高。

一般来说,精密度反映了随机误差的大小程度;正确度反映了系统误差大小的程度;准确度(精确度)反映了综合误差大小的程度。所以,在测量实践中,我们如果说某项测量的结果很"准确",那就意味着在该测量结果中,系统误差、随机误差的影响很小很小,甚至可以不考虑,否则就不能轻易用"准确"这个术语。

12.1.3　多次检测结果的误差估计

实验时测量所得的数据,称为测量值。就被测的物理量本身来说,客观上只存在一个确定的真实值(或称实际值),即称为真值。一个物理量的测量值与真值之差,称为误差。

$$测量值 = 真值 + 误差$$

误差是随机变量,测量值也是随机变量。反映随机变量有三个重要的统计特征数——算术平均值、标准差和变异系数。

12.1.3.1　平均值

（1）算术平均值

样本数据(测量值)的均值是表示数据的集中位置,通常在数据处理中所用的均值,指的是算术平均值。

$$m_x = \frac{1}{n} \sum_{i=1}^{n} x_i \tag{12-1}$$

式中, m_x ——算术平均值;

x_i ——第 i 次测量值;

n ——观测次数。

例如,我们用回弹仪测试构件混凝土强度,在相对面的测区上各测8个回弹值,当去掉

366

较高和较低的 3 个回弹值后,余下 10 个回弹值的平均值即为该测区回弹值。

如 $R_1 = 34, R_2 = 33, R_3 = 35, R_4 = 34, R_5 = 36, R_6 = 33, R_7 = 32, R_8 = 35, R_9 = 35, R_{10} = 36$

$$m_R = \frac{1}{n} \sum_{i=1}^{n} R_i = \frac{1}{10}(34 + 33 + 35 + 34 + 36 + 33 + 32 + 35 + 35 + 36) = 34.3$$

我们在前面已介绍了实测的数据带有各种各样的误差,这些误差有正有负,求均值后,正负误差消去了一部分,从而可反映检测数据的真实面貌。

(2)均方根平均值

均方根平均值对数的大小跳动反映较为灵敏,计算公式如下:

$$s = \sqrt{\frac{\sum_{i=1}^{n} x_i^2}{n}} = \sqrt{\frac{x_1^2 + x_2^2 + x_3^2 + \cdots + x_n^2}{n}} \tag{12-2}$$

式中,s——测试数据的均方根平均值;

$x_1, \cdots, x_n$——各测试数据;

n——测试数据个数。

(3)加权平均值

加权平均值是各个测试数据和它对应数的平均值,计算公式如下:

$$m = \frac{\sum_{i=1}^{n} x_i p_i}{\sum_{i=1}^{n} p_i} = \frac{x_1 p_1 + x_2 p_2 + x_3 p_3 + \cdots + x_n p_n}{p_1 + p_2 + p_3 + \cdots + p_n} \tag{12-3}$$

式中,m——加权平均值;

x_i——测试值;

p_i——不同的权。

如以不同的权 p_i 分别获得同一量的独立测得值为 x_i,其值为 $x_i, p_i = 0.31, 2; 0.28, 3;$ $0.33, 2$。求加权平均值。

按式(12-3)求得:

$$m = \frac{\sum_{i=1}^{n} x_i p_i}{\sum_{i=1}^{n} p_i} = \frac{0.31 \times 2 + 0.28 \times 3 + 0.33 \times 2}{2 + 3 + 2} \approx 0.303$$

12.1.3.2 误差计算

(1)绝对误差和相对误差

从长度测量中可以知道,如同一个钢卷尺、同一测量方法、同一个测试人员对某一试件,进行若干次测量,所获得的测试结果是不相同的。如果用不同的钢卷尺、不同的测量方法、不同的测试人员对某一试件,则这种差别就更为明显了。因此,在任何一次测量中,不管我们测量多么仔细,所使用的钢尺多么精确,所采用的测量方法多么可靠,我们所得的实际测量值,仅仅是被测值的近似值,它与被测值的真值之间的差异,就叫作测量误差。即

$$\Delta L = L - L_0 \tag{12-4}$$

式中,ΔL——测量误差;

L——实际测量值;

L_0——被测值的真值。

一般将测量误差 ΔL 叫作绝对误差。相对误差为绝对误差 ΔL 与测量值的比值,用 ε_r 表示相对误差,相对误差的量纲为 1,通常以百分数(%)表示。即

$$\varepsilon_r = \frac{\Delta L}{L} \left(\text{或} \frac{\Delta L}{L_0} \right)$$

一般采用绝对误差的形式来表达测量误差。

(2)范围误差

范围误差也叫极差,极差是试验值中最大值和最小值之差。

如三个混凝土试件抗压强度值为 32.5 MPa、37.6 MPa、30.3 MPa。那么该组试块的极差(或范围误差)为

$$37.6 - 30.3 = 7.3 \text{ MPa}$$

(3)算术平均误差

算术平均误差计算公式为

$$\delta = \frac{\sum_{i=1}^{n} |x_i - m_x|}{n} = \frac{|x_1 - m_x| + |x_2 - m_x| + \cdots + |x_n - m_x|}{n} \qquad (12-5)$$

式中,δ——算术平均误差;

$x_1, x_2 \cdots, x_n$——各试验数值;

m_x——试验数值的算术平均值;

n——试验数个数;

$|\ |$——绝对值符号。

以上述三个试块为例:

$$m_x = 33.5 \text{ MPa}$$

$$\delta = \frac{|32.5 - 33.5| + |37.6 - 33.5| + |30.3 - 33.5|}{3} = 2.76 \text{ MPa}$$

严格地讲,误差和偏差这两个术语含义是不同的。误差是测量值和真值之差;偏差是指测量值和算术平均值之差。因此,算术平均误差应称算术平均偏差。算术平均偏差是一种常用表示误差的方法,它的缺点是不能反映出测量值的分布情况,如表 12-1 所示。

表 12-1　A、B 两组数据计算算术平均偏差

组别	A 组/10^5 MPa			B 组/10^5 MPa		
序号	P_i	$|d_i|$	d_i^2	P_i	$|d_i|$	d_i^2
1	2 700	50	2 500	2 790	20	400
2	2 830	20	400	2 810	0	0
3	2 850	40	1 600	2 780	30	900
4	2 760	50	2 500	2 760	50	2 500
5	2 850	40	1 600	2 910	100	10 000
Σ	13 990	200	8 600	14 050	200	13 800
平均	2 798	40	1 720	2 810	40	2 760

从表中所列的算术平均偏差均为 40×10^5 MPa,很明显看出 B 组的各偏差的数值大小参

差不齐,而 A 组的各偏差的数值比较均匀,由此说明算术平均值不能反映数值的情况。

12.1.3.3 标准误差

标准误差也称为均方根误差、标准离差、均方差。用符号 s(或 σ)表示。当测量次数为无限多时,用 σ 表示标准误差,其计算公式为

$$\sigma = \sqrt{\frac{\sum_{i=1}^{n} (x_i - m_x)^2}{n}} = \sqrt{\frac{\sum_{i=1}^{n} x_i^2 - nm_i^2}{n}} \quad (12-6)$$

当测量次数为有限时,尤其是 $n > 5$ 时,其标准误差用 s 表示,计算公式为

$$s = \sqrt{\frac{\sum_{i=1}^{n} (x_i - m_x)^2}{n-1}} = \sqrt{\frac{\sum_{i=1}^{n} x_i^2 - nm_x^2}{n-1}} \quad (12-7)$$

式中, $\sigma(s)$——标准离差;

$x_1, \cdots, x_n$——各试验数据值;

m_x——试验数值算术平均值;

n——试验数据个数。

标准误差对测量值的分布状况十分敏感。用表 12-1 的两组数据计算标准误差分别为

$$\sigma_A = \sqrt{1\ 720} = 41.5 \times 10^5\ \text{MPa}$$

$$\sigma_B = \sqrt{2\ 760} = 52.5 \times 10^5\ \text{MPa}$$

不难看出 B 组测量值的分散性比 A 组大。在工程测试中,常用标准误差来表示误差的大小范围。

例如,有 10 个混凝土试块,28 d 抗压强度列入表 12-2。

表 12-2 标准离差计算

序号	x_i	$x_i - m_x$	$(x_i - m_x)^2$
1	37.3	0.5	0.25
2	35.0	1.8	3.24
3	38.4	1.6	2.55
4	35.8	-1.0	1.00
5	36.7	-0.1	0.01
6	37.4	0.6	0.36
7	38.1	1.3	1.69
8	37.8	1.0	1.00
9	36.2	-0.6	0.36
10	34.8	-2.0	4.00
$\sum_{i=1}^{10}$	367.5	—	14.47

平均值: $m_x = \dfrac{1}{n} \sum_{i=1}^{10} x_i = \dfrac{367.5}{10} = 36.8\ \text{MPa}$

$$标准离差:s = \sqrt{\dfrac{\displaystyle\sum_{i=1}^{n}(x_i - m_x)^2}{n-1}} = \sqrt{\dfrac{14.47}{10-1}} = 1.27 \text{ MPa}$$

12.1.3.4 或然误差

或然误差用 γ 表示。它的意义是:在一组测量中,如果不计正负号,误差大于 γ 的测量值和误差小于 γ 的测量值将各占测量次数的一半。或然误差与标准误差之间有以下关系:

$$\gamma = 0.674\ 5\sigma$$

范围误差、算术平均误差、标准误差和或然误差都可以用来表示测量误差的大小。但是,有时仅仅指出误差的大小是不够的,还必须和所测的物理量的大小相联系,从而表示出误差的严重程度。为比较其严重程度,通常使用相对误差来表示。

12.1.3.5 极差估计

极差是表示数据离差的范围,也可用来度量数据的离散性。极差是测量数据中最大值和最小值之差。

$$W = X_{\max} - X_{\min}$$

当 $n < 10$ 时,总体标准差

$$\tilde{\sigma} = \frac{1}{d_n}W$$

当 $n > 10$ 时,要将数据随机分成若干个数量相等的组,对每组求极值,并计算平均值。

$$m_W = \frac{\displaystyle\sum_{i=1}^{m}W_i}{m} \qquad 标准离差\ \tilde{\sigma} = \frac{1}{d_n}m_W$$

式中, W、m_W——极差、各组极差的平均值;

$\tilde{\sigma}$——标准离差估计值;

d_n——与 n 有关的极差估计法系数,见表 12-3;

m——数据分组的组数;

n——每组数据拥有的个数。

表 12-3 极差估计法系数

n	1	2	3	4	5	6	7	8	9	10
d_n	—	1.128	1.693	2.059	2.326	2.534	2.704	2.847	2.970	3.078
$1/d_n$	—	0.886	0.591	0.486	0.429	0.395	0.369	0.351	0.337	0.325

如有 35 个混凝土试块数据随机分成 5 块一组,共分 7 组。计算如下:

第一组:30.0,41.6,47.1,47.5,43.9 $W_1 = 7.5$

第二组:41.5,40.6,39.5,43.8,44.5 $W_2 = 5.0$

第三组:36.9,40.7,47.3,44.1,45.6 $W_3 = 10.4$

第四组:38.7,41.4,49.0,36.1,45.9 $W_4 = 12.9$

第五组:38.7,47.1,43.5,36.0,41.0 $W_5 = 11.1$

第六组:40.7,42.8,41.7,39.0,38.9 $W_6 = 3.9$

第七组:40.9,42.1,43.7,34.0,41.5 $W_7 = 9.7$

$$m_W = \frac{(7.5 + 5.0 + 10.4 + 12.9 + 11.1 + 3.9 + 9.7)}{7} = 8.64$$

$$n = 5, \quad d_n = 2.326 \approx 2.33 \quad \delta = \frac{1}{d_n} m_W = \frac{1}{2.33} \times 8.64 = 3.71$$

极差估计法计算较方便,但反映实际情况的精度较差。

12.1.3.6 变异系数

标准离差是表示绝对波动大小的指标,当测量较大的量值时,绝对误差一般较大,测量较小的量值时,绝对误差一般较小。因此,要考虑相对波动的大小,即用平均值的百分率来表示标准离差,即变异系数。

$$C_v = \frac{s}{m_x} \times 100\%$$

式中,C_v——变异系数,%;

s——标准离差;

m_x——试验数据的算术平均值。

如甲、乙两个水泥厂生产的325号矿渣水泥,甲厂在1999年8月生产的水泥平均强度为39.8 MPa,标准差1.68 MPa;乙厂与甲厂同年同月生产的水泥平均度为36.2 MPa,标准差1.62 MPa,计算两厂的变异系数。

$$甲厂:C_V = \frac{s}{m_x} = \frac{1.68}{39.8} \times 100\% = 4.22\%$$

$$乙厂:C_V = \frac{s}{m_x} = \frac{1.62}{36.2} \times 100\% = 4.48\%$$

从离差看,甲厂大于乙厂;从变异系数看甲厂小于乙厂,说明甲厂生产的水泥强度相对跳动比乙厂小,该产品稳定性较好。

12.1.3.7 可疑数据的舍弃

在多次测量中,有时会遇到个别测量值和其他多数测量值相差较大,这些个别数据就是所谓的可疑数据。对于可疑数据的剔除,我们可以用正态分布来决定取舍。因为,在多次测量中误差在 -3σ 与 $+3\sigma$ 之间,其出现的概率为99.7%,换言之误差出现的概率只有0.3%或3‰。即测量330次才遇到上一次,而对于通常只进行一二十次的有限次测量,就可以认为超出 $\pm 3\sigma$ 的误差,因此,有时大的误差仍属于随机误差,不应该舍弃。由此可见,对数据保留的合理误差范围是同测量次数 n 有关的。表12-4是推荐的试验值舍弃标准,其中 n 是测量次数,d_i 是合理的误差值,σ 是根据测量数据算得的标准误差。

表 12-4 试验值舍弃标准表

n	5	6	7	8	9	10	12	14	16	18
d_i/σ	1.68	1.73	1.79	1.86	1.92	1.99	2.03	2.10	2.16	2.20
n	20	22	24	26	30	40	50	100	200	300
d_i/σ	2.24	2.28	2.31	2.35	2.39	2.50	2.58	2.80	3.20	3.29

例如,测试一批混凝土试块的抗压强度,试验数据如表12-5所示。试计算该批数据的

取舍、平均强度及可能波动的范围。

计算平均强度：

$$m_f = \frac{15.2 + 14.6 + 16.1 + 15.4 + 15.5 + 14.9 + 16.8 + 18.3 + 14.6 + 15.0}{10} = 15.64 \text{ MPa}$$

表 12 – 5 d_i 值计算

编号	f_i	$d_i = f_i - m_f$	d_i^2
1	15.2	−0.44	0.193 6
2	14.6	−1.04	1.081 6
3	16.1	0.46	0.211 6
4	15.4	−0.24	0.057 6
5	15.5	−0.14	0.057 6
6	14.9	−0.74	0.547 6
7	16.8	1.16	1.345 6
8	18.3	2.66	7.075 6
9	14.6	−1.04	1.081 6
10	15.0	−0.64	0.409 6
Σ			12.024 0

$\sigma = \sqrt{\dfrac{\sum\limits_{i=1}^{n} d_i^2}{n-1}} = \sqrt{\dfrac{12.024\,0}{10-1}} = 1.16$ MPa。试验数据"18.3"，$d = 18.3 - 15.64 = 2.66$

$d/\sigma = 2.66/1.16 = 2.33 > 1.99$（表 12 – 4 中 $n = 10$ 时 $d/\sigma = 1.99$），所以"18.3"应当舍弃。
现余下 9 个数据，再计算 m_f、σ 得：

$m_f = 15.34 \text{MPa}$，$\sigma = 0.786\,0$，再次检查余下数据中是否还有应该舍弃的数据。

$d = 16.8 - 15.64 = 1.16$，$d_i/\sigma = 1.16/0.786 = 1.48 < 1.92$，故"16.8"应保留。波动范围为 $m_f = m_f \pm 3\sigma = 15.3 \pm (3 \times 0.786) = 15.3 \text{ MPa} \pm 2.36 \text{ MPa}$。变异系数 $C_v = (\sigma/m_f) \times 100\% = (2.36/15.3)\% = 15.4\%$。

12.2 数值修约规则与极限数值的表示和判定

《数值修约规则与极限数值的表示和判定》（GB/T 8170—2008）标准于 2008 年 7 月 16 日发布，2009 年 1 月 1 日起实施。

本标准有 4 章 10 节 29 条。

本标准是在《数值修约规则》（GB/T 8170—1987）和《极限数值的表示和判定法》（GB/T 1250—1989）的基础上整合修订而成。

12.2.1 范围

本标准规定了对数值进行修约的规则、数值极限数值的表示和判定方法，有关用语及其符号,以及将测定值或其计算值与标准规定的极限数值作比较的方法。

本标准适用于科学技术与生产活动中测试和计算得出的各种数据。当所得数值需要修约时,应按本标准给出的规则进行。

本标准适用于各种标准或其他技术规范的编写和对测试结果的判定。

12.2.2 术语和定义

（1）数值修约

通过省略原数值的最后若干位数字,调整所保留的末位数字,使最后所得到的值最接近原数值的过程。

注:经数值修约后的数值称为(原数值的)修约值。

（2）修约间隔

修约值的最小值单位。

注:修约间隔的数值一经确定,修约值即为该数值的整数位。

例1:如指定修约间隔为 0.1,修约值应在 0.1 的整数倍中选取,相当于将数值修约到一位小数。

例2:如指定修约间隔为 100,修约值应在 100 的整数倍中选取,相当于将数值修约到"百"数位。

例3:如指定修约间隔为 1 000,修约值应在 1 000 的整数倍中选取,相当于将数值修约到"千"数位。

（3）极限数值

标准(或技术规范)中规定考核的以数量形式给出且符合该标准(或技术规范)要求的指标值范围的界限值。

12.2.3 数值修约规则

12.2.3.1 确定修约间隔

（1）指定修约间隔为 10^{-n}（n 为正整数）,或指明将数值修约到 n 位小数;

（2）指定修约间隔为 1,或指明将数值修约到"个"数位;

（3）指定修约间隔为 10^n（n 为正整数）,或指明将数值修约到 10^n 数位,或指明将数值修约到"十"数位、"百"、"千"……数位。

例1:如指定修约间隔为 10^{-n}

当 $n=1$,修约间隔为 $10^{-1}(1/10)$　　相当于将数值修约到一位小数。

当 $n=2$,修约间隔为 $10^{-2}(1/100)$　　相当于将数值修约到二位小数。

当 $n=3$,修约间隔为 $10^{-3}(1/1\,000)$　　相当于将数值修约到三位小数。

例2:如指定修约间隔为 1,或指明将数值修约到"个"数位。

例3:如指定修约间隔为 10^n

当 $n=1$,修约间隔为 $10^1(\times 10)$　　相当于将数值修约到"十"数位。

当 $n=2$,修约间隔为 $10^2(\times 100)$　　相当于将数值修约到"百"数位。

当 $n=3$,修约间隔为 $10^3(\times 1\,000)$　　相当于将数值修约到"千"数位。

12.2.3.2 进舍规则

（1）拟舍弃数字的最左一位数字小于5,则舍去,保留其余各位数字不变。

例如:将 12.149 8 修约到个位,得 12;将 12.149 8 修约到一位小数,得 12.1;将 12.149 8

修约到两位小数,得 12.15。

(2)拟舍弃数字的最左一位数字大于 5,则进一,即保留数字的末位数字加 1。

例如:将 1 268 修约到"百"数位,得 13×10^2(特定场合可写为 1 300)。

注:本标准示例中,"特定场合"系指修约间隔明确时。

(3)拟舍弃数字的最左一位数字是 5,且其后有非 0 数字时进一,即保留数字的末位数字加 1。

例如:将 10.500 2 修约到个数位,得 11。

(4)拟舍弃数字的最左一位数字为 5,且其后无数字或皆为 0 时,若所保留数字的末位数字为奇数(1,3,5,7,9)则进一,即保留数字的末位数字加 1;若所保留数字的末位数字为偶数(0,2,4,6,8),则舍去。

例 1:修约间隔为 0.1(或 10^{-1}):

拟修约数值	修约值
1.050	10×10^{-1}(特定场合可写为 1.0)
0.35	4×10^{-1}(特定场合可写为 0.4)

例 2:修约间隔为 1 000(或 10^3):

拟修约数值	修约值
2 500	2×10^3(特定场合可写为 2 000)
3 500	4×10^3(特定场合可写为 4 000)

(5)负数修约时,先将它的绝对值按 12.2.3.2 进舍规则"(1)~(4)"的规定进行修约,然后在所得值的前面加上负号。

例 1:将下列数字修约到"十"数位:

拟修约数值	修约值
−355	$−36 \times 10$(特定场合可写为 −360)
−325	$−32 \times 10$(特定场合可写为 −320)

例 2:将下列数字修约到三位小数,即修约间隔为 10^{-3}:

拟修约数值	修约值
−0.036 5	$−36 \times 10^{-3}$(特定场合可写为 −0.036)

【补充资料】

我国科学技术委员会正式颁布的《数值修约规则》,通常称为"四舍六入五成(留)双"法则。四舍六入五考虑,即当尾数 ≤4 时舍去,尾数为 6 时进位。当尾数 4 舍为 5 时,则应考虑末位数是奇数还是偶数,5 前为偶数应将 5 舍去,5 前为奇数应将 5 进位。

这一法则的具体运用如下:

①将 28.175 和 28.165 处理成 4 位有效数字,则分别为 28.18 和 28.16。

②若被舍去的第一位数字大于5,则其前一位数字加1。

例如:28.294 5处理成3位有效数字时,其被舍去的第一位数字为6,大于5,则有效数字位应为28.3。

③若被舍去的第一位数字等于5,而其后数字全部为零时,则是被保留末位数字为奇数或偶数(零视为偶数),而定进或舍,末位数是奇数时进1,末位数是偶数时不进1。

例如:28.350、28.250、28.050处理成3位有效数值时分别为:

28.350—28.4,28.250—28.2,28.050—28.0。

④若被舍去的第一位数字为5,而其后的数字并非全部为零时,则进1。

例如:28.250 1,只取3位有效数字时,成为28.3。

⑤若被舍去的数字包括几位数字时,不得对数字进行连续修约,而应根据以上各条作一次处理。

例如:2.154 546,只取3位有效数字时,成为2.15,不得按下法连续修约为2.16。

2.154 546—2.154 55—2.154 6—2.155—2.16(错误)。

"四舍六入五成(留)双"法则的具体方法是:

①当尾数小于4时,直接将尾数舍去。

例如将下列数字全部修约为4位有效数字,结果为:

0.536 64—0.536 6	0.583 44—0.583 4
10.273 1—10.27	16.400 5—16.40
18.504 9—18.50	27.182 9—27.18

②当尾数大于6时,将尾数舍去并向前一位进位。

例如将下列数字全部修约为4位有效数字,结果为:

0.536 66—0.536 7	0.583 87—0.583 9
8.317 6—8.318	10.295 01—10.30
16.777 7—16.78	21.019 1—21.02

③当尾数为5时,而尾数后面的数字均为零时,应看尾数"5"的前一位;若前一位数字此时为奇数,就应向前进一位;若前一位数字此时为偶数,则应将尾数舍去。

例如将下列数字全部修约为4位有效数字,结果为:

0.153 050—0.135 0	0.153 75—0.153 8
12.645 0—12.64	12.735 0—12.74
18.275 0—18.28	21.845 000—21.84

④当尾数为5时,而尾数5的后面还有任何不是0的数字时,无论前一位在此时为奇数还是偶数,也无论5后面不为0的数字在哪一位上,都应向前进一位。

例如将下列数字全部修约为4位有效数字,结果为:

0.326 552—0.326 6	12.645 01—12.65
12.735 07—12.74	18.275 09—18.28
21.845 02—21.85	38.305 000 001—38.31

按照"四舍六入五成(留)双"规则进行数字修约时,也应像四舍五入规则那样,一次性修约到指定的位数,不可以进行数次修约,否则得到的结果也有可能是错误的。

例如将数字10.274 994 500 1修约为4位有效数字时,应一步到位:10.274 994 500 1—

10.27(正确)。

如果按照分步修约将得到错误结果:10.274 994 500 1—10.274 995—10.275—10.28（错误）。

12.2.4 修约规则的使用方法多步计算

(1)一般情况下,在计算时不对中间的每一步骤的计算结果进行修约,仅对最后的结果进行修约。这样可以使最终结果尽可能符合所确定的位数要求。

例如:计算 4.586 2 × 1.859 692 12 + 3 × 4.105 36 并保留 3 位有效数字。

4.586 2 × 1.859 692 12 + 3 × 4.105 36	
= 8.528 92 + 12.316 08	= 8.53 + 12.32（此步第一次修约）
= 20.844 70（此步修约）	= 20.85（此步第二次修约）
= 20.8（正确结果）	= 20.9（错误结果）

(2)加法在运算前,将所有的加数都修约到各加数中最高的尾数位。然后相加,运算后不修约。

例如:计算 3.141 59 + 97.182 + 0.316 228。

3.141 59 + 97.182 + 0.316 228
= 3.142 + 97.182 + 0.316（此步修约）
= 100.640（尾数的 0 不可省略）

乘法在运算前,将所有的乘数都修约到各乘数中最少的有效的数字位数。然后相乘,运算后将乘积修约到相同的有效数字位数。但如果有乘数为准确数或 1 位有效数字,可不参加修约。

例如:计算 100.572 34 × 3 × 6.190 × 0.319 45。

100.572 34 × 3 × 6.190 × 0.319 45
= 100.6 × 3 × 6.190 × 0.319 4（3 不参与修约;0.319 45 的修约用"五留双"规则）
= 596.684 554 8（此步修约）
= 596.7

12.2.5 不允许连续修约

(1)拟修约数字应在确定修约间隔或指定修约数位后一次修约获得结果,不得多次进舍规则连续修约。

例 1:修约 97.46,修约间隔为 1。

正确的做法:97.46—97;

不正确的做法:97.46—97.5—98;

例 2:修约 15.454 6,修约间隔为 1。

正确的做法:15.454 6—15;

不正确的做法:15.454 6—15.455—15.46—15.5—16。

（2）在具体实施中，有时测试与计算部门先将获得数据按指定的修约数位多一位或几位报出，而后由其他部门判定。

为避免产生连续修约的错误，应按下述步骤进行。

①报出数值最右的非零数字为 5 时，应在数值右上角加"＋"或"－"或不加符号，分别表明已进行过舍、进或未舍未进。

例如：16.50⁺ 表示实际值大于 16.50，经修约舍弃为 16.50；

16.50⁻ 表示实际值小于 16.50，经修约进一为 16.50。

②如对报出值需要进行修约，当舍弃数字的最左一位数字为 5，且其后无数字或皆为零时，数值右上角有"＋"者进一，有"－"者舍去，其他仍按 12.2.3 数值修约规则的规定进行。

例 1：将下列数字修约到个数位（报出值多留一位至一位小数）。

实测值	报出值	修约值
15.454 6	15.5⁻	15
－15.454 6	－15.5⁻	－15
16.520 3	16.5⁺	17
－16.520 3	－16.5⁺	－17
17.500 0	17.5	18

12.2.6 0.5 单位修约与 0.2 单位修约

在对数据进行修约时，若有必要，也可采用 0.5 单位或 0.2 单位修约。

（1）0.5 单位修约（半个单位修约）

0.5 单位修约是指按指定修约间隔对拟修约的数值 0.5 单位进行的修约。

0.5 单位修约方法如下：将拟修约数值 X 乘以 2，按指定修约间隔对 $2X$ 按 12.2.3 数值修约规则的规定修约，所得数值（$2X$ 修约值）再除以 2。

例如：将下列数字修约到"个"数位的 0.5 单位修约。

拟修约数值 X	$2X$	$2X$ 修约值	X 修约值
60.25	120.50	120	60.0
60.38	120.76	121	60.5
60.28	120.56	121	60.5
－60.75	－121.50	－122	－61.0

（2）0.2 单位修约

0.2 单位修约是指按指定修约间隔对拟修约的数值 0.2 单位进行的修约。

0.2 单位修约方法如下：将拟修约数值 X 乘以 5，按指定修约间隔对 $5X$ 按 12.2.3 数值修约规则的规定修约，所得数值（$5X$ 修约值）再除以 5。

例如：将下列数字修约到"百"数位的 0.2 单位修约。

拟修约数值 X	$5X$	$5X$ 修约值	X 修约值
830	4 150	4 200	840
842	4 210	4 200	840
832	4 160	4 200	840
−930	−4 650	−4 600	−920

12.2.7 极限数值的表示和判定

12.2.7.1 书写极限数值的一般原则

(1)标准(或其他技术规范)中规定考核的以数量形式给出的指标或参数等,应当规定极限数值。极限数值表示符合该标准要求的数值范围的界限值,它通过给出最小极限值和(或)最大极限值,或给出基本数值与极限偏差值等方式表达。

(2)标准中极限数值的表示形式及书写位数应适当,其有效数字应全部写出。书写位数表示的精确程度,应能保证产品或其他标准化对象应有的性能和质量。

12.2.7.2 表示极限数值的用语

(1)基本用语

①表达极限数值的基本用语及符号见表 12−6。

表 12−6　表达极限数值的基本用语及符号

基本用语	符号	特定情况下的基本用语			备注
大于 A	$>A$	—	多于 A	高于 A	测定值或计算值恰好为 A 值时不符合要求
小于 A	$<A$	—	少于 A	低于 A	测定值或计算值恰好为 A 值时不符合要求
大于或等于 A	$\geq A$	不小于 A	不少于 A	不低于 A	测定值或计算值恰好为 A 值时符合要求
小于或等于 A	$\leq A$	不大于 A	不多于 A	不高于 A	测定值或计算值恰好为 A 值时符合要求

注 1:A 为极限数值。

注 2:允许采用以下习惯用语表达极限数值:

　　a)"超过 A",指数值大于 $A(>A)$;

　　b)"不足 A",指数值小于 $A(<A)$;

　　c)"A 及以上"或"至少 A",指数值大于等于 $A(\geq A)$;

　　d)"A 及以下"或"至多 A",指数值小于等于 $A(\leq A)$。

例 1:钢中磷的含量小于 0.035%,$A = 0.035\%$。

例 2:钢丝绳抗拉强度大于等于 22×10^2 MPa,$A = 22 \times 10^2$ MPa。

②基本用语可以组合使用,表示极限值范围。对特定的考核指标 X,允许采用下列用语和符号,见表 12−7。同一标准中一般只应使用一种符号表示方法。

表 12−7　对特定的考核指标 X,允许采用的表达极限数值的组合用语及符号

组合基本用语	组合允许用语	符　号		
		表示方式 I	表示方式 II	表示方式 III
大于等于 A 且小于等于 B	从 A 到 B	$A \leq X \leq B$	$A \leq \cdot \leq B$	$A \sim B$
大于 A 且小于等于 B	超过 A 到 B	$A < X \leq B$	$A < \cdot \leq B$	$>A \sim B$
大于等于 A 且小于 B	至少 A 不足 B	$A \leq X < B$	$A \leq \cdot < B$	$A \sim <B$
大于 A 且小于 B	超过 A 不足 B	$A < X < B$	$A < \cdot < B$	

（2）带有极限偏差值的数值

①基本数值 A 带有绝对极限上偏差值 $+b_1$ 和绝对极限下偏差值 $-b_2$，指从 $A-b_2$ 到 $A+b_1$ 符合要求，记为 $A_{-b_2}^{+b_1}$。

注：当 $b_1=b_2=b$ 时，$A_{-b_2}^{+b_1}$ 可简记为 $A\pm b$。

例：$80_{-1}^{+2}\ mm$，指从 79 mm 到 82 mm 符合要求。

②基本数值 A 带有相对极限上偏差值 $+b_1\%$ 和相对极限下偏差值 $-b_2\%$，指实测值或其计算值 R 对于 A 的相对偏差值 $[(R-A)/A]$ 从 $-b_2\%$ 到 $+b_1\%$ 符合要求，记为 $A_{-b_2}^{+b_1}\%$。

注：当 $b_1=b_2=b$ 时，$A_{-b_2}^{+b_1}\%$ 可记为 $A(1\pm b\%)$。

例：$510\ \Omega(1\pm5\%)$，指实测值或其计算值 $R(\Omega)$ 对于 510 Ω 的相对偏差值 $[(R-510)/510]$ 从 -5% 到 $+5\%$ 符合要求。

③对基本数值 A，若极限上偏差值 $+b_1$ 和（或）极限下偏差值 $-b_2$ 使得 $A+b_1$ 和（或）$A-b_2$ 不符合要求，则应附加括号，写成 $A_{-b_2}^{+b_1}$（不含 b_1 和 b_2）或 $A_{-b_2}^{+b_1}$（不含 b_1）、$A_{-b_2}^{+b_1}$（不含 b_2）。

例1：$80_{-1}^{+2}mm$（不含2），指从 79 mm 到接近但不足 82 mm 符合要求。

例2：$510\ \Omega(1\pm5\%)$（不含5%），指实测值或其计算值 $R(\Omega)$ 对于 510 Ω 的相对偏差值 $[(R-510)/510]$ 从 -5% 到 $+5\%$ 到接近但不足 $+5\%$ 符合要求。

12.2.7.3 测定值或其计算值与标准规定的极限数值作比较的方法

（1）总则

①在判定测定值或其计算值是否符合标准要求时，应将测试所得的测定值或其计算值与标准规定的极限数值作比较，比较的方法可采用：

a. 全数值比较法；

b. 修约值比较法。

②当标准或有关文件中，若对极限数值（包括带有极限偏差值的数值）无特殊规定时，均应使用全数值比较法。如规定采用修约值比较法，应在标准中加以说明。

③若标准或有关文件规定了使用其中一种比较方法时，一经确定，不得改动。

（2）全数值比较法

将测试所得的测定值或计算值不经修约处理（或虽经修约处理，但应标明它是经舍、进或未进未舍而得），用该数值与规定的极限数值作比较，只要超出极限数值规定的范围（不论超出的程度大小）都判定不符合要求。示例见表 12-8。

（3）修约值比较法

①将测定值或其计算值进行修约，修约数位应与规定的极限数值数位一致。

当测试或计算精度允许时，应先将获得的数值按指定的修约数位多一位或几位报出，然后按 12.2.3　数值修约规则的规定的程序修约至规定的数位。

②将修约后的数值与规定的极限数值进行比较，只要超出极限数值规定的范围（不论超出程度大小），都判定为不符合要求。示例见表 12-8。

表 12 – 8 　全数值比较法和修约值比较法的示例与比较

项目	极限数值	测定值或其计算值	按全数比较是否符合要求	修约值	按修约值比较是否符合要求
中碳钢抗拉强度/MPa	≥14×100	1.349	不符合	13×100	不符合
		1.351	不符合	14×100	符合
		1.400	符合	14×100	符合
		1.402	符合	14×100	符合
NaOH 的质量分数/%	≥97.0	97.01	符合	97.0	符合
		97.00	符合	97.0	符合
		96.96	不符合	97.0	符合
		96.94	不符合	96.9	不符合
中碳钢的硅的质量分数/%	≤0.5	0.452	符合	0.5	符合
		0.500	符合	0.5	符合
		0.549	不符合	0.5	符合
		0.551	不符合	0.5	不符合
中碳钢的锰的质量分数/%	1.2 ~ 1.6	1.151	不符合	1.2	符合
		1.200	符合	1.2	符合
		1.649	不符合	1.6	符合
		1.651	不符合	1.7	不符合
盘条直径/mm	10.0 ± 0.1	9.89	不符合	9.9	符合
		9.85	不符合	9.8	不符合
		10.10	符合	10.1	符合
		10.16	不符合	10.2	不符合
盘条直径/mm	10.0 ± 0.1 （不含 0.1）	9.94	符合	9.9	不符合
		9.96	符合	10.0	符合
		10.06	符合	10.1	不符合
		10.05	符合	10.0	符合
盘条直径/mm	10.0 ± 0.1 （不含 +0.1）	9.94	符合	9.9	符合
		9.86	不符合	9.9	符合
		10.06	符合	10.1	不符合
		10.05	符合	10.0	符合
盘条直径/mm	10.0 ± 0.1 （不含 -0.1）	9.94	符合	9.9	不符合
		9.86	不符合	9.9	不符合
		10.06	符合	10.1	符合
		10.05	符合	10.0	符合

注:表中的例并不表明这类极限数值都应采用全数值比较法或修约值比较法。

（4）两种判定方法的比较

对测定值或其计算值与规定的极限值在不同情形用全数结果的示例见表12-8。对同样的极限数值，若它本身符合要求，则全数值比较法比修约值比较法相对较严格。

12.2.8　工程检测和计算数值修约示例

（1）如回弹法测强，每个测点回弹值读数精确至1；测区回弹平均值精确至0.1；碳化深度值读数精确至0.5，如果查表得到每个测区换算强度和构件推定强度精确至0.1 MPa，按修约规则很容易写出构件推定强度。如果用计算机计算，保留有效位，构件推定强度按修约规则进行。

（2）如综合法测强，每个测点回弹值读数精确至1；测区回弹平均值精确至0.1；测区超声值精确至0.1，平均值精确至0.1（保留有效位）；测区换算强度和构件推定强度精确至0.1 MPa，构件推定强度必须按修约规则进行。

12.2.9　试验室试验测定和修约值计算

（1）混凝土立方体试块试件，破坏荷载、受压面积、抗压强度。强度计算精确至0.1 N/mm²（0.1 MPa）。

（2）钢筋力学试验，屈服力、最大拉力、原始横截面积、屈服点、抗拉强度，强度计算精确至5 N/mm²（5 MPa），混凝土结构工程施工质量验收规范中允许偏差规定，如表12-9所示。

表 12-9　混凝土结构工程施工质量验收规范

项目		允许偏差/mm	备注
截面内部尺寸 （模板安装）	基础	±10	
	柱、墙、梁	+4，-5	
预制构件模板安装允许偏差			
长度	板、梁	±5	
	薄腹梁、桁架	±10	
	柱	0，-10	
	墙板	0，-5	
宽度	板、墙板	0，-5	
	梁、柱、桁架	+2，-5	
高（厚）度	板	+2，-3	
	墙板	0，-5	
	梁、柱、桁架	+2，-5	
钢筋安装位置的允许偏差			
绑扎钢筋网	长度	±10	
	网眼尺寸	±20	
绑扎钢筋 骨架	长	±10	
	宽、高	±5	

项目			允许偏差/mm	注
受力钢筋		间距	±10	
		排距	±5	
	保护层厚度	基础	±10	
		柱、梁	±5	
		板、墙、壳	±3	
绑扎箍筋、横向钢筋间距			±20	
现浇结构截面尺寸			+8，−5	

12.2.10 计算机编程数值修约参考子程序

（1）将数值修约到一位小数（适应无损检测强度推定；试块强度计算等）。

```
      DEF Fnxua5(a)
      a1 = a * 10: b = int(a1): c = q1 − b
      d = b/2: e = int(d): f = d − e
      if c > 0.5 then 21
      if c < 0.5 then 31
      if c = 0.5 then 45
21    aa = a: goto 121
31    aa = a: goto 121
45    if f > 0 then 51
      if f < = 0 then 61
51    aa = a: goto 121
61    aa = a − 0.1
121   Fnxua5 = a
      end  def
```

（2）将数值修约到个位

```
      DEF Fnxu1(a)
      b = int (a): c = a − b
      d = b/2: e = int (d): f = d − e
      if c > 0.5 then 20
      if c < 0.5 then 30
      if c = 0.5 then 40
20    aa = a: goto 100
30    aa = a: goto 100
40    if f > 0 then 50
      if f = 0 then 60
50    aa = a: goto 100
60    aa = a − 1
```

```
100    Fnxu1 = a
       end    def
```

(3)个位数修约间隔为5(适应钢筋力学试验)

```
       DEF FNxu5(a)
       b = a/5:c = int(b)
       if b − c > 0.5 then 20
       if b − c < 0.5 then 30
20     a = 5 * (c + 1):goto 100
30     a = 5 * c
100    Fnxu5 = a
       end def
```

12.3   检测数据的回归分析

社会经济现象是相互依存又相互联系的,对现象间相互联系的认识和分析,是人们改造客观世界的一个极其重要的方面。

回归分析是分析现象联系形态的数学方法。所谓回归分析,就是具有相互联系的现象,根据其关系的形态,选择一个合适的数学模式,用来近似地表达变量间平均变化关系。这个数学模式,称为回归方程式。

近年来,应用回归分析进行经济预报、天气和地震预报、工农业生产实践、科学管理和科学研究中取得了一定成就。

回归分析是一种处理自变量与因变量之间关系的数学分析方法。用超声声速和回弹值检测混凝土强度时,声速 v 和回弹值 R 与混凝土抗压强度 f 随着原材料、养护方法和龄期等的变化,都有可能变化。这些变化值,在数学上统称为变量,这些量都属于非确定的量。如已知变量 v(或 R)与 f 之间存在某种联系,在此情况下混凝土强度 f 这一变量在某种程度上是随着声速 v 或回弹 R 值的变化而变化,通常称声速 v 或回弹 R 值为自变量,混凝土强度 f 为因变量。我们可以从大量的实测数据中发现这种不确定的量中,确有某种规律性,这种规律的联系称为相关关系。这里的任务就是寻求非确定性联系的统计关系,找出能描述变量之间关系的定量表达式,去预测它们、确定因变量的取值,并估计其精度程度。

应用回归分析主要研究下列问题:

(1)通过回归分析,观察变量之间是否有一定的联系。如存在联系,选择合适的数学模式对变量之间的联系给予近似描述。

(2)用统计指标说明变量之间的密切程度。这些统计指标还可以用来说明回归方程对观察值的拟合程度的好坏。

(3)根据样本资料求得的现象之间的联系形式和密切程度,推断总体中现象之间的联系形式和密切程度。

(4)根据自变量的数值,预测和控制因变量的数值,并应用统计推断方法,估计预测数值的可靠程度。

12.3.1   回弹(超声)法测强一元回归分析

为便于理解回归分析,我们先从一元线性回归分析开始讨论。什么叫一元线性回归,就是指一个因变量只与一个自变量有依从关系,它们之间关系的形态表现为具有线性(非线性)趋势。

12.3.1.1 线性回归分析

为了直观说明问题,我们用一组数据来说明。如有 30 个试块进行了回弹 R_i 和抗压强度 f_i 试验,试验数据见表 12 – 10,并将所测数据作散点图,描在 fOR 平面上,见图 12 – 2,根据散点图呈直线型,我们配合回归直线来表达两个变量 $f_i - R_i$ 的关系。

表 12 – 10 回弹值和强度值回归分析计算表

序号	回弹值(R_i)	抗压强度(f_i)	f_i^2	f_i^2	$R_i f_i$
1	27. 1	12. 2	734. 41	148. 84	330. 62
2	27. 5	11. 6	756. 25	134. 56	319. 00
3	30. 3	16. 9	918. 09	285. 61	512. 07
4	31. 0	17. 5	961. 00	306. 25	542. 50
5	35. 7	20. 5	1 274. 49	420. 25	731. 85
6	35. 4	32. 1	1 253. 16	1 030. 41	1 136. 34
7	38. 9	31. 0	1 513. 21	961. 00	1 205. 90
8	37. 6	32. 9	1 413. 76	1 082. 41	1 237. 04
9	26. 9	12. 0	723. 61	144. 00	322. 80
10	25. 0	10. 8	625. 00	116. 64	270. 00
11	28. 0	14. 4	784. 00	207. 36	407. 20
12	31. 0	18. 0	961. 00	524. 00	558. 00
13	32. 2	22. 8	1 056. 84	519. 84	734. 16
14	37. 8	27. 9	1 428. 84	778. 41	1 054. 62
15	36. 6	32. 9	1 339. 56	1 082. 41	1 204. 14
16	36. 6	30. 8	1 339. 56	948. 64	1 127. 28
17	24. 2	10. 8	585. 64	116. 64	261. 36
18	31. 0	15. 2	961. 00	231. 04	471. 20
19	30. 4	16. 3	924. 16	265. 69	495. 52
20	33. 3	22. 4	1 108. 89	501. 76	745. 92
21	37. 2	31. 7	1 383. 84	1 004. 89	1 179. 24
22	38. 4	27. 0	1 474. 56	729. 00	1 036. 80
23	37. 6	32. 5	1 413. 76	1 056. 25	1 222. 00
24	22. 9	10. 6	524. 41	112. 36	242. 74
25	30. 5	12. 9	930. 25	166. 41	393. 45
26	30. 4	14. 6	924. 16	213. 16	443. 84
27	29. 7	18. 6	882. 09	345. 96	552. 42
28	36. 7	25. 4	1 346. 89	645. 16	932. 18

序号	回弹值(R_i)	抗压强度(f_i)	f_i^2	f_i^2	$R_i f_i$
29	37. 8	23. 2	1 428. 84	538. 24	876. 96
30	36. 0	28. 3	1 296. 00	800. 89	1 018. 80
$\sum$	973. 7	633. 8	32 247. 27	15 218. 08	21 561. 95

$$\sum_{i=1}^{n} R_i = 973.7 \qquad \sum_{i=1}^{n} f_i = 633.8 \qquad n = 30$$

$$m_R = \frac{1}{n}\sum_{i=1}^{n} R_i = \frac{973.7}{30} = 32.46 \qquad m_f = \frac{1}{n}\sum_{i=1}^{n} f_i = \frac{633.8}{30} = 21.13$$

$$\sum_{i=1}^{n} R_i^2 = 32\ 247.27 \qquad \sum_{i=1}^{n} f_i^2 = 15\ 218.08 \qquad \sum_{i=1}^{n} R_i f_i = 21\ 561.95$$

$$\frac{1}{n}\left(\sum_{i=1}^{n} R_i\right)^2 = \frac{1}{30}(973.7)^2 = 31\ 603.0563$$

$$\frac{1}{n}\left(\sum_{i=1}^{n} f_i\right)^2 = \frac{1}{30}(633.8)^2 = 13\ 390.0813$$

$$\frac{1}{n}\left(\sum_{i=1}^{n} R_i\right)\left(\sum_{i=1}^{n} f_i\right) = \frac{1}{30}(973.7 \times 633.8) = 20\ 571.035\ 3$$

$$L_{XX} = \sum_{i=1}^{n} R_i^2 - \frac{1}{n}\left(\sum_{i=1}^{n} R_i\right)^2 = 32\ 247.27 - 31\ 603.056\ 3 = 644.213\ 7$$

$$L_{YY} = \sum_{i=1}^{n} f_i^2 - \frac{1}{n}\left(\sum_{i=1}^{n} f_i\right)^2 = 15\ 218.08 - 13\ 390.081\ 3 = 1\ 827.998\ 7$$

$$L_{XY} = \sum_{i=1}^{n} R_i f_i - \frac{1}{n}\left(\sum_{i=1}^{n} R_i\right)\left(\sum_{i=1}^{n} f_i\right) = 21\ 561.95 - 20\ 571.035\ 3 = 990.914\ 7$$

$$\because b = \frac{L_{XY}}{L_{XX}} = \frac{990.914\ 7}{644.213\ 7} = 1.538\ 2$$

又 $\because a = m_f - b m_R = 21.13 - 1.538\ 2 \times 32.46 = -28.799\ 2$

$\therefore$ 最后得方程 $\quad f_i = -28.799\ 2 + 1.538\ 2 R_i$

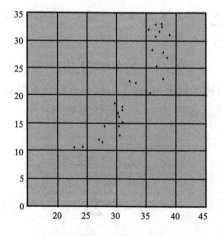

图 12 - 2 散点图

由图 12-2 可以看出 30 个测试值分布在一条直线附近,这很自然地想到用一条直线来表示它们间的关系:

$$\tilde{f}_i = a + bR_i \qquad (12-8)$$

式中, $\tilde{f}_i$——换算值(或预测值);

　　a——回归方程常数项;

　　b——回归系数;

　　R_i——自变量(回弹值)。

现在的问题是如何确定 a、b 的数值。当 a、b 确定后,则对每个给定的自变量 R_i,由式(12-8)就可算出对应的预测值 $\tilde{f}_i$,但实际检测结果对每一个 R_i 值就有两个 f_i 值(实测值 f_i 和换算值或称预测值或称换算值 $\tilde{f}_i$),它们之间的误差为

$$e_i = f_i - \tilde{f}_i \,(i=1,2,3,\cdots,n) \qquad (12-9)$$

显然,误差的大小是衡量确定 a、b 值的重要标志,现在我们的任务是如何选用一种最好的方法来确定 a、b 值,使其误差为最小。经分析比较,通常是应用最小二乘法计算使总误差的平方和为最小。

设 Q 代表误差平方总和,则:

$$Q = \sum_{i=1}^{n} e_i^2 = \sum_{i=1}^{n} (f_i - a - bR_i)^2 = 0 \qquad (12-10)$$

【说明: $\sum_{i=1}^{n}$ 以后简写为 $\sum$ 】

根据数学分析求极值的原理,要使 Q 为最小,只需在式(12-10)中分别对 a、b 求偏导数,并令其等于零,即

$$\frac{\partial Q}{\partial a} = -2 \sum (f_i - a - bR_i) = 0 \qquad (12-11)$$

$$\frac{\partial Q}{\partial b} = -2 \sum R_i(f_i - a - bR_i) = 0 \qquad (12-12)$$

由式(12-11)可写成:

$$\sum f_i - \sum a - b \sum R_i = 0 \quad \text{或} \quad \sum f_i = na + b \sum R_i \qquad (12-13)$$

由式(12-12)可写成:

$$\sum f_i - \sum a - b \sum R_i = 0 \qquad (12-14)$$

式(12-13)、式(12-14)称为规范方程式,根据此方程式求得 a、b 数值,以此代入式(12-8),即为所求的线性回归方程式。方程式中 a、b 值计算如下:

由式(12-13):

$$a = \frac{\sum f_i - b \sum R_i}{n}$$

$$\therefore m_f = \frac{1}{n} \sum f_i \qquad m_R = \frac{1}{n} \sum R_i$$

$$\therefore a = m_f - b m_R \qquad (12-15)$$

将 a 代入式(12-14)得:

$$\sum f_i - \sum (m_f - bm_R) - b \sum R_i = 0$$

$$\sum (f_i - m_f) - b \sum (R_i - m_R) = 0$$

$$\therefore b = \frac{\sum (f_i - m_f)}{\sum (R_i - m_R)} \qquad (12-16)$$

由上式分子、分母同乘以$(R_i - m_R)$得：

$$b = \frac{\sum (f_i - m_f)(R_i - m_R)}{\sum (R_i - m_R)^2}$$

令

$$L_{XX} = \sum (R_i - m_R)^2 \qquad (12-17)$$

$$L_{YY} = \sum (f_i - m_f)^2 \qquad (12-18)$$

$$L_{XY} = \sum (R_i - m_R)(f_i - m_f) \qquad (12-19)$$

$$\therefore \qquad b = \frac{L_{XY}}{L_{XX}} \qquad (12-20)$$

12.3.1.2 相关系数及其显著性检验

(1)相关系数的意义

采用最小二乘法求得的回归直线方程,实际上对任何两个变量R_i、f_i的一组测试数据都可以应用。但是,究竟在什么场合下配回归直线才有意义？只有当两个变量大致呈线性关系时,才适宜配。怎样判别该回归直线方程的两个变量之间线性关系的密切程度？必须给出一个数量的指标叫相关系数,用r表示,由式(12-21)确定：

$$r = \frac{L_{XY}}{\sqrt{L_{XX}L_{YY}}} = \frac{\sum (X_i - m_X)(Y_i - m_Y)}{\sqrt{\sum (X_x - m_X)^2 \sum (Y_i - m_Y)^2}} \qquad (12-21)$$

或写为,如回弹法：

$$r = \frac{\sum (R_i - m_R)(f_i - m_f)}{\sqrt{\sum (R_i - m_R)^2 \sum (f_i - m_f)^2}} \qquad (12-21a)$$

如超声法：

$$r = \frac{\sum (v_i - m_v)(f_i - m_f)}{\sqrt{\sum (v_i - m_v)^2 \sum (f_i - m_f)^2}} \qquad (12-21b)$$

式中, X_i——自变量实测值;

$\quad m_X$——自变量实测值的平均值;

$\quad Y_i$——因变量实测值;

$\quad m_Y$——因变量实测值的平均值;

$\quad R_i$——实测回弹值;

$\quad m_R$——实测回弹值的平均值;

$\quad v_i$——实测声速值;

$\quad m_v$——实测声速值的平均值;

$\quad f_i$——实测强度值;

m_f——实测强度值的平均值。

相关系数 r 的物理意义如图12－3所示。

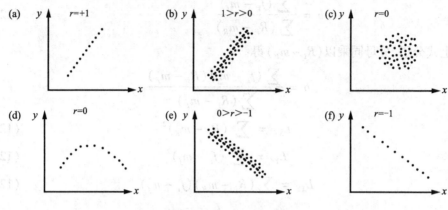

图 12－3　相关系数示意图

现将表 12－10 计算的：$L_{XX}=644.2137$；$L_{YY}=1827.9987$；$L_{XY}=994.9147$

$$\therefore r=\frac{L_{XY}}{\sqrt{L_{XX}L_{YY}}}=\frac{994.9147}{\sqrt{664.2137\times1827.9987}}=0.9029$$

相关系数 r 接近于 1，说明所配的回归线是最有意义的。

（2）相关系数检验

对于所分析的自变量 x 和因变量 y，只有当相关系数 r 的绝对值大到一定程度时，才可能用回归线来表示它们之间的关系。通常采用给出的相关系数检验表，如表 12－17 所示。表中的数值叫作相关系数的限定值，求出的相关系数要大于表中的数，才能考虑用回归线来描述 x 和 y 之间的关系。如前例 $n=30$，查对 $n-2=28$ 列，相应的数为 0.361（5%）或 0.463（1%），而计算的 $r=0.9029>0.361$（或 0.463），所配的直线是有意义的。

目前我们无损检测技术所使用的各种测强曲线，相关系数 r 均大幅超过表 12－17 所规定数值的限定值，从而为无损检测技术提供了有力的技术依据。

（3）线性回归方程效果的检验

回归方程在一定程度上反映了两个变量之间的内在规律，但是，在求出回归方程后，它的效果如何，方程所揭示的规律强不强，如何利用它根据自变量 x 的取值来控制因变量 y 的取值，以及控制的精确度如何等，都是人们所关心的问题。我们知道，由于随机因素的影响，在混凝土非破损测强中，即使回弹值 R_i（或声速值 v_i）给定了，f_i 值也不能完全确定，实际上对于一个固定的 R_i 时，f_i 是一个随机变量，一般假定 f_i 呈正态分布，所以只要知道平均值与均方差，这个正态分布就完全确定了。全部 n 次测试的总离差，可由离差平方和表示。即

$$L_{YY}=\sum(y_i-m_v)^2 \tag{12-22}$$

或

$$L_{YY}=\sum(y_i-m_f)^2 \tag{12-22a}$$

式中，y_i、f_i——实测值；

m_y、m_f——实测平均值。

388

回归平方和 U 按下式计算：

$$U = \sum (f_i - m_f)^2 = \sum (a + bR_i - a - bR_i)2 = b^2 \sum (R_i - m_R)^2 \quad (12-23)$$

$$\therefore \qquad b = \frac{\sum (R_i - m_R)(f_i - m_f)}{\sum (R_i - m_R)^2}$$

将 b 代入式(12-23)中：

$$\therefore U = b \times \frac{\sum (R_i - m_R)(f_i - m_f)}{\sum (R_i - m_R)^2} \times \sum (R_i - m_R)^2 = b \times \sum (R_i - m_R)(f_i - m_f)$$

$$= bL_{XY} \qquad\qquad (12-24)$$

剩余平方和 Q 按下式计算：

$$Q = \sum (f_i - m_f)^2 - U = L_{YY} - bL_{XY} \qquad\qquad (12-25)$$

从式(12-24)和式(12-25)的意义可知，回归效果的好坏，取决于 U 和 Q 的大小，或者说取决于 U 的平方和 L_{YY} 中的比例，即 U/L_{YY}，这个比例越大回归的效果就越好。

又 $\because b = \dfrac{L_{XY}}{L_{XX}}, \qquad r = \dfrac{L_{XY}}{\sqrt{L_{XX}L_{YY}}}$

$$\frac{U}{L_{YY}} = \frac{bL_{XY}}{L_{YY}} = \frac{(L_{XY}/L_{XX})L_{XY}}{L_{YY}} = \frac{L_{XY}^2}{L_{XX}L_{YY}} = r^2$$

$$\therefore U = r^2 L_{YY} \qquad\qquad (12-26)$$

将式(12-26)代入式(12-25)得：

$$Q = \sum (f_i - m_f)^2 - U = L_{YY} - r^2 L_{YY}(1-r)^2 L_{YY} \qquad (12-27)$$

剩余标准差按下式计算：

$$s = \sqrt{\frac{Q}{n-k-1}} \qquad\qquad (12-28)$$

式中，n——抽样个数；

$\quad k$——自变量个数。

故式(12-28)又可写为

$$s = \sqrt{\frac{(1-r)^2 L_{YY}}{n-k-1}} \qquad\qquad (12-29)$$

剩余标准差可以用来衡量所有随机因素对因变量 f 的一次观测平均离差的大小，它的单位与因变量相同。

按式(12-29)可求出前例的离差值 s：

已求出 $L_{YY} = 1\,827.998\,7$, $\quad r = 0.902\,7$

$$\therefore s = \sqrt{\frac{(1-r)^2 L_{YY}}{n-k-1}} = \sqrt{\frac{(1-0.902\,7^2) \times 1\,827.998\,7}{30-1-1}} = 3.48 \text{ MPa}$$

可以证明，若 s 越小，从回归方程预报 f 值越精确。

现我们以 e_r 相对标准离差作为强度误差范围。e_r 按下式计算：

$$e_r = \sqrt{\frac{\sum \left(\dfrac{f_{cu,i}^c}{f_i} - 1\right)^2}{n-1}} \times 100\% \qquad\qquad (12-30)$$

式中，f_i——实测值；

$f_{cu,i}^c$——换算值；

n——自变量个数。

相对标准误差计算，见表 12 – 11。

表 12 – 11 相对标准误差计算

序	R_i	f_i	$f_{cu,i}^c$	$(f_{cu,i}^c/f_i-1)^2$
1	27.1	12.2	12.9	0.094 800
2	27.5	11.6	13.5	0.019 808
…	…	…	…	…
30	36.0	28.3	6.0	0.007 826
$\sum$	—	—	—	1.000 895

按式（12 – 30）计算，前例的 $e_r = 18.5\%$。

综上所述，通过回归分析、相关系数的显著性检验和回归方程的检验，实测数据与回归方程相关密切程度，主要由相关系数 r 来判断，r 越接近于 1，说明相关就越密切；对于回归方程所揭示的规律性强不强，以标准离差 s 和相对标准差 e_r 表示，它们越小，说明回归方程预报的强度值越精确，反之亦然。

12.3.1.3 非线性回归分析

（1）非线性回归分析

在实际问题中，有时自变量和因变量之间并不一定是线性的关系，而是某种非线性关系，又称曲线关系。如回弹法（$f_{cu,i}^c = aR_i^b 10^{c \times d_i}$）和综合法（$f_{cu,i}^c = av_i^b R_i^c$）采用幂函数方程，就是一种非线性关系。对这类非线性问题，一般通过变量变换，转化为线性回归模型来解。

如 $f_i = AR_i^B$ 非线性方程

取对数 $\qquad\qquad\qquad\qquad \ln f_i = \ln A + B\ln R_i$

令 $\qquad\qquad\qquad\qquad Y = \ln f_i,\ a = \ln A,\ b = B,\ x = \ln R_i$

则可写为：$Y = a + bx$ 变为一个线性方程，按前述步骤进行回归分析处理了。用表 12 – 10 中 30 个试块的 f_i 和 R_i 数值，就可将 $f_i = AR_i^B$ 进行回归分析计算。计算步骤如表 12 – 12 所示。

表 12 – 12 非线性回归分析计算

序	R_i	f_i	$\ln R_i$	$\ln f_i$	$\ln R_i^2$	$\ln f_i^2$	$(\ln R_i)(\ln f_i)$
1	27.1	12.2	3.299 5	2.501 4	10.886 9	6.257 2	8.253 6
2	27.5	11.6	3.314 2	2.451 0	10.983 8	6.007 4	8.123 1
…	…	…	…	…	…	…	…
30	36.0	28.3	3.583 8	3.342 9	12.841 6	11.174 7	11.979 2
$\sum$	—	—	104.076 0	89.357 0	361.720 0	270.670 0	311.612 8

令 $\qquad\qquad\qquad\qquad n = 30$

$$\overline{M} = \frac{1}{n}\sum \ln R_i = \frac{104.076\ 0}{30} = 3.469\ 2$$

$$\bar{K} = \frac{1}{n} \sum \ln f_i = \frac{89.357\,0}{30} = 2.978\,6$$

$$\frac{1}{n} \sum (\ln R_i)^2 = \frac{104.076\,0^2}{30} = 361.060\,5$$

$$\frac{1}{n} \sum (\ln f_i)^2 = \frac{89.357\,0^2}{30} = 266.155\,8$$

$$\frac{1}{n}(\ln R_i)(\ln f_i) = \frac{104.076\,0 \times 89.357\,0}{30} = 309.997\,3$$

$$\sum \ln R_i^2 = 361.720\,0$$

$$\sum \ln f_i^2 = 270.670\,0$$

$$\sum \ln R_i \times \ln f_i = 311.612\,8$$

$$L_{XX} = \sum \ln R_i^2 - \frac{1}{n}\left(\sum \ln R_i\right)^2 = 361.720\,0 - 361.060\,5 = 0.659\,5$$

$$L_{YY} = \sum \ln f_i^2 - \frac{1}{n}\left(\sum \ln f_i\right)^2 = 270.670\,0 - 266.155\,8 = 4.514\,2$$

$$L_{XY} = \sum \ln R_i \times \ln f_i - \frac{1}{n}(\ln R_i)(\ln f_i) = 311.612\,8 - 309.997\,3 = 1.615\,5$$

$$\therefore \quad b = \frac{L_{XY}}{L_{XX}} = \frac{1.615\,5}{0.659\,5} = 2.449\,6$$

将 b，$\bar{M}$ 代入下式：

$$\bar{K} = a + b\bar{M}$$

则 $\qquad a = \bar{K} - b\bar{M} = 2.978\,6 - 2.449\,6 \times 3.469\,2 = -5.519\,9$

变换后 $a = e^x - 5.519\,9 \rightarrow 0.004\,006$

$\therefore$ 得方程：$f_i = 0.004\,01 R_i^{2.449\,6}$

(2)相关指数计算

在曲线配合中。我们用相关指数 R 来表示所配合的曲线方程与观察资料拟合的好坏程度。$R^2(R)$ 越接近于 1，则配合的曲线方程效果越好。相关指数计算公式为

$$R^2 = 1 - \frac{\sum (f_i - f_i^c)^2}{\sum (f_i - m_{f_i})^2} \qquad (12-31)$$

计算步骤见表 12-13。

表 12-13　相关指数计算

回弹值 R_i	强度值 f_i	计算值 f_i^c	$f_i - f_i^c$	$(f_i - f_i^c)^2$	f_i^2
27.1	12.2	13.0	-0.80	0.64	148.84
27.5	11.6	13.5	-1.90	3.61	134.56
…	…	…	…	…	…
36.0	28.3	26.0	2.30	5.29	800.89
$\sum$	634.2	—	—	283.71	15 237.29

$$\sum (f_i - f_i^c)^2 = 283.71$$

391

$$\sum (f_i - m_{f_i})^2 = \sum f_i^2 - \frac{1}{n} \sum f_i \times \sum f_i = 15\ 237.29 - \frac{(634.2)^2}{30} = 1\ 830.302$$

$$R^2 = 1 - \frac{\sum (f_i - f_i^c)^2}{\sum (f_i - m_{f_i})^2} = 1 - \frac{283.71}{1\ 830.302} = 1 - 0.155\ 0 = 0.845\ 0$$

$R = 0.919\ 2$。

用式(12 - 21a)计算相关指数: $r = 0.935\ 9$

按式(12 - 30)计算,相对标准误差为 $e_r = 13.9\%$。

12.3.2 二元(或多元)回归分析

12.3.2.1 线性回归分析

(1) 二元线性回归方程

前面介绍了一元回归分析的计算、相关分析和误差分析,但这些都是最简单情况。在多数的实际问题中,影响因变量的因素不止一个而是多个,我们称这类问题的分析为多元回归分析。如超声回弹综合法、考虑碳化深度回弹法测强分析,则属二元回归分析。

我们仍从讨论最一般的线性回归问题入手,这是因为许多非线性的情况,都可以化成线性回归来分析,其多元回归分析原理与一元回归分析基本相同,只是在计算上稍复杂一些。

为便于说明问题,选用一组 9 个混凝土试件(实际应不少于 30 组数据),分别进行超声波 v、回弹 R 和抗压破坏试验 f 回归分析,试验数据如表 12 - 14 所示,用这组数据建立一个二元线性回归方程。形式为

$$f_i = a + bv_i + cR_i \tag{12 - 32}$$

表 12 - 14　9 个混凝土试件试验数据

编号	1	2	3	4	5	6	7	8	9
v_i	3.90	3.93	4.01	4.36	4.36	4.40	4.67	4.64	4.59
R_i	19.0	21.0	18.9	27.5	23.4	24.9	27.4	26.9	26.5
f_i	5.7	7.2	7.4	11.2	10.8	11.6	15.8	17.3	16.5

从式(12 - 32)看出,在几何上表示一个平面,因此也称 f 对 v、R 的回归平面,其中 a 为常数,b、c 为回归系数。a、b 和 c 仍用最小二乘法计算,用求极值方法可以得到 b、c,必须满足下列的线性方程组。

设　　　　　　$$Q = \sum (f_i - f_i^c)^2 = \sum (f_i - a - bv_i - cR)^2 \tag{12 - 33}$$

将式(12 - 33)求偏导数:

$$\frac{\partial Q}{\partial a} = 0$$

$$\frac{\partial Q}{\partial b} = 0$$

$$\frac{\partial Q}{\partial c} = 0$$

求得三个规范方程式:

$$\begin{cases} na + b\sum v_i + c\sum R_i = \sum f_i \\ a\sum v_i + b\sum v_i^2 + c\sum v_iR_i = \sum v_if_i \\ a\sum R_i + b\sum v_iR_i + cR_i^2 = \sum R_if_i \end{cases} \qquad (12-34)$$

常数项由下式确定

$$a = m_f - bm_v - cm_R$$

将 a 的数值代如以上方程式,上列方程式可变成:

$$\begin{cases} (m_f - bm_v - cm_R)\sum v_i + b\sum v_i^2 + c\sum v_iR_i = \sum v_if_i \\ (m_f - bm_v - cm_R)\sum R_i + b\sum v_iR_i + c\sum R_i^2 = \sum R_if_i \end{cases}$$

$$\begin{cases} \left(\dfrac{\sum f_i}{n} - b\dfrac{\sum v_i}{n} - c\dfrac{\sum R_i}{n}\right)\sum v_i + b\sum v_i^2 + c\sum v_iR_i = \sum v_if_i \\ \left(\dfrac{\sum f_i}{n} - b\dfrac{\sum v_i}{n} - c\dfrac{\sum R_i}{n}\right)\sum R_i + b\sum v_iR_i + c\sum R_i^2 = \sum R_if_i \end{cases}$$

$$\begin{cases} \dfrac{\sum f_i}{n}\sum v_i - b\dfrac{\left(\sum v_i\right)^2}{n} - c\dfrac{\sum v_i\sum R_i}{n} + b\sum v_i^2 + c\sum v_iR_i = \sum v_if_i \\ \dfrac{\sum f_i}{n}\sum R_i - b\dfrac{\sum v_i\sum R_i}{n} - c\dfrac{\left(\sum R_i\right)^2}{n} + b\sum v_iR_i + c\sum R_i^2 = \sum R_if_i \end{cases}$$

$$\begin{cases} \left[\sum v_i^2 - \dfrac{\left(\sum v_i\right)^2}{n}\right]b + \left[\sum v_iR_i - \dfrac{\sum v_i\sum R_i}{n}\right]c = \left[\sum v_if_i - \dfrac{\sum v_i\sum f_i}{n}\right] \\ \left[\sum v_iR_i - \dfrac{\sum v_i\sum R_i}{n}\right]b + \left[\sum R_i^2 - \dfrac{\left(\sum R_i\right)^2}{n}\right]c = \left[\sum R_if_i - \dfrac{\sum R_i\sum f_i}{n}\right] \end{cases}$$

或

$$\begin{cases} \sum(v_i - m_v)^2b + \sum(v_i - m_v)(R_i - m_R)c = \sum(v_i - m_v)(f_i - m_f) \\ \sum(R_i - m_R)(v_i - m_v)b + \sum(R_i - m_R)^2c = \sum(R_i - m_R)(f_i - m_f) \end{cases} \qquad (12-35)$$

令 $L_{11} = \sum(v_i - m_v)^2 = \sum v_i^2 - \dfrac{1}{n}\left(\sum v_i\right)^2$

$$L_{22} = \sum(R_i - m_R)^2 = \sum R_i^2 - \dfrac{1}{n}\left(\sum R_i\right)^2$$

$$L_{12} = L_{21} = \sum(v_i - m_v)(R_i - m_R) = \sum v_iR_i - \dfrac{1}{n}\left(\sum v_i\right)\left(\sum R_i\right)$$

$$L_{1f} = \sum(v_i - m_v)(f_i - m_f) = \sum v_if_i - \dfrac{1}{n}\left(\sum v_i\right)\left(\sum f_i\right)$$

$$L_{2f} = \sum(R_i - m_R)(f_i - m_f) = \sum R_if_i - \dfrac{1}{n}\left(\sum R_i\right)\left(\sum f_i\right)$$

$$L_{ff} = \sum(f_i - m_f)^2 = \sum f_i^2 - \dfrac{1}{n}\left(\sum f_i\right)^2$$

代入式$(12-35)$得:

$$\begin{cases} L_{11}b + L_{12}c = L_{1f} \\ L_{21}b + L_{22}c = L_{2f} \end{cases} \qquad (12-36)$$

将式$(12-36)$联立求解得:

$$\begin{cases} b = \dfrac{L_{1f}L_{22} - L_{2f}L_{12}}{L_{11}L_{22} - L_{12}^2} \\[3mm] c = \dfrac{L_{2f}L_{11} - L_{1f}L_{21}}{L_{11}L_{22} - L_{12}^2} \end{cases} \qquad (12-37)$$

求出 b、c 值后,进而得出回归方程式如下:

$$f_i^c = a + bv_i + cR_i$$

上述方法可以推广到多个自变量的情况,设因变量 Y 受 n 个自变量 $X_1, X_2, X_3, \cdots, X_n$ 的影响,根据实际资料 Y 与 $X_1, X_2, X_3, \cdots, X_n$ 之间存在线性函数关系,其回归方程式为

$$Y = a_0 + b_1X_1 + b_2X_2 + b_3X_3 + \cdots + b_nX_n \qquad (12-38)$$

式中, a_0 为常数项, b_i 称为 Y 对 X_i 的回归系数$(i = 1, 2, 3, \cdots, n)$。根据最小二乘法原理,选取 $a_0, b_1, b_2, b_3, \cdots, b_n$ 之值,使剩余平方和达到最小值,设

$$Q = \sum (Y - \hat{Y})^2 = \sum [Y - (a_0 + b_1X_1 + b_2X_2 + b_3X_3 + \cdots + b_nX_n)]^2$$

欲使 Q 为最小,上式分别对 $a_0, b_1, b_2, \cdots, b_n$ 求偏导数,使其等于零,因为有 $n+1$ 个参数,所以要有 $n+1$ 个方程式。

$$\frac{\partial Q}{\partial a_0} = 0$$

$$\frac{\partial Q}{\partial b_1} = 0$$

$$\frac{\partial Q}{\partial b_2} = 0$$

$$\cdots\cdots$$

$$\frac{\partial Q}{\partial b_n} = 0$$

最后求得 $n+1$ 个方程式如下:

$$\begin{cases} \sum Y = na_0 + b_1\sum X_1 + b_2\sum X_2 + \cdots + b_nX_n \\ \sum X_1Y = a\sum X_1 + b_1\sum X_1^2 + b_2\sum X_1X_2 + \cdots + b_nX_1X_n \\ \sum X_2Y = a\sum X_2 + b_1\sum X_1X_2 + b_2\sum X_2^2 + \cdots + b_nX_2X_n \\ \ \vdots \qquad\ \ \vdots \qquad\ \ \vdots \qquad\ \ \vdots \qquad\quad \vdots \\ \sum X_nY = a\sum X_n + b_1X_1X_n + b_2\sum X_2X_n + \cdots + b_n\sum X_n^2 \end{cases} \qquad (12-39)$$

解上式得:

$$a = \bar{Y} - b_1\bar{X}_1 - b_2\bar{X}_2 - \cdots - b_n\bar{X}_n \qquad (12-40)$$

将 a 值代入上方程组,并设:

$$x_1 = X_1 - \bar{X}_1, x_2 = X_2 - \bar{X}_2, \cdots, x_n = X_n - \bar{X}_n$$

394

上列方程组可以化简如下：

$$\begin{cases} \sum x_1 y = b_1 \sum x_1^2 + b_2 \sum x_1 x_2 + \cdots + b_n \sum x_1 x_n \\ \sum x_2 y = b_1 \sum x_1 x_2 + b_2 \sum x_2^2 + \cdots + b_n \sum x_2 x_n \\ \quad\vdots \qquad\qquad \vdots \qquad\qquad \vdots \qquad\qquad \vdots \\ \sum x_n y = b_1 \sum x_1 x_n + b_2 \sum x_2 x_n + \cdots + b_n \sum x_n^2 \end{cases} \qquad (12-41)$$

解以上这组方程式就可以求得 $b_1, b_2 \cdots, b_n$ 之值，其计算方法与求两个自变量的线性回归方程相同。

(2) 复相关系数

上面我们讨论了怎样用最小二乘法配合一个回归平面的方法。现在要进一步考虑配合的密切程度怎样？前面在谈到两个变量的时候，我们曾引用相关系数 r 来衡量回归直线对于观察值配合的密切程度。现在研究多个变量的情况，也需要引入一个指标，来度量配合的密切程度。

我们用 δ_i 表示测试值与理论值（换算值）之差，即

$$\delta_i = Y_i - \hat{Y}_i$$

如果每个测试值都与根据回归方程式计算的理论值相等，则

$$\sum \delta_i = \sum (Y_i - \hat{Y}_i) = 0, \quad \sum \delta_i^2 = (Y_i - \hat{Y}_i)^2 = 0$$

这是配合回归平面的密切程度最好的情况，在这种情况下，我们希望指标的绝对值等于1。反之，如配合的回归平面方程是 $\hat{Y} = \bar{Y}$，这时总误差 Q 达到最大，$\sum (Y_i - \hat{Y}_i)^2 = \sum (Y_i - \bar{Y}_i)^2$，指标应等于0。一般情况下，指标的数值是在0与1之间，满足上述要求的指标称为"复相关系数"，用符号 $R_{Y,1,2,3,\cdots,n}$ 表示：

$$R_{Y,1,2,3,\cdots,n} = \sqrt{1 - \frac{\sum (Y_i - \hat{Y}_i)^2}{\sum (Y_i - \bar{Y}_i)^2}} \qquad (12-42)$$

式中，Y_i——实测值；

$\bar{Y}_i$——实测值平均值；

$\hat{Y}_i$——理论（换算）值。

复相关系数的定义类似两个变量时的简单相关系数 r，但复相关系数 R 只取正值。在两个变量的情况下，回归系数有正、负值之分，研究相关时也有正、负相关之分。在研究多个变量时，复相关系数有两个或两个以上，有时是正值，有时是负值，复相关系数只取正值。

式 (12-42) 是复相关系数的定义公式。为了减少计算工作量，尚有计算公式。

因为：

$$\sum (Y_i - \bar{Y})^2 = \sum Y_i^2 - 2 \sum Y_i \bar{Y} + n \bar{Y}^2 = \sum Y_i^2 - n \bar{Y}^2$$

$$\sum (Y_i - \hat{Y})^2 = \sum Y_i^2 - a \sum Y_i - b_1 \sum X_1 Y_i - b_2 \sum X_2 Y_i$$

故复相关系数又可用下列公式计算：

$$R_{Y,1,2,\cdots,n}^2 = 1 - \frac{\sum Y_i^2 - a \sum Y_i - b_1 \sum X_1 Y_i - b_2 \sum X_2 Y_i}{\sum Y_i^2 - n \bar{Y}^2}$$

$$= \frac{a \sum Y_i + b_1 \sum X_1 Y_i + b_2 \sum X_2 Y_i - n\bar{Y}^2}{\sum Y_i^2 - n\bar{Y}^2} \tag{12-43}$$

若 X、Y 都以平均数作为原点，设：$x = X - \bar{X}$，$y = Y - \bar{Y}$，上式中 $a \sum Y_i = 0$，$n\bar{Y}^2 = \bar{Y} \sum Y_i = 0$，则

$$R_{Y,1,2,\cdots,n}^2 = \frac{b_1 \sum x_1 y_i + b_2 \sum x_2 y_i}{\sum y_i^2} \tag{12-44}$$

（3）偏相关系数

偏相关系数是衡量任何两个变量之间的关系，而使与这两个变量有联系的其他变量都保持不变。例如我们研究的综合法测强，回弹值、超声声速值都会对强度推定有影响，应用简单相关系数往往不能说明现象间的关系程度。这时，必须在消除其他变量影响的情况下来计算两个变量之间的相互关系，这种相关系数称为偏相关系数。

例如，变量 X_1、X_2、X_3 之间彼此存在关系，为了衡量 X_1 和 X_2 之间的关系就要使 X_3 保持不变，计算 X_1 和 X_2 的偏相关系数，我们用 $r_{12.3}$ 表示。$r_{12.3}$ 称为 X_3 保持不变时，X_1 和 X_2 的偏相关系数。偏相关系数的大小是由简单相关系数决定的。

上面所举的例子中有三个偏相关系数，即

① $r_{12.3}$ 是 X_1 和 X_2 的偏相关系数，X_3 保持不变，计算公式如下：

$$r_{12.3} = \frac{r_{12} - r_{13} r_{23}}{\sqrt{1 - r_{13}^2} \times \sqrt{1 - r_{23}^2}} \tag{12-45}$$

② $r_{13.2}$ 是 X_1 和 X_3 的偏相关系数，X_2 保持不变，计算公式如下：

$$r_{13.2} = \frac{r_{13} - r_{12} r_{23}}{\sqrt{1 - r_{12}^2} \times \sqrt{1 - r_{23}^2}} \tag{12-46}$$

③ $r_{23.1}$ 是 X_2 和 X_3 的偏相关系数，X_1 保持不变，计算公式如下：

$$r_{23.1} = \frac{r_{23} - r_{21} r_{31}}{\sqrt{1 - r_{21}^2} \times \sqrt{1 - r_{31}^2}} \tag{12-47}$$

偏相关系数的数值和简单相关系数的数值常常是不同的，在计算简单相关系数时，只考虑某一个自变量和因变量之间的关系，所有其他自变量都不予考虑，但在计算偏相关系数时，要考虑其他自变量对因变量的影响，只是把它们当作常数。

偏相关分析的主要用途为：根据观察资料应用偏相关分析计算偏相关系数，可以判断哪些自变量对因变量的影响较大，而选择作为必须考虑的自变量。至于那些对因变量影响较小的自变量，则可以舍去。这样在计算多元回归时，只要保留起主要作用的自变量，用较少的自变量描述因变量的平均值。

我们曾进行过复相关和偏相关分析，而无损检测测强技术采用测强曲线，自变量参数，仅有回弹值、声速值、碳化值等，参数数量不多，与其他预报（预测）技术有十几个自变量相比无损检测技术是最简单的，但是可以看出回归方程中的 b、c 项回归系数数值大小对换算强度影响程度。

④ 二元线性回归分析应用实例

现以表 12-14 数据为例，各项计算见表 12-15。

表 12 - 15 9 个混凝土试块计算数值

序	v_i	R_i	f_i	v_i^2	$v_i R_i$	R_i^2	$v_i f_i$	$R_i f_i$	f_i^2
1	3.90	19.0	5.7	15.21	74.10	361.00	22.23	108.30	32.49
2	3.93	21.0	7.2	15.44	82.53	441.00	28.30	151.20	51.84
3	4.01	18.9	7.4	16.08	75.79	357.21	29.67	139.86	54.76
4	4.36	27.5	11.2	19.01	119.90	756.25	48.83	308.00	125.44
5	4.36	23.4	10.8	19.01	102.02	547.56	47.09	252.72	116.64
6	4.40	24.9	11.6	19.36	109.56	620.01	51.04	288.84	134.56
7	4.67	27.4	15.8	21.81	127.96	750.76	73.79	432.92	249.64
8	4.64	26.9	17.3	21.53	124.82	723.61	80.27	465.37	299.29
9	4.59	26.5	16.5	21.07	121.64	702.25	75.74	437.25	272.25
$\sum$	38.86	215.5	103.5	168.52	938.32	5 259.65	456.96	2 584.46	1 336.91

$\sum v_i = 38.86$, $\sum R_i = 215.5$, $\sum f_i = 103.5$

$\sum v_i^2 = 168.52$, $\sum R_i^2 = 5\ 259.65$, $\sum f_i^2 = 1\ 336.91$

$\sum v_i R_i = 938.32$, $\sum v_i f_i = 456.96$, $\sum R_i f_i = 2\ 584.46$

$m_v = \dfrac{1}{n} \sum v_i = \dfrac{38.86}{9} = 4.32$, $m_R = \dfrac{1}{n} \sum R_i = \dfrac{215.5}{9} = 23.94$

$m_f = \dfrac{1}{n} \sum f_i = \dfrac{103.5}{9} = 11.5$

$L_{11} = \sum v_i^2 - \dfrac{1}{n} \left(\sum v_i \right)^2 = 168.52 - \dfrac{1}{9} (38.86)^2 = 0.7312$

$L_{12} = L_{21} = \sum v_i R_i - \dfrac{1}{n} \left(\sum v_i \right) \left(\sum R_i \right) = 938.32 - \dfrac{1}{9}(38.86)(215.5) = 7.838\ 9$

$L_{22} = \sum R_I^2 - \dfrac{1}{n} \left(\sum R_i \right)^2 = 5\ 259.65 - \dfrac{1}{9} (215.5)^2 = 99.622\ 2$

$L_{1f} = \sum v_i f_i - \dfrac{1}{n} \left(\sum v_i \right) \left(\sum f_i \right) = 456.96 - \dfrac{1}{9}(38.86)(103.5) = 10.070\ 0$

$L_{2f} = \sum R_i f_i - \dfrac{1}{n} \left(\sum R_i \right) \left(\sum f_i \right) = 2\ 584.46 - \dfrac{1}{9}(215.5)(103.5) = 106.210\ 0$

$L_{ff} = \sum f_i^2 - \dfrac{1}{n} \left(\sum f_i \right)^2 = 1\ 336.91 - \dfrac{1}{9} (103.5)^2 = 146.660\ 0$

代入式(12 - 38)求解得:

$b = \dfrac{L_{1f} L_{22} - L_{2f} L_{12}}{L_{11} L_{22} - L_{12}^2} = \dfrac{10.070\ 0 \times 99.622\ 2 - 106.210\ 0 \times 7.838\ 9}{0.731\ 2 \times 99.622\ 2 - 7.838\ 9^2} = 14.973\ 2$

$c = \dfrac{L_{2f} L_{11} - L_{1f} L_{21}}{L_{11} L_{22} - L_{12}^2} = \dfrac{106.210\ 0 \times 0.731\ 2 - 10.070\ 0 \times 7.838\ 9}{0.731\ 2 \times 99.622\ 2 - 7.838\ 9^2} = -0.112\ 1$

$\therefore m_f = a + b m_v + c m_R$

$\because a = m_f - b m_v - c m_R = 11.5 - 14.973\ 2 \times 4.32 - 0.112\ 1 \times 23.94 = -50.501\ 5$

最后得回归方程式为：

$$f_i^c = -50.50 + 14.97v_i - 0.112R_i$$

将9个混凝土试块测试的超声声速和回弹值代入回归方程式中，分别计算出理论（换算）值。

表 12－16　换算强度与声速、回弹值复相关系数计算表

序号	声速 v_i	回弹值 R_i	实测值 f_i	f_i^2	换算值 f_i^c	$f_i - f_i^c$	$(f_i - f_i^c)^2$
1	3.90	19.0	5.7	32.49	5.76	-0.07	0.004 9
2	3.93	21.0	7.2	51.84	5.98	1.22	1.488 4
3	4.01	18.9	7.4	54.76	7.41	-0.01	0.000 1
4	4.36	27.5	11.2	125.44	11.69	-0.49	0.240 1
5	4.36	23.4	10.8	116.64	12.15	-1.35	1.822 5
6	4.40	24.9	11.6	134.56	12.58	-0.98	0.960 4
7	4.67	27.4	15.8	249.64	16.34	-0.54	0.291 6
8	4.64	26.9	17.3	299.29	15.95	1.35	1.822 5
9	4.59	26.5	16.5	272.25	15.24	1.26	1.587 6
$\sum$	38.86	215.5	103.5	1 336.91	103.10	0.39	8.218 1

复相关系数：

$$R_{f.vR} = \sqrt{1 - \frac{\sum (f_i - f_i^c)^2}{\sum f_i^2 - \frac{(\sum f_i)^2}{n}}} = \sqrt{1 - \frac{8.218\ 1}{1\ 336.91 - \frac{(103.5)^2}{9}}} = 0.971\ 6$$

或直接用下列公式计算

$$R_{Y.12}^2 = \frac{a\sum Y + b_1 \sum X_1 Y + b_2 \sum X_2 Y - \bar{Y} \sum Y}{\sum Y^2 - n\bar{Y}^2}$$

$$= \frac{-50.5 \times 103.5 + 14.97 \times 456.96 - 0.112 \times 2\ 584.46 - 103.5 \times 11.5}{1\ 336.91 - 9 \times (11.5)^2}$$

$$= \frac{134.231\ 7}{146.660\ 0} = 0.915\ 3$$

$R_{Y.12} = 0.956\ 7$

偏相关系数：

先计算简单相关系数

换算强度与超声波声速值的简单相关系数

$$r_{fv} = \frac{n\sum fv - (\sum f)(\sum v)}{\sqrt{n\sum f^2 - (\sum f)^2}\sqrt{n\sum v^2 - (\sum v)^2}}$$

$$= \frac{9 \times 456.96 - 38.86 \times 103.5}{\sqrt{9 \times 1\ 336.91 - (103.5)^2}\sqrt{9 \times 168.52 - (38.86)^2}} = \frac{90.630\ 0}{93.197\ 3} = 0.972\ 5$$

换算强度与回弹值的简单相关系数

$$r_{fR} = \frac{n\sum fR - (\sum f)(\sum R)}{\sqrt{n\sum f^2 - (\sum f)^2}\sqrt{n\sum R^2 - (\sum R)^2}}$$

$$= \frac{9 \times 2\,584.46 - 103.5 \times 215.5}{\sqrt{9 \times 1\,336.91 - (103.5)^2}\sqrt{9 \times 525\,9.65 - (215.5)^2}} = \frac{955.890\,0}{1\,087.868\,7} = 0.878\,7$$

超声波声速值与回弹值的简单相关系数

$$r_{vR} = \frac{n\sum Rv - (\sum v)(\sum R)}{\sqrt{n\sum v^2 - (\sum v)^2}\sqrt{n\sum R^2 - (\sum R)^2}}$$

$$= \frac{9 \times 938.32 - 38.86 \times 215.5}{\sqrt{9 \times 168.52 - (38.86)^2}\sqrt{9 \times 5\,259.65 - (215.5)^2}} = \frac{70.550\,0}{76.811\,4} = 0.918\,5$$

设换算强度值为 X_3,超声波声速值为 X_1,回弹值为 X_2。

假定超声波声速值固定,则换算强度值与回弹值的偏相关系数为:

$$r_{Rf.v} = \frac{r_{Rf} - r_{vR}r_{fR}}{\sqrt{1 - r_{vR}^2} \times \sqrt{1 - r_{fR}^2}} = \frac{0.878\,7 - 0.918\,5 \times 0.972\,5}{\sqrt{1 - 0.918\,5^2} \times \sqrt{1 - 0.972\,5^2}} = \frac{-0.014\,5}{0.092\,1} = -0.157\,4$$

假定回弹值固定,则换算强度值与超声波声速值的偏相关系数为:

$$r_{vf.R} = \frac{r_{vf} - r_{vR}r_{fv}}{\sqrt{1 - r_{vR}^2} \times \sqrt{1 - r_{fv}^2}} = \frac{0.972\,5 - 0.918\,5 \times 0.878\,7}{\sqrt{1 - 0.918\,5^2} \times \sqrt{1 - 0.878\,7^2}} = \frac{0.165\,4}{0.188\,8} = 0.876\,1$$

假定换算强度值定,则超声波声速值与回弹值固的偏相关系数为:

$$r_{vR.f} = \frac{r_{vR} - r_{vf}r_{vR}}{\sqrt{1 - r_{vf}^2} \times \sqrt{1 - r_{vR}^2}} = \frac{0.918\,5 - 0.972\,5 \times 0.878\,7}{\sqrt{1 - 0.972\,5^2} \times \sqrt{1 - 0.878\,7^2}} = \frac{0.064\,0}{0.111\,2} = 0.845\,3$$

复相关系数和偏相关系数是否显著,可以直接查表 12–17 相关系数检验表决定。如上例中复相关系数 $R_{f.vR} = 0.971\,6$,此例中自变量等于2,多元回归中自由度为 $n = 9 - 2 - 1$,查表 12–17,自变量为2,$n = 6$ 处,查得 $P = 0.05$ 时,$R = 0.795$;$P = 0.01$ 时,$R = 0.886$。复相关系数 $R_{f.vR}$ 大于 0.886,说明有极显著的相关意义。

另外,可用一个叫全相关系的量 R 来衡量,它的意义与一元的相关系数 r 基本一样,只不过 $1 \geqslant R \geqslant 0$,不取负值。$R$ 按下列公式计算:

$$R = \sqrt{\frac{U}{L_{ff}}} \tag{12-48}$$

式中,U 回归平方和,用下式计算。

$$U = bL_{1f} + cL_{2f} \tag{12-49}$$

表 12–17 相关系数检验表

（表内横行数字:上行 $P = 0.05$,下行 $P = 0.01$）

自由度 n	独立自变量 x 数				自由度 n	独立自变量 x 数			
	1	2	3	4		1	2	3	4
1	0.997	0.999	0.999	0.999	3	0.878	0.930	0.950	0.961
	1.000	1.000	1.000	1.000		0.959	0.976	0.983	0.987
2	0.950	0.975	0.983	0.987	4	0.811	0.881	0.912	0.930
	0.990	0.995	0.997	0.998		0.917	0.949	0.962	0.970

自由度 n	独立自变量 x 数				自由度 n	独立自变量 x 数			
	1	2	3	4		1	2	3	4
5	0.754 0.874	0.836 0.917	0.874 0.937	0.898 0.949	26	0.374 0.478	0.454 0.546	0.506 0.590	0.545 0.624
6	0.707 0.834	0.795 0.886	0.839 0.911	0.867 0.927	27	0.367 0.470	0.446 0.538	0.498 0.582	0.536 0.615
7	0.666 0.798	0.758 0.855	0.807 0.885	0.838 0.904	28	0.361 0.463	0.439 0.530	0.490 0.573	0.529 0.606
8	0.632 0.765	0.726 0.827	0.777 0.860	0.811 0.882	29	0.355 0.456	0.432 0.522	0.482 0.565	0.521 0.598
9	0.602 0.735	0.697 0.800	0.750 0.836	0.786 0.861	30	0.349 0.449	0.426 0.514	0.476 0.558	0.514 0.591
10	0.576 0.708	0.671 0.776	0.726 0.814	0.763 0.840	35	0.325 0.418	0.397 0.481	0.445 0.523	0.482 0.556
11	0.553 0.684	0.648 0.753	0.703 0.793	0.741 0.821	40	0.304 0.393	0.373 0.454	0.419 0.494	0.455 0.526
12	0.532 0.661	0.627 0.732	0.683 0.773	0.722 0.802	45	0.288 0.372	0.353 0.430	0.397 0.470	0.432 0.501
13	0.514 0.641	0.608 0.712	0.664 0.755	0.703 0.785	50	0.273 0.354	0.336 0.410	0.379 0.449	0.412 0.479
14	0.497 0.623	0.590 0.694	0.646 0.737	0.686 0.768	60	0.250 0.325	0.308 0.377	0.348 0.414	0.380 0.442
15	0.482 0.606	0.574 0.677	0.630 0.721	0.670 0.752	70	0.232 0.302	0.286 0.351	0.324 0.386	0.354 0.413
16	0.468 0.590	0.559 0.662	0.615 0.706	0.655 0.738	80	0.217 0.283	0.269 0.330	0.304 0.362	0.332 0.389
17	0.456 0.575	0.545 0.647	0.601 0.691	0.641 0.724	90	0.205 0.267	0.254 0.312	0.288 0.343	0.315 0.368
18	0.444 0.561	0.532 0.633	0.587 0.678	0.628 0.710	100	0.195 0.254	0.241 0.297	0.274 0.327	0.300 0.351
19	0.433 0.549	0.520 0.620	0.575 0.665	0.615 0.698	125	0.174 0.228	0.216 0.266	0.246 0.294	0.269 0.316
20	0.423 0.537	0.509 0.608	0.563 0.652	0.604 0.685	150	0.159 0.208	0.198 0.244	0.225 0.270	0.247 0.290
21	0.413 0.526	0.498 0.596	0.522 0.641	0.592 0.674	200	0.138 0.181	0.172 0.212	0.196 0.234	0.215 0.253
22	0.404 0.515	0.488 0.585	0.542 0.630	0.582 0.663	300	0.113 0.148	0.141 0.174	0.160 0.192	0.176 0.208
23	0.396 0.505	0.479 0.574	0.532 0.619	0.572 0.652	400	0.098 0.128	0.122 0.151	0.139 0.167	0.153 0.180
24	0.388 0.493	0.470 0.565	0.523 0.609	0.562 0.642	500	0.088 0.115	0.109 0.135	0.124 0.150	0.137 0.162
25	0.381 0.487	0.462 0.555	0.514 0.600	0.553 0.633	1 000	0.062 0.081	0.077 0.096	0.088 3 0.106	0.097 0.115

注：自由度 $n = N - k - 1$（N——子样数；k——自变量数）。

12.3.2.2 非线性回归分析

在混凝土无损检测技术中,用回弹法和超声回弹综合法检测混凝土强度,拟合曲线的选定,是经过多种组合计算分析后确定的,现在确定的幂函数形式,则属二元非线性回归方程,对这类曲线的分析,同一元非线性回归分析基本一样,也是通过变量变换,转化为线性回归模型来解。

如超声回弹综合法测强拟合曲线:

$$f_i^c = A v_i^B R_i^C$$

取自然对数 $\qquad\qquad \ln f_i^c = \ln A + B \ln v_i + C \ln R_i$

令 $\qquad\qquad \ln f_i^c = y, \ln A = a, B = b, \ln v_i = x, C = c, \ln R_i = z$

则上式可写为: $y = a + bx + cz$

[**实例1**]　用表 12 - 18 中的 30 个试块 v_i、R_i、f_i 测试值,按 $f_i^c = A v_i^B R_i^C$ 方程进行回归分析。

$$令 \quad \bar{K} = \frac{1}{n} \sum \ln f_i = \frac{93.847\,1}{30} = 3.128\,2$$

$$\bar{I} = \frac{1}{n} \sum \ln v_i = \frac{45.513\,9}{30} = 1.517\,1$$

$$\bar{J} = \frac{1}{n} \sum \ln R_i = \frac{100.882\,2}{30} = 3.362\,7$$

$$L_{11} = \sum \ln v_i^2 - \frac{1}{n} \left(\sum \ln v_i \right)^2 = 69.133\,1 - \frac{(45.513\,9)^2}{30} = 0.082\,7$$

$$L_{22} = \sum \ln R_i^2 - \frac{1}{n} \left(\sum \ln R_i \right)^2 = 340.927\,0 - \frac{(100.882\,2)^2}{30} = 1.686\,4$$

$$L_{12} = L_{21} = \sum \ln v_i \ln R_i - \frac{1}{n} \left(\sum \ln v_i \right) \left(\sum \ln R_i \right)$$

$$= 153.367\,9 - \frac{45.513\,9 \times 100.882\,2}{30} = 0.316\,6$$

$$L_{1f} = \sum \ln v_i \ln f_i - \frac{1}{n} \left(\sum \ln v_i \right) \left(\sum \ln f_i \right)$$

$$= 143.066\,5 - \frac{45.513\,9 \times 93.847\,1}{30} = 0.688\,4$$

$$L_{2f} = \sum \ln R_i \ln f_i - \frac{1}{n} \left(\sum \ln R_i \right) \left(\sum \ln f_i \right)$$

$$= 318.797\,9 - \frac{100.882\,2 \times 93.847\,1}{30} = 3.214\,8$$

$$L_{ff} = \sum \ln f_i^2 - \frac{1}{n} \left(\sum \ln f_i \right)^2 = 300.245\,2 - \frac{93.847\,1^2}{30} = 6.669\,3$$

$$b = \frac{L_{1f} L_{22} - L_{2f} L_{12}}{L_{11} L_{22} - L_{12} L_{21}} = \frac{0.688\,4 \times 1.686\,4 - 3.214\,8 \times 0.316\,6}{0.082\,7 \times 1.686\,4 - 0.316\,6^2} = 3.648\,0$$

$$c = \frac{L_{2f} L_{11} - L_{1f} L_{21}}{L_{11} L_{22} - L_{12} L_{21}} = \frac{3.214\,8 \times 0.082\,7 - 0.688\,4 \times 0.316\,6}{0.082\,7 \times 1.686\,4 - 0.316\,6^2} = 1.221\,4$$

$\therefore \bar{K} = a + b\bar{I} + c\bar{J}$

$\because a = \bar{K} - b\bar{I} - c\bar{J} = 3.128\,2 - 3.648\,0 \times 1.517\,1 - 1.221\,4 \times 3.362\,7 = -6.513\,4$

表 12－18　30 个混凝土试块非线性回归分析计算表

序	v_i	R_i	f_i	$\ln v_i$	$\ln R_i$	$\ln f_i$	$\ln v_i^2$	$\ln R_i^2$	$\ln f_i^2$	$\ln v_i \cdot \ln R_i$	$\ln v_i \cdot \ln f_i$	$\ln R_i \cdot \ln f_i$
1	4.80	31.0	25.3	1.568 6	3.434 0	3.230 8	2.460 6	11.792 3	10.438 1	5.386 6	5.067 9	11.094 5
2	4.75	30.8	26.0	1.558 1	3.427 5	3.258 1	2.427 8	11.747 9	10.615 2	5.340 6	5.076 6	11.167 1
3	4.66	30.5	27.1	1.539 0	3.417 7	3.299 5	2.368 6	11.680 9	10.886 9	5.259 9	5.078 0	11.276 9
4	4.87	38.6	39.0	1.583 1	3.653 3	3.663 6	2.506 2	13.346 3	13.421 7	5.783 4	5.799 8	13.383 9
5	4.85	36.6	38.8	1.579 0	3.600 0	3.658 4	2.493 2	12.960 3	13.384 0	5.684 4	5.776 6	13.170 5
6	4.91	38.2	40.7	1.591 3	3.642 8	3.706 2	2.532 2	13.270 2	13.736 1	5.796 7	5.897 6	13.501 2
7	4.07	20.7	10.0	1.403 6	3.030 1	2.302 6	1.970 2	9.093 5	5.301 9	4.253 2	3.232 0	6.977 1
8	4.08	18.8	10.0	1.406 1	2.933 9	2.302 6	1.977 1	8.607 5	5.301 9	4.125 3	3.237 7	6.755 5
9	4.23	17.2	10.2	1.442 2	2.844 9	2.322 4	2.079 9	8.093 5	5.393 5	4.102 9	3.349 4	6.607 0
10	4.40	20.9	14.8	1.481 6	3.039 7	2.694 6	2.195 2	9.240 1	7.261 0	4.503 7	3.992 4	8.191 0
11	4.56	21.5	15.9	1.517 3	3.068 1	2.766 3	2.302 3	9.412 9	7.652 5	4.655 2	4.197 4	8.487 2
12	4.45	20.0	14.6	1.492 9	2.995 7	2.681 0	2.228 8	8.974 4	7.187 9	4.472 3	4.002 5	8.031 6
13	4.28	24.0	13.0	1.454 0	3.178 1	2.564 9	2.114 0	10.100 0	6.579 0	4.620 7	3.729 3	8.151 5
14	4.20	25.2	13.3	1.435 1	3.226 8	2.587 8	2.059 5	10.412 5	6.696 5	4.630 8	3.713 7	8.350 3
15	4.25	26.4	13.5	1.446 9	3.273 4	2.602 7	2.093 6	10.714 9	6.774 0	4.736 3	3.765 9	8.519 6
16	4.41	28.2	19.0	1.483 9	3.339 3	2.944 4	2.201 9	11.151 1	8.669 7	4.955 1	4.369 2	9.832 4
17	4.37	26.1	18.7	1.474 8	3.261 9	2.928 5	2.174 9	10.640 2	8.576 3	4.815 6	4.318 9	9.522 7
18	4.50	27.0	19.6	1.504 1	3.295 8	2.975 5	2.262 2	10.862 5	8.853 8	4.957 2	4.475 4	9.806 9
19	4.63	31.6	23.8	1.532 6	3.453 2	3.169 7	2.348 7	11.924 3	10.046 9	5.292 2	4.857 7	10.945 4
20	4.65	27.2	20.8	1.536 9	3.035 0	3.035 0	2.362 0	10.911 2	9.210 9	5.076 6	4.664 3	10.025 1
21	4.58	30.1	23.9	1.521 7	3.404 9	3.173 9	2.315 6	11.590 8	10.073 5	5.180 7	4.829 7	10.805 5
22	4.62	30.5	24.9	1.530 4	3.417 7	3.214 9	2.342 1	11.680 9	10.335 4	5.230 5	4.920 0	10.987 5
23	4.70	30.7	25.5	1.547 6	3.424 3	3.238 7	2.395 0	11.725 6	10.489 0	5.299 3	5.012 1	11.090 1
24	4.60	29.9	25.0	1.526 1	3.397 9	3.218 9	2.328 8	11.545 4	10.361 2	5.185 3	4.912 2	10.937 3
25	4.77	38.6	41.8	1.562 3	3.653 3	3.732 9	2.440 9	13.346 3	13.934 5	5.707 6	5.832 1	13.637 2
26	4.79	40.4	47.9	1.566 5	3.698 8	3.869 1	2.454 0	13.681 3	14.970 1	5.878 3	6.061 1	14.311 2
27	4.75	36.8	39.0	1.558 1	3.605 5	3.663 6	2.427 8	12.966 6	13.421 7	5.617 9	5.708 4	13.209 0
28	4.78	41.0	46.8	1.564 4	3.713 6	3.845 9	2.447 5	13.790 1	14.790 8	5.809 7	6.016 7	14.282 0
29	4.70	35.0	36.3	1.547 6	3.555 3	3.591 8	2.395 0	12.640 5	12.901 2	5.502 1	5.558 6	12.770 2
30	4.75	36.3	36.7	1.558 1	3.591 8	3.602 8	2.427 8	12.901 1	12.980 0	5.596 6	5.613 6	12.940 5
Σ				45.513 9	100.882 2	93.847 1	69.133 1	340.927 0	300.245 2	153.367 9	143.066 5	318.797 9

对 a 取反对数 $a = -6.513\ 4e^x \rightarrow 0.001\ 483$

最后得回归方程式为:$f_i = 0.001\ 483v_i^{3.648\ 0}R_i^{1.221\ 4}$

用式(12 – 21a)计算相关系数 $R = 0.982\ 5$

用式(12 – 30)计算相对标准误差 $e_r = 8.9\%$

[实例2] 用表 12 – 19 中的 20 个试块 R_i、l_i、f_i 测试值,按 $f_i^c = AR_i^B10^{cl}$ 方程进行回归分析。

表 12 – 19 按 $f_i^c = AR_i^B10^{cl}$ 方程回归分析

序	R_i	l_i	f_i	$\lg R_i$	$\lg f_i$	$\lg R_i^2$	l_i^2	$\lg f_i^2$	$l_i\lg R_i$	$l_i\lg f_i$	$\lg R_i\lg f_i$
1	27.7	0.0	16.7	1.442	1.222	2.081	0.00	1.495	0	0	1.764
2	30.8	3.0	19.7	1.489	1.294	2.216	9.00	1.676	4.467	3.882	1.927
3	34.2	2.5	23.7	1.534	1.375	2.353	6.25	1.890	3.835	3.438	2.109
4	30.5	0.0	25.8	1.484	1.412	2.203	0.00	1.993	0	0	2.095
5	36.5	4.0	28.1	1.562	1.449	2.441	16.00	2.099	6.248	5.796	2.263
6	39.5	5.0	28.9	1.597	1.461	2.549	25.00	2.134	7.985	7.305	2.332
7	36.5	1.0	34.8	1.562	1.542	2.441	1.00	2.376	1.562	1.542	2.408
8	37.2	1.5	35.4	1.571	1.549	2.467	2.25	2.399	2.357	2.324	2.433
9	42.6	1.0	44.7	1.629	1.650	2.655	1.00	2.724	1.629	1.650	2.689
10	44.4	2.5	46.3	1.647	1.666	2.714	6.25	2.774	4.118	4.165	2.743
11	16.9	0.0	18.4	1.228	1.265	1.508	0.00	1.600	0	0	1.553
12	35.0	2.5	25.6	1.544	1.408	2.384	6.25	1.983	3.860	3.520	2.174
13	31.5	2.0	25.6	1.498	1.408	2.245	4.00	1.983	2.996	2.816	2.110
14	31.9	0.0	28.3	1.504	1.452	2.261	0.00	2.108	0	0	2.183
15	37.0	3.0	31.9	1.568	1.504	2.459	9.00	2.261	4.704	4.512	2.358
16	40.4	5.0	32.1	1.606	1.507	2.580	25.00	2.270	8.030	7.535	2.420
17	34.6	1.5	35.0	1.539	1.544	2.369	2.25	2.384	2.309	2.316	2.376
18	36.5	2.0	35.5	1.562	1.550	2.441	4.00	2.403	3.124	3.100	2.422
19	41.8	2.0	44.2	1.621	1.645	2.628	4.00	2.707	3.242	3.290	2.668
20	44.5	2.5	47.1	1.648	1.673	2.717	6.25	2.799	4.120	4.163	2.758
$\sum$	—	41	—	30.837 4	29.575 7	47.711 7	127.5	44.058 2	64.588 6	61.369 9	45.787 1

$$\sum \lg f_i = 29.575\ 7, \qquad \bar{I} = \frac{1}{n}\sum \lg f_i = \frac{29.575\ 7}{20} = 1.478\ 8$$

$$\sum \lg f_i^2 = 44.058\ 2, \qquad \bar{J} = \frac{1}{n}\sum \lg R_i = \frac{30.837\ 4}{20} = 1.541\ 9$$

$$\sum \lg R_i = 30.837, \qquad \bar{K} = \frac{1}{n}\sum l_i = \frac{41.0}{20} = 2.050\ 0$$

$$\sum \lg R_i^2 = 47.711\ 7$$

$$\sum l_i = 41.000\ 0, \qquad \sum l_i^2 = 130.500\ 0$$

$$\sum \lg R_i \times l_i = 64.588\ 6, \qquad \sum \lg f_i \times l_i = 61.369\ 9$$

$$\sum \lg R_i \times \lg f_i = 45.787\ 1$$

$$L_{11} = \sum \lg R_i^2 - \frac{1}{n}\left(\sum \lg R_i\right)^2 = 47.711\ 7 \times \frac{30.837\ 4^2}{20} = 0.164\ 4$$

$$L_{12} = L_{21} = \sum l_i \lg R_i - \frac{1}{n}\left(\sum \lg R_i\right)\left(\sum l_i\right) = 64.588\ 6 - \frac{30.837\ 4 \times 41.0}{20} = 1.371\ 9$$

$$L_{22} = \sum l_2^2 - \frac{1}{n}\left(\sum l_i\right)^2 = 127.5 - \frac{41.0^2}{20} = 43.45$$

$$L_{1f} = \sum \lg R_I \times \lg f_i - \frac{1}{n}\left(\sum \lg R_i\right)\left(\sum \lg f_i\right)$$

$$= 45.787\ 1 - \frac{30.837\ 4 \times 29.575\ 7}{20} = 0.185\ 2$$

$$L_{2f} = \sum \lg f_i \times l_i - \frac{1}{n}\left(\sum \lg f_i\right)\left(\sum l_i\right) = 61.369\ 9 - \frac{29.575\ 7 \times 41.0}{20} = 0.729\ 7$$

$$L_{ff} = \sum \lg f_i^2 - \frac{1}{n}\left(\sum \lg f_i\right)^2 = 44.058\ 2 - \frac{29.575\ 7^2}{20} = 0.322\ 1$$

$$b = \frac{L_{1f}L_{22} - L_{2f}L_{12}}{L_{11}L_{22} - L_{12}L_{21}} = \frac{0.185\ 2 \times 43.45 - 0.739\ 7 \times 1.371\ 9}{0.164\ 4 \times 43.45 - 1.371\ 9^2} = 1.340\ 8$$

$$c = \frac{L_{2f}L_{11} - L_{1f}L_{21}}{L_{11}L_{22} - L_{12}L_{21}} = \frac{0.739\ 7 \times 0.164\ 4 - 0.185\ 2 \times 1.371\ 9}{0.164\ 4 \times 43.45 - 1.371\ 9^2} = -0.025\ 3$$

$\because \bar{I} = a + \bar{bJ} + \bar{cK}$

$\therefore$ 对 a 取以 10 为底的反对数,得

$$a = 10^{(\bar{I} - \bar{bJ} - \bar{cK})} = 10^{-0.536\ 7} = 0.290\ 6$$

最后得回归方程为:$f_i^c = 0.290\ 6 R_i^{1.340\ 8} 10^{-0.025\ 31_i}$

用式(12 - 21a)计算相关系数 $R = 0.965\ 8$

用式(12 - 30)计算相对标准误差 $e_r = 7.85\%$

12.4 采用计算器进行数据处理

在制定测强曲线时,需要测试大量试块的回弹值、超声声速值和试块抗压强度值。当取得这些数据后要进行回归分析、回归方程的检验以及误差分析等,如果仍采用前述的表格法计算,不但工作量大,而且容易出错。现在袖珍电子计算器已广泛应用,带有函数和统计型的计算器种类也比较多,如日本"SHARP"EL - 5002、EL - 5100,如图12 - 4和图12 - 5所示;广州8032、大连 DS - 5 等,都可以进行回归分析、误差分析,确实给我们带来方便。

图 12 - 4　"SHARP"EL - 5002

图 12 - 5　"SHARP"EL - 5100

12.4.1 SHARP EL－5002(或广州8031、大连DS－5)计算器

12.4.1.1 回弹法一元回归分析

(1)用表12－12中数据,按直线方程$f_i^c = a + bR_i$进行回归分析,操作计算见表12－20。

表12－20 直线方程$f_i^c = a + bR_i$回归分析

操　作	显　示	说　明
将状态开关在[STAT][DEG]位置		[ ]为计算器按键
[F]　　　[CA]	0	计算器清零
27.1[x,y]12.2[DATA]	1	输入第1组数据
27.5[x,y]11.6[DATA]	2	输入第2组数据
	·	
	·	
36.0[x,y]28.3[DATA]	30	输入第30组数据
[F]　　　[r]	0.913 160	相关系数
[F]　　　[a]	－29.001 224	系数a
[F]　　　[b]	1.544 386	系数b
[F][a]+[F][b][×]27.1[=]	12.9	当＝27.1时的强度计算值

得回归方程:$f_i^c = -29.001\ 24 + 1.544\ 386R_i$。

(2)用表12－12中数据,按幂函数方程$f_i^c = aR_i^b$进行回归分析,操作计算见表12－21。

表12－21 幂函方程$f_i^c = aR_i^b$回归分析

操　作	显　示	说　明
将状态开关在[STAT][DEG]位置		[ ]为计算器按键
[F]　　　[CA]	0	计算器清零
27.1[ln][x,y]12.2[ln][DATA]	1	输入第1组数据
27.5[ln][x,y]11.6[ln][DATA]	2	输入第2组数据
	·	
	·	
36.0[ln][x,y]28.3[ln][DATA]	30	输入第30组数据
[F]　　　[r]	0.935 257	相关系数
[F]　　　[a]	－5.487 3	系数a
[e^x]	0.004 138	
[F]　　　[b]	2.440 465	系数b
[F][a]+[F][b][×]27.1[ln][=][e^x]	13.00	当＝27.1时的强度计算值

得回归方程: $f_i^c = 0.004\ 138R_i^{2.440\ 465}$

按表12－23操作计算相对标准误差:$e_r = 13.9\%$。

（3）用表 12 - 12 中数据，按指数方程 $f_i^c = ae^{bR_I}$ 进行回归分析，操作计算见表 12 - 22。

表 12 - 22　指数方程 $f_i^c = ae^{bR_I}$ 进行回归分析

操　作	显　示	说　明
将状态开关在[STAT][DEG]位置		[ ]为计算器按键
［F］　　　［CA］	0	计算器清零
27.1［x,y]12.2[ln][DATA]	1	输入第 1 组数据
27.5［x,y]11.6[ln][DATA]	2	输入第 2 组数据
·	·	
36.0［x,y]28.3[ln][DATA]	30	输入第 30 组数据
［F］　　　［r]	0.938 903	相关系数
［F］　　　［a]［e^x]	1.532 784	系数 a
［F］　　　［b]	0.786 28	系数 b
［F］［a]+［F］［b]［×]27.1［=]［e^x]	12.9	当 =27.1 时的强度计算值

得回归方程：$f_i^c = 1.532\ 78e^{0.078\ 63R_i}$

按表 12 - 23 操作计算相对标准误差：$e_r = 13.5\%$。

（4）按公式 $e_r = \sqrt{\dfrac{\sum \left(\dfrac{f_{cu,i}^c}{f_i} - 1\right)^2}{n-1}}$ 计算相对标准误差，见表 12 - 23。

表 12 - 23　相对标准误差计算

操　作	显　示	说　明
将状态开关在[STAT][DEG]位置		[ ]为计算器按键
［F］　　　［CA］	0	计算器清零
f_1［÷]f_1^c[=][－][1][=]［x^2][DATA]	1	计算第 1 组数据
f_2［÷]f_2^c[=][－][1][=]［x^2][DATA]	2	计算第 2 组数据
f_n［÷]f_n^c[=][－][1][=]［x^2][DATA]	n	计算第 n 组数据
［F］［$\sum x$]［÷]$n-1$[=]［F]［$\sqrt{}$]		计算 e_r 　　*
例		
12.2［÷]12.9[=][－][1][=]［x^2][DATA]	1	计算第 1 组数据
11.6［÷]13.5[=][－][1][=]［x^2][DATA]	2	计算第 2 组数据
28.3［÷]26.6[=][－][1][=]［x^2][DATA]	30	计算第 30 组数据
［F］［$\sum x$]［÷]29［=]［F]［$\sqrt{}$]		计算出 $e_r = 18.2\%$

注：* $n-1$ 为总数减 1，即 30 - 1 = 29。[$\sqrt{}$]为开方键。相对标准误差 $e_r = 18.2\%$。

12.4.1.2 已知回归方程 a、b 系数,求强度计算值

(1)按直线方程 $f_i^c = a + bR_i$ 计算,操作方法见表 12-24。

表 12-24　直线方程 $f_i^c = a + bR_i$ 强度计算

操 作	显 示	说 明
将状态开关在[COMP]位置		[ ]为计算器按键
[F]　　[CA]	0	计算器清零
a[STO]1	a 数据	将 a 系数存放在 1 键里
b[STO]2	b 数据	将 b 系数存放在 2 键里
[RCL][1][+][RCL][2][×]R_i[=]	强度值	R_i 值时的强度

(2)按幂函数方程 $f_i^c = aR_i^b$ 计算,操作方法见表 12-25。

表 12-25　幂函数方程 $f_i^c = aR_i^b$ 强度计算

操 作	显 示	说 明
将状态开关在[COMP]位置		[ ]为计算器按键
[F]　　[CA]	0	计算器清零
a[STO]1	a 数据	将 a 系数存放在 1 键里
b[STO]2	b 数据	将 b 系数存放在 2 键里
[RCL][1][×]R_i[y^x][RCL][2][=]	强度值	R_i 值时的强度

(3)按指数方程 $f_i^c = ae^{bR_i}$ 计算,操作方法见表 12-26。

表 12-26　指数方程 $f_i^c = ae^{bR_i}$ 强度计算

操 作	显 示	说 明
将状态开关在[COMP]位置		[ ]为计算器按键
[F]　　[CA]	0	计算器清零
a[STO]1	a 数据	将 a 系数存放在 1 键里
b[STO]2	b 数据	将 b 系数存放在 2 键里
[RCL][2][×]R_i[=][e^x][×][RCL][1][=]	强度值	R_i 值时的强度

(4)列表计算

方程确定后,将系数 a、b 存放在计算数器里,按 R_i 值计算出强度。如选定幂函数方程 $f_i^c = aR_i^b$,采用表 12-25 的操作方法计算列表,见表 12-27。

表 12-27　强度换算表

R_i	24	26	28	30	32	34	36	38	40	42
f_i^c	9.7	11.7	14.1	16.7	19.5	22.6	26.0	29.7	33.6	37.9

12.4.1.3 综合法二元回归分析

（1）用表 12−18 中 v_i、R_i 和 f_i 数据，按 $f_i^c = a + bv_i + cR_i$ 方程，进行回归分析，操作计算见表 12−28。

表 12−28　按 $f_i^c = a + bv_i + cR_i$ 方程计算

操　作	显　示	说　明
将状态开关在[STAT][DEG]位置		[]为计算器按键
[F]　　　[CA]	0	计算器清零
$v_1[x,y]R_1$[DATA]	1	输入第 1 组 v、R 数据
$v_2[x,y]R_2$[DATA]	2	输入第 2 组 v、R 数据
·	·	·
$v_{30}[x,y]R_{30}$[DATA]	30	输入第 30 组 v、R 数据
[F]　[$\sum x$]	136.96	$\sum v_i$
[F]　[$\sum x^2$]	626.932 4	$\sum v_i^2$
[F]　[$\sum y$]	889.8	$\sum R_i$
[F]　[$\sum y^2$]	27 730.14	$\sum R_i^2$
[F]　[$\sum xy$]	4 094.751 0	$\sum v_i R_i$
[F]　[$\bar{x}$]	4.56	m_v
[F]　[$\sum y$][÷][30]	29.7	m_R
[F]　　　[CA]	0	计算器清零
$v_1[x,y]f_1$[DATA]	1	输入第 1 组 v、f 数据
$v_2[x,y]f_2$[DATA]	2	输入第 2 组 v、f 数据
·	·	·
$v_{30}[x,y]f_{30}$[DATA]	30	输入第 30 组 v、f 数据
[F]　[$\sum y$]	716.9	$\sum f_i$
[F]　[$\sum y^2$]	23 228.49	$\sum f_i^2$
[F]　[$\sum xy$]	3 547.977 0	$\sum v f_i$
[F]　[$\sum y$][÷][30]	25.4	m_f
[F]　　　[CA]	0	计算器清零
$R_1[x,y]f_1$[DATA]	1	输入第 1 组 R、f 数据
$R_2[x,y]f_2$[DATA]	2	输入第 2 组 R、f 数据
·	·	·
$R_{30}[x,y]f_{30}$[DATA]	30	输入第 30 组 R、f 数据
[F]　[$\sum xy$]	24 794.49	$\sum R_i f_i$

求出各个变量的总和、平方和、乘积总和后，即可按前面介绍的步骤，计算 L_{11}、L_{12}、L_{22}、L_{1f}、L_{2f}、L_{ff} 值，求出方程的 a、b、c 系数，最后得到回归方程。按式（12－21a）计算相关系数。按式（12－30）计算相对标准误差。

（2）用表12－18中 v_i、R_i 和 f_i 数据，按 $f_i^c = av_i^b R_i^c$ 方程，进行回归分析，操作计算见表12－29。

表 12－29　按 $f_i^c = av_i^b R_i^c$ 方程计算

操　作	显　示	说　明
将状态开关在[STAT][DEG]位置		[　]为计算器按键
[F]　　　[CA]	0	计算器清零
v_1[ln][x,y]R_1[ln][DATA]	1	输入第1组 v、R 数据
v_2[ln][x,y]R_2[ln][DATA]	2	输入第2组 v、R 数据
·		
v_{30}[ln][x,y]R_{30}[ln][DATA]	30	输入第30组 v、R 数据
[F]　　[$\sum x$]	45.513 9	$\sum \ln v_i$
[F]　　[$\sum x^2$]	69.133 1	$\sum \ln v_i^2$
[F]　　[$\sum y$]	100.882 2	$\sum \ln R_i$
[F]　　[$\sum y^2$]	340.927 0	$\sum \ln R_i^2$
[F]　　[$\sum xy$]	153.367 9	$\sum \ln v_i \times \ln R_i$
[F]　　[$\bar{x}$]	1.517 1	m_v
[F]　[$\sum y$][÷]30	3.362 7	m_R
[F]　　　[CA]	0	计算器清零
v_1[ln][x,y]f_1[ln][DATA]	1	输入第1组 v、f 数据
v_2[ln][x,y]f_2[ln][DATA]	2	输入第2组 v、f 数据
·		
v_{30}[ln][x,y]f_{30}[ln][DATA]	30	输入第30组 v、f 数据
[F]　　[$\sum y$]	93.847 1	$\sum \ln f_i$
[F]　　[$\sum y^2$]	300.245 1	$\sum \ln f_i^2$
[F]　　[$\sum xy$]	143.066 5	$\sum \ln v_i \times \ln f_i$
[F]　[$\sum y$][÷]30	3.128 2	m_f
[F]　　　[CA]	0	计算器清零
R_1[ln][x,y]f_1[ln][DATA]	1	输入第1组 R、f 数据
R_2[ln][x,y]f_2[ln][DATA]	2	输入第2组 R、f 数据
·		
R_{30}[ln][x,y]f_{30}[ln][DATA]	30	输入第30组 R、f 数据
[F]　　[$\sum xy$]	318.797 9	$\sum \ln R_i \times \ln f_i$

求出各个变量的总和、平方和、乘积总和后,即可按前面介绍的步骤,计算 L_{11}、L_{12}、L_{22}、L_{1f}、L_{2f}、L_{ff} 值,求出方程的 a、b、c 系数,最后得到回归方程 $f_i = 0.002\ 879 v_i^{3.612\ 3} R_i^{1.039\ 8}$。按式(12 −21a)计算相关系数。按式(12 −30)计算相对标准误差。

12.4.2 SHARP EL −5100 计算器

用 SHARP EL −5100 计算器与用 SHARP EL −5002 操作基本一样,仅有个别按键稍稍不同。下面用一元线性回归和二元非线性回归进行介绍。

(1)一元线性回归分析用表 12 −12 数据,按 $f_i^c = a + bR_i$ 方程进行回归分析,操作计算见表 12 −30。

表 12 −30 按 $f_i^c = a + bR_i$ 方程回归计算

操 作	显 示	说 明
按[DRG]键调整在[DEG]位置	DEG	
将状态开关在[STAT]位置		[ ]为计算器按键
[2ndF] [CL]	0.000 000	计算器清零
[TAB] 6	0.000 000	确定小数点后 6 位
27.1[x,y]12.2[Data]	1.000 000	输入第 1 组 R、f 数据
27.5[x,y]11.6[Data]	2.000 000	输入第 2 组 R、f 数据
.	.	.
36.0[x,y]28.3[Data]	30.000 000	输入第 30 组 R、f 数据
[2ndF] [r]	0.913 132	相关系数
[2ndF] [a]	− 28.797 433	系数 a
[2ndF] [b]	1.538 177	系数 b
[2ndF][a][+][2ndF][b][×]27.1[=]	12.887 164	R = 27.1 时的换算强度

(2)二元非线性回归分析用表 12 −18 数据,按 $f_i^c = a v_i^b R_i^c$ 方程进行回归分析,操作计算见表 12 −31。

表 12 −31 按 $f_i^c = a v_i^b R_i^c$ 方程回归计算

操 作	显 示	说 明
按[DRG]键调整在[DEG]位置	DEG	
将状态开关在[STAT]位置		[ ]为计算器按键
[2ndF] [CL]	0.000 000	计算器清零
[TAB] 6	0.000 000	确定小数点后 6 位
[ln]v_1[x,y][ln]R_1[Data]	1	输入第 1 组 v、R 数据
[ln]v_2[x,y][ln]R_2[Data]	2	输入第 2 组 v、R 数据
.	.	.

操 作	显 示	说 明
$[\ln]v_{30}[x,y][\ln]R_{30}[\text{Data}]$	30	输入第 30 组 v、R 数据
$[2\text{ndF}]\quad[\sum x]$	45.513 9	$\sum \ln v_i$
$[2\text{ndF}]\quad[\sum x^2]$	69.133 1	$\sum \ln v_i^2$
$[2\text{ndF}]\quad[\sum y]$	100.882 2	$\sum \ln R_i$
$[2\text{ndF}]\quad[\sum y^2]$	340.927 0	$\sum \ln R_i^2$
$[2\text{ndF}]\quad[\sum xy]$	153.367 9	$\sum \ln v_i \cdot \ln R_i$
$[2\text{ndF}]\quad[\bar{x}]$	1.517 1	m_v
$[2\text{ndF}]\quad[\sum y][\div]30$	3.362 7	m_R
$[\text{F}]\qquad[\text{CA}]$	0	计算器清零
$[\ln]v_1[x,y][\ln]f_1[\text{Data}]$	1	输入第 1 组 v、f 数据
$[\ln]v_2[x,y][\ln]f_2[\text{Data}]$	2	输入第 2 组 v、f 数据
.	.	.
.	.	.
$[\ln]v_{30}[x,y][\ln]f_{30}[\text{Data}]$	30	输入第 30 组 v、f 数据
$[2\text{ndF}]\quad[\sum y]$	93.847 1	$\sum \ln f_i$
$[2\text{ndF}]\quad[\sum y^2]$	300.245 1	$\sum \ln f_i^2$
$[2\text{ndF}]\quad[\sum xy]$	143.066 5	$\sum \ln v_i \cdot \ln f_i$
$[2\text{ndF}]\quad[\sum y][\div]30$	3.128 2	m_f
$[\text{F}]\qquad[\text{CA}]$	0	计算器清零
$[\ln]R_1[x,y][\ln]f_1[\text{Data}]$	1	输入第 1 组 R、f 数据
$[\ln]R_2[x,y][\ln]f_2[\text{Data}]$	2	输入第 2 组 R、f 数据
.	.	.
.	.	.
$[\ln]R_{30}[x,y][\ln]f_{30}[\text{Data}]$	30	输入第 30 组 R、f 数据
$[2\text{ndF}]\quad[\sum xy]$	318.797 9	$\sum \ln R_i \times \ln f_i$

同样计算 L_{11}、L_{12}、L_{22}、L_{1f}、L_{2f}、L_{ff} 值,求出方程的 a、b、c 系数,最后得到回归方程。按式(12 - 21a)计算相关系数。按式(12 - 30)计算相对标准误差。

用式(12 - 30),计算相对标准误差 e_r,操作计算见表 12 - 32。

表 12 - 32　相对标准误差计算

操 作	显 示	说 明
按[DRG]键调整在[DEG]位置	DEG	
将状态开关在[STAT]位置		[ ]为计算器按键
$[2\text{ndF}]\qquad[\text{CL}]$	0.000 000	计算器清零

操　作	显　示	说　明
$f_1[\,-\,]f_1^c[\,=\,][\,\div\,]f_1^c[\,x^2\,][\,\text{Data}\,]$	1.000 000	输入第 1 组数据
$f_2[\,-\,]f_2^c[\,=\,][\,\div\,]f_2^c[\,x^2\,][\,\text{Data}\,]$	2.000 000	输入第 2 组数据
·	·	·
$f_n[\,-\,]f_n^c[\,=\,][\,\div\,]f_n^c[\,x^2\,][\,\text{Data}\,]$	n	输入第 n 组数据
$[\,\sqrt{}\,][\,(\,)\,][\,2\text{ndF}\,][\,\sum x\,][\,\div\,]n-1[\,]\,][\,=\,]$		e_r

有 10 个构件,每个构件布置了 10 个测区,计算 100 个测区强度的标准离差和平均值,操作计算见表 12 – 33。

表 12 – 33　计算标准离差和平均值

操　作	显　示	说　明
将状态开关在[STAT][DEG]位置		[　]为计算器按键
[2ndF]　　[CL]	0.000 000	计算器清零
$f_1^c[\,\text{Data}\,]$	1.000 000	输入第 1 个数据
$f_2^c[\,\text{Data}\,]$	2.000 000	输入第 2 个数据
·	·	·
$f_{100}^c[\,\text{Data}\,]$	n	输入第 100 个数据
[2ndF][$\bar{x}$]		100 测区强度平均值 m_f
[2ndF][s_x]		100 测区强度标准离差 s_f

用 SHARP EL – 5100 计算器功能,将计算公式输入计算器里,计算测区强度。如 $f_i = 0.002\,879v_i^{3.612\,3}R_i^{1.039\,8}$,操作计算见表 12 – 34。

表 12 – 34　输入计算公式计算

操　作	显　示	说　明
显示屏为[DEG],状态开关在[AER]位置	AER MODE	[　]为计算器按键
[2ndF]　　[CL]	1	计算器清零
[2ndF][PB]	1;f(	
[A][B]	1;f(AB	
[2ndF][PB]	1;f(AB) =	
0.002 879[×][A][Y^x]	1;f(AB) = 0.002 879 × AY^x	输入公式系数
3.612 3[×][B][Y^x]1.039 8	3.612 3 × BY^x1.039 8	输入公式系数
将状态开关拨到[COMP]位置	COMP MODE	
[COMP]	1;A = ?	

操　作	显　示	说　明
4.80[COMP]	1;A = 4.80	输入第1组声速值
31.0[COMP]	1;B = 31.0	输入第1组回弹值
	1;ANS 1 = 29.567 001	第1组强度换算值
[COMP]4.75	1;A = 4.75	输入第2组声速值
[COMP]30.8	1;B = 30.8	输入第2组回弹值
[COMP]	1;ANS 1 = 28.278 543	第2组强度换算值
.		
.	.	

（3）综合法测强列表。

当回归方程系数 a、b、c 确定后，按表12 -34操作，非常容易计算出强度换算表，见表12 -35。

表12 -35　综合法测强强度换算表

R＼v	3.80	3.90	4.00	4.10	.	.	.	.	4.80	4.90	5.00	5.10
20.0	8.1	8.9	9.7	10.6	.	.	.	.	18.7	20.2	21.7	23.3
21.0	8.5	9.3	10.2	11.2	.	.	.	.	19.7	21.2	22.9	24.5
22.0	8.9	9.8	10.7	11.7	.	.	.	.	20.7	22.3	24.0	25.8
23.0	9.3	10.2	11.2	12.3	.	.	.	.	21.7	23.4	25.1	27.0
24.0	9.7	10.7	11.7	12.8	.	.	.	.	22.7	24.4	26.3	28.2
.	.	.	.	.					.	.	.	.
.	.	.	.	.					.	.	.	.
48.0	20.0	22.0	24.1	26.4	.	.	.	.	46.6	50.2	54.0	58.0
49.0	20.5	22.5	24.6	26.9					47.6	51.3	55.2	59.2
50.0	20.9	23.0	25.2	27.5					48.6	52.4	56.3	60.5

以上介绍了数据回归分析的列表计算和用计算器计算，对于少量的数据处理仍很繁杂，容易出错，也不能在计算时列表显示，检查一些参数有无错误。因此，只有采用微机处理检测数据，才能将繁杂计算解放出来，就大幅减轻计算强度，提高工作效率。

12.4.3　TRNFA 信发牌 SC -118B -4 计算器

现在市场出售一种中学生使用计算器，型号为 TRNFA 信发牌 SC -118B -4，可以进行平均值、标准差、测区换算强度和一元直线回归分析数据处理。

12.4.3.1　按键及功能说明

（1）ON/C 键：开机，保存关机前的所有状态。

（2）2ndF OFF 键：关机。

（3）2ndF 键：表明选择了（第二）功能。若要使用键左（红字）上方功能，则先按 2ndF 键，再按相应键。

（4）MODE键：切换模式。选择 MODE 0 为一般模式；选择 MODE 1 为单变量统计模式；选择 MODE 2 为双变量统计模式。

（5）2ndF CA 键：清除所有存储的内容，包括清除表达式的存储。

……其他键请查看"使用说明书"。

12.4.3.2 对下列数据进行单变量统计

求平均值 $\bar{x}$ 和标准差 S 值 39.7,35.0,37.1,34.4,36.4,35.6,35.7,33.6,30.1,33.1。

操作步序（以蓝色键）见表 12－36。

表 12－36 平均值和标准差计算

序号	操 作	显 示	备注
1	按 ON/C	开机 ■	
2	2ndF CA	DEG STAT ■	清除所有存储的内容
3	按 MODE 1 键	DEG STAT Stat x	进入单变量统计模式
4	按 RCL DT	DEG STAT X1 ＝	输入第一个数据
5	39.7 ▼ ▼	DEG STAT X2 ＝	输入第二个数据
6	35.0 ▼ ▼	DEG STAT X3 ＝	输入第三个数据
7	37.1 ▼ ▼	DEG STAT X4 ＝	输入第四个数据
8	34.4 ▼ ▼	DEG STAT X5 ＝	输入第五个数据
9	36.4 ▼ ▼	DEG STAT X6 ＝	输入第六个数据
10	35.6 ▼ ▼	DEG STAT X7 ＝	输入第七个数据
11	35.7 ▼ ▼	DEG STAT X8 ＝	输入第八个数据
12	33.6 ▼ ▼	DEG STAT X9 ＝	输入第九个数据
13	30.1 ▼ ▼	DEG STAT X10 ＝	输入第十个数据
14	33.1 ▼	DEG STAT FRQ ＝ 1	
15	RCL DT	DEG STAT Stat x	
16	RCL n ＝	DEG STAT N ＝ 10	变量数量
17	RCL $\bar{x}$ ＝	DEG STAT $\bar{x}$ ＝ 35.07	变量平均值
18	RCL Sx ＝	DEG STAT Sx ＝ 2.564 7	样本标准差
19	RCL STVAR	DEG STAT N $\bar{x}$ Sx …	快捷方式
20	RCL $\bar{x}$ －1.645 × RCL Sx ＝	30.8510	推定强度

12.4.3.3 双变量统计运算回归分析

X	54.6	63.4	72.2	85.0	97.8	109.8	113.8
Y	200	250	300	350	400	450	500

414

操作步序(以蓝色键)见表 12 – 37。

表 12 – 37　双变量统计运算回归分析

序号	操　作	显　示	注
1	按 ON/C	开机 ■	
2	2ndF CA	DEG STAT ■	清除所有存储的内容
3	按 MODE 2 键	DEG STAT Stat xy	进入双变量统计模式
4	按 RCL DT	DEG STAT X1 =	输入第一组自变量
5	54.6 ▼	DEG STAT Y1 =	输入第一组因变量
6	200 ▼	DEG STAT X2 =	输入第二组自变量
7	63.4 ▼	DEG STAT Y2 =	输入第二组因变量
8	250 ▼	DEG STAT X3 =	输入第三组自变量
9	72.2 ▼	DEG STAT Y3 =	输入第三组因变量
10	300 ▼	DEG STAT X4 =	输入第四组自变量
11	350 ▼	DEG STAT Y4 =	输入第四组因变量
12	97.8 ▼	DEG STAT X5 =	输入第五组自变量
13	400 ▼	DEG STAT Y5 =	输入第五组因变量
14	109.8 ▼	DEG STAT X6 =	输入第六组自变量
15	450 ▼	DEG STAT Y6 =	输入第六组因变量
16	113.8 ▼	DEG STAT X7 =	输入第七组自变量
17	500 ▼	DEG STAT Y7 =	输入第七组因变量
18	RCL DT	DEG STAT Stat xy	
19	RCL a =	$a = -48.854\ 4$	常数项
20	RCL b =	$b = 4.679\ 8$	回归系数
21	RCL r =	$r = 0.994\ 7$	相关系数

回归方程: $y = -48.854\ 4 + 4.679\ 8x$

相关系数: $r = 0.994\ 7$

12.4.3.4　回弹法测区普通混凝土换算强度计算

测强公式: $f_{ci}^c = aR^b\ 10^{c \times d}$

$a = 0.034\ 668\ 4, b = 1.918\ 31, c = -0.034\ 08$。

回弹值: $R = 26.0$,碳化深度: $d = 3.0$。

操作步骤:首先按　MODE　0

$0.034\ 668\ 4 \times 26.0\ \wedge\ 1.918\ 31 \times 10\ \wedge\ (-0.034\ 08 \times 3.0) = 14.192\ 252\ 26 \approx 14.2$

12.4.3.5　回弹法测区泵送混凝土换算强度计算

测强公式: $f_{ci}^c = aR^b\ 10^{c \times d}$

$a = 0.034\ 488, b = 1.94, c = -0.017\ 3$。

回弹值: $R = 26.0$,碳化深度: $d = 3.0$。

操作步骤:首先按 MODE 0

0.034 488 × 26.0 ∧ 1.94 × 10 ∧ (−0.0173 × 3.0) = 17.014 386 93 ≈ 17.0

12.4.3.6 a、b、c 系数存储

a、b、c 系数存储操作步序(以绿色键)见表 12 − 38。

表 12 − 38 a、b、c 系数存储

序号	操 作	显 示	注
1	按 ON/C	开机 ■	
2	2ndF CA	DEG STAT ■	清除所有存储的内容
3	按 MODE 0 键	DEG ■	进入普通计算模式
4	0.034 668 4 STO A =	0.034 668 4→A = 0.034 668 4	输入 a 系数数值
5	1.918 31 STO B =	1.918 31→B = 1.918 31	输入 b 系数数值
6	−0.017 3 STO C =	−0.017 3→C = −0.017 3	输入 c 系数数值
例如:普通混凝土	回弹值为26.0,碳化为3.0 计算混凝土强度 ALPNA A × 26.0 ∧ ALPNA B × 10∧(ALPNA C ×3.0) =	14.192 252 26	≈14.2
例如:泵送混凝土	按 4 − 6 步序将泵送混凝土 a、b、c 数值存入。回弹值为26.0,碳化为3.0计算强度。 ALPNA A × 26.0 ∧ ALPNA B × 10∧(ALPNA C ×3.0) =	17.014 386 93	≈17.0

12.4.3.7 综合法测区换算强度计算

测强公式: $f_{ci}^c = av^b R^c$

卵石:$a = 0.005\ 599$,$b = 1.438\ 657$,$c = 1.768\ 646$。

声速值:3.80km/s,回弹值:30.0。

操作步骤:首先按 MODE 0

0.005 599 × 3.8 ∧ 1.438 657 × 30.0 ∧ 1.768 646 = 15.657 585

12.5 采用 Excel 系统进行数据处理

12.5.1 制定测强曲线试验数据预处理

(1)如 36 个试件试验数据,如图12 − 6所示。

(2)回弹平均值计算。

用鼠标点击 R3 成黑框,输入"TRIMMEAN(B3:Q3,6/16)"回车,用鼠标"十"对准"■"往下拉,即可列出回弹平均值,如图12 − 7所示。

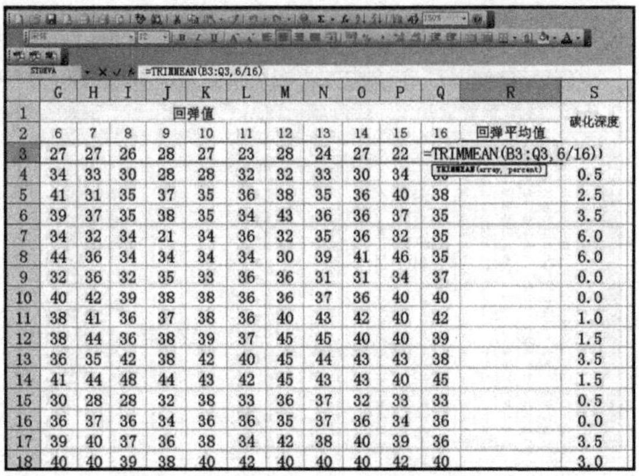

图 12 - 6　36 个试件试验数据

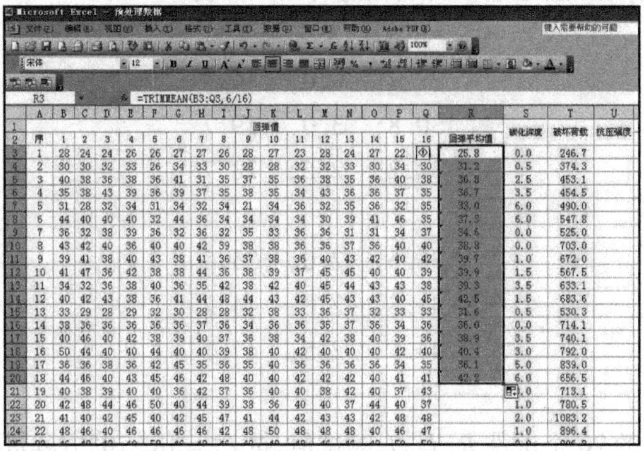

图 12 - 7　回弹平均值计算

（3）抗压强度计算。

用鼠标点击 U3 成黑框，输入"T3/22.5"回车，如图 12 - 8 所示，用鼠标"＋"对准"■"往下拉，即可列出抗压强度值，如图 12 - 9 所示。

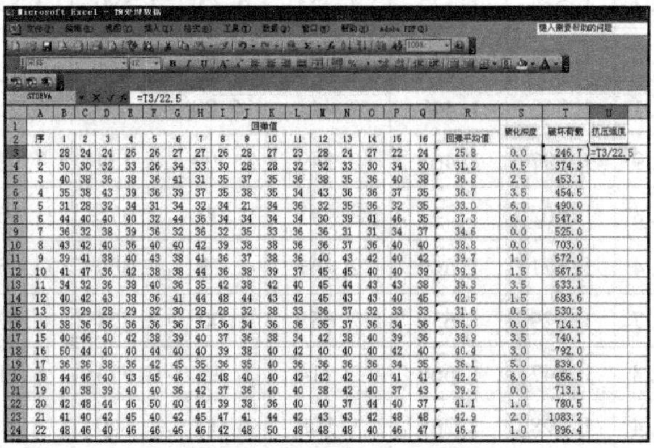

图 12 - 8　输入"T3/22.5"

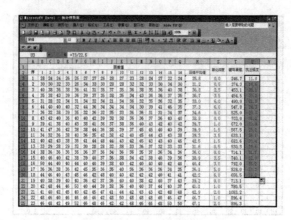

图 12 −9 列出抗压强度值

（4）将预处理的数据生成纯文本文件，进行回归分析。

$$R \qquad d_i \qquad f_i$$
$$27.7, \quad 0.0, \quad 16.7$$
$$30.8, \quad 3.0, \quad 19.7$$
$$34.2, \quad 2.5, \quad 23.7$$
$$\vdots$$
$$36.5, \quad 2.0, \quad 35.5$$
$$41.8, \quad 2.0, \quad 44.2$$
$$44.5, \quad 2.5, \quad 47.1$$

（5）回归分析。

用表 12 −39 中的 20 个试件 R_i、l_i、f_i 测试值，按 $f_i^c = AR_i^B 10^{cl}$ 方程进行回归分析。

表 12 −39　按 $f_i^c = AR_i^B 10^{cl}$ 方程回归分析

序号	R_i	l_i	f_i	$\lg R_i$	$\lg f_i$	$\lg R_i^2$	l_i^2	$\lg f_i^2$	$l_i \lg R_i$	$l_i \lg f_i$	$\lg R_i \lg f_i$
1	27.7	0.0	16.7	1.442	1.222	2.081	0.00	1.495	0	0	1.764
2	30.8	3.0	19.7	1.489	1.294	2.216	9.00	1.676	4.467	3.882	1.927
3	34.2	2.5	23.7	1.534	1.375	2.353	6.25	1.890	3.835	3.438	2.109
4	30.5	0.0	25.8	1.484	1.412	2.203	0.00	1.993	0	0	2.095
5	36.5	4.0	28.1	1.562	1.449	2.441	16.00	2.099	6.248	5.796	2.263
6	39.5	5.0	28.9	1.597	1.461	2.549	25.00	2.134	7.985	7.305	2.332
7	36.5	1.0	34.8	1.562	1.542	2.441	1.00	2.376	1.562	1.542	2.408
8	37.2	1.5	35.4	1.571	1.549	2.467	2.25	2.399	2.357	2.324	2.433
9	42.6	1.0	44.7	1.629	1.650	2.655	1.00	2.724	1.629	1.650	2.689
10	44.4	2.5	46.3	1.647	1.666	2.714	6.25	2.774	4.118	4.165	2.743
11	16.9	0.0	18.4	1.228	1.265	1.508	0.00	1.600	0	0	1.553
12	35.0	2.5	25.6	1.544	1.408	2.384	6.25	1.983	3.860	3.520	2.174

418

序号	R_i	l_i	f_i	$\lg R_i$	$\lg f_i$	$\lg R_i^2$	l_i^2	$\lg f_i^2$	$l_i\lg R_i$	$l_i\lg f_i$	$\lg R_i\lg f_i$
13	31.5	2.0	25.6	1.498	1.408	2.245	4.00	1.983	2.996	2.816	2.110
14	31.9	0.0	28.3	1.504	1.452	2.261	0.00	2.108	0	0	2.183
15	37.0	3.0	31.9	1.568	1.504	2.459	9.00	2.261	4.704	4.512	2.358
16	40.4	5.0	32.1	1.606	1.507	2.580	25.00	2.270	8.030	7.535	2.420
17	34.6	1.5	35.0	1.539	1.544	2.369	2.25	2.384	2.309	2.316	2.376
18	36.5	2.0	35.5	1.562	1.550	2.441	4.00	2.403	3.124	3.100	2.422
19	41.8	2.0	44.2	1.621	1.645	2.628	4.00	2.707	3.242	3.290	2.668
20	44.5	2.5	47.1	1.648	1.673	2.717	6.25	2.799	4.120	4.163	2.758
$\sum$		41		30.837 4	29.575 7	47.711 7	127.5	44.058 2	64.588 6	61.369 9	45.787 1

$$\sum \lg f_i = 29.575\ 7, \qquad \bar{I} = \frac{1}{n}\sum \lg f_i = \frac{29.575\ 7}{20} = 1.478\ 8$$

$$\sum \lg f_i^2 = 44.058\ 2, \qquad \bar{J} = \frac{1}{n}\sum \lg R_i = \frac{30.837\ 4}{20} = 1.541\ 9$$

$$\sum \lg R_i = 30.837, \qquad \bar{K} = \frac{1}{n}\sum l_i = \frac{41.0}{20} = 2.050\ 0$$

$$\sum \lg R_i^2 = 47.711\ 7$$

$$\sum l_i = 41.000\ 0, \qquad \sum l_i^2 = 130.500\ 0$$

$$\sum \lg R_i \times l_i = 64.588\ 6, \qquad \sum \lg f_i \times l_i = 61.369\ 9$$

$$\sum \lg R_i \times \lg f_i = 45.787\ 1$$

$$L_{11} = \sum \lg R_i^2 - \frac{1}{n}\left(\sum \lg R_i\right)^2 = 47.711\ 7 \times \frac{30.837\ 4^2}{20} = 0.164\ 4$$

$$L_{12} = L_{21} = \sum l_i \lg R_i - \frac{1}{n}\left(\sum \lg R_i\right)\left(\sum l_i\right) = 64.588\ 6 - \frac{30.837\ 4 \times 41.0}{20} = 1.371\ 9$$

$$L_{22} = \sum l_2^2 - \frac{1}{n}\left(\sum l_i\right)^2 = 127.5 - \frac{41.0^2}{20} = 43.45$$

$$L_{1f} = \sum \lg R_I \times \lg f_i - \frac{1}{n}\left(\sum \lg R_i\right)\left(\sum \lg f_i\right)$$

$$= 45.787\ 1 - \frac{30.837\ 4 \times 29.575\ 7}{20} = 0.185\ 2$$

$$L_{2f} = \sum \lg f_i \times l_i - \frac{1}{n}\left(\sum \lg f_i\right)\left(\sum l_i\right) = 61.369\ 9 - \frac{29.575\ 7 \times 41.0}{20} = 0.729\ 7$$

$$L_{ff} = \sum \lg f_i^2 - \frac{1}{n}\left(\sum \lg f_i\right)^2 = 44.058\ 2 - \frac{29.575\ 7^2}{20} = 0.322\ 1$$

$$b = \frac{L_{1f}L_{22} - L_{2f}L_{12}}{L_{11}L_{22} - L_{12}L_{21}} = \frac{0.185\ 2 \times 43.45 - 0.739\ 7 \times 1.371\ 9}{0.164\ 4 \times 43.45 - 1.371\ 9^2} = 1.340\ 8$$

$$c = \frac{L_{2f}L_{11} - L_{1f}L_{21}}{L_{11}L_{22} - L_{12}L_{21}} = \frac{0.739\ 7 \times 0.164\ 4 - 0.185\ 2 \times 1.371\ 9}{0.164\ 4 \times 43.45 - 1.371\ 9^2} = -0.025\ 3$$

$$\because \bar{I} = a + b\bar{J} + c\bar{K}$$

$\therefore$ 对 a 取以 10 为底的反对数,得

$$a = 10^{(\bar{I}-b\bar{J}-c\bar{K})} = 10^{-0.5367} = 0.2906$$

最后得回归方程为:

$$f_i^c = 0.2906R_i^{1.3408}10^{-0.02531i}$$

用式(12-21a)计算相关系数 $R = 0.8448$。

用式(12-30)计算相对标准误差 $e_r = 16.1\%$。

程序(Q)计算

采用计算机进行回归分析,见表 12-40。

表 12-40　采用计算机进行回归分析

步序	显　　示	操　　作	说　　明
1	启动程序开始计算	HTFHTF　↓	
2	数据组数	20　↓	提示需要计算的组数,20 组
3	请输入数据名	A:HTHG.TXT　↓	输入路径和数据名
4	H-G-X-S:A = 0.295 180 B = 1.336 232　C = -0.025 169 HGFC:fcu = AR^{B}10$^{c\times d}$ XGXS:r = 0.893 3　　Lc = 4.324 5 Er = 16.1%　　Da = 11.9%		

计算机演示结果:

$N = 20$　　　　　　HUI DANG HUI GUI FEN XI　　　03-06-2007

ZWC(N) = 11　　　　　PIZWC = 11.89%

FWC(N) = 9　　　　　PJFWC = -11.82%

X-G-X-S:　　　　A = 0.295 180,　B = 1.336 232,　C = -0.025 169

H-G-F-C:　　　fcu = 0.295 180 * R^1.336 232 * 10^(-0.025 169 * d)

XGXS:R: r = 0.893 3　LC:s = 4.32　XDBZC:e_r = 16.09% PJWC Da = 11.86%

12.5.2　构件混凝土强度计算预处理

(1)计算测区回弹平均值

某框架梁 A-2-3,混凝土设计强度等级为 C25 泵送混凝土,采用回弹法检测混凝土强度。在构件浇筑侧面水平方向测试,检测数据如图12-10所示。计算测区回弹平均值,输入" = TRIMMEAN(B3:Q3,6/16)",用鼠标"+"对准"■"往下拉,即可列出各测区平均值,如图12-11所示。

(2)计算测区换算强度

由规程查到泵送混凝土测强曲线系数,按 $f = 0.034\ 488R^{1.940\ 0}10^{(-0.017\ 3d)}$ 公式计算换算强度,在"T-3"框内输入" = 0.034 488 * POWER(R3,1.94) * POWER(10, -0.017 3 * S3)"回车,用鼠标"+"对准"■"往下拉,其他测区换算强度即可列出,如图12-12所示。

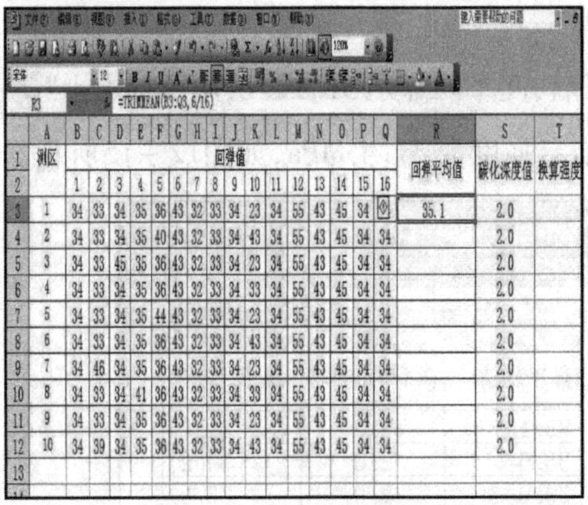

	A	B	C	D	E	F	G	H	I	J	K	L	M	N	O	P	Q	R	S	T
1	测区	回弹值																回弹平均值	碳化深度值	换算强度
2		1	2	3	4	5	6	7	8	9	10	11	12	13	14	15	16			
3	1	34	33	34	35	36	43	32	33	34	23	34	55	43	45	34		35.1	2.0	
4	2	34	33	34	35	40	43	32	33	34	43	34	55	43	45	34	34		2.0	
5	3	34	33	45	35	36	43	32	33	34	23	34	55	43	45	34	34		2.0	
6	4	34	33	34	35	36	43	32	33	34	33	34	55	43	45	34	34		2.0	
7	5	34	33	34	35	44	43	32	33	34	23	34	55	43	45	34	34		2.0	
8	6	34	33	34	35	36	43	32	33	34	43	34	55	43	45	34	34		2.0	
9	7	34	46	34	35	36	43	32	33	34	23	34	55	43	45	34	34		2.0	
10	8	34	33	34	41	36	43	32	33	34	33	34	55	43	45	34	34		2.0	
11	9	34	33	34	35	36	43	32	33	34	23	34	55	43	45	34	34		2.0	
12	10	34	39	34	35	36	43	32	33	34	43	34	55	43	45	34	34		2.0	
13																				

图 12－10　检测数据

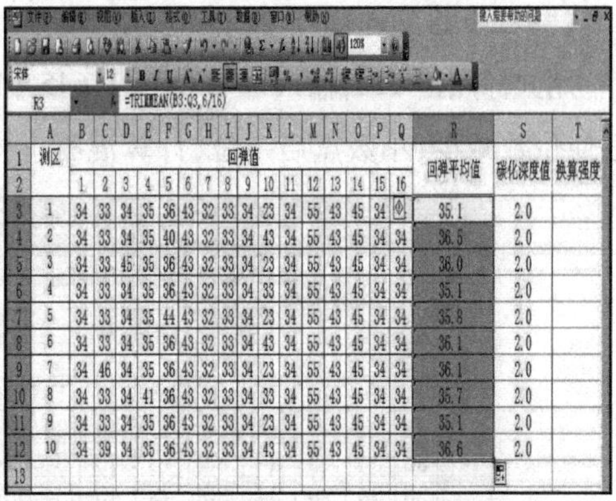

	A	B	C	D	E	F	G	H	I	J	K	L	M	N	O	P	Q	R	S	T
1	测区	回弹值																回弹平均值	碳化深度值	换算强度
2		1	2	3	4	5	6	7	8	9	10	11	12	13	14	15	16			
3	1	34	33	34	35	36	43	32	33	34	23	34	55	43	45	34		35.1	2.0	
4	2	34	33	34	35	40	43	32	33	34	43	34	55	43	45	34	34	36.5	2.0	
5	3	34	33	45	35	36	43	32	33	34	23	34	55	43	45	34	34	36.0	2.0	
6	4	34	33	34	35	36	43	32	33	34	33	34	55	43	45	34	34	35.1	2.0	
7	5	34	33	34	35	44	43	32	33	34	23	34	55	43	45	34	34	35.8	2.0	
8	6	34	33	34	35	36	43	32	33	34	43	34	55	43	45	34	34	36.1	2.0	
9	7	34	46	34	35	36	43	32	33	34	23	34	55	43	45	34	34	36.1	2.0	
10	8	34	33	34	41	36	43	32	33	34	33	34	55	43	45	34	34	35.7	2.0	
11	9	34	33	34	35	36	43	32	33	34	23	34	55	43	45	34	34	35.1	2.0	
12	10	34	39	34	35	36	43	32	33	34	43	34	55	43	45	34	34	36.6	2.0	
13																				

图 12－11　计算测区回弹平均值

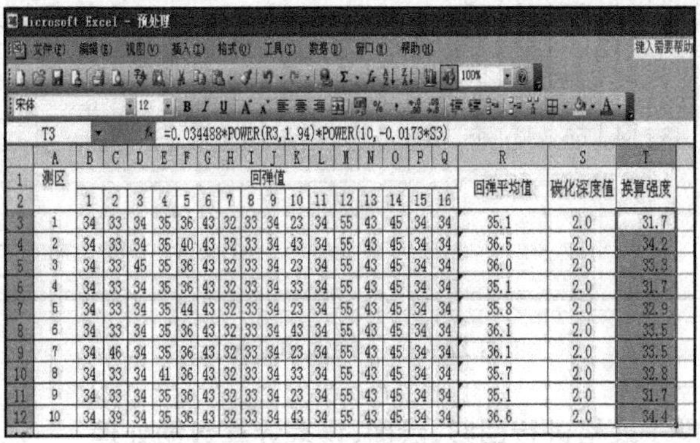

	A	B	C	D	E	F	G	H	I	J	K	L	M	N	O	P	Q	R	S	T
1	测区	回弹值																回弹平均值	碳化深度值	换算强度
2		1	2	3	4	5	6	7	8	9	10	11	12	13	14	15	16			
3	1	34	33	34	35	36	43	32	33	34	23	34	55	43	45	34	34	35.1	2.0	31.7
4	2	34	33	34	35	40	43	32	33	34	43	34	55	43	45	34	34	36.5	2.0	34.2
5	3	34	33	45	35	36	43	32	33	34	23	34	55	43	45	34	34	36.0	2.0	33.3
6	4	34	33	34	35	36	43	32	33	34	33	34	55	43	45	34	34	35.1	2.0	31.7
7	5	34	33	34	35	44	43	32	33	34	23	34	55	43	45	34	34	35.8	2.0	32.9
8	6	34	33	34	35	36	43	32	33	34	43	34	55	43	45	34	34	36.1	2.0	33.5
9	7	34	46	34	35	36	43	32	33	34	23	34	55	43	45	34	34	36.1	2.0	33.5
10	8	34	33	34	41	36	43	32	33	34	33	34	55	43	45	34	34	35.7	2.0	32.8
11	9	34	33	34	35	36	43	32	33	34	23	34	55	43	45	34	34	35.1	2.0	31.7
12	10	34	39	34	35	36	43	32	33	34	43	34	55	43	45	34	34	36.6	2.0	34.4

图 12－12　计算换算强度

(3)计算测区强度平均值 $m_{f^c_{cu}}$ 和标准差 $s_{f^c_{cu}}$

将"T－3－12"刷黑,点击 Σ ▾ ,选择"平均值",即可显示出平均值(33.0),如图 12－13 所示。计算测区混凝土强度换算值的标准差,点击"T15" 框,输入" = stdev(t3:t12)"后,回车。显示 0.999 8,用鼠标点击" .00→.0 "框,使位数减少至小数点后两位,计算出标准差为 1.00,如图 12－14 所示。

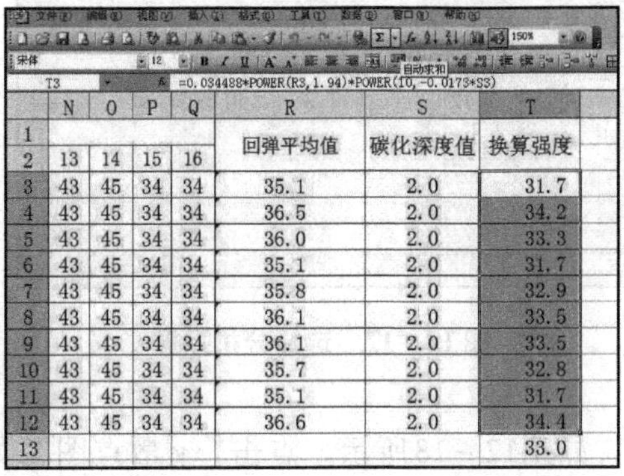

	N	O	P	Q	R	S	T
1					回弹平均值	碳化深度值	换算强度
2	13	14	15	16			
3	43	45	34	34	35.1	2.0	31.7
4	43	45	34	34	36.5	2.0	34.2
5	43	45	34	34	36.0	2.0	33.3
6	43	45	34	34	35.1	2.0	31.7
7	43	45	34	34	35.8	2.0	32.9
8	43	45	34	34	36.1	2.0	33.5
9	43	45	34	34	36.1	2.0	33.5
10	43	45	34	34	35.7	2.0	32.8
11	43	45	34	34	35.1	2.0	31.7
12	43	45	34	34	36.6	2.0	34.4
13							33.0

图 12－13　计算平均值

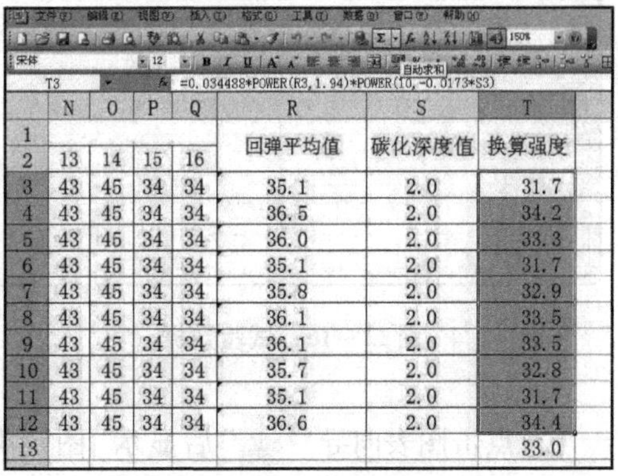

	N	O	P	Q	R	S	T
1					回弹平均值	碳化深度值	换算强度
2	13	14	15	16			
3	43	45	34	34	35.1	2.0	31.7
4	43	45	34	34	36.5	2.0	34.2
5	43	45	34	34	36.0	2.0	33.3
6	43	45	34	34	35.1	2.0	31.7
7	43	45	34	34	35.8	2.0	32.9
8	43	45	34	34	36.1	2.0	33.5
9	43	45	34	34	36.1	2.0	33.5
10	43	45	34	34	35.7	2.0	32.8
11	43	45	34	34	35.1	2.0	31.7
12	43	45	34	34	36.6	2.0	34.4
13							33.0

图 12－14　计算标准差

（4）强度推定

用鼠标点击 T16，输入"=33.0-1.645*1.00"后，回车。显示 31.355 0，用鼠标点击"□"框，使位数减少，小数点后一位，计算混凝土构件推定强度为 31.4 MPa，如图12-15所示。

	I	J	K	L	M	N	O	P	Q	R	S	T
1	回弹值									回弹平均值	碳化深度值	换算强度
2	8	9	10	11	12	13	14	15	16			
3	33	34	23	34	55	43	45	34	34	35.1	2.0	31.7
4	33	34	43	34	55	43	45	34	34	36.5	2.0	34.2
5	33	34	33	34	55	43	45	34	34	36.0	2.0	33.3
6	33	34	33	34	55	43	45	34	34	35.1	2.0	31.7
7	33	34	33	34	55	43	45	34	34	35.8	2.0	32.9
8	33	34	43	34	55	43	45	34	34	36.1	2.0	33.5
9	33	34	43	34	55	43	45	34	34	36.1	2.0	33.5
10	33	34	33	34	55	43	45	34	34	35.7	2.0	32.8
11	33	34	33	34	55	43	45	34	34	35.1	2.0	31.7
12	33	34	43	34	55	43	45	34	34	36.6	2.0	34.4
13												33.0
14												
15												1.00
16												31.4
17												

图 12-15　构件强度推定

12.5.3　采用 Excel 电子表格进行回归、绘图、误差计算数据处理

对一批数据利用 Excel 电子表格进行回归、绘图、误差计算数据处理，非常快速、方便实现这一要求，现将操作步骤分述如下：

（1）如试验获得一批（16 组）数据进行回归分析，如图12-16所示。将进行回归分析数刷黑，如图 12-17 所示。

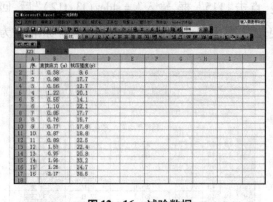

图 12-16　试验数据

图 12-17　选择分析数据

（2）点击图表向导"□"后显示"图片类型"，如图12-18所示。点击"*xy* 散点图"，如图 12-19所示。

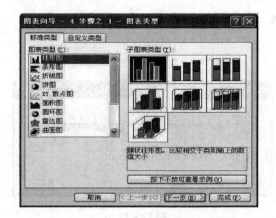
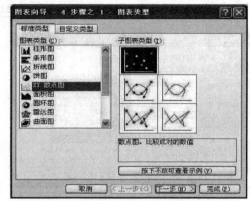

图 12 –18   图 12 –19

（3）点击"下一步"，显示"图表源数据"，如图12 –20所示。点击"下一步"，显示"图表选项"，如图12 –21所示。

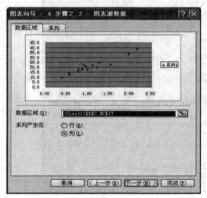

图 12 –20   图 12 –21

（4）点击"图例"，取消显示图例（s）勾选，如图12 –22所示。点击"网格线"在主要网格线内勾选，如图12 –23所示。

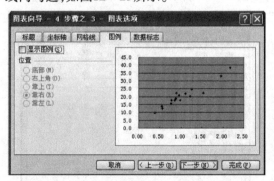
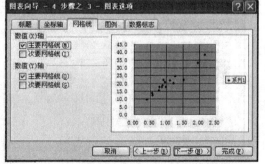

图 12 –22   图 12 –23

（5）点击"标题"，①在"图表标题（T）"框内输入"直拔测强曲线"；②在"数值（X）"轴（A）输入直拔强度；③在"数值（Y）"轴（V）输入抗压强度，如图12 –24所示。点击"下一步",显示"图表位置",选择⊙作为新工作表插入(S),如图12-25所示。

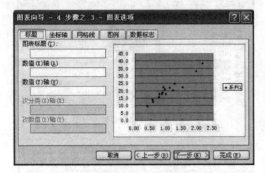

图12-24　　　　　　　　　　　　　　　　　图12-25

（6）点击"完成"后，显示"图片和传真查看器"，如图12-26所示。

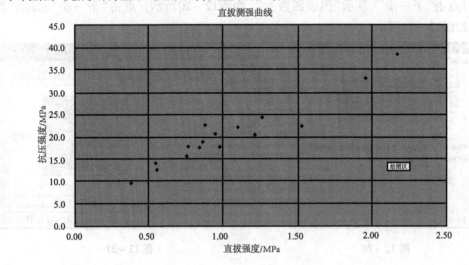

图12-26　散点图

（7）点击"图表(C)"，显示"添加趋势线"，如图12-27所示。选择"线性"(L)（直线方程），点击"选项"，勾选"显示公式(E)"，勾选"显示R平方值(R)"，如图12-28所示。

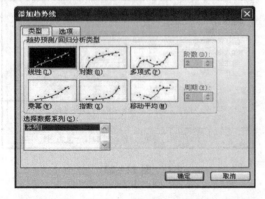

图12-27　　　　　　　　　　　　　　　　　图12-28

424

（8）点击"确定"，如图12-29所示。

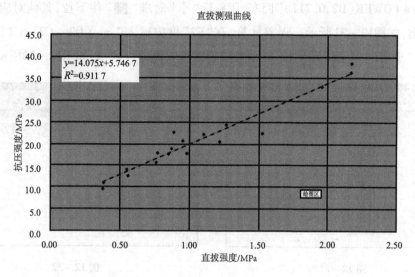

图 12-29

从图12-29可以看出，16组数据按直线回归，显示出散点图，回归直线，回归方程 $Y = 14.075x + 5.7467$，$(a = 5.7467, b = 14.075)$，$R^2 = 0.9117(R = \sqrt{0.9117} = 0.9548)$。

（9）如果选择乘幂函数方程，按同一16组数据，进行幂函数方程回归。可参照图12-27步序刷黑"乘幂（W）框"，按图12-28、图12-29步序操作，显示出幂函数回归方程有关参数，如图12-30所示。

图中实线曲线为幂函数回归曲线，幂函数方程为 $y = 20.119x^{0.711}$（$a = 20.119, b = 0.711$），$R^2 = 0.9117(R = \sqrt{0.9166} = 0.9574)$。

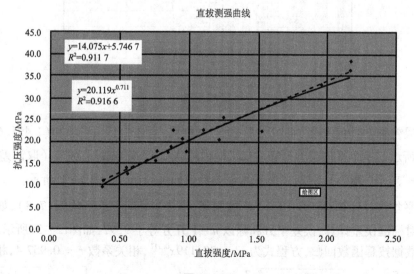

图 12-30

测强曲线需要计算相对标准差和平均相对误差，我们仍采用 Excel 电子表格进行计算。

(10)换算强度计算(如以幂函数为例),在“D2”框内输入“ = 20.119 * B2^0.711”或“ =20.119 * POWER(B2,0.711)”回车,用鼠标“✚”对准“■”往下拉,其他对应的换算强度即可列出,如图12 -31所示。误差计算,在“E2”框内输入“ = [(D2 - C2)/C2] * 100”回车,用鼠标“✚”对准“■”往下拉,其他对应的误差数值即可列出,如图12 -32所示。

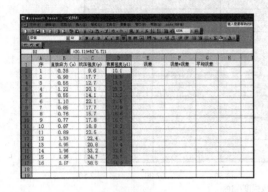

D2 =20.119*B2^0.711

	A	B	C	D	E	F	G	H
1	序	直拔应力(x)	抗压强度(y)	换算强度(y1)	误差	误差*误差	平均误差	
2	1	0.38	9.6	10.1				
3	2	0.98	17.7	19.8				
4	3	0.56	12.7	13.3				
5	4	1.22	20.1	23.2				
6	5	0.55	14.1	13.2				
7	6	1.10	22.1	21.5				
8	7	0.85	17.7	17.9				
9	8	0.76	15.7	16.6				
10	9	0.77	17.8	16.7				
11	10	0.87	18.9	18.2				
12	11	0.89	22.5	18.5				
13	12	1.53	22.4	27.2				
14	13	0.95	20.8	19.4				
15	14	1.96	33.2	32.5				
16	15	1.26	24.7	23.7				
17	16	2.17	38.5	34.9				

图 12 -31

STDEVA =((d2-c2)/c2)*100

	A	B	C	D	E	F	G	H
1	序	直拔应力(x)	抗压强度(y)	换算强度(y1)	误差	误差*误差	平均误差	
2	1	0.38	9.6	=((d2-c2)/c2)*100				
3	2	0.98	17.7	19.8				
4	3	0.56	12.7	13.3				
5	4	1.22	20.1	23.2				
6	5	0.55	14.1	13.2				
7	6	1.10	22.1	21.5				
8	7	0.85	17.7	17.9				
9	8	0.76	15.7	16.6				
10	9	0.77	17.8	16.7				
11	10	0.87	18.8	18.2				
12	11	0.89	22.5	18.5				
13	12	1.53	22.4	27.2				
14	13	0.95	20.8	19.4				
15	14	1.96	33.2	32.5				
16	15	1.26	24.7	23.7				
17	16	2.17	38.5	34.9				

图 12 -32

(11)误差乘方计算,在“F2”框内输入“ = E2 * E2”回车,用鼠标“✚”对准“■”往下拉,误差乘方数值即可列出,如图12 -33所示。

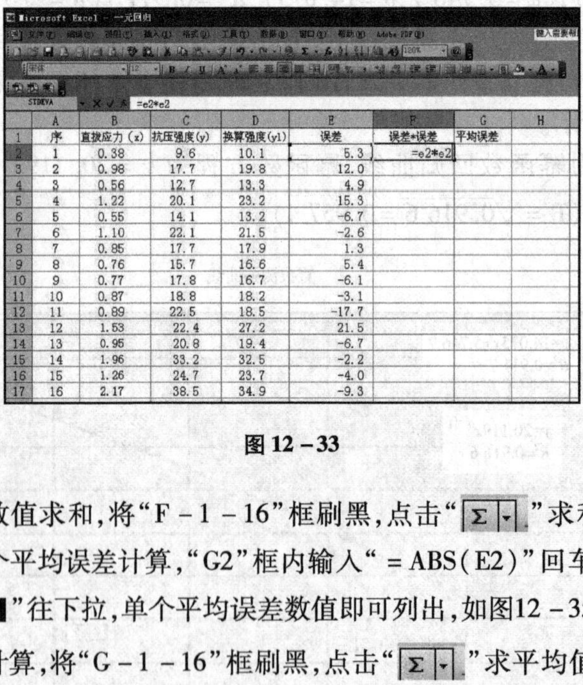

STDEVA =e2*e2

	A	B	C	D	E	F	G	H
1	序	直拔应力(x)	抗压强度(y)	换算强度(y1)	误差	误差*误差	平均误差	
2	1	0.38	9.6	10.1	5.3	=e2*e2		
3	2	0.98	17.7	19.8	12.0			
4	3	0.56	12.7	13.3	4.9			
5	4	1.22	20.1	23.2	15.3			
6	5	0.55	14.1	13.2	-6.7			
7	6	1.10	22.1	21.5	-2.6			
8	7	0.85	17.7	17.9	1.3			
9	8	0.76	15.7	16.6	5.4			
10	9	0.77	17.8	16.7	-6.1			
11	10	0.87	18.8	18.2	-3.1			
12	11	0.89	22.5	18.5	-17.7			
13	12	1.53	22.4	27.2	21.5			
14	13	0.95	20.8	19.4	-6.7			
15	14	1.96	33.2	32.5	-2.2			
16	15	1.26	24.7	23.7	-4.0			
17	16	2.17	38.5	34.9	-9.3			

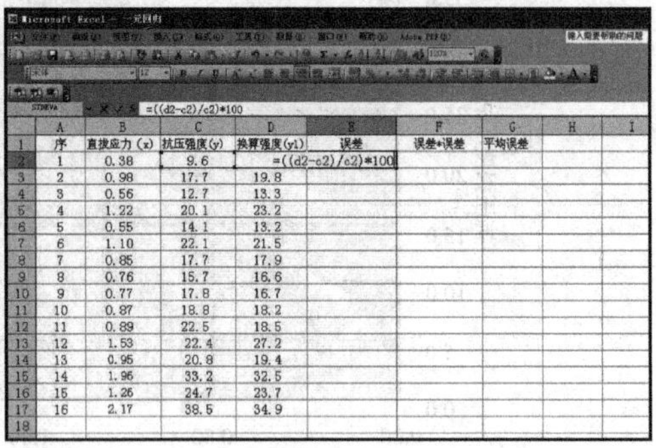

图 12 -33

(12)误差乘方数值求和,将“F - 1 - 16”框刷黑,点击“Σ ▾”求和(1 491.693 2),如图 12 -34所示。单个平均误差计算,“G2”框内输入“ = ABS(E2)”回车,(取误差绝对值),用鼠标“✚”对准“■”往下拉,单个平均误差数值即可列出,如图12 -35所示。

(13)平均误差计算,将“G - 1 - 16”框刷黑,点击“Σ ▾”求平均值(7.8),如图12 -36所示。相对标准误差计算,误差平方和除以 $n-1$ 开方等于 9.97,如图12 -37所示。

该批数据按幂函数回归,方程式为:$y = 20.119x^{0.711}$,相关系数 $r = 0.957\,4$,相对标准差 $e_r = 10.0\%$,$\left[e_r = \sqrt{\frac{\sum_{i=1}^{n} \left(\frac{f^c_{cu,i}}{f_i} - 1\right)^2}{n-1}} \right]$,平均相对误差 $\delta = 7.8\%$,$\left[\delta = \sqrt{\frac{\sum_{i=1}^{n} \left| \frac{f^c_{cu,i}}{f_i} - 1 \right|}{n}} \right]$。

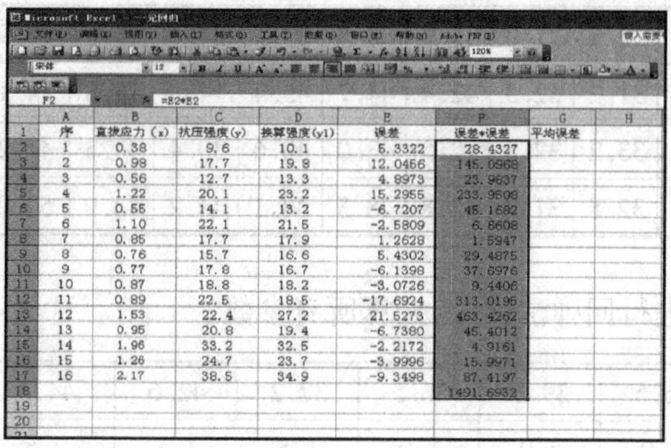

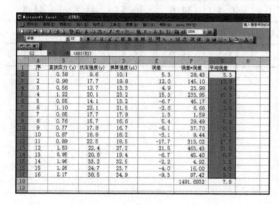

图 12 –34 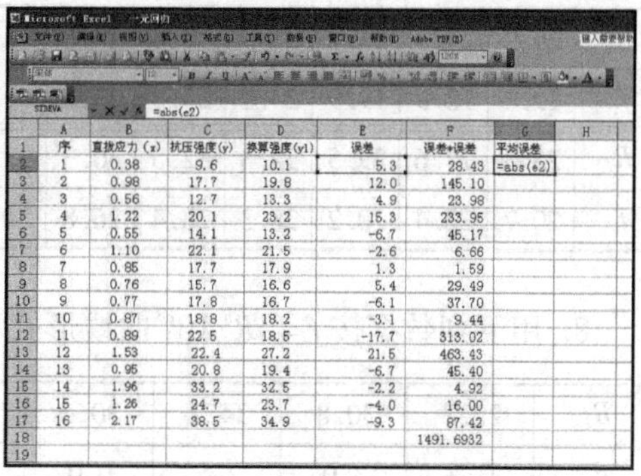   图 12 –35

图 12 –36 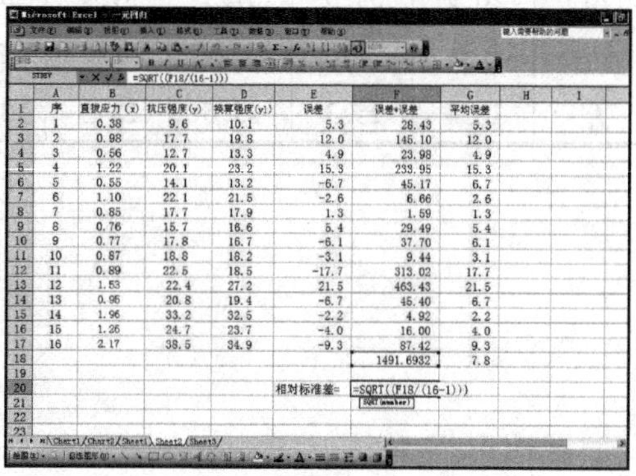   图 12 –37

式中，e_r——相对标准差，% ；

δ——平均相对误差，% ；

$f_{cu,i}^c$——换算强度，MPa ；

f_i——实测强度，MPa ；

n——试件数量。

思　考　题

1. 试述误差、相对误差、随机误差、系统误差、粗差的定义。

2. 试述精密度、正确度和准确度之间的关系。

3. 举例说明算术平均值、均方根平均值和加权平均值的数学含义。

4. 举例说明范围误差、标准误差、或然误差和极差估计法数学含义。

5. 试述可疑数据的舍弃，数字修约规则。

6. 应用回归分析可以解决什么问题？

7. 用下列数据进行回弹法直线回归，计算所有参数。

R_i	26.9	23.4	24.8	31.9	28.8	28.6	33.8	32.8	31.9	38.9	38.5	37.9	24.4	25.6	22.9
f_i	19.4	18.9	19.9	24.1	25.3	23.0	31.7	31.2	32.5	42.4	44.7	45.4	14.5	13.8	14.1
R_i	25.3	27.6	29.5	32.3	32.5	30.3	33.0	33.2	32.8	42.5	43.0	40.6	30.4	41.3	41.2
f_i	20.7	22.4	20.2	28.3	28.4	26.8	30.5	32.8	31.7	48.8	48.3	38.1	44.2	43.9	52.0

8. 用下列数据按 $f = aR^b 10^{cd}$ 曲线形式,进行回弹法回归,计算所有参数。

R_i	27.7	30.8	34.2	30.5	36.5	39.5	36.5	37.2	42.6	44.4
d_i	0.0	3.0	2.5	0.0	4.0	5.0	1.0	1.5	1.5	2.5
f_i	16.7	19.7	23.6	25.8	28.1	28.9	34.8	35.4	44.7	46.3
R_i	26.9	35.0	31.5	31.9	37.0	40.4	34.6	36.5	41.8	44.5
d_i	0.0	2.7	2.0	0.0	3.0	5.0	1.5	2.0	2.0	3.0
f_i	18.4	25.3	25.6	28.3	31.9	32.1	35.0	35.5	44.2	47.1